Grundlehren der
mathematischen Wissenschaften 41
*A Series of Comprehensive Studies in Mathematics*

E. Steinitz / H. Rademacher

# Vorlesungen über die Theorie der Polyeder

unter Einschluß
der Elemente der Topologie

Reprint
Springer-Verlag
Berlin Heidelberg New York 1976

ISBN-13: 978-3-642-65610-1 e-ISBN-13: 978-3-642-65609-5
DOI: 10.1007/978-3-642-65609-5



Softcover reprint of the hardcover 1st edition 1934

DIE GRUNDLEHREN DER

# MATHEMATISCHEN WISSENSCHAFTEN

IN EINZELDARSTELLUNGEN MIT BESONDERER BERÜCKSICHTIGUNG DER ANWENDUNGSGEBIETE

GEMEINSAM MIT

W. BLASCHKE
HAMBURG

M. BORN
GÖTTINGEN

B. L. VAN DER WAERDEN
LEIPZIG

HERAUSGEGEBEN VON

R. COURANT
GÖTTINGEN

BAND XLI

VORLESUNGEN ÜBER

## DIE THEORIE DER POLYEDER

UNTER EINSCHLUSS DER ELEMENTE DER TOPOLOGIE

VON

ERNST STEINITZ

BERLIN
VERLAG VON JULIUS SPRINGER
1934

# VORLESUNGEN ÜBER DIE THEORIE DER POLYEDER

## UNTER EINSCHLUSS DER ELEMENTE DER TOPOLOGIE

VON

ERNST STEINITZ

AUS DEM NACHLASS
HERAUSGEGEBEN UND ERGÄNZT VON

HANS RADEMACHER

MIT 190 ABBILDUNGEN

BERLIN
VERLAG VON JULIUS SPRINGER
1934

# Vorwort.

In den letzten Jahren seines Lebens arbeitete ERNST STEINITZ (gest. 29. 9. 1928) an einer zusammenfassenden Darstellung der Theorie der Polyeder, die er in mehreren Einzelpublikationen und auch in zwei Vorlesungen in Kiel (Wintersemester 1920/21 und 1923/24) behandelt hat. In seinem Nachlaß fand sich ein unvollendetes Manuskript zu dem geplanten Buche. Bei genauer Durchsicht ergab sich, daß diese Aufzeichnungen fast druckfertig waren und den größeren Teil eines breit angelegten Werkes bildeten, das überall die Vorzüge des Mathematikers STEINITZ zeigt, dieselbe unerhörte Sorgfalt, Gründlichkeit und systematische Einheitlichkeit, die seine schon klassisch gewordene „Algebraische Theorie der Körper" auszeichnet. Es konnte keinem Zweifel unterliegen, daß das nachgelassene Werk der mathematischen Öffentlichkeit zugänglich gemacht werden mußte, nicht nur aus Pietät vor dem Namen STEINITZ, sondern vor allem auch seiner inneren Qualität und Eigentümlichkeit halber.

Das Manuskript bestand aus zwei dünnen Quartheften, von der Hand von STEINITZ selbst eng vollgeschrieben, und aus einer großen Zahl geordneter Einzelblätter, die nach seinem Diktat geschrieben worden sind. Es weist eine deutliche Lücke im zweiten Kapitel des zweiten Abschnittes auf, beginnt dann wieder mit dem dritten Kapitel und bricht im zweiten Kapitel des dritten Abschnittes ab. Die vornehmliche Aufgabe des Herausgebers bestand darin, diese Lücken auszufüllen und das Werk zum Abschluß zu bringen. Leider fand sich keinerlei Entwurf oder Gesamtdisposition in dem Nachlaß. Als Grundlagen für die Herausgabe standen nur zur Verfügung der Enzyklopädieartikel „Polyeder und Raumeinteilung", der keineswegs nur Bekanntes referiert, sondern an vielen Stellen ohne besondere Nennung des Urhebers eigene Forschungen von STEINITZ in skizzenhafter Darstellung enthält und die eigenhändigen Notizen STEINITZens zu seinen obenerwähnten Kieler Vorlesungen. Glücklicherweise enthielten die beiden Vorlesungen je einen der beiden rein geometrischen Beweise des „Fundamentalsatzes der konvexen Polyeder", die in jenem Enzyklopädieartikel nur kurz angedeutet sind. Der ganzen Anlage des Buches nach sollten offenbar die konvexen Polyeder und ihre topologischen Typen das Ziel des Buches sein. Der Herausgeber hat die Ergänzungen in dieser Richtung angebracht und überhaupt nur solche Untersuchungen hinzugefügt, die an irgendeiner Stelle des Buches schon angeschnitten waren.

Nicht zu dem Thema des Buches gehören die Extremalprobleme von Polyedern. Zweifel konnten vielleicht bestehen über die Einfügung einer Theorie der regulären Polyeder. Sie ist nicht aufgenommen worden, da STEINITZ selbst sie an jener Stelle seines Manuskriptes ausläßt, wo er sie in seinen Vorlesungen kurz gebracht hat. Sie würde sich auch dem klaren Gang der Untersuchung nicht recht eingepaßt haben und als abseitig stehengeblieben sein. Nur einmal werden gewisse reguläre Polyeder als Beispiele unter vielen anderen erwähnt (S. 213, 215). Im übrigen sind die regulären Polyeder gerade in besonderer Ausführlichkeit in dem umfassenden Werke von BRÜCKNER: „Vielecke und Vielflache. Ihre Theorie und Geschichte", Leipzig 1900, behandelt. Dieses Werk, wie auch die beiden Bücher „Über Vielecke und Vielflache" von CHRISTIAN WIENER (Leipzig 1864) und „Zur Morphologie der Polyeder" von VICTOR EBERHARDT (Leipzig 1891) werden gerade ihrer eindringenden Spezialuntersuchungen wegen durch die vorliegende allgemeine Polyedertheorie von STEINITZ nicht in ihrem fortdauernden Wert beeinträchtigt.

Was das Technische der Herausgeberarbeit angeht, so waren vor allem die Abbildungen zu zeichnen, für die sich in dem STEINITZschen Manuskript nur an ganz wenigen Stellen kleine Skizzen befanden, obgleich sich STEINITZ dauernd auf Abbildungen sogar mit angegebenen Bezeichnungen bezieht. Ergänzt wurden vom Herausgeber die Paragraphen 36 bis 42 und 60 bis 69, für die in ganz verschiedenem Maße Notizen von STEINITZ vorlagen. So waren etwa die Paragraphen 36 bis 42 recht gut belegt, ferner auch die Paragraphen 61 bis 63, 66 bis 68, dagegen muß vor allem für die Paragraphen 60, 64, 65, 69 der Herausgeber die Verantwortung ganz tragen. Im Text sind diese hinzugefügten Paragraphen nicht mehr besonders kenntlich gemacht worden, dagegen sind, schon der historischen Treue wegen, alle vom Herausgeber vorgenommenen Einschaltungen in den von STEINITZ selbst herrührenden Text in eckige Klammern [] gesetzt, abgesehen natürlich von den notwendigen Verweisungen und Literaturangaben.

Der Herausgeber hat noch die angenehme Pflicht, einer großen Zahl von freundlichen Helfern seinen Dank auszudrücken. Die Abbildungen zeichnete mit Verständnis und Sorgfalt Herr Studienassessor HANS PROSKE, Görlitz, der auch bei der Durchsicht des STEINITZschen Nachlasses und bei der Herstellung des Manuskriptes half. Den Herren H. KNESER, K. REIDEMEISTER und W. SÜSS, die die Freundlichkeit hatten, eine Korrektur mitzulesen, verdankt der Herausgeber wertvolle Ratschläge und kritische Bemerkungen. Bei den Korrekturen, die bei der Unübersichtlichkeit des Manuskriptes besondere Mühe machten, half in unermüdlicher Mitarbeit Herr Dr. WOLFGANG CRAMER. Der Verlagsbuchhandlung schuldet der Herausgeber für ihr verständnisvolles Entgegenkommen bei den aus der Natur des Manuskriptes sich ergebenden Schwierigkeiten der Drucklegung besonderen Dank.

Breslau, März 1934.

HANS RADEMACHER.

# Inhaltsverzeichnis.

Erster Abschnitt.

## Historische Übersicht über die Entwicklung der Lehre von den Polyedern.



Zweiter Abschnitt.

## Polyedrische Komplexe.

### 1. Kapitel. Polyedrische Komplexe.



### 2. Kapitel. Topologische Äquivalenz normaler polyedrischer Komplexe.

Erster Abschnitt.

# Historische Übersicht über die Entwicklung der Lehre von den Polyedern.

## § 1. Definition.

Es gibt keine einheitliche Definition des Polyederbegriffes, und es wäre auch nicht angebracht, sich auf eine solche festlegen zu wollen. Untersuchungen mannigfacher Art sind es, die wir unter der Bezeichnung Polyedertheorie zusammenfassen, und je nach der Art der Untersuchung kann bald die eine Definition, bald eine andere als zweckmäßig erscheinen.

Nach den älteren Erklärungen ist ein Polyeder ein von einer endlichen Anzahl ebener Flächenstücke begrenzter Körper; später wird vielfach nur eben diese Begrenzung selbst als Polyeder bezeichnet.

Euklid behandelte in seinen Elementen spezielle Polyeder, zunächst Prismen und Pyramiden, wobei die Volumenvergleichung das Hauptziel ist. Kompliziertere Polyeder werden aber auch schon gelegentlich betrachtet, nämlich um mittels der Exhaustionsmethode den Nachweis zu führen, daß die Volumina zweier Kugeln sich wie die Kuben ihrer Durchmesser verhalten. Endlich finden wir bei Euklid eine Theorie der regulären Polyeder, insbesondere den Beweis, daß es deren nur 5 gibt. Bei diesem Beweis wird, ohne daß es besonders erwähnt ist, die Konvexität vorausgesetzt. Auch bei vielen späteren Untersuchungen über Polyeder bis in die neuere Zeit hinein ist die Konvexität stillschweigende Voraussetzung. Der Begriff „konvex“ ist indes keineswegs neu, findet sich vielmehr vollkommen klar gefaßt bereits bei Archimedes. Ein Körper (allgemeiner: eine Punktmenge) heißt konvex, wenn jede Strecke, deren Endpunkte dem Körper angehören, ganz in dem Körper enthalten ist.

## § 2. Euler als Begründer der Morphologie der Polyeder.

Einen wesentlichen Fortschritt in der Polyedertheorie über die Antike hinaus läßt erst der nach Euler benannte und durch die Formel

$$e + f = k + 2 \tag{1}$$

dargestellte Satz erkennen. Hier bezeichnen $e$, $k$, $f$ die Anzahlen der Ecken, Kanten und Flächen des Polyeders, das zunächst als konvex vorausgesetzt sei.

Wichtiger noch als der Satz selbst sind die allgemeinen Überlegungen, von denen EULER ausgeht und die ihn notwendig auf den Satz führen mußten. Es ist EULER um eine systematische Einteilung der Polyeder zu tun. Die Gesichtspunkte, nach denen die Einteilung erfolgen soll, werden nicht genau angegeben; was aber gemeint ist, wird vollkommen klar. Die Art eines ebenen Polygons, heißt es, ist durch Angabe seiner Seitenanzahl bestimmt. Die Angabe der Eckenanzahl erübrigt sich, da sie gleich der Zahl der Seiten ist. Hier wird also von allen metrischen Unterscheidungen, wie sie die Berücksichtigung der Seitenlänge oder Winkelgröße ergeben würde, abgesehen. Am deutlichsten tritt das allen Polygonen von gleicher Seiten- oder Eckenzahl $n$ Gemeinsame in der üblichen Bezeichnungsweise hervor, die darin besteht, daß man die Ecken bezeichnet und in der gleichen Folge, in der sie durch Seiten verbunden sind, hinschreibt. Ein solches Schema:

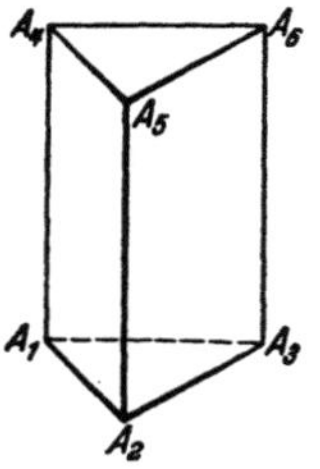

Abb. 1.

$$A_1 A_2 \ldots A_n$$

kann jedes beliebige $n$-Eck darstellen.

In ähnlicher Weise können wir bei einem Polyeder verfahren. Seine Ecken seien in beliebiger Reihenfolge mit $A_1, \ldots, A_e$ bezeichnet. Wir erhalten das „Schema des Polyeders“, indem wir alle begrenzenden Polygone aufschreiben.

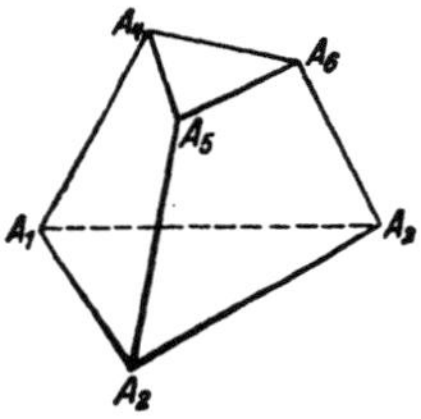

Abb. 2.

So kann das Schema

$$A_1 A_2 A_3, \quad A_4 A_5 A_6, \quad A_1 A_2 A_5 A_4, \quad A_2 A_3 A_6 A_5, \quad A_3 A_1 A_4 A_6$$

das in Abb. 1 dargestellte Prisma bezeichnen, ebenso aber auch jedes andere Polyeder, das wie dieses von zwei Dreiecken und drei Vierecken begrenzt ist, wie z. B. das aus einem Tetraeder $A_0 A_1 A_2 A_3$ durch Abschneiden der Ecke bei $A_0$ erhaltene Polyeder Abb. 2.

Polyeder, die demselben Schema entsprechen, bezeichnet man jetzt als isomorph oder als Polyeder von gleichem Typus, auch nennt man „Morphologie der Polyeder“ denjenigen Teil der Polyederlehre, bei dem isomorphe Polyeder nicht unterschieden werden, dessen Untersuchungsobjekte also die verschiedenen Polyedertypen sind. Diese Untersuchungsrichtung hat zuerst EULER in seinen beiden Polyederarbeiten[1] eingeschlagen, weshalb wir ihn als Begründer der Morphologie anzusehen haben.

[1] Elementa doctrinae solidorum, Novi comm. acad. sc. imp. Petropolitanae 4, p. 109—140, Demonstratio nonnullarum insignium proprietatum, quibus solida hedris planis inclusa sunt praedita, ibid., p. 140—160.

Die gewöhnliche Einteilung der Polyeder nach der Flächenzahl $f$ erweist sich bald als unzureichend. Nur wenn $f$ seinen kleinsten Wert 4 hat, genügt dieser, um den Typus zu charakterisieren: Alle Tetraeder sind isomorph. Schon im Falle $f = 5$ gibt es zwei verschiedene Typen: die vierseitige Pyramide und den obenerwähnten Typus des dreiseitigen Prismas. Euler unternimmt daher zunächst eine Einteilung der Polyeder unter gleichzeitiger Berücksichtigung der Zahlen $f$ und $e$. Die zuletzt genannten Polyeder sind dann als das fünf- und sechseckige Fünfflach zu unterscheiden.

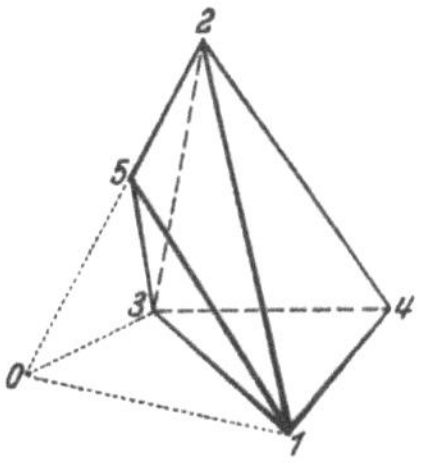

Abb. 3.

Aber auch durch Angabe von $e$ und $f$ ist der Polyedertypus im allgemeinen nicht genügend charakterisiert. Das zeigen bereits die Sechsflache. Ihre sieben verschiedenen Typen sind durch die nebenstehenden Abbildungen dargestellt, die auch zeigen, wie man jedes Sechsflach aus einem Fünfflach durch einen ebenen Schnitt erhalten kann.

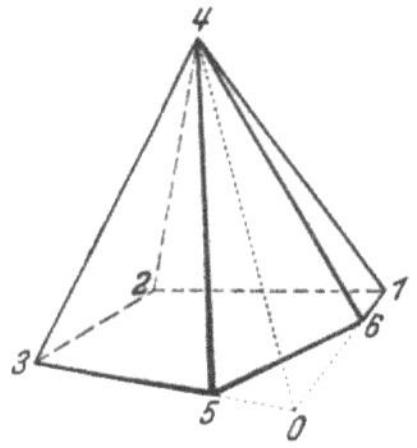

Abb. 4.

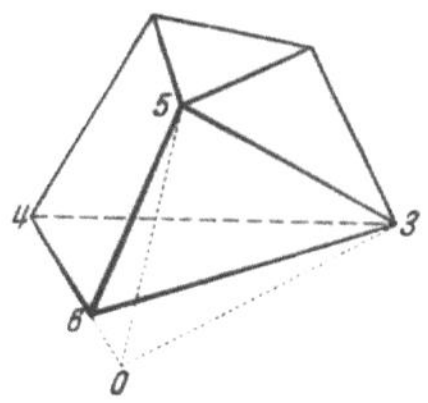

Abb. 5.

Es gibt nur ein fünfeckiges Sechsflach: die durch Zusammenfügen zweier Tetraeder *1234* und *1235* gebildete Doppelpyramide (Abb. 3). Sie kann aus der vierseitigen Pyramide mit der Grundfläche *0143* und der Spitze *2* abgeleitet werden, indem man in der Kante *02* den Punkt *5* annimmt und mittels der Ebene *135* das Tetraeder *1350* abschneidet. Es gibt zwei verschiedene sechseckige Sechsflache: das eine ist die fünfseitige Pyramide (Abb. 4). Wir gewinnen sie aus der vierseitigen Pyramide mit der Grundfläche *0123* und der Spitze *4*, indem wir mittels der Ebene *456* das Tetraeder *4560* abschneiden. Dabei sind die Punkte *5* und *6* in den Kanten *03* und *01* angenommen. Das zweite sechseckige Sechsflach leiten wir aus dem sechseckigen Fünfflach (Typus des dreiseitigen Prismas) ab (Abb. 5). Von der Ecke *0* des Fünfflachs gehen die Kanten *03*, *04*, *05* aus. In *04* wird der Punkt *6* angenommen und mittels der Ebene *356* das Tetraeder *3560* weggeschnitten.

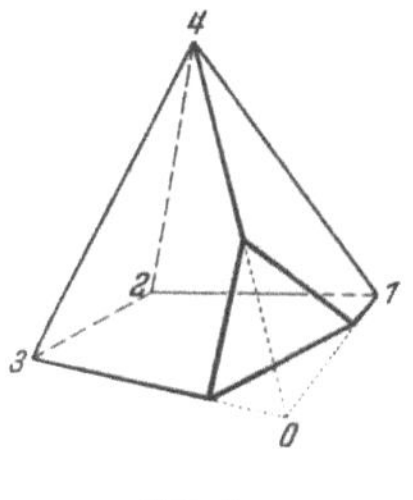

Abb. 6.

Von den beiden siebeneckigen Sechsflachen leiten wir das eine aus der vierseitigen Pyramide (Grundfläche *0123*, Spitze *4*) ab, indem wir mittels einer Ebene, welche die von einer Ecke (*0*) der Grundfläche ausgehenden Kanten trifft, ein Tetraeder wegschneiden (Abb. 6). Das andere siebeneckige Sechsflach gewinnen wir aus dem sechseckigen Fünfflach durch Wegschneiden eines Tetraeders mittels einer Ebene, die durch zwei Punkte (*6*, *7*) in zwei von einer Ecke (*0*) des Fünfflachs ausgehenden Kanten und den Endpunkt (*3*) der dritten Kante gelegt wird (Abb. 7). [Die Punkte *6* und *7* sind dabei auf jenen beiden Kanten zu wählen, die Seiten eines Dreiecks sind.] Dieses siebeneckige Sechsflach hat zwei Dreiecke und vier Vierecke, während das vorige drei Dreiecke, zwei Vierecke und ein Fünfeck hat. Endlich gibt es auch zwei verschiedene achteckige Sechsflache. Das eine wird aus dem sechseckigen Fünfflach durch Abschneiden eines Tetraeders erhalten, wobei die Schnittebene drei von einer Ecke des Fünfflachs ausgehende Kanten trifft (Abb. 8). Es hat zwei Dreiecke, zwei Vierecke und zwei Fünfecke. Das andere setzt sich aus sechs Vierecken zusammen. Es ist vom Würfeltypus und wird aus dem sechseckigen Fünfflach durch Abschneiden eines Fünfflachs erhalten, wobei die Schnittebene die beiden Dreiecke und zwei Vierecke des ursprünglichen Fünfflachs trifft (Abb. 9).

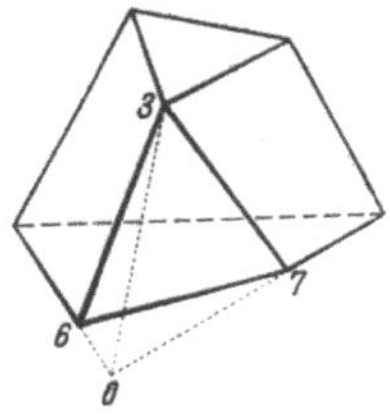

Abb. 7.

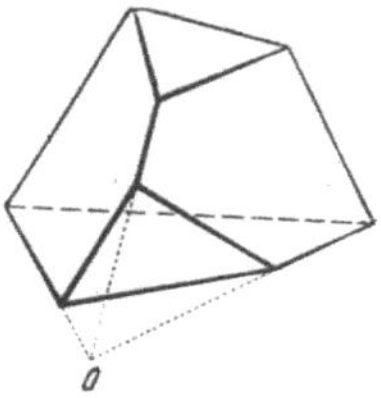

Abb. 8.

Während nur ein einziges fünfeckiges Hexaeder existiert, gibt es, wie wir sehen, je zwei mit sechs, sieben und acht Ecken. Es lag nun für EULER nahe, als drittes Unterscheidungsmerkmal die Kantenzahl $k$ einzuführen. Doch hier mußte er sich sehr bald davon überzeugen, daß diese in keinem Falle ein neues Einteilungsprinzip liefert, vielmehr stets durch $e$ und $f$ bereits mitbestimmt ist. Von hier war nur ein kleiner Schritt bis zur Erkenntnis der Art dieser Bestimmtheit, also zur Aufstellung der Gleichung (1).

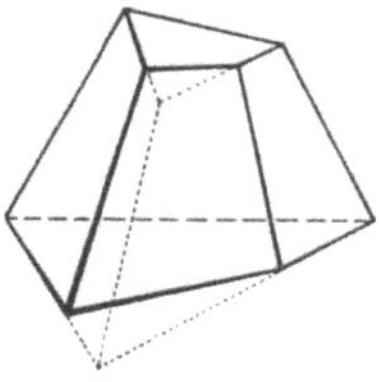
Abb. 9.

Diese Gleichung gibt EULER bereits in seiner ersten Abhandlung an; ihr Beweis ist ihm erst später gelungen und wird in der zweiten Abhandlung mitgeteilt.

Unabhängig von (1) werden durch einfachste Überlegungen einige andere Relationen in EULERs erster Arbeit abgeleitet. Sei $w$ die Anzahl der ebenen, d. h. in den ebenen Polygonen auftretenden Winkel, $\omega$ ihre Summe. Werden die Flächen mit $\alpha_i$ $(i = 1, \ldots f)$ bezeichnet, und ist $\alpha_i$ ein $n_i$-Eck, so stellt $n_i$ zugleich die Anzahl der Kanten und der Winkel in $\alpha_i$ vor, und da jeder Winkel nur in einer, jede Kante aber in zwei Flächen $\alpha_i$ auftritt, so gibt die Summe $\sum\limits_{i=1} n_i$ sowohl die Anzahl $w$ der Winkel als auch die doppelte Kantenzahl $2k$ an; es ist also

(2) $$w = 2k.$$

Ferner wird die Summe der Winkel in $\alpha_i$ gleich $(n_i - 2)\pi$, die Summe $\omega$ aller Winkel also $= \pi \sum n_i - 2\pi f$ oder

$$\omega = 2(k - f)\pi. \tag{3}$$

Da an jeder Ecke ebenso in jeder Fläche wenigstens drei Winkel liegen, so ist $w \geqq 3e$, $w \geqq 3f$, also nach (2)

$$e \leqq \tfrac{2}{3}k, \quad f \leqq \tfrac{2}{3}k. \tag{4}$$

Zu beachten ist, daß die Relationen (2), (3), (4) nicht den einschränkenden Voraussetzungen unterworfen sind, denen (1) unterliegt (vgl. § 6). Weitere wichtige Beziehungen gewinnt man nach EULER aber, indem man diese Relationen mit (1) kombiniert und nach Belieben eine der Zahlen $e$, $k$, $f$ durch die beiden anderen ausdrückt. So erhält man aus der zweiten Relation (4), indem man $f$ durch $k + 2 - e$ oder $k$ durch $e + f - 2$ ersetzt, die Ungleichungen $\frac{1}{3}k + 2 \leqq e$, $f \leqq 2e - 4$; und zwei analoge ergeben sich aus der ersten Relation (4). Wir stellen diese Formeln hier zusammen:

$$e \geqq \tfrac{1}{3}k + 2, \quad f \geqq \tfrac{1}{3}k + 2, \tag{5}$$

$$e \leqq 2f - 4, \quad f \leqq 2e - 4. \tag{6}$$

Aus (5a) und (4a) folgt u. a., daß es kein Polyeder mit sieben Kanten geben kann; denn für ein solches wäre $\frac{7}{3} + 2 \leqq e \leqq \frac{14}{3}$, was durch die Ganzzahligkeit von $e$ ausgeschlossen ist.

Aus (3) und (1) folgt ferner die Gleichung

$$\omega = (2e - 4)\pi, \tag{7}$$

die zeigt, daß (bei konvexen Polyedern) die Winkelsumme schon durch die Eckenzahl allein bestimmt ist. Viele Beweise des EULERschen Satzes gehen darauf aus, erst (7) zu gewinnen, woraus ja mittels der leicht zu beweisenden Gleichung (3) sofort wieder (1) folgt.

## § 3. Einteilung der konvexen Polyeder in Klassen nach den Werten von *e* und *f*.

Teilen wir die konvexen Polyeder in Klassen ein, indem wir zu einer Klasse alle die zusammenfassen, welche in $e$ und $f$ (also auch $k$) übereinstimmen, so ist ein eine solche Klasse bestimmendes ganzzahliges Paar $e, f$ an die Relationen (6) gebunden. Sie zeigen, daß zu einem gegebenen $e$ oder $f$ immer nur eine endliche Zahl von Klassen gehören kann, da $f$ nach (6) zwischen $\frac{1}{2}e + 2$ und $2e - 4$, $e$ zwischen $\frac{1}{2}f + 2$ und $2f - 4$ liegen muß (einschließlich der Grenzen der Intervalle). Ebenso ergeben sich aus (4), (5) bei gegebenem $k$ Grenzen für $e$ und $f$. Daß tatsächlich jedem ganzzahligen, den Bedingungen (6) genügenden Zahlenpaar $e, f$ eine Klasse konvexer Polyeder entspricht, scheint EULER vermutet zu haben. Wir geben hier einen Beweis. Er beruht auf zwei Prozessen, durch die aus einem gegebenen konvexen Polyeder $\mathfrak{P}_0$ neue hergeleitet werden. Vorausgesetzt wird, daß $\mathfrak{P}_0$ wenigstens eine dreieckige Grenzfläche, und ebenso wenigstens eine dreikantige Ecke besitzt.

Ist $O$ eine solche, und sind $A$, $B$, $C$ drei in den von $O$ ausgehenden Kanten beliebig angenommene Punkte, so bleibt, wenn man von $\mathfrak{P}_0$ das Tetraeder $ABCO$ wegschneidet (Abb. 10), ein konvexes Polyeder $\mathfrak{P}_1$ zurück, welches eine Grenzfläche mehr hat als $\mathfrak{P}_0$, nämlich das Dreieck $ABC$. Die Zahl der Ecken hat sich bei diesem ersten Prozeß, dem „Wegschneiden einer dreikantigen Ecke", um zwei vermehrt, da $O$ weggefallen, die drei (dreikantigen) Ecken $A, B, C$ hinzugekommen sind. Der zweite Prozeß besteht in dem „Aufsetzen einer Pyramide" $XYZS$ auf eine dreieckige Grenzfläche $XYZ$ von $\mathfrak{P}_0$ (Abb. 11). Damit das entstehende Polyeder wieder konvex ausfällt, ist es notwendig, daß die Spitze $S$ der Pyramide in dem endlichen oder unendlichen Gebiet des Raumes angenommen wird, das von $XYZ$ und den drei Ebenen begrenzt wird, in denen die drei zu $XYZ$ benachbarten Grenzflächen von $\mathfrak{P}_0$ liegen und in das man aus dem Innern von $\mathfrak{P}_0$ kommend nach Durchschreitung der Fläche $XYZ$ gelangt. Das neue Polyeder hat eine Ecke, nämlich $S$, und zwei Flächen mehr als $\mathfrak{P}_0$, da $XYZ$ wegfällt, und die drei Dreiecke bei $S$ hinzukommen. Da beide Prozesse wieder zu Polyedern führen, die sowohl dreieckige Grenzflächen als auch dreikantige Ecken besitzen, so kann man die Prozesse beliebig oft wiederholen. Hat das Ausgangspolyeder $\mathfrak{P}_0$ $e_0$ Ecken und $f_0$ Flächen, so erhält man nach $p$ maliger Anwendung des ersten und $q$ maliger des zweiten Prozesses ein Polyeder mit $e_0 + 2p + q$ Ecken und $f_0 + p + 2q$ Flächen.

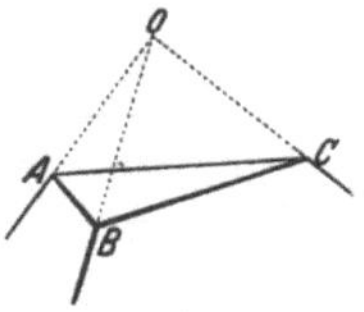

Abb. 10.

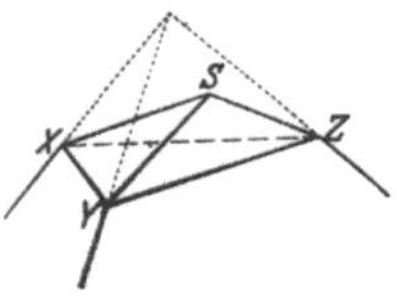

Abb. 11.

Es seien nun $e$ und $f$ irgend zwei ganze, den Bedingungen (6) des vorigen Paragraphen genügende Zahlen. Dann sind $2e - 4 - f$ und $2f - 4 - e$ ganze, nichtnegative Zahlen, deren Differenz durch 3 teilbar ist, die also durch 3 dividiert denselben Rest $r$ geben. Demnach hat man die Gleichungen

$$2e - f - 4 = 3p + r$$

$$2f - e - 4 = 3q + r,$$

worin $r = 0$ oder 1 oder 2 ist und $p$ und $q$ ganze, nichtnegative Zahlen sind. Löst man die beiden Gleichungen nach $e$ und $f$ auf, so erhält man

$$(8) \qquad \begin{cases} e = (4 + r) + 2p + q \\ f = (4 + r) + p + 2q. \end{cases}$$

Versteht man, je nachdem $r = 0$, 1 oder 2 ist, unter $\mathfrak{P}_0$ die drei-, vier- oder fünfseitige Pyramide, so gilt für die Anzahlen $e_0, f_0$ der Ecken und Flächen von $\mathfrak{P}_0$:

$$e_0 = f_0 = 4 + r.$$

$\mathfrak{P}_0$ besitzt sowohl dreieckige Grenzflächen als auch dreikantige Ecken. Wendet man, von diesem $\mathfrak{P}_0$ ausgehend, $p$mal den ersten, $q$mal den zweiten Prozeß an, so erhält man ein Polyeder mit den vorgeschriebenen Anzahlen $e$ und $f$ der Ecken und Flächen.

Aus den Gleichungen für $e$ und $f$ ergibt sich noch

$$e + f = 8 + 2r + 3s,$$

worin $s = p + q$ jeden ganzzahligen Wert $\geqq 0$, $r$ die Werte 0, 1, 2 haben kann. Hieraus ersieht man, daß $e + f$ aller Werte $\geqq 8$ mit Ausnahme von 9 fähig ist, mithin die Kantenzahl eines konvexen Polyeders jeden Wert $\geqq 6$ mit Ausnahme von 7 haben kann.

## § 4. Einführung der Zahlen $e_i$ und $f_i$.

Die Verschiedenheit zweier Polyedertypen kann bei Übereinstimmung in den Zahlen $e, f, k$ in vielen Fällen, wie z. B. bei den Hexaedern, aus der Betrachtung der Kantenzahlen der einzelnen Ecken oder Flächen erschlossen werden. Schon EULER hat zum Zweck einer solchen Unterscheidung die Anzahlen $f_i$ der $i$-Ecke ($i = 3, 4, \ldots$) und die Anzahlen $e_i$ der $i$kantigen Ecken eingeführt. Wir erhalten sofort die Gleichungen

$$(9)\qquad \begin{cases} \text{(a)} & e_3 + e_4 + e_5 + \cdots = e \\ \text{(b)} & f_3 + f_4 + f_5 + \cdots = f \end{cases}$$

und weiter nach (2), da die Anzahl $w$ der ebenen Winkel offenbar durch jede der beiden Summen $\sum i e_i$, $\sum i f_i$ dargestellt wird:

$$(10)\qquad \begin{cases} \text{(a)} & 3e_3 + 4e_4 + 5e_5 + \cdots = 2k \\ \text{(b)} & 3f_3 + 4f_4 + 5f_5 + \cdots = 2k. \end{cases}$$

Aus den Gleichungen (9a), (10a) folgt

$$6e - 2k = 3e_3 + 2e_4 + e_5 + 0e_6 - e_7 - 2e_8 - \cdots,$$

$$(11)\qquad \begin{cases} \text{(a)} & 3e_3 + 2e_4 + e_5 = 6e - 2k + e_7 + 2e_8 + \cdots \\ \text{(b)} & 3f_3 + 2f_4 + f_5 = 6f - 2k + f_7 + 2f_8 + \cdots \end{cases}$$

Da die $e_i$ und $f_i$ nicht negativ sein können, folgt weiter

$$(12)\qquad \begin{cases} 3e_3 + 2e_4 + e_5 \geqq 6e - 2k \\ 3f_3 + 2f_4 + f_5 \geqq 6f - 2k. \end{cases}$$

In ähnlicher Weise ergibt sich

$$4e - 2k = e_3 - e_5 - 2e_6 - \cdots$$

$$e_3 = 4e - 2k + e_5 + 2e_6 + 3e_7 + \cdots$$

$$f_3 = 4f - 2k + f_5 + 2f_6 + 3f_7 + \cdots$$

(13) $$e_3 + f_3 = 4(e - k + f) + (e_5 + f_5) + 2(e_6 + f_6) + \cdots$$

(14) $$e_3 + f_3 \geqq 4(e - k + f).$$

Gilt, wie im Falle konvexer Polyeder, die EULERsche Gleichung (1), so gelten auch die Ungleichungen (5), denen wir die Form

$$6e - 2k \geqq 12, \quad 6f - 2k \geqq 12$$

geben können. Aus (11) folgt also

(15) $$\begin{cases} 3e_3 + 2e_4 + e_5 \geqq 12 + e_7 + 2e_8 + \cdots \geqq 12 \\ 3f_3 + 2f_4 + f_5 \geqq 12 + f_7 + 2f_8 + \cdots \geqq 12, \end{cases}$$

während (13)

(16) $$e_3 + f_3 = 8 + (e_5 + f_5) + 2(e_6 + f_6) + \cdots \geqq 8$$

ergibt. Aus (15) ist ersichtlich, daß weder alle Ecken noch alle Flächen mehr als fünfkantig sein können. Dies ist allerdings auch schon aus (5) leicht abzuleiten und so auch von EULER bewiesen worden. Ungleichung (16) zeigt, daß nicht alle Ecken *und* Flächen mehr als dreikantig sein können, und genauer, daß die Anzahl der Dreiecke und dreikantigen Ecken zusammen wenigstens 8 beträgt. Sie findet sich bei LEGENDRE.

$e_3 + f_3$ wird $= 8$, wenn weder Ecken noch Flächen mit mehr als vier Kanten vorkommen. Beispiele hierfür sind:

das reguläre Oktaeder ($e_3 = 0$, $f_3 = 8$),
die sechsflächige Doppelpyramide (Abb. 3 mit $e_3 = 2$, $f_3 = 6$),
das Tetraeder ($e_3 = f_3 = 4$),
das dreiseitige Prisma ($e_3 = 6$, $f_3 = 2$),
der Würfel ($e_3 = 8$, $f_3 = 0$).

Andere Wertepaare von $e_3$, $f_3$ wie die in unseren Beispielen vorkommenden, also ungerade, sind hier ausgeschlossen. Es folgt dies aus einer allgemeinen, von EULER gemachten, aus (10) abzulesenden Bemerkung. Geben wir (10a) die Form

$$e_3 + e_5 + e_7 + \cdots = 2k - (2e_3 + 4e + 4e_5 + 6e_6 + \cdots),$$

so sehen wir, daß $e_3 + e_5 + e_7 + \cdots$ gerade sein muß, d. h. die Anzahl der Ecken von ungerader Kantenzahl ist gerade; und dasselbe gilt natürlich für die Flächen.

Soll $3e_3 + 2e_4 + e_5$ seinen kleinsten Wert 12 annehmen, so dürfen Ecken mit mehr als sechs Kanten nicht auftreten, und es muß überdies $6e - 2k = 12$, also $e = \frac{1}{3}k + 2$, somit $f = \frac{2}{3}k$ sein, was das Kennzeichen des Dreieckspolyeders ist. Ebenso hat die Gleichung $3f_3 + 2f_4 + f_5 = 12$ bei den Dreikantpolyedern ohne mehr als sechskantige Flächen statt und nur bei diesen. Die Anzahl der Lösungen der Gleichung $3f_3 + 2f_4 + f_5 = 12$ ist 19. Daß jeder von ihnen wirklich konvexe Polyeder entsprechen, folgt aus einem allgemeineren Satz von EBERHARD[1].

[1] EBERHARD, V.: Zur Morphologie der Polyeder, § 27, § 28, Theorem 24. Leipzig 1891.

[Wie schon oben bemerkt und wie man an den Abbildungen leicht nachprüft, lassen sich die verschiedenen Typen der *Hexaeder* durch die Zahlen $e_i$ und $f_i$ noch voneinander unterscheiden. Aber schon unter den *Siebenflächnern* findet man verschiedene Typen mit übereinstimmenden $e_i$ und $f_i$. Die Abb. 12 und 13 zeigen zwei Siebenflächner mit den gemeinsamen Zahlen $e_3 = 6$, $e_4 = 2$, $f_3 = 3$, $f_4 = 3$, $f_5 = 1$. Daß diese Siebenflächner von verschiedenem Typus sind, sieht man z. B. daran, daß in Abb. 12 alle drei Dreiecke mit dem Fünfeck je eine Kante gemeinsam haben, während in Abb. 13 nur zwei der Dreiecke mit dem Fünfeck je eine Kante, das dritte Dreieck mit dem Fünfeck nur eine Ecke gemeinsam hat. Zur morphologischen Charakterisierung reichen also auch die Zahlen $e_i$ und $f_i$ nicht aus.]

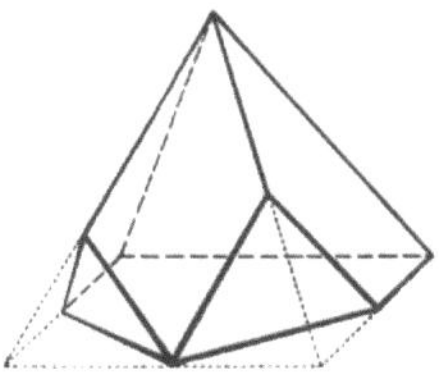

Abb. 12.

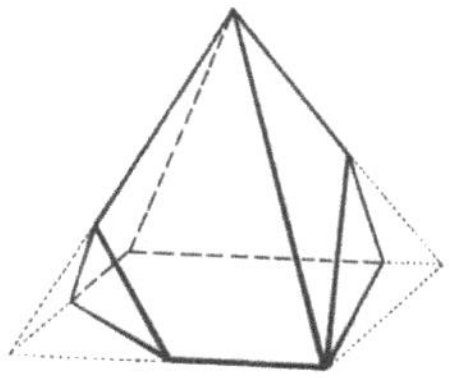

Abb. 13.

## § 5. Einige Beweise des EULERschen Satzes.

Die allgemeinen Betrachtungen, von denen aus EULER zu seinem Satz (1) geführt wurde, blieben lange unbeachtet, der Satz selbst ist aber Gegenstand einer umfangreichen Literatur geworden. Daß er nicht in voller Allgemeinheit gilt, konnte nicht lange verborgen bleiben. Man bemühte sich nun einerseits darum, die Bedingungen für seine Gültigkeit festzustellen, andererseits unter Vermeidung besonderer Voraussetzungen die Formel (1) durch eine allgemeinere zu ersetzen. Was den ersten Punkt betrifft, so bedeutete es zwar eine unnötig weitgehende Einschränkung, wenn man nur konvexe Polyeder in Betracht zog, es war das aber der einfachste Ausweg, solange der Begriff des Flächenzusammenhanges noch nicht klar erfaßt war. Bei den folgenden Beweisen setzen wir Konvexität voraus.

Die Tatsache, daß nach der mit (1) äquivalenten Gleichung (7) die Summe der ebenen Winkel eines Polyeders (wie die Summe der Winkel eines Polygons) schon durch die Eckenzahl allein bestimmt ist, schätzt EULER besonders hoch ein. Er spricht deshalb auch schon in seiner ersten Abhandlung den Wunsch aus, es möchte auch der Beweis von (7) gegeben werden, der lediglich die Anzahl der *Ecken* in Betracht zieht. Der später von ihm selbst gegebene Beweis mit einem Schluß von $e - 1$ auf $e$ ist von diesem Bestreben geleitet. Indessen war EULERS Wunsch schon etwa hundert Jahre, bevor er ihn aussprach, durch DESCARTES erfüllt worden. Dieser hat in der Tat die Formel (7) gefunden und bewiesen, und von ihr ausgehend auch den EULERschen Satz (1). Sein Manuskript ist verloren, aber eine lückenhafte

Abschrift, die LEIBNIZ von ihm nahm, wurde 1860 entdeckt. Wir können danach seinen Gedankengang, der von dem EULERschen gänzlich verschieden ist, verfolgen. DESCARTES' Bestreben war, für die Sätze über die Winkelsumme bei ebenen Figuren Analogie im Raume zu finden, also ein Gesichtspunkt metrischer Natur.

Aus einem Punkte $O$ im Innern eines konvexen ebenen Polygons $A_1 \ldots A_n$ seien die Lote auf die Begrenzungsgeraden gefällt, also diejenigen Strahlen oder Halbgeraden, welche die Richtungen der äußeren Normalen bezeichnen. Die Lote auf die beiden zu einer Ecke $A_i$ gehörigen Seiten bilden einen Winkel $\omega_i$, der gleich dem Außenwinkel bei $A_i$ ist. Wir können ihn auch als „Krümmung des Polygons an der Ecke $A_i$" ansehen, da er die Änderung in der Bewegungsrichtung eines das Polygon umlaufenden Punktes an der Stelle $A_i$ angibt. Die Summe der um $O$ herumgelagerten Winkel beträgt $2\pi$, und ebenso groß ist also auch die Summe der Außenwinkel (die „Totalkrümmung") des Polygons.

Diese Betrachtungen lassen sich auf den Raum übertragen. Es sei $O$ ein Punkt im Innern eines konvexen Polyeders $\mathfrak{P}$. Dieses besteht dann aus allen Punkten, zu denen man von $O$ aus gelangen kann, ohne eine der begrenzenden Ebenen zu überschreiten. Aus $O$ seien die Lote auf die Ebenen gefällt. Es sei ferner $S$ irgendein Eckpunkt von $\mathfrak{P}$ mit $n$ Kanten

$$S B_i \quad (i = 0, \ldots, n-1, \; B_n = B_0).$$

Die von $S$ ausgehenden, über die Punkte $B_i$ führenden Strahlen $b_i$ sind die Kanten eines $n$-Kants $\mathfrak{S}$, dessen Begrenzungsebenen mit den durch $S$ gehenden Begrenzungsebenen von $\mathfrak{P}$ identisch sind. Je zwei aufeinanderfolgende Kanten $b_{i-1}$, $b_i$ bestimmen eine solche Ebene $\alpha_i$ und grenzen in ihr ein konvexes Gebiet, eine „Seitenfläche von $\mathfrak{S}$", ab. Unter „Seite $\alpha_i$" verstehen wir den von $b_{i-1}$ und $b_i$ gebildeten Winkel, unter Winkel „$b_i$" den von den beiden in $b_i$ zusammenstoßenden Seitenflächen gebildeten Winkel. Die Lote aus $O$ auf die Ebenen $\alpha_i$ sind nun die Kanten eines zweiten konvexen $n$-Kants $\mathfrak{S}'$, das den Punkt $S$ im Innern enthält und „polar" zum ersten genannt wird. Ist $a_i'$ das Lot von $O$ auf $\alpha_i$ $(i = 1, 2, \ldots)$, so ist die durch $a_i'$ und $a_{i+1}'$ bestimmte Begrenzungsebene $\beta_i'$ von $\mathfrak{S}'$ senkrecht auf der Schnittkante $b_i$ von $\alpha_i$ und $\alpha_{i+1}$, so daß das $n$-Kant $\mathfrak{S}$ seinerseits polar zu $\mathfrak{S}'$ ist. Die Seiten von $\mathfrak{S}'$, d. h. die von je zwei Kanten $a_i'$, $a_{i+1}'$ gebildeten Winkel, sind die Supplemente zu den Winkeln von $\mathfrak{S}$, die an den Kanten $b_i$ liegen, ebenso die Winkel von $\mathfrak{S}'$ die Supplemente der Seiten $\alpha_i$, also gleich $\pi - \alpha_i$. Als Krümmung des Polyeders $\mathfrak{P}$ an der Ecke $S$ bezeichnen wir den sphärischen Inhalt des polaren $n$-Kants $\mathfrak{S}'$, d. h. den Inhalt des von $\mathfrak{S}'$ auf der Einheitskugel um $O$ ausgeschnittenen sphärischen $n$-Ecks. Dieser ist bekanntlich gleich dem sphärischen Exzeß, d. h.

dem Überschuß der Winkelsumme von $\mathfrak{S}'$ über die des ebenen Ecks, also $= (\pi - \alpha_1) + \cdots (\pi - \alpha_n) - (n - 2)\pi = 2\pi - (\alpha_1 + \cdots + \alpha_n)$. Da die $\alpha_i$ die ebenen Winkel von $\mathfrak{P}$ an der Ecke $S$ sind, so ist die Krümmung an jeder Ecke gleich dem Betrag, um den die Summe der ebenen Winkel an dieser Ecke hinter $2\pi$ zurückbleibt. Die Summe der Krümmungen an allen $e$-Ecken beträgt also $2e\pi - \omega$, wenn wieder $\omega$ die Summe aller ebenen Winkel von $\mathfrak{P}$ ist. Andererseits wird die Krümmung an jeder Ecke durch den sphärischen Inhalt ihrer polaren Ecke bei $O$ gemessen. Diese erfüllen aber gerade den ganzen Raum um $O$. Die Summe ist also gleich der Vollkugel, d. i. $= 4\pi$. Somit ist

$$2e\pi - \omega = 4\pi,$$

womit (7), also auch (1) bewiesen ist.

Ein anderer, von STEINER herrührender Beweis gestaltet sich so: Das konvexe Polyeder $\mathfrak{P}$ wird auf eine Ebene $\varepsilon$ projiziert. Es ist dabei gleichgültig, ob orthogonale oder schiefe Parallelprojektion oder Zentralprojektion gewählt wird, nur muß im letzten Falle das Zentrum $C$ außerhalb $\mathfrak{P}$ und $\varepsilon$ so angenommen werden, daß die Parallelebene zu $\varepsilon$ durch $C$ das Polyeder nicht trifft. Außerdem ist dafür zu sorgen, daß keine Polyederebene einen projizierenden Strahl enthält, damit ihre Projektion sich nicht auf eine gerade Strecke reduziert. Alle unsere Polyederzeichnungen sind solche Projektionen. Die Summe $\omega$ der ebenen Winkel von $\mathfrak{P}$ ist gleich der Summe ihrer Projektionen. Denn wenn auch die einzelnen Winkel bei der Abbildung verändert werden, so stellt sich doch jedes $n$-Eck wieder als $n$-Eck, also mit gleicher Winkelsumme $(n-2)\pi$ dar. Aus der Konvexität von $\mathfrak{P}$ folgt, daß die Projektion ein konvexes Polygon, das „Umrißpolygon" $\mathfrak{U}$, ausfüllt. Jeder Punkt im Innern von $\mathfrak{U}$ ist Projektion zweier Punkte der Oberfläche von $\mathfrak{P}$, jeder Punkt auf $\mathfrak{U}$ Projektion eines Punktes. Sei $\mathfrak{U}$ ein $n$-Eck; seine $n$ Ecken sind die Projektionen von $n$ Ecken von $\mathfrak{P}$, die übrigen $m = e - n$ Ecken projizieren sich ins Innere von $\mathfrak{U}$. Die Projektionen der Winkel an einer solchen Ecke betragen daher zusammen $2\pi$. Dagegen ist die Summe der Projektionen der ebenen Winkel einer Ecke, die sich als Ecke $A$ des Umrisses $\mathfrak{U}$ projiziert, wegen der doppelten Bedeckung des Inneren von $\mathfrak{U}$ doppelt so groß wie der Winkel des Polygons $\mathfrak{U}$ an dieser Ecke. Hiernach erhalten wir für $\omega$ die Summe

$$m \cdot 2\pi + 2(n-2)\pi = 2(m+n-2)\pi = (2e-4)\pi,$$

also Formel (7).

Wir geben endlich noch einen dritten Beweis, der direkt die Gleichung (1) liefert. Er findet sich in LEGENDRES Geometrie (1809), aber auch schon etwas früher (1807) in der Aufgabensammlung von MEYER HIRSCH[1]. Jeder Strahl aus einem im Innern von $\mathfrak{P}$ angenommenen

[1] Sammlung geometrischer Aufgaben, 2. Teil, S. 93. Berlin 1807.

Punkte $O$ trifft die Oberfläche von $\mathfrak{P}$ in einem Punkte. Wir projizieren die Oberfläche aus $O$ auf eine Kugel $\mathfrak{K}$ um $O$, deren Radius wir $= 1$ setzen. Jeder Fläche von $\mathfrak{P}$ entspricht auf $\mathfrak{K}$ ein sphärisches Polygon, und diese Polygone setzen sich zur Kugel zusammen. In dem so auf $\mathfrak{K}$ erhaltenen Netz, das ebenso viele Ecken, Kanten und Flächen wie $\mathfrak{P}$ hat, berechnen wir nach zwei verschiedenen Methoden die Summen $\omega'$ der Polygonwinkel, indem wir das eine Mal immer die Winkel an jeder einzelnen Ecke zusammenfassen, das zweite Mal die in den einzelnen Flächen zusammenfassen. Die erste Methode liefert sofort

$$\omega' = e \cdot 2\pi.$$

Sind ferner $\alpha_1, \ldots, \alpha_f$ die einzelnen Flächen, ist $\alpha_i$ ein $n_i$-Eck, $\omega_i'$ seine Winkelsumme, $\sigma_i$ sein sphärischer Inhalt, so folgt:

$$\text{(a)} \qquad n_1 + n_2 + \cdots + n_f = 2k$$

$$\text{(b)} \qquad \omega_1' + \omega_2' + \cdots + \omega_f' = \omega'$$

$$\text{(c)} \qquad \sigma_1 + \sigma_2 + \cdots + \sigma_f = 4\pi.$$

Da nach dem Satz über den Inhalt sphärischer Polygone

$$\sigma_i = \omega_i' - (n_i - 2)\pi$$

ist, folgt aus den voranstehenden Gleichungen

$$\begin{aligned} 4\pi &= \sigma_1 + \cdots + \sigma_f = (\omega_i' + \cdots + \omega_f') - (n_1 + \cdots + n_f)\pi + 2f\pi \\ &= \omega' - 2k\pi + 2f\pi \end{aligned}$$

oder

$$\omega' = 2(k - f + 2)\pi,$$

woraus in Verbindung mit $\omega' = 2e\pi$ Gleichung (1) folgt.

## § 6. Kritik des Eulerschen Satzes. Anfänge der Analysis situs.

S. Lhuilier hat wohl zuerst darauf hingewiesen, daß der Eulersche Satz nicht für alle Polyeder zutrifft, und hat sich bemüht, die Bedingungen für seine Gültigkeit zu formulieren und eine allgemeine Formel aufzustellen, die für alle Polyeder bestehen soll. Die Auffassung des Polyeders als Körper ist bei ihm durchaus vorherrschend. Wir erläutern seine Untersuchungen an Beispielen:

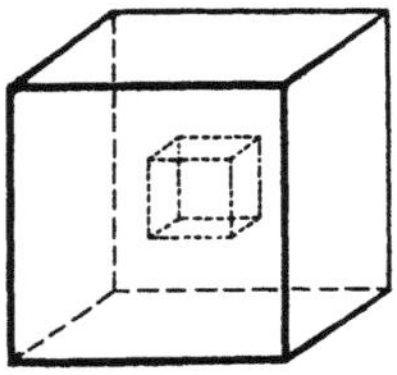

Abb. 14.

1. Aus dem Innern eines Würfels $\mathfrak{W}_1$ sei ein kleiner Würfel $\mathfrak{W}_2$ weggenommen (Abb. 14). Das zurückbleibende Polyeder hat zu Begrenzungsflächen die Flächen beider Würfel, und ebenso ist es mit den Ecken und Kanten. Es wird also $e = 16$, $k = 24$, $f = 12$ und somit die Charakteristik, d. h. die Zahl $e - k + f = 4$.

2. In die Fläche $ABCD$ eines Würfels $\mathfrak{W}_1$ ist ein Quadrat $A_1 B_1 C_1 D_1$ eingezeichnet und auf dieses ein zweiter Würfel $\mathfrak{W}_2$ aufgesetzt (Abb. 15). $\mathfrak{W}_1$ und $\mathfrak{W}_2$ geben zusammen ein Polyeder $\mathfrak{P}$, für welches wieder $e = 16$, $k = 24$, aber $f$ nur $= 11$ ist, weil die Fläche $A_1 B_1 C_1 D_1$ von $\mathfrak{W}_2$ nicht mehr Grenzfläche von $\mathfrak{P}$ ist. Die Charakteristik ist 3.

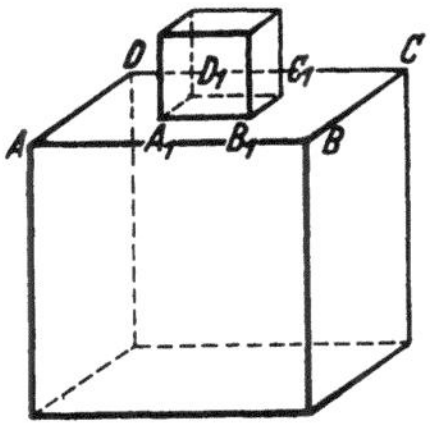

Abb. 15.

3. Von einem regulären Oktaeder sind zwei Gegenecken $Z$, $Z'$ so weggeschnitten, daß als Schnittflächen zwei kongruente Quadrate $ABCD$, $A_1 B_1 C_1 D_1$ entstehen (Abb. 16). Das zurückbleibende konvexe Polyeder $\mathfrak{P}'$ hat natürlich die Charakteristik 2 (nämlich $e = 12$, $k = 20$, $f = 10$). Die beiden Quadratflächen können als Grundflächen eines vierseitigen Prismas angesehen werden. Wird dieses aus dem Körper herausgenommen, so hat das zurückbleibende Polyeder $\mathfrak{P}$ dieselben Ecken wie $\mathfrak{P}'$, vier Kanten sind hinzugekommen, ebenso vier Flächen, während die beiden Quadratflächen fortfielen. Dies ergibt $e = 12$, $k = 24$, $f = 12$, also $c = 0$.

Für die Abweichung vom EULERschen Gesetz macht LHUILIER im ersten Fall den durch Wegnahme des Würfels $\mathfrak{W}_2$ entstandenen „Hohlraum", im zweiten das „Loch" in der Fläche $ABCD$ des Würfels $\mathfrak{W}_1$, von der nun das Stück $A_1 B_1 C_1 D_1$ nicht mehr zur Begrenzung von $\mathfrak{P}$ gehört, im dritten Fall die „Durchbohrung" oder den „Kanal" verantwortlich, der durch Ausschneiden des Prismas entstanden ist. Sind keine Hohlräume, Löcher, Kanäle vorhanden, so soll die EULERsche Formel, sonst allgemein die Gleichung

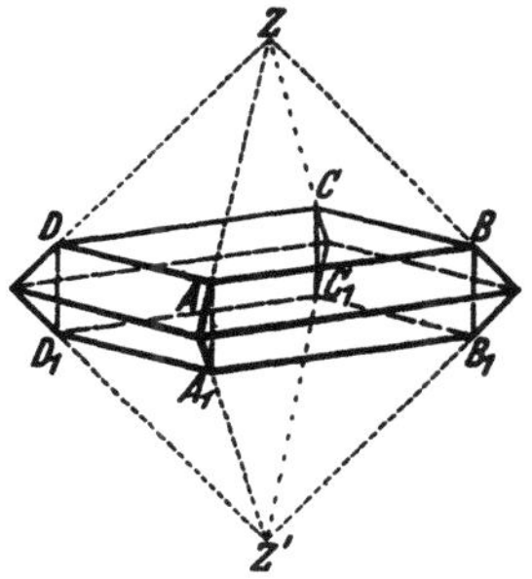

Abb. 16.

$$e - k + f = 2 + 2h + l - 2p$$

gelten, in der $h$, $l$, $p$ die Anzahlen der Hohlräume, Löcher, Kanäle bezeichnen. Nach dieser Formel würde jeder Hohlraum die Charakteristik um 2 vermehren. Das trifft nur zu, wenn wir die Hohlräume selbst als EULERsche Polyeder voraussetzen.

Um den Einfluß der Löcher auf die Charakteristik zu erläutern, kommen wir noch einmal auf das zweite Beispiel zurück. Ziehen wir in Abb. 15 die Strecken $AA_1$, $BB_1$, $CC_1$, $DD_1$, so wird die durchlöcherte Fläche in vier Flächen ohne Löcher zerlegt. Die Zahl der Flächen hat sich um drei, die der Kanten um vier vermehrt, während die Eckenzahl unverändert blieb. Die Charakteristik hat also um 1 abgenommen. In ähnlicher Weise kann man beim Auftreten von $l$ Löchern diese durch Zerlegung der Flächen beseitigen, wobei die Charakteristik um $l$ sinkt. So rechtfertigt sich das Auftreten von $+ l$ auf der rechten Seite der LHUILIERschen Formel.

Soll endlich an einem Polyeder $\mathfrak{P}$ eine Durchbohrung vorgenommen werden, so bedeutet das im Sinne LHUILIERS die Wegnahme eines EULERschen Polyeders $\mathfrak{P}'$, von dem zwei Flächen $\alpha$, $\beta$, die keine Ecke gemein haben, zugleich der Begrenzung von $\mathfrak{P}$ angehören, während $\mathfrak{P}'$ im übrigen einschließlich seiner Begrenzung ganz im Innern von $\mathfrak{P}$ liegt. Sind $e'$, $k'$, $f'$ die Anzahlen der Ecken von $\mathfrak{P}'$, also $e' - k' + f' = 2$, ist $\alpha$ ein $m$-, $\beta$ ein $n$-Eck, so kommen bei diesem mit $\mathfrak{P}$ vorgenommenen Prozeß $e' - m - n$ Ecken und $k' - m - n$ Kanten und $f' - 2$ Flächen hinzu, während die beiden Flächen $\alpha$, $\beta$ verlorengehen, so daß die Flächenzahl um $f' - 4$ wächst. Da $(e' - m - n) - (k' - m - n) + (f' - 4) = (e' - k' + f') - 4 = -2$ ist, wird durch eine solche Durchbohrung die Charakteristik um 2 vermindert, wie es die LHUILIERsche Formel behauptet.

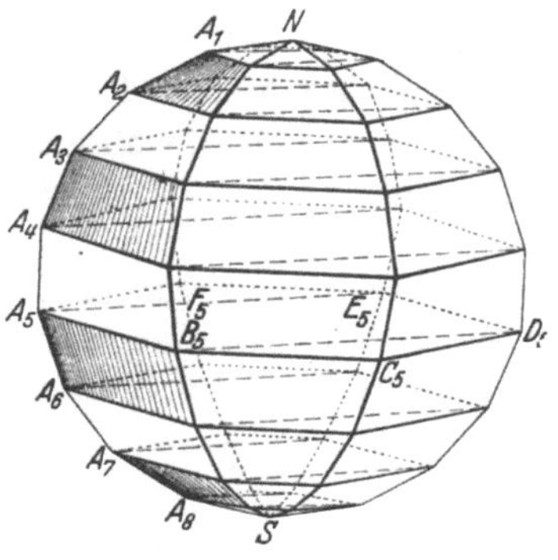

Abb. 17.

Um noch an einem einfachen Beispiel die Herstellung eines Polyeders mit $p$ Kanälen zu illustrieren, nehmen wir einen Halbkreis $NS$ an und auf diesem $2p$ Punkte $A_r$ $(r = 1, \ldots, 2p)$ in der Folge $N$, $A_1, \ldots A_{2p}$, $S$, durch die er in $2p + 1$ Teile zerlegt wird (Abb. 17). Lassen wir den Halbkreis um $NS$ als Achse rotieren, so entsteht eine Kugel mit $N$ als „Nord-", $S$ als „Südpol", während die Punkte $A_r$ $2p$ Parallelkreise beschreiben. Der Halbkreis, von dem wir ausgingen, stellt einen Meridian dar. Wir nehmen noch fünf Meridiane an, deren Schnittpunkte mit den Parallelkreisen $B_r$, $C_r$, $D_r$, $E_r$, $F_r$ $(r = 1, \ldots, 2p)$ seien. Die von den Meridianen in $N$ und $S$ gebildeten Winkel sollen $60°$ betragen, so daß die Sechsecke $A_r B_r C_r D_r E_r F_r$ regulär werden. Die $2p$ Parallelkreise liefern auf der Kugel ein Netz mit $e_0 = 12p + 2$ Ecken, $k_0 = 24p + 6$ Kanten, von denen $12p$ in den Parallelkreisen, $12p + 6$ in den Meridianen liegen, und $f_0 = 12p + 6$ Flächen, nämlich $12p - 6$ Vierecken und 12 Dreiecken. Die Ecken dieser Drei- und Vierecke sind zugleich die Ecken geradlinig begrenzter ebener (gleichschenkliger) Dreiecke und Vierecke (gleichschenkliger Paralleltrapeze), die die Begrenzung eines konvexen Polyeders $\mathfrak{P}_0$ liefern. Die $4p$ Strecken $A_r E_r$ und $B_r D_r$ $(r = 1, \ldots, 2p)$ sind alle parallel. Je vier von ihnen, nämlich $A_{2i-1} E_{2i-1}$, $B_{2i-1} D_{2i-1}$, $A_{2i} E_{2i}$, $B_{2i} D_{2i}$ $(i = 1, \ldots p)$ sind Kanten eines Hexaeders $\mathfrak{H}_i$ vom Würfeltypus, dessen acht Ecken die Endpunkte der vier Strecken sind. Werden die $p$ Hexaeder aus $\mathfrak{P}_0$ herausgeschnitten, so bleibt ein Polyeder $\mathfrak{P}$ mit $p$ Kanälen, $e = e_0$ Ecken, $k = k_0 + 4p$ Kanten, $f = f_0 + 2p$ Flächen und der Charakteristik $e_0 - k_0 + f_0 - 2p = 2 - 2p$ zurück.

Wir geben noch ein letztes Beispiel für ein Nicht-EULERsches Polyeder. Sei $O$ ein Punkt im Innern eines Würfels $\mathfrak{W}$ (Abb. 18). Wir betrachten zwei gegenüberliegende Würfelflächen und die beiden Pyramiden, die diese Flächen zu Grundflächen und $O$ als gemeinsame Spitze haben. Werden diese beiden Pyramiden aus dem Würfelkörper genommen, so hat das zurückbleibende Polyeder neun Ecken, zwanzig Kanten, zwölf Flächen. Die Charakteristik ist also 1. — Dieses Polyeder zeigt gegenüber den konvexen Polyedern die Abweichung, daß die durch die Ecke $O$ gehenden Kanten und Flächen nicht einen einzigen geschlossenen Cyclus bilden, sondern sich zu zwei solchen Cyclen gruppieren.

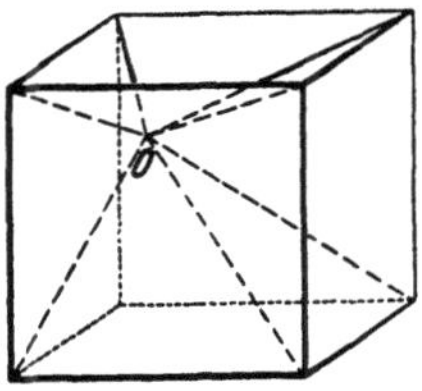


Abb. 18.

## § 7. Die Anfänge der Analysis situs.

Die Untersuchungen von LHUILIER können schon darum nicht befriedigen, weil Begriffe wie „Durchbohrung" verwendet werden, die nicht exakt definiert sind. Wir wollen uns bei diesen Versuchen nicht lange aufhalten. Ein Übelstand ist der, daß die Polyeder immer als Körper aufgefaßt werden. Man bekommt einen leichteren Einblick in den ganzen Sachverhalt, wenn man statt dessen die Oberfläche in Betracht zieht. Diese zeigt bei dem ersten Beispiel des vorigen Paragraphen schon dadurch einen wesentlichen Unterschied gegenüber der Oberfläche eines konvexen Polyeders, daß sie aus zwei getrennten Stücken, nämlich den Begrenzungen der beiden Würfel $\mathfrak{W}_1$ und $\mathfrak{W}_2$, besteht, während die Oberfläche eines konvexen Polyeders vollkommen zusammenhängend ist. Die Untersuchung derartiger Zusammenhangsverhältnisse ist Aufgabe der Analysis situs, einer Disziplin, die in der Mitte des vorigen Jahrhunderts durch LISTING, MÖBIUS und RIEMANN begründet worden ist. Einen ersten Schritt in dieser Richtung hatte jedoch schon EULER in seinen Polyederarbeiten getan, indem er von den metrischen Beziehungen absah und nur die Gruppierung der Polyederflächen ins Auge faßte. Ein weiterer Schritt besteht darin, daß man auch von der Forderung ebener Begrenzungsflächen und geradliniger Kanten absieht und allgemein Flächen studiert, die durch ein System von Linien, Kanten genannt, in eine Reihe von einfachen Flächenstücken zerlegt sind. In der Tat ist z. B. die EULERsche Formel von der Bedingung der Ebenflächigkeit ganz unabhängig. Betrachten wir die Oberfläche eines beliebigen konvexen Körpers. Wird diese in eine Anzahl von Flächenstücken zerschnitten, deren jedes von einer einzigen zusammenhängenden Linie begrenzt ist, so gilt auch hier für die Anzahlen $e$, $k$, $f$ der Ecken, Kanten und Flächenstücke dieser Einteilung die EULERsche Gleichung.

Die oben eingeführte Bezeichnung „einfaches Flächenstück" ist noch zu definieren. Wir verstehen darunter das umkehrbar eindeutige und stetige Bild einer Kreisfläche. Analytisch stellt es sich so dar:

$u, v$ sei ein reelles Variablenpaar, das der Beschränkung

$$u^2 + v^2 \leqq 1$$

unterworfen ist. $x, y, z$ seien eindeutige reelle, stetige Funktionen von $u, v$, und es sei überdies vorausgesetzt, daß zwei verschiedenen Zahlenpaaren $u, v$ auch immer zwei verschiedene Zahlentripel $x, y, z$ entsprechen. Deuten wir $u, v$ als ebene, $x, y, z$ als räumliche orthogonale Punktkoordinaten, so erfüllen die Punkte $u, v$ eine Kreisfläche und die Punkte $x, y, z$ eine Fläche im Raum, die das stetige und umkehrbar eindeutige Bild der Kreisfläche ist, also ein einfaches Flächenstück $\alpha$ in dem von uns definierten Sinne. Der Kreisperipherie entspricht die Begrenzung von $\alpha$. Werden auf dieser $n \geqq 2$ Punkte angenommen, so wird die Begrenzung in $n$ Stücke zerlegt, die wir auch Kanten nennen. Das Flächenstück selbst oder auch seine Begrenzung wird dann auch als ein $n$-Eck bezeichnet. In der Analysis situs betrachtet man nun Flächen, die sich aus einer endlichen Anzahl einfacher Flächenstücke in der Weise zusammensetzen, daß jede Kante eines Flächenstücks höchstens noch bei einem zweiten als Kante auftritt. Zwei Flächenstücke, die (wenigstens) eine Kante gemeinsam haben, nennen wir benachbart. Es wird ferner gefordert, daß die sämtlichen Flächenstücke in der Weise miteinander zusammenhängen, daß man von einem beliebigen ausgehend und immer zu benachbarten übergehend zu jedem beliebigen andern gelangen kann und daß auch die zu irgendeiner Ecke gehörigen Flächenstücke für sich betrachtet denselben Zusammenhang aufweisen. Durch die letzte Forderung werden solche Polyeder, wie das im vorigen Paragraphen zuletzt besprochene, ausgeschlossen; denn die Flächen der dort mit $O$ bezeichneten Ecke zeigen einen solchen Zusammenhang nicht.

Wir schließen nicht aus, daß mehrere Flächenstücke auch Punkte gemeinsam haben, die nicht einer gemeinsamen Kante angehören. Solche Punkte sollen jedoch entsprechend mehrfach gezählt werden. Die einzelnen Flächen der im vorigen Paragraphen betrachteten Polyeder sind bis auf eine solche einfachen Flächenstücke. Die einzige Ausnahme bildet die „durchlöcherte" Fläche des unter (2) betrachteten Polyeders. Dies zeigt sich schon darin, daß ihre Begrenzung in zwei geschlossene Linien zerfällt. Ein anderer wesentlicher Unterschied ist folgender: Führt man in dieser Fläche einen Schnitt längs der Strecke $AA_1$ aus, so bleibt dieses Flächenstück doch noch zusammenhängend. Ein einfaches Flächenstück dagegen wird durch jeden Schnitt, der von einem Punkte seiner Begrenzung zu einem andern führt, einen sog. „Querschnitt", in zwei Teile zerlegt; es wird deshalb auch von RIEMANN als „einfach zusammenhängend" bezeichnet.

Es sei $\Phi$ eine Fläche, die wir uns in der oben beschriebenen Weise aus einfachen Flächenstücken zusammengesetzt oder, wie wir auch sagen, „polyedrisch aufgebaut“ denken. Nach Bezeichnung der Ecken und Kanten können wir diesen polyedrischen Aufbau genau ebenso schematisch darstellen, wie wir es früher bei den ebenflächigen Polyedern getan haben. Diejenigen Kanten, welche nur bei einem Flächenstück vorkommen, heißen Randkanten. Sie setzen sich zu geschlossenen Linien, den Rändern oder Randpolygonen, zusammen. Ist die Anzahl $r$ der Ränder gleich 0, sind also Randkanten nicht vorhanden, so heißt die Fläche geschlossen. Dieselbe Fläche läßt sich natürlich auf mannigfache Weise polyedrisch aufbauen, in jedem Fall wird aber die Zahl $r$ der Ränder die nämliche sein, ist also durch die Fläche selbst gegeben. Dasselbe gilt aber auch, wie RIEMANN zuerst nachgewiesen hat, für die Charakteristik $c = e - k + f$.

Es seien jetzt $\Phi$ und $\Phi'$ zwei Flächen, von denen wir annehmen wollen, daß sie sich punktweise eindeutig und stetig aufeinander abbilden lassen. Zwei solche Flächen heißen *äquivalent* im Sinne der Analysis situs, oder auch *homöomorph*. Jedem polyedrischen Aufbau der einen Fläche entspricht dann offenbar ein isomorpher Aufbau der andern. Umgekehrt ist leicht zu sehen, daß, wenn zwei Flächen isomorph zusammengesetzt sind, sie auch äquivalent sein müssen, denn man kann zunächst die zugeordneten Kanten aufeinander abbilden, und es ist dann immer noch auf mannigfaltige Weise möglich, die innern Punkte je zweier entsprechender einfacher Flächenstücke stetig so aufeinander abzubilden, daß auch die Stetigkeit auf der Berandung der Flächen gewahrt wird[1]. Äquivalente Flächen haben natürlich sowohl dieselbe Ränderzahl $r$ wie auch dieselbe Charakteristik $c$.

Die Oberfläche eines konvexen Körpers läßt sich aus einem innern Punkte auf eine Kugel um diesen Punkt projizieren. Da diese Abbildung stetig ist, so folgt sogleich, daß die Oberflächen aller konvexen Körper einander im Sinne der Analysis situs äquivalent sind. Da zu diesen Flächen auch die Oberflächen konvexer Polyeder gehören, so folgt, daß die Oberflächen aller konvexen Körper sowie alle Flächen, die zu diesen äquivalent sind, die Charakteristik 2 haben. Führt man auf einer solchen Fläche längs einer geschlossenen, sich selbst nicht schneidenden Linie einen Schnitt aus, so zerfällt die Fläche in zwei Stücke.

---

[1] [Geht man von den beiden einfachen Flächenstücken auf die beiden Einheitskreise zurück, deren eineindeutige und stetige Bilder sie sind, so sind dadurch zunächst die Ränder beider Einheitskreise eineindeutig und stetig aufeinander abgebildet. Um die Abbildung ins Innere fortzusetzen, ordne man die Mittelpunkte einander zu, dann die Radien, die nach den entsprechenden Punkten gehen, wobei die Radien einzeln kongruent abgebildet werden mögen. Von den so eineindeutig und stetig aufeinander abgebildeten vollen Einheitskreisen kehrt man dann zu den einfachen Flächenstücken zurück und hat auch sie ebenso aufeinander abgebildet.]

Umgekehrt gilt, wie später gezeigt werden soll, daß jede geschlossene Fläche, die durch jeden geschlossenen Schnitt in zwei Teile zerfällt, einer Kugelfläche äquivalent ist und somit die Charakteristik 2 hat.

Einen ganz andern Charakter zeigt die Ringfläche, welche durch Rotation eines Kreises um eine in seiner Ebene gelegene, nicht schneidende Gerade entsteht. Auch hier können wir natürlich geschlossene Schnitte ausführen, welche die Fläche zerschneiden. Führen wir aber einen Schnitt längs eines Meridians oder Parallelkreises, so zerfällt sie nicht. Würde man aber jetzt noch irgendeinen zweiten geschlossenen Schnitt ausführen, so würde unter allen Umständen ein Zerfall eintreten. Es gibt andere Flächen, auf denen man nacheinander $p$, aber nicht mehr als $p$ geschlossene Schnitte ausführen kann, ohne daß ein Zerfall eintritt. Eine solche Fläche ist die Oberfläche des Polyeders, das wir auf S. 14 betrachtet haben und das wir aus einem EULERschen Polyeder durch Anbringung von $p$ Kanälen abgeleitet haben. Hier können wir längs der $p$ Polygone $A_{2i}$, $A_{2i-1}$, $B_{2i-1}$ und $B_{2i}$ Schnitte ausführen, ohne daß ein Zerfall eintritt. Solche Flächen werden als „Flächen vom Geschlecht $p$" bezeichnet. Die Ringfläche hat also das Geschlecht 1, die Kugelfläche das Geschlecht 0.

## § 8. Einseitige Flächen.

Bei der Oberfläche eines Körpers kann man stets zwei Seiten, die äußere und die innere, unterscheiden. Da man lange Zeit Flächen immer nur als Oberflächen von Körpern zu denken gewohnt war, so blieb es bis in die neuere Zeit verborgen, daß es auch Flächen gibt, bei denen man, wenn man sie in ihrer ganzen Ausdehnung betrachtet, nicht mehr zwei verschiedene Seiten unterscheiden kann. Diese „einseitigen" Flächen wurden im Jahre 1858 von MÖBIUS und LISTING entdeckt[1]. Um von einer solchen Fläche eine Vorstellung zu gewinnen, nehmen wir einen Papierstreifen, der die Form eines langgestreckten Rechtecks mit den Längsseiten $AA_1$ und $BB_1$ hat. Wir denken uns noch die Mitte $M$ von $AB$ mit der Mitte $M_1$ von $A_1B_1$ durch eine Gerade verbunden, die wir Mittellinie nennen und auf der einen Seite des Papiers rot, auf der andern blau ausziehen. Biegen wir den Streifen und legen wir die Seiten $AB$ und $A_1B_1$ so aufeinander, daß $A$ mit $A_1$ und $B$ mit $B_1$ zusammenfällt, so entsteht ein ringförmiges Band, bei dem wir wieder zwei Seiten, die durch die rote und die blaue Färbung gekennzeichnet sind, unterscheiden können. Wenn wir aber vor der Ver-

[1] MÖBIUS, A. F.: Über die Bestimmung des Inhaltes eines Polyeders (1865). Werke Bd. 2 S. 473—512 — Einseitige Polyeder (Tagebuchnotizen aus dem Jahre 1858). Werke Bd. 2 S. 519—521. — LISTING, J. B.: Census räumlicher Komplexe. Abh. Ges. Wiss. Göttingen Bd. 10 (1862) S. 12. — P. STÄCKEL [Math. Ann. Bd. 52 (1899)] hat in LISTINGS Nachlaß eine Notiz über einseitige Flächen aus dem Jahre 1858 gefunden.

einigung das eine Ende so herumdrehen, daß $B_1$ mit $A$ und $A_1$ mit $B$ zusammenfällt, so wird zwar wie im vorigen Falle die Mittellinie eine geschlossene Linie, da wieder die Punkte $M$ und $M_1$ zusammenfallen (Abb. 19). Jetzt aber stoßen an dieser Stelle auf beiden Seiten das blaue und das rote Ende zusammen. Das zeigt uns, daß wir nicht mehr zwei Seiten unterscheiden können, wenn wir die Fläche in ihrem ganzen Verlauf verfolgen; denn wenn wir von einer Stelle der Mittellinie von einer Seite ausgehend diese Linie verfolgen, so sind wir, wenn wir sie einmal durchlaufen haben, zur Ausgangsstelle, aber auf die andere Seite gelangt, obgleich wir nirgends den Rand überschritten haben. Die so konstruierte Fläche wird auch MÖBIUS*sches Band* genannt.

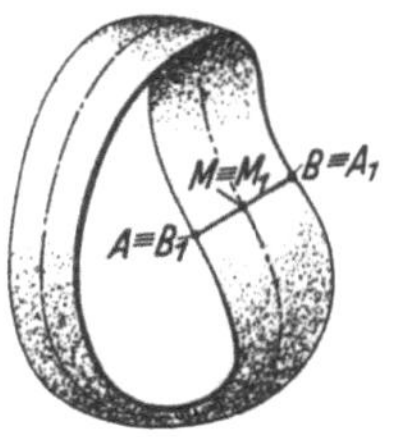

Abb. 19.

Noch in anderer Beziehung unterscheidet sich dieses Band von dem zuerst konstruierten. Es besitzt nur einen Rand, da die beiden Längsseiten $AA_1$, $BB_1$ des Papierstreifens sich nach unserer Konstruktion zu einer einzigen geschlossenen Linie vereinigt haben. Nehmen wir an, daß wir innerhalb unseres Streifens an dem einen Ufer der Mittellinie entlang gehen, so sind wir nach Vollendung des Umlaufs nicht nur auf die andere Seite der Fläche, sondern auch auf das andere Ufer der Mittellinie gelangt. Wir können also auch innerhalb der Fläche an dieser Linie nicht zwei Seiten unterscheiden. Die Linie ist innerhalb der Fläche einseitig. Dieser Zusatz ,,innerhalb der Fläche" darf nicht vergessen werden. Die Einseitigkeit ist eine Eigenschaft, die der Linie in bezug auf die Fläche zukommt, nicht eine Eigenschaft der Linie an sich. Um dies noch deutlicher zu machen, konstruieren wir das MÖBIUSsche Band noch in etwas anderer Weise. In einer Ebene $\varepsilon$ seien eine Gerade $g$ und ein Punkt $P$ außerhalb $g$ angenommen. Durch $P$ sei in $\varepsilon$ eine Strecke $l$ mit den Endpunkten *1*, *2* gezogen, die kleiner als der Abstand des Punktes $P$ von $g$ ist und in $P$ halbiert wird (Abb. 20). Wir lassen nun $\varepsilon$ um die festgehaltene Gerade $g$ und zugleich $l$ in der Ebene $\varepsilon$ um $P$ mit gleichmäßiger Geschwindigkeit sich drehen, und zwar so, daß, wenn $\varepsilon$ sich um 360° gedreht hat, die Drehung von $l$ nur 180° beträgt. $l$ erzeugt dabei ein MÖBIUSsches Band, auf welchem der von

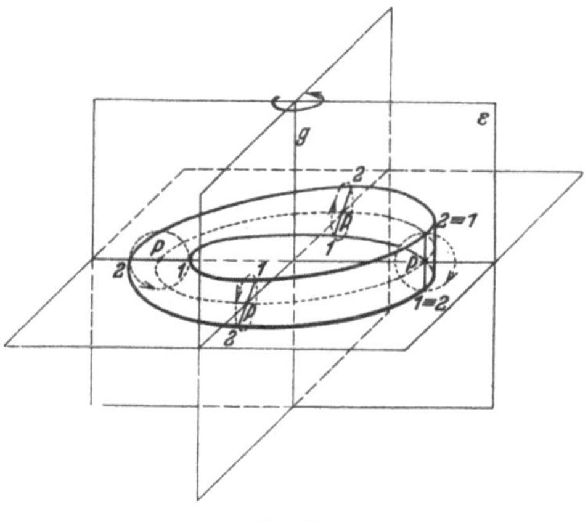

Abb. 20.

$P$ beschriebene Kreis die Mittellinie darstellt. Der Kreis ist daher innerhalb dieses Bandes eine einseitige Linie. Aber natürlich können wir durch den Kreis auch Flächen legen, z. B. Zylinderflächen, innerhalb deren er zweiseitig ist. Ebenso ist die Einseitigkeit einer Fläche eine Eigenschaft, die nicht der Fläche an sich, sondern der Fläche in bezug auf den sie umgebenden Raum zukommt. Dies ist oft verkannt worden, weil im EUKLIDischen (und ebenso im projektiven) Raume die Einseitigkeit einer Fläche stets mit einer andern Eigenschaft verbunden ist, die der Fläche an sich anhaftet. Hierauf kommen wir später (§ 12) noch zurück.

## § 9. Ebene Polygone. Art eines Polygons.

Nach der elementaren Auffassung ist ein ebenes Vieleck oder Polygon ein einfaches ebenes Flächenstück, das von geraden Strecken begrenzt wird, sein Perimeter also ein gebrochener, geschlossener Streckenzug, dessen einzelne Strecken (Seiten oder Kanten) außer den gemeinsamen Ecken aufeinanderfolgender keinen Punkt gemein haben. Wir nennen jetzt ein solches Vieleck ein gewöhnliches, während wir allgemein das ebene Vieleck ($n$-Eck) nach L. POINSOT als eine Figur definieren, die entsteht, wenn man nach Annahme von $n$ beliebigen Punkten $A_1, \ldots, A_n$ in der Ebene jeden mit dem folgenden, den letzten mit dem ersten durch eine Strecke verbindet. Hiermit deckt sich die Definition des (ebenen) Polygons bei A. F. MÖBIUS als eines Systems von endlich vielen Strecken, deren jede jeden Endpunkt mit einer [einzigen] andern Strecke gemein hat; wobei noch gefordert wird, daß man von jeder Strecke (Kante) zu jeder andern kontinuierlich gelangen kann, wenn ein Übertritt von einer Kante zur andern immer nur in einem gemeinsamen Endpunkt statthaft ist. Die Weglassung dieses Zusatzes würde bedeuten, daß man auch ein System von mehreren (kontinuierlichen) Polygonen als ein (diskontinuierliches) Polygon gelten läßt.

Den ersten Anstoß zur Verallgemeinerung des Vielecksbegriffs gab die Beschäftigung mit den regulären Polygonen. Verbindet man in einem gewöhnlichen regulären $n$-Eck $A_1 A_2 \ldots A_n$ jede Ecke mit der $a$ten darauffolgenden $\left(a < \frac{n}{2}\right)$ durch eine Strecke, so setzen sich diese Strecken, wenn $a$ teilerfremd zu $n$ ist, zu einem, wenn $a$ mit $n$ den größten gemeinsamen Teiler $t$ hat, zu $t$ Vielecken zusammen. Diese sind regulär, d. h. ihre Kanten und Winkel sind untereinander gleich. Ist $a$ teilerfremd zu $n$, so wird das erhaltene Polygon von POINSOT als ein *reguläres n-Eck ater Art* bezeichnet. [In Abb. 21 u. 22 sind die Fälle $n = 8$, $a = 3$, $(n, a) = t = 1$ und $n = 8$, $a = 2$, $t = (n, a) = 2$ dargestellt.] Das gewöhnliche reguläre $n$-Eck ist also von erster Art. Im Falle $a > 1$ heißt das Polygon wegen seines Aussehens auch *Sternpolygon*.

Die Verallgemeinerung des Vielecksbegriffs macht die Wiederaufnahme einiger Fragen wie die nach der Winkelsumme notwendig. In dem regulären $n$-Eck $a$ter Art ist jeder Winkel Peripheriewinkel des umbeschriebenen Kreises, und der zugehörige Bogen umfaßt $n - 2a$ $n$tel der Kreisperipherie. Der Winkel des Polygons beträgt also $\frac{n-2a}{n} \cdot \pi = \pi - \frac{a}{n} \cdot 2\pi$, der Außenwinkel $\frac{a}{n} \cdot 2\pi$, die Winkelsumme $(n - 2a)\pi$, die Summe der Außenwinkel $a \cdot 2\pi$.

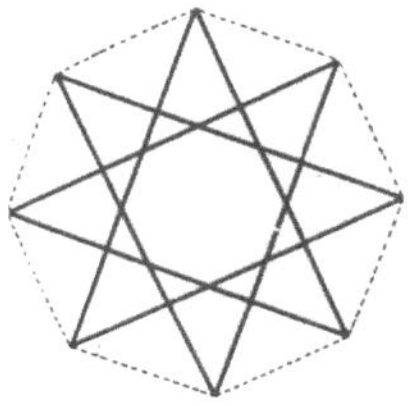

Abb. 21.

Man kann das reguläre $n$-Eck $a$ter Art aus dem gewöhnlichen auch dadurch ableiten, daß man jede Kante bis zum Schnitt mit der $a$ten darauffolgenden und der $a$ten vorangehenden verlängert (Abb. 21, 22). Die Schnittpunkte und die verlängerten Kanten sind dann Ecken und Kanten des Vielecks $a$ter Art. Dies ergibt sich leicht aus der Betrachtung der Außenwinkel. Der Außenwinkel an einer Ecke eines beliebigen Polygons ist der Winkel, um den sich die Bewegungsrichtung dreht, wenn man beim Durchlaufen des Polygons die Ecke passiert (Abb. 23). Beim gewöhnlichen regulären $n$-Eck beträgt dieser Winkel $2\pi/n$. Da man bei dem zuletzt konstruierten Polygon an jeder Ecke aus der Richtung einer Kante des gewöhnlichen $n$-Ecks in die Richtung der $a$ten darauffolgenden desselben $n$-Ecks einbiegt, so beträgt der Außenwinkel des neuen Polygons $a \cdot \frac{2\pi}{n}$, was mit dem oben gefundenen Wert übereinstimmt.

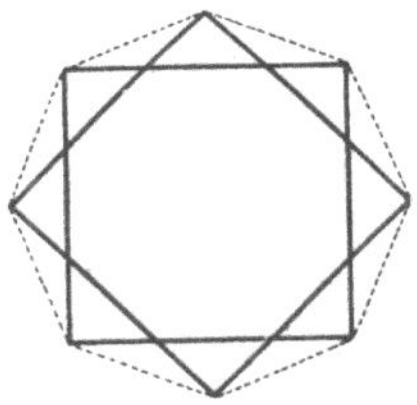

Abb. 22.

CHR. WIENER[1] hat den Artbegriff auf beliebige ebene Polygone ausgedehnt: ein Polygon heißt von der $a$ten Art, wenn die Summe der Außenwinkel $a \cdot 2\pi$ beträgt. Diese Erklärung erfordert indessen noch einige nähere Festsetzungen.

Eine Linie wird durch Festsetzung ihres Durchlaufungssinnes, die (EUKLIDische) Ebene durch Festsetzung eines positiven Drehungssinnes „orientiert“

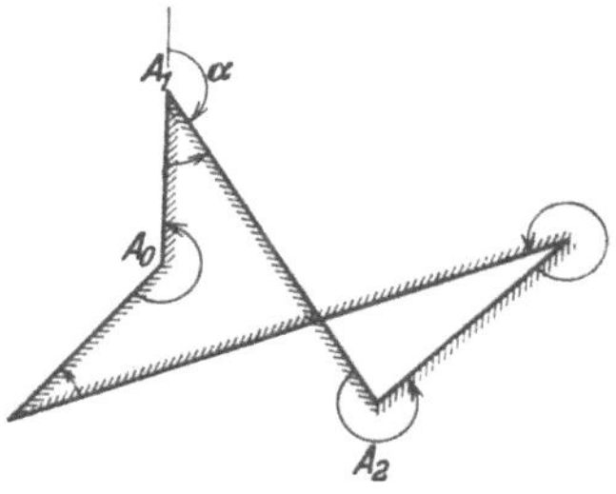


Abb. 23.

Bei einer in einer Fläche gelegenen Linie kann man an jeder Stelle zwei Ufer oder Seiten unterscheiden. Handelt es sich um eine orientierte Strecke in einer orientierten Ebene, so soll dasjenige Ufer als positiv gelten, in welches die Punkte der Strecke bei kleiner positiver Drehung um den Anfangspunkt der Strecke eintreten. Bei einem ebenen Polygon kann man die beiden Ufer nach dem Vorgange

[1] WIENER, CHRISTIAN: Über Vielecke und Vielflache. Leipzig 1864.

von MEISTER[1] und MÖBIUS[2] durch Färbung oder Schraffierung auseinanderhalten (Abb. 23). Ein gewöhnliches Polygon begrenzt stets ein einfaches Flächenstück, und daher ist hier die Unterscheidung der beiden Ufer als inneres und äußeres naturgemäß gegeben. Bei einem beliebigen Polygon ist aber kein Ufer vor dem andern ausgezeichnet und die Festsetzung, welches Ufer als inneres gelten soll, willkürlich. Ist sie getroffen, so bezeichnet man den Winkel zwischen $0$ und $2\pi$, der von den von einer Ecke $A$ ausgehenden Kanten gebildet wird und am inneren Ufer liegt, als den Innenwinkel bei $A$. M. BRÜCKNER[3] versteht unter Außenwinkel den Winkel am äußeren Ufer, so daß Innen- und Außenwinkel sich zu $2\pi$ ergänzen. Gewöhnlich jedoch versteht man unter Außenwinkel etwas anderes: Es seien (Abb. 23) Ebene und Polygon orientiert. Damit ist auch festgesetzt, welches Ufer positiv ist. Dieses soll zugleich als inneres gelten. Sind $A_0, A_1, A_2$ drei aufeinanderfolgende Ecken des Polygons, so ist der Drehungswinkel, der aus der Richtung von $A_0A_1$ in die von $A_1A_2$ führt, bis auf Vielfache von $2\pi$ bestimmt. Den zwischen $-\pi$ und $+\pi$ gelegenen Wert $\alpha$ dieses Winkels nennen wir Außenwinkel. Er ist nur in dem Falle unbestimmt, in welchem $A_0A_1$ und $A_1A_2$ entgegengesetzt gerichtet sind. Ein um $A_1$ drehbarer Strahl (Halbgerade), der von der Richtung $A_0A_1$ ausgeht, also zunächst die Fortsetzung von $A_0A_1$ bildet, gelangt nach Drehung um den Winkel $\alpha$ in die Richtung $A_1A_2$. Dreht er sich dann in positivem Sinne weiter, bis er die Richtung $A_1A_0$ hat, so beschreibt er den Innenwinkel $\beta$. Da Anfangs- und Endlage entgegengesetzt sind, so ist $\alpha + \beta$ ein ungerades Vielfaches von $\pi$, und da $-\pi < \alpha < \pi$, $0 < \beta < 2\pi$, so folgt $-\pi < \alpha + \beta < 3\pi$, also $\alpha + \beta = \pi$, d. h. Außen- und Innenwinkel betragen zusammen stets $\pi$. Da man, nach Durchlaufung des ganzen Polygons, wieder zur ursprünglichen Richtung zurückkehrt, so muß die Summe der Außenwinkel ein Vielfaches von $2\pi$ sein. Ist sie $a \cdot 2\pi$, so heißt $a$ die *Art des Polygons*. Nach unserer Erklärung kann $a$ auch negativ sein; bei WIENER wird der *absolute* Wert von $a$ als Art bezeichnet. Aus dem Vorangehenden ergibt sich sogleich, daß die Summe der Innenwinkel bei einem $n$-Eck $a$ter Art $(n - 2a) \cdot \pi$ beträgt. Ein Dreieck ist, wie man sofort sieht, von 1. oder $-1$. Art, je nachdem sein Umlaufssinn mit dem positiven Drehungssinn der Ebene übereinstimmt oder nicht. Allgemein ergibt sich, daß bei einem $n$-Eck der absolute Wert von $a < \frac{n}{2}$ sein muß, da ja der absolute Wert jedes Außenwinkels $< \pi$ ist. Es kann aber auch, wenn $n \geqq 4$ ist, $a$ tatsächlich jeden ganzzahligen, der Bedingung

[1] MEISTER, A. L. F.: Generalia de genesi figurarum planarum et inde pendentibus earum affectionibus. Novi Comm. soc. reg. scient. Götting. Bd. I S. 1769 u. 1770.

[2] MÖBIUS, A. F.: Gesammelte Werke. Bd. 2 S. 490.

[3] BRÜCKNER, M.: Vielecke und Vielflache, Theorie und Geschichte. Leipzig 1900. S. 3.

$|a| < \frac{n}{2}$ genügenden Wert annehmen. Um dies zunächst für $a > 0$ zu zeigen, nehmen wir auf einem Kreise vom Radius 1 die Punkte $A_0, A_1, \ldots, A_n = A_0$ so an, daß man bei positivem Durchlaufen des Kreises nach Zurücklegung des Bogens $\frac{a}{n} \cdot 2\pi$ von $A_i$ nach $A_{i+1}$ $(i = 0, 1 \ldots n - 1)$ gelangt. Ist $a$ nicht teilerfremd zu $n$, so werden die Punkte $A_i$ nicht alle verschieden sein. Man kann dann aber durch kleine Verrückungen bewirken, daß sie auseinandertreten, und es wird dann nach wie vor die Summe aller Bögen $\widehat{A_i A_{i+1}}$ $a \cdot 2\pi$ betragen, wobei jeder einzelne Bogen $\left(\text{wegen } |a| < \frac{n}{2}\right)$ kleiner als der Halbkreis ist. Legen wir in jedem Punkte $A_i$ die Tangente an den Kreis und bezeichnen wir mit $s_i$ das auf der Tangente von $A_i$ durch die Tangenten in $A_{i-1}$ und $A_{i+1}$ abgegrenzte Stück, so bilden die $s_i$ ein $n$-Eck $a$ter Art; denn der Außenwinkel an der von $s_i$ und $s_{i+1}$ gebildeten Ecke ist gleich dem Bogen $\widehat{A_i A_{i+1}}$, die Summe der Außenwinkel also $a \cdot 2\pi$. Wird der Umlaufssinn des Polygons umgekehrt, so nimmt die Art den Wert $-a$ an. Es bleibt nur noch zu zeigen, daß, wenn wir den Fall $n = 3$ ausschließen, $a$ auch den Wert 0 haben kann. Wir sehen zunächst, daß das in der Abbildung dargestellte überschlagene Viereck (Abb. 24) von nullter Art ist. Nehmen wir in seinem Kantenzug noch irgendwelche $n - 4$ voneinander und den Ecken des Vierecks verschiedene Punkte als neue Ecken an, so haben wir ein $n$-Eck, bei welchem die Außenwinkel an den neuen Ecken alle 0 sind und also auch die Summe aller Außenwinkel wie beim Viereck 0 ist. Dieses $n$-Eck ist also von nullter Art. Wollen wir vermeiden, daß Kanten in dieselbe Gerade fallen, so brauchen wir nur mit den Ecken kleine Verschiebungen vorzunehmen. Man sieht nämlich allgemein, daß bei Verschiebung der Ecken eines $n$-Ecks die Außenwinkel sich kontinuierlich ändern, solange nicht bei irgendeiner Ecke eine Unbestimmtheit des Außenwinkels eintritt, d. h. die von der Ecke ausgehenden Seiten ineinander liegen. Wenn man also bei der Bewegung der Ecken diesen Fall vermeidet, so muß die Summe der Außenwinkel, da sie sich nur kontinuierlich ändern könnte, andererseits aber stets ein Vielfaches von $2\pi$ sein muß, konstant bleiben. Also bleibt auch die Art konstant.

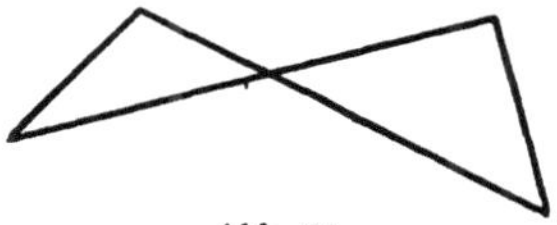

Abb. 24.

## § 10. Der Flächeninhalt ebener Polygone.

Wenn wir bei Strecken in einer Geraden auch den Richtungssinn berücksichtigen und Strecken entgegengesetzter Richtung wie Größen verschiedenen Vorzeichens behandeln, so gelten für irgend drei Punkte $A, B, C$ einer Geraden die Gleichungen:

$$AB = -BA, \qquad AB + BA = 0$$

(1) $$AC = AB + BC.$$

Diese letzte Gleichung drückt nicht nur aus, daß die Strecke auf der linken Seite an Länge gleich ist der Summe der Längen der Strecken rechts, sondern es ist die Strecke $AC$ aus den Strecken $AB$ und $BC$ zusammengesetzt. Dies gilt zunächst im gewöhnlichen Sinne, wenn $B$ zwischen $A$ und $C$ liegt. Liegt aber z. B. $C$ zwischen $A$ und $B$, so ist die Bedeutung der Gleichung die, daß, wenn von der Strecke $AB$ die $BC$ entgegengesetzte Strecke $CB$ fortgelassen wird, die Strecke $AC$ zurückbleibt (Abb. 25). Der Gleichung (1) können wir die Form geben:

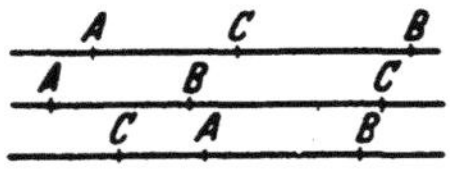

Abb. 25.

$$AB + BC + CA = 0.$$

Sie besagt dann, daß die Summe der drei Strecken, die man aus drei Punkten einer Geraden bilden kann, Null ist, wenn die Strecken so orientiert werden, daß jeder Punkt einmal als Anfangs- und einmal als Endpunkt auftritt.

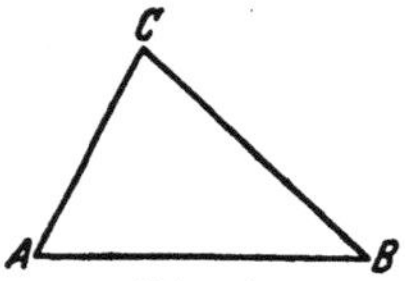

Abb. 26.

Dreiecke und allgemeiner einfache Flächenstücke in der Ebene, deren Peripherie in dem einen oder andern Sinne durchlaufen werden kann, können ebenso wie Größen verschiedenen Vorzeichens behandelt werden. Wenn wir ein Dreieck mit $ABC$ (allgemeiner ein Polygon mit $A_1 \ldots A_n$) bezeichnen, so soll dadurch zugleich auch immer sein Umlaufssinn mit angegeben sein. Erklären wir ein bestimmtes Dreieck $ABC$ als positiv, so ist damit auch die Ebene orientiert, und das Vorzeichen jedes beliebigen Dreiecks steht fest. Hiernach gelten die Gleichungen:

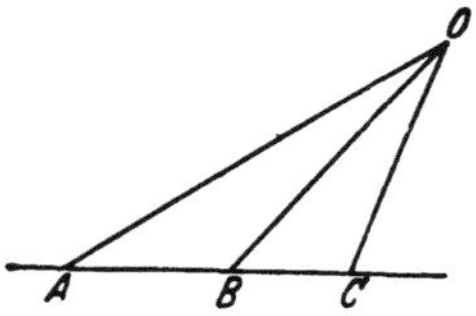

Abb. 27.

$$ABC = BCA = CAB = -CBA = -ACB = -BAC.$$

Das Dreieck $ABC$ ist die Fläche, welche der von $C$ ausgehende Radiusvektor $CP$ überstreicht, wenn $P$ von $A$ nach $B$ läuft. Dies gilt auch dem Vorzeichen nach, da, je nachdem das Dreieck positiv oder negativ ist, auch der Drehungssinn des Fahrstrahls positiv oder negativ ist. Die Berücksichtigung des Vorzeichens läßt ohne weiteres erkennen, daß, wenn $A, B, C$ in einer Geraden liegen und $O$ ein beliebiger Punkt der Ebene ist (Abb. 27), die Gleichung

$$ACO = ABO + BCO \tag{2}$$

besteht. Auch hier wieder bedeutet diese Gleichung eine Zusammensetzung der links stehenden Größe aus den beiden rechts, und dasselbe gilt von den weiterhin entwickelten Gleichungen.

Es sei jetzt $ABC$ ein beliebiges Dreieck, $O$ irgendein Punkt der Ebene. Liegt $O$ innerhalb $ABC$, so wird die Gerade $AB$ von $CO$ in einem

Punkte $S$ geschnitten. Liegt $O$ außerhalb des Dreiecks, so wird dieser Punkt wenigstens von einer Ecke durch die gegenüberliegende Gerade, etwa von $C$ durch $AB$, getrennt; wir bezeichnen wieder den Schnittpunkt von $OC$ und $AB$, der innerhalb oder außerhalb der Strecke $AB$ liegen kann, mit $S$. Die Abb. 28a bis 28c illustrieren die verschiedenen möglichen Fälle. Die Anwendung der durch die Gleichung (2) ausgedrückten Beziehung ergibt in jedem Falle:

$$ABC = ASC + SBC = SCA + CSB =$$
$$(SOA + OCA) + (COB + OSB) = (ASO + SBO) + BCO + CAO =$$
$$ABO + BCO + CAO,$$

also:

$$ABC = ABO + BCO + CAO. \tag{3}$$

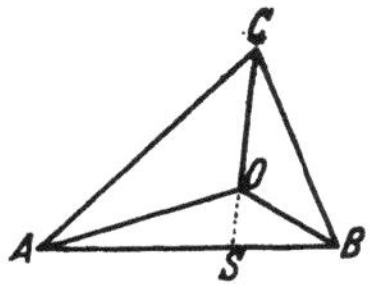

Abb. 28a.

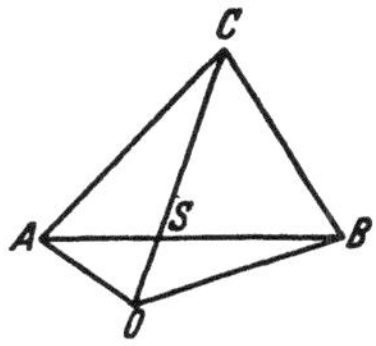

Abb. 28b.

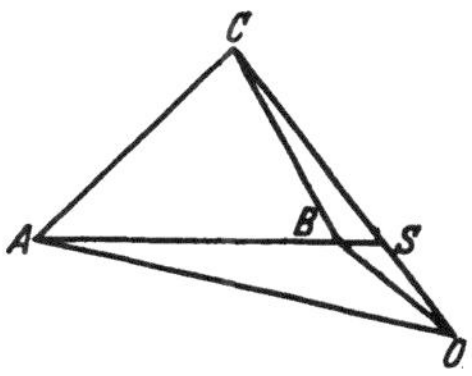

Abb. 28c.

Indem wir $O$ durch $D$ ersetzen und alle Glieder der Gleichung (3) auf eine Seite bringen, geben wir ihr noch die Form:

$$ABC + BAD + CBD + ACD = 0,$$

d. h. die Summe der vier Dreiecke, die man aus vier Punkten einer Ebene bilden kann, ist Null, wenn die Dreiecke so orientiert werden, daß jede Kante in den beiden Dreiecken, in welchen sie auftritt, entgegengesetzten Richtungssinn erhält. Diese Vorschrift ist unter dem Namen „Möbiussches Kantengesetz" bekannt.

Wir leiten nun die Darstellung für die Zusammensetzung eines beliebigen $n$-Ecks aus Dreiecken ab und führen zu diesem Zweck folgende einfache Bezeichnung ein: Ist $A_0 A_1 \ldots A_n$ ein beliebiger Streckenzug, $O$ ein beliebiger Punkt der Ebene, so soll das Symbol $(A_0 A_1 \ldots A_n) O$ die Fläche bezeichnen, welche der Radiusvektor $OP$ überstreicht, wenn $P$ den Streckenzug durchläuft, also die Summe der Dreiecke $A_0 A_1 O$, $A_1 A_2 O, \ldots, A_{n-1} A_n O$. Es sei nun $A_n = A_0$, der Streckenzug also ein $n$-Eck. Ist dieses konvex und $O$ im Innern gelegen, so setzen offenbar die Dreiecke die ganze Fläche des konvexen Polygons zusammen. Möbius zeigt, daß das auch nach den gewöhnlichen Erklärungen der Fläche gilt, wofern nur das Polygon ein gewöhnliches ist, setzt aber dabei als bekannt voraus, daß ein solches Polygon stets ein einfaches Flächenstück einschließt. Da wir den Beweis für diese Tatsache erst später (§ 59) bringen, so geben wir hier auch den MÖBIUSschen Beweis nicht, sondern begnügen uns damit, zu zeigen, daß im Falle $A_n = A_0$ der Ausdruck $(A_0 A_1 \ldots A_n) O$ von der Wahl des Punktes $O$ unabhängig ist, und zwar bei beliebiger Wahl der Punkte $A_0, A_1, \ldots, A_n = A_0$, um dann diesen Ausdruck als die Fläche des Polygons zu definieren. Nun ist unsere Behauptung für den Fall $n = 3$ durch die Formel (3) bewiesen. Wir beweisen sie allgemein durch Induktion. Es ist

$$\begin{aligned}(A_0 A_1 \ldots A_{n-1} A_0) O &= (A_0 A_1 \ldots A_{n-2}) O + A_{n-2} A_{n-1} O + A_{n-1} A_0 O \\ &= (A_0 A_1 \ldots A_{n-2}) O + (A_{n-2} A_0 O + A_0 A_{n-2} O) \\ &\quad + A_{n-2} A_{n-1} O + A_{n-1} A_0 O = \\ &(A_0 A_1 \ldots A_{n-2} A_0) O + (A_0 A_{n-2} A_{n-1} A_0) O = \\ &(A_0 A_1 \ldots A_{n-2} A_0)\, O + A_0 A_{n-2} A_{n-1}.\end{aligned}$$

Von dem ersten Ausdruck auf der rechten Seite dürfen wir annehmen, daß er von $O$ unabhängig ist, da es sich hier nur um ein $(n-1)$-Eck handelt, und damit ist die Behauptung auch für den Fall des $n$-Ecks bewiesen.

Bezeichnen wir mit $A_0 A_1 \ldots A_{n-1}$ nicht nur das Polygon, sondern auch seinen Inhalt, so können wir nach dem Vorangehenden noch die Formel aufstellen:

$$A_0 A_1 \ldots A_{n-1} = A_0 A_1 \ldots A_{n-2} + A_0 A_{n-2} A_{n-1}.$$

Die Tatsache, daß die Dreieckssumme $(A_0 A_1 \ldots A_{n-1} A_0) O$ von der Wahl des Punktes $O$ unabhängig ist, wenn sie algebraisch genommen wird, besagt, daß, wenn irgendein Flächenelement der Ebene in $p$ positiven und $q$ negativen Dreiecken vorkommt, die Zahl $p - q$ von der Wahl des Punktes $O$ unabhängig ist. Die Polygonfläche enthält dann dieses Element $(p - q)$ mal. Wir nennen diese Zahl den Koeffizienten dieses Elementes oder auch jedes Punktes dieses Elementes. Es kommt dieser Zahl, wie wir gleich sehen werden, noch eine andere Bedeutung zu.

In einer orientierten Ebene sei die gerichtete Strecke $AB$ gegeben. Für einen beliebigen Punkt $O$ der Ebene bezeichnen wir mit $D(O)$ den Winkel, um den sich der Fahrstrahl $OP$ dreht, wenn $P$ die Strecke $AB$ durchläuft. Dieser Winkel ist für jeden Punkt $O$ außerhalb der Strecke $AB$ bestimmt und zwischen $-\pi$ und $+\pi$ gelegen; er ist positiv auf der positiven, negativ auf der negativen Seite der Geraden $AB$ (wenn man dieser auch die Richtung von $A$ nach $B$ gibt) und ändert sich stetig mit $O$. Ist $C$ ein innerer Punkt der Strecke $AB$, so ist, wenn sich $O$ dem Punkte $C$ nähert, $\lim D(O) = +\pi$ oder $= -\pi$, je nachdem die Annäherung von der positiven oder negativen Seite erfolgt. $D(O)$ macht also den Sprung $2\pi$, wenn $O$ die Strecke $AB$ von der negativen zur positiven Seite hin überschreitet. Sei nun $A_0 A_1 \ldots A_n = A_0$ ein beliebiges Polygon, so ist für jeden Punkt $O$ der Winkel, um den sich der Fahrstrahl $OP$ beim Durchlaufen des Polygons dreht, das ist die Summe der Drehungswinkel, die den einzelnen Kanten entsprechen, ein Vielfaches von $2\pi$. Ist sie gleich $m \cdot 2\pi$, so heißt $m = W(O)$ die Windungszahl des Polygons für den Punkt $O$. Sie ist für jeden Punkt $O$, der nicht auf dem Polygon liegt, bestimmt, und da sie nur ganzzahlig sein kann und die den einzelnen Kanten entsprechenden Drehungswinkel, solange der Punkt $O$ das Polygon nicht überschreitet, stetig sind, so muß sie, solange ein solches Überschreiten nicht stattfindet, konstant bleiben. Überschreitet $O$ das Polygon vom negativen zum positiven Ufer übergehend, so folgt, da der Drehungswinkel, welcher den überschrittenen Kanten entspricht, um $2\pi$ springt, während die andern Drehungswinkel stetig bleiben, daß $W(O)$ um 1 zunimmt. Ist das Polygon ein Dreieck, so ist, wie man sofort sieht, $W(O)$ außerhalb des Dreiecks Null, innerhalb des Dreiecks gleich $+1$ oder $-1$, je nachdem das Dreieck positiv oder negativ ist. Es stimmt also beim Dreieck $W(O)$ mit $K(O)$, dem Koeffizienten von $O$, überein. Dasselbe gilt aber allgemein für jedes Polygon. Bezeichnen wir nämlich mit $W(O)$, $W_1(O)$, $W_2(O)$ die Windungszahlen der Polygone $A_0A_1 \ldots A_{n-1}A_n$, $A_0A_1 \ldots A_{n-1}$ und $A_0A_{n-1}A_n$ für den Punkt $O$, so ist offenbar $W(O) = W_1(O) + W_2(O)$, und da für die Koeffizienten $K(O)$, $K_1(O)$, $K_2(O)$, die dem Punkte $O$ bezüglich dieser Polygone zukommen, die analoge Gleichung $K(O) = K_1(O) + K_2(O)$ gilt, so ergibt sich, daß unsere Behauptung für das $(n + 1)$-Eck zutrifft, wenn sie für das $n$-Eck gilt.

Durch ein beliebiges $n$-Eck wird die Ebene in eine gewisse Anzahl von Gebieten oder Zellen eingeteilt. Zwei Punkte gehören zu demselben Gebiet, wenn man von dem einen zum andern kontinuierlich gelangen kann, ohne das Polygon zu überschreiten. Von diesen Gebieten erstreckt sich das eine ins Unendliche, die übrigen sind endlich. Alle Punkte derselben Zelle haben dieselbe Windungszahl, also auch denselben Koeffizienten, der deshalb auch der Zellkoeffizient heißt. Der Inhalt des Polygons ist, wie sich aus unsern obigen Ausführungen ergibt, gleich der Summe der Inhalte der einzelnen Zellen, wenn jeder dieser Inhalte noch mit dem zugehörigen Koeffizienten multipliziert wird. Das unendliche Außengebiet kommt dabei nicht in Betracht, da es ja offenbar den Koeffizienten Null hat. Hiervon ausgehend, kann man auch leicht den Koeffizienten jeder andern Zelle bestimmen, indem man in Betracht zieht, daß, wenn man von einer Zelle, eine Kante überschreitend, in eine neue eintritt, der Koeffizient um 1 wächst oder abnimmt, je nachdem der Übertritt von der negativen zur positiven Seite oder umgekehrt erfolgt.

## § 11. Der allgemeine Polyederbegriff und der Inhalt eines Polyeders.

In ähnlicher Weise wie der Begriff des Polygons hat auch der des Polyeders in neuerer Zeit eine Erweiterung erfahren. Nach Möbius und Wiener ist ein Polyeder ein System $\mathfrak{S}$ von (endlich vielen) gewöhnlichen oder außergewöhnlichen ebenen Polygonen, die den folgenden Bedingungen genügen:

1. Jedes Polygon hat jede seiner Kanten noch genau mit einem zweiten gemein.

2. Sind $\alpha, \beta$ zwei Polygone aus $\mathfrak{S}$, so soll es stets in $\mathfrak{S}$ eine Reihe von Polygonen $\alpha = \alpha_0, \alpha_1 \alpha_2 \ldots \alpha_n = \beta$ geben, in der jedes mit dem nächsten benachbart ist, d. h. eine Kante gemein hat.

3. Die durch eine Ecke $E$ gehenden Polygone sollen nur einen einzigen Cyclus bilden, in dem je zwei benachbarte eine durch $E$ gehende Kante gemein haben.

Das Polyeder nennen wir gewöhnliches Polyeder, wenn noch die folgenden Bedingungen erfüllt sind:

a) Die Polygone sind gewöhnliche, ein jedes begrenzt also ein einfaches ebenes Flächenstück (Polyederfläche).

b) Ein innerer Punkt einer Polyederfläche gehört keiner andern (weder als innerer noch als Punkt der Berandung) an.

c) Ein im Innern einer Kante gelegener Punkt kommt nur in zwei Polyederflächen, nämlich den durch diese Kante gehenden, vor.

d) Ein Eckpunkt fällt mit keinem zweiten zusammen.

Ein gewöhnliches Polyeder bildet eine geschlossene Fläche, von der sich zeigen läßt, daß sie den Raum in zwei Gebiete, ein endliches (inneres) und ein unendliches (äußeres) zerlegt. Oft wird als (gewöhnliches) Polyeder auch das endliche Raumstück bezeichnet. Zu den gewöhnlichen Polyedern gehören auch die konvexen Polyeder.

Um zur Volumenbestimmung der allgemeinen Polyeder zu gelangen, gehen wir vom Tetraeder aus. Ein Tetraeder $ABCD$ wird orientiert, indem jedem seiner Dreiecke ein Umlaufssinn beigelegt wird, und zwar so, daß von außen betrachtet der Umlaufssinn bei jedem Dreieck mit dem des Uhrzeigers übereinstimmt oder bei jedem Dreieck diesem entgegengesetzt ist. Diese Vorschrift entspricht wieder dem Möbiusschen Kantengesetz, das wir in § 10 kennengelernt haben. Ist also $ABC$ der Umlaufssinn des einen Dreiecks, so werden die drei andern $BAD$, $CBD$, $ACD$. Wenn wir das Tetraeder mit $ABCD$ bezeichnen, so wollen wir damit auch seine Orientierung geben, und zwar so, daß das aus den drei ersten Ecken gebildete Dreieck den Umlaufssinn $ABC$ hat. Die Volumina entgegengesetzt orientierter Tetraeder werden wieder wie Größen verschiedenen Vorzeichens behandelt. Von den 24 Anordnungen, die man mit den vier Ecken vornehmen kann, haben 12 die eine und 12 die entgegengesetzte Orientierung. Es wird nämlich, wie aus dem Vorangehenden sich ergibt

$$\begin{aligned} ABCD &= BCAD = CABD = -CBAD = -ACBD = -BACD \\ &= BADC = ADBC = DBAC = -DABC = -BDAC = -ABDC \\ &= ACDB = CDAB = DACB = -DCAB = -ADCB = -CADB \\ &= CBDA = BDCA = DCBA = -DBCA = -CDBA = -BCDA. \end{aligned}$$

Man ersieht aus diesen Formeln, daß bei Vertauschung zweier Ecken, allgemeiner bei jeder ungeraden Permutation das Tetraeder sein Vorzeichen wechselt, während dieses bei jeder geraden Permutation erhalten bleibt.

Nimmt man in der Kante $AB$ eines Tetraeders den Punkt $S$ an, so haben die drei Tetraeder $ABCD$, $ASCD$, $SBCD$ gleiche Orientierung, weil die Dreiecke $ABC$, $ASC$ und $SBC$ von $D$ aus betrachtet gleichen Umlaufssinn zeigen, und es wird

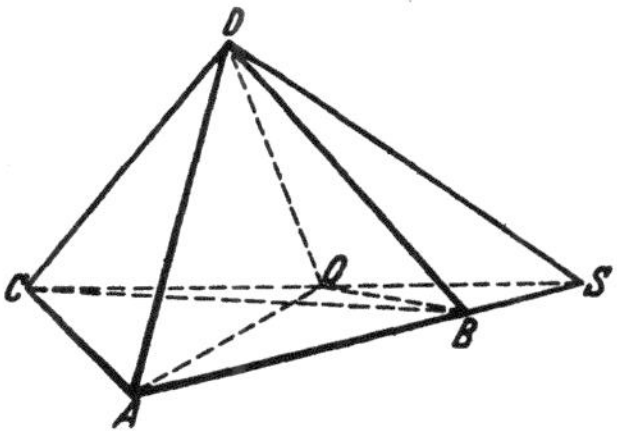

Abb. 29.

(1) $\quad ABCD = ASCD + SBCD. \qquad (A, B, S$ in einer Geraden)

Dieselbe Gleichung gilt aber bei Berücksichtigung der Orientierung stets, wenn $A$, $B$, $S$ in einer Geraden liegen. Liegt z. B. $B$ zwischen $A$ und $S$ (Abb. 29), so ist zunächst in gewöhnlichem Sinne

$$ASCD = ABCD + BSCD,$$

also

$$ABCD = ASCD - BSCD$$
$$= ASCD + SBCD.$$

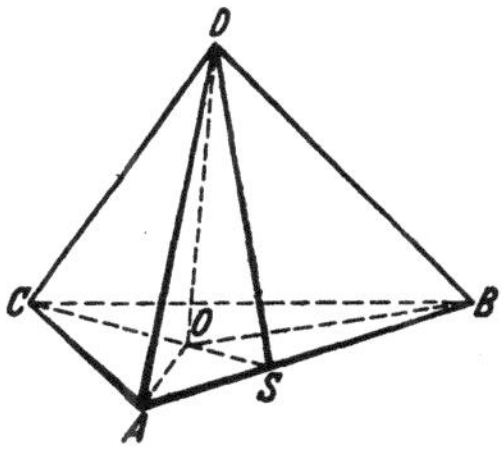

Abb. 30.

Nehmen wir jetzt den Punkt $O$ in der Ebene $ABC$ des Tetraeders $ABCD$ an (Abb. 30). Wir dürfen voraussetzen, daß die Geraden $AB$ und $OC$ einander in einem Punkte $S$ schneiden. Die Anwendung der Formel (1) ergibt dann:

$$ABCD = ASCD + SBCD = SCAD + CSBD$$
$$= SOAD + OCAD + COBD + OSBD$$
$$= (SOAD + OSBD) + COBD + OCAD$$
$$= (ASOD + SBOD) + BCOD + CAOD$$

oder:

(2) $ABCD = ABOD + BCOD + CAOD. \quad (A, B, C, O$ in einer Ebene)

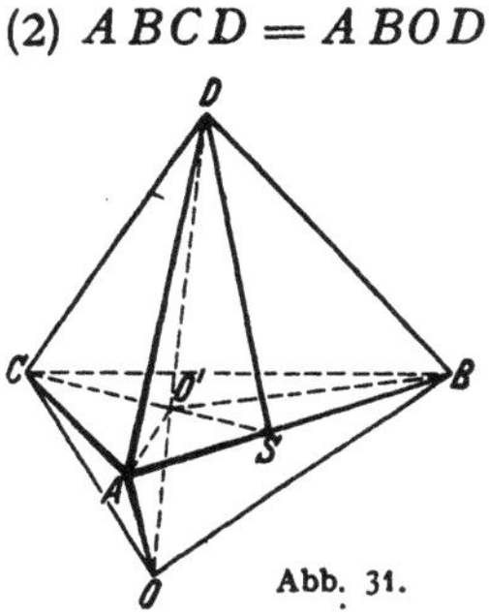

Abb. 31.

Jetzt sei der Punkt $O$ im Raume beliebig gewählt (Abb. 31, 32). Wir dürfen annehmen, daß die Gerade $OD$ und die Ebene $ABC$ sich in einem Punkte $O'$ schneiden, ferner daß die Geraden $CO'$ und $AB$ den Schnittpunkt $S$ haben. Dann ist

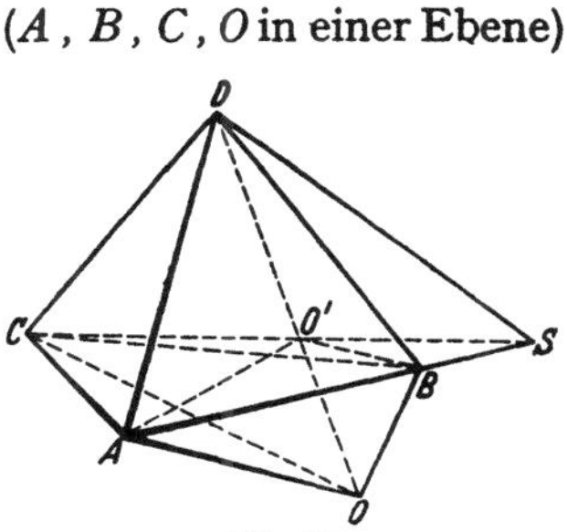

Abb. 32.

$$ABO'D = O'DAB = O'OAB + ODAB = ABO'O + ABOD.$$

Ebenso ist

$$BCO'D = BCO'O + BCOD$$

und

$$CAO'D = CAO'O + CAOD.$$

Die Anwendung der Formel (2) für den Punkt $O'$ ergibt

$$ABCD = ABO'D + BCO'D + CAO'D =$$

$$(ABO'O + BCO'O + CAO'O) + ABOD + BCOD + CAOD$$

$$= ABCO + ABOD + BCOD + CAOD$$

oder:

$$ABCD = ABCO + BADO + ACDO + CBDO. \tag{3}$$

Hier sind rechts die Dreiecke $ABC$, $BAD$, $ACD$ und $CBD$ so orientiert, wie es der Orientierung des Tetraeders $ABCD$ entspricht. Bringen wir alle Glieder von (3) auf eine Seite und ersetzen wir $O$ durch $E$, so können wir der erhaltenen Gleichung die Form geben:

$$BCDE + CDEA + DEAB + EABC + ABCD = 0. \tag{3a}$$

Dies besagt: Die Summe der fünf Tetraeder, die man aus fünf Punkten bilden kann, ist Null, wenn man die Tetraeder so orientiert, daß jedes Dreieck in den beiden Tetraedern, in denen es auftritt, entgegengesetzten Umlaufssinn hat.

Wir können der Gleichung (3) auch noch die folgende bemerkenswerte Form geben:

$$ABCD = OBCD + AOCD + ABOD + ABCO,$$

d. h. das Tetraeder ist gleich der Summe von vier Tetraedern, die man erhält, indem man je eine Ecke durch einen und denselben willkürlich gewählten Punkt $O$ ersetzt. (Analoges gilt natürlich für die Dreiecks- und Streckenzerlegung im vorigen Paragraphen.)

Wir leiten endlich aus (3), indem wir das erste Glied der rechten Seite auf die linke bringen und $D$ durch $O'$ ersetzen, die Gleichung

$$ABCO' - ABCO = ABOO' + BCOO' + CAOO'$$

ab, welche die Differenz zweier Tetraeder mit gemeinsamer Grundfläche als Summe von drei Tetraedern darstellt.

Wir gehen nun auf die Volumenzusammensetzung der $n$seitigen Pyramide ein. Darunter verstehen wir hier ein Polyeder, das sich zusammensetzt aus einem ebenen $n$-Eck $\mathfrak{P}_0 = A_0A_1 \ldots A_{n-1}$ und $n$ Dreiecken, die je eine Kante mit dem „Grundpolygon“ $\mathfrak{P}_0$ und die dritte Ecke $D$ alle untereinander gemein haben. Die Orientierung der Dreiecke ist durch die des Grundpolygons nach dem Möbiusschen Gesetz gegeben, also $A_1A_0D$, $A_2A_1D \ldots$ Zur Vereinfachung der Darstellung führen wir noch folgende Bezeichnung ein: Sind $O, D$

zwei beliebige Punkte, $A_0 A_1 \ldots A_n$ ein beliebiger Streckenzug, so soll $(A_0 A_1 \ldots A_n) O D$ die Tetraedersumme

$$A_0 A_1 O D + A_1 A_2 O D + \cdots$$

bedeuten.

Auf die $n$seitige Pyramide zurückkommend, zeigen wir jetzt, daß, wenn der Punkt $O$ auf die Ebene des Grundpolygons $\mathfrak{P}_0$ beschränkt wird, die Tetraedersumme $(A_0 A_1 \ldots A_{n-1} A_0) O D$ von der Wahl dieses Punktes $O$ unabhängig ist. Für $n = 3$ trifft dies zu, da nach (2) die Tetraedersumme in diesem Falle gleich dem Tetraeder $A_0 A_1 A_2 D$ ist. Den allgemeinen Beweis führen wir wieder durch den Schluß von $n$ auf $n + 1$. Es ist

$$(A_0 A_1 \ldots A_{n-1} A_n A_0) O D = (A_0 A_1 \ldots A_{n-1} A_0 A_{n-1} A_n A_0) O D =$$
$$(A_0 A_1 \ldots A_{n-1} A_0) O D + (A_0 A_{n-1} A_n A_0) O D.$$

Da hier die beiden Glieder auf der rechten Seite sich auf eine $n$seitige und eine 3seitige Pyramide beziehen, ihre Unabhängigkeit von $O$ also als festgestellt zu betrachten ist, so ist auch die Unabhängigkeit von $O$ für den Ausdruck auf der linken Seite, der sich auf die $(n + 1)$seitige Pyramide bezieht, bewiesen.

Im Falle eines konvexen Grundpolygons stellt der Ausdruck $(A_0 A_1 \ldots A_{n-1} A_0) O D$ das Volumen der Pyramide im Sinne der Elementargeometrie dar, wie man sofort erkennt. Dies gilt auch, wenn das Grundpolygon $\mathfrak{P}_0$ ein gewöhnliches ist. Wir können daher jetzt den angegebenen Ausdruck als Definition des Pyramidenvolumens gelten lassen. Für dieses führen wir noch die Bezeichnung $[A_0 \ldots A_{n-1} A_0] D$ ein und notieren die Formel:

$$[A_0 \ldots A_{n-1} A_n A_0] D = [A_0 \ldots A_{n-1} A_0] D + [A_0 A_{n-1} A_n A_0] D.$$

Die Gleichung für die Differenz zweier Tetraeder (S. 30) mit gemeinsamer Grundfläche können wir mittels der neuen Bezeichnung so schreiben:

$$[ABCA] O' - [ABCA] O = (ABCA) O O'.$$

Die entsprechende Gleichung, nämlich

$$[A_0 \ldots A_{n-1} A_0] O' - [A_0 \ldots A_{n-1} A_0] O = (A_0 \ldots A_{n-1} A_0) O O'$$

gilt aber auch allgemein für die Differenz zweier $n$seitigen Pyramiden mit demselben Grundpolygon. Dies zeigen wir wieder durch den Schluß von $n$ auf $n + 1$. Es ist nämlich:

$$[A_0 \ldots A_{n-1} A_n A_0] O' - [A_0 \ldots A_{n-1} A_n A_0] O = [A_0 \ldots A_{n-1} A_0] O'$$
$$- [A_0 \ldots A_{n-1} A_0] O + ([A_0 A_{n-1} A_n A_0] O' - [A_0 A_{n-1} A_n A_0] O)$$
$$= (A_0 \ldots A_{n-1} A_0) O O' + (A_0 A_{n-1} A_n A_0) O O' = (A_0 A_1 \ldots A_n A_0) O O'.$$

Es sei jetzt ein beliebiges gewöhnliches oder außergewöhnliches Polyeder gegeben, von dem nur vorausgesetzt werden soll, daß es orientiert sei, d. h. es sollen seine einzelnen Polygone $\mathfrak{P}_1 \ldots \mathfrak{P}_f$ orientiert sein, und zwar so, daß das MÖBIUSsche Kantengesetz erfüllt ist, daß also jede Kante in den beiden Polygonen, in denen sie auftritt, in verschiedenem Sinne durchlaufen wird. Wir nehmen jetzt den Punkt $O$ im Raume willkürlich an und betrachten die Summe der Volumina der $f$ Pyramiden, welche die Polygone $\mathfrak{P}_i$ zu Grundpolygonen und $O$ als gemeinsame Spitze haben. Wir wollen zeigen, daß diese Summe von der Wahl des Punktes $O$ unabhängig ist. Ist also $O'$ irgendein anderer Raumpunkt und bezeichnen wir mit $\mathfrak{P}_i O$ und $\mathfrak{P}_i O'$ die Volumina der Pyramiden mit dem Grundpolygon $\mathfrak{P}_i$ und den Spitzen $O$ und $O'$, so ist nachzuweisen, daß $\sum \mathfrak{P}_i O = \sum \mathfrak{P}_i O'$ oder $\sum (\mathfrak{P}_i O' - \mathfrak{P}_i O) = 0$ ist. Ist etwa $\mathfrak{P}_1 = A_0 A_1 \ldots A_{n-1}$, so ist nach der soeben bewiesenen Gleichung

$$\begin{aligned}\mathfrak{P}_1 O' - \mathfrak{P}_1 O &= [A_0 A_1 \ldots A_{n-1} A_0] O' - [A_0 A_1 \ldots A_{n-1} A_0] O \\ &= (A_0 A_1 \ldots A_{n-1} A_0) O O',\end{aligned}$$

wofür wir auch kurz $\mathfrak{P}_1 O O'$ setzen wollen. Hiernach wird also $\sum (\mathfrak{P}_i O' - \mathfrak{P}_i O) = \sum \mathfrak{P}_i O O'$. Es ist dies eine Summe von Tetraedern der Form $ABOO'$, worin für $AB$ alle Kanten aller Polygone zu setzen sind. Da hierbei jede Kante des Polyeders entsprechend den beiden Polygonen, denen sie angehört, zweimal, und zwar mit entgegengesetztem Richtungssinn auftritt, so heben sich in der Summe je zwei derselben Kante entsprechenden Tetraeder auf, und die Summe ist 0.

Die von der Wahl des Punktes $O$ unabhängige Pyramidensumme $\sum \mathfrak{P}_i O$ stellt nun wieder bei konvexen Polyedern, wie leicht ersichtlich, das Volumen des Polyeders in elementargeometrischem Sinne dar. Dasselbe ist der Fall, sofern nur das Polyeder ein gewöhnliches ist, und darum können wir diese Summe allgemein als Inhalt auch bei außergewöhnlichen Polyedern definieren.

Wir fügen noch einige Angaben bei, deren nicht schwierige Beweise wir unterdrücken, da ihre genauere Ausführung zu weitläufig werden würde. Wir haben das Polyeder als Summe von Pyramiden, diese wieder als Summen von Tetraedern dargestellt. Diese Darstellung ist auf unendlichfache Weise möglich. Aus unsern Untersuchungen ergibt sich aber ohne weiteres, daß, wenn irgendein Raumelement bei einer solchen Darstellung in $p$ positiven und $q$ negativen, bei einer andern in $p'$ positiven und $q'$ negativen Tetraedern auftritt, $p - q = p' - q'$ sein muß. Diese Differenz heißt dann der (räumliche) Koeffizient des Elements oder auch jedes Punktes dieses Elements. Wie die Ebene durch das Polygon, so zerfällt auch der Raum durch das Polyeder in verschiedene Gebiete oder Zellen, deren jeder ein bestimmter Koeffizient zukommt, und es fragt sich nur, wie dieser Koeffizient zu bestimmen ist. Wir setzen dabei den Raum selbst als orientiert voraus. Ist dann irgendeine orientierte Ebene $\varepsilon$ gegeben, so können wir die beiden Seiten der Ebene als positiv und negativ unterscheiden; ist nämlich $ABC$ ein Dreieck der Ebene, das durch seinen Umlaufssinn die Orientierung der Ebene anzeigt, so gilt diejenige Seite (Raumhälfte) als positiv, für deren Punkte $D$ das Tetraeder $ABCD$ positiv ausfällt. Orientieren wir nun die Ebenen $\varepsilon_i$ der Polygone $\mathfrak{P}_i$ ganz willkürlich, so wird $\varepsilon_i$ durch $\mathfrak{P}_i$ in Zellen zerlegt, deren jeder ein bestimmter ebener Zellkoeffizient zukommt. Bewegt sich nun ein Punkt $P$ im Raume, so kann eine Änderung im räumlichen Zellkoeffizienten $k$ des Punktes nur dann eintreten, wenn $P$ durch eine Ebene $\varepsilon_i$ hindurchgeht. Ist in diesem Fall $c$ der Koeffizient der ebenen Zelle, durch die $P$ hindurchgeht, so wächst $k$ um $+c$ oder $-c$, je nachdem der Übertritt von der negativen zur positiven Seite von $\varepsilon_i$ oder umgekehrt erfolgt. Diese Regel zur Bestimmung des Koeffizienten wird ergänzt durch die Bemerkung, daß außerhalb irgendeines konvexen Bereiches, der die Ecken und somit auch die Kanten des Polyeders enthält, der Koeffizient von $P$ überall 0 ist.

## § 12. Seite und Indikatrix.

Um das Volumen eines beliebigen Polyeders bestimmen zu können, mußte vorausgesetzt werden, daß es orientiert sei. Es entsteht daher die Frage, ob jedes Polyeder orientiert werden kann. So viel ist klar, daß, wenn ein Polyeder orientierbar ist, zwei entgegengesetzte Orientierungen möglich sind und daß die Orientierung des Polyeders durch die Orientierung eines einzigen seiner Polygone bestimmt ist, denn durch diese ist nach dem Kantengesetz zunächst die Orientierung jedes Nachbarpolygons bestimmt, und da man nach unsern Voraussetzungen von einem Polygon ausgehend und immer zu benachbarten fortschreitend zu allen andern gelangen kann, so ist mit der Orientierung des einen die aller andern gegeben.

Beschränken wir uns zunächst auf Polyeder mit gewöhnlichen Polygonen. Solange man von der Existenz einseitiger Flächen nichts wußte, lag es nahe, die Orientierbarkeit als selbstverständlich anzunehmen; denn bei zweiseitigen Polyedern besteht sie immer. Wir brauchen ja nur das Polyeder von einer bestimmten Seite zu betrachten und festzusetzen, daß jede Fläche den Umlaufssinn erhalten soll, der dem Drehungssinn des Uhrzeigers entspricht. Dann wird das Kantengesetz erfüllt sein. Es scheint, daß Möbius zuerst versucht hat, die Orientierbarkeit allgemein und ohne die anschauliche Betrachtung rein kombinatorisch zu beweisen. Dies konnte natürlich nicht glücken. Nun versuchte er, nichtorientierbare Polyeder herzustellen, wobei er hauptsächlich mit Dreieckspolyedern operierte, deren Ecken ja im Raum ganz willkürlich angenommen werden können. Mit dem Gelingen dieses Versuches hatte er auch zugleich die Existenz einseitiger Flächen entdeckt.

Der genauere Zusammenhang zwischen Nichtorientierbarkeit und Einseitigkeit ergibt sich aus folgender Betrachtung: Auf einem Polyeder, dessen Polygone gewöhnliche sind, sei eine Reihe von Flächen $\alpha_0, \alpha_1, \ldots, \alpha_n$ so angenommen, daß $\alpha_{i-1}$ und $\alpha_i$ die Kante $b_i$ gemein haben (Abb. 33). Wir können von $\alpha_0$ ausgehend über die Kante $b_1$ nach $\alpha_1$, von da über $b_2$ nach $\alpha_2, \ldots$ gelangen und erhalten so einen „Weg" von $\alpha_0$ nach $\alpha_n$. An der Fläche $\alpha_0$ können wir zwei Seiten unterscheiden, die wir $\mathfrak{s}_0$ und $\mathfrak{s}'_0$ nennen wollen. Bewegen wir uns auf der Seite $\mathfrak{s}_0$, so gelangen wir nach Überschreiten der Kante $b_1$ auf eine bestimmte Seite $\mathfrak{s}_1$ von $\alpha_1$. Unser Weg führt uns in gleicher Weise bei jeder Fläche $\alpha_i$ zu einer bestimmten Seite $\mathfrak{s}_i$ dieser Fläche. Wir können ferner an der Fläche $\alpha_0$ auch zwei Umlaufssinne oder, wie wir jetzt sagen wollen, „Indikatrizen" unterscheiden, die wir $i_0$ und $i'_0$ nennen wollen. Gehen wir von $i_0$ aus, so gelangen wir beim Übergang zu $\alpha_1$, dem MÖBIUSschen Kantengesetz folgend, zu einer bestimmten Indikatrix $i_1$ von $\alpha_1$. In gleicher Weise erhalten wir, unsern Weg fortsetzend, bei jeder Fläche $\alpha_i$ eine bestimmte Indikatrix $i_i$, ein Verfahren, das wir als „Fortsetzung der Indikatrix" längs unseres Weges bezeichnen. Die Indikatrix $i_0$ der Fläche $\alpha_0$ von der Seite $\mathfrak{s}_0$ aus betrachtet, erscheine im Sinne des Uhrzeigers; es wird dann auch die Indikatrix $i_i$ von $\alpha_i$, von der Seite $\mathfrak{s}_i$ aus betrachtet, im Sinne des Uhrzeigers erscheinen. Die Flächen $\alpha_0, \ldots, \alpha_n$ brauchen nicht alle voneinander verschieden zu sein. Wir wollen insbesondere annehmen, daß $\alpha_0$ mit $\alpha_n$ identisch ist, daß wir also einen geschlossenen Weg beschrieben haben. Ist die Indikatrix $i_n$ mit $i_0$ identisch, so erscheint $i_0$, von der Seite $\mathfrak{s}_n$ aus betrachtet, im Sinne des Uhrzeigers, und es ist daher die Seite $\mathfrak{s}_n$ dieselbe wie $\mathfrak{s}_0$. Hat sich aber auf unserm Wege die Indikatrix umgekehrt, ist also $i_n = i'_0$, so muß auch $\mathfrak{s}_n = \mathfrak{s}'_0$ sein, da der entgegengesetzte Umlaufssinn nur von der andern Seite betrachtet wieder dem Uhrzeiger entspricht. Daraus ergibt sich, daß, wenn die längs eines geschlossenen Weges fortgesetzte Indikatrix sich umkehrt, dieser Weg von der einen zur andern Seite der Ausgangsstelle führt, während er zur Ausgangsseite zurückführt, wenn die Indikatrix erhalten bleibt. Einseitige Polyeder sind daher nicht orientierbar, zweiseitige dagegen stets orientierbar. Da im Falle der Nichtorientierbarkeit die Indikatrix längs gewisser geschlossener Wege sich umkehrt, so spricht man in diesem Falle auch von Polyedern (allgemein von Flächen) mit umkehrbarer Indikatrix. Im Falle der Orientierbarkeit können wir zwei entgegengesetzte Indikatrizen für das ganze Polyeder (für die ganze Fläche) unterscheiden, ebenso wie in diesem Falle die Unterscheidung zweier Seiten möglich ist.

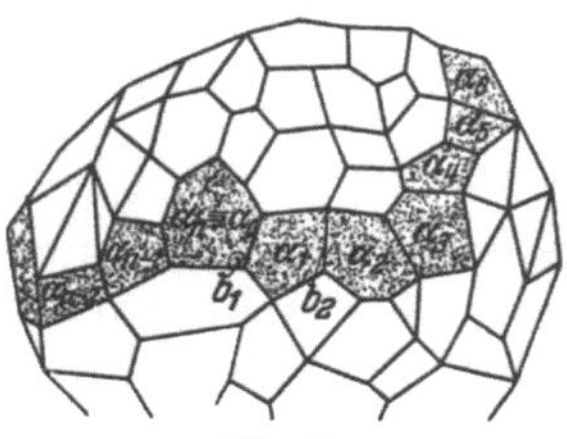

Abb. 33.

Trotz dieses engen Zusammenhanges zwischen Seite und Indikatrix müssen diese beiden Begriffe doch auseinandergehalten werden; denn beim ersten haben wir es mit einer Beziehung der Fläche zum umgebenden Raum zu tun, während die Indikatrix etwas der Fläche allein Anhaftendes ist. Daß jener Zusammenhang zwischen beiden Begriffen in der oben angegebenen Form besteht, ist eine besondere Eigentümlichkeit des EUKLIDischen (wie auch des projektiven) Raumes.

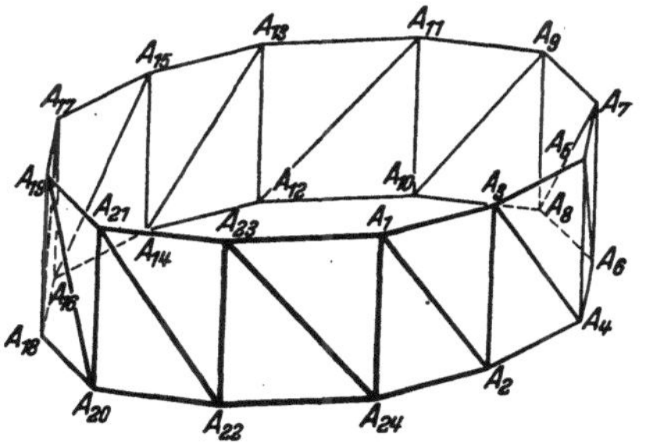

Abb. 34.

Zu unsern allgemeinen Ausführungen geben wir nun noch einige Beispiele, an die sich weitere Betrachtungen noch anknüpfen werden.

Es seien $A_1 \ldots A_n$ $n$ beliebige Punkte im Raume, die wir uns cyclisch angeordnet denken. Indem wir je drei aufeinanderfolgende zu einem Dreieck verbinden, erhalten wir eine cyclische Folge von $n$ Dreiecken, ein „Dreiecksband"

$$A_1 A_2 A_3, \quad A_2 A_3 A_4, \ldots, \quad A_{n-2} A_{n-1} A_n, \quad A_{n-1} A_n A_1, \quad A_n A_1 A_2.$$

Die Zahl der Kanten ist insgesamt $2n$, die Charakteristik des Bandes $c - k + f$ ist Null. $n$ von den Kanten, nämlich die Kanten $A_i A_{i+1}$, sind je zwei Dreiecken gemein; die übrigen $n$ Kanten $A_i A_{i+2}$ sind Randkanten. So wie wir die Dreiecke oben aufgeschrieben haben, erfüllen sie nicht das MÖBIUSsche Gesetz. Wollen wir dieses befolgen, so müssen wir, wenn wir mit $A_1 A_2 A_3$ beginnen, dem zweiten Dreieck den Umlaufssinn $A_4 A_3 A_2$ geben. Das dritte Dreieck wird dann $A_3 A_4 A_5$, das vierte $A_6 A_5 A_4$; allgemein erhalten wir $A_i A_{i+1} A_{i+2}$ oder $A_{i+2} A_{i+1} A_i$, je nachdem $i$ ungerade oder gerade ist. Ist $n$ gerade (Abb. 34), so erhalten wir für das letzte Dreieck $A_2 A_1 A_n$, und an dieses schließt sich, indem wir das MÖBIUSsche Gesetz weiter befolgen, das erste Dreieck wieder mit seinem ursprünglichen Umlaufssinn $A_1 A_2 A_3$ an. Das Dreiecksband ist also orientiert; wir haben es mit einer zweiseitigen Fläche zu tun. Sie hat zwei Randpolygone, nämlich $A_1 A_3 \ldots A_{n-1}$ und $A_2 A_4 \ldots A_n$. Ist aber $n$ ungerade (Abb. 35), so erhält das letzte Dreieck, wenn wir bis dahin dem MÖBIUSschen Gesetz folgen, den Umlaufssinn $A_n A_1 A_2$ und das sich daran anschließende erste Dreieck $A_3 A_2 A_1$; die Indikatrix hat sich also umgekehrt; wir haben ein einseitiges Band mit einem einzigen Randpolygon $A_1 A_3 A_5 \ldots A_n A_2 A_4 \ldots A_{n-1}$.

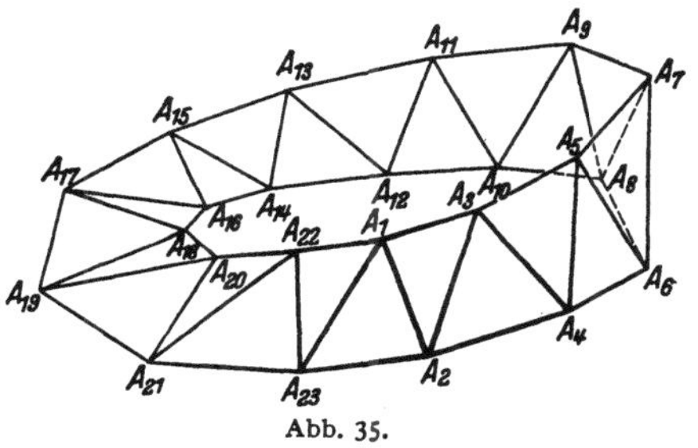

Abb. 35.

Nehmen wir im Raume noch einen Punkt $A_0$ an und verbinden wir diesen mit den Randkanten durch die Dreiecke $A_0 A_1 A_3$, $A_0 A_3 A_5, \ldots,$

$A_0A_nA_2$, $A_0A_2A_4$, ..., $A_0A_{n-1}A_1$, so haben wir ein geschlossenes einseitiges Polyeder. Ein solches ist nicht anders als mit Selbstdurchdringung möglich. Unser Polyeder hat $n+1$ Ecken, $2n$ Flächen und $3n$ Kanten. Seine Charakteristik ist also 1. In dem einfachsten für uns in Betracht kommenden Falle $n = 5$ haben wir ein Polyeder mit 6 Ecken, 15 Kanten und den 10 Flächen

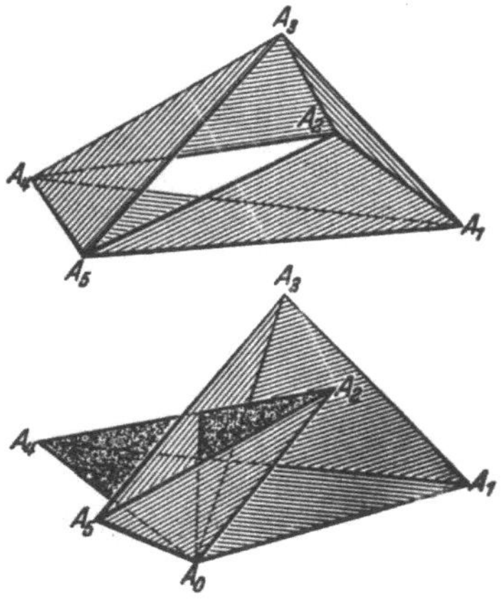

Abb. 36.

$$A_1A_2A_3,\quad A_2A_3A_4,\quad A_3A_4A_5,\quad A_4A_5A_1,\quad A_5A_1A_2.$$

$$A_0A_1A_3,\quad A_0A_3A_5,\quad A_0A_5A_2,\quad A_0A_2A_4,\quad A_0A_4A_1,$$

das wir das „MÖBIUSsche Zehnflach“[1] nennen wollen und das uns noch öfter begegnen wird. Es zeichnet sich durch besondere Regelmäßigkeit aus. Alle seine Ecken sind fünfkantig, und wenn man irgendeine Ecke mit ihren Kanten und Flächen wegläßt, bleibt immer ein einseitiges Dreiecksband zurück. [In der Abb. 36 ist das MÖBIUSsche Zehnflach der Deutlichkeit halber in zwei Teile zerlegt worden, die gegen-

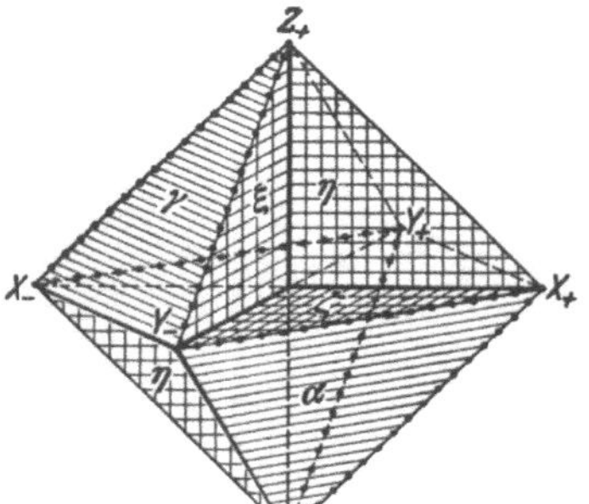

Abb. 37.

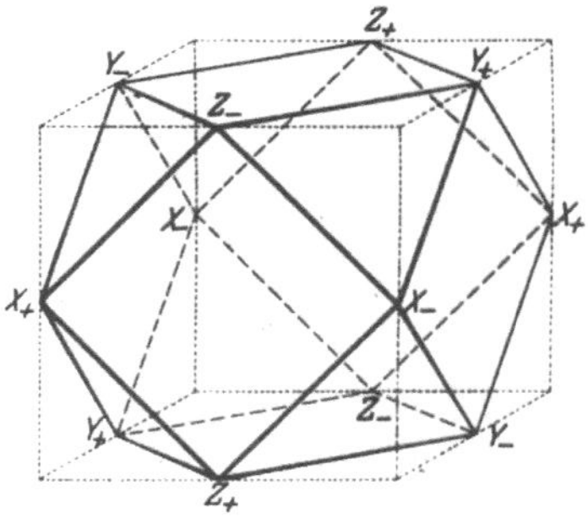

Abb. 38.

einander parallel verschoben worden sind, nämlich erstens in das MÖBIUSsche Dreiecksband $A_1A_2A_3A_4A_5$ und zweitens in die fünf Dreiecke, die $A_0$ mit dem Rande des Dreiecksbandes verbinden.]

Ein anderes sehr merkwürdiges einseitiges Polyeder leiten wir aus dem regulären Oktaeder ab[2]. Das Oktaeder habe den Mittelpunkt $O$, seine Ecken, die sich zu drei Paaren von Gegenecken gruppieren, seien $X_-, X_+$; $Y_-, Y_+$ und $Z_-, Z_+$. Wir denken uns das Oktaeder so auf-

[1] MÖBIUS, A. F.: Werke Bd. 2, S. 482—483.

[2] REINHARDT, C.: Ber. d. Kgl. sächs. Ges. d. Wiss. S. 107. Leipzig 1885.

gestellt, daß die Diagonale $X_- X_+$ von links nach rechts, $Y_- Y_+$ von vorn nach hinten, $Z_- Z_+$ von unten nach oben gerichtet ist. Die acht Oktaederflächen teilen wir in zwei Gruppen ein: die der „positiven“ und der „negativen“, indem wir jeder Fläche dasjenige Vorzeichen beilegen, welches dem Produkt der in der Bezeichnung der Ecken verwandten Vorzeichen entspricht. Wir haben dann die positiven Flächen

$$\alpha = X_+ Y_- Z_-, \quad \beta = X_- Y_+ Z_-, \quad \gamma = X_- Y_- Z_+, \quad \delta = X_+ Y_+ Z_+$$

und die negativen

$$\alpha' = X_- Y_+ Z_+, \quad \beta' = X_+ Y_- Z_+, \quad \gamma' = X_+ Y_+ Z_-, \quad \delta' = X_- Y_- Z_-.$$

Neben diesen beiden Gruppen von Flächen betrachten wir noch eine dritte, die der Quadrate:

$$\xi = Y_- Z_- Y_+ Z_+, \quad \eta = Z_- X_- Z_+ X_+, \quad \zeta = X_- Y_- X_+ Y_+.$$

Durch jede Oktaederkante geht je eine Fläche aus jeder dieser drei Gruppen. Lassen wir also irgendeine dieser drei Gruppen fort, so bilden die übrigen Flächen, in dem durch jede Kante zwei von ihnen gehen, ein geschlossenes Polyeder. Wir fassen die sieben Flächen $\alpha, \beta, \gamma, \delta; \xi, \eta, \zeta$, also die positiven Oktaederflächen und die Quadratflächen zusammen und erhalten so „das einseitige Heptaeder“, wie wir es im folgenden stets kurz nennen wollen. Daß es einseitig ist, erkennen wir, indem wir z. B. von der Fläche $\delta$ ausgehend über $\zeta, \gamma, \xi$ wieder nach $\delta$ zurückkehren. Beginnen wir unsern Weg mit der vom Mittelpunkt abgewandten Seite der Fläche $\delta = X_+ Y_+ Z_+$, so gelangen wir, die Kante $X_+ Y_+$ überschreitend, nach der untern Seite von $\zeta = X_+ Y_+ X_- Y_-$, von da über die Kante $X_- Y_-$ nach der von $O$ abgewandten Seite der Fläche $\gamma = X_- Y_- Z_+$, von hier über die Kante $Y_- Z_+$ nach der rechten Seite von $\xi = Y_- Z_- Y_+ Z_+$ und endlich über $Y_+ Z_+$ nach der dem Mittelpunkte zugekehrten Seite der Ausgangsfläche $\delta$. Zu demselben Resultat führt die Betrachtung der Indikatrix. Geben wir $\delta$ beim Beginn der Wanderung den Umlaufssinn $X_+ Y_+ Z_+$, so erhalten wir bei den andern Flächen der Reihe nach $Y_+ X_+ Y_- X_-$, $X_- Y_- Z_+$, $Z_+ Y_- Z_- Y_+$, $Z_+ Y_+ X_+$. Die Indikatrix hat sich also umgekehrt. Das Heptaeder hat dieselben Ecken und Kanten wie das Oktaeder. Seine Charakteristik ist wiederum 1.

*Zu jeder einseitigen Fläche gehört eine bestimmte „Doppelfläche“.* Denkt man sich auf der einseitigen Fläche zunächst ein einfaches Flächenstück abgegrenzt und auf die eine Seite desselben ein kongruentes Flächenstück aufgelegt und setzt man diese Belegung sodann kontinuierlich fort, so wird sie zuletzt eine zusammenhängende Fläche bilden, welche die ursprüngliche Fläche überall auf beiden Seiten bedeckt. Diese neue Fläche ist nun aber zweiseitig, da man bei ihr diejenige Seite, mit welcher sie auf der ursprünglichen Fläche aufliegt, von der andern unterscheiden kann. Im Falle eines einseitigen *Polyeders* wird die neue

Fläche ebenfalls ein Polyeder, und zwar von der doppelten Anzahl von Ecken, Kanten und Flächen, somit auch von der doppelten Charakteristik sein. Dieses Polyeder hat nun noch die Eigentümlichkeit, daß seine Punkte paarweise zusammenfallen. Aber dieser Umstand ist unerheblich, wenn nur der Typus des Polyeders ins Auge gefaßt wird, also zwischen isomorphen Polyedern nicht unterschieden wird; denn unter den vielen isomorphen Polyedern wird es im allgemeinen solche geben, welche diese Eigentümlichkeit nicht haben. Sind zwei einseitige Polyeder isomorph, so gilt natürlich für ihre Doppelflächen dasselbe. Jedem einseitigen Typus entspricht also ein bestimmter zweiseitiger.

Die von uns betrachteten einseitigen Polyeder hatten alle die Charakteristik 1, ihre Doppelflächen genügen also der EULERschen Gleichung. Die Doppelfläche des MÖBIUSschen Zehnflachs setzt sich aus 20 Dreiecken zusammen und hat 30 Kanten und 6 fünfkantige Ecken. Man wird leicht erraten, daß sie vom Typus des regulären Ikosaeders ist. Dies bestätigt unsere Abbildung des Ikosaeders (Abb. 39), in der je zwei diametral gegenüberliegende Ecken gleich bezeichnet sind, nämlich so wie die beiden zusammenfallenden und ihnen in der isomorphen Abbildung entsprechenden Ecken der Doppelfläche.

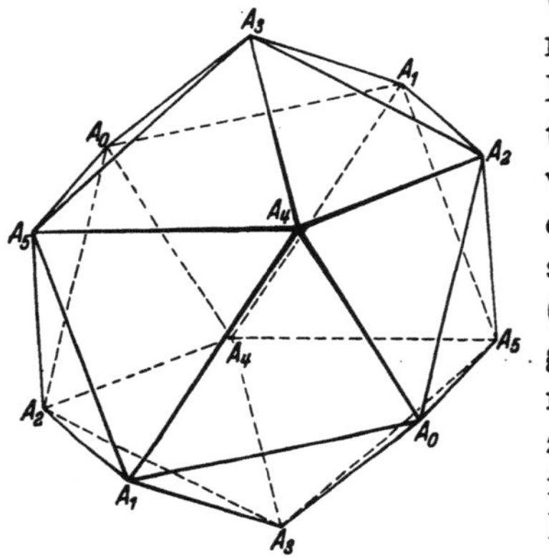

Abb. 39.

Interessanter noch ist die Doppelfläche des einseitigen Heptaeders. Sie ist mit einem sehr bekannten halbregulären Polyeder isomorph. Es ist dies das Kubooktaeder (Abb. 38), welches man aus dem Würfel erhalten kann, indem man seine Ecken bis zu den Mitten der von ihnen ausgehenden Kanten abschneidet. In den Abbildungen sind Heptaeder und Kubooktaeder nebeneinandergestellt, und die Bezeichnung der Ecken des Kubooktaeders ist nach demselben Prinzip wie vorher beim Ikosaeder vorgenommen, so daß man sich beim Ablesen der Flächen davon überzeugen kann, daß in der Tat das Kubooktaeder zur Doppelfläche des einseitigen Heptaeders isomorph ist. Es ist ferner die Kante des Kubooktaeders gleich der des Heptaeders angenommen. Dadurch tritt hier noch die besondere Eigentümlichkeit ein, daß die Flächen der Doppelfläche und die entsprechenden des Kubooktaeders kongruent ausfallen[1]. Um die Bedeutung dieser Tatsache ins rechte Licht zu setzen, schieben wir hier eine Bemerkung über *Polyedernetze* ein.

---

[1] [Bei der Herstellung der Figuren ist diese Kongruenzforderung leider versehentlich nicht berücksichtigt worden.]

Es liege irgendein Polyeder mit gewöhnlichen Polygonflächen vor. Wir schneiden das Polyeder längs gewisser Kanten auf, und zwar so vieler Kanten, als es nur möglich ist, ohne den Zusammenhang der Oberfläche als Ganzes zu zerstören. Man kann die Oberfläche durch Drehung um die übrigen Kanten (deren Anzahl, wie sich leicht ergibt, stets $f - 1$ ist) in eine Ebene ausbreiten. Man erhält so ein sog. „Netz des Polyeders". Beim Tetraeder z. B. (Abb. 40) kann man zwei wesentlich verschiedene Arten von Netzen herstellen, indem man die Schnitte entweder längs dreier Kanten ausführt, die von einer Ecke ausgehen (Abb. 41), oder längs dreier Kanten, unter denen sich zwei Gegenkanten befinden (Abb. 42). Die Abbildungen zeigen die beiden Netze eines regulären Tetraeders.

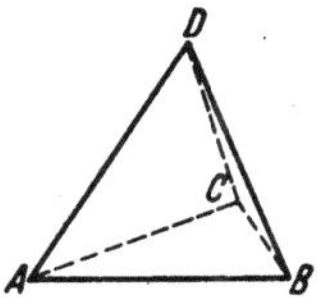

Abb. 40.

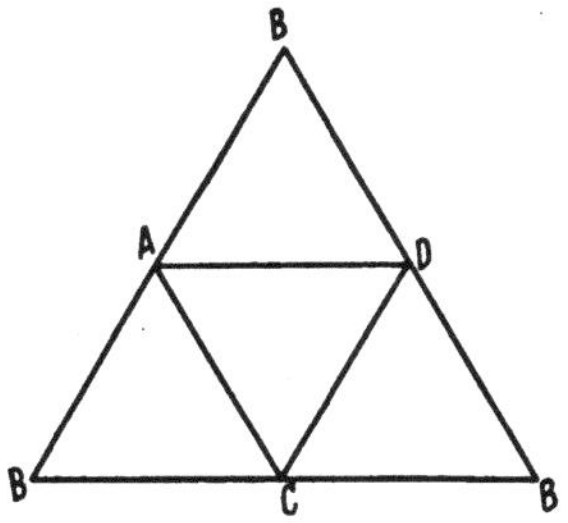

Abb. 41.

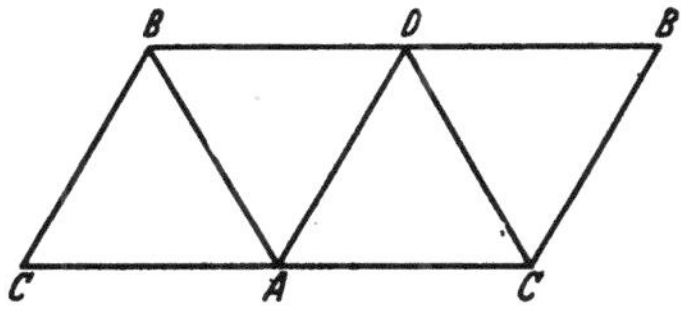

Abb. 42.

Aus dem, was oben über die Doppelfläche des einseitigen Heptaeders und das Kubooktaeder gesagt war, ergibt sich, daß das Netz des ersten Polyeders zugleich Netz des zweiten ist. Man kann also dieses Netz, das man durch Aufschneiden gewisser Kanten des Kubooktaeders erhalten hat, indem man es in bestimmter Weise zusammenfaltet und endlich wieder in denselben Punkten zusammenheftet, die vorher durch den Schnitt getrennt wurden, zur Doppelfläche eines Heptaeders umgestalten, ohne dabei Gestalt und Größe der Einzelflächen zu ändern.

## § 13. Invarianten der Flächentopologie.

Wir kommen jetzt wieder auf die topologischen Betrachtungen zurück, die wir mit § 7 abgebrochen haben. Wie dort bemerkt wurde, ist bei jedem polyedrischen Aufbau einer Fläche die Charakteristik sowohl wie die Zahl der Ränder die nämliche. Dasselbe gilt für das Verhalten der Indikatrix; denn ob diese umkehrbar ist oder nicht, hängt ja nur davon ab, ob die Fläche ein- oder zweiseitig ist, und dies hat nichts mit der Art der Einteilung der Fläche zu tun. Jede zu einer Fläche $\Phi$ äquivalente Fläche $\Phi'$ muß dieselbe Ränderzahl $r$, dieselbe Charakteristik $c$ und dasselbe Verhalten der Indikatrix zeigen, da sie ja einen isomorphen polyedrischen Aufbau wie $\Phi$ zuläßt. Es ist ein Hauptsatz der Flächentopologie, der aussagt, daß die Übereinstimmung in den genannten drei Invarianten für die Äquivalenz zweier Flächen auch hinreichend ist, d. h. daß zwei Flächen, welche dieselbe Ränderzahl und dieselbe Charakteristik haben und dasselbe Verhalten der Indikatrix zeigen, punktweise eindeutig und stetig aufeinander abgebildet werden können.

Einen Beweis dieses Satzes wollen wir hier, wo es uns nur um eine erste Einführung zu tun ist, noch nicht geben. Auch die folgenden Angaben sollen nur so weit bewiesen werden, als dies an dieser Stelle ohne Mühe zu bewerkstelligen ist. In den späteren Abschnitten werden die hier gelassenen Lücken ausgefüllt werden.

Die Oberflächen konvexer Körper haben, wie wir sahen, die Charakteristik 2. Es ist dies der größte Wert, den die Charakteristik $c$ überhaupt annehmen kann, und er kann nur bei geschlossenen, orientierbaren Flächen erreicht werden. Die Angabe $c = 2$ erübrigt also jeden Zusatz bezüglich Ränderzahl und Indikatrix; alle Flächen von der Charakteristik 2 sind äquivalent. Die Zahl $g = 2 - c$, die nach dem Vorangehenden nicht negativ sein kann, wird auch als Grundzahl der Fläche bezeichnet.

Wird aus einer Fläche ein einfaches Flächenstück $\alpha$, das keinen Randpunkt enthält, herausgeschnitten, so vermehrt sich die Ränderzahl um 1, da die Begrenzung von $\alpha$ als neuer Rand hinzutritt. Zugleich nimmt die Charakteristik um 1 ab. Denken wir uns nämlich die Fläche polyedrisch so aufgebaut, daß unter den einfachen Flächenstücken, aus denen sie sich zusammensetzt, auch $\alpha$ auftritt, so wird durch das Herausschneiden von $\alpha$ $f$ um 1 vermindert, während Ecken und Kanten unvermindert bleiben. Ebenso kann man umgekehrt bei einer Fläche, welche einen Rand $\mathfrak{R}$ (und evtl. noch andere Ränder) besitzt, diesen Rand durch Einfügung eines einfachen Flächenstückes oder einer mit einem solchen äquivalenten Fläche, die ebenfalls den Rand $\mathfrak{R}$ hat, zum Wegfall bringen, wobei die Charakteristik um 1 wächst. Handelt es sich um ein Polyeder und ist $\mathfrak{R}$ ein $n$-Eck, so kann man z. B. so verfahren, daß man eine neue Ecke $O$ wählt und diese mit jeder Kante von $\mathfrak{R}$ durch ein Dreieck verbindet. Bei diesen Prozessen bleibt die Zahl $c + r$ ungeändert. Dasselbe gilt, wie leicht einzusehen ist, für das Verhalten der Indikatrix. Gehen wir von einer Fläche mit $r$ Rändern und der Charakteristik $c$ aus und verwandeln wir diese in der angegebenen Weise durch Einfügung von $r$ Flächenstücken in eine geschlossene Fläche, so wird diese, da die Summe aus Charakteristik und Ränderzahl sich nicht geändert hat, die Charakteristik $c + r$ haben. Daraus folgt nach dem oben Gesagten, daß $c + r$ stets $\leqq 2$, die Zahl $d = 2 - (c + r)$ stets $\geqq 0$ ist, und daß sie nur bei orientierbaren Flächen den Wert 0 haben kann. Bei orientierbaren Flächen ist $d$ (bzw. $c + r$), wie sich zeigen läßt, nur gerader Werte fähig.

Wir haben im vorangehenden alle einschränkenden Bedingungen, denen die ganzen Zahlen $c$ und $r$ (bzw. $g$ und $d$) unterworfen sind, vollständig angegeben, was wir durch Konstruktion von Beispielen nachweisen wollen. — Wir beschäftigen uns zuerst mit den orientierbaren Flächen. Es ist hier zu zeigen, daß, wenn die ganzen Zahlen $c$ und $r$ den Bedingungen

$$r \geqq 0, \quad c + r \leqq 2 \text{ und gerade}$$

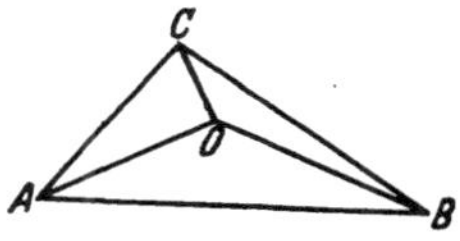

Abb. 43.

genügen, orientierbare Flächen mit der Charakteristik $c$ und der Ränderzahl $r$ existieren. Für den Fall $r = 0$ haben wir den Nachweis schon erbracht; denn wir haben auf S. 14 aus einem EULERschen Polyeder durch Anbringung von $p\,(\geqq 0)$ Durchbohrungen ein Polyeder, das als Oberfläche eines Körpers zweiseitig ist, abgeleitet, für welches $c + r = c = 2 - 2p$ war, eine Zahl, die jeden geraden Wert $\leqq 2$ darstellen kann. Den allgemeinen Fall erledigen wir, indem wir zunächst eine geschlossene, orientierbare Fläche von der Charakteristik $c + r$ herstellen und aus dieser $r$ einfache Flächenstücke, die keinen Punkt gemeinsam haben, ausschneiden.

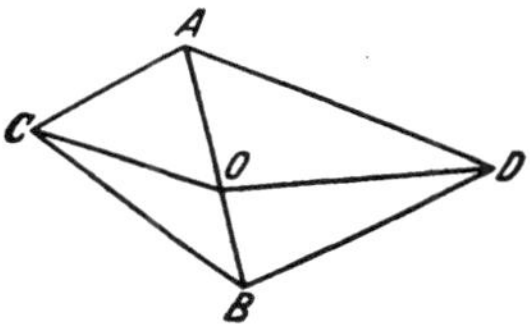

Abb. 44.

Wir kommen jetzt zu den nichtorientierbaren Flächen. Es handelt sich darum, eine solche mit $r$ Rändern und der Charakteristik $c$ zu konstruieren unter der Voraussetzung, daß die ganzen Zahlen $c$ und $r$ den Bedingungen $r \geqq 0$, $c + r < 2$ genügen. Wir werden dabei mit Dreieckspolyedern operieren, weil bei diesen die Lage der Ecken im Raum in keiner Weise beschränkt ist. Wenn wir bei einem solchen Polyeder innerhalb einer Fläche $ABC$ einen Punkt $O$ annehmen (Abb. 43) und die Fläche durch die Strecken $OA$, $OB$, $OC$ in Dreiecke zerlegen, so tritt, wie man sofort sieht, weder in der Ränderzahl, noch in der Charakteristik, noch im Verhalten der Indikatrix eine Veränderung ein. Dasselbe gilt, wenn man innerhalb einer Kante $AB$, an der zwei Dreiecke $ABC$ und $ABD$ liegen, den Punkt $O$ annimmt und die beiden Dreiecke durch die Strecken $OC$ und $OD$ in je zwei Dreiecke zerlegt (Abb. 44), oder wenn man $O$ in einer Randkante $PQ$ annimmt und das zugehörige Dreieck $PQR$ durch die Strecke $OR$ teilt (Abb. 45). Durch den letzten Prozeß ist man imstande, die Kantenzahl eines Randpolyeders beliebig zu vermehren. Der Umstand, daß nach diesen Konstruktionen mehrere Kanten in eine Gerade oder mehrere Flächen in eine Ebene fallen, ist bedeutungslos; man kann ja bei der willkürlichen Verschiebbarkeit der Ecken eines Dreieckspolyeders diese besondere Lage sofort wieder aufheben. Es kann vorkommen, daß eine innere Kante (d. h. eine solche, die zu zwei Dreiecken gehört) zwei Randecken $A$, $B$ miteinander verbindet. Dieser Fall, der unsere weiteren Konstruktionen stören würde,

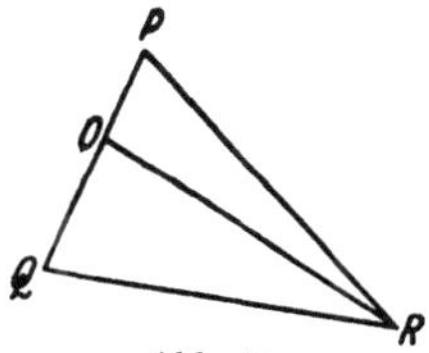

Abb. 45.

läßt sich aber beseitigen, indem man die beiden Dreiecke in der oben angegebenen Weise durch Strecken, die man aus einem Punkte $O$ der Kante nach den gegenüberliegenden Ecken zieht, zerschneidet.

Es seien nun zwei Dreieckspolyeder $\mathfrak{P}_1$ und $\mathfrak{P}_2$ mit den Charakteristiken $c_1$ und $c_2$ und den Ränderzahlen $r_1 > 0$ und $r_2 > 0$ gegeben. Ist $\mathfrak{R}_1$ ein Randpolygon von $\mathfrak{P}_1$, $\mathfrak{R}_2$ ein solches von $\mathfrak{P}_2$, so kann man, wie oben gezeigt wurde, indem man $n$ größer als die Kantenzahl von $\mathfrak{R}_1$ und $\mathfrak{R}_2$ wählt, diese beiden Polygone in $n$-Ecke umwandeln. Überdies dürfen wir annehmen, daß keine innere Kante eines der beiden Polyeder zwei Randecken verbindet. Es sei $\mathfrak{R}_1 = A_1 A_2 \ldots A_n$, $\mathfrak{R}_2 = B_1 B_2 \ldots B_n$. Wir wählen jetzt die Ecken der beiden Polyeder so, daß $A_i$ mit $B_i$ $(i = 1, \ldots n)$ zusammenfällt, während alle anderen Ecken willkürlich bleiben. Durch das Zusammenfallen der beiden Polygone $\mathfrak{R}_1$ und $\mathfrak{R}_2$ sind $\mathfrak{P}_1$ und $\mathfrak{P}_2$ zu einem einzigen Polyeder $\mathfrak{P}$ vereinigt worden. Bezeichnen wir Ecken-, Kanten- und Flächenzahlen der Polyeder $\mathfrak{P}$, $\mathfrak{P}_1$, $\mathfrak{P}_2$ mit $e, k, f$; $e_1, k_1, f_1$ und $e_2, k_2, f_2$, so gilt offenbar: $e = e_1 + e_2 - n$, $k = k_1 + k_2 - n$, $f = f_1 + f_2$, und man erhält daher für die Charakteristik $c$ von $\mathfrak{P}$

$$c = c_1 + c_2,$$

während für die Ränderzahl $r$ die Gleichung

$$r = r_1 + r_2 - 2$$

besteht, da $\mathfrak{R}_1$ und $\mathfrak{R}_2$ nicht mehr Randpolygone sind, während alle anderen Ränder verblieben. Wenn wir in dieser Weise z. B. ein Polyeder $\mathfrak{P}$ von der Charakteristik $c$ und der Ränderzahl $r > 0$ mit einem solchen vereinigen, das einem Möbiusschen Bande äquivalent ist, so wird, da das Band nur einen Rand und die Charakteristik 0 hat, das neu entstandene Polyeder die Charakteristik $c$ und die Ränderzahl $r - 1$ haben. Das neue Polyeder wird überdies eine umkehrbare Indikatrix haben, da ja bereits auf dem Möbiusschen Bande die Indikatrix umkehrbar ist.

Es mögen nun die ganzen Zahlen $c$ und $r$ den Bedingungen $r \geqq 0$, $c + r < 2$ genügen. Setzen wir $r' = 2 - c$, so ist $r' > r$, also sicher $r' > 0$. Wir gehen nun von einem Trigonalpolyeder aus, das die Charakteristik $c = 2 - r'$ und die Ränderzahl $r'$ hat (einer Fläche also, die aus einer Fläche von der Charakteristik 2 durch Ausschneiden von $r'$ einfachen Flächenstücken erhalten werden kann). $r' - r$ dieser Ränder schließen wir durch Einfügung von Polyedern vom Typus Möbiusscher Bänder. Die Charakteristik behält dabei ihren Wert bei, während die Ränderzahl um $r' - r$ sinkt, also den vorgeschriebenen Wert $r$ erhält. Damit haben wir das gewünschte, nicht orientierbare Polyeder erhalten.

## § 14. Geschlossene Schnitte und Querschnitte.

Durch stetige Deformation wird der Charakter einer Fläche im Sinne der Analysis situs nicht verändert. Anders ist es, wenn man durch einen Schnitt, der längs einer innerhalb der Fläche verlaufenden Linie geführt wird, Teile der Fläche, die bisher zusammenhingen, voneinander trennt. An jedem Stück der Linie kann man vor dem Schnitt zwei Ufer unterscheiden. Nach dem Schnitt erscheint das Linienstück an zwei Stellen der Berandung, das eine Mal mit dem einen, das andere Mal mit dem andern Ufer behaftet. Je nachdem durch den Schnitt die Fläche in mehrere Teile auseinanderfällt oder als Ganzes noch zusammenhängend bleibt, unterscheidet man zerstückende und nichtzerstückende Schnitte. Uns interessieren hauptsächlich die letzteren. Wenn man auf einer Ringfläche (vgl. § 7) einen Schnitt längs eines Meridians ausführt, so kann man die erhaltene Fläche stetig in die Mantelfläche eines Kreiszylinders deformieren. Die beiden Kreisränder entsprechen den beiden Ufern des Meridians. Führt man jetzt längs einer Mantellinie des Zylinders einen Schnitt aus, so kann man die neu entstandene Fläche in eine Ebene aufrollen und erhält eine rechteckige Fläche. Die beiden hier vollzogenen Schnitte sind typisch für die beiden Arten von Schnitten, die wir hier betrachten wollen: geschlossene Schnitte und Querschnitte. Unter einem geschlossenen Schnitt verstehen wir den Schnitt längs einer ganz im Innern der Fläche verlaufenden geschlossenen und sich selbst nicht schneidenden Linie, unter einem Querschnitt den Schnitt längs einer zwei verschiedene Randpunkte verbindenden, im übrigen aber ganz im Innern der Fläche verlaufenden und sich selbst nicht schneidenden Linie („Querlinie").

Wir haben nun zu untersuchen, wie durch solche Schnitte die topologischen Invarianten der Fläche verändert werden. Betrachten wir zunächst einen Schnitt längs einer geschlossenen Linie. Denken wir uns die ursprüngliche Fläche polyedrisch in der Weise aufgebaut, daß die Linie sich aus Kanten der Gebietseinteilung zusammensetzt, also ein Polygon, etwa ein $n$-Eck darstellend. Nach dem Schnitt werden alle Elemente dieses Polygons doppelt auftreten, und es wird sich also die Zahl der Ecken sowohl wie die der Kanten um $n$ vergrößern, während die Anzahl der Flächenstücke unverändert bleibt. Die Charakteristik ändert sich also nicht. Handelt es sich dagegen um einen Querschnitt, so kann die Linie, längs der er geführt wird, als ein Kantenzug, der in zwei verschiedenen Punkten endet, betrachtet werden, und da bei diesem die Anzahl der Ecken um 1 größer als die der Kanten ist, so wird nach dem Schnitt die Charakteristik sich um 1 vermehrt haben. Also:

Ein geschlossener Schnitt ändert die Charakteristik nicht, ein Querschnitt erhöht sie um 1.

Was das Verhalten der Indikatrix betrifft, so ist zunächst klar, daß durch das Zerschneiden niemals aus einer orientierbaren Fläche eine nichtorientierbare gemacht werden kann; denn wenn nach dem Schnitt auf der Fläche eine geschlossene Linie vorkommt, längs deren die

Indikatrix sich umkehrt, so ist diese Linie ja auch auf der ursprünglichen Fläche vorhanden. Wohl aber kann es sein, daß durch den Schnitt eine einseitige Fläche zweiseitig gemacht wird. Wir haben früher aus einem rechteckigen Streifen, indem wir zwei gegenüberliegende Kanten in passender Weise zu einer Linie zusammenfallen ließen, das einseitige MÖBIUSsche Band hergestellt. Auf diesem stellt die Linie eine Querlinie dar, und durch einen längs dieser geführten Schnitt wird das MÖBIUSsche Band wieder in die zweiseitige, dem Rechteck äquivalente Fläche zurückverwandelt. Führen wir auf dem einseitigen Heptaeder (Abb. 37) einen geschlossenen Schnitt längs des Kantenpolygons $X_+ Y_- Z_+ X_- Y_+ Z_- X_+$ aus, so läßt sich die Fläche, wie die Abb. 46 zeigt, in eine Ebene ausbreiten. Sie ist ein einfaches Flächenstück geworden. Hier wird durch einen geschlossenen Schnitt die Einseitigkeit aufgehoben. Was die Ränderzahl betrifft, so sind 2 Fälle zu unterscheiden, je nachdem die geschlossene Linie, längs deren der Schnitt geführt wird, zwei- oder einseitig innerhalb der Fläche ist. Im ersten Fall werden den beiden Ufern entsprechend aus der Linie zwei Ränder, im zweiten dagegen, indem wir wohl an jeder einzelnen Stelle der Linie, aber nicht in ihrem gesamten Verlauf zwei Ufer unterscheiden können, verwandelt sich die Linie in einen einzigen Rand. War die Linie ein $n$-Eck, so erhalten wir im ersten Fall zwei $n$-Ecke, im zweiten ein $2n$-Eck.

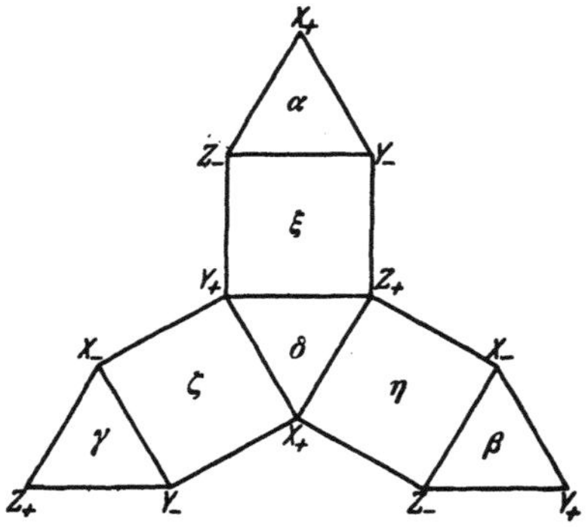

Abb. 46.

Da die Zahl $d = 2 - (c + r)$ stets $\geqq 0$ ist und bei einem geschlossenen Schnitt, wie aus dem Vorangehenden ersichtlich ist, um 2 oder 1 abnimmt, sind im Fall $d = 0$ keine nicht zerstückenden, geschlossenen Schnitte möglich. Es läßt sich aber weiter zeigen, daß im Falle $d > 0$ solche stets möglich sind. Fassen wir zunächst einmal die orientierbaren Flächen ins Auge. Hier kann $d$ nur gerade sein, und es gibt nur zweiseitige Linien. Sei $d = 2p > 0$. Dann können wir nacheinander, ohne daß die Fläche zerfällt, $p$ geschlossene Schnitte ausführen; denn bei jedem Schnitt sinkt $d$ um 2, und erst nach dem $p$ten Schnitt ist $d = 0$ geworden, so daß weitere geschlossene Schnitte unmöglich sind.

Noch komplizierter liegt die Sache im Falle der nichtorientierbaren Flächen. Ist $d = 1$, so kann ein solcher Schnitt natürlich nur längs einer einseitigen Linie geführt werden, da sonst $d$ um 2 abnehmen würde. Es ist übrigens klar, daß ein Schnitt längs einer einseitigen geschlossenen Linie niemals zerstücken kann, da man ja von einer Stelle der Linie an einem Ufer ausgehend, ohne die Linie zu überschreiten, an das an dieser Stelle gegenüberliegende Ufer gelangen kann. Im Falle $d = 2$ gibt es sowohl ein- wie zweiseitige geschlossene Linien, längs deren ein nichtzerstückender, geschlossener Schnitt ausgeführt werden kann. Durch einen Schnitt längs einer zweiseitigen Linie wird $d$ auf 0 herabgedrückt, die Fläche wird zweiseitig, und weitere geschlossene Schnitte sind nicht möglich. Bei einem Schnitt längs einer einseitigen Linie aber erhält $d$ den Wert 1, und die Fläche bleibt einseitig. Ist $d > 2$, so kann man drei Arten geschlossener Schnitte unterscheiden. Zunächst gibt es in diesem Falle auch wieder nichtzerstückende Schnitte sowohl längs ein- wie zweiseitiger Linien. Ist nun $d$ gerade, so wird, wenn die Schnittlinie einseitig ist, nach dem Schnitt $d$ ungerade, die Fläche bleibt also sicher einseitig. Dagegen bleibt bei zweiseitiger Schnittlinie $d$ gerade, und hier gibt es zwei Arten von Schnitten längs zweiseitiger Linien: solche, welche die Einseitigkeit aufheben, und solche, die sie bestehen lassen. Ist $d$ ungerade, so kann ein Schnitt längs einer zweiseitigen Linie die Einseitigkeit nicht aufheben; dagegen gibt es unter den Schnitten längs einseitiger Linien wieder solche, welche die Einseitigkeit aufheben, und solche, die sie bestehen lassen.

Wir kommen nun zu den Querschnitten. Solche sind natürlich nur möglich, wenn die Fläche wenigstens einen Rand hat. Da nun $c + r \leqq 2$ ist, kann hier $c$ höchstens gleich 1 sein, und dieser Wert $c = 1$ ist nur möglich, wenn $r = 1$ ist; wegen $d = 0$ ist die Fläche sicher zweiseitig. Durch die Angabe, daß es sich um eine berandete Fläche von der Charakteristik 1 handelt, ist die Fläche im Sinne der Topologie bestimmt. Ein einfaches Flächenstück mit seinem Randpolygon hat die Charakteristik 1, da in diesem Falle $e = k$, $f = 1$ ist, und alle berandeten Flächen von der Charakteristik 1 sind also einem solchen Flächenstück äquivalent. Da jeder Querschnitt die Charakteristik um 1 erhöht und die entstehende Fläche immer wieder berandet ist, so sind im Falle $c = 1$ keine nichtzerstückenden Querschnitte möglich. Dagegen gibt es solche immer, wenn $c < 1$ ist (§ 33, 7). Daraus folgt dann weiter, daß man allgemein, ohne die Fläche zu zerstücken, $1 - c$ Querschnitte ausführen kann; erst dann ist die Charakteristik auf 1 gestiegen, und es sind weitere nichtzerstückende Querschnitte unmöglich. Riemann nennt die berandeten Flächen von der Charakteristik 1 einfach zusammenhängend, weil ihr Zusammenhang durch jeden Querschnitt zerstört wird. Er nennt eine Fläche $(m + 1)$fach zusammenhängend, wenn sie durch $m$ Querschnitte in eine einfach zusammenhängende verwandelt wird. Nach unseren obigen Ausführungen ist $m + 1 = 2 - c = g$, die Riemannsche Zusammenhangszahl also gleich der oben (S. 40) eingeführten Grundzahl.

Wir fügen noch einige Angaben bei, die sich auf das Verhalten von Ränderzahl und Indikatrix bei Querschnitten beziehen. Zunächst ist zu unterscheiden, ob die beiden Endpunkte $A$, $B$ des Querzuges $q$ verschiedenen Rändern oder demselben Rande angehören. Nehmen wir an, daß sie verschiedenen Rändern angehören (Querschnitt erster Art, Abb. 47). Nach Ausführung des Querschnitts ist der eine Rand an der Stelle $A$ durchschnitten; er ist keine geschlossene Linie mehr, sondern ein Linienstück $a$, das in zwei Punkten $A_1$, $A_2$ endigt, die ursprünglich mit $A$ zusammenfielen. Ebenso ist aus dem zweiten Rand ein Linienstück $b$ geworden, dessen Endpunkte $B_1$, $B_2$ heißen mögen; an Stelle der Linie $q$ sind zwei Linien $q_1$, $q_2$ getreten, die den beiden Ufern von $q$ entsprechen. Die Bezeichnung denken wir uns so gewählt, daß $q_1$ in $A_1$ und $B_1$, $q_2$ in $A_2$ und $B_2$ endigt. Nach dem Schnitt hat sich die Ränderzahl um 1 vermindert; an Stelle der beiden Ränder haben wir einen Rand erhalten: $A_1 a A_2 q_2 B_2 b B_1 q_1 A_1$.

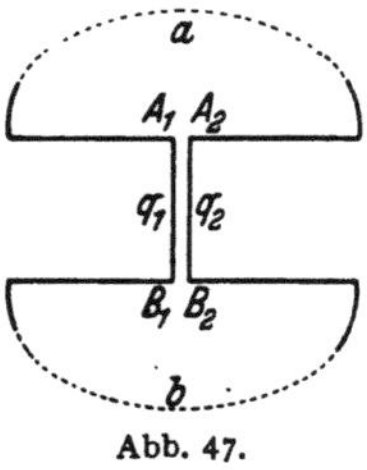

Abb. 47.

Liegen die beiden Endpunkte $A$, $B$ der Querlinie auf demselben Rande, so teilen sie diesen in zwei Stücke $a = A_1 B_2$, $b = B_1 A_2$. Nun sind aber zwei Fälle denkbar. Es kann sein, daß von den beiden Linien, die nach dem Schnitt an Stelle von $q$ treten, die von $A_1$ ausgehende $q_1$ in $B_2$, also die von $A_2$ ausgehende $q_2$ in $B_1$ endigt (Querschnitt zweiter Art, Abb. 48). Es ist aber auch denkbar, daß die von $A_1$ ausgehende Linie $q_1$ nach $B_1$, die von $A_2$ ausgehende $q_2$ nach $B_2$ führt (Querschnitt dritter Art, Abb. 49). Beim Querschnitt zweiter Art vermehrt sich die Ränderzahl um 1, für den Rand, in dem $q$ endigte, erhalten wir zwei Ränder: $A_1 a B_2 q_1 A_1$ und $A_2 b B_1 q_2 A_2$. Beim Querschnitt dritter Art bleibt die Ränderzahl ungeändert; für den Rand, in dem die Querlinie endigt, erhalten wir einen andern: $A_1 a B_2 q_2 A_2 b B_1 q_1 A_1$. Man überzeugt sich leicht davon, daß Querschnitte dritter Art nur bei nichtorientierbaren Flächen vorkommen können und daß der längs $q$ geführte Querschnitt dann und nur dann von dritter Art ist, wenn längs der geschlossenen Linie der ursprünglichen Fläche, die sich aus $a$ und $q$ (oder aus $b$ und $q$) zusammensetzt, die Indikatrix sich umkehrt. Von dieser Art ist z. B. der Querschnitt, durch den wir das MÖBIUSsche Band in den rechteckigen Streifen zurückverwandelten; denn beide Flächen haben die gleiche Ränderzahl, nämlich 1.

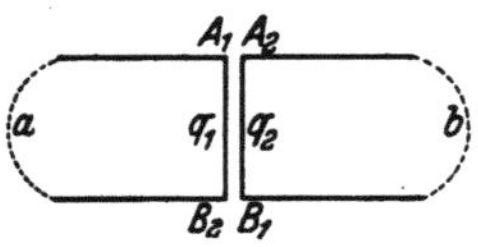

Abb. 48.

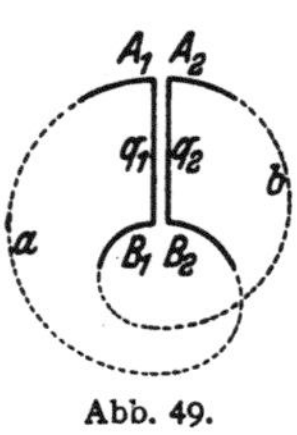

Abb. 49.

Aus dem Verhalten von $c$ und $r$ bei Querschnitten ergibt sich für das Verhalten der Zahl $d$:

Die Zahl $d = 2 - (c + r)$ bleibt nach einem Querschnitt erster Art ungeändert, durch einen Querschnitt zweiter Art wird sie um 2, durch einen dritter Art um 1 vermindert. Aus den vorangehenden Betrachtungen ergeben sich für die Möglichkeit der Querschnitte der drei verschiedenen Arten folgende Bedingungen: Damit ein Querschnitt erster Art möglich sei, muß die Ränderzahl $r \geqq 2$ sein, damit ein Querschnitt zweiter Art möglich sei, muß $d \geqq 2$ sein, damit ein Querschnitt dritter Art möglich sei, muß die Fläche einseitig sein. Es zeigt sich nun, daß die angegebenen Bedingungen für jeden der drei Schnitte (bei berandeten Flächen) auch hinreichend sind.

Beachtet man, daß eine zweiseitige Fläche nach dem Querschnitt immer zweiseitig bleiben muß, so sieht man, daß unsere Angaben alle Fragen beantworten, die sich auf die Umwandlung der zweiseitigen Flächentypen durch Querschnitte beziehen. Bei den einseitigen Typen dagegen ist noch die Frage zu erörtern, ob der Querschnitt die Einseitigkeit bestehen läßt oder aufhebt. Hier zeigt sich nun folgendes: Ein Querschnitt erster Art kann die Einseitigkeit nicht beseitigen. Will man einen Querschnitt dritter Art oder einen solchen zweiter Art (die Möglichkeit eines solchen vorausgesetzt) ausführen, so weiß man bereits, welchen Wert $d$ nach Ausführung des Querschnitts haben wird. Ist nun dieser Wert 0, so kann die neue Fläche nur zweiseitig, ist er ungerade, nur einseitig sein. Ist aber der Wert gerade und $> 0$, so kann man immer den beabsichtigten Querschnitt so gestalten, daß die Fläche einseitig bleibt, aber auch so, daß sie zweiseitig wird.

## § 15. Die Darstellung der Flächentypen in verschiedenen Räumen.

Wir werfen zunächst die Frage auf: Welche Flächentypen lassen sich im euklidischen Raum ohne Selbstdurchdringung realisieren? Die Antwort lautet: alle, bis auf die geschlossenen einseitigen Typen. Für die zweiseitigen Typen ist dies im wesentlichen schon durch die Konstruktion des Polyeders auf S. 14 erledigt. Um unsere Behauptung vollständig zu beweisen, schicken wir folgende Betrachtung voraus: Es sei $\Phi$ eine Fläche, die sich nicht selbst durchsetzt, $c$ ihre Charakteristik, $r$ ihre Ränderzahl. Auf $\Phi$ grenzen wir ein einfaches Flächenstück $\varphi$ ab und nehmen innerhalb desselben die Punkte $A_1$, $A_2$ an. Wir verbinden $A_1$, $A_2$ durch eine Linie $l$, die sonst keinen Punkt mit der Fläche gemein hat und die in $A_1$ und $A_2$ von derselben Seite her an $\varphi$ herantritt. Um jeden der Punkte $A_1$, $A_2$ grenzen wir innerhalb $\varphi$ ein kleines Flächenstück $\alpha_1$ bzw. $\alpha_2$ ab; $\alpha_1$ und $\alpha_2$ sollen keinen Punkt, auch keinen Punkt ihrer Begrenzung, gemeinsam haben. Schneiden wir aus $\Phi$ die Flächenstücke $\alpha_1$ und $\alpha_2$ heraus, so bleibt eine Fläche $\Phi'$ zurück, deren Ränderzahl $r + 2$ und deren Charakteristik $c - 2$ ist. Wir denken uns nun die Linie $l$ mit einer dünnen Röhre umgeben, d. h. einer Fläche vom Typus eines Zylindermantels, deren Charakteristik also 0 und deren Ränderzahl 2 ist. Der eine Rand dieser Röhre soll mit dem Rande von $\alpha_1$, der andere mit dem Rande von $\alpha_2$ zusammenfallen (Abb. 50). Fügen wir die Röhre zu $\Phi'$ hinzu, so hat die neue Fläche $\Phi''$ wieder $r$ Ränder; ihre Charakteristik ist $c - 2$. Aus dem Umstande, daß $l$ die Fläche $\Phi$ nicht schneidet, ist leicht zu entnehmen, daß man die Röhre so einrichten kann, daß auch die Fläche $\Phi''$ sich nicht durchsetzt. Ferner wird $\Phi''$ zwei- oder einseitig sein, je nachdem $\Phi$ zwei- oder einseitig war. Der Wert von $d$ ist bei $\Phi''$ um 2 größer als bei $\Phi$. Wenn wir den hier beschriebenen Prozeß $m$mal ausführen, so gelangen wir von dem ursprünglichen Typus zu einem neuen, der ebenfalls ohne Selbstdurchdringung realisiert ist, für welchen der Wert von $d$ um $2m$ größer ist als bei dem ursprünglichen Typus, während bezüglich der Ränderzahl und des Verhaltens der Indikatrix keine Änderung eingetreten ist.

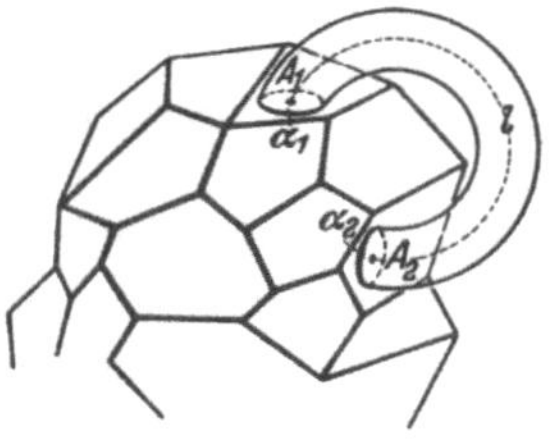

Abb. 50.

Schneiden wir aus einer Kugelfläche $r \geqq 0$ Kreise aus, so ist für die so erhaltene Fläche $d = 0$. Durch das obige Verfahren können wir aus dieser Fläche Flächen ohne Selbstdurchdringung ableiten, welche ebenfalls $r$ Ränder haben, während $d$ irgendeinen geraden positiven Wert erhält. Dies besagt wieder, daß alle zweiseitigen Typen ohne Selbstdurchdringung realisierbar sind. Daß es auch eine einseitige Fläche ohne Selbstdurchdringung gibt, zeigt das Möbiussche Blatt. Auch das damit äquivalente, aus fünf Dreiecken $A_1A_2A_3$, $A_2A_3A_4$, $A_3A_4A_5$, $A_4A_5A_1$, $A_5A_1A_2$ zusammengesetzte Band kann ohne Selbstdurchdringung hergestellt werden (wir brauchen z. B. nur $A_5$ im Innern des Tetraeders mit den Ecken $A_1$, $A_2$, $A_3$, $A_4$ anzunehmen, um dies zu erreichen). Bei dieser Fläche ist $d = 1$, die Ränderzahl ebenfalls gleich 1. Schneiden wir aus der Fläche $r - 1$ einfache Flächenstücke aus ($r \geqq 1$), so haben wir eine Fläche mit $r$ Rändern, während $d$ wieder gleich 1 ist. Hieraus folgt nach unsern obigen Erörterungen, daß jeder berandete einseitige Typus mit ungeradem $d$ ohne Selbstdurchdringung realisierbar ist.

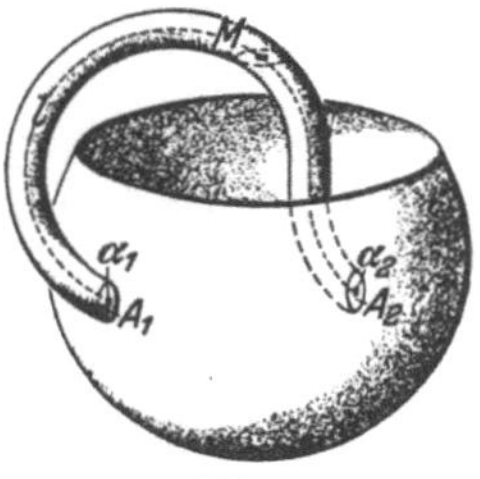

Abb. 51.

Um dasselbe für gerades $d$ zu zeigen, gehen wir von einer Kugelfläche $\Phi$ aus (Abb. 51). Auf dieser nehmen wir eine Kalotte $K$ mit dem Mittelpunkt $M$ an. $A_1$, $A_2$ seien zwei Punkte der Kugel außerhalb $K$. Wir verbinden $A_1$ und $A_2$ durch eine Linie $l$, die durch $M$ geht und bei welcher das Stück von $A_1$ bis $M$ im Außenraum, das Stück von $M$ bis $A_2$ im Innenraum der Kugel verläuft. Um $A_1$ und $A_2$ grenzen wir jetzt wieder zwei kleine Flächenstücke $\alpha_1$ und $\alpha_2$ ab und schneiden diese sowie $K$ aus der Kugelfläche aus. Die zurückbleibende Fläche $\Phi'$

hat drei Ränder, die Charakteristik $-1$ und wird von der Linie $l$ nicht mehr geschnitten. Wir umgeben wieder $l$ mit einer dünnen Röhre, die den einen Rand mit $\alpha_1$, den andern mit $\alpha_2$ gemein hat. Indem wir diese zu $\Phi'$ hinzunehmen, erhalten wir eine Fläche $\Phi''$ ohne Selbstdurchdringung mit einem Rande und der Charakteristik $-1$; der Wert von $d$ für diese Fläche ist also $2$. $\Phi''$ ist einseitig, weil diejenige Seite der Röhre, die wir, dem gewöhnlichen Sprachgebrauch folgend, als äußere bezeichnen würden, an dem einen Ende in die äußere Seite, an dem andern in die innere der Kugelfläche übergeht. Schneiden wir aus dem übrigen Teil der Kugel noch $r-1$ einfache Flächenstücke aus ($r \geqq 1$), so haben wir eine sich nicht durchdringende Fläche mit $r$ Rändern und $d = 2$. Nach unsern obigen Ausführungen sind dann aber auch alle einseitigen Typen mit geradem positivem $d$ ohne Selbstdurchdringung realisierbar. Es bleiben also nur die geschlossenen, nichtorientierbaren Flächentypen übrig, die nun tatsächlich im euklidischen Raum in solcher Weise nicht realisierbar sind (s. S. 291).

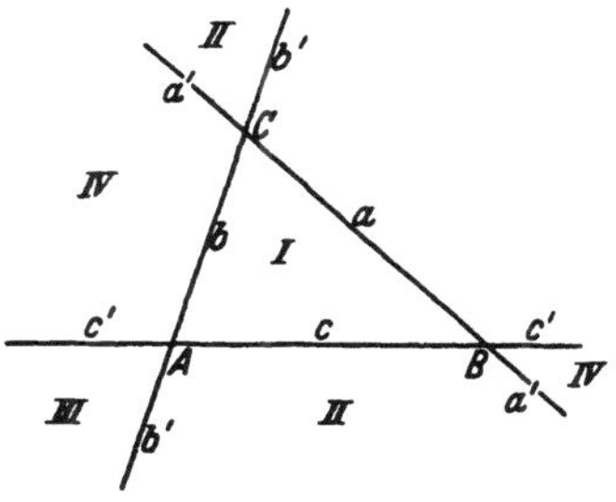

Abb. 52.

Im projektiven Raum, der ja aus dem euklidischen durch eine gewisse Erweiterung hervorgeht, sind natürlich auch alle zweiseitigen und alle berandeten nichtorientierbaren Flächentypen ohne Selbstdurchdringung realisierbar. Es ist dies aber hier auch noch, wie wir zeigen werden, bei einem Teil der geschlossenen, nichtorientierbaren Typen der Fall, nämlich bei denen mit ungeradem $d$. Das einfachste Beispiel liefert die projektive Ebene, die ja auch als geschlossene Fläche anzusehen ist. Wir nehmen in der projektiven Ebene $\delta$ drei eigentliche (endliche) Punkte $A$, $B$, $C$ an (Abb. 52). Die endlichen Strecken $BC$, $CA$, $AB$ seien mit $a$, $b$, $c$, die unendlichen mit $a'$, $b'$, $c'$ bezeichnet. Durch die Dreiecksgeraden wird die projektive Ebene in vier Dreiecke, ein endliches und drei unendliche, zerlegt, die alle dieselben Ecken $A$, $B$, $C$ haben, weshalb wir zu ihrer Unterscheidung auch die Kanten mit angeben müssen. Von dem endlichen Dreieck ausgehend, dem wir den Umlaufssinn $AcBaCbA$ geben, gelangen wir über die Kante $c$, dem Möbiusschen Gesetze folgend, zu dem orientierten Dreieck $BcAb'Ca'B$, von hier in gleicher Weise über die Kante $b'$ zu $Cb'Ac'BaC$, endlich von hier über die Kante $a$ zu $CaBcAbC$. Es hat sich also die Indikatrix der Ausgangsfläche umgekehrt.

Wir wollen jetzt noch zeigen, daß die projektive Ebene $\delta$ innerhalb des projektiven Raumes auch einseitig ist. Daß dieser Nachweis auch erbracht ist, nachdem die Nichtorientierbarkeit festgestellt worden ist, wird sich später zeigen. Wir nehmen außerhalb $\delta$ den eigentlichen Punkt $D$

an (Abb. 53) und bezeichnen mit $\alpha$, $\beta$, $\gamma$ die den Punkten $A$, $B$, $C$ gegenüberliegenden Ebenen des Tetraeders $ABCD$. Die Ebenen $\alpha$, $\beta$, $\gamma$, $\delta$ teilen den projektiven Raum in acht Tetraeder, von denen das eine $T$ endlich ist. Sei $O$ irgendein Punkt im Innern von $T$, $P$ irgendein Punkt, der auf keiner der Tetraederebenen liegt. Die projektive Gerade $OP$ wird durch $O$ und $P$ in zwei Strecken zerlegt, auf die sich ihre vier Schnittpunkte mit den Tetraederebenen in irgendeiner Weise verteilen. Wie diese Verteilung sich gestaltet, hängt davon ab, in welchem der acht Tetraeder $P$ liegt. Enthält z. B. die eine Strecke den Schnittpunkt mit $\gamma$, die andre die drei übrigen, kann man also aus $T$ in das Tetraeder, welchem $P$ angehört, nach Überschreiten der Ebene $\gamma$ bzw. der drei Ebenen $\alpha$, $\beta$, $\delta$ gelangen, so bezeichnen wir dieses Tetraeder mit $T_\gamma = T_{\alpha\beta\delta}$. Hiernach stellen sich die acht Tetraeder so dar:

$$T,\quad T_\alpha,\quad T_\beta,\quad T_\gamma,\quad T_\delta,$$
$$T_{\alpha\beta} = T_{\gamma\delta},\quad T_{\alpha\gamma} = T_{\beta\delta},$$
$$T_{\alpha\delta} = T_{\beta\gamma}.$$

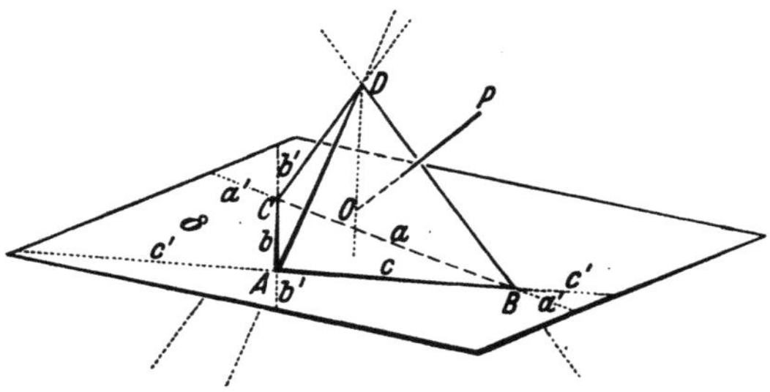

Abb. 53.

Jedes der vier Dreiecke, in welche $\delta$ zerlegt wurde, gehört zwei Tetraedern an, die zu beiden Seiten der Dreiecksfläche liegen. An dem endlichen Dreieck $ABC$, von dem wir eben ausgingen, liegen die Tetraeder $T$ und $T_\delta$. Wiederholen wir den vorhin gemachten Weg und nehmen wir an, daß wir uns bei Beginn der Wanderung auf der $T$-Seite des Ausgangsdreiecks befinden, so werden wir, da wir beim Überschreiten der Kanten $c$, $b'$, $a$ zugleich durch die Ebenen $\gamma$, $\beta$, $\alpha$ hindurchgehen, nacheinander in die Tetraeder $T_\gamma$, $T_{\gamma\beta}$, $T_{\gamma\beta\alpha} = T_\delta$ gelangen. Wir sind also auf die andere Seite der Ausgangsfläche gekommen.

Die acht Tetraeder zerfallen in zwei Gruppen von je vieren, nämlich

$$T,\ T_{\alpha\beta},\ T_{\alpha\gamma},\ T_{\alpha\delta} \qquad \text{und} \qquad T_\alpha,\ T_\beta,\ T_\gamma,\ T_\delta$$

in der Weise, daß jedes der 4 mal 4 Dreiecke, die man in den vier Tetraederebenen hat, je einem der Tetraeder aus einer der beiden Gruppen angehört. Gibt man den Tetraedern der ersten Gruppe die Orientierung $ABCD$, also den vier Dreiecken eines jeden dieser Tetraeder die Umlaufssinne $ABC$, $BAD$, $CBD$, $ACD$, während man bei den Tetraedern der zweiten Gruppe den Dreiecken den umgekehrten Umlaufssinn erteilt, so hat man die acht Tetraeder orientiert, und zwar so, daß jedes Dreieck bei den beiden Tetraedern, zu denen es gehört, entgegengesetzten Umlaufssinn erhält. Das hier erfüllte Gesetz entspricht genau dem Kantengesetz bei der Einteilung zweidimensionaler Gebilde. Daß es bei der Einteilung des projektiven Raumes in einfache Raumstücke erfüllbar ist, drücken wir dadurch aus, daß wir den projektiven Raum selbst als orientierbar bezeichnen.

Wir kommen wieder auf die Einteilung der projektiven Ebene durch die drei Geraden $a$, $b$, $c$ zurück. Diese Einteilung weist drei Ecken, sechs Kanten und vier Flächenstücke auf. Die projektive Ebene ist also eine geschlossene, nichtorientierbare Fläche von der Charakteristik $c = 1$ und muß daher nach dem Hauptsatz der Flächentopologie mit der Gesamtfläche des Möbiusschen Zehnflachs oder des einseitigen Heptaeders äquivalent sein. Das letztere erkennen wir noch deutlicher, wenn wir die Einteilung der Ebene durch vier Geraden von allgemeiner Lage betrachten (Abb. 54). Die sechs Ecken des vollständigen Vierseits gruppieren sich in drei Paare von Gegenecken. Bezeichnen wir die drei auf einer Geraden gelegenen Ecken mit $X_- \, Y_- Z_-$, ihre Gegenecken mit $X_+ Y_+ Z_+$, und schreiben wir die sieben Flächen, in welche die projektive Ebene durch die vier Geraden eingeteilt wird, auf, so haben wir dasselbe Schema wie beim Heptaeder. Dieses ist also zu unserer Gebietseinteilung der projektiven Ebene isomorph, und es muß also möglich sein, das Heptaeder in der Weise stetig und eindeutig auf die Ebene abzubilden, daß den einzelnen Flächen des Heptaeders die einzelnen Gebiete unserer Einteilung entsprechen. Eine besonders einfache solche Abbildung erhalten wir, wenn wir die früher besprochene Beziehung zwischen dem Heptaeder bzw. seiner Doppelfläche und dem Kubooktaeder benutzen. Wir erhielten eine ein-zweideutige und flächenweise kongruente Abbildung von Heptaeder und Kubooktaeder, bei welcher jedem Punkt des Heptaeders zwei Kubooktaederpunkte entsprachen, die auf einer durch den Mittelpunkt $M$ des Kubooktaeders gehenden Geraden liegen. Projizieren wir nun das Kubooktaeder aus seinem Mittelpunkt auf eine projektive Ebene $\varepsilon$, so entspricht je zwei solchen Punkten ein einziger Punkt von $\varepsilon$ (Abb. 55). Wir erhalten so durch Vermittlung des Kubooktaeders wieder eine eindeutige und stetige Abbildung zwischen Heptaeder und Ebene, die sich aus einer flächenweise kongruenten und einer flächenweise perspektiven zusammensetzt, also flächenweise kollinear ist. Ferner sieht man, daß die Kanten des Kubooktaeders sich zu vier regulären Sechsecken:

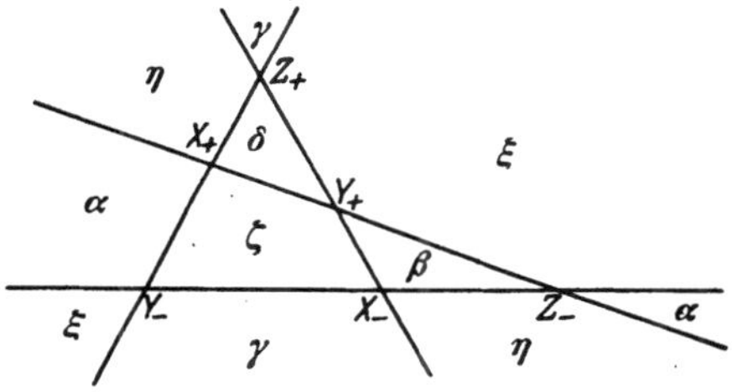

Abb. 54.

$$X_- Y_+ Z_+ X_- Y_+ Z_+, \quad X_+ Y_- Z_+ X_+ Y_- Z_+, \quad X_+ Y_+ Z_- X_+ Y_+ Z_-,$$
$$X_- Y_- Z_- X_- Y_- Z_-$$

anordnen, deren Ebenen durch $M$ gehen, daß also die vorliegende Abbildung des Kubooktaeders auf die Ebene $\varepsilon$ eine durch vier Gerade bewirkte Gebietseinteilung liefert.

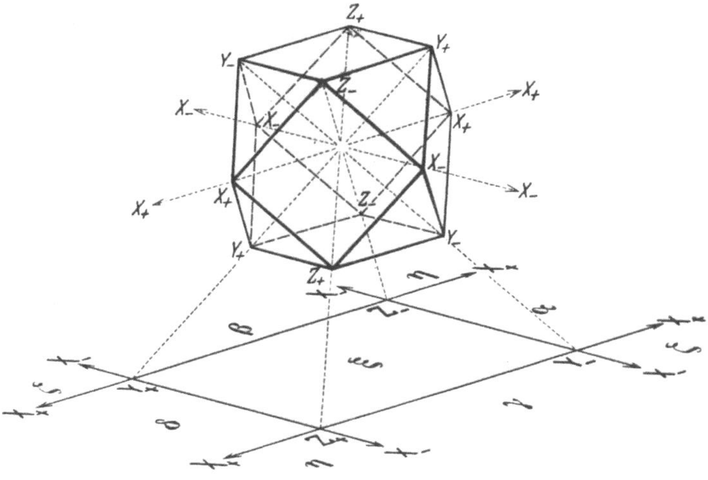


Abb. 55.

In ähnlicher Weise gibt die Projektion eines regulären Ikosaeders aus seinem Mittelpunkt auf eine Ebene eine zum MÖBIUSschen Zehnflach isomorphe Gebietseinteilung. Die Abb. 56 stellt diese Einteilung

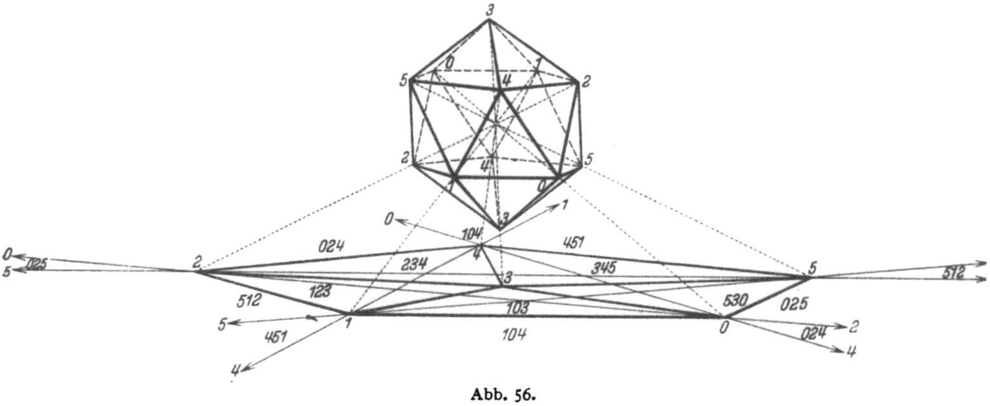


Abb. 56.

dar für den Fall, daß die Projektionsebene zur Verbindungsgeraden zweier Gegenecken des Ikosaeders senkrecht ist.

In der projektiven Ebene haben wir eine nichtorientierbare, geschlossene Fläche, für welche $d = 1$ ist und die sich selbst nicht durchdringt, vor uns. Aus dieser können wir nach dem oben beschriebenen Verfahren durch Anbringung von Röhren geschlossene, nichtorientierbare Flächen ohne Selbstdurchdringung ableiten, bei denen $d$ um eine beliebige gerade Zahl größer ist, also irgendeinen ungeraden Wert hat. Es bleiben also nur die geschlossenen, nichtorientierbaren Typen mit geradem $d$ übrig, und diese lassen sich, wie sich zeigen läßt, auch tatsächlich selbst im projektiven Raum nicht ohne Selbstdurchdringung darstellen.

Man kann nun aber auch dreidimensionale Mannigfaltigkeiten konstruieren, innerhalb deren alle Flächentypen herstellbar sind. Es sei zunächst an die analytische Darstellung der projektiven Räume erinnert. Vier reelle Zahlen, die nicht alle verschwinden, stellen die Koordinaten eines Punktes im projektiven Raume dar. Zwei Reihen von je vier solchen Zahlen bezeichnen denselben Punkt, wenn sie proportional sind. Durch die Koordinatenebenen $x_i = 0$ wird der projektive Raum in acht Tetraeder eingeteilt, die den verschiedenen Vorzeichenkombinationen der Koordinaten entsprechen. Nimmt man statt vier Koordinaten drei, so erhält man eine Darstellung der projektiven Ebene, nimmt man zwei, die Darstellung der projektiven Geraden. Ebenso wie die Punktmannigfaltigkeit der projektiven Geraden kann natürlich die jeder beliebigen geschlossenen Linie, z. B. die des Kreises, auf die Mannigfaltigkeit der nur ihren Verhältnissen nach in Betracht kommenden reellen Zahlenpaare stetig abgebildet werden. In ähnlicher Weise lassen sich andere Mannigfaltigkeiten analytisch darstellen. Zur Darstellung einer Ringfläche nehmen wir auf dieser einen festen Parallelkreis $p_0$ und einen festen Meridian $m_0$ an (Abb. 57). Die Punkte von $p_0$ seien auf die Zahlenverhältnisse $x_1 : x_2$, die von $m_0$ auf die Zahlenverhältnisse $x_3 : x_4$ stetig abgebildet. Durch jeden Punkt $P$ der Ringfläche geht ein Meridian, der $p_0$ in einem Punkte $U$ mit den Koordinaten $x_1$, $x_2$ schneidet, und ein Parallelkreis, der $m_0$ in einem Punkte $V$ mit den Koordinaten $x_3$, $x_4$ trifft. Die Beziehung zwischen den Punkten $P$ der Ringfläche und den Punktepaaren $U$, $V$ von $p_0$ und $m_0$ ist eine umkehrbar eindeutige. Als Koordinaten der Punkte der Ringfläche kann man daher die Zahlenquadrupel $x_1$, $x_2$, $x_3$, $x_4$ benutzen, wenn noch festgesetzt wird, daß in jedem der Paare $x_1$, $x_2$ und $x_3$, $x_4$ wenigstens eine der beiden Zahlen $\neq 0$ ist und daß nur das Verhältnis dieser Zahlen in Betracht kommt. Die Tatsache, daß eine eindeutig umkehrbare Beziehung zwischen den Punkten einer Fläche vom Typus der Ringfläche und den Punktepaaren, die man auf zwei geschlossenen Linien annehmen kann, besteht, drücken wir aus, indem wir sagen, daß jener Typus sich als das Produkt zweier geschlossenen Linien darstellen läßt.

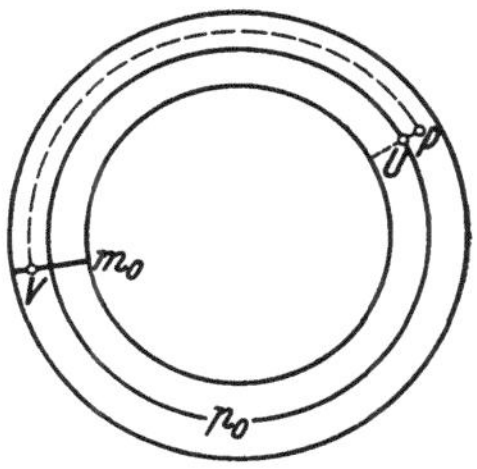

Abb. 57.

In ähnlicher Weise wollen wir uns nun eine dreidimensionale Mannigfaltigkeit $\mathfrak{M}$ konstruieren, die sich als das Produkt des Flächentypus, wie ihn die projektive Ebene repräsentiert (der also durch die topologischen Invarianten: „$d = 1$“, „geschlossen“, „nichtorientierbar“ charakterisiert ist) und eine geschlossene Linie darstellt. Fünf reelle Zahlen $x_1$, $x_2$, $x_3$, $x_4$, $x_5$ sollen die Koordinaten eines Punktes von $\mathfrak{M}$ sein, vorausgesetzt, daß wenigstens eine der drei Zahlen $x_1$, $x_2$, $x_3$ und ebenso wenigstens eine der beiden Zahlen $x_4$, $x_5$ ungleich 0 ist. Die Zahlen $x_i$ ($i = 1, \ldots, 5$)-und $y_i$ ($i = 1, \ldots, 5$) sollen Koordinaten desselben Punktes sein, wenn $y_1$, $y_2$, $y_3$ zu $x_1$, $x_2$, $x_3$ und $y_4$, $y_5$ zu $x_4$, $x_5$ proportional sind. Sehen wir $x_1$, $x_2$, $x_3$ zugleich als Punktkoordinaten in einer projektiven Ebene $\varepsilon$, $x_4$, $x_5$ als Koordinaten der Punkte einer projektiven Geraden $g$ an, so besteht eine eindeutige und stetige Be-

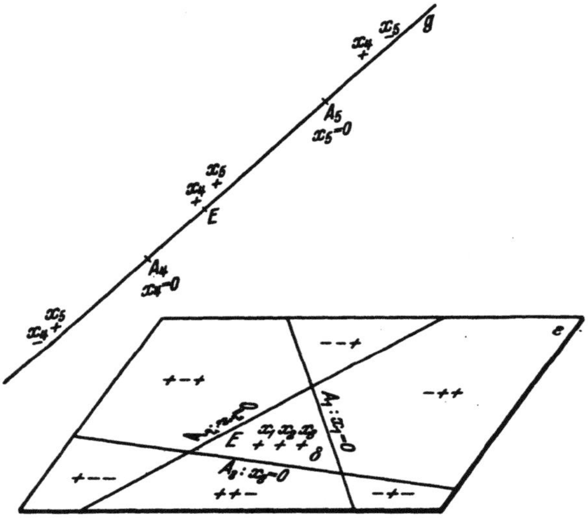


Abb. 58.

ziehung zwischen den Punktepaaren von $\varepsilon$, $g$ einerseits und den Punkten von $\mathfrak{M}$ andererseits (Abb. 58). Wir bezeichnen deshalb $\mathfrak{M}$ als das Produkt von $\varepsilon$ und $g$ und übertragen diese Bezeichnung auch auf Teile der Mannigfaltigkeiten $\mathfrak{M}$, $\varepsilon$ und $g$. Greifen wir also z. B. aus $\varepsilon$ eine Dreiecksfläche, aus $g$ eine Strecke heraus, so ist als Produkt dieser Teile der Teil von $\mathfrak{M}$ anzusehen, dessen Punkte den Punktepaaren aus Dreieck und Strecke entsprechen. Innerhalb der dreidimensionalen Mannigfaltigkeit können wir eine „Fläche“ bestimmen durch eine Gleichung zwischen den Koordinaten $x_i$. Eine solche Gleichung hat nur dann einen Sinn, wenn sie sowohl in $x_1$, $x_2$, $x_3$ als auch in $x_4$, $x_5$ homogen ist. Die einfachsten Gleichungen dieser Art sind diejenigen, welche in einer der Reihen $x_1$, $x_2$, $x_3$ und $x_4$, $x_5$ linear sind und die andere Reihe gar nicht enthalten, also Gleichungen von der Form $a_1 x_1 + a_2 x_2 + a_3 x_3 = 0$ oder $b_1 x_4 + b_2 x_5 = 0$. Durch die Gleichung $b_1 x_4 + b_2 x_5 = 0$

wird das Verhältnis $x_4 : x_5$ und somit der Punkt in der projektiven Geraden $g$ bestimmt, während $x_1$, $x_2$, $x_3$ willkürlich bleiben und somit auch der Punkt in der projektiven Ebene $\varepsilon$ willkürlich ist. Die durch die Gleichung dargestellte Fläche aus $\mathfrak{M}$ ist also das Produkt aus einem Punkte von $g$ und der Ebene $\varepsilon$. Sie ist zu $\varepsilon$ äquivalent. Wir haben hier eine nichtorientierbare, geschlossene Fläche in $\mathfrak{M}$, welche sich nicht selbst durchsetzt. Für sie hat $d$ den Wert 1. Nach unserem früheren Verfahren können wir aus ihr leicht alle nichtorientierbaren Flächentypen ohne Selbstdurchdringung konstruieren, in denen $d$ ungerade ist.

Wir wollen die Flächen, deren Gleichungen die Form $b_1 x_4 + b_2 x_5 = 0$ haben, kurz als Ebenen (in $\mathfrak{M}$) bezeichnen. Jedem Punkte von $g$ entspricht eine solche Ebene. Zwei verschiedene Ebenen können keine gemeinsamen Punkte haben. Wir betrachten die beiden Ebenen $\varepsilon_0$ und $\varepsilon_1$ mit den Gleichungen $x_4 = 0$ und $x_5 = 0$ sowie dasjenige Gebiet $\mathfrak{G}$ des Raumes $\mathfrak{M}$, das durch die Ungleichungen $x_4 \geqq 0$, $x_5 \geqq 0$ bestimmt wird. Die Ebenen $\varepsilon_0$ und $\varepsilon_1$

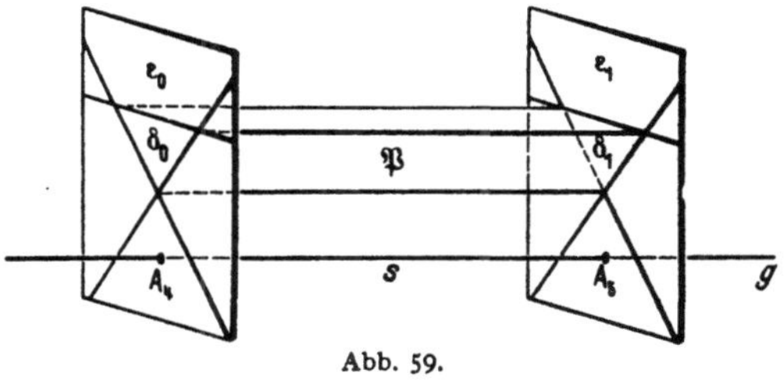

Abb. 59.

bilden die vollständige Begrenzung von $\mathfrak{G}$. Jede der Ebenen $\varepsilon_0$ und $\varepsilon_1$ zerfällt, den Vorzeichenkombinationen von $x_1$, $x_2$, $x_3$ entsprechend, in vier Dreiecke. Dasjenige Dreieck, in dem die drei Vorzeichen gleich sind, sei bei $\varepsilon_0$ mit $\delta_0$, bei $\varepsilon_1$ mit $\delta_1$ bezeichnet. Es sei weiter $\mathfrak{P}$ dasjenige Gebiet, in welchem alle Koordinaten positiv sind. Da in $\varepsilon$ die Punkte mit positivem $x_1$, $x_2$, $x_3$ ein Dreieck $\delta$, in $g$ die Punkte mit positivem $x_4$, $x_5$ eine Strecke $s$ bilden, so ist $\mathfrak{P}$ das Produkt aus einem Dreieck und einer Strecke und kann zweckmäßig als dreiseitiges Prisma bezeichnet werden (Abb. 59). Die Begrenzung dieses Prismas wird von den Flächen gebildet, für deren Punkte eine Koordinate 0, die übrigen $\geqq 0$ sind. Diese Flächen sind: für $x_4 = 0$ das Dreieck $\delta_0$, für $x_5 = 0$ das Dreieck $\delta_1$, für $x_1 = 0$, $x_2 = 0$, $x_3 = 0$ sind es „Rechtecke", die sich als Produkte aus $s$ und je einer Kante des Dreiecks $\delta$ ergeben. Das Prisma $\mathfrak{P}$ ist ein Teil von $\mathfrak{G}$. Nehmen wir $\mathfrak{P}$ aus $\mathfrak{G}$ heraus, so bleibt ein $\mathfrak{G}'$ übrig, dessen Oberfläche $\varphi$ zusammenhängend ist. Sie setzt sich aus den Teilen von $\varepsilon_0$ und $\varepsilon_1$ zusammen, die nach Entfernung von $\delta_0$ und $\delta_1$ noch übrigblieben, und drei Rechtecken, nämlich den Seitenflächen des Prismas. $\varphi$ ist nicht orientierbar, weil schon der Teil von $\varepsilon_0$ bzw. $\varepsilon_1$, der zu $\varphi$ gehört, nicht orientierbar ist. Indem wir diese Teile durch die Geraden der Dreiecke $\delta_0$, $\delta_1$ in je drei Dreiecke zerlegen, haben wir die ganze Fläche $\varphi$ in neun einfache Flächenstücke (sechs Dreiecke und drei Vierecke) eingeteilt. Bei dieser Einteilung von $\varphi$ haben wir sechs Ecken, nämlich die Ecken des Prismas, und 15 Kanten, nämlich je sechs in den Ebenen $\varepsilon_0$ und $\varepsilon_1$ und die drei Seitenkanten des Prismas. Die Charakteristik von $\varphi$ ist also gleich 0, und $d$ erhält den Wert 2. In der sich offenbar nicht durchsetzenden Fläche $\varphi$ haben wir also eine Darstellung des geschlossenen, nichtorientierbaren Typus mit $d = 2$, und hieraus können wir mittels bekannter Schlüsse folgern, daß auch alle nichtorientierbaren Typen mit geradem $d$ innerhalb $\mathfrak{M}$ ohne Selbstdurchdringung realisierbar sind.

Unsere Untersuchung liefert uns aber noch ein anderes merkwürdiges Resultat: Die Ebene $\varepsilon_0$ gehörte in ihrer ganzen Ausdehnung zur Begrenzung des Gebiets $\mathfrak{G}$. Ebenso war $\varphi$ die Begrenzung von $\mathfrak{G}'$. Daraus ergibt sich, daß beide Flächen innerhalb $\mathfrak{M}$ zweiseitig sind; denn man kann ja in ihrem ganzen Verlauf die Seite, auf welcher das begrenzte Gebiet $\mathfrak{G}$ bzw. $\mathfrak{G}'$ liegt, von der andern Seite unterscheiden. Wir sehen daraus, daß die nichtorientierbaren Typen, die doch innerhalb des euklidischen und ebenso des projektiven Raumes stets mit Einseitigkeit behaftet sind, in anderen dreidimensionalen Mannigfaltigkeiten sehr wohl auch zweiseitig erscheinen können. Es ist übrigens, nachdem wir dies für die geschlossenen Typen mit $d = 1$ und $d = 2$ gezeigt haben, sehr leicht zu sehen, daß alle Flächentypen in $\mathfrak{M}$ auch zweiseitig hergestellt werden können.

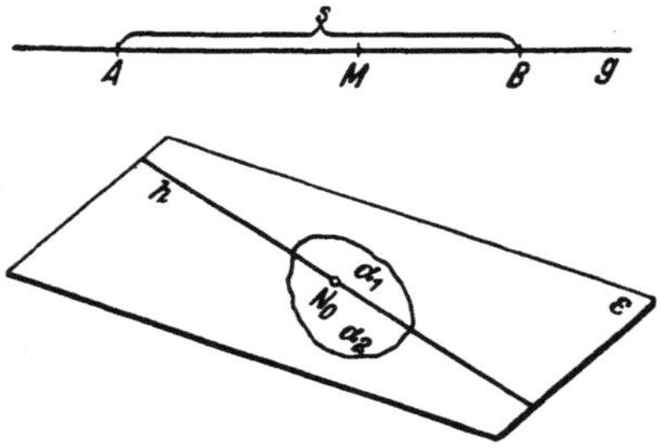

Abb. 60.

Wir betrachten jetzt eine Fläche $\varrho$ in $\mathfrak{M}$, die durch eine Gleichung von der Form $a_1 x_1 + a_2 x_2 + a_3 x_3 = 0$ definiert wird. Da diese Gleichung in $\varepsilon$ eine Gerade $h$ bestimmt und $x_4$ und $x_5$ in der Gleichung gar nicht auftreten, so liegt ein Punkt $P$ von $\mathfrak{M}$ in $\varrho$, wenn von den beiden ihm zugeordneten Punkten derjenige in $\varepsilon$ auf $h$ liegt, während der Punkt von $g$ beliebig sein kann. $\varrho$ stellt sich also als das Produkt der beiden projektiven Geraden $h$ und $g$ dar, ist also vom Typus der Ringfläche, somit eine orientierbare, geschlossene Fläche mit $d = 2$. In $\varrho$ haben wir den Meridianen und Parallelkreisen einer Ringfläche entsprechend zwei Scharen geschlossener Linien. Die Linien der einen Schar sind die Produkte aus $h$ und je einem Punkt von $g$ und sollen auch Meridiane genannt werden. Die Linien der anderen Schar sind die Produkte aus $g$ und je einem Punkte von $h$. In $g$ grenzen wir eine Strecke $s = AB$ ab und nehmen in ihr noch den Punkt $M$ an (Abb. 60). Das Produkt aus $h$ und $s$ ist dann ein von zwei Meridianen begrenzter Streifen $\varrho_1$ aus $\varrho$, also das orientierbare Band mit $d = 0$, $r = 2$, das Produkt aus $h$ und $M$ ein innerhalb dieses Streifens verlaufender Meridian $m$. Um einen Punkt $N_0$ von $h$ grenzen wir ein kleines einfaches Flächenstück $\alpha$ ab; es wird durch $b$ in zwei Teile $\alpha_1$ und $\alpha_2$ zerschnitten, welche die beiden Ufer von $h$ an der Stelle $N_0$ repräsentieren. Ist $P_0$

der Punkt von $m$, welcher dem Punktepaar $M$, $N_0$ entspricht, so stellt das Produkt aus $\alpha$ und $s$ eine Umgebung dieses Punktes dar; sie wird durch $\varrho$ in zwei Teile zerschnitten, deren einer das Produkt aus $\alpha_1$ und $s$, deren anderer das aus $\alpha_2$ und $s$ ist. Sie repräsentieren die beiden Seiten, die man an der Stelle $P_0$ an $\varrho$ unterscheiden kann. Lassen wir in $\varepsilon$ einen Punkt $N$, der sich ursprünglich in $\alpha_1$ befindet, längs des Ufers von $h$ sich bewegen, so wird er, da $h$ in $\varepsilon$ einseitig ist, nach erfolgtem Umlauf in $\alpha_2$ angekommen sein. Ist daher $P$ das Produkt der Punkte $M$ und $N$, so läuft $P$ auf einer Seite der Fläche $\varrho$ längs des Meridians $m$ und gelangt aus $\alpha_1 s$ nach $\alpha_2 s$. Der Weg längs des Meridians $m$ führt also von der einen Seite des Bandes, also auch der Fläche $\varrho$, zur andern. Es gibt also in unserm Raume $\mathfrak{M}$ orientierbare, geschlossene Flächen mit $d = 2$, die einseitig sind. Aus ihnen kann man nach dem schon oft angewendeten Verfahren durch Anbringung von Röhren und Ausschneiden von Flächenstücken orientierbare, einseitige Flächen mit beliebiger Ränderzahl $r$ ableiten, in denen $d$ irgendeinen vorgeschriebenen geraden Wert $\geqq 2$ hat. Da ferner für das von uns betrachtete orientierbare und dabei einseitige Band $d = 0$, $r = 2$ ist, kann man auch die orientierbaren Typen mit $d = 0$, $r \geqq 2$ in $\mathfrak{M}$ als einseitige Flächen realisieren. Es bleiben von orientierbaren Typen nur noch die mit $d = 0$, $r = 0$ oder $r = 1$ übrig, d. h. der Typus der Kugel und der des einfachen Flächenstückes. Diese können nun freilich weder in $\mathfrak{M}$ noch in irgendeiner anderen dreidimensionalen Mannigfaltigkeit als einseitige Flächen erscheinen. Das ergibt sich leicht daraus, daß sowohl auf der Kugelfläche wie in dem einfachen Flächenstück jede geschlossene Linie stetig auf einen Punkt zusammengezogen werden kann.

Wir erwähnen schließlich noch die Flächen von $\mathfrak{M}$, die durch eine bezüglich jeder der beiden Reihen $x_1$, $x_2$, $x_3$ und $x_4$, $x_5$ lineare, homogene Gleichung dargestellt werden. Die Gleichung läßt sich in der Form schreiben:

$$(a_1 x_1 + a_2 x_2 + a_3 x_3)\, x_4 + (b_1 x_1 + b_2 x_2 + b_3 x_3)\, x_5 = 0.$$

Dabei sollen die beiden Koeffizientenreihen $a_1$, $a_2$, $a_3$ und $b_1$, $b_2$, $b_3$ nicht proportional sein. Es erweist sich, daß diese Flächen wie die oben von uns betrachtete Fläche $\Phi$ geschlossen, nichtorientierbar sind und daß bei ihnen $d = 2$ wird. Wir erhalten so eine zweite Darstellung dieses Flächentypus ohne Selbstdurchdringung. Sie ist aber von der andern gänzlich verschieden; denn die mit $\Phi$ bezeichnete Fläche ist zweiseitig, während sich die jetzt betrachtete Fläche als einseitig erweist. Den Beweis für diese Angaben überlassen wir dem Leser.

## § 16. CAUCHYS Satz über konvexe Polyeder.

In EUKLIDS „Elementen" oder vielmehr in den uns überkommenen Ausgaben der „Elemente" werden zwei (isomorph aufeinander bezogene)

Polyeder als kongruent erklärt, wenn ihre entsprechenden Flächen kongruent sind. Diese so gar nicht sinngemäße Erklärung der Kongruenz räumlicher Figuren entspricht offenbar nicht dem ursprünglichen Texte. Man hat die Kongruenz als eine Abbildung definiert, bei welcher die Entfernungen je zweier entsprechender Punktepaare gleich sind, wobei man noch, wenn man die „uneigentliche" (spiegelbildliche) Kongruenz ausschließen will, noch eine Bemerkung bezüglich des Umlaufssinns hinzuzufügen hat. Es entsteht dann aber die Frage, ob etwa der Ausspruch: „Zwei Polyeder sind kongruent, wenn ihre entsprechenden Flächen kongruent sind", als Lehrsatz gelten kann. Daß dies nicht ohne Einschränkung der Fall ist, läßt sich, wie LEGENDRE bemerkte, leicht beweisen. Setzt man z. B. auf eine Fläche $\alpha$ eines Würfels $\mathfrak{W}$ eine regelmäßige Pyramide $\mathfrak{P}$ auf, deren Höhe kleiner als die Würfelkante ist (Abb. 61), und bezeichnet man mit $\mathfrak{P}'$ ihr Spiegelbild bezüglich $\alpha$, so sind die Oberflächen der polyedrischen Körper $\mathfrak{W} + \mathfrak{P}$ und $\mathfrak{W} - \mathfrak{P}$ flächenweise kongruent, ohne daß zwischen den Körpern Kongruenz besteht. LEGENDRE vermutete aber schon, daß der Satz für konvexe Polyeder richtig sein könnte, und auf seine Veranlassung erbrachte A. CAUCHY den Beweis durch Vergleichung der Flächenwinkel an entsprechenden Kanten zweier isomorpher konvexer Polyeder $\mathfrak{P}$, $\mathfrak{P}'$, die er, den Beweis indirekt führend, als räumlich inkongruent, aber flächenweise kongruent voraussetzte.

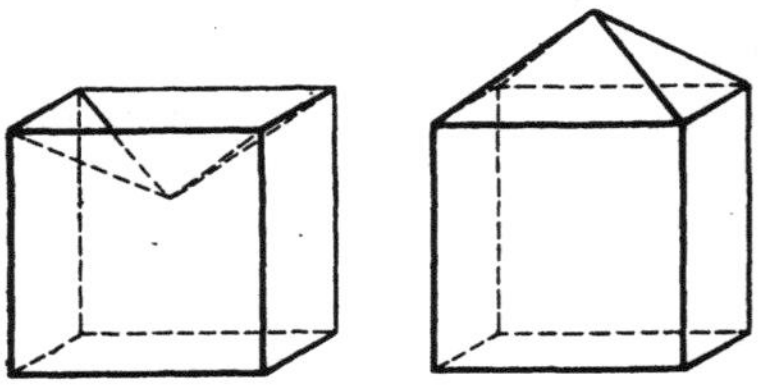

Abb. 61.

CAUCHYs Beweis besteht aus zwei Teilen, die man als den metrischen und den topologischen bezeichnen kann. Der metrische Teil endigt mit dem Beweise des folgenden Satzes: „Legt man einer Kante von $\mathfrak{P}$ die Signatur + oder — bei, je nachdem der an ihr gelegene Flächenwinkel größer oder kleiner ist als der entsprechende Winkel von $\mathfrak{P}'$, während man bei Gleichheit der Winkel die Kante unbezeichnet läßt, so weisen die von einer Ecke von $\mathfrak{P}$ ausgehenden Kanten, falls sie nicht sämtlich unbezeichnet bleiben — und dieser Ausnahmefall kann wegen der Inkongruenz von $\mathfrak{P}$ und $\mathfrak{P}'$ nicht bei jeder Ecke eintreten —, in ihrer cyclischen Folge betrachtet, wenigstens vier Zeichenwechsel auf." Im topologischen Teil wird gezeigt, daß eine diesen Bedingungen genügende Signatur mit den EULERschen Relationen unverträglich ist.

Dieser Teil enthält bei CAUCHY am Schluß eine kleine, leicht erkennbare und auch nicht schwer auszufüllende Lücke. Seine genaue Ausführung würde an dieser Stelle zu weitläufig sein und soll daher verschoben werden (§ 33, S. 131).

Wir wollen aber schon hier einen speziellen Fall, weil er bereits den Hauptgedanken CAUCHYS hervortreten läßt, behandeln. Nehmen wir an, daß keine Kante des Polyeders $\mathfrak{P}$ unbezeichnet bliebe, und verstehen wir unter $\mathfrak{W}'$ das System derjenigen ebenen Winkel, deren Schenkel verschiedenes Vorzeichen haben, unter $w'$ ihre Anzahl. Da nach Voraussetzung beim Umlauf um eine Ecke jedesmal wenigstens vier Zeichenwechsel auftreten, gehören immer mindestens vier ihrer Winkel zu $\mathfrak{W}'$, und folglich ist:

$$w' \geqq 4e = 4k - 4f + 8. \tag{1}$$

Gehörten alle ebenen Winkel zu $\mathfrak{W}'$, so wäre $w' = w = 2k$. Nun ist klar, daß, wenn die Winkel einer Fläche alle zu $\mathfrak{W}'$ gehören, diese Fläche eine gerade Kantenzahl haben muß. Jedes der $f_3$ Dreiecke enthält also nicht drei, sondern höchstens zwei zu $\mathfrak{W}'$ gehörige Winkel; es ist also

$$w' \leqq w - f_3 = 2k - f_3. \tag{2}$$

Aus (1) und (2) folgt:

$$4k - 4f + 8 \leqq 2k - f_3,$$

also

$$2k + 8 \leqq 4f - f_3. \tag{3}$$

Da ferner jedes Dreieck drei Winkel, jedes der übrigen $f - f_3$ Polygone mindestens vier Winkel enthält, so folgt:

$$2k = w \geqq 3f_3 + 4(f - f_3) = 4f - f_3$$

oder

$$2k \geqq 4f - f_3, \tag{4}$$

und diese Ungleichung steht im Widerspruch zu (3).

Wir müssen jetzt auf den metrischen Teil des Beweises eingehen. Er enthält bei CAUCHY einen Fehler, dessen Korrektur etwas mühsam ist, weshalb wir länger dabei verweilen müssen. Es seien $\mathfrak{P}$ und $\mathfrak{P}'$ zwei konvexe Polyeder, zwischen denen eine isomorphe Beziehung $\sigma$ besteht. Wir denken uns $\mathfrak{P}$ orientiert und geben $\mathfrak{P}'$ die durch $\sigma$ zugeordnete Orientierung. Die beiden Orientierungen von $\mathfrak{P}$ und $\mathfrak{P}'$ können gleich oder entgegengesetzt sein, d. h. der Umlaufssinn der Flächen der beiden Polyeder kann von außen her betrachtet als gleich oder entgegengesetzt erscheinen. In dem ersten Falle wollen wir von direkter, im zweiten von indirekter Isomorphie sprechen. Sind nun die beiden Polyeder $\mathfrak{P}$ und $\mathfrak{P}'$ flächenweise kongruent, so besagt der CAUCHYsche Satz im ersten Falle, daß $\mathfrak{P}$ und $\mathfrak{P}'$ eigentlich kongruent, im zweiten, daß sie symmetrisch kongruent sind. Natürlich ist mit dem ersten Fall der zweite auch sogleich erledigt, denn man braucht ja nur das Spiegelbild $\mathfrak{P}''$ von $\mathfrak{P}'$ bezüglich irgendeiner Ebene zu betrachten, welches in diesem Falle die gleiche Orientierung wie $\mathfrak{P}$ zeigt und zu $\mathfrak{P}$ flächenweise kongruent, also auch als Ganzes zu $\mathfrak{P}$ eigentlich kongruent ist, woraus die symmetrische Kongruenz von $\mathfrak{P}$ und $\mathfrak{P}'$ folgt. Wir dürfen also im folgenden stets $\mathfrak{P}$ und $\mathfrak{P}'$ als gleich orientiert voraussetzen. Aus der Kongruenz entsprechender Flächen folgt die der entsprechenden ebenen Winkel. Kann man zeigen, daß auch die an entsprechenden Kanten liegenden Flächenwinkel gleich sind, so ist damit die Kongruenz von $\mathfrak{P}$ und $\mathfrak{P}'$ bewiesen; denn man braucht dann ja nur $\mathfrak{P}$ so zu legen, daß eine Fläche $\alpha$ mit der entsprechenden $\alpha'$ von $\mathfrak{P}'$ zusammenfällt, dann folgt zunächst aus der Übereinstimmung der Flächenwinkel und der Orientierungen, daß auch jede Nachbarfläche mit der entsprechenden von $\mathfrak{P}'$ zusammenfällt, und weiter, daß dies bei allen Flächen von $\mathfrak{P}$ der Fall ist. Ist $A$ eine dreikantige Ecke von $\mathfrak{P}$, $A'$ die entsprechende von $\mathfrak{P}'$, so folgt daraus, daß die beiden Dreikante bei $A$ und $A'$ in den ebenen Winkeln übereinstimmen, daß auch ihre entsprechenden Flächenwinkel gleich sind. Für Dreikantspolyeder wird daher der CAUCHYsche Satz trivial. Es wird darauf ankommen, die Beziehungen zwischen den Flächenwinkeln solcher mehr als dreikantiger Ecken zu untersuchen, die in den ebenen Winkeln übereinstimmen. Hier gilt nun der Satz: Stimmen zwei konvexe $n$-Kante $a_1 a_2 \ldots a_n$ und $b_1 b_2 \ldots b_n$ in den ebenen Winkeln überein, ist also $(a_1, a_2) = (b_1, b_2)$, $(a_2, a_3) = (b_2, b_3)$ $\ldots (a_n, a_1) = (b_n, b_1)$, ohne kongruent zu sein, und gibt man der Kante $a_i$ die Signatur $+$ oder $-$, je nachdem der an ihr gelegene Flächenwinkel größer oder kleiner ist als der an der Kante $b_i$, während man sie bei Gleichheit der Winkel unbezeichnet läßt, so treten in der Signatur des Kantencyclus $a_1 \ldots a_n$ wenigstens vier Vorzeichenwechsel auf. Der auf S. 58 als Endresultat des metrischen Teils angeführte Satz ist mit dem eben angegebenen identisch. Der Satz hat sein Analogon in der ebenen Geometrie:

(A) Stimmen zwei konvexe nichtkongruente $n$-Ecke $A_1 \ldots A_n$ und $B_1 \ldots B_n$ in den Seiten überein, ist also $A_1 A_2 = B_1 B_2, \ldots A_n A_1 = B_n B_1$, und gibt man jeder Ecke $A_i$ die Signatur $+$ oder $-$, je nachdem der Winkel an dieser Ecke größer oder kleiner als der an der Ecke $B_i$ ist, während man sie bei Gleichheit der Winkel unbezeichnet läßt, so weist die Signatur des Eckencyclus wenigstens vier Vorzeichenwechsel auf. Da der Beweis des räumlichen Satzes dem des ebenen ganz analog verläuft, so wollen wir uns im folgenden auf diesen beschränken.

Um zu Satz (A) zu gelangen, beweist CAUCHY den folgenden

Hilfssatz: Es seien $A_1 A_2 \ldots A_n$, $B_1 B_2 \ldots B_n$ zwei konvexe $n$-Ecke. Es mögen die $n-1$-kantigen Züge $A_1 \ldots A_n$ und $B_1 \ldots B_n$ in entsprechenden Kanten übereinstimmen; es sei also

$$A_1 A_2 = B_1 B_2, \quad A_2 A_3 = B_2 B_3, \quad \ldots, \quad A_{n-1} A_n = B_{n-1} B_n .$$

Endlich sei jeder in dem ersten Zuge auftretende Winkel höchstens gleich dem entsprechenden im zweiten Zuge, also:

(1) $$\sphericalangle A_2 \leqq \sphericalangle B_2, \ldots, \sphericalangle A_{n-1} \leqq \sphericalangle B_{n-1},$$

wobei nicht in allen diesen Relationen das Gleichheitszeichen stehen soll. Dann ist die letzte Kante des ersten $n$-Ecks kleiner als die letzte des zweiten $n$-Ecks, d. h.

$$A_n A_1 < B_n B_1.$$

Bevor wir auf den Beweis des Hilfssatzes eingehen, wollen wir zeigen, wie aus ihm der Satz (A) folgt. Nehmen wir also an, die Bedingungen des Satzes (A) seien erfüllt, dann kann es zunächst nicht sein, daß bei gewissen Ecken $A_i$ die Signatur — auftritt, aber bei keiner die Signatur $+$[1]. Nehmen wir nämlich an, es läge doch ein solcher Fall vor. Wir können uns die Bezeichnung dann so eingerichtet denken, daß eine Ecke $A_i$, wo $1 < i < n$ ist, das Zeichen — erhält. Nach dem Hilfssatz müßte dann $A_n A_1 < B_n B_1$ sein, während doch $A_n A_1 = B_n B_1$ vorausgesetzt ist.

Da man beim Umlaufen des Polygons wieder zu dem ursprünglichen Vorzeichen zurückkehrt, muß die Zahl der Zeichenwechsel gerade sein. Es ist noch zu zeigen, daß sie $> 2$ ist. Nehmen wir an, sie wären gleich 2, wir hätten also nur eine Serie von Plus- und eine Serie von Minuszeichen. Die Bezeichnung können wir uns dann so eingerichtet denken, daß $A_n$ das Zeichen $+$, die erste der Ecken $A_1, A_2, \ldots$, die nicht unbezeichnet blieb, das Zeichen — erhält. Ist dann in der Folge $A_1, A_2, \ldots$ die Ecke $A_i$ die letzte mit dem Zeichen —, so werde im Falle $i > 2$ $s = i$ gesetzt, im Falle $i = 1$ oder $i = 2$ aber $s = 3$. Dann ist $A_1 A_s$ eine Diagonale des $n$-Ecks. Von den Ecken auf der einen Seite dieser Diagonale, nämlich $A_2 \ldots A_{s-1}$, trägt keine das Zeichen $+$ (weil man sonst mehr als zwei Zeichenwechsel hätte). Von den Ecken auf der andern Seite der Diagonale, also den Ecken $A_{s+1} \ldots A_n$, hat keine das Zeichen —, aber wenigstens die eine, nämlich $A_n$, das Zeichen $+$ Die Anwendung des Hilfssatzes auf den Streckenzug $A_1 A_2 \ldots A_s$ würde dann $A_1 A_s \leqq B_1 B_s$ ergeben. Die Anwendung des Hilfssatzes auf den Streckenzug $A_s \ldots A_n A_1$ dagegen würde $A_1 A_s > B_1 B_s$ ergeben, womit wir einen Widerspruch erhielten.

Wir kommen jetzt zum Beweise des Hilfssatzes. Im Falle $n = 3$ haben wir in ihm einen Satz der Elementargeometrie: Wenn zwei Dreiecke in zwei Seiten übereinstimmen, der eingeschlossene Winkel aber bei dem ersten Dreieck kleiner als beim zweiten ist, so ist auch die gegenüberliegende Seite des ersten Dreiecks kleiner als die des zweiten.

---

[1] Man könnte dies natürlich auch daraus folgern, daß beide $n$-Ecke die gleiche Winkelsumme haben, aber diese Schlußweise würde sich nicht auf den Beweis des analogen räumlichen Satzes übertragen lassen.

Dieser sowie der auf Dreikante bezügliche analoge Satz werden als bekannt vorausgesetzt.

Es sei nun $n > 3$, und es mögen die $n$-Ecke $\mathfrak{A} = A_1 \ldots A_n$ und $\mathfrak{B} = B_1 \ldots B_n$ den Bedingungen des Hilfssatzes genügen (Abb. 62). Wir wählen die Ecke $A_i$ so, daß $1 < i < n$, $\sphericalangle A_i < \sphericalangle B_i$ ist. Ziehen wir die Strecke $A_i A_1$ und $A_i A_n$, so wird $\mathfrak{A}$ in drei Teile zerlegt, nämlich in das Dreieck Strecke $A_1 A_i A_n$ und die Polygone $\mathfrak{A}_1 = A_1 \ldots A_i$ und $\mathfrak{A}_2 = A_i \ldots A_n$. Von den beiden letzteren kann auch das eine sich auf eine Strecke reduzieren, wenn nämlich $i = 2$ oder $i = n - 1$ ist. Wir halten nun $\mathfrak{A}_1$ fest, drehen aber das Polygon $\mathfrak{A}_2$, das wir uns als Ganzes starr denken, um seine Ecke $A_i$ in der Ebene, bis der Winkel $A_{i-1} A_i A_{i+1}$ gleich dem Winkel $B_{i-1} B_i B_{i+1}$ geworden ist. Dabei ist er um einen gewissen

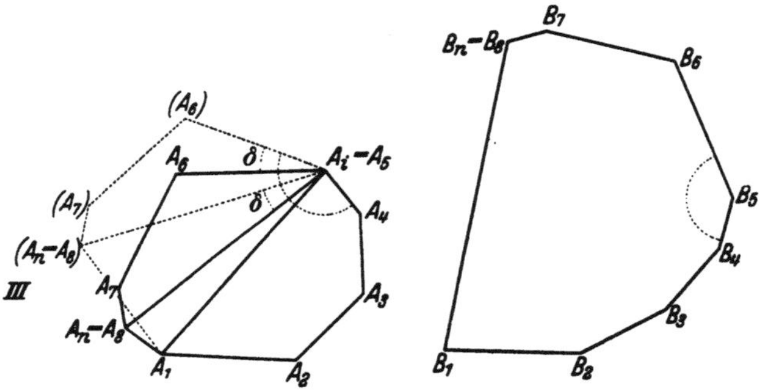


Abb. 62.

Winkel $\delta$ gewachsen. Um denselben Betrag ist auch der Winkel $A_1 A_i A_n$ gewachsen. Nach dem elementaren Satze hat sich dabei der Abstand von $A_1$ und $A_n$ vergrößert. Wir wollen diesen Prozeß als „Aufbiegen des Streckenzuges $A_1 \ldots A_n$ an der Ecke $A_i$" bezeichnen. Der entgegengesetzte Prozeß soll „Zusammenbiegen" heißen. Durch das Aufbiegen wird also die Entfernung der Endpunkte $A_1$, $A_n$ des Zuges vergrößert. Da die übrigen Winkel des Zuges keine Änderung erfuhren, so bleiben für sie die Relationen (1) bestehen. CAUCHY schließt nun weiter: Gilt in irgendeiner dieser Relationen noch das Zeichen $<$, ist etwa $A_j < B_j$, so biegt man den Streckenzug an der Ecke $A_j$ auf, bis der Winkel an dieser Ecke gleich dem Winkel $B_j$ geworden ist, und fährt so fort, bis alle Winkel des ersten Zuges gleich den entsprechenden des zweiten und damit die Polygone kongruent geworden sind. Da nun beim Abschluß des Verfahrens $A_1 A_n = B_1 B_n$ geworden ist, jede Aufbiegung aber den Abstand $A_1 A_n$ vergrößerte, muß $A_1 A_n$ ursprünglich kleiner als $B_1 B_n$ gewesen sein. Dieser Schluß ist nicht statthaft. Der Nachweis, daß bei der ersten Aufbiegung $A_1 A_n$ eine Vergrößerung erfuhr, hatte zur wesentlichen Voraussetzung, daß das Ausgangspolygon $\mathfrak{A}$ konvex ist. Nun ist aber keineswegs bewiesen, noch überhaupt beweisbar, daß der Aufbiegungsprozeß immer wieder zu konvexen Polygonen führt. Es kann vielmehr sein, daß man, wenn man den Prozeß in der angegebenen Weise durchführt, auch nichtkonvexe Polygone erhält und daß bei einigen Aufbiegungen eine Verkleinerung der Strecke $A_1 A_n$ stattfindet.

Daß dies wirklich möglich ist, zeigen wir an der folgenden Abbildung (Abb. 63). $B_1 A_4 B_4$ ist ein spitzwinkliges Dreieck, die Kante $B_1 A_4$ größer als die beiden andern. Durch Spiegelung am Mittellot der Strecke $B_1 B_4$ erhalten wir aus dem ersten Dreieck ein zweites, $B_4 A_1 B_1$. Es ergibt sich hieraus, daß $A_1 A_4$ parallel und gleichgerichtet mit $B_1 B_4$ ist. $B_1 A_1 A_4 B_4$ ist ein konvexes, gleichschenkliges Paralleltrapez, $A_1 A_4 < B_1 B_4$. In den Mitten $M$ und $N$ der nichtparallelen Seiten $B_1 A_1$, $B_4 A_4$ sind nach außen Lote errichtet. Sie schneiden die Verlängerung von $A_1 A_4$ in $S$ bzw. $T$. Jenseits dieser Punkte sind auf den Loten die Punkte $A_2 = B_2$ und $A_3 = B_3$ angenommen, wobei $MA_2 = NA_3$ sein soll. Nunmehr sind $\mathfrak{A} = A_1 A_2 A_3 A_4$ und $\mathfrak{B} = B_1 B_2 B_3 B_4$ zwei konvexe gleichschenklige Paralleltrapeze, welche die Bedingungen des Hilfs-

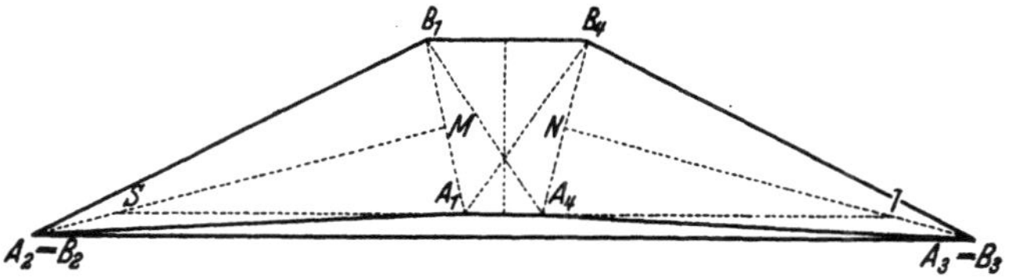

Abb. 63.

satzes erfüllen: es ist $A_1 A_2 = B_1 B_2$, $A_2 A_3 = B_2 B_3$, $A_3 A_4 = B_3 B_4$, $\sphericalangle A_1 A_2 A_3 < \sphericalangle B_1 B_2 B_3$, $\sphericalangle A_2 A_3 A_4 < \sphericalangle B_2 B_3 B_4$. Von $\mathfrak{A}$ gelangt man durch zwei Aufbiegungen zu $\mathfrak{B}$, indem man nämlich erst $A_1$ durch $B_1$, dann $A_4$ durch $B_4$ ersetzt (oder umgekehrt). Das nach dem ersten Prozeß erhaltene Viereck $\mathfrak{A}' = B_1 A_2 A_3 A_4$ ist nichtkonvex. Die vierte Kante wird bei der ersten Aufbiegung vergrößert, bei der zweiten verkleinert; denn es ist $A_1 A_4 < B_1 A_4$, aber $B_1 A_4 > B_1 B_4$.

Im gegenwärtigen Falle könnte man durch gleichzeitiges Aufbiegen der Winkel bei $A_2$ und $A_3$, wobei man diese immer einander gleich sein läßt, einen stetigen Übergang von $\mathfrak{A}$ nach $\mathfrak{B}$ schaffen, bei dem das Viereck stets konvex bleibt und die vierte Seite eine beständige Vergrößerung erfährt. Auch das ist nicht immer möglich. Bezeichnen wir mit $A_4'$ den Punkt, der so gewählt ist, daß das Viereck $\mathfrak{A}' = A_1 A_2 A_3 A_4'$ ein Parallelogramm ist, so haben wir, um von $\mathfrak{A}$ nach $\mathfrak{A}'$ zu gelangen, nur den einen Winkel bei $A_3$ zu vergrößern. Geschieht dies kontinuierlich, so wird die vierte Kante zwar ständig vergrößert, das Viereck ist aber zeitweise nichtkonvex.

Diese Ausführungen zeigen zur Genüge, daß der Hilfssatz anders bewiesen werden muß. Nehmen wir zunächst an, daß in irgendeiner der Relationen (1) das Gleichheitszeichen steht. Es sei etwa $\sphericalangle A_{i-1}A_iA_{i+1} = \sphericalangle B_{i-1}B_iB_{i+1}$. Dann ist $\triangle A_{i-1}A_iA_{i+1} \cong B_{i-1}B_iB_{i+1}$, und zwischen den konvexen Polygonen $\overline{\mathfrak{A}} = A_1 \dots A_{i-1}A_{i+1} \dots A_n$ und $\overline{\mathfrak{B}} = B_1 \dots B_{i-1}B_{i+1} \dots B_n$ bestehen die Voraussetzungen des Hilfssatzes. Da es sich hier um $(n - 1)$-Ecke handelt und für diese die Gültigkeit des Hilfssatzes bereits feststeht, so folgern wir: $A_1A_n < B_1B_n$. Wir können uns jetzt auf den Fall beschränken, wo in allen Relationen (1) das Zeichen $<$ steht, und suchen diesen auf den bereits erledigten zurückzuführen. Nach unserer Voraussetzung ist $\sphericalangle A_{n-1} < \sphericalangle B_{n-1}$. Ist $\gamma$ irgendein Winkel, der seiner Größe nach zwischen $\sphericalangle A_{n-1}$ und $\sphericalangle B_{n-1}$ liegt, so können wir durch Aufbiegen des ersten Streckenzuges an der Ecke $A_{n-1}$ und Zusammenbiegen des zweiten an der Ecke $B_{n-1}$ bewirken, daß $\sphericalangle A_{n-1} = \gamma = \sphericalangle B_{n-1}$ wird. Sind die so entstandenen $n$-Ecke konvex, so erhalten wir sofort das gewünschte Resultat; denn es bestehen ja zwischen den beiden $n$-Ecken nach wie vor die Relationen (1), wobei aber jetzt in der einen das Gleichheitszeichen steht. Wie wir sahen, können wir dann sogleich schließen, daß nun $A_1A_n < B_1B_n$ ist. Da aber durch die Biegungsprozesse $A_1A_n$ vergrößert, $B_1B_n$ verkleinert wurde, so bestand auch bei den gegebenen $n$-Ecken die Relation: $A_1A_n < B_1B_n$. Wir haben daher zu untersuchen, wieweit sich die Biegungsprozesse ohne Aufgeben der Konvexität durchführen lassen. Wir ziehen in den beiden gegebenen Polygonen $\mathfrak{A}$ und $\mathfrak{B}$ die Diagonalen $A_1A_{n-1}$ und $B_1B_{n-1}$. Durch die Geraden, in denen die Kanten des Polygons $\mathfrak{A}' = A_1A_2 \dots A_{n-1}$ liegen, wird die Ebene in eine Anzahl konvexer Gebiete zerlegt. Eines dieser Gebiete ist das Innere von $\mathfrak{A}'$; dasjenige Gebiet, in welches man von diesem nach Überschreiten der Kante $A_1A_{n-1}$ gelangt, sei mit $\mathfrak{G}$ bezeichnet (Abb. 64, 66, 68, 70). Es ist gleichgültig, ob dieses Gebiet endlich oder unendlich ist. In jedem Falle wird es von drei geraden Linien begrenzt, nämlich von der Strecke $A_1A_{n-1}$ und von den Verlängerungen $p$ und $q$ der Kanten $A_2A_1$ und $A_{n-2}A_{n-1}$ über $A_1$ bzw. $A_{n-1}$ hinaus. Dabei kommen diese Verlängerungen, falls sie sich nicht schneiden, in ihrer ganzen Ausdehnung als Begrenzung von $\mathfrak{G}$ in Betracht, sonst nur bis zu ihrem Schnittpunkt. Soll für einen Punkt $A_n'$ das Polygon $A_1A_2 \dots A_{n-1}A_n'$ konvex sein, so ist notwendig und hinreichend, daß $A_n'$ im Innern des Gebiets $\mathfrak{G}$ liegt. Wir beschreiben nun um $A_{n-1}$ den durch $A_n$ gehenden Kreis und bezeichnen mit $c$ den Bogen dieses Kreises, dessen Endpunkte der Begrenzung von $\mathfrak{G}$ angehören, dessen übrige Punkte in $\mathfrak{G}$ liegen und welcher den Punkt $A_n$ enthält. Diesen Bogen denken wir uns von einem Punkte $A_n'$ in dem Sinne durchlaufen, daß der Winkel $A_{n-2}A_{n-1}A_n'$ wächst. $X$ sei der Anfangs-, $Y$ der Endpunkt des Bogens. Es sind verschiedene Fälle möglich; indessen kann $X$ nur entweder in $A_1A_{n-1}$ oder in $p$, $Y$ in $p$ oder in $q$ liegen. Es braucht mit $c$ auch nicht der ganze in $\mathfrak{G}$ liegende Teil des Kreises erschöpft zu

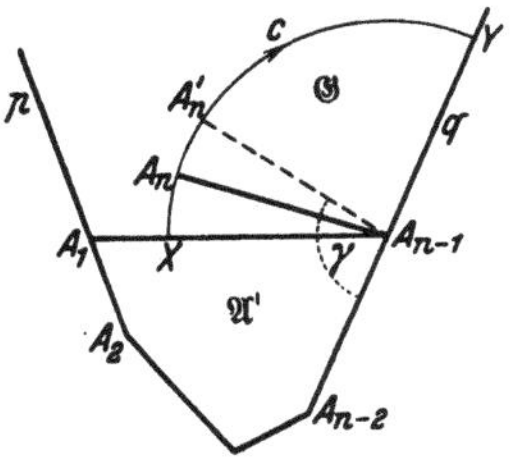

Abb. 64.

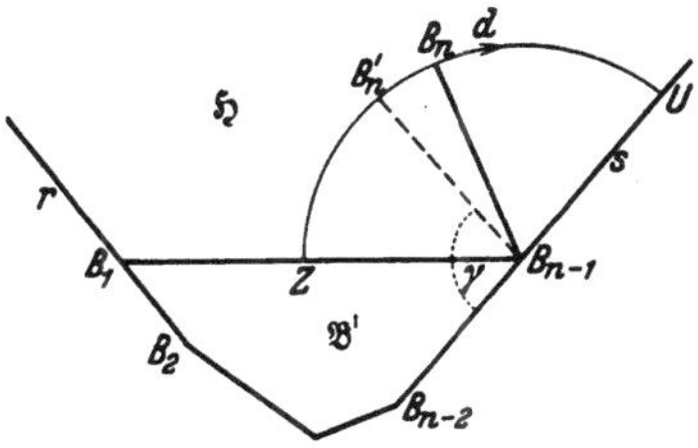

Abb. 65.

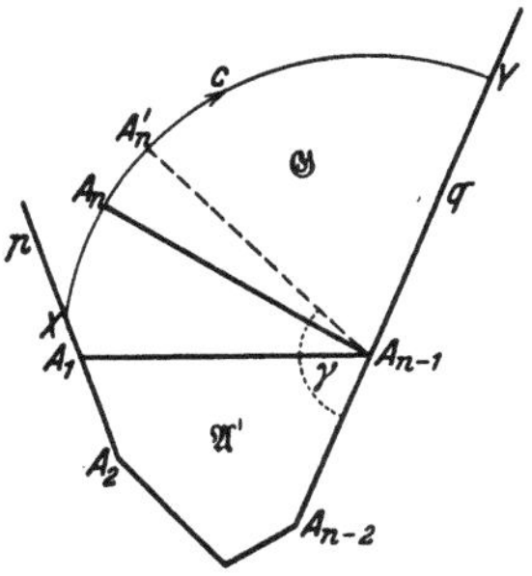

Abb. 66.

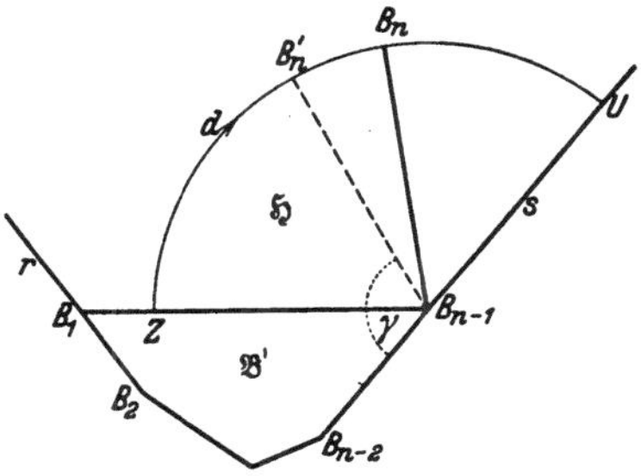

Abb. 67.

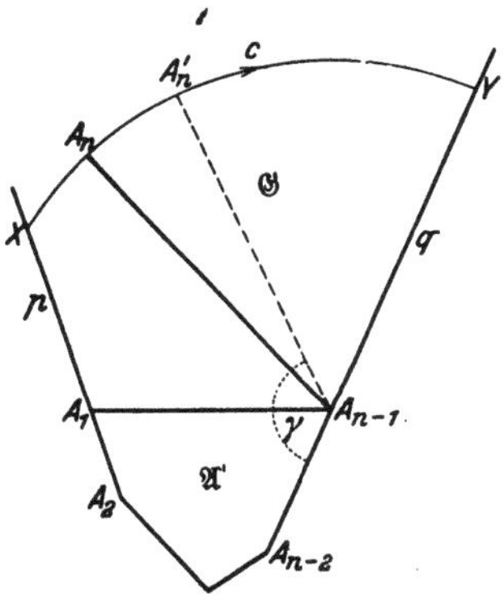

Abb. 68.

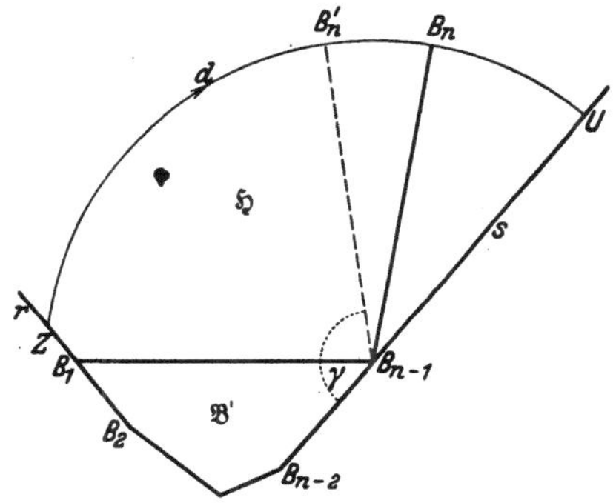

Abb. 69.

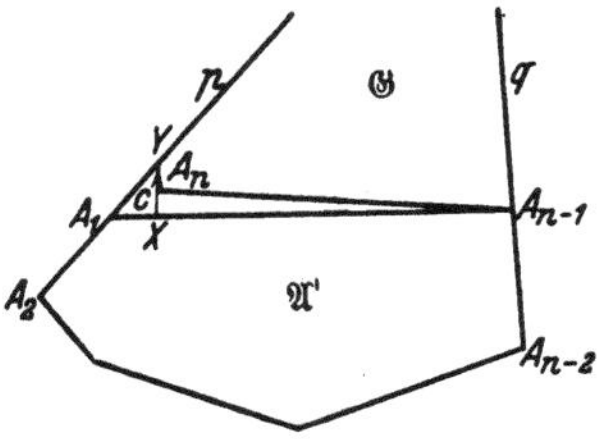

Abb. 70.

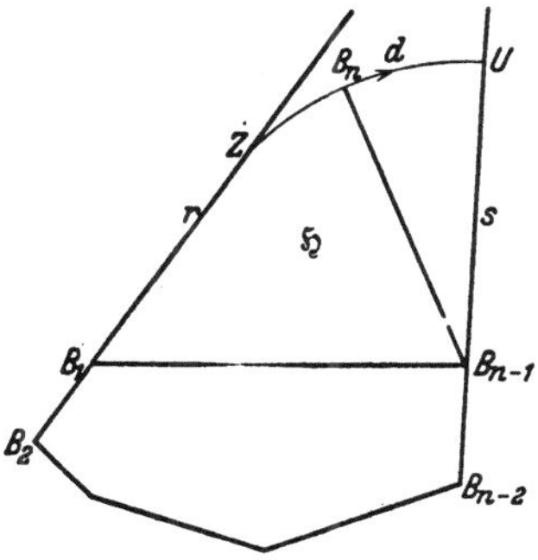

Abb. 71.

sein; die Figuren illustrieren die verschiedenen Möglichkeiten. Wie mit $\mathfrak{A}'$, so verfahren wir auch mit dem Polygon $\mathfrak{B}' = B_1 \dots B_{n-1}$. Das Gebiet, in welches man aus dem Innern von $\mathfrak{B}'$ nach Überschreiten von $B_1 B_{n-1}$ gelangt, sei $\mathfrak{H}$, $d$ derjenige Bogen des um $B_{n-1}$ mit $B_{n-1}B_n$ beschriebenen Kreises, dessen Anfangspunkt $Z$ und Endpunkt $U$ der Begrenzung von $\mathfrak{H}$ angehören, der sonst ganz in $\mathfrak{H}$ verläuft und den Punkt $B_n$ enthält. $r$ und $s$ seien die Verlängerungen von $B_2 B_1$ und $B_{n-2}B_{n-1}$ über $B_1$ bzw. $B_{n-1}$ hinaus. Es gelten in jedem Falle die Relationen:

$$\sphericalangle A_{n-2}A_{n-1}A_n < \sphericalangle B_{n-2}B_{n-1}B_n,$$

$$\sphericalangle A_{n-2}A_{n-1}X < \sphericalangle A_{n-2}A_{n-1}A_n < \sphericalangle A_{n-2}A_{n-1}Y,$$

$$\sphericalangle B_{n-2}B_{n-1}Z < \sphericalangle B_{n-2}B_{n-1}B_n < \sphericalangle B_{n-2}B_{n-1}U.$$

Wir unterscheiden zwei Fälle:

a) $\sphericalangle B_{n-2}B_{n-1}Z < \sphericalangle A_{n-2}A_{n-1}Y$,

b) $\sphericalangle B_{n-2}B_{n-1}Z \geqq \sphericalangle A_{n-2}A_{n-1}Y$.

Falls $Y$ auf $q$ liegt, tritt sicher der erste Fall ein; denn dann ist ja $\sphericalangle A_{n-2}A_{n-1}Y = \pi$.

Im Falle a) können wir einen Winkel $\gamma$ so wählen, daß

$$\left.\begin{matrix} A_{n-2}A_{n-1}A_n \\ B_{n-2}B_{n-1}Z \end{matrix}\right\} < \gamma < \left\{\begin{matrix} B_{n-2}B_{n-1}B_n \\ A_{n-2}A_{n-1}Y \end{matrix}\right.$$

ist; denn die beiden Winkel auf der linken Seite sind kleiner als die auf der rechten. Für einen bestimmten Punkt $A'_n$ des Bogens $A_n Y$ und für einen bestimmten Punkt $B'_n$ des Bogens $Z B_n$ wird dann $\sphericalangle A_{n-2}A_{n-1}A'_n = \gamma = B_{n-2}B_{n-1}B'_n$. Hieraus und aus der Konvexität der Polygone $A_1 \dots A_{n-1}A'_n$ und $B_1 \dots B_{n-1}B_n$, die den Relationen (1) genügen, folgt $A_1 A'_n < B_1 B'_n$, und da $A_1 A_n < A_1 A'_n$, $B_1 B'_n < B_1 B_n$ ist, so ist auch $A_1 A_n < B_1 B_n$, w. z. b. w.

Im Falle b) liegt $Y$ auf $p$ ($X$ auf $A_1 A_{n-1}$), so daß $YA_2 = YA_1 + A_1 A_2$ wird. Es ist ferner $\sphericalangle A_{n-2}A_{n-1}A_n < \sphericalangle A_{n-2}A_{n-1}Y$. $A_{n-1}A_n = A_{n-1}Y$, daher $A_1 A_n < A_1 Y$. Bezüglich des Punktes $Z$ sind zwei Fälle zu unterscheiden, je nachdem dieser auf $r$ oder auf $B_1 B_{n-1}$ liegt. Liegt $Z$ auf $r$, so ist $B_2 Z = B_2 B_1 + B_1 Z$ (Abb. 71). Da nun $A_{n-1}Y = A_{n-1}A_n = B_{n-1}B_n = B_{n-1}Z$ und $\sphericalangle A_{n-2}A_{n-1}Y \leqq \sphericalangle B_{n-2}B_{n-1}Z$ ist, so sind $A_2 A_3 \dots A_{n-1}Y$ und $B_2 B_3 \dots B_{n-1}Z$ zwei konvexe $(n-1)$-Ecke, für welche die Voraussetzungen des Hilfssatzes zutreffen. Daher ist $A_2 Y \leqq B_2 Z$ (wobei das Gleichheitszeichen nur im Falle $n = 4$, $\sphericalangle A_{n-2}A_{n-1}Y = \sphericalangle B_{n-2}B_{n-1}Z$ gilt) oder $A_2 A_1 + A_1 Y \leqq B_2 B_1 + B_1 Z$, mithin $A_1 Y \leqq B_1 Z$, $A_1 A_n < A_1 Y \leqq B_1 Z < B_1 B_n$, also: $A_1 A_n < B_1 B_n$, w. z. b. w.

Es liege jetzt $Z$ auf $B_1 B_{n-1}$ (Abb. 72). Dann genügen die beiden $(n-1)$-Ecke $A_2 A_3 \ldots A_{n-1} Y$ und $B_2 B_3 \ldots B_{n-1} Z$ den Bedingungen unseres Satzes; also ist $A_2 Y < B_2 Z$ oder $A_2 A_1 + A_1 Y < B_2 Z < B_2 B_1 + B_1 Z$, folglich: $A_1 Y < B_1 Z$ und $A_1 A_n < A_1 Y < B_1 Z < B_1 B_n$, also $A_1 A_n < B_1 B_n$, w. z. b. w.

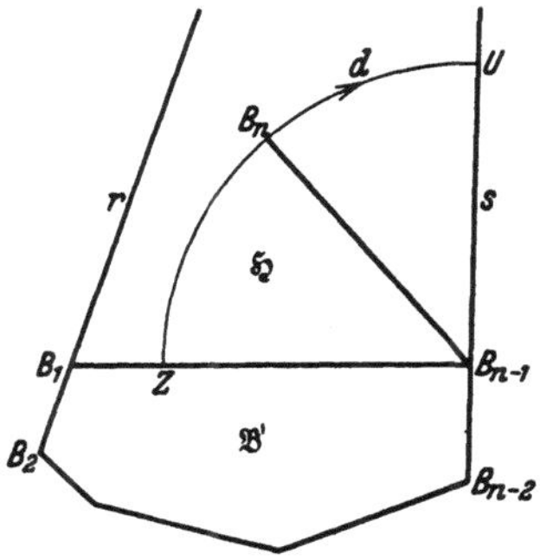

Abb. 72.

Damit ist der Hilfssatz in allen Fällen bewiesen.

Durch den CAUCHYschen Satz ist natürlich auch bewiesen, daß ein konvexes Polyeder nicht in sich kontinuierlich bewegt werden kann, d. h. daß es keine Bewegung ausführen kann, bei welcher zwar jede Einzelfläche Form und Größe beibehält, das Ganze aber nicht starr bleibt. Es lag die Frage nahe, ob unter den nichtkonvexen Polyedern bewegliche vorkommen. Daß dies der Fall ist, zeigte R. BRICARD, der die Polyeder vom Typus des regulären Oktaeders systematisch untersuchte und alle unter ihnen enthaltenen beweglichen ermittelte[1]. Wir wollen uns damit begnügen, einen solchen Fall zu beschreiben (Abb. 73). Es sei $X_+ Y_+ X_- Y_-$ ein räumliches Viereck mit gleichen gegenüberliegenden Seiten: $X_+ Y_+ = X_- Y_-$, $Y_+ X_- = Y_- X_+$, $Z_+$ ein beliebiger Punkt im Raum. Die aus den vier Dreiecken $Z_+ X_+ Y_+$, $Z_+ Y_+ X_-$, $Z_+ X_- Y_-$, $Z_+ Y_- X_+$, die nach Form und Größe unverändert bleiben sollen, gebildete Fläche $\varphi$, die von jenem Viereck begrenzt wird, ist in sich beweglich; offenbar kann man den Flächenwinkel an einer der von $Z_+$ ausgehenden Kanten noch variieren. Es seien $M$, $N$ die Mittelpunkte der (auch ihrer Länge nach variablen) Strecken $X_+ X_-$ und $Y_+ Y_-$. Aus unsern Voraussetzungen folgt nacheinander: $\triangle X_+ X_- Y_+ \cong \triangle X_- X_+ Y_-$, $Y_+ M = Y_- M$, $MN \perp Y_+ Y_-$. Ebenso ist natürlich $MN \perp X_+ X_-$. Die Punkte $X_+$, $X_-$ sind also Spiegelbilder voneinander bezüglich der Geraden $g = MN$. Ebenso die Punkte $Y_+$, $Y_-$. Wir lassen nun die Fläche $\varphi$ sich bewegen und verstehen unter $Z_-$ das Spiegelbild von $Z_+$ bezüglich der Geraden $g$. Dann sind die Dreiecke $Z_- X_- Y_-$, $Z_- Y_- X_+$, $Z_- X_+ Y_+$, $Z_- Y_+ X_-$ die Spiegelbilder der vier Dreiecke der Fläche $\varphi$

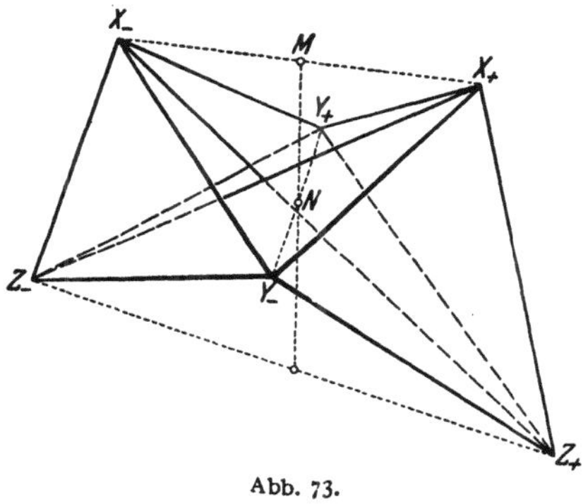

Abb. 73.

[1] Journal de Liouville (5) Bd. 3 (1897) S. 113—148.

bezüglich $g$, also diesen Dreiecken kongruent und somit ebenfalls bei der Bewegung an Form und Größe unveränderlich. Die acht Dreiecke setzen das bewegliche Polyeder vom Typus des regulären Oktaeders zusammen.

## § 17. Legendres Bestimmung der Konstantenzahl eines Polyeders.

Die Beschäftigung mit der Elementargeometrie, in der Dreieckskonstruktionen einen wesentlichen Raum einnehmen, legt es nahe, sich die Aufgabe zu stellen, ein Polyeder von vorgeschriebenem Typus aus gegebenen Stücken zu konstruieren. Legendre berechnete die Anzahl der erforderlichen Stücke, die „Konstantenzahl" des Typus. Um die Frage zu präzisieren, muß man noch hinzufügen, ob kongruente Polyeder nicht unterschieden werden sollen, oder ob auch die Lage des Polyeders im Raume festgelegt werden soll. Im zweiten Falle ist die Konstantenzahl um 6 größer, denn wenn das Polyeder nach Form und Größe bereits bestimmt ist, so kann man, um seine Lage im Raum zu fixieren, eine Ecke durch ihre drei Koordinaten $x, y, z$, eine durch die Ecke gehende Kante durch die Koordinaten $x', y'$ ihres Schnittpunktes mit der $xy$-Ebene, eine durch die Kante gehende Polyederebene durch die Abszisse $x_2'$ ihres Schnittpunktes mit der $x$-Achse bestimmen. Es seien nun $A_1, \ldots, A_e$ die Ecken, $\alpha_1, \ldots \alpha_f$ die Ebenen des zu konstruierenden Polyeders. Handelte es sich um ganz willkürliche Punkte und Ebenen, so würde man zur Bestimmung des Punktes $A_j$ seine Koordinaten $x_j, y_j, z_j$, zur Bestimmung der Ebene $\alpha_i$ die Koeffizienten in ihrer Gleichung: $a_i x + b_i y + c_i z = 1$ willkürlich wählen können; die Konstantenzahl des ganzen Systems wäre also $3(e+f)$. Nun unterliegen aber unsere Punkte und Ebenen gewissen Incidenzbedingungen. Wir können diese Bedingungen übersichtlich in Form einer rechteckigen Matrix $(c_{ij})$ aus Einsen und Nullen darstellen, wobei die $f$ Zeilen der Matrix den Ebenen, die $e$ Spalten den Ecken entsprechen sollen. $(c_{ij})$ soll gleich 1 sein, wenn das durch sein Schema seinem Typus nach bestimmte Polyeder fordert, daß der Punkt $A_j$ mit $\alpha_i$ incident ist, d. h. in $\alpha_i$ liegt. Andernfalls soll $(c_{ij}) = 0$ sein. Die Anzahl der vorgeschriebenen Incidenzen (der Einsen in unserer Matrix) ist offenbar gleich der Anzahl $w = 2k$ der ebenen Winkel des Polyeders; denn wenn $A_j$ mit $\alpha_i$ incidiert, ist $A_j$ als Ecke des in $\alpha_i$ liegenden Polygons Scheitel eines in $\alpha_i$ vorkommenden ebenen Winkels, und umgekehrt gibt jeder ebene Winkel durch seinen Scheitel und die Ebene, in der er liegt, ein incidentes Paar $A_j \alpha_i$. Analytisch stellt sich diese Incidenz durch die Gleichung $a_i x_j + b_i y_j + c_i z_j = 1$ dar. Wir erhalten also $2k$ solcher Gleichungen. Durch sie werden im allgemeinen $2k$ von den $3(e+f)$ Zahlen $a_i, b_i, c_i, x_j, y_j, z_j$ bestimmt, wenn die übrigen $3(e+f) - 2k$ willkürlich angenommen sind. Die gesuchte Konstantenzahl ist also, wenn die Lage des Polyeders im Raum mitbestimmt werden soll,

$$3(e+f)-2k=3(e-k+f)+k=k+3c,$$

wo $c$ wieder die Charakteristik bedeutet. Soll das Polyeder nur nach Größe und Form bestimmt werden, so ist die Konstantenzahl $k+3c-6$, im Falle EULERscher Polyeder also gleich der Kantenzahl $k$. Es liegt hiernach nahe, zur Konstruktion eines EULERschen Polyeders von gegebenem Typus die sämtlichen Kantenlängen vorzuschreiben. LEGENDRE bemerkt wohl, daß die $k$ Stücke nicht abhängig sein dürfen, daß auch die $k$ Kantenlängen nicht immer zur Bestimmung ausreichen, wie es z. B. unendlich viele $n$seitige Prismen mit Kanten derselben Länge gibt. Es muß aber gesagt werden, daß die ganze Berechnung nicht zuverlässig ist, da die Unabhängigkeit der Incidenzbedingungen nicht untersucht ist.

Deutet man die $3e$ Koordinaten der Ecken und die $3f$ Koeffizienten in den Gleichungen der Ebenen als Koordinaten eines Punktes in einem Raume $\mathfrak{R}$ von $3(e+f)$ Dimensionen, so stellen die Lösungen der $2k$ Gleichungen eine gewisse Punktmannigfaltigkeit $\mathfrak{U}$ in $\mathfrak{R}$ dar. Die Beantwortung der Frage, ob jedem Punkt von $\mathfrak{U}$, also jeder Lösung der Gleichungen, wirklich ein Polyeder entspricht, hängt davon ab, wie weit wir den Polyederbegriff fassen. Legen wir die allgemeine, in § 11 gegebene Fassung zugrunde und schließen wir auch ein Zusammenfallen von Ecken nicht aus, so ist die Frage offenbar zu bejahen. Zweckmäßig ist aber diese allgemeine Fassung nicht. Die Mannigfaltigkeit $\mathfrak{M}$ ist nämlich im allgemeinen nicht irreduzibel, sondern zerfällt in Bestandteile verschiedener Dimensionen, und die von LEGENDRE berechnete Zahl ist im allgemeinen keineswegs die größte vorkommende Dimension. Offenbar werden unsere Gleichungen befriedigt, wenn man alle Ebenen in eine zusammenfallen läßt und die $e$ Ecken beliebig in dieser annimmt. Man möchte meinen, dies sei eine sehr spezielle Art, den Gleichungen zu genügen, und daher die Konstantenzahl für dieses „spezielle" Lösungssystem kleiner als die nach dem allgemeinen Prinzip von LEGENDRE berechnete Zahl. Das „spezielle" Lösungssystem hängt aber von $3+2e$ willkürlichen Konstanten ab. Liegt nun z. B. ein Dreikantstypus vor, so ist $2k=w=3e$, und aus dieser Gleichung und der Gleichung $e-k+f=c$ folgt $3+2e=3+4f-4c$. Nun sind bei einem Dreikantspolyeder die Ebenen für sich allein keiner Bedingung unterworfen. Das System der Ebenen hat also die Konstantenzahl $3f$, und dies ist auch die LEGENDREsche Zahl, die ja allgemein gleich $3e+3f-2k$, in unserm Fall also gleich $3f$ ist. Im allgemeinen aber ist $3+2e=3+4f-4c$ größer als $3f$. Soll nämlich $3+4f-4c \leqq 3f$ sein, so muß $3+f \leqq 4c \leqq 8$ sein. Die Konstantenzahl der scheinbar speziellen Lösung ist also, sobald $f \geqq 6$, stets größer als die

LEGENDREsche Zahl. — Weiter sieht man folgendes: Soll unser Gleichungssystem keine Lösungssysteme haben, deren Konstantenzahl die LEGENDREsche $k + 3c$ übertrifft, so muß nicht nur $3 + 2e \leqq k + 3c$ sein, sondern es muß natürlich ebenso die reziproke Ungleichung $3 + 2f \leqq k + 3c$ gelten. Aus diesen Ungleichungen ergibt sich durch Addition und einfache Umformung: $6 + 2(e + f - k) \leqq 6c$, also: $c \geqq \frac{3}{2}$, mithin $c = 2$. Es kommen also überhaupt nur EULERsche Polyeder in Betracht. Setzen wir ferner in die obigen Ungleichungen $c = 2$ ein, so folgt weiter: $e \leqq \frac{k+3}{2}$. Setzen wir hier $e = k - f + 2$ ein, so erhalten wir für $f$ die Ungleichung: $f \geqq \frac{k+1}{2}$. Da natürlich auch die Ungleichungen, die man durch Vertauschung von $e$ und $f$ erhält, gelten müssen, so erhalten wir:

$$\frac{k+1}{2} \leqq e \leqq \frac{k+3}{2}; \quad \frac{k+1}{2} \leqq f \leqq \frac{k+3}{2}.$$

Wir sehen also, daß bei allen Nicht-EULERschen Typen, aber auch bei der Mehrzahl der EULERschen die Gesamtheit aller Lösungen der Gleichungen eine höhere Konstantenzahl hat als die von LEGENDRE berechnete. Es wird also zweckmäßig sein, den Polyederbegriff einzuschränken. Wir wollen eigentliche und uneigentliche Lösungen unserer Bedingungsgleichungen unterscheiden. Von einer eigentlichen Lösung verlangen wir zum mindesten, daß sie $e$ verschiedene Ecken und $f$ verschiedene Flächen liefert, evtl. auch noch, daß zwischen diesen Elementen auch *nur* die Incidenzen stattfinden, die das Schema erfordert. Ist also in diesem $c_{ij} = 0$, so soll $a_i x_j + b_i y_j + c_i z_j \neq 1$ sein. Die algebraische Polyedermannigfaltigkeit besteht dann aus allen eigentlichen und denjenigen uneigentlichen Lösungen, die sich als Grenzfälle eigentlicher ergeben. Daß auch nach dieser sinngemäßen Einschränkung für gewisse Typen, die dann aber wohl als Ausnahmen gewertet werden können, die wahre Konstantenzahl größer als die von LEGENDRE berechnete ist, zeigt das folgende Beispiel:

Auf einer Ringfläche nehmen wir drei Meridiane 1, 2, 3, und drei Parallelkreise 4, 5, 6 an (Abb. 74). Sie teilen die Ringfläche in neun viereckige Gebiete, deren Ecken zugleich die Ecken von ebenen Vierecken (gleichschenkligen Paralleltrapezen) sind, die sich zu einem Polyeder zusammenschließen. Wird der Schnittpunkt des Meridians $i$ und des Parallelkreises $l$ mit $il$ oder $li$ bezeichnet, so erhält man für jedes Viereck einen Ausdruck von der Form: $il\ im\ jm\ jl$, wobei $i$ und $j$ der Reihe der Ziffern 1, 2, 3, $l$ und $m$ der Reihe 4, 5, 6 zu entnehmen sind. Unser Polyeder ist von demselben Flächentypus wie die Ringfläche, also von der Charakteristik 0. Es hat 9 Ecken, 9 Flächen und 18 Kanten. Die letzteren zerfallen, den Meridianen und Parallelkreisen entsprechend, in zwei Gruppen zu je 9. Bezeichnen wir jede Kante durch die drei

Ziffern, die in der Bezeichnung ihrer beiden Ecken vorkommen, also z. B. die Kante 14 15 durch 145, so stellen sich diese beiden Gruppen in folgender Weise dar:

| | | | |
|---|---|---|---|
| (I) | 145 | 156 | 164 |
| | 245 | 256 | 264 |
| | 345 | 356 | 364 |
| (II) | 412 | 423 | 431 |
| | 512 | 523 | 531 |
| | 612 | 623 | 631 |

Endlich wollen wir auch jede der neun Ebenen durch die Kombination derjenigen vier Ziffern bezeichnen, die in der Bezeichnung ihrer Ecken

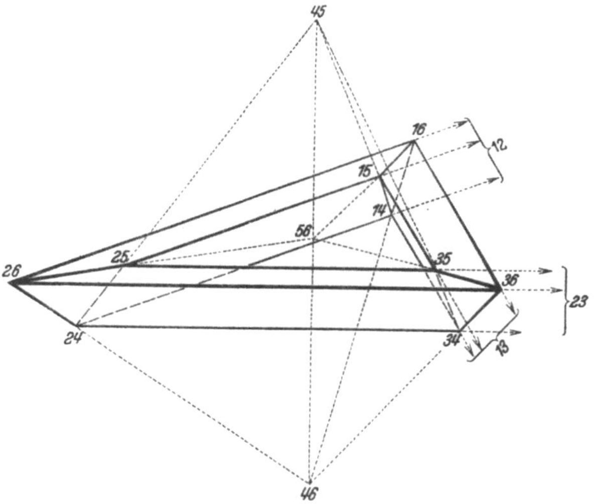


Abb. 74.

(oder auch Kanten) auftreten. Diese Bezeichnung soll nun nicht nur für das Polyeder, dessen Ecken auf der Ringfläche liegen, sondern ebenso natürlich für jedes isomorphe gelten. Im ganzen kann man aus den sechs Ziffern 1, . . . , 6 15 Kombinationen von je zweien, 20 von je dreien und 15 von je vieren bilden. Aber nur neun Kombinationen von je zweien, diejenigen nämlich, bei denen eine Ziffer der Reihe 1, 2, 3 die andere der Reihe 4, 5, 6 entnommen waren, bezeichnen Ecken unseres Polyeders. Von den 20 Kombinationen zu je dreien stellen nur 18 Polyederkanten dar; es fehlen die Kombinationen 1, 2, 3 und 4, 5, 6. Von den 15 Kombinationen zu je vieren fehlen in den Bezeichnungen für die Flächen 6, nämlich diejenigen, welche die drei Ziffern 1, 2, 3 oder die drei Ziffern 4, 5, 6 enthalten. Wir können nun aber unsere Abbildung dergestalt erweitern, daß auch die bisher nicht verwandten Kombinationen Punkte, Ebenen und Geraden darstellen, die wir Nebenpunkte, Nebenebenen und Achsen des Polyeders nennen wollen. Bei unsern beiden Gruppen (I) und (II) bilden allemal diejenigen Geraden, die in derselben Horizontalen notiert sind, ein Dreieck, liegen also in einer Ebene, wir bezeichnen jede dieser „Nebenebenen" durch die vier Ziffern, die in der Bezeichnung der Kanten auftreten, und erhalten so der Reihe nach die noch fehlenden Kombinationen: 1456, 2456, 3456; 4123, 5123, 6123. Die in derselben Vertikalreihe von (I) oder (II) angegebenen Kanten sind zu je zweien gegenüberliegende Kanten eines Polyedervierecks. Der Schnittpunkt der drei Polyederebenen ist zugleich Schnittpunkt der drei Kanten. Wir bezeichnen ihn durch die beiden Ziffern, die in der Bezeichnung jeder der drei Kanten vorkommen, und erhalten so die „Nebenpunkte":

45, 56, 64; 12, 23, 31

und damit die noch fehlenden Kombinationen zu je zweien. Betrachten wir nun die aus der ersten Gruppe hervorgehenden Nebenebenen und Nebenpunkte, so sehen wir, daß jeder der drei Punkte auf jeder der drei Ebenen liegt. So liegt z. B. 45 auf 2456, weil der Punkt 45 in der Kante 245 und diese in der Ebene 2456 gelegen ist. Daraus folgt aber, daß die drei Nebenpunkte 45, 56, 64 in einer Geraden liegen müssen, durch welche die drei Nebenebenen hindurchgehen. Wir nennen diese Gerade eine Achse des Polyeders und bezeichnen sie mit 456. Ebenso liefert uns die Gruppe (II) eine Achse 123, welche die drei Nebenpunkte dieser Gruppe enthält und durch welche die drei Nebenebenen dieser Gruppe hindurchgehen.

Nunmehr bezeichnen alle Kombinationen von 2, 3 und 4 der Ziffern 1 ... 6 Punkte, Geraden und Ebenen, und zwar in der Weise, daß, wenn eine Kombination in einer andern enthalten ist, das durch die erste Kombination bezeichnete Element in dem durch die zweite Kombination bezeichneten liegt. Man sieht auch, daß umgekehrt, wenn eine solche Konfiguration von 15 Punkten, 20 Geraden und 15 Ebenen vorliegt, die sich in der angegebenen Weise durch sechs Zeichen 1 ... 6 darstellen läßt, aus dieser das System der Ecken, Kanten und Flächen eines Polyeders des von uns betrachteten Typus erhalten wird, wenn man die beiden Geraden 123, 456 und die mit ihnen incidenten Punkte und Ebenen fortläßt. Aus der Symmetrie der ganzen Bezeichnung geht hervor, daß statt der beiden angegebenen Geraden ebenso irgendein anderes Geradenpaar, zu dessen Bezeichnung alle sechs Ziffern verwendet werden, mit ihren Punkten und Ebenen fortgelassen werden können. Da es zehn solche Geradenpaare gibt, so sind in der Konfiguration, die aus unserm Polyeder hervorging, noch neun Polyeder desselben Typus enthalten.

Will man in allgemeinster Weise ein Polyeder unseres Typus konstruieren, so kann man von der allgemeinen Konstruktion der Konfiguration ausgehen. Diese gestaltet sich nun so (Abb. 75): Wir nehmen den Punkt 12 im Raum willkürlich an, ziehen durch ihn vier beliebige Geraden $12l$ ($l = 3, 4, 5, 6$), von denen nur keine 3 in einer Ebene liegen, endlich nehmen wir auf jeder Geraden $12l$ noch zwei Punkte $1l$, $2l$ beliebig an, doch so, daß nicht vier Punkte, die sich auf drei oder vier der Geraden verteilen, in einer Ebene liegen. Je zwei Geraden $12l$, $12m$ verbinden wir durch eine Ebene $12lm$. In jeder dieser sechs Ebenen $12lm$ ziehen wir die Verbindungsgerade $1lm$ der Punkte $1l$ und $1m$ sowie die Verbindungsgerade $2lm$ der Punkte $2l$ und $2m$, die sich in einem Punkte $lm$ schneiden. Damit haben wir bereits alle 15 Punkte sowie 16 Geraden und 6 Ebenen gewonnen. Bezeichnet

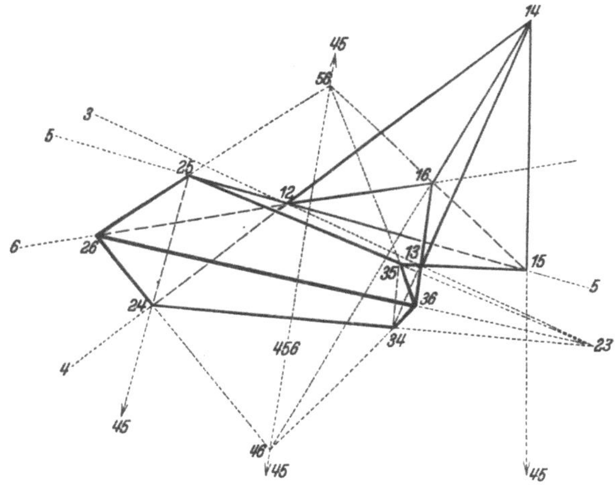


Abb. 75.

jetzt $i$ eine der Ziffern 1 oder 2, und bezeichnen $l$, $m$, $n$ drei Ziffern aus der Reihe 3, 4, 5, 6, so enthält die durch die Punkte $il$, $im$, $in$ gelegte Ebene $ilmn$ die Verbindungsgeraden $ilm$, $iln$, $imn$ sowie die in diesen gelegenen Punkte $lm$, $ln$, $mn$. Da dies für $i = 1$ und $i = 2$ gilt, so gehören die Punkte $lm$, $ln$ und $mn$ den beiden Ebenen $1lmn$ und $2lmn$ an und liegen daher in einer Geraden $lmn$. So erhalten wir noch acht Ebenen und vier Geraden. Endlich liegen die vier Geraden $lmn$, nämlich 345, 346, 356, 456, die zu je zweien einen Punkt gemeinsam haben, in einer Ebene 3456. Damit sind alle Elemente in der verlangten Weise konstruiert. Die Konstantenzahl der Konfiguration und also auch des Polyeders ist 19, denn der willkürlich anzunehmende Punkt 12 erfordert drei, die durch ihn gezogenen vier Geraden $12l$ erfordern viermal zwei und die in ihnen angenommenen acht Punkte achtmal 1 Bestimmungszahlen. Nach der Legendreschen Berechnung wäre dagegen die Konstantenzahl des Polyeders, da es 18 Kanten und die Charakteristik 0 hat, nur gleich 18. Daraus ist zu ersehen, daß in unserm Falle tatsächlich zwischen den Incidenzbedingungen eine Abhängigkeit besteht.

Es gibt also auch bei sinngemäßer Einschränkung des Polyederbegriffs Typen, für welche die LEGENDREsche Berechnung nicht zutrifft, wenn es sich auch hier nur um Ausnahmen zu handeln scheint. Angesichts dieser Tatsache ist es von besonderem Interesse, daß solche Ausnahmen im Bereiche der konvexen Polyeder nicht vorkommen, wie später gezeigt werden wird.

LEGENDRE hat im Anschluß an seine Berechnung noch die Forderung ausgesprochen, man müsse die Bestimmungsstücke so wählen, daß das Polyeder *eindeutig* bestimmt ist, ohne natürlich anzugeben, wie das anzustellen sei. Die Vermutung, daß eine allgemeine lineare Konstruktion, d. h. eine Konstruktion, bei der nur Punkte, Geraden und Ebenen benutzt und miteinander verbunden bzw. zum Schnitt gebracht werden, für die Polyeder eines gegebenen Typus möglich sei, taucht mehrfach in der Literatur auf; sie erweist sich bei den konvex realisierbaren Typen auch als richtig. Faßt man auch dieses Problem analytisch, so kommt es darauf hinaus, nachzuweisen, daß die Polyedermannigfaltigkeit eine rationale ist, daß sich also die Koordinaten der Elemente als rationale Funktionen von $k + 6$ Parametern darstellen lassen (S. 349).

## § 18. Schematische Darstellung der Polyedertypen. Reziprozität.

Das von EULER aufgeworfene Problem der Aufstellung der verschiedenen Typen insbesondere konvexer Polyeder wurde erst in der Mitte des vorigen Jahrhunderts durch KIRKMAN, CAYLEY, MÖBIUS, CATALAN wieder aufgenommen. Um den Polyedertypus zu fixieren, kann man sich verschiedener Darstellungsformen bedienen. Die eine, die Darstellung durch „Flächenausdrücke", haben wir schon in § 2 kennengelernt: Die Polygonflächen werden angegeben, indem die in einer jeden liegenden Ecken $A_i$ in der cyclischen Folge, in der sie durch Kanten verbunden sind, aufgeschrieben werden. Hat man die Schemata zweier Polyeder, so kann man stets durch endliches Probieren feststellen, ob eine eindeutige Zuordnung der Ecken möglich ist, bei welcher auch die Polygone einander eindeutig entsprechen, ob also Isomorphismus vorliegt. Bezeichnet man die Flächen mit $\alpha_i$, so kann man das Schema in Form symbolischer Gleichungen schreiben. So stellen die Gleichungen

$$\alpha_1 = A_1A_2A_3A_4, \qquad \alpha_2 = A_5A_6A_7A_8,$$
$$\alpha_3 = A_1A_4A_6A_5, \qquad \alpha_4 = A_2A_8A_7A_3,$$
$$\alpha_5 = A_3A_7A_6A_4, \qquad \alpha_6 = A_1A_5A_8A_2$$

den durch den Würfel repräsentierten Typus dar. Die erste Gleichung besagt, daß die in $\alpha_1$ gelegenen Ecken das Polygon $A_1A_2A_3A_4$ bilden.

Die zu dieser Darstellungsform reziproke Darstellung durch „Eckenausdrücke" gibt die zu jeder Ecke gehörigen Flächen in ihrer cyclischen Folge. Im Falle unseres Hexaeders liefert sie die folgenden Gleichungen:

$$A_1 = \alpha_1\alpha_3\alpha_6, \quad A_2 = \alpha_1\alpha_6\alpha_4, \quad A_3 = \alpha_1\alpha_4\alpha_5, \quad A_4 = \alpha_1\alpha_5\alpha_3,$$
$$A_5 = \alpha_3\alpha_2\alpha_6, \quad A_6 = \alpha_2\alpha_3\alpha_5, \quad A_7 = \alpha_2\alpha_5\alpha_4, \quad A_8 = \alpha_2\alpha_4\alpha_6.$$

Eine dritte Form der Darstellung durch „Kantenausdrücke", welche CAYLEY gibt, lautet hier:

$$A_1A_2 = \alpha_1\alpha_6, \quad A_1A_4 = \alpha_1\alpha_3, \quad A_1A_5 = \alpha_3\alpha_6,$$
$$A_2A_3 = \alpha_1\alpha_4, \quad A_2A_8 = \alpha_4\alpha_6, \quad A_3A_4 = \alpha_1\alpha_5,$$
$$A_3A_7 = \alpha_4\alpha_5, \quad A_4A_6 = \alpha_3\alpha_5, \quad A_5A_6 = \alpha_2\alpha_3,$$
$$A_5A_8 = \alpha_2\alpha_6, \quad A_6A_7 = \alpha_2\alpha_5, \quad A_7A_8 = \alpha_2\alpha_4,$$

d. h. die Verbindungskante $A_1A_2$ ist mit der Schnittkante von $\alpha_1$ und $\alpha_6$ identisch usf. Ist eins der drei Schemata gegeben, so lassen sich die beiden andern daraus leicht ableiten. Eine Voraussetzung ist hierbei allerdings gemacht: daß nämlich jede Kante sowohl durch ihre beiden Ecken als auch durch ihre beiden Flächen unzweideutig bestimmt ist. Wir schließen also Polyeder, bei denen zwei Ecken oder zwei Flächen mehrere Kanten gemeinsam haben, aus[1]. Andernfalls kann es nach der endgültigen Fassung des Isomorphiebegriffs, § 23, vorkommen, daß das Schema der Flächen- oder Eckenausdrücke zur Bestimmung des Typus nicht ausreicht.

Wir bemerken endlich noch; daß in vielen Fällen der Typus auch dargestellt werden kann durch die rechteckige Matrix $(c_{ij})$ aus Nullen und Einsen, welche die zwischen den Flächen und Ecken statthabenden Incidenzen angibt (§ 17). Verglichen mit den andern Darstellungsformen liefert die rechteckige Matrix unmittelbar weniger, da nicht wie bei jenen die *cyclische Folge*, in der die Ecken in den einzelnen Flächen vorkommen, direkt gegeben ist. Indessen kann man doch unter einer in § 43 diskutierten Bedingung, die z. B. bei den Typen konvexer Polyeder erfüllt ist, aus dem rechteckigen Schema auch die cyclische Folge der Ecken ableiten, und nur in solchen Fällen ist dies zur. Bezeichnung des Typus brauchbar. Zwei rechteckige Matrizen stellen denselben Typus dar, wenn sie durch Vertauschungen von Zeilen und Vertauschungen von Spalten auseinander hervorgehen. Wird die eine aus der andern durch Vertauschung der Zeilen mit den Spalten gewonnen, so hat man es mit zwei reziproken Typen zu tun.

---

[1] [Diese beiden Forderungen sind nicht völlig analog: Bei der *ebenflächigen Realisierung* eines Polyeders nämlich sind die Kanten als Schnitte zweier Ebenen gerade Strecken, von denen es zwischen zwei Ecken nur *eine* geben kann. Dagegen gibt es ebenflächige Polyeder, in denen zwei Seitenflächen beispielsweise *zwei* Kanten gemeinsam haben (vgl. Abb. 112, Kanten 35 und 46)]

Die Beantwortung der Frage, ob zu einem gegebenen Polyedertyp auch immer der reziproke existieren müsse, hängt wieder davon ab, wie wir den Polyederbegriff fassen. Wir haben in unsern Definitionen das Prinzip der Reziprozität durchaus nicht immer berücksichtigt. So wurde eine Kante immer als eine Strecke, also Teil der Punktmenge einer Geraden, nicht aber als Teil eines Ebenenbüschels betrachtet. Es muß deswegen besonders hervorgehoben werden, daß im Gebiete der konvexen Polyeder zu jedem Typus auch der reziproke existiert. Es sei nämlich $\mathfrak{P}$ ein konvexes Polyeder mit den Begrenzungsebenen $\alpha_i$ und den Ecken $A_j$ $(i = 1, \ldots, f;\ j = 1, \ldots, e)$, $O$ ein Punkt im Innern von $\mathfrak{P}$. $\mathfrak{P}$ besteht dann aus allen Punkten, zu denen man von $O$ aus gelangen kann, ohne eine der Ebenen $\alpha_i$ zu überschreiten. Unter den Abständen des Punktes $O$ von diesen Ebenen sei der kleinste gleich $r_0$, unter den Abständen $OA_j$ der größte gleich $r_1$. $K_0$ und $K_1$ seien die Kugeln um $O$ mit $r_0$ und $r_1$. Dann ist $K_0$ die größte in $\mathfrak{P}$ enthaltene und $K_1$ die kleinste $\mathfrak{P}$ enthaltende Kugel mit dem Zentrum $O$. $K_0$ berührt wenigstens eine der Ebenen $\alpha_i$, und zwar innerhalb der in $\alpha_i$ gelegenen Begrenzungsfläche von $\mathfrak{P}$. Es sei ferner $K$ eine Kugel um $O$ mit dem beliebigen Radius $r$. Bezüglich $K$ mögen die Ebenen $\alpha_i$ die Pole $A'_i$, die Ecken $A_j$ die Polarebenen $\alpha'_j$ haben. $\mathfrak{P}'$ sei das konvexe Gebiet aller der Punkte, die man von $O$ aus erreichen kann, ohne eine der Ebenen $\alpha'_j$ zu überschreiten. Nehmen wir auf einem von $O$ ausgehenden Strahl $s$ die variablen Punkte $P$ und $P'$ so an, daß $OP \cdot OP' = r^2$ ist, so ist die durch $P'$ gehende und zu $s$ senkrechte Ebene $\pi'$ die Polarebene von $P$. Lassen wir den Punkt $P$ den Strahl $s$ von $O$ aus durchlaufen, so durchläuft $P'$ denselben Strahl in entgegengesetzter Richtung. Die Ebene $\pi'$ wird bei ihrer Bewegung zuerst ganz außerhalb $\mathfrak{P}$ liegen, später $\mathfrak{P}$ schneiden. Dazwischen gibt es eine ganz bestimmte Lage $\sigma$, in welcher $\pi'$ „Stützebene von $\mathfrak{P}$" ist, d. h. zwar keinen inneren Punkt von $\mathfrak{P}$, aber wenigstens einen Oberflächenpunkt (und zwar wenigstens eine Ecke) enthält. Der Pol der Ebene $\sigma$ sei $S$, ihr Schnittpunkt mit $s$ sei $S'$; also $OS \cdot OS' = r^2$. Da die Ebene $\pi'$ bei ihrer Bewegung, wenn sie die Lage $\sigma$ annimmt, zum ersten Male durch eine Ecke $A_j$ geht, so gelangt $P$ in $S$ zum ersten Male in eine Ebene $\alpha'_j$, und mithin stellt $OS$ das Stück von $s$ dar, das zu $\mathfrak{P}'$ gehört. Da $\sigma$ keinen innern Punkt von $\mathfrak{P}$, also auch keinen innern Punkt von $K_0$ enthält, ist $OS' \geqq r_0$ und daher $OS \leqq \frac{r^2}{r_0}$. Der Wert $\frac{r^2}{r_0}$ wird erreicht, wenn der Strahl $s$ senkrecht zu einer der Ebenen $\alpha_i$ ist, die von $O$ den Minimalabstand $r_0$ haben; denn dann ist $\sigma$ mit dieser Ebene identisch. $\mathfrak{P}'$ ist also ein endliches Gebiet und $r^2/r_0$ der Radius der kleinsten $\mathfrak{P}'$ enthaltenden Kugel. Durch jede Ecke $A_j$ von $\mathfrak{P}$ läßt sich eine Ebene $\sigma_1$ legen, die sonst keinen Punkt von $\mathfrak{P}$ enthält. Nehmen wir an, daß $s$ der zu dieser Ebene senkrechte Strahl ist, so wird $\sigma$

mit $\sigma_1$ identisch, und $S$ liegt in der Ebene $\alpha'_j$. Daraus ist ersichtlich, daß alle Ebenen $\alpha'_j$ wirklich an der Begrenzung von $\mathfrak{P}'$ teilhaben. Lassen wir dagegen $s$ durch einen der Punkte $A'_i$ gehen, so wird $\sigma$ mit $\alpha'_i$, daher $S$ mit $A'_i$ identisch. Die Punkte $A'_i$ gehören also der Begrenzung von $\mathfrak{P}'$ an, und da jede Ebene $\alpha_i$ wenigstens drei Punkte $A_j$ enthält, so gehen durch jeden Punkt $A'_i$ wenigstens drei Ebenen $\alpha'_j$. Die Punkte $A'_i$ sind daher Ecken von $\mathfrak{P}'$. Es sind dies die einzigen Ecken von $\mathfrak{P}'$. Denn wenn $s$ durch irgendeine Ecke $A'$ von $\mathfrak{P}'$ geht, so wird $\sigma$ die Polarebene von $A'$ (weil $OA'$ den in $\mathfrak{P}'$ enthaltenen Teil von $s$ darstellt). Da $A'$ wenigstens in drei Ebenen $\alpha'_j$ liegt, enthält $\sigma$ wenigstens drei Ecken $A_j$ und muß daher als Stützebene von $\mathfrak{P}$ mit einer der Ebenen $\alpha_i$ identisch sein, woraus folgt, daß $A'$ eine der Ecken $A'_i$ ist. Da jedem incidenten Paar $\alpha_i A_j$ bei der Polarität ein incidentes Paar $A'_i \alpha'_j$ entspricht, so erhalten wir aus der Matrix $(c_{ij})$, welche die Incidenzen zwischen den Ebenen und Ecken von $\mathfrak{P}$ zum Ausdruck bringt, durch Vertauschen von Zeilen und Spalten die entsprechende Matrix für $\mathfrak{P}'$, woraus sich die Reziprozität der durch $\mathfrak{P}$ und $\mathfrak{P}'$ repräsentierten Typen ergibt.

Bekannte Beispiele reziproker Typen sind die des Würfels und regulären Oktaeders, des regulären Dodekaeders und Ikosaeders. Der Typus des $n$seitigen Prismas ist reziprok zum Typus der von $2n$ Dreiecken gebildeten Doppelpyramide. Von den beiden Typen sechseckiger Sechsflache (§ 2) ist jeder zu sich selbst reziprok, ebenso ist der Typus der $n$-seitigen Pyramide zu sich selbst reziprok. Diese Pyramidentypen nehmen bei vielen Untersuchungen eine Sonderstellung ein; sie sind dadurch charakterisiert, daß bei ihnen alle Ecken außer einer in einer Ebene liegen, ebenso dadurch, daß alle Ebenen bis auf eine durch einen Punkt gehen.

[Wir machen noch eine Anwendung von der Darstellung von Polyedertypen durch die Incidenzmatrizen. Auf S. 7 haben wir gesehen, daß es kein Siebenkant gibt. Es gibt auch nur *ein* achtkantiges EULERsches Polyeder[1]. Für ein solches muß gelten

$$e + f = 10,$$

ferner

$$e \leqq \tfrac{2}{3} k = \tfrac{16}{3} \qquad f \leqq \tfrac{2}{3} k = \tfrac{16}{3}$$

$$e \leqq 5 \qquad f \leqq 5.$$

Daraus folgt

$$e = 5, \quad f = 5.$$

Wir setzen nun an:

$$3e_3 + 4e_4 + 5e_5 + \cdots = 2k = 16,$$

[1] Ein achtkantiges aber Nicht-EULERsches Polyeder ist in Abb. 110, S. 176 dargestellt.

ferner ist

$$3(e_3 + e_4 + \cdots) = 3e = 15,$$

und somit

$$e_4 + 2e_5 + \cdots \qquad = 1.$$

Daraus folgt

$$e_4 = 1, \quad e_5 = e_6 = \cdots = 0,$$

also wegen $e = 5$:

$$e_3 = 4.$$

Die Rechnung in $f$ läuft ebenso und ergibt $f_4 = 1$, $f_3 = 4$. Sei $A$ die vierkantige Ecke, $\alpha$, $\beta$, $\gamma$, $\delta$ die mit $A$ incidenten Flächen. Die vier durch $A$ gehenden Kanten müssen zu lauter von $A$ sowohl wie auch voneinander verschiedenen Punkten führen, diese seien $B, C, D, E$. Es ergibt sich also das Schema

| | $A$ | $B$ | $C$ | $D$ | $E$ |
|---|---|---|---|---|---|
| $\alpha$ | 1 | 1 | | | 1 |
| $\beta$ | 1 | 1 | 1 | | |
| $\gamma$ | 1 | | 1 | 1 | |
| $\delta$ | 1 | | | 1 | 1 |
| $\varepsilon$ | | | | | |

Da $B, C, D, E$ dreikantige Ecken sein sollen, muß in jeder Spalte noch eine Eins als Incidenzzeichen stehen; die Zeilen $\alpha, \beta, \gamma, \delta$ kommen jedoch nicht in Frage, da sonst drei Flächen zwei Punkte gemein hätten, d. h. drei Flächen durch eine Kante gingen. Also müssen die fehlenden Incidenzzeichen unter $B, C, D, E$ in der Zeile $\varepsilon$ stehen:

| | $A$ | $B$ | $C$ | $D$ | $E$ |
|---|---|---|---|---|---|
| $\alpha$ | 1 | 1 | 0 | 0 | 1 |
| $\beta$ | 1 | 1 | 1 | 0 | 0 |
| $\gamma$ | 1 | 0 | 1 | 1 | 0 |
| $\delta$ | 1 | 0 | 0 | 1 | 1 |
| $\varepsilon$ | 0 | 1 | 1 | 1 | 1 |

Das Schema ist eindeutig bestimmt; $\varepsilon$ ist ein Viereck, das mit der vierkantigen Ecke $A$ nicht incidiert. Wir haben hier das zu sich selbst reziproke Schema der vierseitigen Pyramide hergeleitet.

Es gibt nur *zwei* zueinander reziproke Schemata von neunkantigen EULERschen Polyedern. Es gilt

$$e + f = 11,$$

ferner

$$e \leqq \tfrac{2}{3} k = 6 \qquad\qquad f \leqq \tfrac{2}{3} k = 6$$

$$e = 11 - f \geqq 11 - 6 = 5 \qquad\qquad f = 11 - e \geqq 11 - 6 = 5$$

$$5 \leqq e \leqq 6 \qquad\qquad 5 \leqq f \leqq 6.$$

Es bleiben also die beiden Fälle $e = 5$, $f = 6$ und $e = 6$, $f = 5$. Wir diskutieren nur den ersten, da der zweite zu ihm reziprok ist. Wir setzen an

$$3 f_3 + 4 f_4 + 5 f_5 + \cdots = 2 k = 18$$

$$3 (f_3 + f_4 + \cdots \qquad ) = 3 f = 18,$$

folglich

$$f_4 + 2 f_5 + 3 f_6 + \cdots \quad = \quad 0,$$

also

$$f_4 = f_5 = \cdots = 0, \quad f_3 = 6.$$

Das Polyeder ist also von lauter Dreiecken begrenzt.

Ferner ist

$$3 e_3 + 4 e_4 + 5 e_5 + \cdots = 2 k = 18$$

$$3 (e_3 + e_4 + \cdots \qquad ) = 3 e = 15,$$

daher

$$e_4 + 2 e_5 + 3 e_6 + 4 e_7 + \cdots \quad = \quad 3.$$

Es folgt $e_7 = e_8 = \cdots = 0$, im übrigen gibt es folgende Möglichkeiten:

(1) $\quad e_6 = 1$, $e_4 = e_5 = 0$, und wegen $e = 5$: $e_3 = 4$.

(2) $\quad e_4 = 1$, $e_5 = 1$, $e_6 = 0$, $e_3 = 3$.

(3) $\quad e_5 = e_6 = 0$, $e_4 = 3$, $e_3 = 2$.

(1) und (2) sind unmöglich. Sei nämlich $A$ die sechskantige Ecke, so müssen die sechs Kanten, die von $A$ ausgehen, zu von $A$ und untereinander verschiedenen Ecken führen; das ergäbe sechs weitere Ecken, von denen nur vier zur Verfügung stehen. Ebenso ist (2) ausgeschlossen. (3) hingegen liefert ein eindeutiges Schema. Es sei $A$ eine vierkantige Ecke, die mit den Flächen $\alpha$, $\beta$, $\gamma$, $\delta$ in cyclischer Reihenfolge incidiert. Auf $\alpha\beta$ liege noch $B$, auf $\beta\gamma$ $C$, auf $\gamma\delta$ $D$, auf $\delta\alpha$ $E$.

| | $A$ | $B$ | $C$ | $D$ | $E$ |
|---|---|---|---|---|---|
| $\alpha$ | 1 | 1 | | | 1 |
| $\beta$ | 1 | 1 | 1 | | |
| $\gamma$ | 1 | | 1 | 1 | |
| $\delta$ | 1 | | | 1 | 1 |
| $\varepsilon$ | | | | | |
| $\zeta$ | | | | | |

Von den vier Punkten $B$, $C$, $D$, $E$ sind noch zwei weitere vierkantig und zwei dreikantig. Sei etwa $B$ vierkantig, incidiere also mit $\alpha$, $\beta$, $\varepsilon$, $\zeta$. Wegen $e_4=3$, $e_3=2$ müssen in einer der Spalten $C$, $D$, $E$ noch zwei, in zweien noch ein Incidenzzeichen stehen. Die Spalte $C$ kommt für zwei weitere Einsen nicht in Frage, sonst würden nämlich $B$ und $C$ mit den drei Flächen $\beta$, $\varepsilon$, $\zeta$ incidieren. Es kommt auch $E$ nicht in Frage, da sonst $B$ und $E$ mit den drei Flächen $\alpha$, $\varepsilon$, $\zeta$ incidierten. Es bleibt also nur die Spalte $D$ für die beiden Einsen übrig. Die Verteilung der beiden letzten einzelnen Einsen in die verschiedenen Spalten $C$ und $E$ und in die verschiedenen Zeilen $\varepsilon$ und $\zeta$ ist beliebig. Die beiden so entstehenden Schemata sind nicht prinzipiell verschieden, da sie auseinander durch Vertauschung von $\varepsilon$ und $\zeta$ hervorgehen, sich also nur durch die Benennung zweier Flächen unterscheiden. Das vervollständigte Schema sieht so aus:

| | $A$ | $B$ | $C$ | $D$ | $E$ |
|---|---|---|---|---|---|
| $\alpha$ | 1 | 1 | 0 | 0 | 1 |
| $\beta$ | 1 | 1 | 1 | 0 | 0 |
| $\gamma$ | 1 | 0 | 1 | 1 | 0 |
| $\delta$ | 1 | 0 | 0 | 1 | 1 |
| $\varepsilon$ | 0 | 1 | 1 | 1 | 0 |
| $\zeta$ | 0 | 1 | 0 | 1 | 1 |

Es stellt das fünfeckige Sechsflach (Abb. 3) dar. Das Schema des reziproken neunkantigen Polyders gewinnt man durch Vertauschen von Zeilen und Spalten der Inzidenzmatrix; es ergibt sich das sechseckige Fünfflach vom Typ des dreiseitigen Prismas (Abb. 1, 2).

Daß in den hier behandelten Fällen $e + f \leqq 11$ die Polyedertypen auch wirklich *eindeutig* durch die Incidenzmatrizen beschrieben werden, folgt aus § 43, Satz 2 zusammen mit § 48, Satz 6a.]

## § 19. Konstruktive Ableitung der konvexen $(f+1)$-Flache aus den $f$-Flachen.

Wir kommen nun auf das im Anfang des vorigen Paragraphen erwähnte Problem zurück. Wir haben schon in § 2 aus den konvexen Fünfflachen die Sech flache mittels ebener Schnitte gewonnen (ohne freilich den Beweis zu führen, daß wir diese auch alle erhielten). Allgemein läßt sich nun folgendes sagen: Wird von einem konvexen $f$-Flach $\mathfrak{P}_f$ mittels einer Ebene $\omega$ ein Stück fortgeschnitten, so jedoch, daß keine Fläche von $\mathfrak{P}_f$ vollständig fortfällt, so bleibt ein $(f+1)$-Flach $\mathfrak{P}_{f+1}$ zurück. Liegt andererseits ein konvexes $(f+1)$-Flach $\mathfrak{P}_{f+1}$ vor und ist $\omega$ irgendeine seiner Begrenzungsebenen, so kann man sich die Frage vorlegen, ob $\mathfrak{P}_{f+1}$ aus einem $f$-Flach $\mathfrak{P}_f$ durch Schnitt mittels der Ebene $\omega$ gewonnen werden kann. Es braucht dies (im euklidischen Raume) nicht der Fall zu sein. $\mathfrak{P}_f$ müßte nämlich aus allen den Punkten bestehen, zu denen man aus einem innern Punkt $O$ von $\mathfrak{P}_{f+1}$ gelangen kann, ohne eine der $f$ Grenzebenen zu überschreiten, welche $\mathfrak{P}_{f+1}$ außer $\omega$ noch besitzt. Nun ist das so definierte Gebiet zwar konvex, aber es kann sich ins Unendliche erstrecken. Nur wenn es ganz im Endlichen gelegen ist, stellt es ein konvexes $f$-Flach in unserm Sinne dar, und in diesem Falle ist allerdings $\mathfrak{P}_{f+1}$ aus einem $f$-Flach durch Schnitt mittels $\omega$ ableitbar. Daß es $(f+1)$-Flache gibt, die überhaupt nicht durch einen Schnitt aus einem $f$-Flach ableitbar sind, zeigt das dreiseitige Prisma; denn läßt man bei diesem eine der fünf Begrenzungsebenen weg, so kommen unter den Schnittgeraden der übrigen vier immer parallele vor, was nicht der Fall wäre, wenn die vier Ebenen ein Tetraeder bildeten. Dasselbe gilt, wenn wir von einer Pyramide, deren Grundfläche ein Parallelogramm ist, eine der Dreiecksebenen weglassen. Lassen wir aber die Ebene des Parallelogramms weg, so begrenzen die übrigen, die ja durch einen Punkt gehen, auch kein Tetraeder. Beide Polyeder sind Grenzfälle eines allgemeineren Fünfflachs, das ebenfalls nicht durch einen ebenen Schnitt aus einem Tetraeder ableitbar ist:

Es seien (Abb. 76) $A_1B_1 = A_2B_2 > A_3B_3$ drei gleichgerichtete, nicht in einer Ebene gelegene Strecken. Das Parallelogramm $A_1B_1B_2A_2$, die beiden Paralleltrapeze $A_1B_1B_3A_3$, $A_2B_2B_3A_3$ und die beiden Dreiecke $A_1A_2A_3$, $B_1B_2B_3$ begrenzen unser Fünfflach. Läßt man eine der Trapez- oder Dreiecksebenen weg, so weisen die übrigen vier Ebenen wieder parallele Schnittgeraden auf. Läßt man dagegen die Ebene des Parallelogramms fort, so schließen die übrigen Ebenen zwar ein Tetraeder $A_3B_3CD$ ein, wobei $C$ der Schnitt der Geraden $A_1A_3$, $B_1B_3$, $D$ der Schnitt der Geraden $A_2A_3$, $B_2B_3$ ist. Aber das Fünfflach ist nicht Teil dieses Tetraeders. Endlich sehen wir, daß irgend fünf Ebenen eines Parallelepipeds keinen endlichen Raum einschließen, so daß wir hier ein Sechsflach haben, das aus keinem Fünfflach durch einen ebenen Schnitt gewonnen werden kann.

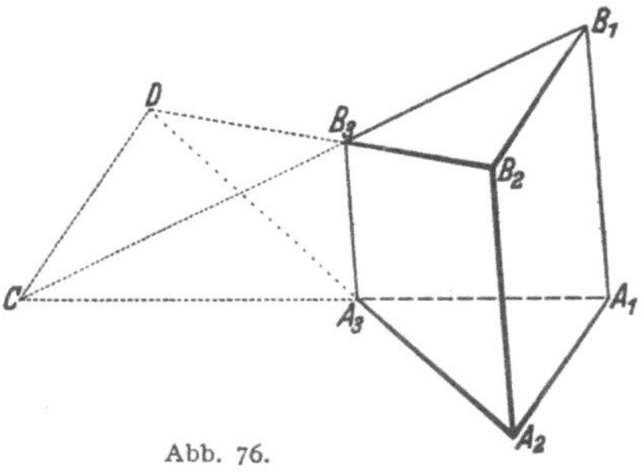

Abb. 76.

Wir sehen also, daß die oft ausgesprochene Behauptung, jedes konvexe $(f+1)$-Flach lasse sich aus einem konvexen $f$-Flach durch einen ebenen Schnitt ableiten, jedenfalls nicht zutrifft, wenn unter Polyeder eben wirklich das einzelne Polyederindividuum verstanden wird. Die Behauptung wird aber richtig, wenn nur der Typus gemeint ist, und dann kann man sogar die Begrenzungsebene, welche die Rolle der Schnittebene spielen soll, willkürlich vorschreiben. Sei nämlich $\mathfrak{P}$ ein konvexes $(f+1)$-Flach, $O$ ein Punkt im Innern von $\mathfrak{P}$, $\omega$ eine beliebige Begrenzungsebene; im Falle, daß $\mathfrak{P}$ eine Pyramide ist, soll noch angenommen werden, daß $\omega$ nicht die Ebene der Grundfläche ist. Unter diesen Voraussetzungen gibt es mindestens zwei außerhalb von $\omega$ gelegene Ecken von $\mathfrak{P}$, und wenn $D$ und $D'$ zwei solche Ecken sind, gibt es wenigstens eine Begrenzungsebene $\delta$, die durch $D'$, aber nicht durch $D$ geht. Sind nun $\alpha, \beta, \gamma$ drei durch $D$ gehende Begrenzungsebenen, so haben $\alpha, \beta, \gamma, \delta$ keinen Punkt gemeinsam, und das gilt auch dann noch, wenn wir den euklidischen Raum durch Einführung uneigentlicher Punkte zum projektiven Raum erweitern. Von den acht Tetraedern, in welche der projektive Raum durch $\alpha, \beta, \gamma, \delta$ eingeteilt wird, sei $T$ dasjenige, welches den Punkt $O$, also auch das ganze Polyeder $\mathfrak{P}$ enthält. Dieses Tetraeder braucht natürlich nicht endlich zu sein. Es sei nun aber $T'$ ein endliches Tetraeder, $O'$ ein Punkt im Innern von $T'$, $\alpha', \beta', \gamma', \delta'$ seien die Begrenzungsebenen. Dann gibt es eine ganz bestimmte Kollineation, die $\alpha, \beta, \gamma, \delta, O$ in $\alpha', \beta', \gamma', \delta', O'$ überführt. Das in $T$ gelegene Polyeder $\mathfrak{P}$ geht dabei in ein kollineares und daher auch isomorphes Polyeder $\mathfrak{P}'$ über, das einen Teil von $T'$ bildet. Lassen wir nun diejenige Begrenzungsebene $\omega'$ von $\mathfrak{P}'$, welche in der kollinearen Beziehung der Ebene $\omega$ von $\mathfrak{P}$ entspricht, fort, so begrenzen die übrigen Ebenen von $\mathfrak{P}'$, zu denen ja $\alpha', \beta', \gamma', \delta'$ gehören, ein in $T'$ enthaltenes und darum endliches $f$-Flach. Aus diesem wird das zu $\mathfrak{P}$ isomorphe Polyeder $\mathfrak{P}'$ durch Schnitt mittels der Ebene $\omega'$ gewonnen. Da unter den Flächen eines konvexen Polyeders stets solche mit nicht mehr als fünf Kanten vorkommen, so sehen wir, daß jeder Typus konvexer $(f+1)$-Flache aus einem $f$-flächigen Typus durch einen drei-, vier- oder fünfkantigen Schnitt abgeleitet werden kann.

Zu jeder Flächenzahl $f$ gibt es natürlich nur eine endliche Anzahl von Typen. Nehmen wir an, wir hätten für ein bestimmtes $f$ alle diese Typen ermittelt und schematisch notiert. Es liegt dann nach unsern vorangehenden Betrachtungen der Versuch nahe, in der Weise zu den $(f+1)$-Flachen zu gelangen, daß man jeden einzelnen $f$-flächigen Typus $\mathfrak{T}$ vornimmt und untersucht, welche $(f+1)$-flächigen Typen durch einen ebenen Schnitt aus ihm abgeleitet werden können. Allein diese Untersuchung stößt auf erhebliche Schwierigkeiten. Es genügt nicht etwa, ein Polyeder $\mathfrak{P}$ vom Typus $\mathfrak{T}$ herauszugreifen und die aus diesem ableitbaren $(f+1)$-flächigen Typen zu suchen; das Ergebnis würde im allgemeinen durchaus von der Wahl des Individuums $\mathfrak{P}$ abhängen, also nicht schon durch den Typus $\mathfrak{T}$ bestimmt sein. Um dies an einem Beispiel zu erläutern, nehmen wir an, es komme bei $\mathfrak{T}$ eine vierkantige Ecke $O$ mit den vier Vierecken $OA_1B_1A_2, OA_2B_2A_3, OA_3B_3A_4, OA_4B_4A_1$ vor (Abb. 77). Wir fragen nun, ob man aus $\mathfrak{T}$ einen $(f+1)$-flächigen Typus gewinnen kann, dessen Schema aus dem von $\mathfrak{T}$ hervorgeht, indem man die vier Vierecke durch die fünf Flächen $A_1B_1A_2$, $A_2B_2A_3$, $A_3B_3A_4$, $A_4B_4A_1$, $A_1A_2A_3A_4$ ersetzt. Ist $\mathfrak{P}$ ein Polyeder vom Typus $\mathfrak{T}$ und liegen bei ihm die vier Ecken $A_1, A_2, A_3, A_4$ in einer

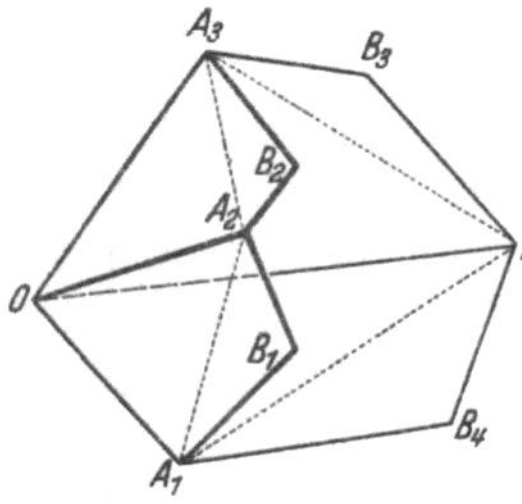

Abb. 77.

Ebene, so wird man aus $\mathfrak{P}$ den fraglichen Typus ableiten können, indem man mittels dieser Ebene die Pyramide mit der Grundfläche $A_1 A_2 A_3 A_4$ und der Spitze $O$ abtrennt. Bei einem Polyeder desselben Typus, bei dem aber die vier Punkte $A_i$ nicht in einer Ebene liegen, wird dies nicht möglich sein. Wenn uns nun aber auch die Existenz des Typus $\mathfrak{T}$ bekannt ist, so brauchen wir darum doch noch nicht zu wissen, ob unter den unendlich vielen Individuen dieses Typus auch solche existieren, bei denen die Punkte $A_i$ in einer Ebene liegen.

## § 20. Konvexe Dreikants- und Dreieckspolyeder.

Die eben angedeuteten Schwierigkeiten, welche der Ableitung der $(f+1)$-Flache aus den $f$-Flachen im Wege stehen, fallen weg, wenn man sich auf Dreikantspolyeder beschränkt. Den Typus eines solchen wird man am zweckmäßigsten durch seine Eckenausdrücke bezeichnen. Jede Ecke erscheint dann bestimmt als Schnitt ihrer drei Ebenen. Da es der gewöhnliche Fall ist, daß drei Ebenen einen und nur einen Punkt gemein haben, sind die $f$ Ebenen, wenn man von der Forderung der Konvexität absieht, keiner Bedingung unterworfen. Diese Freiheit in der Wahl der Ebenen erleichtert hier die Untersuchung, und daher kommt es, daß die Dreikantspolyeder ihre besondere Literatur haben. Kirkman, Cayley und Möbius haben sich speziell mit ihnen bzw. mit denen zu ihnen reziproken Dreieckspolyedern beschäftigt. Vor allem aber hat sich V. Eberhard in seiner „Morphologie der Polyeder" nach einigen einleitenden Betrachtungen ganz auf das Studium der Dreikantspolyeder beschränkt. Er nennt sie *allgemeine Polyeder*, weil er die Ebenen als die primären Elemente, die Kanten und Ecken als durch sie bestimmt ansieht und es demgemäß als einen speziellen Fall betrachtet, wenn mehr als drei Ebenen in einer Ecke zusammenstoßen. Werden die Ebenen eines konvexen $f$-Flachs $\mathfrak{P}$ im Raume bewegt, so werden sie, solange die Lageveränderungen klein sind, nicht aufhören, ein konvexes $f$-Flach einzuschließen. Aber wenn $\mathfrak{P}$ eine Ecke hat, deren Flächenzahl $n$ größer als 3 ist, so werden ihre $n$ Ebenen nach erfolgter Variation, wenn diese auch noch so klein war, sich im allgemeinen zu dreien in $\binom{n}{3}$ verschiedenen Punkten schneiden. Dadurch wird auch der Typus des Polyeders verändert. Ein Dreikantspolyeder dagegen wird bei hinlänglich kleiner Variation seiner Ebenen ein solches bleiben und auch seinen Typus beibehalten. Man ersieht aus dem Gesagten auch, daß jedes Polyeder sich als ein Grenzfall von Dreikantspolyedern ansehen läßt. Man darf aber daraus nicht schließen, daß das Studium dieser Polyeder genüge. Gerade bei den uns am meisten interessierenden Fragen heben die Schwierigkeiten erst recht an, wenn man die Beschränkung auf Dreikantspolyeder aufgibt. Diese bilden doch immer nur ein spezielles

Kapitel der allgemeinen Theorie, und deshalb wollen wir auch EBERHARDS Benennung[1] allgemeine Polyeder für sie nicht annehmen.

Es bezeichne jetzt $\mathfrak{T}_{f+1}$ einen Typus konvexer Dreikantspolyeder mit $f+1>4$ Flächen. Nach den Ergebnissen des vorigen Paragraphen können wir ein Polyeder $\mathfrak{P}_{f+1}$ dieses Typus angeben, das durch Schnitt mittels einer Ebene $\omega$ aus einem konvexen $f$-Flach $\mathfrak{P}_f$ abgeleitet ist, und es darf überdies vorausgesetzt werden, daß die in $\omega$ gelegene Begrenzungsfläche von $\mathfrak{P}_{f+1}$ höchstens fünfkantig ist. Endlich aber können wir auch annehmen, daß $\mathfrak{P}_f$ auch ein Dreikantspolyeder ist; denn durch beliebig kleine Variationen der Ebenen von $\mathfrak{P}_{f+1}$, welche den Typus dieses Polyeders nicht ändern, kann ja bewirkt werden, daß keins der $\binom{f+1}{4}$ Ebenenquadrupel, die aus den $f+1$ Ebenen gebildet werden können, einen gemeinsamen Punkt hat. Sei nun $B_0 B_1 \ldots B_{n-1} B_0$ ($n = 3, 4$ oder $5$) das in $\omega$ gelegene Begrenzungspolygon von $\mathfrak{P}_{f+1}$. Jede Ecke $B_i$ des $n$-Ecks ist dann Schnittpunkt von $\omega$ mit einer Kante $b_i$ von $\mathfrak{P}_f$, jede Kante $B_i B_{i+1}$ Schnitt von $\omega$ mit einer Fläche $\beta_i$ von $\mathfrak{P}_f$. Durch $\omega$ wird $\mathfrak{P}_f$ in zwei konvexe Polyeder zerschnitten, von denen $\mathfrak{P}_{f+1}$ das eine ist. Das andere $\mathfrak{R}$ ist ebenfalls ein Dreikantspolyeder. Es wird von $n+1$ Flächen begrenzt, nämlich von dem $n$-Eck in $\omega$ und den Teilen der Flächen $\beta_i$, welche durch $\omega$ weggeschnitten wurden; andere Begrenzungsflächen kann $\mathfrak{R}$ nicht haben, da alle übrigen Flächen von $\mathfrak{P}_f$ in ihrer ganzen Ausdehnung auch der Begrenzung von $\mathfrak{P}_{f+1}$ angehören. Da $\mathfrak{R}$ ein Dreikantspolyeder ist, so sind durch die Flächenzahl $n+1$ auch die Anzahlen seiner Ecken und Kanten bestimmt. [Denn es ist $e = e_3$ und nach (10a) S. 7 also $3e = 2k$. Hieraus und aus $e - k + f = 2$ folgt $e = 2f - 4$, $k = 3f - 6$.] Die Zahl der Ecken ist $2(n+1) - 4 = 2n - 2$. Zu diesen Ecken gehören die $n$ Ecken $B_i$, die übrigen $n-2$ Ecken gehören dem Polyeder $\mathfrak{P}_f$ an und wurden durch $\omega$ von den übrigen Ecken dieses Polyeders abgetrennt. Die Zahl der Kanten von $\mathfrak{R}$ ist $3(n+1) - 6 = 3n - 3$. Unter ihnen befinden sich die $n$ Kanten $B_i B_{i+1}$, ferner die $n$ Kanten, die noch außerdem von den Ecken $B_i$ ausgehen. Es sind dies die durch $\omega$ abgeschnittenen Teile der Kanten $b_i$; es bleiben also noch $n-3$ Kanten übrig, die je zwei der durch $\omega$ abgetrennten Ecken verbinden. Im Falle $n = 3$ wird hiernach durch $\omega$ eine Ecke $O$ des Polyeders $\mathfrak{P}_f$ von den übrigen getrennt; im Falle $n = 4$ sind es zwei durch eine Kante verbundene Ecken $O_1$ und $O_2$. Im Falle $n = 5$ sind es drei Ecken $O_1, O_2, O_3$, die im ganzen durch zwei Kanten, etwa $O_1 O_2$ und $O_2 O_3$, verbunden sind. Da $\mathfrak{P}_f$ Dreikantspolyeder ist, sind $O_1, O_2, O_3$ aufeinanderfolgende Ecken einer Begrenzungsfläche, und diese ist, da $O_1$ und $O_3$ durch keine Kante verbunden sind, mindestens vierkantig. Es werden also im Falle $n = 5$ drei aufeinanderfolgende Ecken einer mindestens vierkantigen Fläche von den übrigen getrennt.

[1] EBERHARD, a. a. O. S. 19, § 4.

Die drei hier besprochenen Schnittoperationen lassen sich bei jedem konvexen Dreikantspolyeder ausführen und liefern, auf isomorphe Polyeder angewandt, auch immer wieder dieselben Typen. Um einen dreikantigen Schnitt auszuführen, kann man die abzuschneidende Ecke $O$ von $\mathfrak{P}_f$ willkürlich wählen. Sind $\alpha$, $\beta$, $\gamma$ die durch $O$ gehenden Ebenen, so hat man in den Kanten $\beta\gamma$, $\gamma\alpha$, $\alpha\beta$ die Punkte $A$, $B$, $C$ willkürlich zu wählen und durch sie die Schnittebene $\omega$ zu legen (Abb. 78). An Stelle des im Schema von $\mathfrak{P}_f$ auftretenden Eckenausdruckes $O = \alpha\beta\gamma$ hat man, um das Schema von $\mathfrak{P}_{f+1}$ zu erhalten, die drei Eckenausdrücke $A = \beta\gamma\omega$, $B = \gamma\alpha\omega$, $C = \alpha\beta\omega$ einzuführen. — Soll ein vierkantiger Schnitt ausgeführt werden, so kann man die Kante, welche die beiden abzuschneidenden Ecken $O_1$, $O_2$ enthält, beliebig wählen (Abb. 79). Es seien $\alpha$ und $\gamma$ die beiden Ebenen dieser Kante. Durch $O_1$ geht dann noch eine Ebene $\beta$, durch $O_2$ eine Ebene $\delta$. Wir nehmen in der Geraden $O_1O_2$, aber außerhalb der Strecke $O_1O_2$, einen Punkt $S$ an und innerhalb der Kanten $\alpha\beta$ und $\beta\gamma$ die Punkte $A$ und $B$ beliebig, doch so nahe an $O_1$, daß der Schnittpunkt $D$ von $AS$ und $\alpha\delta$ innerhalb der begrenzten Kante $\alpha\delta$, ebenso der Schnittpunkt $C$ von $BS$ und $\gamma\delta$ innerhalb der begrenzten Kante $\gamma\delta$ liegt. Das Viereck $ABCD$ ist die in $\omega$ gelegene Schnittfläche. An die Stelle der Eckenausdrücke $O_1 = \alpha\beta\gamma$, $O_2 = \gamma\delta\alpha$ von $\mathfrak{P}_f$ treten bei $\mathfrak{P}_{f+1}$ die Eckenausdrücke $A = \alpha\beta\omega$, $B = \beta\gamma\omega$, $C = \gamma\delta\omega$, $D = \delta\alpha\omega$. — Handelt es sich um einen fünfkantigen Schnitt, so wählen wir irgendeine Begrenzungsebene $\varepsilon$ von $\mathfrak{P}_f$, die ein mindestens vierkantiges Polygon enthält, und in diesem irgend drei aufeinanderfolgende Ecken $O_1$, $O_2$, $O_3$ (Abb. 80). Durch $O_1O_2$ geht außer $\varepsilon$ noch eine zweite Ebene $\beta$, durch $O_2O_3$ eine Ebene $\gamma$. Außerdem geht noch durch $O_1$ eine Ebene $\alpha$, durch $O_3$ eine Ebene $\delta$. Wir nehmen in den Kanten $\varepsilon\alpha$ und $\varepsilon\delta$ die Punkte $A$ und $E$ beliebig an und bezeichnen mit $S$ und $T$ die Punkte, in denen die Gerade $AE$ von den Geraden $O_1O_2$ und $O_2O_3$ geschnitten wird. Wird

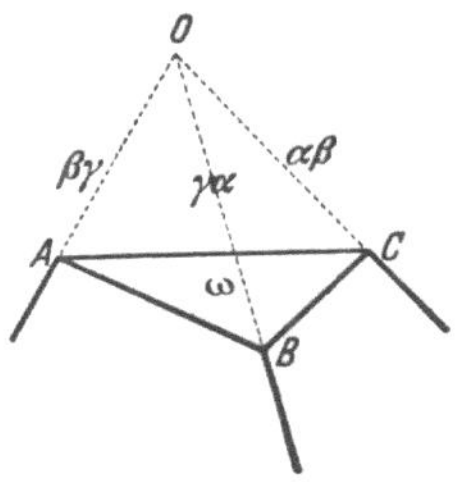

Abb. 78.

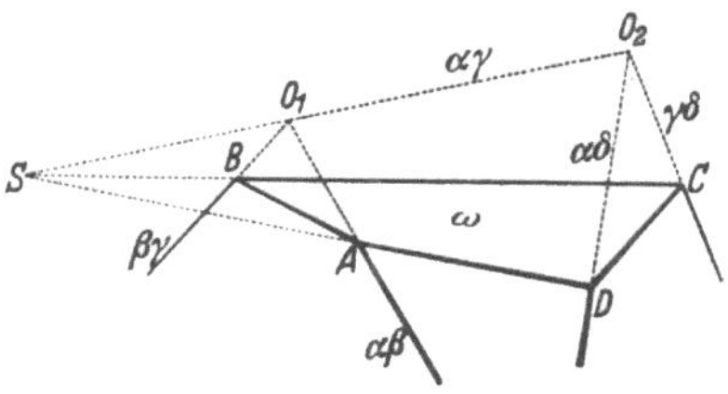

Abb. 79.

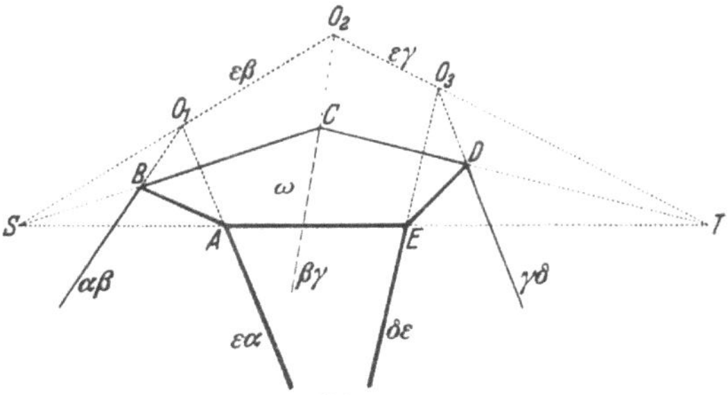

Abb. 80.

der Punkt $C$ in der Kante $\beta\gamma$ nahe genug an $O_2$ gewählt, so daß die Geraden $SC$ und $TC$ noch die Kanten $\alpha\beta$ und $\gamma\delta$ schneiden, so trennt die Ebene $\omega$ der Punkte $S, T, C$ die Ecken $O_1, O_2, O_3$ von den übrigen Ecken des Polyeders $\mathfrak{P}_f$ ab und liefert als Schnittfläche das Polygon $ABCDE$. An die Stelle der Eckenausdrücke $O_1 = \varepsilon\alpha\beta$, $O_2 = \varepsilon\beta\gamma$, $O_3 = \varepsilon\gamma\delta$ von $\mathfrak{P}_f$ treten bei $\mathfrak{P}_{f+1}$ die Eckenausdrücke $A = \varepsilon\alpha\omega$, $B = \alpha\beta\omega$, $C = \beta\gamma\omega$, $D = \gamma\delta\omega$, $E = \delta\varepsilon\omega$.

Auf diese Weise erhalten wir durch endlich viele Prozesse aus den $f$-flächigen Typen die sämtlichen $(f+1)$-flächigen. Natürlich erhält man zunächst jeden solchen Typus mehrfach; es sind also noch die erhaltenen Schemata auf Isomorphismus zu prüfen.

Geht man vom Tetraeder aus, so kann man drei- oder vierkantige Schnitte vornehmen; aber alle diese führen nur zu dem einen fünfflächigen Dreikantstypus, dem des dreiseitigen Prismas. — Aus diesem einzigen fünfflächigen Dreikantstypus sind dann die sechsflächigen abzuleiten; es gibt deren nur die beiden, schon in § 2 angegebenen, von denen der eine zwei Dreiecke, zwei Vierecke und zwei Fünfecke hat, der andere mit sechs Vierecken durch den Würfel repräsentiert wird. Man erhält den ersten Typus, wenn man an dem Fünfflach einen drei- oder fünfkantigen Schnitt vollzieht oder einen solchen vierkantigen Schnitt, bei dem die weggeschnittene Kante einem Dreieck angehört; dagegen liefert ein vierkantiger Schnitt, der die gemeinsame Kante zweier Vierecke abschneidet, den Würfeltypus.

In analoger Weise wie die Dreikantspolyeder können die Dreieckspolyeder behandelt werden. Die Fundamentalkonstruktionen, mittels deren man aus den konvexen Dreieckspolyedern $\mathfrak{P}_e$ mit $e$ Ecken diejenigen mit $e+1$ Ecken ableitet, bestehen darin, daß man aus $\mathfrak{P}_e$ ein Dreieck oder zwei benachbarte oder drei an einer wenigstens vierkantigen Ecke aufeinanderfolgenden ausschaltet und die drei, vier oder fünf Kanten des so entstandenen Randes mit einer neu einzuführenden Ecke durch Dreiecke verbindet. Diese kann so gewählt werden, daß das entstehende Polyeder wieder konvex ist.

## § 21. Kontinuitätsbetrachtungen bei konvexen Dreikantspolyedern.

Im Bereich der konvexen Polyeder gilt der folgende Satz, den wir „Kontinuitätssatz der konvexen Typen“ nennen wollen.

*Sind $\mathfrak{P}$ und $\mathfrak{P}'$ zwei konvexe Polyeder, zwischen denen ein direkter Isomorphismus $\sigma$ besteht, so kann $\mathfrak{P}$ kontinuierlich und unter ständiger Beibehaltung der Konvexität und des Typus in $\mathfrak{P}'$ so übergeführt werden, daß jedes Element von $\mathfrak{P}$ in das ihm durch $\sigma$ zugeordnete von $\mathfrak{P}'$ übergeht.*

Wir werden den Satz in voller Allgemeinheit beweisen (S. 347). Für Dreikantstypen wurde er von Eberhard aufgestellt und bewiesen.

EBERHARD hat ferner Untersuchungen angestellt, die den Übergang aus einem Dreikantstypus in einen andern betreffen[1]. Hierbei spielen die sog. *Kreuzungskanten* eine wichtige Rolle.

Es sei $\mathfrak{P}$ ein konvexes Dreikantspolyeder, $O_1 O_2 = \alpha\gamma$ eine Kante von $\mathfrak{P}$, $\beta$ die dritte Ebene durch $O_1$, $\delta$ die dritte Ebene durch $O_2$, also $O_1 = \alpha\beta\gamma$, $O_2 = \gamma\delta\alpha$. $O_1 O_2$ heißt *Kreuzungskante*, wenn die in $\beta$ und $\delta$ gelegenen Begrenzungsflächen von $\mathfrak{P}$ nicht benachbart sind. Die Bedeutung der Kreuzungskanten geht aus der nachfolgenden Überlegung hervor.

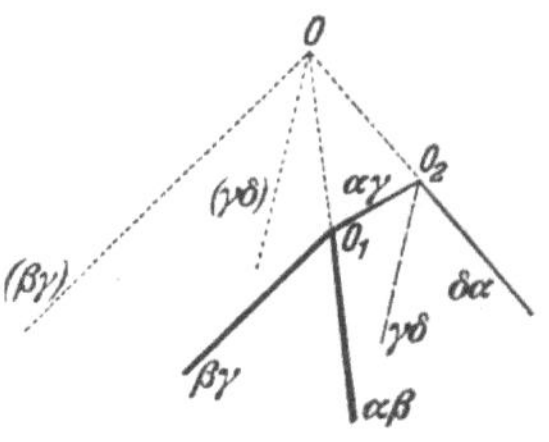

Abb. 81.

Wir betrachten ein konvexes Polyeder $\mathfrak{P}_0$, das eine vierkantige Ecke $O = \alpha\beta\gamma\delta$, sonst aber nur dreikantige Ecken hat, und schreiben das Schema der Eckenausdrücke auf. Nimmt man mit der Ebene $\gamma$ oder $\alpha$ eine kleine Parallelverschiebung vor nach der Seite hin, auf welcher $\mathfrak{P}_0$ liegt, so wird für das neu entstandene Polyeder $\mathfrak{P}_1$ das Schema, soweit es die dreikantigen Ecken betrifft, auch noch gelten. An Stelle der vierkantigen Ecke $O$ aber sind zwei dreikantige getreten (Abb. 81). Die verschobene Ebene $\gamma$ schneidet nämlich von der in $\alpha$ gelegenen Begrenzungsfläche des Polyeders $\mathfrak{P}_0$ ein kleines Dreieck $O_1 O_2 O$ fort, so daß jetzt eine neue Kante $O_1 O_2 = \alpha\gamma$ mit den Ecken $O_1 = \alpha\beta\gamma$, $O_2 = \gamma\delta\alpha$ bei $\mathfrak{P}_1$ auftritt, während $O$ wegfällt. Nimmt man statt dessen, von $\mathfrak{P}_0$ ausgehend, mit der Ebene $\delta$ (oder $\beta$) eine kleine Parallelverschiebung nach der Seite von $\mathfrak{P}_0$ hin vor (Abb. 82), so erhält man ein Polyeder $\mathfrak{P}_2$ mit der Kante $O_1' O_2' = \beta\delta$ und den an die Stelle von $O$ getretenen Ecken $O_1' = \delta\alpha\beta$, $O_2' = \beta\gamma\delta$. Dasselbe könnte man auch durch Parallelverschiebung von $\alpha$ (oder $\gamma$) erreichen, wenn diese nach außen erfolgt. Das Polyeder $\mathfrak{P}_0$ erscheint so in doppelter Weise als Grenzfall von Dreikantspolyedern und vermittelt den Übergang von $\mathfrak{P}_1$ zu $\mathfrak{P}_2$, ein Vorgang, der als „*Kreuzung*" bezeichnet wird. Bei dieser Kreuzung treten also an die Stelle der Ecken $O_1 = \alpha\beta\gamma$, $O_2 = \gamma\delta\alpha$ von $\mathfrak{P}_1$ die Ecken $O_1' = \delta\alpha\beta$, $O_2' = \beta\gamma\delta$ von $\mathfrak{P}_2$. Bei dem ersten Teil des Prozesses, dem Übergang von $\mathfrak{P}_1$ zu $\mathfrak{P}_0$, zieht sich die Kante $O_1 O_2$ auf den Punkt $O$ zusammen.

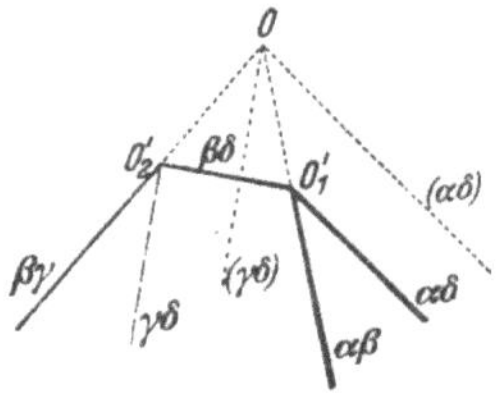

Abb. 82.

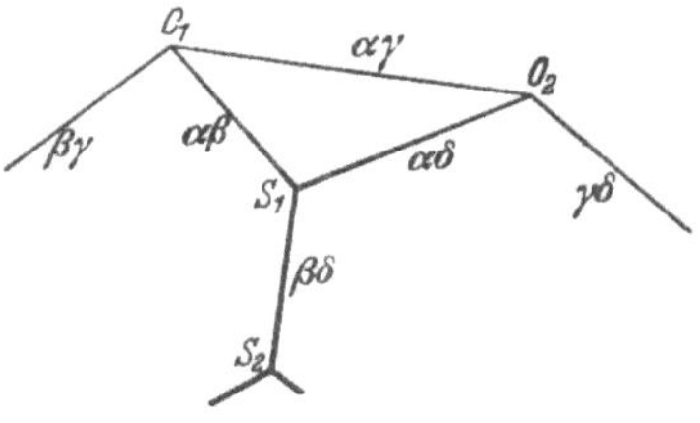

Abb. 83.

Sei nun wieder wie zuerst $\mathfrak{P}$ ein konvexes Dreikantspolyeder mit den beiden Ecken $O_1 = \alpha\beta\gamma$, $O_2 = \gamma\delta\alpha$ (Abb. 83). Wir fragen, ob es möglich

[1] EBERHARD, a. a. O. § 5, 6.

ist, die Kante $O_1O_2 = \alpha\gamma$ auf einen Punkt zusammenzuziehen. Wir meinen damit, ob eine solche Bewegung des Polyeders möglich ist, bei welcher dieses bis zum letzten Moment seinen Typus bewahrt, in diesem Moment aber durch Zusammenfallen von $O_1$ und $O_2$ eine vierkantige Ecke $O = \alpha\beta\gamma\delta$ erhält, während die übrigen Ecken dreikantig bleiben. Es ergibt sich leicht als notwendige Bedingung, daß $O_1O_2$ Kreuzungskante sein muß. Denn wären die in $\beta$ und $\delta$ gelegenen Begrenzungsflächen benachbart, existierte also in $\mathfrak{P}$ eine Kante $\beta\delta = S_1S_2$, so würden nach unserer Voraussetzung $S_1$ und $S_2$ auch am Ende der Bewegung dreikantig bleiben, und es hätten dann die Ebenen $\beta$ und $\delta$ die drei Ecken $S_1$, $S_2$ und $O$ gemein, was bei einem konvexen Polyeder nicht möglich ist. EBERHARD[1] hat nun gezeigt, daß diese Bedingung auch hinreichend ist, daß sich also, kurz gesagt, jede Kreuzungskante auf einen Punkt zusammenziehen läßt und daß somit, wenn $O_1O_2$ Kreuzungskante ist, durch den Prozeß der Kreuzung ein stetiger Übergang zu einem Polyeder $\mathfrak{P}'$ geschaffen werden kann, bei welchem an die Stelle der Ecken $O_1O_2$ die Ecken $O_1' = \delta\alpha\beta$, $O_2' = \beta\gamma\delta$ treten.

Dieser „Satz der Kreuzungskanten" findet eine wichtige Ergänzung in dem folgenden:

Ordnet man die Ebenen zweier konvexer Dreikantspolyeder $\mathfrak{P}$, $\mathfrak{P}'$ mit je $f$ Flächen ($f > 4$) einander in beliebiger Weise eindeutig zu, so ist es stets möglich, das eine in das andere unter Wahrung des Charakters als konvexes $f$-Flach kontinuierlich so überzuführen, daß

1. jede Ebene in die zugeordnete Ebene übergeht,

2. das bewegte Polyeder dauernd, abgesehen von einer endlichen Anzahl von Momenten, ein Dreikantspolyeder ist,

3. in diesen Momenten außer dreikantigen Ecken nur eine einzige vierkantige vorkommt.

Eine Änderung des Typus kann nur in den eben gekennzeichneten Momenten eintreten, und zwar kann es sich da nur um Kreuzungen handeln.

Dieser Satz zeigt, daß man durch Kreuzungen von jedem Typus konvexer Dreikantspolyeder zu jedem andern solchen Typus mit gleicher Flächenzahl gelangen kann. Man erhält so eine neue Methode, um die $f$-flächigen Typen zu bestimmen, welche nicht die vorangegangene Bestimmung der Typen mit geringerer Flächenzahl erfordert. Man geht von irgendeinem $f$-flächigen Typus $\mathfrak{T}$ aus und wendet auf alle seine Kreuzungskanten den Kreuzungsprozeß an, ein Verfahren, das sich rein schematisch ausführen läßt. Die Schemata hat man dann näher zu prüfen und von isomorphen immer nur eins beizubehalten. Auf die so erhaltenen Typen ist dasselbe Verfahren anzuwenden, und in dieser Weise ist so lange fortzufahren, bis man zu einem System von Typen

---

[1] a. a. O. § 5.

gelangt ist, bei dem die Anwendung des Verfahrens keine neue mehr liefert. Man ist dann nach dem letzten Satze sicher, alle $f$-flächigen Typen zu haben. Als Ausgangstypus kann man etwa den des $(f-2)$-seitigen Prismas verwenden.

## § 22. Das allgemeine Problem der kombinatorischen Aufstellung der Typen konvexer Polyeder.

Wir haben in den letzten beiden Paragraphen Methoden kennengelernt, die es gestatten, die Schemata der Typen konvexer Dreikantspolyeder bei beliebiger Flächenzahl zu ermitteln. Diese Methoden wurden durch geometrische Untersuchungen gewonnen, aber die Herstellung der Schemata nach den Methoden ist keine geometrische Aufgabe mehr, sondern ein rein kombinatorisches Problem. (So sahen wir z. B., daß man aus dem Schema der Eckenausdrücke eines $f$-flächigen Typus den eines $(f+1)$-flächigen erhält, wenn man ein neues Zeichen $\omega$ einführt und irgendeinen Eckenausdruck $\alpha\beta\gamma$ durch drei andere $\alpha\beta\omega$, $\beta\gamma\omega$, $\gamma\alpha\omega$ ersetzt.) Es kann also auch jemand, ohne die geometrische Bedeutung der Schemata zu kennen, diese auf Grund der mechanisch zu erlernenden Regeln herleiten. Dieses rein kombinatorische Operieren legt es nahe, die Schemata überhaupt als Ausgangspunkt der Betrachtungen zu wählen. Denken wir etwa an die Schemata der Flächenausdrücke. In einem solchen treten eine Reihe von Zeichen $A_1 \ldots A_e$ auf. Aus ihnen sind gewisse Komplexe, Flächenausdrücke genannt, gebildet. Jeder Komplex besteht aus einer Anzahl solcher Zeichen $A_i$, die in bestimmter cyclischer Folge gegeben sind; d. h. der Komplex gilt als unverändert, wenn man die ihn zusammensetzenden Zeichen cyclisch vertauscht oder auch ihre Reihenfolge umkehrt. Unsere Beschreibung ist aber unvollständig: nicht jedes Schema, das so aus Komplexen der Zeichen $A_i$ gebildet ist, stellt einen Polyedertypus dar. So erhebt sich die Frage, welchen Bedingungen das Schema genügen muß, um als Schema der Flächenausdrücke eines Polyeders gelten zu können oder, wie wir sagen wollen, um durch ein Polyeder realisierbar zu sein. Die Frage ist nur so weit unbestimmt, als es der Polyederbegriff ist. Präzisieren wir diesen, so ist auch die Fragestellung präzisiert. Uns wird vor allem die Frage nach der Realisierbarkeit durch ein konvexes Polyeder interessieren. Hier lassen sich in der Tat sehr einfache kombinatorische Merkmale für das Schema angeben. Es ist auch nicht schwer, ein vollständiges System von Bedingungen für die Schemata der konvexen Typen aufzustellen. Die Bedingungen sind nämlich von der Art, daß ihre Notwendigkeit leicht erkennbar ist; nur der Beweis der Vollständigkeit, der Nachweis also, daß die Bedingungen auch hinreichen, ist schwierig. Und erst wenn dieser erbracht ist, ist man berechtigt, das Problem der Aufstellung der Typen konvexer Polyeder, wie dies öfter geschehen ist, als ein rein kombinatorisches zu bezeichnen.

Die ersten Erörterungen über die Bedingungen eines Polyederschemas finden sich wohl bei KIRKMAN. Er bemerkt bezüglich des Schemas der Flächenausdrücke, daß kein Zeichen $A_i$ in dem Ausdruck mehrfach auftreten darf, und daß jedes in einem solchen Ausdruck benachbart auftretende Paar auch noch in einem zweiten als benachbartes erscheinen müsse. Die geometrische Bedeutung dieser Bedingungen ist klar; aus ihnen allein folgt aber noch nicht einmal, daß die zu einer Ecke gehörigen Flächen einen einzigen Cyclus bilden. CAYLEY fügt hinzu, daß zwei in einem Flächenausdruck nichtbenachbart auftretende Zeichen sich nicht in einem zweiten Flächenausdruck zugleich vorfinden dürfen. Er glaubte zuerst, darin eine für alle Polyeder gültige Bedingung zu erkennen. Geometrisch bedeutet doch die CAYLEYsche Bedingung, daß zwei Ecken eines Flächenpolygons, die nicht zu denselben Kanten gehören, nicht in einem zweiten Flächenpolygon auftreten können oder, anders ausgedrückt: wenn zwei Flächen $\alpha$, $\beta$ mit zwei Ecken $A$, $B$ incident sind, so existiert eine Kante, deren Ecken $A$, $B$ und deren Flächen $\alpha$, $\beta$ sind. Bei konvexen Polyedern trifft dies tatsächlich zu; denn wenn die beiden Polyederebenen $\alpha$, $\beta$ die Ecken $A$, $B$ gemeinsam haben, so würde $AB$, wenn nicht Kante des Flächenpolygons von $\beta$, so eine Diagonale dieses Polygons sein, und es würden daher zwei Ecken zu verschiedenen Seiten von $AB$, also auch zu verschiedenen Seiten der Ebene $\alpha$ liegen, was bei einem konvexen Polyeder unmöglich ist. Daß die Bedingung aber nicht bei allen Polyedern erfüllt ist, hat CAYLEY später selbst bei seiner Beschäftigung mit Sternpolyedern bemerkt. Er schränkte deshalb seine frühere Angabe dahin ein, daß sie für gewöhnliche Polyeder gelten soll. Aber auch das ist unrichtig, wie die Abb. 84 zeigt, die ein Polyeder darstellt, das aus einem Tetraeder $ABCD$ durch Wegschneiden eines zweiten $ABEF$ hervorgeht, wobei $E$ und $F$ den Dreiecksflächen $ABC$ bzw. $ABD$ angehören. Die beiden Flächen $\alpha = ACBE$, $\beta = AFBD$ haben die beiden Ecken $A$, $B$ gemein, ohne daß eine zugehörige Kante vorhanden ist. Der Anblick der Flächen $\alpha$ und $\beta$ mag es rechtfertigen, wenn wir sie (ebenso wie auch die Ecken $A$, $B$) als übergreifend bezeichnen.

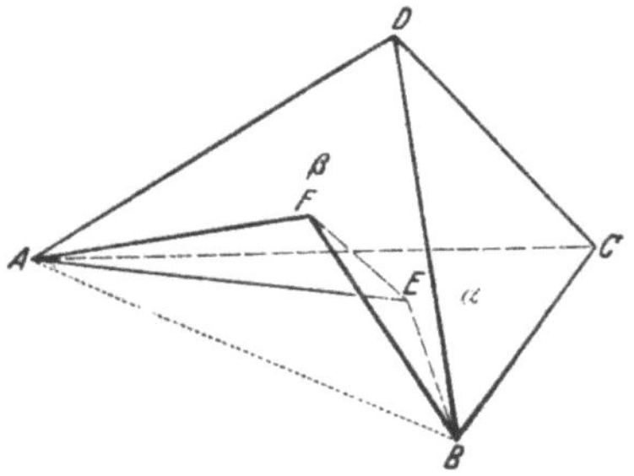

Abb. 84.

Wir kommen in diesem Zusammenhange noch einmal auf die rechteckige Matrix $(c_{ij})$ zu sprechen, welche die zwischen den Ecken und Flächen stattfindenden Incidenzen anzeigt. Die Frage, wann diese Matrix zur Bezeichnung des Typus ausreicht, können wir jetzt beantworten. Es kommt offenbar nur darauf an, daß wir aus der Matrix auch ersehen können, welche Kanten das Polyeder besitzt. Ist nun $b$

eine Kante mit den Ecken $A_r$, $A_s$ und den Flächen $\alpha_l$, $\alpha_m$, so hat man die vier incidenten Paare $A_r\alpha_l$, $A_r\alpha_m$, $A_s\alpha_l$, $A_s\alpha_m$ und dementsprechend in der Matrix vier Einsen, die sich auf zwei Zeilen und zwei Spalten verteilen, also eine Teilmatrix zweiten Grades bilden. Es fragt sich nur, ob auch umgekehrt jeder solchen Teilmatrix eine Kante entspricht. Nun folgt aber aus $c_{lr} = c_{ls} = c_{mr} = c_{ms} = 1$, daß die Flächen $\alpha_l$, $\alpha_m$ mit den Ecken $A_r$, $A_s$ incident sind, und hieraus können wir dann auf das Vorhandensein einer zugehörigen Kante schließen, wenn wir wissen, daß das Polyeder keine übergreifenden Elemente hat. Bei Beschränkung auf Polyeder ohne übergreifende Elemente, also z. B. auch im Bereich der konvexen Polyeder, genügt daher die rechteckige Matrix zur Bezeichnung des Typus.

Zur Erledigung der in diesem Paragraphen aufgeworfenen Frage erscheint es geboten, den geometrischen Untersuchungen kombinatorische voranzuschicken, statt wirklicher Polyeder Schemata zu behandeln, denen gewisse, aus der Betrachtung wirklicher Polyeder abstrahierte Bedingungen kombinatorischer Art auferlegt sind, von denen aber auch nichts weiter verlangt wird, als daß sie die einmal fixierten Bedingungen erfüllen. Erst wenn diese Behandlung bis zu einem gewissen Punkte gefördert ist, kann die geometrische Untersuchung darüber, ob und wie ein solches Schema geometrisch realisierbar ist, mit Erfolg einsetzen. Diese kombinatorischen Untersuchungen, mit denen wir uns im nächsten Abschnitt zu beschäftigen haben werden, stehen natürlich in nächster Beziehung zur Analysis situs; aber diese Disziplin nimmt keine Rücksicht darauf, ob die Gebilde krumm- oder ebenflächig sind, während für uns dieses Moment wesentlich ist und auch zu besonderen kombinatorischen Fragestellungen Anlaß gibt.

Zweiter Abschnitt.

# Polyedrische Komplexe.

Erstes Kapitel.

## Polyedrische Komplexe.

### § 23. Geordnete Komplexe.

Es sei $\mathfrak{C}$ ein System von Elementen $\mathfrak{a}$. Jedem Element $\mathfrak{a}$ soll eine der Zahlen 0, 1, 2, welche die *Dimension* des Elementes heißt, zugeordnet sein. Die Elemente der Dimension 0 werden auch (ideelle) Punkte (Ecken), die der Dimension 1 Linien (Kanten), die der Dimension 2 Flächen genannt. Punkte werden im allgemeinen durch große lateinische, Linien durch kleine lateinische, Flächen durch kleine griechische Buchstaben bezeichnet, während kleine deutsche Buchstaben verwandt werden, wenn die Dimension dahingestellt bleibt, große deutsche, um Systeme von Elementen zu bezeichnen. Es soll ferner für jedes Elementenpaar $\mathfrak{a}$, $\mathfrak{b}$ von verschiedenen Dimensionen eine Festsetzung getroffen sein, der zufolge es entweder als incident — in Zeichen $(\mathfrak{a}, \mathfrak{b}) = 1$ oder $(\mathfrak{b}, \mathfrak{a}) = 1$ — oder nichtinzident — in Zeichen $(\mathfrak{a}, \mathfrak{b}) = 0$ oder $(\mathfrak{b}, \mathfrak{a}) = 0$ — gilt. Diese im übrigen willkürliche Festsetzung soll nur an die eine Bedingung gebunden sein: Ist eine Fläche $\alpha$ mit einer Linie $a$, diese mit einem Punkt $A$ incident, so ist auch $\alpha$ mit $A$ incident[1].

Jedes System $\mathfrak{C}$, das den vorstehenden Bedingungen genügt, soll ein geordneter Komplex heißen. Sind $\mathfrak{a}$, $\mathfrak{b}$ zwei incidente Elemente, $\mathfrak{a}$ dasjenige von geringerer Dimension, so sagen wir auch: „$\mathfrak{a}$ liegt auf $\mathfrak{b}$“ oder „$\mathfrak{b}$ geht durch $\mathfrak{a}$“; und auch sonst werden die geläufigen, der Geometrie entlehnten Ausdrücke gebraucht werden. Es sei aber nochmals bemerkt, daß hier die Bezeichnungen: Punkt, incident usw. bloße Namen sind. Wenn also weiterhin (in Rücksicht auf den Endzweck) bei der Auswahl von Beispielen solche bevorzugt werden, bei denen der geordnete Komplex durch ein System von wirklichen Punkten, Linien und Flächen mit entsprechenden wirklichen Incidenzen realisiert ist, so ist doch keineswegs eine solche Realisierbarkeit die Vorbedingung dafür, daß wir die Bezeichnungen geordneter Komplex, Punkt, Incidenz usw. gebrauchen.

Jeder Teilkomplex $\mathfrak{C}'$ eines geordneten Komplexes $\mathfrak{C}$ ist selbst ein geordneter Komplex. $\mathfrak{C} - \mathfrak{C}'$ bedeutet den Komplex, der von $\mathfrak{C}$ zurückbleibt, wenn $\mathfrak{C}'$ fortgelassen wird. Statt $\mathfrak{C} - \mathfrak{C}' = \mathfrak{B}$ wird auch $\mathfrak{C} = \mathfrak{C}' + \mathfrak{B}$ geschrieben. Allgemeiner schreiben wir $\mathfrak{C} = \sum \mathfrak{C}_i$, um anzudeuten, daß der Komplex $\mathfrak{C}$ sich aus den elementfremden Komplexen $\mathfrak{C}_i$ zusammensetzt, d. h. daß jedes Element von $\mathfrak{C}$ Element eines und nur eines der Komplexe $\mathfrak{C}_i$ ist und daß jedes Element, das in einem der Komplexe $\mathfrak{C}_i$ vorkommt, auch Element von $\mathfrak{C}$ ist. Besonders häufig schreiben wir eine Gleichung von der Form: $\mathfrak{C} = \mathfrak{E} + \mathfrak{K} + \mathfrak{F}$, wobei dann $\mathfrak{E}$, $\mathfrak{K}$ und $\mathfrak{F}$ die Systeme der in $\mathfrak{C}$ enthaltenen Punkte (Ecken), Linien (Kanten) und Flächen sind. Der geordnete Komplex kann *endlich* oder *unendlich* sein. Ist er endlich, so heißt die Zahl $c = e - k + f$, worin wieder $e$, $k$, $f$ die Anzahlen der Punkte, Linien und Flächen sind, die „Charakteristik des Komplexes“, und wird mit $Ch(\mathfrak{C})$ bezeichnet. Die Zahl der Elemente des endlichen Komplexes kann auch Eins sein, und es werden sogar auch gelegentlich *leere* Komplexe vorkommen.

Einen unendlichen geordneten Komplex bilden z. B. die Punkte, geraden Linien und ebenen Flächen des projektiven oder euklidischen

---

[1] [In seinem Enzyklopädieartikel § 22 führt STEINITZ abweichend von der obigen Definition die Incidenz als *reflexive Relation* ein, so daß jedes Element mit sich selbst incidiert. Im vorliegenden Buche wird jedoch daran festgehalten, daß Incidenz nur zwischen Elementen verschiedener Dimension, also auch nur zwischen verschiedenen Elementen stattfinden kann.]

Raumes, wenn wir die Bezeichnung Incidenz im üblichen geometrischen Sinne verwenden. Jedes gewöhnliche Polyeder kann als eine Realisierung eines endlichen geordneten Komplexes angesehen werden. Bilden wir aus $n$ Zeichen $1, 2, \ldots, n$ alle Kombinationen von je zweien, dreien und vieren, nennen wir diese Punkte, Linien und Flächen, und nennen wir zwei verschiedene dieser Kombinationen incident, wenn die Zeichen der einen in der andern alle vorkommen, so haben wir einen endlichen, geordneten Komplex. Im Falle $n = 6$ haben wir gesehen, daß dieser Komplex durch Punkte, Geraden und Ebenen des projektiven Raumes realisiert werden kann (S. 72). Dasselbe gilt übrigens für jedes $n \geqq 4$.

### *Isomorphismus, Typus, Reziprozität.*

Zwei geordnete Komplexe heißen *isomorph* oder *von gleichem Typus*, wenn sich ihre Elemente in der Weise eindeutig zuordnen lassen, daß entsprechende Elemente von derselben Dimension sind und incidenten Elementen stets wieder incidente entsprechen. Die Zuordnung selbst heißt ein *Isomorphismus*.

Unter einer *reziproken* Beziehung zweier geordneter Komplexe $\mathfrak{C}$, $\mathfrak{C}'$ verstehen wir eine solche, bei welcher den Punkten, Linien und Flächen des einen die Flächen, Linien, Punkte des andern umkehrbar eindeutig zugeordnet sind und incidenten Elementen wieder incidente entsprechen. Zwei Komplexe, die zu einem dritten isomorph oder reziprok sind, sind zueinander isomorph. Ist dagegen $\mathfrak{C}_1$ zu $\mathfrak{C}_3$ isomorph, $\mathfrak{C}_2$ zu $\mathfrak{C}_3$ reziprok, so sind $\mathfrak{C}_1$ und $\mathfrak{C}_2$ reziprok. Alle zu einem Komplex $\mathfrak{C}$ reziproken Komplexe sind also von gleichem Typus, den wir dann den *reziproken Typus* nennen. Sind die Komplexe $\mathfrak{A}$ und $\mathfrak{B}$ isomorph aufeinander bezogen, so unterscheiden wir den Isomorphismus $\sigma$, der jedem Element $\mathfrak{a}$ von $\mathfrak{A}$ ein Element $\mathfrak{b} = \mathfrak{a}\sigma$ von $\mathfrak{B}$ zuordnet, von dem inversen Isomorphismus $\sigma'$, der dem Element $\mathfrak{b}$ das Element $\mathfrak{a} = \mathfrak{b}\sigma'$ entsprechen läßt. Ist ein Komplex $\mathfrak{C}$ auf sich selbst isomorph bezogen, so sprechen wir auch von Automorphismus. Es gibt mindestens einen solchen Automorphismus, den identischen, welcher jedes Element sich selbst entsprechen läßt. Sind $\sigma$ und $\tau$ zwei Automorphismen, so können wir aus ihnen einen „Automorphismus $\sigma\tau$" bilden, indem wir jedem Element $\mathfrak{a}$ von $\mathfrak{C}$ das Element $(\mathfrak{a}\sigma)\tau$ zuordnen. Die Automorphismen $\sigma\tau$ und $\tau\sigma$ können dabei verschieden sein. Für drei Automorphismen $\sigma$, $\tau$, $v$ gilt aber stets: $(\sigma\tau)v = \sigma(\tau v)$. Durch Zusammensetzung eines Automorphismus $\sigma$ mit seinem inversen $\sigma'$ erhält man die Identität. In diesem Falle wird also $\sigma\sigma' = \sigma'\sigma$. Die Automorphismen bilden eine Gruppe in dem Sinne, wie dies Wort jetzt allgemein gebräuchlich ist. In dem besonderen Falle, wo der Typus von $\mathfrak{C}$ zu sich selbst reziprok ist, kann diese Gruppe vergrößert werden durch Hinzunahme der reziproken Beziehungen, die man sämtlich durch Zusammensetzung einer von ihnen mit allen Automorphismen erhält. — Bei dem obenerwähnten System der Punkte, Geraden und Ebenen des projektiven Raumes sind die Automorphismen die Kollineationen, die reziproken Beziehungen die Korrelationen.

## § 24. Zusammenhangsverhältnisse.

Definitionen: $n + 1 \geqq 2$ in bestimmter Folge gegebene Elemente $\mathfrak{a}_0, \mathfrak{a}_1, \ldots, \mathfrak{a}_n$ eines geordneten Komplexes $\mathfrak{C}$, die nicht alle verschieden zu sein brauchen, bilden einen *von* $\mathfrak{a}_0$ *nach* $\mathfrak{a}_n$ *führenden Weg*, wenn $\mathfrak{a}_{i-1}$ mit $\mathfrak{a}_i$ $(i = 1, \ldots, n)$ incident ist. Der Weg besteht aus den „*Schritten*" $\mathfrak{a}_0\mathfrak{a}_1, \mathfrak{a}_1\mathfrak{a}_2, \ldots, \mathfrak{a}_{n-1}\mathfrak{a}_n$. Die Anzahl $n$ dieser Schritte heißt Länge des Weges. Der Weg heißt offen oder geschlossen, je nachdem $\mathfrak{a}_n \neq \mathfrak{a}_0$ oder $= \mathfrak{a}_0$ ist. Im zweiten Falle erhalten wir einen neuen geschlossenen Weg $\mathfrak{a}_1\mathfrak{a}_2 \ldots \mathfrak{a}_{n-1}\mathfrak{a}_0\mathfrak{a}_1$, indem wir den ersten Schritt des ursprünglichen Weges ans Ende verlegen. Nimmt man eine solche cyclische Vertauschung der Schritte $n$-mal vor, so erhält man wieder den ursprünglichen Weg. Sollen die Wege, die man durch solche cyclische Vertauschungen erhält, nicht unterschieden werden, so sprechen wir von einem *Umlauf*. Zwei verschiedene Elemente $\mathfrak{a}$, $\mathfrak{b}$ heißen (*innerhalb* $\mathfrak{C}$) *miteinander verbunden*, wenn es einen von $\mathfrak{a}$ nach $\mathfrak{b}$ führenden Weg gibt; außerdem gilt jedes Element als mit sich selbst verbunden. Unter dem Abstande zweier verschiedener, miteinander verbundener Elemente $\mathfrak{a}$, $\mathfrak{b}$ ist die Länge eines *kürzesten* Weges zu verstehen, der Abstand eines Elementes von sich selbst gleich 0 zu setzen. — Sind zwei Elemente $\mathfrak{a}$ und $\mathfrak{b}$ mit einem dritten $\mathfrak{c}$ verbunden, so sind sie auch untereinander verbunden, ihr Abstand ist höchstens gleich der Summe ihrer Abstände von $\mathfrak{c}$.

Ein *Weg* $\mathfrak{a}_0\mathfrak{a}_1\mathfrak{a}_2 \ldots \mathfrak{a}_n$ heißt *einfach*, wenn die Elemente $\mathfrak{a}_0, \mathfrak{a}_1, \ldots, \mathfrak{a}_n$ sämtlich verschieden sind. Ein *einfacher* Weg ist also stets *offen*. Ein *Umlauf* $\mathfrak{a}_0\mathfrak{a}_1 \ldots \mathfrak{a}_{n-1}\mathfrak{a}_0$ heißt *einfach*, wenn die Elemente $\mathfrak{a}_0, \mathfrak{a}_1, \ldots, \mathfrak{a}_{n-1}$ sämtlich verschieden sind. Sind die beiden verschiedenen Elemente $\mathfrak{a}$, $\mathfrak{b}$ durch einen nicht einfachen Weg $\mathfrak{a}\mathfrak{a}_1\mathfrak{a}_2 \ldots \mathfrak{a}_{n-1}\mathfrak{b}$ verbunden und ist etwa $\mathfrak{a}_i = \mathfrak{a}_{i+r}$, so erhalten wir, indem wir $\mathfrak{a}_{i+1} \ldots \mathfrak{a}_{i+r}$ streichen, einen neuen Weg von $\mathfrak{a}$ nach $\mathfrak{b}$. Mit dieser Kürzung kann man fortfahren, bis man einen einfachen Weg erhält. Also:

*Ist $\mathfrak{W}$ ein Weg, der von $\mathfrak{a}$ zu dem von $\mathfrak{a}$ verschiedenen Element $\mathfrak{b}$ führt, so gibt es auch immer einen einfachen Weg $\mathfrak{W}'$ von $\mathfrak{a}$ nach $\mathfrak{b}$, in dem nur solche Elemente vorkommen, die auch in $\mathfrak{W}$ auftreten.*

Der geordnete Komplex $\mathfrak{C}$ heißt *zusammenhängend*, wenn alle Elemente miteinander verbunden sind; ein Komplex, der nur aus einem Element besteht, gilt immer als zusammenhängend. Eine Zerlegung $\mathfrak{C} = \sum \mathfrak{C}_i$ des geordneten Komplexes $\mathfrak{C}$ nennen wir eine *Zerfällung* — wir sagen, der Komplex $\mathfrak{C}$ *zerfällt* in die Komplexe $\mathfrak{C}_i$ —, wenn es keinen Weg (in $\mathfrak{C}$) gibt, der von einem Element irgendeines Komplexes $\mathfrak{C}_i$ zu einem Element eines andern führt, oder — was offenbar auf dasselbe hinauskommt — wenn zwischen zwei Elementen zweier verschiedener Komplexe $\mathfrak{C}_i$ niemals Incidenz stattfindet. Ist $\mathfrak{a}$ irgendein Element von $\mathfrak{C}$, $\mathfrak{C}'$ der Komplex aller der Elemente von $\mathfrak{C}$, die mit $\mathfrak{a}$ verbunden sind, so ist $\mathfrak{C}'$ zusammenhängend. Dagegen gibt es keinen Weg, der von einem Element von $\mathfrak{C}'$ zu einem der übrigen Elemente von $\mathfrak{C}$ führt (falls solche vorhanden sind). Wir nennen $\mathfrak{C}'$ eine Komponente von $\mathfrak{C}$. $\mathfrak{C}'$ muß vollkommen in *einem* der Komplexe $\mathfrak{C}_i$ enthalten sein, in welche $\mathfrak{C}$ zerfällt wurde. Jedes Element des geordneten Komplexes $\mathfrak{C}$ gehört einer ganz bestimmten Komponente von $\mathfrak{C}$ an, und die Zerlegung von $\mathfrak{C}$ in seine Komponenten ist die weitestgehende Zerfällung, die man mit $\mathfrak{C}$ überhaupt vornehmen kann. Ist der Komplex $\mathfrak{C}$ zusammenhängend, so ist er natürlich zugleich seine einzige Komponente. — Ein „isoliertes" Element, d. h. ein solches, das mit keinem andern incident ist, bildet für sich eine Komponente.

*Vollkommener Zusammenhang. Incidenztripel.*

Ein geordneter Komplex $\mathfrak{C}$ soll *vollkommen zusammenhängend* heißen, wenn er folgende Bedingungen erfüllt:

1. $\mathfrak{C}$ enthält mindestens einen Punkt, eine Linie, eine Fläche.
2. $\mathfrak{C}$ ist zusammenhängend.
3. Ist $\mathfrak{a}$ ein Punkt oder eine Fläche von $\mathfrak{C}$, so ist das System der mit $\mathfrak{a}$ incidenten Elemente von $\mathfrak{C}$ zusammenhängend.

Unter einem *Incidenztripel* eines beliebigen, geordneten Komplexes verstehen wir ein System aus drei Elementen von $\mathfrak{C}$, nämlich einem Punkt, einer Linie und einer Fläche, die alle miteinander incident sind. — Wir beweisen die beiden folgenden Sätze:

1. *Jedes Element eines vollkommen zusammenhängenden Komplexes $\mathfrak{C}$ kommt wenigstens in einem Incidenztripel vor.*

2. *Ist der geordnete Komplex $\mathfrak{C} = \mathfrak{E} + \mathfrak{K} + \mathfrak{F}$ vollkommen zusammenhängend, so ist jeder der Komplexe $\mathfrak{E} + \mathfrak{K}$, $\mathfrak{F} + \mathfrak{K}$, $\mathfrak{E} + \mathfrak{F}$ zusammenhängend.*

*Beweis.* Es sei $b$ eine Linie des vollkommen zusammenhängenden Komplexes $\mathfrak{C}$, $\mathfrak{S}$ dasjenige Teilsystem von $\mathfrak{C}$, das aus $b$ und den mit $b$ incidenten Elementen besteht. Im Falle $\mathfrak{S} = \mathfrak{C}$ gibt es in $\mathfrak{S}$ (wenigstens) einen Punkt $A$ und eine Fläche $\gamma$; $A, b, \gamma$ ist dann ein Incidenztripel, in welchem $b$ vorkommt. Ist $\mathfrak{S}$ echter Teil von $\mathfrak{C}$, so können wir, weil $\mathfrak{C}$ zusammenhängend ist, die Gleichung $\mathfrak{C} = \mathfrak{S} + (\mathfrak{C} - \mathfrak{S})$ also keine Zerfällung darstellt, aus $\mathfrak{S}$ ein Element $\mathfrak{a}$, aus $\mathfrak{C} - \mathfrak{S}$ ein Element $\mathfrak{b}$ so herausgreifen, daß $\mathfrak{a}$ und $\mathfrak{b}$ incident sind. Es ist $\mathfrak{a} \neq b$, weil $\mathfrak{b}$ nicht mit $b$ incident ist. $\mathfrak{a}$ ist also mit $b$ incident, daher entweder Punkt oder Fläche. Ist nun $\mathfrak{S}'$ das System der mit $\mathfrak{a}$ incidenten Elemente, so ist dieses System, zu dem auch $b$ und $\mathfrak{b}$ gehören, zusammenhängend (Bedingung 3). Daher gibt es in $\mathfrak{S}'$ einen von $\mathfrak{b}$ nach $b$ führenden Weg. Das vorletzte Element $\mathfrak{c}$ dieses Weges ist dann mit $b$ incident und, weil zu $\mathfrak{S}'$ gehörig, auch mit $\mathfrak{a}$. Da nun auch $\mathfrak{a}$ und $b$ incident sind, so bilden $\mathfrak{a}$, $b$, $\mathfrak{c}$ ein Incidenztripel. Es kommt also jede Linie in einem Incidenztripel vor. Daraus folgt auch leicht, daß das System der mit irgendeiner Linie incidenten Elemente zusammenhängend ist.

Es seien $\mathfrak{a}$, $\mathfrak{b}$ irgend zwei verschiedene Elemente aus $\mathfrak{E} + \mathfrak{K}$. Da $\mathfrak{C}$ zusammenhängend ist, so gibt es in $\mathfrak{C}$ einen Weg $\mathfrak{a}\,\mathfrak{a}_1 \ldots \mathfrak{a}_{n-1}\mathfrak{b}$, der von $\mathfrak{a}$ nach $\mathfrak{b}$ führt und als einfach vorausgesetzt werden darf. Verläuft der Weg ganz innerhalb $\mathfrak{E} + \mathfrak{K}$, so sind $\mathfrak{a}$ und $\mathfrak{b}$ in $\mathfrak{E} + \mathfrak{K}$ verbunden. Kommen in dem Wege aber auch Flächen vor, so sei $m$ ihre Anzahl, $\gamma = \mathfrak{a}_i$ eine von ihnen und $\mathfrak{S}$ das System der mit $\gamma$ incidenten Elemente. $\mathfrak{S}$ ist dann zusammenhängend, Teil von $\mathfrak{E} + \mathfrak{K}$ und enthält die Elemente $\mathfrak{a}_{i-1}$ und $\mathfrak{a}_{i+1}$. Es gibt daher einen von $\mathfrak{a}_{i-1}$ nach $\mathfrak{a}_{i+1}$ führenden Weg, der in $\mathfrak{S}$, also auch in $\mathfrak{E} + \mathfrak{K}$ verläuft. Ersetzen wir $\mathfrak{a}_{i-1}\mathfrak{a}_i\mathfrak{a}_{i+1}$ durch diesen Weg, so tritt an die Stelle des ursprünglichen von $\mathfrak{a}$ nach $\mathfrak{b}$ führenden Weges ein neuer, der nur noch $m - 1$ Flächen enthält. Da man auf diese Weise alle Flächen eliminieren kann, erhält man schließlich einen von $\mathfrak{a}$ nach $\mathfrak{b}$ innerhalb $\mathfrak{E} + \mathfrak{K}$ führenden Weg. Da $\mathfrak{a}$ und $\mathfrak{b}$ irgend zwei verschiedene Elemente von $\mathfrak{E} + \mathfrak{K}$ waren, so ist dieser Komplex als zusammenhängend erwiesen. Ganz analog beweist man die dualistische Behauptung, daß $\mathfrak{F} + \mathfrak{K}$ zusammenhängend ist. Seien jetzt $\mathfrak{a}$ und $\mathfrak{b}$ zwei verschiedene Elemente aus $\mathfrak{E} + \mathfrak{F}$, und sei $\mathfrak{a}\,\mathfrak{a}_1 \ldots \mathfrak{a}_{n-1}\mathfrak{b}$ ein Weg in $\mathfrak{C}$, dessen Elemente wieder als verschieden vorausgesetzt werden dürfen. Kommt in diesem Wege eine Linie $\mathfrak{a}_i$ vor, so läßt sich diese in folgender Weise eliminieren: Ist von den Elementen $\mathfrak{a}_{i-1}$, $\mathfrak{a}_{i+1}$ das eine ein Punkt, das andere eine Fläche, so genügt es, $\mathfrak{a}_i$ zu streichen. Sind $\mathfrak{a}_{i-1}$ und $\mathfrak{a}_{i+1}$ Punkte, so ersetzen wir $\mathfrak{a}_i$ durch eine mit $\mathfrak{a}_i$ incidente Fläche. Sind $\mathfrak{a}_{i-1}$ und $\mathfrak{a}_{i+1}$ Flächen, so ersetzen wir $\mathfrak{a}_i$ durch einen mit $\mathfrak{a}_i$ incidenten Punkt. Die Möglichkeit des Ersetzens geht aus dem Schluß des vorigen Absatzes hervor. Daraus, daß $\mathfrak{E} + \mathfrak{K}$ und $\mathfrak{E} + \mathfrak{F}$ zusammenhängende Komplexe sind, folgt, daß jede beliebige Ecke $A$ sowohl mit Linien wie mit Flächen incident ist, und da das System $\mathfrak{S}$ dieser Linien und Flächen zusammenhängend ist, kann man aus ihm eine Linie $b$ und eine mit ihr incidente Fläche $\gamma$ herausgreifen. $A$, $b$, $\gamma$ ist dann ein Incidenztripel. Ebenso zeigt man, daß jede Fläche in wenigstens einem Incidenztripel vorkommt.

## § 25. Kantenkomplexe.

Unter einem Kantenkomplex ist ein *geordneter* Komplex zu verstehen, der keine Flächen enthält und bei dem jede Linie mit zwei Punkten incident ist. Statt Linie ist hier die Bezeichnung *Kante*, statt Punkt *Ecke* gebräuchlich. Unsere Definition erfordert nicht, daß Kanten überhaupt vorhanden sind; es ist vielmehr zweckmäßig, auch solche Komplexe, die nur Punkte enthalten, zu den Kantenkomplexen zu rechnen. Der Kantenkomplex $\mathfrak{C}$ kann, wenn er endlich ist (aber auch in vielen andern Fällen), geometrisch realisiert werden, indem jede Ecke durch einen wirklichen Punkt, jede Kante durch eine die beiden zugehörigen Punkte verbindende Linie dargestellt wird. Es ist nicht ausgeschlossen, daß zu zwei verschiedenen Kanten dieselben beiden Ecken gehören, daß also bei unserer Darstellung zwei Punkte durch mehrere Linien verbunden sind. Kommt das aber nicht vor, so wird man zweckmäßig die Kanten als die geradlinigen Verbindungsstrecken der zugehörigen Punkte darstellen. — Es seien $e$ und $k$ die Anzahlen der Ecken und Kanten des endlichen Kantenkomplexes $\mathfrak{C}$, und $e_i$ die Anzahl der Ecken, die mit $i$ Kanten incident sind $(i = 0, 1, 2, 3, \ldots)$. Dann ist $e - k$ die Charakteristik, und es wird $\sum e_i = e$, $\sum i e_i = 2k$; $e_1 + e_3 + e_5 + \cdots = 2k - (2e_3 + 4e_5 + 6e_7 + \cdots) - (2e_2 + 4e_4 + \cdots)$ ist eine gerade Zahl, d. h. *die Anzahl der „ungeraden" Ecken ist gerade.*

Es sei $\mathfrak{C} = \mathfrak{E} + \mathfrak{K}$ ein beliebiger endlicher oder unendlicher Kantenkomplex. Um einen Teilkomplex $\mathfrak{C}' = \mathfrak{E}' + \mathfrak{K}'$, der selbst Kantenkomplex sein soll, zu erhalten, kann man offenbar $\mathfrak{K}'$ als beliebigen Teilkomplex von $\mathfrak{K}$ wählen. Man muß dann in $\mathfrak{E}'$ alle die Ecken aufnehmen, die in den Kanten von $\mathfrak{K}'$ vorkommen; bei den übrigen Ecken von $\mathfrak{C}$ steht es frei, ob man sie in $\mathfrak{E}'$ aufnehmen will oder nicht. Es sei $\mathfrak{C} = \sum \mathfrak{C}_i$ irgendeine Zerlegung des Kantenkomplexes $\mathfrak{C}$. Ist diese Zerlegung eine *Zerfällung,* so ist jedes $\mathfrak{C}_i$ ein Kantenkomplex; denn wenn in diesem Falle $\mathfrak{C}_i$ die Kante $\mathfrak{b}$ enthält, so müssen die beiden mit $\mathfrak{b}$ incidenten Ecken ebenfalls zu $\mathfrak{C}_i$ gehören. Aber es gilt auch das Umgekehrte: Ist jedes $\mathfrak{C}_i$ ein Kantenkomplex, so stellt die Gleichung $\mathfrak{C} = \sum \mathfrak{C}_i$ eine Zerfällung dar; denn wenn bei der jetzigen Voraussetzung $\mathfrak{a}$, $\mathfrak{b}$ ein incidentes Paar ist, so ist von diesen Elementen das eine, etwa $\mathfrak{a}$ Kante, das andere $\mathfrak{b}$ Ecke. Gehört nun $\mathfrak{a}$ zu $\mathfrak{C}_i$, so muß, weil $\mathfrak{C}_i$ Kantenkomplex ist, auch die Ecke $\mathfrak{b}$ zu $\mathfrak{C}_i$ gehören. Insbesondere sind die Komponenten eines Kantenkomplexes wieder Kantenkomplexe; und ebenso ist natürlich jeder Komplex, dessen sämtliche Komponenten Kantenkomplexe sind, auch ein solcher.

*Brücken.* Wenn von einem Kantenkomplex Kanten, aber keine Ecken weggelassen werden, so bleibt stets wieder ein Kantenkomplex zurück. Sei $\mathfrak{C}$ ein Kantenkomplex, der zunächst als zusammenhängend vorausgesetzt werde, $b$ eine Kante von $\mathfrak{C}$ mit den Ecken $A$ und $B$. Ist $\mathfrak{c}$ ein von $A$, $B$, $b$ verschiedenes Element des Komplexes $\mathfrak{C}$, $\mathfrak{c}\,\mathfrak{a}_1 \ldots \mathfrak{a}_{n-1} A$ ein kürzester Weg von $\mathfrak{c}$ nach $A$, so verläuft dieser Weg, wenn er nicht die Kante $b$ enthält, ganz in $\mathfrak{C} - b$, $\mathfrak{c}$ und $A$ sind also innerhalb dieses Komplexes verbunden. Kommt die Kante $b$ in dem Wege vor, so muß $b = \mathfrak{a}_{n-1}$, $\mathfrak{a}_{n-2} = B$ sein. Dann enthält der Weg $\mathfrak{c}\,\mathfrak{a}_1 \ldots \mathfrak{a}_{n-2} (= B)$ die Kante $b$ nicht, und es sind $\mathfrak{c}$ und $B$ in $\mathfrak{C} - b$ verbunden. Jedes Element von $\mathfrak{C} - b$ ist also wenigstens mit einem der Elemente $A$ oder $B$ in $\mathfrak{C} - b$ verbunden. Dieser Komplex ist daher entweder zusammenhängend, oder er zerfällt in zwei Komponenten $\mathfrak{A}$, $\mathfrak{B}$, von denen die eine $A$, die andere $\mathfrak{B}$ enthält. In diesem Falle nennen wir $b$ eine *Brücke* von $\mathfrak{C}$, weil durch diese Kante der Zusammenhang zwischen $\mathfrak{A}$ und $\mathfrak{B}$ hergestellt wird. Ist $\mathfrak{C}$ nicht zusammenhängend, so nennen wir eine Kante $b$ Brücke von $\mathfrak{C}$, wenn die Komponente von $\mathfrak{C}$, der $b$ angehört, nach Wegnahme dieser Kante zerfällt.

Wir wollen zunächst einige spezielle Kantenkomplexe betrachten. Wenn in $\mathfrak{C}$ die Kantenzahl jeder Ecke $\leqq m$ ist (bzw. bei jeder $= m$ ist), so gilt offenbar dasselbe für jede Komponente von $\mathfrak{C}$; und umgekehrt: ist in jeder Komponente von $\mathfrak{C}$ die Kantenzahl jeder Ecke $\leqq m$ (bzw. bei jeder Ecke $= m$), so gilt dasselbe für $\mathfrak{C}$.

Wir wollen nun diejenigen Kantenkomplexe ermitteln, die keine Ecke mit mehr als zwei Kanten enthalten. Nach unseren letzten Bemerkungen genügt es, nur die zusammenhängenden Komplexe dieser Art in Betracht zu ziehen. Es sei also $\mathfrak{C}$ ein solcher. Enthält $\mathfrak{C}$ eine 0-kantige Ecke, so ist $\mathfrak{C}$ wegen des Zusammenhanges mit diesem einen Element erschöpft. Wir dürfen daher jetzt annehmen, daß in $\mathfrak{C}$ nur ein- oder zweikantige Ecken vorkommen. Ist die Zahl der einkantigen Ecken $> 1$, so betrachten wir einen einfachen Weg zwischen zwei solchen Ecken $A$ und $B$. Er kann nur die Form haben: $A = A_0, b_1, A_1, b_2, \ldots, b_n, A_n = B$ $(n \geqq 1)$. Diese Elemente bilden nun selbst einen zusammenhängenden Kantenkomplex $\mathfrak{C}'$ mit zwei einkantigen und $n-1$ zweikantigen Ecken. Man sieht sogleich, daß $\mathfrak{C}' = \mathfrak{C}$ sein muß. Denn aus der Voraussetzung, daß $A$ und $B$ einkantig, keine Ecke von $\mathfrak{C}$ mit mehr als zwei Kanten incident ist, ist zu ersehen, daß jedes Element von $\mathfrak{C}$, das mit einem Element von $\mathfrak{C}'$ incidiert, bereits in $\mathfrak{C}'$ vorkommt. Es würde also, wäre $\mathfrak{C}'$ echter Teil von $\mathfrak{C}$, die Gleichung $\mathfrak{C} = \mathfrak{C}' + (\mathfrak{C} - \mathfrak{C}')$ eine Zerfällung bedeuten, während doch $\mathfrak{C}$ als zusammenhängend vorausgesetzt wurde. Somit ergibt sich: Ein zusammenhängender Kantenkomplex, der außer zweikantigen Ecken nur einkantige besitzt, kann höchstens zwei einkantige Ecken haben. Hat er zwei einkantige Ecken, so ist er endlich und von der oben angegebenen Form. Wir bezeichnen ihn als einen *einfachen Kantenzug*. $A$ und $B$ heißen Endpunkte, alle andern Elemente innere Elemente des Zuges. Die Kantenzahl $n$ kann jede natürliche Zahl sein; sie bestimmt offenbar den Typus.

Nehmen wir jetzt an, daß der zusammenhängende Kantenkomplex $\mathfrak{C} = \mathfrak{A}_0$ eine einkantige, im übrigen lauter zweikantige Ecken habe. Daß $\mathfrak{C} = \mathfrak{A}_0$ in diesem Falle unendlich sein muß, folgt schon daraus, daß bei einem endlichen Kantenkomplex die Zahl der ungeraden Ecken stets gerade ist. Es sei $A_0$ die einkantige Ecke, $b_1$ ihre Kante, $A_1$ die zweite Ecke von $b_1$. Die Kante $b_1$ ist Brücke; denn in $\mathfrak{A}_0 - b_1$ ist die Ecke $A_0$ isoliert; sie bildet also die eine Komponente, die andere $\mathfrak{A}_0 - A_0 - b_1$ bezeichnen wir mit $\mathfrak{A}_1$. $\mathfrak{A}_1$ ist hiernach wieder ein zusammenhängender Kantenkomplex; und, wie man sofort sieht, ist $A_1$

eine einkantige Ecke, während seine übrigen Ecken zweikantig sind. Nach Wegnahme der einkantigen Ecke und ihrer Kante bleibt also ein Komplex $\mathfrak{A}_1$ zurück, welcher dieselben Voraussetzungen erfüllt, die wir bei $\mathfrak{A}_0$ machten, mit dem wir also auch wieder wie mit $\mathfrak{A}_0$ verfahren können. Bezeichnen wir mit $\mathfrak{A}_n$ den Komplex, der übrigbleibt, wenn wir den Prozeß des Weglassens der einkantigen Ecke und ihrer Kante $n$ mal vollzogen haben, mit $A_n$ die einkantige Ecke von $\mathfrak{A}_n$, mit $b_{n+1}$ ihre Kante, so sehen wir, daß die unendliche Elementenfolge

$$A_0 b_1 A_1 b_2 A_2 b_3 \ldots$$

einen Kantenkomplex $\mathfrak{C}'$ konstituiert, in dem alle Ecken außer $A_0$ zweikantig sind, während $A_0$ einkantig ist. Daß $\mathfrak{C}' = \mathfrak{C}$ ist, ist genau wie im Falle des Komplexes mit mehreren einkantigen Ecken zu zeigen. Der jetzt erledigte Fall liefert offenbar nur einen einzigen Typus.

Es bleibt noch der Fall übrig, wo der zusammenhängende Kantenkomplex $\mathfrak{C}$ nur zweikantige Ecken hat. Lassen wir eine Kante $b_0$ weg, so hat der zurückbleibende Komplex $\mathfrak{C} - b_0$ zwei einkantige, im übrigen zweikantige Ecken. Ist $b_0$ Brücke, so hat jede der beiden Komponenten eine einkantige, sonst zweikantige Ecken, ist also von dem unmittelbar vorher betrachteten Typus. $\mathfrak{C}$ ist also in diesem Fall unendlich. Ist $b_0$ nicht Brücke, so ist $\mathfrak{C} - b_0$ ein zusammenhängender Kantenkomplex mit zwei einkantigen Ecken, also ein einfacher Kantenzug, $\mathfrak{C}$ also endlich. Ist in diesem Falle $A_0 b_1 A_1 b_2 \ldots A_{n-1}$ ($n \geqq 2$) der einfache Kantenzug und setzen wir $b_0 = b_n$, so besteht $\mathfrak{C}$ aus der cyclischen Elementenfolge $A_0 b_1 A_1 b_2 \ldots b_n A_n = A_0$, in der je zwei aufeinanderfolgende Elemente und nur solche incident sind. Ein solcher Komplex heißt *Polygon* und speziell *n-Eck* ($n \geqq 2$). — In dem Falle, wo $b_0$ Brücke ist, setzt sich $\mathfrak{C}$ aus $b_0$ und den beiden unendlichen Elementenfolgen, in die $\mathfrak{C} - b_0$ zerfällt, zusammen und stellt sich so als eine nach zwei Seiten hin ins Unendliche fortschreitende Folge von Elementen $A_i$, $b_i$ dar, wobei jetzt $i$ alle ganzen Zahlen durchläuft und jede Kante $b_i$ die Ecken $A_{i-1}$ und $A_i$ hat.

Ein *Polygon* kann hiernach erklärt werden als ein *endlicher zusammenhängender Kantenkomplex, bei dem jede Ecke mit zwei Kanten incident ist.* Läßt man das Beiwort *zusammenhängend* fort, so kommen noch die Komplexe in Frage, die in endlich viele Polygone zerfallen.

[*Ein echter Teil $\mathfrak{C}$ eines Polygons $\mathfrak{P}$ kann nicht selbst Polygon sein.* Denn da $\mathfrak{P} - \mathfrak{C}$ nicht leer und $\mathfrak{P}$ zusammenhängend ist, so gibt es ein Element $\mathfrak{a}$ von $\mathfrak{P} - \mathfrak{C}$, das mit einem Element $\mathfrak{b}$ von $\mathfrak{C}$ incident ist. Dann kann $\mathfrak{b}$ aber nicht innerhalb $\mathfrak{C}$ mit zwei Elementen incidieren, also $\mathfrak{C}$ kein Polygon sein.]

*Polygonkanten.* Eine Kante $b$ eines Kantenkomplexes $\mathfrak{C}$ nennen wir *Polygonkante* (in $\mathfrak{C}$), wenn $\mathfrak{C}$ ein Polygon als Teil enthält, in dem $b$ vorkommt.

*Jede Kante eines Kantenkomplexes $\mathfrak{C}$ ist entweder Polygonkante oder Brücke und immer nur eines von beiden.*

Ist nämlich $b$ Polygonkante, $\mathfrak{P}$ ein $b$ enthaltendes Polygon in $\mathfrak{C}$, so bilden nach Weglassung von $b$ die übrigen Elemente von $\mathfrak{P}$ einen Weg in $\mathfrak{C} - b$, der die beiden Ecken von $b$ verbindet; $b$ ist also keine Brücke. Nehmen wir andererseits an, daß die Kante $b$ keine Brücke ist, so sind die Ecken $A$ und $B$ von $b$ auch innerhalb $\mathfrak{C} - b$ verbunden. Wählen wir nun einen einfachen Weg, der in $\mathfrak{C} - b$ von $A$ nach $B$ führt, so bilden die Elemente dieses Weges einen einfachen Kantenzug und mit $b$ zusammen ein in $\mathfrak{C}$ enthaltenes Polygon; $b$ ist also Polygonkante.

Es sei nun $\mathfrak{C}$ ein beliebiger endlicher Kantenkomplex, $s$ die Zahl seiner Komponenten, $c = e - k$ seine Charakteristik. Ist $b$ eine Kante von $\mathfrak{C}$, $\mathfrak{C}'$ die Komponente, zu der $b$ gehört, so ist $\mathfrak{C}' - b$ zusammenhängend oder zerfällt in zwei Komponenten, je nachdem $b$ Polygonkante oder Brücke ist. Im ersten Falle hat $\mathfrak{C} - b$ die Komponentenzahl $s$, im zweiten $s + 1$. Die Charakteristik von $\mathfrak{C} - b$ ist aber in jedem Falle $c + 1$. Hieraus folgt: Die Differenz

Komponentenzahl minus Charakteristik

wird durch die Wegnahme einer Kante um 1 vermindert oder bleibt ungeändert, je nachdem die weggenommene Kante Polygonkante oder Brücke von $\mathfrak{C}$ war. Die betrachtete Differenz bezeichnen wir als den *Exzeß* des Kantenkomplexes $\mathfrak{C}$. Wir wollen jetzt aus dem Komplex $\mathfrak{C}$ eine Kante nach der andern fortlassen, jedoch so, daß, solange noch Polygone vorhanden sind, stets eine Polygonkante fortgelassen wird. Nehmen wir an, daß wir nach Weglassung von $m$ Kanten zum erstenmal einen Komplex $\bar{\mathfrak{C}}$ ohne Polygon haben, der also nur Brücken enthält, so wird der Exzeß bei $\bar{\mathfrak{C}}$ den Wert $s - c - m$ haben. Bei der Weglassung der übrigen Kanten, die ja stets Brücken sind, ändert sich der Exzeß nicht mehr. Nun bleibt aber, wenn alle Kanten fort sind, ein Komplex zurück, der aus $e$ Ecken besteht, bei dem also sowohl die Komponentenzahl wie die Charakteristik $e$, somit der Exzeß 0 ist. Es ist also $s - c - m = 0$ oder

$$m = s - c.$$

Der Fall $m = 0$ bedeutet, daß schon in $\mathfrak{C}$ keine Polygone vorkommen. Wir erhalten so die Sätze:

*Bei einem Kantenkomplex, dessen sämtliche Kanten Brücken sind* (*bei einem polygonlosen Kantenkomplex*), *ist die Charakteristik gleich der Komponentenzahl* (*der Exzeß* $= 0$) und umgekehrt: *sind Charakteristik und Komponentenzahl gleich, so enthält der Komplex nur Brücken.*

*Der Exzeß eines endlichen Kantenkomplexes ist stets* $\geqq 0$; *er gibt an, wie viele* (nicht ganz willkürlich zu wählende) *Kanten weggelassen werden können, ohne daß eine Erhöhung der Komponentenzahl eintritt.*

Besonders wichtig ist der Fall, daß $\mathfrak{C}$ zusammenhängend, also $s = 1$ ist. Hier bedeutet *Erhöhung der Komponentenzahl* soviel wie *Zerfall* des Komplexes. Unser letzter Satz lautet hier:

*Die Charakteristik $c$ eines zusammenhängenden Kantenkomplexes ist höchstens* $1$, *die Differenz* $1 - c = k - (e - 1)$ *gibt an, wie viele Kanten weggelassen werden können, ohne daß ein Zerfall des Komplexes eintritt.*

Im Falle $k = e - 1$ ist diese Zahl $0$, es kann keine Kante fortgelassen werden. Wir wollen dann sagen: der Komplex ist *eben noch zusammenhängend*[1]. — Hiernach sind also, um $e$ Ecken miteinander in Zusammenhang zu bringen, $e - 1$ Kanten erforderlich; sind mehr Kanten da, so können welche weggelassen werden.

Aus den Gleichungen $\sum e_i = e$, $\sum i e_i = 2k$ folgt, wenn man die zweite von der mit 2 multiplizierten ersten subtrahiert, nach einfacher Umformung

$$2e_0 + e_1 = 2(e - k) + e_3 + 2e_4 + 3e_5 + \cdots.$$

Bei einem eben noch zusammenhängenden Komplex ist $e - k = 1$ und, abgesehen von dem Fall, wo der Komplex nur aus einer einzigen Ecke besteht, $e_0 = 0$. Die letzte Gleichung lautet also hier

$$e_1 = 2 + e_3 + 2e_4 + 3e_5 + \cdots.$$

Sie zeigt, daß bei einem eben noch zusammenhängenden Kantenkomplex wenigstens zwei einkantige Ecken vorkommen und daß die Zahl dieser Ecken nur dann $= 2$ ist, wenn keine Ecken mit mehr als zwei Kanten vorkommen, d. h. nach unsern früheren Ergebnissen nur bei den einfachen Kantenzügen. Ist nun $\mathfrak{C}$ ein eben noch zusammenhängender Kantenkomplex, $A$ eine Ecke mit der einzigen Kante $b$, so zerfällt $\mathfrak{C} - b$ in $A$ und einen Kantenkomplex, der auch eben noch zusammenhängt. Hiernach kann jeder solche Komplex mit $e$ Ecken aus einem mit $e - 1$ Ecken erhalten werden, indem man eine neue Ecke einführt und eine neue Kante, die mit dieser Ecke und einer der andern incidiert.

So lassen sich die verschiedenen Typen der eben noch zusammenhängenden Kantenkomplexe mit kleiner Elementenzahl leicht bestimmen. Die Abb. 85 stellt diese Typen bis zu denen mit sechs Ecken dar.

Hat ein Kantenkomplex $\mathfrak{C}$ den Exzeß $1$, so muß er ein Polygon $\mathfrak{P}$ enthalten. Jede Kante von $\mathfrak{P}$ ist dann Polygonkante. Ist andererseits $b$ irgendeine Polygonkante, so ist der Exzeß von $\mathfrak{C} - b$ gleich $0$, $\mathfrak{C} - b$ enthält also kein Polygon mehr. Es muß daher $b$ in $\mathfrak{P}$ vorkommen. Da somit $\mathfrak{P}$ alle Polygonkanten von $\mathfrak{C}$ enthält, kann es in $\mathfrak{C}$ auch kein anderes Polygon geben.

Den Untersuchungen, die sich auf polygonlose Komplexe bezogen, wollen wir als Abschluß dieses Paragraphen einen Satz folgen lassen, der von brückenlosen Komplexen handelt:

[1] [In der Topologie auch als *Baum* bezeichnet.]

*Ein endlicher Kantenkomplex* $\mathfrak{C}$, *dessen sämtliche Ecken gerade sind, kann keine Brücken enthalten.*

Es sei nämlich $b$ eine Kante von $\mathfrak{C}$ mit den Ecken $A, B$ und es sei $\mathfrak{C}'$ die $b$ enthaltende Komponente von $\mathfrak{C}$. Zerfiele $\mathfrak{C}' - b$, so würde in der einen Komponente die einzige Ecke $A$, in der andern die einzige Ecke $B$ ungerade sein. Das steht im Widerspruch zu der Tatsache, daß die Anzahl der ungeraden Ecken bei einem endlichen Kantenkomplex stets gerade ist.

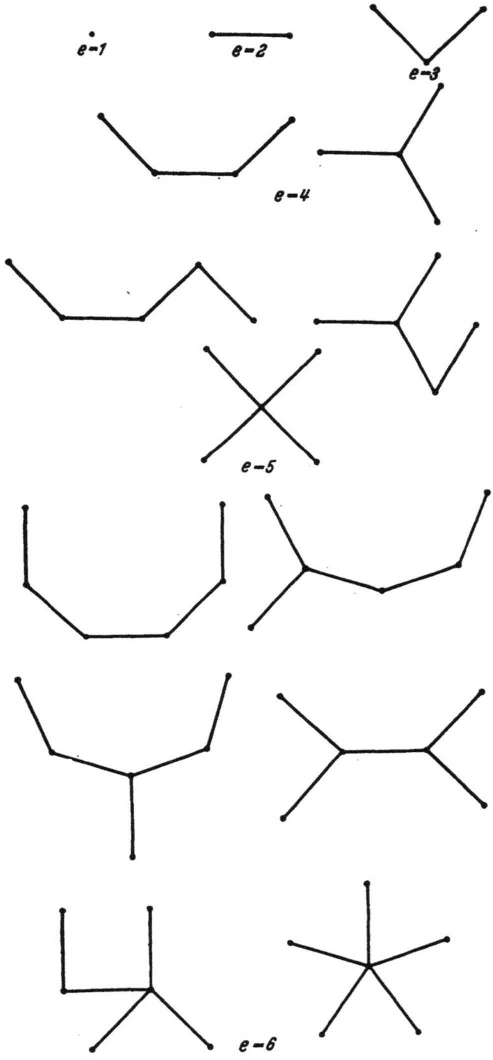


Abb. 85.

## § 26. Kantenzüge, in denen sich keine Kante wiederholt.

Wir beschränken unsere Untersuchungen auf endliche Kantenkomplexe. Den Begriff „einfacher Kantenzug“ hatten wir eingeführt. Wenn wir jetzt schlechthin von Kantenzügen oder kurz Zügen reden, so soll dieser Begriff etwas anders und allgemeiner gefaßt werden. Unter Kantenzug in einem Kantenkomplex $\mathfrak{C}$ ist ein solcher Weg

$$\mathfrak{Z} = B_0 b_1 B_1 b_2 \ldots b_n B_n$$

in $\mathfrak{C}$ zu verstehen, der mit einer Ecke beginnt, mit einer Ecke schließt und bei welchem zwei aufeinanderfolgende Ecken $B_i$, $B_{i+1}$ stets verschieden sind, während sonst beliebige Wiederholungen der Elemente zugelassen werden. Wenn wir uns die Ecken von $\mathfrak{C}$ als wirkliche Raumpunkte, die Kanten als Linien denken, die in den zugehörigen Ecken endigen, so verbindet sich mit dem Kantenzuge die Vorstellung einer kontinuierlich durchlaufenen Linie. Wir gehen von der Ecke $B_0$ aus, gehen von dort auf der Kante $b_1$ bis $B_1$, von dort auf $b_2$ bis $B_2$ usf. Die Kante $b_2$ kann auch mit $b_1$ identisch sein, so daß wir den zuerst gemachten Weg wieder rückwärts durchlaufen.

In diesem Paragraphen wollen wir aber nur solche Züge betrachten, in denen keine Kante mehrfach auftritt (Züge ohne Kantenwiederholung); eine Wiederholung von (nicht aufeinanderfolgenden) Ecken bleibt gestattet. Wir behandeln die Frage nach der Minimalzahl von Zügen, in denen ein gegebener endlicher Kantenkomplex $\mathfrak{C}$ durchlaufen werden kann. D. h.: Wie viele Züge sind wenigstens erforderlich, wenn jede Kante von $\mathfrak{C}$ in einem und nur einem dieser Züge und in ihm auch nur einmal vorkommen soll?

Wir gelangen zur Beantwortung durch eine Reihe einfacher Sätze. Zunächst sieht man sofort:

1. Die Elemente eines Kantenkomplexes $\mathfrak{C}$, die in einem Kantenzug oder in einem System von mehreren Kantenzügen vorkommen, bilden einen Kantenkomplex $\mathfrak{C}'$.

Handelt es sich um einen einzigen Zug $\mathfrak{Z}$, so ist $\mathfrak{C}'$ offenbar zusammenhängend. Ist

$$\mathfrak{Z} = B_0 b_1 B_1 b_2 \dots b_n B_n$$

dieser Zug, $A$ eine beliebige Ecke von $\mathfrak{C}$, so werden, wenn $\mathfrak{Z}$ geschlossen, also $B_n = B_0$ ist, und $A$ in der Folge $B_0, B_1, \dots, B_{n-1}$ $p$mal vorkommt, $2p$ Kanten von $\mathfrak{Z}$ durch $A$ gehen. Ist der Zug offen ($B_n \neq B_0$) und kommt $A$ in der Folge $B_1, \dots, B_{n-1}$ $p$mal vor, so werden, falls $A$ von $B_0$ und $B_n$ verschieden ist, $2p$, wenn aber $A$ eine der Ecken $B_0$ oder $B_n$ ist, $2p+1$ Kanten des Zuges $\mathfrak{Z}$ durch $A$ gehen. Damit ist bewiesen:

2. Die Elemente eines in $\mathfrak{C}$ enthaltenen Zuges $\mathfrak{Z}$ bilden einen zusammenhängenden Kantenkomplex $\mathfrak{C}'$. Dieser hat, wenn der Zug $\mathfrak{Z}$ (von dem angenommen ist, daß er keine Kante mehrfach enthält) geschlossen ist, nur gerade Ecken; ist aber $\mathfrak{Z}$ offen, so sind die beiden Endpunkte von $\mathfrak{Z}$ ungerade Ecken von $\mathfrak{C}'$, alle andern Ecken von $\mathfrak{C}'$ sind aber gerade.

Hieraus folgt sofort weiter:

3. Läßt man aus einem Kantenkomplex $\mathfrak{C}$ die Kanten eines Zuges $\mathfrak{Z}$ (in dem keine Kante mehrfach vorkommt) fort, so ist eine Ecke $A$ von $\mathfrak{C}$ in dem zurückbleibenden Kantenkomplex $\mathfrak{C}''$ im allgemeinen gerade oder ungerade, je nachdem sie in $\mathfrak{C}$ gerade oder ungerade war. Nur wenn der Zug $\mathfrak{Z}$ offen und $A$ einer der Endpunkte von $\mathfrak{Z}$ ist, ist $A$ in $\mathfrak{C}''$ gerade oder ungerade, je nachdem $A$ in $\mathfrak{C}$ ungerade oder gerade war.

4. Läßt man aus einem (endlichen) Kantenkomplex $\mathfrak{C}$, der ungerade Ecken besitzt, die Kanten eines Zuges $\mathfrak{Z}$ (in dem keine Kante mehrfach auftritt) fort, so hat der zurückbleibende Kantenkomplex dann und nur dann weniger ungerade Ecken als $\mathfrak{C}$, und zwar zwei weniger,

wenn $\mathfrak{Z}$ offen und die Endpunkte $A$, $B$ von $\mathfrak{Z}$ ungerade Ecken von $\mathfrak{C}$ sind.

Daß die Anzahl der ungeraden Ecken eines endlichen Kantenkomplexes stets gerade ist, wurde früher gezeigt, ist aber auch aus 4. leicht abzuleiten.

Wir beweisen jetzt:

5. Hat der Kantenkomplex $\mathfrak{C}$ $2p > 0$ ungerade Ecken, so läßt sich in $\mathfrak{C}$ ein solches System von $p$ offenen Zügen, in dem keine Kante mehrfach vorkommt, angeben, daß der nach Wegnahme der in den Zügen auftretenden Kanten zurückbleibende Komplex nur gerade Ecken hat.

Ist nämlich $A$ eine ungerade Ecke von $\mathfrak{C}$, so kommt in der Komponente von $\mathfrak{C}$, zu welcher $A$ gehört, noch wenigstens eine zweite ungerade Ecke vor. Ist nun $B$ eine solche, so ist ein kürzester Weg von $A$ nach $B$ ein Zug $\mathfrak{Z}_1$, in dem keine Kante mehrfach vorkommt. Nimmt man die in $\mathfrak{Z}_1$ auftretenden Kanten aus $\mathfrak{C}$ fort, so hat der zurückbleibende Komplex $\mathfrak{C}_1$ nur $2(p-1)$ ungerade Ecken. Ist $2(p-1)$ noch $>0$, so verfährt man mit $\mathfrak{C}_1$ wie mit $\mathfrak{C}$. Nach $p$ maliger Anwendung des Verfahrens hat man ein System von $p$ Zügen von der verlangten Art erhalten.

6. Ein zusammenhängender Kantenkomplex $\mathfrak{C}$ mit $2p > 0$ ungeraden Ecken kann in $p$ offenen Zügen durchlaufen werden.

Es handelt sich darum, ein System von $p$ offenen Zügen zu finden, in dem jede Kante von $\mathfrak{C}$ einmal und nur einmal vorkommt. Zunächst können wir nach 5. ein solches System von $p$ offenen Zügen $\mathfrak{Z}_1, \ldots, \mathfrak{Z}_p$ ermitteln, daß keine Kante in dem System mehrfach auftritt und daß nach Weglassung der in den Zügen auftretenden Kanten ein Komplex $\mathfrak{C}''$ zurückbleibt, der nur gerade Ecken hat. Kommen in den Zügen $\mathfrak{Z}_i$ alle Kanten von $\mathfrak{C}$ vor, so ist das gesuchte System bereits gefunden. In diesem Falle besteht $\mathfrak{C}''$ nur aus den Ecken von $\mathfrak{C}$. Andernfalls enthält $\mathfrak{C}''$ auch Kanten, der Komplex $\mathfrak{C}'$ der in den Zügen $\mathfrak{Z}_i$ vorkommenden Ecken und Kanten ist ein echter Teil von $\mathfrak{C}$, und jede Kante von $\mathfrak{C}$ kommt in einem und nur einem der beiden Komplexe $\mathfrak{C}', \mathfrak{C}''$ vor. Da $\mathfrak{C}$ zusammenhängt, kann man ein incidentes Paar $\mathfrak{a}\mathfrak{b}$ so bestimmen, daß $\mathfrak{a}$ zu $\mathfrak{C}'$, $\mathfrak{b}$ zu $\mathfrak{C} - \mathfrak{C}'$ gehört. Da ferner $\mathfrak{C}'$ ein Kantenkomplex ist, kann $\mathfrak{a}$ nicht Kante sein, da sonst $\mathfrak{b}$ als mit $\mathfrak{a}$ incidente Ecke auch zu $\mathfrak{C}'$ gehören würde. Es ist also $\mathfrak{b} = b$ eine nicht zu $\mathfrak{C}'$, also zu $\mathfrak{C}''$ gehörige Kante, $\mathfrak{a}$ eine Ecke, die wenigstens in einem der Züge $\mathfrak{Z}$ vorkommt. Es trete etwa $\mathfrak{a}$ in $\mathfrak{Z}_1 = B_0 b_1 B_1 \ldots b_n B_n$ auf und sei $= B_i$. Da $\mathfrak{C}''$ nur gerade Ecken, also auch nur Polygonkanten besitzt, kommt $b$ in einem Polygon $\mathfrak{P}$ vor, das zu $\mathfrak{C}''$ gehört, also keine Kante aus einem der Züge $\mathfrak{Z}$ enthält. Wir bilden jetzt einen Zug $\mathfrak{Z}_1'$, indem wir zunächst in $\mathfrak{Z}_1$ von $B_0$ bis $B_i$ gehen, dann, mit $B_i b$ beginnend, das Polygon $\mathfrak{P}$ durchlaufen, endlich von $B_i$ aus den Zug $\mathfrak{Z}_1$ bis zum Ende $B_n$ fortsetzen. Ersetzen wir in dem System $\mathfrak{Z}_1, \mathfrak{Z}_2, \ldots, \mathfrak{Z}_p$

den Zug $\mathfrak{Z}_1$ durch $\mathfrak{Z}_1'$, so besteht das neue System wie das alte aus $p$ offenen Zügen und enthält wie jenes keine Kante mehrfach. Enthält es noch nicht alle Kanten von $\mathfrak{C}$, so können wir das Verfahren wiederholen und gelangen so, wegen der Endlichkeit von $\mathfrak{C}$, schließlich zu dem verlangten, jede Kante von $\mathfrak{C}$ genau einmal enthaltenden System von $p$ offenen Zügen.

7. Damit es möglich sei, den endlichen Kantenkomplex $\mathfrak{C}$ in einem einzigen geschlossenen Zuge ohne Kantenwiederholung zu durchlaufen, ist notwendig und hinreichend, daß $\mathfrak{C}$ zusammenhängend ist und nur gerade Ecken besitzt.

Die Notwendigkeit der angegebenen Bedingungen erhellt schon aus Satz 2. Nehmen wir nun an, daß die Bedingungen erfüllt sind. Nach dem Schlußsatz des vorigen Paragraphen enthält $\mathfrak{C}$ keine Brücken. Ist daher $b$ eine beliebige Kante von $\mathfrak{C}$, so ist $\mathfrak{C} - b$ zusammenhängend, und die einzigen ungeraden Ecken in $\mathfrak{C} - b$ sind die beiden Ecken $A$, $B$ der Kante $b$. Die Anwendung des Satzes 6 für $p = 1$ ergibt, daß $\mathfrak{C} - b$ in einem einzigen offenen Zuge $\mathfrak{Z}$ ohne Kantenwiederholung durchlaufen werden kann. Daß dieser Zug in den beiden ungeraden Ecken endigen muß, ist ebenfalls schon aus Satz 2 ersichtlich. Lassen wir ihn von $A$ nach $B$ gehen und fügen wir am Ende noch $b$ und $A$ an, so haben wir den geschlossenen Zug, dessen Existenz Satz 7 behauptet.

8. Es sei $\mathfrak{C}$ ein beliebiger endlicher Kantenkomplex, $2p \geqq 0$ die Anzahl seiner ungeraden Ecken, $q \geqq 0$ die Anzahl derjenigen Komponenten, welche nur gerade Ecken haben. Dann kann $\mathfrak{C}$ in $p + q$, aber nicht in weniger als $p + q$ Zügen, ohne Wiederholung von Kanten durchlaufen werden; und zwar müssen $p$ Züge offen, $q$ Züge geschlossen sein.

Wir bezeichnen im Falle $p > 0$ mit $\mathfrak{A}_1, \mathfrak{A}_2, \ldots, \mathfrak{A}_n$ diejenigen Komponenten von $\mathfrak{C}$, welche ungerade Ecken enthalten, im Falle $q > 0$ mit $\mathfrak{B}_1, \mathfrak{B}_2, \ldots, \mathfrak{B}_q$ die Komponenten mit nur geraden Ecken und setzen

$$\mathfrak{A} = \mathfrak{A}_1 + \cdots + \mathfrak{A}_n, \qquad \mathfrak{B} = \mathfrak{B}_1 + \cdots + \mathfrak{B}_q,$$

so daß $\mathfrak{C} = \mathfrak{A} + \mathfrak{B}$ wird. Dann hat schon $\mathfrak{A}$ $2p$ ungerade Ecken, und wenn wir mit $2p_i$ die Anzahl der ungeraden Ecken in $\mathfrak{A}_i$ $(i = 1, \ldots, n)$ bezeichnen, ist $p_i > 0$, $p_1 + \cdots + p_n = p$. Beachten wir, daß jeder Zug vollständig in einer und derselben Komponente verläuft, so ist klar, daß wir die Bestimmung der Anzahl der erforderlichen Züge für $\mathfrak{A}$ und $\mathfrak{B}$ getrennt vornehmen können. Nehmen wir nun an, es werde $\mathfrak{A}$ in einer Reihe von Zügen, unter denen sich $r$ offene befinden (ohne Kantenwiederholung) durchlaufen. Eine Ecke $A$ von $\mathfrak{A}$ kann nur dann ungerade sein, wenn sie wenigstens in einem der offenen Züge als Endpunkt auftritt. $\mathfrak{A}$ kann also nicht mehr als $2r$ ungerade Ecken haben, und mithin ist $r \geqq p$. Wir brauchen also schon zum Durchlaufen von $\mathfrak{A}$ wenigstens $p$ offene Züge. Andererseits kommen wir mit $p$ offenen

Zügen und ohne geschlossene aus, da nach Satz 6 jede Komponente $\mathfrak{A}_i$ in $p_i$ offenen Zügen durchlaufen werden kann. Zum Durchlaufen von $\mathfrak{B}$ werden mindestens $q$ Züge gebraucht, nämlich je einer für jede Komponente $\mathfrak{B}_i$. Andererseits kann jede Komponente $\mathfrak{B}_i$ nach Satz 7 wirklich in einem einzigen Zuge durchlaufen werden, und dieser Zug muß geschlossen sein. Damit ist Satz 8 bewiesen.

## § 27. Systeme geschlossener Kantenzüge.

Den Untersuchungen dieses Paragraphen legen wir einen beliebigen endlichen Kantenkomplex $\mathfrak{C}$ zugrunde, dessen Kanten wir mit $a_1, \ldots, a_k$ bezeichnen. Wir betrachten Züge und Systeme von Zügen in $\mathfrak{C}$, lassen jetzt aber auch Wiederholung von Kanten sowohl in demselben wie in verschiedenen Zügen zu, schließen auch nicht aus, daß in dem System derselbe Zug mehrfach vorkommt.

Jeder Zug $\mathfrak{Z} = B_0 b_1 B_1 \ldots b_n B_n$ ist ein Weg mit einer geraden Anzahl von Schritten. Ist $2n$ diese Anzahl, so setzt sich $\mathfrak{Z}$ aus $n$ „Minimalzügen" $B_{i-1} b_i B_i$ zusammen. In jedem Minimalzuge kommt eine Kante vor, und zu jeder Kante $a_i$ des Komplexes $\mathfrak{C}$ gehören zwei entgegengesetzte Minimalzüge von $\mathfrak{C}$, nämlich, wenn $A$ und $B$ die Ecken von $a_i$ sind, die Züge $A a_i B$ und $B a_i A$. Wir bezeichnen nach Belieben den einen mit $x_i$, den andern mit $x'_i$. Liegt nun ein beliebiges System $\mathfrak{S}$ von Kantenzügen vor, so können wir durch einen symbolischen Ausdruck von der Form

$$u = c_1 x_1 + c'_1 x'_1 + c_2 x_2 + c'_2 x'_2 + \cdots + c_k x_k + c'_k x'_k$$

angeben, wie oft jeder Minimalzug von $\mathfrak{C}$ in dem System $\mathfrak{S}$ vorkommt. Hier sind die Koeffizienten $c_i$ und $c'_i$ ganze nichtnegative Zahlen; sie geben an, wie oft $x_i$ und $x'_i$ in $\mathfrak{S}$ enthalten sind. Wir nennen $u$ den zu dem System $\mathfrak{S}$ gehörigen „absoluten Ausdruck". Neben ihm führen wir noch einen andern, den „algebraischen Ausdruck" ein. Er geht aus dem absoluten dadurch hervor, daß $x'_i$ durch $-x_i$ ersetzt und mit den Symbolen $x_i$ wie mit Unbestimmten in der Algebra gerechnet wird. Dem absoluten Ausdruck $u$ entspricht also der algebraische Ausdruck

$$(c_1 - c'_1)\, x_1 + (c_2 - c'_2)\, x_2 + \cdots + (c_k - c'_k)\, x_k .$$

Die algebraischen Ausdrücke der Kantenzugsysteme sind hiernach lineare Formen, d. h. lineare homogene Funktionen von $x_1, \ldots, x_k$ mit ganzzahligen Koeffizienten. Ebenso wird umgekehrt, wenn wir die Kantenzüge gar keiner Beschränkung unterwerfen, jede solche Funktion den algebraischen Ausdruck für gewisse Systeme von Kantenzügen darstellen.

Anders ist es, wenn wir uns, wie es von jetzt an geschehen soll, auf geschlossene Züge und Systeme von solchen Zügen beschränken. Dann werden nur gewisse ganzzahlige Linearformen der $x_i$ als algebraische Ausdrücke auftreten, und wir stellen uns die Aufgabe, das System $\Sigma$ dieser Formen zu bestimmen. Zunächst ergeben sich einige einfache Sätze:

1. Ist $y$ eine Funktion aus $\Sigma$, so auch $-y$.

Denn wir brauchen ja nur, wenn $\mathfrak{S}$ ein System geschlossener Züge mit dem algebraischen Ausdruck $y$ ist, diese Züge in umgekehrter Richtung zu durchlaufen, um ein System mit dem algebraischen Ausdruck $-y$ zu erhalten.

2. Sind $y_1$ und $y_2$ Funktionen aus $\Sigma$, so gehört auch $y_1 + y_2$ zu $\Sigma$.

Denn sind $y_1$ und $y_2$ die algebraischen Ausdrücke für die Systeme $\mathfrak{S}_1$ und $\mathfrak{S}_2$, so entsteht durch Zusammenfügen beider Systeme ein System, dessen algebraischer Ausdruck $y_1 + y_2$ ist.

Aus beiden Sätzen folgt, daß mit $y_1, \ldots, y_r$ zugleich auch immer $c_1 y_1 + \cdots + c_r y_r$ dem System $\Sigma$ angehört, wenn die Koeffizienten $c_i$ beliebige ganze Zahlen sind. Man wird deshalb darauf ausgehen, ein „Fundamentalsystem" von Funktionen in $\Sigma$ zu ermitteln, aus dem sich alle Funktionen von $\Sigma$ ganzzahlig und nur auf eine Weise komponieren lassen.

Wir nennen solche Systeme geschlossener Züge, die denselben algebraischen Ausdruck haben, äquivalent. Ist der algebraische Ausdruck von $\mathfrak{S}$ gleich 0, sind also die Koeffizienten aller $x_i$ 0, so gilt $\mathfrak{S}$ als äquivalent 0. — Ein System $\mathfrak{S}$ soll reduziert heißen, wenn in seinem absoluten Ausdruck $c_1 x_1 + c'_1 x'_1 + \cdots + c_k x_k + c'_k x'_k$ von je zwei Koeffizienten $c_i$, $c'_i$ immer wenigstens einer 0 ist, wenn also keine entgegengesetzten Minimalzüge $x_i$, $x'_i$ in $\mathfrak{S}$ enthalten sind. Wir wollen auch zulassen, daß das System $\mathfrak{S}$ leer sei; in dem absoluten sowie in dem algebraischen Ausdruck von $\mathfrak{S}$ sind dann alle Koeffizienten 0. Wir beweisen:

3. Jedes System $\mathfrak{S}$ von geschlossenen Zügen ist einem reduzierten System äquivalent.

Es sei nämlich das System $\mathfrak{S}$ mit dem absoluten Ausdruck

$$u = c_1 x_1 + c'_1 x'_1 + \cdots + c_k x_k + c'_k x'_k$$

nicht reduziert und etwa $c_i > 0$, $c'_i > 0$. Dann kommen die Minimalzüge $x_i$, $x'_i$ in gewissen Zügen von $\mathfrak{S}$ vor; sie können in verschiedenen oder in demselben Zuge auftreten. Im ersten Falle sei $x_i$ in

$$\mathfrak{Z}_1 = B_0 b_1 B_1 \ldots B_{n-1} b_n B_0,$$

$x'_i$ in

$$\mathfrak{Z}_2 = C_0 c_1 C_1 \ldots C_{m-1} c_m C_0$$

enthalten. Aus $\mathfrak{Z}_1$ erhalten wir durch cyclische Vertauschung seiner Minimalzüge $B_r b_{r+1} B_{r+1}$ den geschlossenen Zug $B_1 b_2 B_2 \ldots b_n B_0 b_1 B_1$, dem derselbe absolute Ausdruck entspricht. Wir können also, ohne den absoluten, also auch ohne den algebraischen Ausdruck für $\mathfrak{S}$ zu ändern, solche cyclische Vertauschungen wiederholt in den Zügen von $\mathfrak{S}$ vornehmen, wodurch es gelingt, einen beliebigen Minimalzug des geschlossenen Zuges ans Ende zu bringen. Daher dürfen wir gleich annehmen, daß $x_i$ der letzte Minimalzug in $\mathfrak{Z}_1$, $x_i'$ der letzte in $\mathfrak{Z}_2$ ist. Dann wird $b_n = c_m = a_i$, $B_{n-1} = C_0$, $C_{m-1} = B_0$. Lassen wir nun in $\mathfrak{Z}_1$ wie in $\mathfrak{Z}_2$ den letzten Minimalzug weg, so können wir die beiden zurückbleibenden offenen Züge zu einem geschlossenen

$$\mathfrak{Z}' = B_0 b_1 B_1 \ldots B_{n-1} (= C_0) c_1 C_1 \ldots C_{m-1} (= B_0)$$

vereinigen, und wenn wir die beiden Züge $\mathfrak{Z}_1$, $\mathfrak{Z}_2$ durch $\mathfrak{Z}'$ ersetzen, erhalten wir aus $\mathfrak{S}$ ein äquivalentes System $\mathfrak{S}'$, in dessen absolutem Ausdruck $x_i$, $x_i'$ die Koeffizienten $c_i - 1$ und $c_i' - 1$ haben, während die übrigen Koeffizienten dieselben wie in $\mathfrak{S}$ sind. Kommen $x_i$ und $x_i'$ in demselben Zuge

$$\mathfrak{Z} = B_0 b_1 B_1 \ldots B_{n-1} b_n B_0$$

des Systems $\mathfrak{S}$ vor, so dürfen wir wieder annehmen, daß $x_i = B_{n-1} b_n B_0$ ist. Ist dann $x_i' = B_{r-1} b_r B_r$, also $b_r = b_n = a_i$, $B_r = B_{n-1}$, $B_{r-1} = B_0$, so bleiben nach Weglassung dieser Minimalzüge aus $\mathfrak{Z}$, falls $0 < r - 1 < n - 2$ ist, zwei geschlossene Züge $\mathfrak{Z}' = B_0 b_1 B_1 \ldots B_{r-1} (= B_0)$ und $\mathfrak{Z}'' = B_r b_{r+i} \ldots b_{n-1} B_{n-1} (= B_r)$ zurück, und wir ersetzen $\mathfrak{Z}$ durch diese. Ist $0 = r - 1$ oder $r - 1 = n - 1$, so bleibt ein geschlossener Zug $\mathfrak{Z}' = B_1 b_1 \ldots B_{n-1} (= B_1)$ bzw. $\mathfrak{Z}' = B_r b_{r+1} \ldots B_{n-1} (= B_r)$ zurück, durch den wir $\mathfrak{Z}$ ersetzen. Ist endlich $0 = r - 1 = n - 1$, also $n = 1$, so wird der Zug $\mathfrak{Z} = B_0 a_i B_1 a_i B_0$; er besteht nur aus $x_i'$ und $x_i$ und wird einfach weggelassen. In allen Fällen erhalten wir ein äquivalentes System $\mathfrak{S}'$, in dem gegenüber $\mathfrak{S}$ die Koeffizienten $x_i$ und $x_i'$ sich um 1 verkleinert haben, während die übrigen unverändert bleiben. Diesen Reduktionsprozeß kann man so lange wiederholen, bis man zu einem reduzierten System gelangt.

Es sei $a_i$ eine Brücke, $\mathfrak{C}'$ die Komponente von $\mathfrak{C}$, zu welcher $a_i$ gehört. Wenn in einem geschlossenen Zuge $\mathfrak{Z}$ die Kante $a_i$ auftritt, so verläuft $\mathfrak{Z}$ ganz in $\mathfrak{C}'$. Die in $\mathfrak{Z}$ vorkommenden Ecken verteilen sich auf die beiden Komponenten $\mathfrak{A}$ und $\mathfrak{B}$, in welche $\mathfrak{C}' - b$ zerfällt. Da $a_i$ das einzige Element von $\mathfrak{C}'$ ist, das sowohl mit einem Element $A$ von $\mathfrak{A}$ als auch mit einem Element $B$ von $\mathfrak{B}$ incidiert, kann im Zuge $\mathfrak{Z}$ ein Übergang von $\mathfrak{A}$ nach $\mathfrak{B}$ und umgekehrt nur über die Kante $a_i$ erfolgen, also in einem Minimalzug $x_i$ oder $x_i'$, und da der Zug geschlossen ist, müssen beide Minimalzüge gleich oft vorkommen. Daraus ergeben sich die Sätze:

4. Ist $a_i$ eine Brücke des Komplexes $\mathfrak{C}$, so sind in dem absoluten Ausdruck eines beliebigen Systems $\mathfrak{S}$ geschlossener Kantenzüge die Koeffizienten von $x_i$ und $x_i'$ einander gleich; in dem algebraischen Ausdruck von $\mathfrak{S}$ hat daher $x_i$ den Koeffizienten 0.

5. Ist $\mathfrak{C}$ ein polygonloser Komplex, so sind alle Systeme geschlossener Kantenzüge äquivalent 0,

und, wenn man im Falle des Vorhandenseins von Polygonkanten diese bei der Numerierung zuerst berücksichtigt:

6. Hat der Komplex $\mathfrak{C}$ $l$ Polygonkanten $a_1, \ldots, a_l$, so ist jede Funktion aus $\Sigma$ eine ganzzahlige lineare Form von $x_1, \ldots, x_l$.

Wir verfolgen den Fall, daß Polygonkanten vorhanden sind — wir bezeichnen sie wieder mit $a_1, \ldots a_l$ — noch weiter. Der Exzeß $m$ von $\mathfrak{C}$ ist dann $>0$. Aus den Polygonkanten wählen wir $m$ solche aus und berücksichtigen sie bei der Numerierung wieder zuerst, daß der nach ihrer Fortnahme zurückbleibende Komplex

$$\mathfrak{C}_0 = \mathfrak{C} - (a_1 + a_2 + \cdots + a_m)$$

nicht mehr Komponenten als $\mathfrak{C}$ hat (S. 100). $\mathfrak{C}_0$ hat dann nur noch Brücken. — Wir beweisen jetzt:

7. Sind in einer Funktion $y$ aus $\Sigma$ die Koeffizienten von $x_1, \ldots, x_m$ gleich 0, so sind alle Koeffizienten 0.

Es sei nämlich $\mathfrak{S}$ ein System geschlossener Kantenzüge, das den algebraischen Ausdruck $y$ hat. Nun ist, wenn $\Sigma(c_i x_i + c'_i x'_i)$ den absoluten Ausdruck von $\mathfrak{S}$ bezeichnet, $y = \Sigma(c_i - c'_i)\, x_i$; also ist nach der Voraussetzung, die bei $y$ gemacht wurde, für $i = 1, \ldots, m$ $c_i = c'_i$. Nach Satz 3 dürfen wir aber $\mathfrak{S}$ als reduziertes System wählen, so daß von je zwei Koeffizienten $c_i$, $c'_i$ immer wenigstens einer verschwindet. Daher wird hier für $i = 1, \ldots, m$ $c_i = c'_i = 0$. Das besagt aber, daß in den Zügen von $\mathfrak{S}$ die Kanten $a_1, \ldots, a_m$ gar nicht vorkommen. Diese Züge verlaufen also ganz in dem polygonlosen Komplex $\mathfrak{C}_0$. Nach Satz 5 müssen daher in dem zugehörigen algebraischen Ausdruck $y$ alle Koeffizienten verschwinden.

Für $i = 1, \ldots, m$ wird $\mathfrak{C}_0 + a_i$ ein Komplex vom Exzeß 1 und enthält daher ein einziges Polygon $\mathfrak{P}_i$, in welchem $a_i$, aber keine andere der Kanten $a_1, \ldots, a_m$ vorkommt. Mit $\mathfrak{Z}_i$ sei der geschlossene Zug bezeichnet, den wir erhalten, wenn wir $\mathfrak{P}_i$ so durchlaufen, daß der erste Minimalzug $x_i$ wird. Der algebraische Ausdruck $y_i$ für $\mathfrak{Z}_i$ hat dann die Form $y_i = x_i + u_i$, wobei in $u_i$ nur noch $x_{m+1}, \ldots, x_l$ auftreten können. Es sei jetzt $y = c_1 x_1 + \cdots + c_m x_m + \cdots + c_l x_l$ irgendeine Funktion aus $\Sigma$. Da zu $\Sigma$ auch die eben definierten Funktionen $y_1, \ldots, y_m$ gehören, so gilt dasselbe für $z = c_1 y_1 + \cdots + c_m y_m$ und für $y - z$. Nun hat $z$ die Form $c_1 x_1 + \cdots + c_m x_m + u$, wobei in $u = c_1 u_1 + \cdots + c_m u_m$ nur noch $x_{m+1}, \ldots, x_l$ vorkommen können. Daher sind in $y - z$ die Koeffizienten von $x_1, \ldots, x_m$ und somit nach Satz 7 auch alle andern 0, und es wird also

$$y = z = c_1 y_1 + \cdots + c_m y_m.$$

Die Koeffizienten $c_1, \ldots, c_m$ sind dabei durch die Koeffizienten in $y = c_1 x_1 + \cdots + c_m x_m + \cdots + c_l x_l$ eindeutig bestimmt.

Somit ist bewiesen:

8. Ist $\mathfrak{C}$ ein endlicher Kantenkomplex vom Exzeß $m > 0$, so kann man aus $\Sigma$ $m$ Funktionen $y_1, \ldots, y_m$ so auswählen, daß sich jede Funktion aus $\Sigma$ auf eine und nur eine Weise in der Form $y = c_1 y_1 + \cdots + c_m y_m$ mit ganzzahligen Koeffizienten darstellen läßt.

Oder in mehr geometrischer Ausdrucksweise:

Jedes System geschlossener Züge läßt sich aus $m$ passend gewählten linear komponieren, und zwar nur auf eine Weise.

Endlich beweisen wir noch:

9. Ist der Kantenkomplex $\mathfrak{C}$ zusammenhängend, so ist jedes System $\mathfrak{S}$ geschlossener Kantenzüge $\mathfrak{Z}_1, \ldots, \mathfrak{Z}_n$ einem einzigen geschlossenen Kantenzuge $\mathfrak{Z}$ äquivalent.

Beginnt nämlich $\mathfrak{Z}_{n-1}$ mit $A$, $\mathfrak{Z}_n$ mit $B$ und wählen wir einen von $A$ nach $B$ führenden Kantenzug $\mathfrak{U}$, den wir, rückwärts durchlaufen, mit $\mathfrak{U}'$ bezeichnen, so setzen sich die Züge $\mathfrak{Z}_{n-1}$, $\mathfrak{U}$, $\mathfrak{Z}_n$, $\mathfrak{U}'$, in dieser Reihenfolge genommen, zu einem geschlossenen Zuge $\mathfrak{Z}'_{n-1}$ zusammen, und man erhält ein zu $\mathfrak{S}$ äquivalentes System $\mathfrak{S}'$ mit nur $n - 1$ Zügen, wenn man in $\mathfrak{S}$ die Züge $\mathfrak{Z}_{n-1}$, $\mathfrak{Z}_n$ durch $\mathfrak{Z}'_{n-1}$ ersetzt. Die Reduktion der Anzahl der Züge kann fortgesetzt werden, bis man nur noch einen Zug hat.

## § 28. Polyedrische Komplexe.

Ein geordneter Komplex soll *polyedrisch* heißen, wenn er den folgenden Bedingungen genügt:

1a) Jede Kante ist mit zwei Ecken incident.

1b) Jede Kante ist mit einer oder zwei Flächen incident.

2) Zu jedem incidenten Paare, das aus einer Ecke $A$ und einer Fläche $\alpha$ besteht, gibt es genau zwei Kanten $a$, $b$ des Komplexes, die sowohl mit $A$ als auch mit $\alpha$ incident sind.

3) Isolierte Ecken und Flächen kommen nicht vor.

Eine Kante eines polyedrischen Komplexes $\mathfrak{C} = \mathfrak{E} + \mathfrak{K} + \mathfrak{F}$ heißt *Randkante,* wenn sie nur mit einer Fläche incident ist. Die mit Randkanten incidenten Ecken heißen *Randecken.* Randkanten und Randecken führen den gemeinsamen Namen *Randelemente.* Alle andern Elemente, also auch alle Flächen, heißen *innere Elemente* von $\mathfrak{C}$. Der polyedrische Komplex heißt *geschlossen,* wenn er keine Randelemente besitzt, sonst *berandet.* Will man nur die Bedingungen für geschlossene polyedrische Komplexe aufstellen, so hat man bei den obigen Bedingungen 1b) dahin abzuändern, daß jede Kante mit zwei Flächen incident sein soll. Das System der Bedingungen ist dann zu sich selbst reziprok, d. h. es bleibt unverändert, wenn man die Worte Ecke und Fläche vertauscht. Hieraus folgt, daß ein zu einem geschlossenen polyedrischen Komplex reziproker Komplex wiederum ein geschlossener polyedrischer Komplex ist.

Aus unsern Bedingungen ergibt sich, daß ein polyedrischer Komplex (wenn er nicht leer ist) nicht nur Elemente aller Dimensionen haben muß, sondern daß auch jedes Element mit Elementen der beiden andern Dimensionen incident sein muß. Ist nämlich eine Kante da, so folgt aus 1) die Existenz mit ihr incidenter Flächen und Ecken. Hat man eine Ecke $A$, so muß nach 3) entweder eine Kante $b$ oder eine Fläche $\gamma$ vorhanden sein, die mit $A$ incident ist. Hat man eine Kante $b$, so gibt es nach 1) eine durch sie gehende Fläche, die dann, weil der Komplex geordnet ist, auch mit $A$ incident ist; hat man eine durch $A$ gehende Fläche $\gamma$, so folgt aus 2) auch die Existenz von Kanten, die mit $A$ incident sind. Ähnlich folgt, daß auch jede Fläche sowohl mit Ecken wie mit Kanten incident sein muß. — Weiter aber sehen wir, daß jedes incidente Paar durch Hinzunahme eines dritten Elementes zu einem Incidenztripel ergänzt werden kann, und zwar auf eine oder zwei Weisen. Ist nämlich $A, \gamma$ ein incidentes Paar, so gibt es nach 2) genau zwei solche Kanten $b$ und $b'$, daß $A, b, \gamma$ und $A, b', \gamma$ Incidenztripel sind. Ein incidentes Paar $b, \gamma$ wird durch jede der beiden mit $b$ incidenten Ecken und durch keine andere Ecke zu einem Incidenztripel ergänzt. Um aus einem incidenten Paare $A, b$ ein Incidenztripel zu machen, hat man eine mit $b$ incidente Fläche hinzuzunehmen, und das ist, je nachdem $b$ Randkante oder innere Kante ist, auf eine oder zwei Weisen möglich. Aus einem Incidenztripel $A, b, \gamma$ kann man durch „Auswechslung" eines seiner Elemente zwei oder drei andere herleiten. Man kann nämlich $A$ durch die zweite mit $b$ incidente Ecke oder $b$ durch die zweite mit dem Paare $A\gamma$ incidente Kante oder $\gamma$, falls $b$ innere Kante ist, durch die zweite mit $b$ incidente Fläche ersetzen.

Ein aus einer Ecke und einer Fläche $\gamma$ bestehendes incidentes Paar nennen wir auch *Winkel*; $A$ heißt der *Scheitel*, $\gamma$ die *Fläche des Winkels*; die beiden nach 2) mit $A$ und $\gamma$ incidenten Kanten heißen seine *Schenkel*.

Die Bezeichnung „*benachbart*" gebrauchen wir bei Ecken, Flächen, Kanten, Winkeln und Incidenztripeln. Als benachbart gelten a) die beiden Ecken einer Kante, b) die beiden Flächen einer Kante, c) die beiden Kanten (Schenkel) eines Winkels, d) zwei (verschiedene) Winkel, die wenigstens einen Schenkel und außerdem entweder den Scheitel oder die Fläche gemein haben, e) zwei Incidenztripel, die durch Auswechslung eines Elementes auseinander hervorgehen.

Die Ecken und Kanten eines polyedrischen Komplexes bilden offenbar einen Kantenkomplex, und dasselbe gilt für seine „Berandung", d. h. das System seiner Randelemente.

Die mit einer Fläche $\gamma$ incidenten Elemente bilden einen Kantenkomplex $\mathfrak{S}$, in dem zufolge 2) durch jede Ecke zwei Kanten gehen. Die Komponenten von $\mathfrak{S}$ sind also Polygone oder nach zwei Seiten hin unbegrenzte Kantenzüge. Beschränken wir uns auf endliche Komplexe oder nehmen wir wenigstens an, daß in jeder Fläche nur endlich viele Elemente liegen, so kommen nur Polygone in Betracht. Besteht $\mathfrak{S}$ aus $m$ Polygonen, so nennen wir $\gamma$ eine *m-fache* Fläche.

[Man stellt auch umgekehrt leicht fest:

*Ist* $\mathfrak{C}$ *ein geordneter Komplex, in dem jedes Element mit Elementen der beiden anderen Dimensionen incidiert, und schließen sich in jeder Fläche von* $\mathfrak{C}$ *die mit ihr incidierenden Kanten und Ecken zu Polygonen zusammen, so ist* $\mathfrak{C}$ *ein polyedrischer Komplex.*]

Es sei jetzt $A$ eine Ecke des polyedrischen Komplexes $\mathfrak{C}$, $\mathfrak{S}_1 = \mathfrak{K}_1 + \mathfrak{F}_1$ das System der durch $A$ gehenden Kanten und Flächen, dann folgt aus 2) und 1), daß jede Fläche aus $\mathfrak{S}_1$ mit zwei Kanten aus $\mathfrak{S}_1$, jede Kante aus $\mathfrak{S}_1$ mit einer oder zwei Flächen aus $\mathfrak{S}_1$ incident ist. Denken wir uns jetzt einen Komplex $\mathfrak{S}' = \mathfrak{E}' + \mathfrak{K}'$, dessen Ecken den Kanten von $\mathfrak{S}_1$ und dessen Kanten den Flächen von $\mathfrak{S}_1$ eindeutig zugeordnet sind, und zwar so, daß incidenten Elementen wieder incidente entsprechen, so stellt $\mathfrak{S}'$ einen Kantenkomplex dar, in welchem durch jede Ecke eine oder zwei Kanten gehen. Als Komponenten von $\mathfrak{S}'$ kommen nach unsern früheren Untersuchungen (§25, S. 98f.) neben solchen Kantenzügen, die sich nach einer oder zwei Seiten ins Unendliche erstrecken, nur Polygone und einfache Kantenzüge in Betracht. Gehen wir von $\mathfrak{S}'$ auf $\mathfrak{S}_1$ zurück und beschränken wir uns auf den Fall endlicher Komplexe, so sehen wir, daß nur zwei Arten von Komponenten von $\mathfrak{S}_1$ möglich sind. Eine solche Komponente ist entweder (einem Polygon von $\mathfrak{S}'$ entsprechend) eine cyclische Folge $b_0 \gamma_1 b_1 \gamma_2 \ldots \gamma_n b_n = b_0$ von $n \geqq 2$ Kanten und ebensoviel Flächen, die mit einander abwechseln und von denen immer nur je zwei aufeinanderfolgende Elemente incident sind — ein $n$-Kant; oder aber die Komponente besteht (einem einfachen Kantenzuge von $\mathfrak{S}'$ entsprechend) aus einer Folge

$$b_0 \gamma_1 \ldots \gamma_n b_n,$$

die mit einer Kante beginnt, mit einer Kante schließt, $n \geqq 1$ Flächen und $n+1$ Kanten, die miteinander abwechseln, enthält und in der auch immer wieder nur zwei aufeinanderfolgende Elemente incident sind. $b_0$ und $b_n$ sind Randkanten, die andern Elemente der Folge innere Elemente. Wir nennen $A$ eine $m$-fache Ecke, wenn das System $\mathfrak{S}_1$ $m$ Komponenten hat. Sind $h$ dieser Komponenten Folgen der zuletzt besprochenen Art, so gehen durch $A$ $2h$ Randkanten. Daraus ergibt sich:

*Ist der polyedrische Komplex* $\mathfrak{C}$ *berandet und endlich, so ist seine Berandung ein endlicher Kantenkomplex, der nur gerade Ecken hat und in dem daher* (§ 25, S. 102) *keine Brücken vorkommen.*

Der polyedrische Komplex mit kleinster Anzahl von Elementen besteht, wie man leicht sieht, aus einer Fläche, zwei Ecken und zwei Kanten, wobei Elemente verschiedener Dimension stets incident sind. (Fläche mit Zweieck.) Und unter den geschlossenen Komplexen hat derjenige von kleinster Elementenzahl zwei Flächen, zwei Ecken und zwei Kanten. Man kann ihn sich als eine Kugelfläche vorstellen, auf der ein Kreis angenommen ist, der durch zwei Punkte in zwei Bögen zerlegt ist.

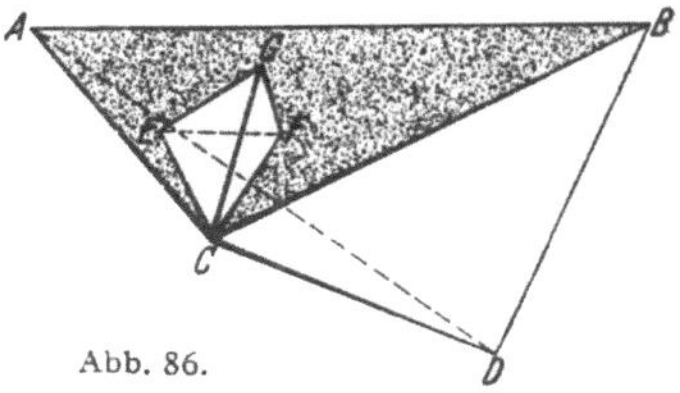


Abb. 86.

Trotz der Allgemeinheit unserer Begriffsbildungen sind diese doch nicht auf die Behandlung aller Figuren eingestellt, die man gewöhnlich als Polyeder bezeichnet. Ein Beispiel hierfür zeigt die Abb. 86. Auf ein Tetraeder $ABCD$ ist ein zweites $CEFG$ aufgesetzt, dessen Fläche $CEF$, abgesehen von der Ecke $C$, ganz innerhalb des Dreiecks $ABC$ liegt. Die beiden Tetraeder bilden zusammen einen polyedrischen Körper. Eine Begrenzungsfläche $\gamma$ ist aus der Dreiecksfläche $ABC$ durch Ausschneiden des Dreiecks $EFC$ erhalten. Hier gehören zu dem incidenten Paare $C\gamma$ vier Kanten $CA$, $CB$, $CE$, $CF$, was gegen die Bedingung 2) verstößt.

## § 29. Endliche polyedrische Komplexe von vollkommenem Zusammenhang (normale Komplexe).

Wir kommen jetzt zu den Komplexen, die den Hauptgegenstand dieser Vorlesungen bilden, den polyedrischen Komplexen, die endlich und vollkommen zusammenhängend sind. Nach den Ergebnissen des vorigen Paragraphen und der Definition des vollkommenen Zusammenhanges in § 24 besagen die Bedingungen, denen ein solcher polyedrischer Komplex unterworfen ist, daß erstens die mit einer Fläche incidenten Elemente ein einziges Polygon und ebenso die mit einer Ecke incidenten Elemente entweder einen einzigen Cyclus von der Form $b_0\gamma_1 b_1 \ldots \gamma_n b_n = b_0$ $(n \geqq 2)$ oder eine einzige Folge von der Form $b_0\gamma_1 b_1 \ldots \gamma_n b_n$ $(n \geqq 1)$ bilden, in der nur nebeneinander genannte Elemente incident sind, daß zweitens die Gesamtzahl der Elemente endlich ist und daß drittens der Komplex zusammenhängend ist. Erfüllt der polyedrische Komplex $\mathfrak{C}$ die beiden ersten Bedingungen, so gilt dasselbe für jede Komponente von $\mathfrak{C}$, und da die Komponenten definitionsgemäß auch zusammenhängend sind, so muß ein solcher polyedrischer Komplex $\mathfrak{C}$ entweder selbst schon von vollkommenem Zusammenhang sein oder doch vollkommen zusammenhängende polyedrische Komplexe zu Komponenten haben. Die in den Flächen des Komplexes $\mathfrak{C} = \mathfrak{E} + \mathfrak{K} + \mathfrak{F}$ auftretenden Polygone nennen wir *Flächenpolygone*, zum Unterschied von andern Polygonen, die auch noch in $\mathfrak{C}$ enthalten sein können.

Endliche polyedrische Komplexe von vollkommenem Zusammenhang wollen wir im folgenden kurz als *normale Komplexe* bezeichnen.

Bilden die durch eine Ecke $A$ des normalen Komplexes $\mathfrak{C}$ gehenden Kanten und Flächen einen Cyclus, so ist $A$, weil in keiner Randkante gelegen, ein innerer Punkt; bilden sie eine Folge $b_0\gamma_1 b_1 \ldots \gamma_n b_n$, so ist $A$ Randecke und genau mit zwei Randkanten $b_0$, $b_n$ incident. Im Falle des berandeten Komplexes hat also der von den Randelementen gebildete Kantenkomplex lauter zweikantige Ecken; er besteht daher aus einem einzigen Polygon oder zerfällt in mehrere, die *Randpolygone* oder *Ränder* heißen.

Es ist zweckmäßig, um die Untersuchungen anschaulicher zu gestalten, mit den polyedrischen Komplexen gewisse geometrische Vorstellungen zu verbinden; nur darf man diesen Vorstellungen nicht irgendwelche Beweisgründe entnehmen wollen. Es ist natürlich im allgemeinen nicht möglich, die Kanten und Flächen des Komplexes durch *gerade* Strecken und *ebene* Flächenstücke mit den entsprechenden geometrischen Incidenzen zu realisieren — das geht schon deshalb nicht, weil hier wie bei den Streckenkomplexen die Möglichkeit besteht, daß mehrere Kanten dieselben beiden Ecken haben. Man wird sich mit *krummen* Linien und Flächenstücken, von denen nur einfacher Zusammenhang verlangt wird, begnügen müssen oder doch mit *gebrochenen* Linien und Flächen, die sich aus mehreren ebenen Stücken zusammensetzen. Das letztere kann man etwa so erreichen: Man ordnet jedem Element des Komplexes $\mathfrak{C}$ einen wirklichen Raumpunkt zu: jeder Ecke $A_i$ einen Punkt, der auch $A_i$ heißen möge, jeder Kante $b_i$ einen Punkt $B_i$, jeder Fläche $\gamma_i$ einen Punkt $C_i$. Als geometrischen Repräsentanten der Kante $b_i$ mit den Ecken $A_r$, $A_s$ betrachten wir dann die aus den Strecken $B_iA_r$ und $B_iA_s$ zusammengesetzte Linie. Ist jetzt $\gamma_i$ eine Fläche von $\mathfrak{C}$, so ist das zugehörige Polygon, wenn es ein $n$-Eck ist, geometrisch durch ein räumliches $2n$-Eck dargestellt; die Kanten dieses $2n$-Ecks verbinden wir mit $C_i$ durch Dreiecke und betrachten die aus diesen $2n$-Dreiecken zusammengesetzte Fläche als geometrischen Repräsentanten der Fläche $\gamma_i$.

Wir kommen zu den kombinatorischen Betrachtungen zurück!

Aus der Voraussetzung des vollkommenen Zusammenhanges, die wir bei dem normalen Komplex $\mathfrak{C} = \mathfrak{E} + \mathfrak{K} + \mathfrak{F}$ machen, folgt (§ 24, S. 95), daß jedes der drei Systeme $\mathfrak{E} + \mathfrak{K}$, $\mathfrak{E} + \mathfrak{F}$, $\mathfrak{K} + \mathfrak{F}$ zusammenhängend ist. Zerlegen wir $\mathfrak{E}$ und $\mathfrak{K}$ in $\mathfrak{E}_1 + \mathfrak{E}_2$ und $\mathfrak{K}_1 + \mathfrak{K}_2$ so, daß $\mathfrak{E}_2 + \mathfrak{K}_2$ das System der Randelemente ist, so folgt leicht, daß auch die Systeme $\mathfrak{K}_1 + \mathfrak{F}$ und $\mathfrak{E}_1 + \mathfrak{K}_1 + \mathfrak{F}$ (das System der inneren Elemente) zusammenhängend sind; denn sind $\mathfrak{a}$ und $\mathfrak{b}$ zwei verschiedene Elemente von $\mathfrak{K}_1 + \mathfrak{F}$, so gibt es, weil $\mathfrak{K} + \mathfrak{F}$ zusammenhängend ist, einen einfachen Weg, der innerhalb $\mathfrak{K} + \mathfrak{F}$ von $\mathfrak{a}$ nach $\mathfrak{b}$ führt. Kommt in diesem Wege eine Kante $b$ vor, so sind das vorangehende und das folgende Element des Weges zwei verschiedene durch $b$ gehende Flächen. Der Weg kann also nur *innere* Kanten enthalten, verläuft also ganz innerhalb $\mathfrak{K}_1 + \mathfrak{F}$, womit der Zusammenhang dieses Komplexes bewiesen ist. Da ferner jede innere Ecke auf inneren Kanten liegt, so ist auch der Komplex $\mathfrak{E}_1 + \mathfrak{K}_1 + \mathfrak{F}$ zusammenhängend.

Aus der Tatsache, daß das System $\mathfrak{E} + \mathfrak{K}$ zusammenhängend ist, folgt für das System $\mathfrak{E}$ der Ecken von $\mathfrak{C}$, daß man zu je zwei Elementen $\mathfrak{a}$, $\mathfrak{b}$ dieses Systems eine Folge von Elementen des Systems finden kann, die mit $\mathfrak{a}$ beginnt, mit $\mathfrak{b}$ schließt und in welcher je zwei aufeinanderfolgende Elemente benachbart sind. Dasselbe folgt für das System $\mathfrak{F}$ der Flächen aus dem Umstande, daß der Komplex $\mathfrak{K} + \mathfrak{F}$ zusammenhängt. Aber auch für das System $\mathfrak{K}$ der Kanten, das System $\mathfrak{W}$ der Winkel und das System $\mathfrak{J}$ der Incidenztripel gilt das gleiche. Dies erkennt man, indem man zunächst nur die mit einer festgewählten Ecke oder Fläche incidenten Kanten, die zu einer festen Ecke (als Scheitel) oder Fläche gehörigen Winkel, die eine festgewählte Ecke oder Fläche enthaltenden Incidenztripel ins Auge faßt und sich davon überzeugt, daß man innerhalb dieser kleineren Systeme von jedem Element zu jedem andern durch wiederholten Übergang zu einem benachbarten Element gelangen kann. Man hat ferner zu beachten, daß, wenn die Ecke $A$ und die Fläche $\gamma$ incident sind, die zu $A$ und $\gamma$ gehörigen Teilsysteme von $\mathfrak{K}$ oder $\mathfrak{W}$ oder $\mathfrak{J}$ (wenigstens) ein Element gemein haben, daß es nämlich zwei mit $A$ und $\gamma$ incidente Kanten, einen durch $A$ und $\gamma$ bestimmten Winkel, ein oder zwei $A$ und $\gamma$ enthaltende Incidenztripel gibt. Zieht man endlich noch in Betracht, daß das System $\mathfrak{E} + \mathfrak{F}$ zusammenhängend ist, so erkennt man sofort die Richtigkeit der für die Systeme $\mathfrak{K}$, $\mathfrak{W}$, $\mathfrak{J}$ ausgesprochenen Behauptungen. Für das System $\mathfrak{J}$ kann man der Behauptung folgende Form geben: *Von einem beliebigen Incidenztripel ausgehend, kann man durch wiederholte Auswechslung eines Elementes zu jedem andern gelangen.*

Sei wieder $\mathfrak{C} = \mathfrak{E} + \mathfrak{K} + \mathfrak{F}$ ein normaler Komplex. Wir fragen nach den sämtlichen polyedrischen Teilkomplexen von $\mathfrak{C}$, wobei wir aber nicht die Forderung des vollkommenen Zusammenhanges oder überhaupt nur des Zusammenhanges bei diesen Teilkomplexen stellen. Enthält der polyedrische Teilkomplex $\mathfrak{C}'$ die Fläche $\alpha$ und ist $\mathfrak{P}$ das in $\alpha$ gelegene Polygon von $\mathfrak{C}$, so muß $\mathfrak{P}$ auch vollständig zu $\mathfrak{C}'$ gehören; denn die in $\alpha$ liegenden Elemente von $\mathfrak{C}'$ bilden, weil $\mathfrak{C}'$ endlich und polyedrisch ist, ein oder mehrere Polygone. Ein echter Teil $\mathfrak{P}'$ von $\mathfrak{P}$ kann aber nicht aus einem oder mehreren Polygonen bestehen (S. 99). Ist also $\mathfrak{F}'$ das System der Flächen von $\mathfrak{C}'$, so muß $\mathfrak{C}'$ auch alle Ecken und Kanten enthalten, die in den Flächen von $\mathfrak{F}'$ vorkommen. Andere Ecken oder Kanten kann aber $\mathfrak{C}'$ nicht haben, weil jede Ecke und jede Kante eines polyedrischen Komplexes auch mit Flächen incident ist. Andererseits sieht man leicht ein, daß, wenn man $\mathfrak{F}'$ als beliebigen Teilkomplex von $\mathfrak{F}$ wählt und alle in den Flächen von $\mathfrak{F}'$ vorkommenden Ecken und Kanten hinzunimmt, das so entstehende System $\mathfrak{C}'$ allen Bedingungen eines polyedrischen Komplexes genügt. Ist $\mathfrak{C}'$ echter Teil von $\mathfrak{C}$, also $\mathfrak{F}'$ echter Teil von $\mathfrak{F}$, $\alpha$ eine Fläche aus $\mathfrak{F}'$, $\beta$ eine aus $\mathfrak{F} - \mathfrak{F}'$, so muß ein innerhalb $\mathfrak{K} + \mathfrak{F}$ von $\alpha$ nach $\beta$ führender Weg eine Kante $b$ enthalten, von der eine Fläche zu $\mathfrak{F}'$, die andere zu $\mathfrak{F} - \mathfrak{F}'$ gehört, die demnach Randkante von $\mathfrak{C}'$ ist. Also: *ein echter Teil eines normalen Komplexes kann kein geschlossener polyedrischer Komplex sein.*

Ist $\gamma$ eine Fläche von $\mathfrak{C}$, $\mathfrak{P}$ das zugehörige Polygon, so darf, wenn $\mathfrak{C} - \gamma$ überhaupt polyedrisch sein soll, keine Kante von $\mathfrak{P}$ Randkante des Komplexes $\mathfrak{C}$ sein, denn eine solche würde in $\mathfrak{C} - \gamma$ mit keiner Fläche incident sein. Ist anderseits diese Bedingung erfüllt, so besteht $\mathfrak{C} - \gamma$ aus $\mathfrak{F} - \gamma$ und allen in den Flächen von $\mathfrak{F} - \gamma$ liegenden Ecken und Kanten, d. h. nämlich in diesem Falle aus allen Ecken und Kanten von $\mathfrak{C}$, und ist also polyedrisch. $\mathfrak{C} - \gamma$ ist außerdem zusammenhängend, und die in einer Fläche von $\mathfrak{C} - \gamma$ gelegenen Elemente bilden allemal ein Polygon. Soll nun $\mathfrak{C} - \gamma$ auch vollkommen zusammenhängend sein, so ist noch notwendig und zugleich hinreichend, daß $\mathfrak{P}$ auch keine Rand*ecke* hat. Denn wenn man dem System $\mathfrak{S}$ der durch eine Ecke $A$ von $\mathfrak{C}$ gehenden Kanten und Flächen eine Fläche $\gamma$ nimmt, so wird das zurückbleibende System $\mathfrak{S} - \gamma$ zerfallen oder zusammenhängend bleiben, je nachdem $A$ Randecke oder innere Ecke war. Der normale Komplex $\mathfrak{C} - \gamma$, der nach Fortlassung der Fläche $\gamma$ zurückbleibt, wenn das zugehörige Polygon $\mathfrak{P}$ nur aus innern Elementen von $\mathfrak{C}$ besteht, hat ein Randpolygon mehr als $\mathfrak{C}$, nämlich eben $\mathfrak{P}$. Durch den umgekehrten Prozeß kann man die Zahl der Ränder vermindern: Hat $\mathfrak{C}$ das Randpolygon $\mathfrak{R}$, so erhält man einen normalen Komplex, indem man eine neue Fläche $\varrho$ einführt und festsetzt, daß $\varrho$ mit allen Elementen von $\mathfrak{R}$, aber mit keinem andern Element von $\mathfrak{C}$ incident sein soll. Man überzeugt sich nämlich sofort, daß alle Bedingungen des polyedrischen Komplexes und des vollkommenen Zusammenhanges bei $\mathfrak{C} + \varrho$ erfüllt sind; insbesondere wird aus dem System $\mathfrak{S}$ der mit einer Ecke von $\mathfrak{R}$ incidenten Elemente von $\mathfrak{C}$, das die Form einer einfachen Folge $b_0 \gamma_1 b_1 \ldots \gamma_n b_n$ hatte, durch Hinzukommen von $\gamma$ ein Cyclus $b_0 \gamma_1 \ldots \gamma_n b_n \gamma b_0$. Diese Operation des „*Schließens eines Randes*", welche die Charakteristik um 1 erhöht, haben wir schon (§ 13, S. 40) kennengelernt.

## § 30. Zerfällende und nichtzerfällende Kantenkomplexe. Grenzen der Charakteristik.

In diesem Paragraphen sei wieder stets mit $\mathfrak{C} = \mathfrak{E} + \mathfrak{K} + \mathfrak{F}$ ein normaler Komplex bezeichnet. Wir beweisen:

1. *Ist* $\mathfrak{C}' = \mathfrak{E}' + \mathfrak{K}'$ *ein in* $\mathfrak{C}$ *enthaltener Kantenkomplex, so haben die Komplexe* $(\mathfrak{K} - \mathfrak{K}') + \mathfrak{F}$ *und* $(\mathfrak{E} - \mathfrak{E}') + (\mathfrak{K} - \mathfrak{K}') + \mathfrak{F} = \mathfrak{C} - \mathfrak{C}'$ *dieselbe Komponentenzahl.*

Es seien nämlich $\mathfrak{A}_1, \ldots, \mathfrak{A}_s$ die Komponenten von $(\mathfrak{K} - \mathfrak{K}') + \mathfrak{F}$. Jede dieser Komponenten enthält wenigstens eine Fläche; denn wenn die Kante $b$ zu $\mathfrak{A}_i$ gehört, so gilt dasselbe auch für die beiden oder für die eine durch $b$ gehende Fläche; eventuell kann $\mathfrak{A}_i$ auch aus einer einzigen Fläche bestehen. Ist $A$ eine Ecke aus $\mathfrak{C} - \mathfrak{C}'$ und somit aus $\mathfrak{E} - \mathfrak{E}'$, so gehören, weil $\mathfrak{C}'$ als Kantenkomplex mit einer Kante zugleich auch immer ihre beiden Ecken enthält, die durch $A$ gehenden Kanten nicht zu $\mathfrak{C}'$, also zu $\mathfrak{K} - \mathfrak{K}'$. Das System $\mathfrak{S}$ der durch $A$ gehenden Elemente von $\mathfrak{C}$ ist also vollständig in $(\mathfrak{K} - \mathfrak{K}') + \mathfrak{F}$, und da es zusammenhängend ist, in *einer* Komponente $\mathfrak{A}_i$ enthalten. So ist also jeder Ecke aus $\mathfrak{E} - \mathfrak{E}'$ eine ganz bestimmte Komponente $\mathfrak{A}_i$ zugeordnet. Nehmen wir nun zu jeder Komponente $\mathfrak{A}_i$ das (evtl. leere) System $\mathfrak{E}_i$ der in Elementen von $\mathfrak{A}_i$ gelegenen Ecken aus $\mathfrak{E} - \mathfrak{E}'$ hinzu, so ist erstens die Summe der $s$ Komplexe $\mathfrak{A}_i + \mathfrak{E}_i$ gleich $\mathfrak{C} - \mathfrak{C}'$; zweitens ist jeder Komplex $\mathfrak{A}_i + \mathfrak{E}_i$ zusammenhängend; und drittens kann es kein incidentes Paar $\mathfrak{a}, \mathfrak{b}$ geben, dessen beide Elemente verschiedenen Komplexen $\mathfrak{A}_i + \mathfrak{E}_i$ angehören. Somit stellen die Komplexe $\mathfrak{A}_1 + \mathfrak{E}_1, \ldots, \mathfrak{A}_s + \mathfrak{E}_s$ die Komponenten von $\mathfrak{C} - \mathfrak{C}'$ dar, und damit ist unser Satz bewiesen.

Mit Satz 1 ist insbesondere auch nachgewiesen, daß die Komplexe $(\mathfrak{K} - \mathfrak{K}') + \mathfrak{F}$ und $\mathfrak{C} - \mathfrak{C}'$ entweder beide zusammenhängend oder beide nicht zusammenhängend sind. Im zweiten Fall nennen wir $\mathfrak{C}'$ einen zerfällenden (zerstückenden) Kantenkomplex.

Der bisher beliebige Kantenkomplex $\mathfrak{C}'$ von $\mathfrak{C}$ soll jetzt, falls $\mathfrak{C}$ geschlossen ist, beliebig bleiben, falls $\mathfrak{C}$ aber berandet ist, der Bedingung unterworfen sein, alle Randelemente von $\mathfrak{C}$ zu enthalten. Ist $\mathfrak{C}'$ ein zerfällender Komplex, so wird es zwei Flächen $\alpha$, $\beta$ geben, die innerhalb $(\mathfrak{K} - \mathfrak{K}') + \mathfrak{F}$ nicht mehr verbunden sind, also zwei verschiedenen Komponenten $\mathfrak{A}_i$ angehören. Es gehöre etwa $\alpha$ zu $\mathfrak{A}_1$, und es sei dann $\mathfrak{C}_1$ der Teilkomplex von $\mathfrak{C}$, der aus den Flächen von $\mathfrak{A}_1$ und allen in diesen vorkommenden Kanten und Ecken von $\mathfrak{C}$ besteht. Dann ist $\mathfrak{C}_1$ ein polyedrischer Komplex, der aber nicht vollkommen zusammenhängend zu sein braucht (§ 24). Jedenfalls ist $\mathfrak{C}_1$ ein echter Teil von $\mathfrak{C}$ und als solcher berandet (§ 29). Ist nun eine Kante $b$, die dem System $\mathfrak{R}_1$ der Randelemente von $\mathfrak{C}_1$ angehört, innere Kante von $\mathfrak{C}$, so gehört von ihren beiden Flächen die eine zu $\mathfrak{C}_1$ und somit zu $\mathfrak{A}_1$, die andere zu einem andern Komplex $\mathfrak{A}_i$. $b$ kann also nicht zu $(\mathfrak{K} - \mathfrak{K}') + \mathfrak{F}$, sondern muß zu $\mathfrak{K}'$ gehören. Ist aber $b$ Randkante von $\mathfrak{C}$, so gehört $b$ ebenfalls zu $\mathfrak{K}'$; weil $\mathfrak{C}' = \mathfrak{E}' + \mathfrak{K}'$ voraussetzungsgemäß die ganze Berandung von $\mathfrak{C}$ enthält. Daraus ist zu ersehen, daß $\mathfrak{R}_1$ ganz in $\mathfrak{C}'$ enthalten ist. Innerhalb des zusammenhängenden Komplexes $\mathfrak{K} + \mathfrak{F}$ gibt es Wege von $\alpha$ nach $\beta$. In jedem solchen Wege muß, da $\alpha$, nicht aber $\beta$, zu $\mathfrak{A}_1$ gehört, wenigstens eine Kante $b$ vorkommen, von der eine Fläche in $\mathfrak{A}_1$ enthalten ist, die andere nicht. Eine solche Kante muß der Berandung $\mathfrak{R}_1$ von $\mathfrak{C}_1$ angehören. $\mathfrak{R}_1$ besitzt aber nur gerade Ecken (§ 28), mithin nur Polygonkanten (§ 25, S. 102). Die Kante $b$ gehört also einem in $\mathfrak{R}_1$ und somit auch in $\mathfrak{C}'$ enthaltenen Polygon an. Damit ist bewiesen:

2. *Wenn der Kantenkomplex $\mathfrak{C}'$ alle Randelemente von $\mathfrak{C}$ enthält und die Flächen $\alpha$ und $\beta$ innerhalb $(\mathfrak{K} - \mathfrak{K}') + \mathfrak{F}$ (oder, was dasselbe besagt, innerhalb $\mathfrak{C} - \mathfrak{C}'$) nicht verbunden sind, so muß jeder innerhalb $\mathfrak{K} + \mathfrak{F}$ von $\alpha$ nach $\beta$ führende Weg (wenigstens) eine Polygonkante des Komplexes $\mathfrak{C}'$ enthalten.*

Bei Satz 2 war vorausgesetzt, daß $\mathfrak{C}'$ alle Randelemente von $\mathfrak{C}$ enthält. Derselbe Satz gilt aber auch, wenn $\mathfrak{C}' = \mathfrak{E}' + \mathfrak{K}'$ überhaupt keine Randelemente enthält. Wir können dann unsern Satz zunächst auf den Komplex $\mathfrak{C}'' = \mathfrak{C}' + \mathfrak{R}$ anwenden, wo $\mathfrak{R}$ die gesamte Berandung von $\mathfrak{C}$ bedeutet. Nehmen wir an, daß die Flächen $\alpha$ und $\beta$ innerhalb $(\mathfrak{K} - \mathfrak{K}') + \mathfrak{F}$ nicht verbunden sind. Dann sind sie auch in dem Komplex nicht verbunden, der aus $\mathfrak{K} + \mathfrak{F}$ durch Fortlassung aller Kanten des Komplexes $\mathfrak{R} + \mathfrak{C}'$ entsteht. Ein Weg $\mathfrak{W}$, der von $\alpha$ innerhalb $\mathfrak{K} + \mathfrak{F}$ nach $\beta$ führt, muß (nach 2) wenigstens eine Polygonkante $b$ von $\mathfrak{R} + \mathfrak{C}'$ enthalten. Gehört $b$ zu $\mathfrak{R}$, so gibt es durch $b$ nur eine einzige Fläche $\gamma$, die in $\mathfrak{W}$ der Kante $b$ vorausgehen und folgen muß. Wir können dann den Weg verkürzen, indem wir $b$ und einmal $\gamma$ streichen, und diese Kürzung können wir so lange vornehmen, bis der Weg keine Kante aus $\mathfrak{R}$ mehr enthält. Da er aber immer noch wenigstens eine Polygonkante von $\mathfrak{R} + \mathfrak{C}'$ enthalten muß, so muß eine solche Kante $c$ zu $\mathfrak{C}'$ gehören. Nun zerfällt aber der Komplex $\mathfrak{R} + \mathfrak{C}'$ in $\mathfrak{R}$ und $\mathfrak{C}'$, da diese beiden Kantenkomplexe nach Voraussetzung kein Element gemein haben und eine Kante aus $\mathfrak{R}$ immer nur mit einer zu $\mathfrak{R}$ gehörigen, eine Kante aus $\mathfrak{C}'$ immer nur mit einer zu $\mathfrak{C}'$ gehörigen Ecke incident sein kann. Das Polygon aus $\mathfrak{R} + \mathfrak{C}'$, zu dem die Kante $c$ gehört, muß also ganz in $\mathfrak{C}'$ enthalten sein. Die in $\mathfrak{W}$ vorkommende Kante $c$ ist also Polygonkante von $\mathfrak{C}'$.

3. *Wenn der Kantenkomplex $\mathfrak{C}' = \mathfrak{E}' + \mathfrak{K}'$ nur innere Elemente von $\mathfrak{C}$ enthält und die Flächen $\alpha$ und $\beta$ innerhalb $(\mathfrak{K} - \mathfrak{K}') + \mathfrak{F}$ nicht verbunden sind, so muß jeder innerhalb $\mathfrak{K} + \mathfrak{F}$ von $\alpha$ nach $\beta$ führende Weg wenigstens eine Polygonkante des Komplexes $\mathfrak{C}'$ enthalten.*

Aus den Sätzen 2 und 3 ergibt sich weiter:

4. *Enthält der Kantenkomplex $\mathfrak{C}' = \mathfrak{E}' + \mathfrak{K}'$ alle Randelemente von $\mathfrak{C}$ oder keins von ihnen, und ist die Kante $b$ Brücke von $\mathfrak{C}'$ und innere Kante von $\mathfrak{C}$, so sind die beiden durch $b$ gehenden Flächen $\alpha$ und $\beta$ auch innerhalb $(\mathfrak{K} - \mathfrak{K}') + \mathfrak{F}$ verbunden.*

Denn von $\alpha$ nach $\beta$ führt der Weg $\alpha b \beta$, der keine Polygonkante von $\mathfrak{C}'$ enthält. Ein solcher Weg könnte aber nach 2. und 3. nicht existieren, wenn $\alpha$ und $\beta$ innerhalb $(\mathfrak{K} - \mathfrak{K}') + \mathfrak{F}$ nicht verbunden sind.

[Später werden wir von dem folgenden hierher gehörigen Satz Gebrauch zu machen haben:

5. *Enthält der Kantenkomplex* $\mathfrak{C}' = \mathfrak{E}' + \mathfrak{K}'$ *alle Randelemente von* $\mathfrak{C}$, *ist* $(\mathfrak{K} - \mathfrak{K}') + \mathfrak{F}$ *zusammenhängend und ist* $b$ *eine in* $\mathfrak{C}'$ *nicht vorkommende Kante von der Beschaffenheit, daß* $(\mathfrak{K} - \mathfrak{K}' - b) + \mathfrak{F}$ *zerfällt, so ist* $\mathfrak{C}' + b$ *ein Kantenkomplex, in welchem* $b$ *als Polygonkante auftritt.*

Denn $b$ ist jedenfalls innere Kante von $\mathfrak{C}$, da $\mathfrak{C}'$ schon alle Randelemente enthält. Die beiden mit $b$ incidenten Flächen $\alpha$ und $\beta$ gehören in $(\mathfrak{K} - \mathfrak{K}' - b) + \mathfrak{F}$ zu *verschiedenen* Komponenten. Denn gehörten sie zu derselben, so könnte ein in $(\mathfrak{K} - \mathfrak{K}') + \mathfrak{F}$ verlaufender Verbindungsweg zwischen $\sigma$ und $\tau$, der das Stück $\alpha b \beta$ enthält, dadurch abgeändert werden, daß dieses Stück durch eine ganz in jener Komponente verlaufende Verbindung von $\alpha$ nach $\beta$ ersetzt würde, die also $b$ nicht enthielte und daher die Verbindung von $\sigma$ nach $\tau$ auch in $(\mathfrak{K} - \mathfrak{K}' - b) + \mathfrak{F}$ wiederherstellte.

Endlich ist $\mathfrak{C}' + b$ ein Kantenkomplex (im Sinne der Definition von § 25), d. h. jede Kante von $\mathfrak{K}' + b$ ist mit zwei Ecken aus $\mathfrak{C}' + b$ incident. Für die Kanten aus $\mathfrak{K}'$ versteht es sich von selbst, da $\mathfrak{C}'$ ein Kantenkomplex sein soll. Bleibt somit noch nachzuweisen, daß die beiden mit $b$ incidierenden Ecken $A$ und $B$ schon in $\mathfrak{C}'$ vorkommen. Dabei erfordert nur der Fall eine Überlegung, daß $A$ oder $B$ ein innerer Punkt von $\mathfrak{C}$ ist, denn die Randelemente von $\mathfrak{C}$ gehören nach Voraussetzung zu $\mathfrak{C}'$. Es sei also der mit $b$ incidierende Punkt $A$ innerer Punkt von $\mathfrak{C}$. Die mit $A$ incidenten Flächen und Kanten bilden einen Cyclus $b \alpha b_1 \alpha_1 b_2 \ldots \alpha_{l-1} b_l \beta b$. Gehörte keine der Kanten $b_1, b_2, \ldots, b_l$ schon zu $\mathfrak{C}'$, so wäre $\alpha b_1 \alpha_1 b_2 \ldots b_l \beta$ ein innerhalb $(\mathfrak{K} - \mathfrak{K}' - b) + \mathfrak{F}$ von $\alpha$ nach $\beta$ führender Weg, $\alpha$ und $\beta$ müßten daher in derselben Komponente liegen, gegen unsere obige Feststellung. Also gehört mindestens eine der Kanten $b_1, b_2, \ldots, b_l$ zu $\mathfrak{C}'$, und somit gehört der mit jener Kante incidente Punkt $A$ gleichfalls zu $\mathfrak{C}'$. Die entsprechende Überlegung gilt für $B$. Da somit $\mathfrak{C}' + b$ ein Kantenkomplex ist, der alle Randelemente von $\mathfrak{C}$ enthält und so beschaffen ist, daß die beiden mit $b$ incidenten Flächen innerhalb $(\mathfrak{K} - \mathfrak{K}' - b) + \mathfrak{F}$ nicht verbunden werden können, so muß $b$ nach 4. eine Polygonkante von $\mathfrak{C}' + b$ sein, womit 5. bewiesen ist.]

Nehmen wir an, daß der Komplex $\mathfrak{C}$ *geschlossen* ist. Aus $\mathfrak{E} + \mathfrak{K}$ lassen wir so viele Kanten fort, daß der zurückbleibende Komplex $\mathfrak{E} + \mathfrak{K}_1$ eben noch zusammenhängt, setzen $\mathfrak{K} = \mathfrak{K}_1 + \mathfrak{K}_2$ und bezeichnen mit $k_1$ und $k_2$ die Anzahl der Elemente von $\mathfrak{K}_1$ und $\mathfrak{K}_2$. Dann ist $k_1 + k_2 = k$; $k_1 = e - 1$. Da der Komplex $\mathfrak{C}' = \mathfrak{E} + \mathfrak{K}_1$ gar keine Polygonkanten besitzt, müssen nach 3. alle Flächen innerhalb $(\mathfrak{K} - \mathfrak{K}_1) + \mathfrak{F} = \mathfrak{K}_2 + \mathfrak{F}$ verbunden sein, woraus folgt, daß dieser Komplex zusammenhängend ist. Daraus folgt, daß $k_2 \geqq f - 1$ ist; denn ein zu $\mathfrak{K}_2 + \mathfrak{F}$ reziproker Komplex ist ein zusammenhängender Kantenkomplex mit $f$ Ecken, der nur zusammenhängend sein kann, wenn die

Kantenzahl $\geqq f - 1$ ist. Aus $k_1 = e - 1$, $k_2 \geqq f - 1$ folgt, daß $k = k_1 + k_2 \geqq e + f - 2$, mithin $e - k + f \leqq 2$ ist. Größer als 2 kann also die Charakteristik, wenn $\mathfrak{C}$ geschlossen ist, nicht sein. Daraus folgt aber, daß sie, wenn $\mathfrak{C}$ $r$ Ränder besitzt, höchstens $2 - r$ sein kann (vgl. S. 116).

6. *Die Charakteristik eines normalen Komplexes ist* $\leqq 2$; *sie kann den Wert 2 nur bei geschlossenen Komplexen erreichen; bei einem Komplex mit r Rändern ist sie* $\leqq 2 - r$.

## § 31. Innere Polygone und Querzüge.

*Inneres Polygon* eines normalen Komplexes $\mathfrak{C} = \mathfrak{E} + \mathfrak{K} + \mathfrak{F}$ nennen wir jedes Polygon $\mathfrak{P}$, dessen Elemente innere Elemente von $\mathfrak{C}$ sind. — *Querzug* von $\mathfrak{C}$ nennen wir jeden einfachen Kantenzug, dessen beide Endpunkte Randelemente, dessen übrige Elemente innere Elemente von $\mathfrak{C}$ sind.

1. *Für die Existenz von Querzügen ist notwendig und hinreichend, daß* $\mathfrak{C}$ *berandet ist und wenigstens zwei Flächen hat.*

Die Bedingungen sind notwendig; denn ein geschlossener Komplex hat keine Randelemente, und ein Komplex, der nur eine Fläche $\gamma$ hat, hat außerdem nur Randecken und Randkanten. Sind andererseits beide Bedingungen erfüllt, so besitzt zunächst jede Fläche $\gamma$ innere Kanten, weil jeder Weg, der innerhalb $\mathfrak{K} + \mathfrak{F}$ von $\gamma$ zu einer andern Fläche führt, eine solche enthalten muß. Ist nun $b$ eine Randkante mit den Ecken $A$, $B$ und $\gamma$ die mit $b$ incidente Fläche, $\mathfrak{P}$ das zugehörige Polygon, so enthält der einfache Kantenzug

$$\mathfrak{P} - b = A\, b_1 A_1 \ldots A_{n-1} b_n B$$

(wenigstens) eine innere Kante $b_i$. Ist $A_r$ unter den Ecken $A\,(= A_0)$, $\ldots, A_{i-1}$ die letzte, $A_s$ unter den Ecken $A_i, \ldots, B\,(= A_n)$ die erste zur Berandung von $\mathfrak{C}$ gehörige, so stellt der Teil $A_r, \ldots, b_i, \ldots, A_s$ von $\mathfrak{P} - b$ einen Querzug dar.

Unter den Querzügen hat man zu unterscheiden solche, deren beide Endpunkte demselben, und solche, deren Endpunkte verschiedenen Rändern angehören. Es gilt:

2. *Besitzt* $\mathfrak{C}$ *mehrere Ränder, so gibt es auch immer Querzüge, die in zwei verschiedenen Rändern endigen.*

In dem vorausgesetzten Falle kann man nämlich die gesamte Berandung $\mathfrak{R}$ in $\mathfrak{R} = \mathfrak{R}_1 + \mathfrak{R}_2$ zerfällen, indem man jedes einzelne Randpolygon nach Belieben in $\mathfrak{R}_1$ oder $\mathfrak{R}_2$ aufnimmt, so jedoch, daß keiner dieser Komplexe leer ausgeht. Ist dann $A$ eine Ecke aus $\mathfrak{R}_1$, $B$ eine solche aus $\mathfrak{R}_2$ und $A\, b_1 A_1 b_2 \ldots b_n B$ ein einfacher Kantenzug von $A\,(= A_0)$ nach $B\,(= A_n)$, und ist $A_r$ in diesem Zuge die letzte zu $\mathfrak{R}_1$ gehörige Ecke, $A_s$ unter den Ecken $A_{r+1}, \ldots, A_n$ die erste zu $\mathfrak{R}_2$ gehörige, so stellt $A_r b_{r+1} \ldots b_s A_s$ einen Querzug dar, der Ecken verschiedener Ränder verbindet. — Querzüge, die in Ecken desselben Randes endigen, braucht es nicht zu geben, wie die Abb. 87 zeigt, die einen Komplex mit zwei viereckigen Flächen und zwei Rändern andeutet.

Aus unserm Beweise von Satz 2 ist noch folgendes zu ersehen: Definiert man einen Kantenkomplex, indem man jedem Rand von $\mathfrak{C}$ einen Punkt zuordnet und sich zwei dieser Punkte *dann* durch eine Kante verbunden denkt, wenn die ihnen entsprechenden Ränder von $\mathfrak{C}$ durch einen Querzug verbunden sind, so kann dieser Kantenkomplex nicht zerfallen. Die Anzahl der durch Querzüge verbundenen Ränderpaare kann also nicht kleiner sein als die um 1 verminderte Ränderzahl. Daß sie nicht größer zu sein braucht, ist leicht durch Beispiele zu zeigen.

3. *Ist* $\mathfrak{P}$ *ein inneres Polygon* ($\mathfrak{Q}$ *ein Querzug*), *so ist der Komplex* $\mathfrak{C} - \mathfrak{P}$ (*bzw.* $\mathfrak{C} - \mathfrak{Q}$) *entweder zusammenhängend oder er zerfällt in zwei Komponenten. Im zweiten Falle gehört von den beiden Flächen, die durch irgendeine Kante von* $\mathfrak{P}$ (*bzw.* $\mathfrak{Q}$) *gehen, immer die eine der einen, die andere der andern Komponente an.*

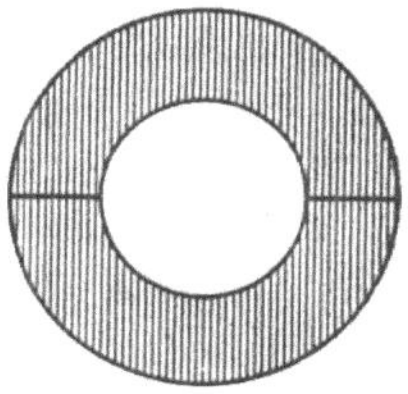

Abb. 87.

Beim Beweise machen wir wieder von der Tatsache Gebrauch, daß, wenn $\mathfrak{K}'$ ein Teil von $\mathfrak{K}$ ist und nur innere Kanten enthält, ein zu $\mathfrak{K}' + \mathfrak{F}$ reziproker Komplex ein Kantenkomplex ist, und daß wir daher auf $\mathfrak{K}' + \mathfrak{F}$ die für Kantenkomplexe bewiesenen Sätze übertragen können. So gilt z. B., wenn $b$ eine Kante aus $\mathfrak{K}'$ ist, daß die Komponentenzahl von $(\mathfrak{K}' - b) + \mathfrak{F}$ gleich der von $\mathfrak{K}' + \mathfrak{F}$ oder um 1 größer ist und daß im zweiten Falle die beiden durch $b$ gehenden Flächen innerhalb $(\mathfrak{K}' - b) + \mathfrak{F}$ nicht mehr verbunden sind. Beachtet man ferner, daß Randkanten keinen Zusammenhang zwischen den Flächen vermitteln, so sieht man, daß die den Komplex $(\mathfrak{K}' - b) + \mathfrak{F}$ betreffende Aussage auch dann gilt, wenn $\mathfrak{K}'$ auch Randkanten enthält, wofern nur $b$ innere Kante ist, und daß, wenn $b$ Randkante ist, $\mathfrak{K}' + \mathfrak{F}$ und $(\mathfrak{K}' - b) + \mathfrak{F}$ stets dieselbe Komponentenzahl haben. — Ist $\mathfrak{K}'$ das System der Kanten eines innern Polygons $\mathfrak{P}$, $b$ eine Kante von $\mathfrak{P}$, so hat $\mathfrak{P} - b$ nur Brücken, und daher ist (§ 30, 2) $(\mathfrak{K} - (\mathfrak{K}' - b)) + \mathfrak{F} = (\mathfrak{K} - \mathfrak{K}' + b) + \mathfrak{F}$ zusammenhängend. Daraus folgt weiter, daß $(\mathfrak{K} - \mathfrak{K}') + \mathfrak{F}$ (ebenso der Komplex $\mathfrak{C} - \mathfrak{P}$, der nach § 30, 1 ebenso viele Komponenten wie $(\mathfrak{K} - \mathfrak{K}') + \mathfrak{F}$ hat) höchstens in zwei Komponenten zerfällt, und daß, wenn dies eintritt, die beiden Flächen von $b$ den beiden verschiedenen Komponenten angehören. — Ist $\mathfrak{K}'$ das Kantensystem eines Querzuges $\mathfrak{Q}$, so sei $\mathfrak{C}_1$ der Kantenkomplex, der die Berandung $\mathfrak{R}$ von $\mathfrak{C}$ und die Elemente von $\mathfrak{Q}$ umfaßt, also, wenn $A$ und $B$ die Endpunkte von $\mathfrak{Q}$ sind, durch die Gleichung $\mathfrak{C}_1 = \mathfrak{R} + (\mathfrak{Q} - A - B)$ dargestellt wird. Ist dann $b$ eine Kante aus $\mathfrak{Q}$, so sind in $\mathfrak{C}_1 - b$ die übrigen Kanten von $\mathfrak{Q}$ (falls es noch welche gibt) Brücken, da nach Fortlassung einer solchen Kante $c$ die zwischen $b$ und $c$ gelegenen Elemente von $\mathfrak{Q}$ nicht mehr mit den übrigen Elementen von $\mathfrak{C}_1 - b - c$ in diesem Komplex verbunden sind. Sind nun $\alpha$ und $\beta$ zwei beliebige Flächen, so kann man von $\alpha$ nach $\beta$ in $\mathfrak{K} + \mathfrak{F}$ auf einem Wege gelangen, der keine Randkanten, also von Kanten des Komplexes $\mathfrak{C}_1 - b$ höchstens Brücken enthält. $\alpha$ und $\beta$ sind also innerhalb $(\mathfrak{K} - \mathfrak{K}' + b) + \mathfrak{F}$ verbunden, und dieser Komplex ist somit zusammenhängend. Daraus schließt man, wie im Falle des Polygons, daß die Komplexe $(\mathfrak{K} - \mathfrak{K}') + \mathfrak{F}$ und $\mathfrak{C} - \mathfrak{Q}$ zusammenhängend sind oder in zwei Komponenten zerfallen und daß, wenn dies eintritt, die beiden Flächen von $b$ den beiden verschiedenen Komponenten angehören. Damit ist 3. bewiesen.

Behalten wir die Bezeichnung bei und nehmen wir an, daß die Endpunkte $A$ und $B$ von $\mathfrak{Q}$ verschiedenen Randpolygonen $\mathfrak{R}_1, \mathfrak{R}_2$ angehören (Querzug erster Art). Ist dann $b$ eine Kante von $\mathfrak{Q}$, so sind die Punkte $A$ und $B$ zwar in $\mathfrak{C}_1$, nicht aber in $\mathfrak{C}_1 - b$ verbunden, $b$ ist also Brücke von $\mathfrak{C}_1$, und die beiden Flächen dieser Kante sind daher in $(\mathfrak{K} - \mathfrak{K}') + \mathfrak{F}$ noch verbunden. Der Komplex $\mathfrak{C} - \mathfrak{Q}$ kann also nicht zerfallen. Es gilt also:

4. *Wenn der Querzug $\mathfrak{Q}$ verschiedene Ränder verbindet, ist $\mathfrak{C} - \mathfrak{Q}$ stets zusammenhängend.*

An jedem Element eines innern Polygons $\mathfrak{P}$ oder Querzuges $\mathfrak{Q}$ unterscheiden wir zwei „*Seiten*" oder „*Ufer*". Ist das Element eine Kante $b$, so sind die Ufer durch die beiden mit $b$ incidenten Flächen $\gamma', \gamma''$ gegeben und werden als $\gamma'$- und $\gamma''$-*Ufer* (oder -*Seite*) unterschieden. Sei nun $A$ eine Ecke von $\mathfrak{P}$ oder $\mathfrak{Q}$, $\mathfrak{S}$ das System der mit $A$ incidenten Elemente. Ist $A$ innere Ecke, so gehen durch $A$ zwei Kanten $b, c$ aus $\mathfrak{P}$ bzw. $\mathfrak{Q}$, und das System $\mathfrak{S} - b - c$ zerfällt in zwei Komponenten $\mathfrak{S}', \mathfrak{S}''$; ist $A$ Randecke, d. h. liegt der Fall eines Querzuges $\mathfrak{Q}$ vor, von dem $A$ der eine Endpunkt ist, so geht durch $A$ nur eine Kante $b$ von $\mathfrak{Q}$. Hier zerfällt $\mathfrak{S} - b$ in zwei Komponenten $\mathfrak{S}', \mathfrak{S}''$. In jedem Falle nennen wir $\mathfrak{S}'$ und $\mathfrak{S}''$ die beiden *Ufer* von $\mathfrak{P}$ bzw. $\mathfrak{Q}$ an der Stelle $A$. Zur Bezeichnung des Ufers an der Stelle $A$ genügt es, ein in $\mathfrak{S}'$ bzw. $\mathfrak{S}''$ vorkommendes Element anzugeben. So z. B. gehen, wenn $A$ Randpunkt ist, durch $A$ zwei Randkanten $a', a''$, von denen die eine zu $\mathfrak{S}'$, die andere zu $\mathfrak{S}''$ gehört. Wir können also hier die beiden Ufer als $a'$ und $a''$-Ufer unterscheiden. Ist $A, b$ ein incidentes Paar aus $\mathfrak{P}$ oder $\mathfrak{Q}$, so gehören die beiden durch $b$ gehenden Flächen $\gamma', \gamma''$ den beiden verschiedenen Ufern an der Stelle $A$ an. Wir setzen fest: *Der Schritt von $A$ zu $b$ oder von $b$ zu $A$ führt die $\gamma'$-Seite des einen Elementes in die $\gamma'$-Seite des andern, die $\gamma''$-Seite des einen Elementes in die $\gamma''$-Seite des andern über.* Damit ist das *Fortsetzen der Seite* oder *des Ufers* längs $\mathfrak{P}$ bzw. $\mathfrak{Q}$ definiert. — Es sei nun $A_0 b_1 A_1 \ldots b_n A_n$ der Querzug oder $A_0 b_1 A_1 \ldots b_n A_0$ das Polygon, und es seien $\alpha_i, \beta_i$

die Flächen durch $b_i$ $(i = 1, \ldots, n)$. Dabei soll die Bezeichnung so gewählt sein, daß $\alpha_i$ und $\alpha_{i+1}$ $(i = 1, \ldots, n-1)$ auf derselben Seite an der Stelle $A_i$ liegen. In $\mathfrak{C} - \mathfrak{Q}$ bzw. $\mathfrak{C} - \mathfrak{P}$ sind alle $\alpha_i$ miteinander verbunden, ebenso alle $\beta_i$, und jedes Element des Komplexes steht entweder mit den $\alpha_i$ oder mit den $\beta_i$ in Verbindung. Daraus kann man wieder sehen, daß der Komplex ($\mathfrak{C} - \mathfrak{Q}$ oder $\mathfrak{C} - \mathfrak{P}$) entweder zusammenhängend ist oder in zwei Komponenten zerfällt, von denen die eine die $\alpha_i$, die andere die $\beta_i$ enthält. Handelt es sich um ein Polygon $(A_n = A_0)$, so sind zwei Fälle möglich: Entweder gehören die Flächen $\alpha_n$ und $\alpha_1$ der einen, $\beta_n$ und $\beta_1$ der andern Seite an der Stelle $A_n = A_0$ an. Dann können wir längs des ganzen Polygons $\mathfrak{P}$ zwei Seiten unterscheiden: $\mathfrak{P}$ ist zweiseitig. Oder es gehören $\alpha_n$ und $\beta_1$ der einen, $\beta_n$ und $\alpha_1$ der andern Seite an der Stelle $A_n = A_0$ an. Dann führt der längs $\mathfrak{P}$ zurückgelegte Weg von der einen zur andern Seite an der Stelle $A_n = A_0$: $\mathfrak{P}$ ist einseitig. Da hier die $\alpha_i$ und $\beta_i$ in Verbindung stehen, zerfällt $\mathfrak{C} - \mathfrak{P}$ nicht. Also:

5. *Ein einseitiges Polygon kann den Komplex nicht zerfällen.*

Bei einem Querzug kann man natürlich stets in seiner ganzen Ausdehnung zwei Ufer auseinanderhalten. Wir verfolgen den Fall, wo die beiden Endpunkte $A$, $B$ des Querzugs $\mathfrak{Q}$ demselben Randpolygon $\mathfrak{R}$ angehören. $\mathfrak{R} - A - B$ zerfällt in zwei Komponenten $\mathfrak{T}$ und $\mathfrak{U}$. Von den beiden Randkanten des Punktes $A$ gehört die eine $t_1$ zu $\mathfrak{T}$, die andere $u_1$ zu $\mathfrak{U}$. Dasselbe gilt für den Punkt $B$, dessen Randkanten $t_2$ und $u_2$ heißen mögen. Gehen wir bei $A$ vom $t_1$-Ufer aus und setzen wir dieses Ufer längs $\mathfrak{Q}$ bis $B$ fort, so sind zwei Fälle möglich (§ 14, S. 46): Wir gelangen bei $B$ entweder zum $t_2$-Ufer (Querzug zweiter Art) oder zum $u_2$-Ufer (Querzug dritter Art). Im zweiten Falle sind $t_1$ und $u_2$ innerhalb $\mathfrak{C} - \mathfrak{Q}$ verbunden, und da in jedem Falle die zu dem in $\mathfrak{C} - \mathfrak{Q}$ enthaltenen zusammenhängenden Komplex $\mathfrak{U}$ gehörigen Kanten $u_1$, $u_2$ (die eventuell identisch sind) miteinander verbunden sind, so gilt hier dasselbe für $t_1$ und $u_1$. Es stehen also beim Querzug dritter Art die beiden Ufer an der Stelle $A$ in $\mathfrak{C} - \mathfrak{Q}$ miteinander in Verbindung, woraus folgt, daß $\mathfrak{C} - \mathfrak{Q}$ nicht zerfällt. Somit ergibt sich:

6. *Ein Querzug dritter Art kann den normalen Komplex $\mathfrak{C}$ nicht zerfällen.*

Durch Zusammensetzung von $\mathfrak{Q}$ mit $\mathfrak{T}$ bzw. $\mathfrak{U}$ ergeben sich zwei Polygone $\mathfrak{P} = \mathfrak{Q} + \mathfrak{T}$ und $\mathfrak{P}' = \mathfrak{Q} + \mathfrak{U}$. In dem Komplex $\mathfrak{C} + \varrho$, den wir erhalten, wenn wir den Rand $\mathfrak{R}$ durch Einführung einer neuen Fläche $\varrho$ schließen, sind $\mathfrak{P}$ und $\mathfrak{P}'$ immer Polygone. Beim Polygon $\mathfrak{P}$, das die Kante $u_1$ nicht enthält, liegt diese bei $A$ auf demselben Ufer von $\mathfrak{P}$ wie die mit ihr incidente Fläche $\varrho$. $\varrho$-Ufer und $u_1$-Ufer an der Stelle $A$ des Polygons $\mathfrak{P}$ bedeuten also dasselbe, ebenso $\varrho$-Ufer und $u_2$-Ufer bei $B$. Nehmen wir an, daß $\mathfrak{Q}$ ein Querzug zweiter Art ist. Dann werden wir, wenn wir längs $\mathfrak{P}$ gehen, indem wir bei $A$ auf dem

$\varrho$-Ufer ($u_1$-Ufer) beginnen und zunächst dem Querzug $\mathfrak{Q}$ folgen, bei $B$ auf dem $\varrho$-Ufer ($u_2$-Ufer) ankommen. Verfolgen wir dann das Ufer längs $\mathfrak{T}$ weiter, so bleiben wir stets auf dem $\varrho$-Ufer, da die Fläche $\varrho$ mit allen Elementen von $\mathfrak{T}$ incident ist. Wir gelangen also bei $A$ wieder zum Ausgangsufer zurück. $\mathfrak{P}$ ist also zweiseitig, und dasselbe zeigt sich bei $\mathfrak{P}'$. — Ist aber $\mathfrak{Q}$ ein Querzug dritter Art, so führt er vom $u_1$-Ufer bei $A$ zum $t_2$-Ufer bei $B$, das wir auch als $\sigma$-Ufer bei $B$ bezeichnen können, wenn $\sigma$ die Fläche mit der Randkante $t_2$ von $\mathfrak{C}$ ist. Betrachten wir $\mathfrak{Q}$ als Teil des Polygons $\mathfrak{P}$, so ist bei $B$ das $\sigma$-Ufer von dem $\varrho$-Ufer verschieden, da beide Flächen durch die Polygonkante $t_2$ getrennt sind. Gehen wir also längs des Polygons $\mathfrak{P}$, indem wir von $B$ am $\varrho$-Ufer ausgehen und zunächst $\mathfrak{T}$ folgen, so kommen wir bei $A$ am $\varrho$-Ufer an. Da dieses mit dem $u_1$-Ufer identisch ist, führt uns der weitere Weg längs $\mathfrak{Q}$ bei $B$ zum $\sigma$-Ufer. Somit ist hier $\mathfrak{P}$ ein einseitiges Polygon; für $\mathfrak{P}'$ gilt dasselbe. Somit ergibt sich:

7. *Verbindet der Querzug $\mathfrak{Q}$ zwei Punkte $A$, $B$ desselben Randes $\mathfrak{R}$ und sind $\mathfrak{T}$ und $\mathfrak{U}$ die beiden Komponenten, in die $\mathfrak{R} - A - B$ zerfällt, so sind in dem Komplex $\mathfrak{C} + \varrho$, der durch Schließung des Randes $\mathfrak{R}$ mittels der Fläche $\varrho$ entsteht, die Polygone $\mathfrak{P} = \mathfrak{Q} + \mathfrak{T}$ und $\mathfrak{P}' = \mathfrak{Q} + \mathfrak{U}$ zweiseitig oder einseitig, je nachdem der Querzug von der zweiten oder dritten Art ist.*

Ist $\mathfrak{C}'$ ein inneres Polygon oder ein Querzug, durch den der normale Komplex $\mathfrak{C}$ zerfällt wird, und sind $\mathfrak{C}_1$ und $\mathfrak{C}_2$ die Komponenten von $\mathfrak{C} - \mathfrak{C}'$, so sind die Elemente von $\mathfrak{C}'$ die einzigen Elemente von $\mathfrak{C}$, die sowohl mit Elementen von $\mathfrak{C}_1$ wie mit Elementen von $\mathfrak{C}_2$ incident sind. Der Komplex $\mathfrak{C}_1 + \mathfrak{C}'$ besteht aus den Flächen von $\mathfrak{C}_1$ und allen in diesen gelegenen Ecken und Kanten von $\mathfrak{C}$, ist also polyedrisch und, wie $\mathfrak{C}_1$, zusammenhängend. Da ferner die mit einem Element incidenten Elemente von $\mathfrak{C}_1 + \mathfrak{C}'$ einen zusammenhängenden Komplex bilden und die mit einer Ecke von $\mathfrak{C}_1$ incidenten Elemente von $\mathfrak{C}$ alle zu $\mathfrak{C}_1$ gehören, so sind alle Bedingungen des vollkommenen Zusammenhangs bei $\mathfrak{C}_1 + \mathfrak{C}'$ erfüllt. Ebenso wie $\mathfrak{C}_1 + \mathfrak{C}'$ ist auch $\mathfrak{C}_2 + \mathfrak{C}'$ ein normaler Komplex. Wenn wir von den Komplexen reden, in die $\mathfrak{C}$ durch $\mathfrak{C}'$ zerfällt wird, meinen wir damit die beiden normalen Komplexe $\mathfrak{C}_1 + \mathfrak{C}'$ und $\mathfrak{C}_2 + \mathfrak{C}'$. Für die Charakteristik ergibt sich aus $\mathfrak{C} = \mathfrak{C}_1 + \mathfrak{C}_2 + \mathfrak{C}'$

$$Ch(\mathfrak{C}) = Ch(\mathfrak{C}_1 + \mathfrak{C}') + Ch(\mathfrak{C}_2 + \mathfrak{C}') - Ch(\mathfrak{C}')\,.$$

Dabei ist $Ch(\mathfrak{C}')$ 0 oder 1, je nachdem $\mathfrak{C}'$ Polygon oder Querzug ist. Als Randelemente treten in $\mathfrak{C}_1 + \mathfrak{C}'$ und $\mathfrak{C}_2 + \mathfrak{C}'$ einmal die Randelemente von $\mathfrak{C}$, sodann alle Elemente von $\mathfrak{C}'$ auf. Ist $\mathfrak{C}'$ inneres Polygon, so gehört jeder Rand $\mathfrak{R}$ von $\mathfrak{C}$ auch zu $\mathfrak{C} - \mathfrak{C}'$ und, weil er einen zusammenhängenden Komplex darstellt, ganz zu einem der Komplexe $\mathfrak{C}_1$, $\mathfrak{C}_2$, also auch ganz zu einem der Komplexe $\mathfrak{C}_1 + \mathfrak{C}'$, $\mathfrak{C}_2 + \mathfrak{C}'$. Ist $\mathfrak{C}'$ ein Querzug $\mathfrak{Q}$ (der dann nur von zweiter Art sein kann), so gilt dasselbe für jeden Rand von $\mathfrak{C}$, in dem nicht die Endpunkte von $\mathfrak{Q}$ liegen. Ist aber $\mathfrak{R}$ der Rand, der die Endpunkte $A$, $B$ von $\mathfrak{Q}$ enthält, und sind $\mathfrak{Z}_1$ und $\mathfrak{Z}_2$ die beiden Komponenten, in die $\mathfrak{R} - A - B$ zerfällt, so gehört eine dieser Komponenten, etwa $\mathfrak{Z}_1$, zu $\mathfrak{C}_1$, die andere $\mathfrak{Z}_2$ zu $\mathfrak{C}_2$, und es ist dann $\mathfrak{Q} + \mathfrak{Z}_1$ Randpolygon von $\mathfrak{C}_1 + \mathfrak{C}'$, $\mathfrak{Q} + \mathfrak{Z}_2$ Randpolygon von $\mathfrak{C}_2 + \mathfrak{C}'$. Wir erhalten so als Resultat:

8. Wird der normale Komplex $\mathfrak{C}$ durch ein inneres Polygon oder durch einen Querzug in $\mathfrak{A}$ und $\mathfrak{B}$ zerfällt, so ist im ersten Falle

$$Ch(\mathfrak{C}) = Ch(\mathfrak{A}) + Ch(\mathfrak{B}),$$

im zweiten

$$Ch(\mathfrak{C}) = Ch(\mathfrak{A}) + Ch(\mathfrak{B}) - 1.$$

Die Ränderzahl von $\mathfrak{C}$ ist im ersten Falle um 2, im zweiten um 1 kleiner als die Summe der Ränderzahlen von $\mathfrak{A}$ und $\mathfrak{B}$.

## § 32. Incidenztripel und Indikatrix.

*Indikatrix eines Elementes.* Es sei $\mathfrak{a}$ ein beliebiges Element des normalen polyedrischen Komplexes $\mathfrak{C}$, $\mathfrak{S}$ das System der mit $\mathfrak{a}$ incidenten Elemente. Die Anzahl der Elemente von $\mathfrak{S}$ ist gerade $= 2n$ oder ungerade $= 2n - 1$, je nachdem $\mathfrak{a}$ inneres Element oder Randelement ist. Dabei ist $n \geqq 2$, und falls $\mathfrak{a}$ Kante ist, stets $= 2$. Je nachdem $\mathfrak{a}$ inneres oder Randelement ist, ordnen sich die Elemente von $\mathfrak{S}$ zu einem Cyclus oder zu einer einfachen Folge, deren erstes und letztes Element Randelemente sind. In jedem Falle kann man bei $\mathfrak{S}$ zwei Umlaufs- oder Richtungssinne unterscheiden, die wir die beiden Indikatrizen von $\mathfrak{C}$ an der Stelle $\mathfrak{a}$ oder auch kurz die beiden Indikatrizen von $\mathfrak{a}$ nennen. Um eine bestimmte Indikatrix von $\mathfrak{a}$ zu bezeichnen, braucht man nur bei irgend zwei incidenten Elementen von $\mathfrak{S}$ festzusetzen, welches dem andern vorangehen soll.

Diesen Umstand kann man benutzen, um jedem Incidenztripel $A b \gamma$ eine bestimmte Indikatrix bei jedem der drei Elemente $A$, $b$, $\gamma$ zuzuweisen. Es gehöre jedes Incidenztripel 1. zu der Indikatrix seiner Ecke, bei welcher die Kante des Tripels seiner Fläche vorausgeht, 2. zu der Indikatrix seiner Kante, bei welcher die Fläche der Ecke vorangeht, 3. zu der Indikatrix der Fläche, bei welcher die Ecke der Kante vorangeht. Die Incidenztripel, in denen ein festes Element $\mathfrak{a}$ vorkommt, zerfallen den beiden Indikatrizen von $\mathfrak{a}$ entsprechend in zwei Klassen. Zwei benachbarte $\mathfrak{a}\mathfrak{b}\mathfrak{c}$ und $\mathfrak{a}\mathfrak{b}\mathfrak{c}'$ unter diesen Tripeln gehören immer zu verschiedenen Klassen; denn wenn z. B. in dem durch das Tripel $\mathfrak{a}\mathfrak{b}\mathfrak{c}$ für $\mathfrak{a}$ bestimmten Durchlaufungssinn $\mathfrak{b}$ auf $\mathfrak{c}$ folgt, so folgt, da $\mathfrak{c}'$ dieselbe Dimension wie $\mathfrak{c}$ hat, in dem durch $\mathfrak{a}\mathfrak{b}\mathfrak{c}'$ für $\mathfrak{a}$ bestimmten Durchlaufssinn $\mathfrak{b}$ auf $\mathfrak{c}'$, woraus hervorgeht, daß diese Systeme verschieden sind.

*Fortsetzung der Indikatrix.* Sind $\mathfrak{a}$ und $\mathfrak{b}$ zwei incidente Elemente von $\mathfrak{C}$, so wird durch ein $\mathfrak{a}$ und $\mathfrak{b}$ enthaltendes Incidenztripel $\mathfrak{a}\mathfrak{b}\mathfrak{c}$ eine

Indikatrix von $\mathfrak{a}$ mit einer von $\mathfrak{b}$ verknüpft, indem nämlich dieses Tripel jedem der Elemente $\mathfrak{a}$ und $\mathfrak{b}$ eine bestimmte Indikatrix zuweist. Wir setzen fest, daß bei einem Schritt von $\mathfrak{a}$ nach $\mathfrak{b}$ oder $\mathfrak{b}$ nach $\mathfrak{a}$ die so miteinander verknüpften Indikatrizen ineinander übergehen sollen; ebenso die beiden entgegengesetzten Indikatrizen. Ist ein zweites Incidenztripel $\mathfrak{a}\mathfrak{b}\mathfrak{c}'$ vorhanden, so kann man auch dieses benutzen; es liefert genau dasselbe Resultat. Damit ist auch die Fortsetzung der Indikatrix längs eines beliebigen Weges definiert. Daß diese Festsetzung mit der früher durch das Möbiussche Kantengesetz definierten übereinstimmt, ist leicht zu sehen. Ist nämlich $b$ eine innere Kante mit den Flächen $\alpha$, $\beta$ und den Ecken $A$, $B$ (Abb. 88), so führt der Weg $\alpha b \beta$, wenn wir bei $\alpha$ mit der durch das Tripel $A b \alpha$ bestimmten Indikatrix ausgehen, d. h. mit der Indikatrix, bei welcher die Kante $b$ im Sinne $AB$ durchlaufen wird, bei $b$ wieder zu der durch das Tripel $A b \alpha$ bestimmten Indikatrix. Der Umlaufssinn der mit $b$ incidenten Elemente ist also $\alpha A \beta B$. Dieselbe Indikatrix von $b$ wird auch durch das Tripel $B b \beta$ gegeben, welches der Fläche $\beta$ die Indikatrix zuordnet, bei welcher die Kante $b$ im Sinne $BA$ durchlaufen wird. Wir sehen also, daß das Möbiussche Gesetz erfüllt ist.

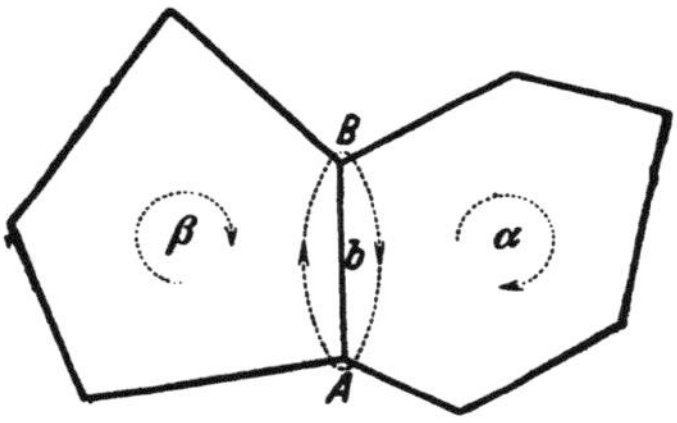

Abb. 88.

Nehmen wir an, daß der Komplex $\mathfrak{C}$ orientierbar im früheren Sinne ist. Es sind dann zwei entgegengesetzte Orientierungen möglich, die wir mit I und II bezeichnen wollen. Bei jeder Orientierung erhält jede Fläche einen Umlaufssinn, und zwar so, daß das Möbiussche Gesetz erfüllt ist. Wir können nun auch die sämtlichen Incidenztripel in zwei Klassen einteilen, indem wir festsetzen, daß das Incidenztripel $A b \gamma$ zur Klasse I oder II gehören soll, je nachdem es der Fläche $\gamma$ die Orientierung I oder II erteilt. Zwei benachbarte Incidenztripel, die durch Auswechslung einer Ecke oder Kante auseinander hervorgehen, also dieselbe Fläche $\gamma$ enthalten, erteilen dieser Fläche entgegengesetzte Indikatrizen, gehören also zu verschiedenen Klassen. Dasselbe gilt aber auch für zwei Incidenztripel $A b \gamma$ und $A b \gamma'$; denn bei den Indikatrizen, welche sie ihren Flächen erteilen, wird die Kante $b$ beide Male in demselben Sinne durchlaufen, woraus ersichtlich ist, daß die beiden Indikatrizen zu verschiedenen Orientierungen gehören. Bei einem orientierbaren Komplex $\mathfrak{C}$ gibt es also eine solche Einteilung der Incidenztripel in zwei Klassen, bei welcher benachbarte Tripel immer zu verschiedenen Klassen gehören. Daß es nur eine solche Einteilung geben kann, folgt daraus, daß man von einem Incidenztripel ausgehend zu benachbarten fortschreitend zu jedem andern gelangen kann. — Nehmen wir umgekehrt an, daß bei dem normalen Komplex $\mathfrak{C}$ eine Einteilung der Incidenztripel in zwei Klassen I und II möglich ist, bei welcher benachbarte Tripel immer zu verschiedenen Klassen gehören, so muß $\mathfrak{C}$ orientierbar sein. Man erhält nämlich, wie man leicht sieht, eine Orientierung von $\mathfrak{C}$, wenn man jeder Fläche den Umlaufssinn gibt, der ihr durch die Incidenztripel einer bestimmten Klasse, z. B. der Klasse I, zugewiesen wird. Bezeichnen wir mit $\mathfrak{J}$ das System der Incidenztripel von $\mathfrak{C}$ und verstehen wir unter einem Weg in $\mathfrak{J}$ jede Folge von Elementen aus $\mathfrak{J}$, bei der jedes mit dem nächsten benachbart ist. Ist $\mathfrak{C}$ orientierbar, so führt jeder Schritt aus der einen in die andere Klasse, und jeder geschlossene Weg muß also aus einer geraden Zahl von Schritten bestehen. Umgekehrt können wir schließen, daß, wenn jeder geschlossene Weg in $\mathfrak{J}$ eine gerade Anzahl von Schritten hat, $\mathfrak{C}$ orientierbar sein muß; denn sind unter dieser Voraussetzung $\mathfrak{i}$ und $\mathfrak{i}'$ irgend zwei Incidenztripel und $\mathfrak{W}_1$ und $\mathfrak{W}_2$ irgend zwei Wege von $\mathfrak{i}$ nach $\mathfrak{i}'$, so erhalten wir einen geschlossenen Weg, indem wir von $\mathfrak{i}$ auf dem Wege $\mathfrak{W}_1$ nach $\mathfrak{i}'$ und von $\mathfrak{i}'$ auf dem umgekehrten Wege $\mathfrak{W}_2$ nach $\mathfrak{i}$ zurückgehen. Da hierbei die Gesamtzahl der Schritte der Voraussetzung nach gerade ist, so sind die Schrittzahlen der Wege $\mathfrak{W}_1$ und $\mathfrak{W}_2$ entweder beide gerade oder beide ungerade. Teilen wir nun die Elemente von $\mathfrak{J}$ in zwei Klassen ein, indem wir irgendein Element $i$ als Ausgang wählend, jedes Element $i'$ zur Klasse I oder II rechnen, je nachdem man von $\mathfrak{i}$ nach $\mathfrak{i}'$ in einer geraden oder ungeraden Zahl von Schritten gelangt, so gehören, wie man sofort sieht, zwei benachbarte Elemente von $\mathfrak{J}$ immer zu verschiedenen Klassen; $\mathfrak{C}$ ist also orientierbar.

Ist der Komplex $\mathfrak{C}$ geschlossen und $\bar{\mathfrak{C}}$ zu $\mathfrak{C}$ reziprok, so entsprechen in einer reziproken Beziehung zwischen $\mathfrak{C}$ und $\bar{\mathfrak{C}}$ auch die Incidenztripel der beiden Komplexe einander, und benachbarten Tripeln des einen entsprechen benachbarte des andern. Wenn daher bei dem einen Komplex eine Klasseneinteilung der oben besprochenen Art möglich ist, so auch bei dem andern. Daraus folgt:

Zwei zueinander reziproke Typen geschlossener normaler Komplexe sind entweder beide orientierbar oder beide nichtorientierbar.

Es sei $\mathfrak{a}\mathfrak{a}_1 \ldots \mathfrak{a}_{n-1}\mathfrak{b}$ ein beliebiger Weg in einem normalen Komplex $\mathfrak{C}$. Gehen wir bei $\mathfrak{a}$ mit einer bestimmten Indikatrix — nennen wir sie $\mathfrak{i}$ — aus, so führt uns der Weg zu einer bestimmten Indikatrix $\mathfrak{j}$ von $\mathfrak{b}$. Ist der Weg geschlossen, so wird, wenn $\mathfrak{C}$ orientierbar ist, die Endindikatrix stets mit der Ausgangsindikatrix übereinstimmen, während es in einem nichtorientierbaren Komplex $\mathfrak{C}$ auch stets geschlossene Wege gibt, bei denen sich die Indikatrix umkehrt. Besteht der geschlossene Weg nur aus zwei Schritten, hat er also die Form $\mathfrak{a}\mathfrak{b}\mathfrak{a}$, so kann, wie man sofort sieht, die Indikatrix sich nicht umkehren. Dasselbe gilt für einen geschlossenen Weg $\mathfrak{a}\mathfrak{b}\mathfrak{c}\mathfrak{a}$, der aus drei Schritten besteht[1]; denn die Elemente $\mathfrak{a}, \mathfrak{b}, \mathfrak{c}$ bilden hier ein Incidenztripel, welches

[1] [Ein *geschlossener* Weg von *drei* Schritten muß offenbar Elemente aller drei Dimensionen enthalten.]

jedem der drei Elemente eine bestimmte Indikatrix $\mathfrak{i}, \mathfrak{j}, \mathfrak{k}$ zuweist, und diese Indikatrizen werden auf dem Wege ineinander übergeführt. Hieraus ergibt sich, daß, wenn wir bei einem beliebigen Wege $\mathfrak{a}\mathfrak{a}_1 \ldots \mathfrak{a}_{n-1}\mathfrak{b}$, der von der Indikatrix $\mathfrak{i}$ des Elementes $\mathfrak{a}$ zur Indikatrix $\mathfrak{j}$ von $\mathfrak{b}$ führt, zwischen $\mathfrak{a}_{i-1}$ und $\mathfrak{a}_i$ noch $\mathfrak{c}\mathfrak{a}_{i-1}$ einfügen, wobei $\mathfrak{c}$ ein mit $\mathfrak{a}_{i-1}$ incidentes Element ist, oder wenn wir nur ein Element $\mathfrak{c}$ einfügen, das mit $\mathfrak{a}_{i-1}$ und $\mathfrak{a}_i$ incident ist, der neue Weg ebenfalls von der Indikatrix $\mathfrak{i}$ zur Indikatrix $\mathfrak{j}$ führt. Daraus können wir weiter schließen, daß jeder Weg, der aus dem ursprünglichen, dessen Anfangs- und Endelement wir festhalten, durch stetige Deformation hervorgeht, von $\mathfrak{i}$ zu $\mathfrak{j}$ führt.

Wenn längs des geschlossenen Weges $\mathfrak{a}_0\mathfrak{a}_1 \ldots \mathfrak{a}_{n-1}\mathfrak{a}_0$ die Indikatrix sich umkehrt, so gilt, wie man sofort sieht, dasselbe für den geschlossenen Weg $\mathfrak{a}_1\mathfrak{a}_2 \ldots \mathfrak{a}_{n-1}\mathfrak{a}_0\mathfrak{a}_1$ und somit für alle geschlossenen Wege, die man durch cyclische Vertauschung aus dem ersten gewinnt. Wir können also kurz sagen, daß sich die Indikatrix längs des Umlaufs $\mathfrak{a}_0\mathfrak{a}_1 \ldots \mathfrak{a}_{n-1}\mathfrak{a}_0$ umkehrt. Aus unsern letzten Betrachtungen ist sofort ersichtlich, daß sich die Indikatrix auch längs jedes Umlaufs umkehrt, der aus dem ursprünglichen durch stetige Deformation erhalten wird. Durch solche Deformationen kann man bewirken, daß die Elemente einer bestimmten, beliebig gewählten Dimension fehlen (§ 24, S. 96), daß z. B. der Umlauf nur aus Ecken und Kanten besteht. Man kann ferner, wenn der Umlauf $\mathfrak{U}$, bei dem sich die Indikatrix umkehrt, nicht einfach ist, einen einfachen Umlauf $\mathfrak{U}'$ angeben, in dem nur Elemente von $\mathfrak{U}$ vorkommen und bei dem die Indikatrix sich ebenfalls umkehrt. Nehmen wir nämlich an, daß das Element $\mathfrak{a}_0$ in $\mathfrak{U}$ mehrfach vorkommt, daß etwa $\mathfrak{a}_0 = \mathfrak{a}_m$ $(m < n)$ ist. Beginnen wir dann unsern Weg bei $\mathfrak{a}_0$, so wird entweder auf dem Wege $\mathfrak{a}_0\mathfrak{a}_1 \ldots \mathfrak{a}_{m-1}\mathfrak{a}_0$ oder auf dem Wege $\mathfrak{a}_0\mathfrak{a}_{m+1} \ldots \mathfrak{a}_{n-1}\mathfrak{a}_0$ die Indikatrix umgekehrt, so daß wir einen kürzeren Umlauf aus denselben Elementen mit Umkehrung der Indikatrix erhalten. Durch wiederholte Kürzung gelangen wir schließlich zu einem einfachen Umlauf. Es ist daraus ersichtlich, daß es in $\mathfrak{C}$ Polygone geben muß, längs deren die Indikatrix sich umkehrt.

Wenn aus dem normalen berandeten Komplex $\mathfrak{C}$ durch Schließung eines Randes der Komplex $\mathfrak{C} + \varrho$ hervorgeht, so sind beide Komplexe orientierbar oder beide nichtorientierbar; denn wenn einer der Komplexe nichtorientierbar ist, so gibt es auf ihm einen geschlossenen nur aus Ecken und Kanten bestehenden Weg, auf dem sich die Indikatrix umkehrt. Dieser Weg kommt aber auch in dem andern Komplex vor und führt da ebenfalls zur entgegengesetzten Indikatrix.

Wie in den Untersuchungen in § 31 bezeichnen wir mit $\mathfrak{P} = A_0 b_1 A_1 \ldots A_{n-1} b_n A_0$ ein inneres Polygon des normalen Komplexes $\mathfrak{C}$, mit $\alpha_i$, $\beta_i$ die Flächen durch $b_i$ $(i = 1, \ldots, n)$, wobei die Bezeichnung so gewählt ist, daß $\alpha_i$ und $\alpha_{i+1}$ $(i = 1, \ldots, n-1)$ auf derselben Seite von $\mathfrak{P}$ an der Stelle $A_i$ liegen. Die beiden Incidenztripel $A_1 b_1 \alpha_1$ und $A_1 b_2 \alpha_2$ entsprechen verschiedenen Indikatrizen des Elementes $A_1$. Wenn man also bei Zurücklegung des Weges $b_1 A_1 b_2$ bei $b_1$ mit der durch das Tripel $A_1 b_1 \alpha_1$ gegebenen Indikatrix ausgeht, gelangt man bei $b_2$ nicht zu der durch $A_1 b_2 \alpha_2$ bestimmten Indikatrix, sondern zu der entgegengesetzten, zu welcher das Tripel $A_2 b_2 \alpha_2$ gehört. Setzt man den Weg von $b_2$ über $A_2$ nach $b_3$ fort, so wird man hier die durch $A_3 b_3 \alpha_3$ bestimmte Indikatrix und ebenso, wenn man das Polygon weiter bis $b_n$ verfolgt, die durch das Tripel $A_0 b_n \alpha_n$ bestimmte Indikatrix erhalten. Ist das Polygon zweiseitig, so liegen bei $A_0$ $\alpha_n$ und $\alpha_1$ auf derselben Seite, und der von $b_n$ über $A_0$ nach $b_1$ fortgesetzte Weg führt hier zu der durch das Tripel $A_1 b_1 \alpha_1$ gegebenen Indikatrix und somit zu der Ausgangsindikatrix zurück. Ist aber $\mathfrak{P}$ einseitig, so liegen bei $A_0$ $\alpha_n$ und $\beta_1$ auf derselben Seite, und wir erhalten bei $b_1$ die dem Tripel $A_1 b_1 \beta_1$ entsprechende Indikatrix, die der Ausgangsindikatrix $A_1 b_1 \alpha_1$ entgegengesetzt ist. Somit ergibt sich der Satz:

Beim Durchlaufen eines inneren Polygons bleibt die Indikatrix erhalten, oder sie kehrt sich um, je nachdem das Polygon zwei- oder einseitig ist.

## § 33. EULERsche Komplexe und Elementarkomplexe.

Unter einem EULERschen Komplex verstehen wir einen normalen Komplex, der der EULERschen Gleichung genügt, dessen Charakteristik also den Höchstwert 2 hat. Ein solcher Komplex ist geschlossen (§ 30, 6). Wir beweisen:

1. *Wird das Kantensystem $\mathfrak{K}$ des EULERschen Komplexes $\mathfrak{C} = \mathfrak{E} + \mathfrak{K} + \mathfrak{F}$ so in zwei Teilsysteme $\mathfrak{K}_1$ und $\mathfrak{K}_2$ zerlegt, daß der eine der Komplexe $\mathfrak{E} + \mathfrak{K}_1$ und $\mathfrak{K}_2 + \mathfrak{F}$ eben noch zusammenhängt, so ist auch der andere eben noch zusammenhängend.*

Wir bezeichnen mit $k_1$, $k_2$ die Anzahl der Elemente von $\mathfrak{K}_1$ und $\mathfrak{K}_2$, so daß $k_1 + k_2 = k = e + f - 2$ ist. Nehmen wir an, daß $\mathfrak{E} + \mathfrak{K}_1$ eben noch zusammenhängt. Dann ist $k_1 = e - 1$, mithin $k_2 = f - 1$. Der eben noch zusammenhängende Kantenkomplex $\mathfrak{E} + \mathfrak{K}_1$ hat nur Brücken, kann also $\mathfrak{C}$ nicht zerfällen. Es ist demnach $\mathfrak{K}_2 + \mathfrak{F} = (\mathfrak{K} - \mathfrak{K}_1) + \mathfrak{F}$ zusammenhängend, und weil die Kantenzahl dieses Komplexes $f - 1$ ist, eben noch zusammenhängend. Die Umkehrung, die besagt, daß, wenn $\mathfrak{K}_2 + \mathfrak{F}$ eben noch zusammenhängt, dasselbe für $\mathfrak{E} + \mathfrak{K}_1$ gilt, ergibt sich aus dem Bewiesenen sofort, wenn man beachtet, daß ein zu $\mathfrak{C}$ reziproker Komplex $\mathfrak{C}''$ ebenfalls ein EULERscher Komplex ist und dem eben noch zusammenhängende Teile $\mathfrak{K}_2 + \mathfrak{F}$ in $\mathfrak{C}'$ ein eben noch zusammenhängender Kantenkomplex entspricht.

2. *Ein EULERscher Komplex $\mathfrak{C}$ wird durch jedes seiner Polygone zerfällt.*

3. *Ein geschlossener normaler Komplex $\mathfrak{C}$, der nur zerfällende Polygone hat, ist ein EULERscher Komplex.*

Um diese Sätze zu beweisen, nehmen wir zunächst nur an, daß $\mathfrak{C} = \mathfrak{E} + \mathfrak{K} + \mathfrak{F}$ ein geschlossener normaler Komplex ist. Sei dann $\mathfrak{C}' = \mathfrak{E}_1 + \mathfrak{K}_1$ ein in $\mathfrak{C}$ enthaltener nichtzerfällender Kantenkomplex, also wenn wir $\mathfrak{K} - \mathfrak{K}_1 = \mathfrak{K}_2$ setzen, $\mathfrak{K}_2 + \mathfrak{F}$ zusammenhängend. Lassen wir aus $\mathfrak{K}_2 + \mathfrak{F}$ so viele Kanten weg, bis der zurückbleibende Komplex $\mathfrak{K}_2' + \mathfrak{F}$ eben noch zusammenhängt, so ist die Zahl $k_2'$ der Elemente von $\mathfrak{K}_2'$ gleich $f - 1$. Nehmen wir nun an, daß $\mathfrak{C}$ ein Eulerscher Komplex ist, so ist nach 1. $\mathfrak{E} + \mathfrak{K}_1'$ (wo $\mathfrak{K}_1' = \mathfrak{K} - \mathfrak{K}_2'$ gesetzt ist) eben noch zusammenhängend, enthält also kein Polygon. Nun ist aber $\mathfrak{K}_2'$ Teil von $\mathfrak{K}_2$, daher $\mathfrak{K}_1$ Teil von $\mathfrak{K}_1'$ und $\mathfrak{C}'$ Teil von $\mathfrak{E} + \mathfrak{K}_1'$. Da dieser Komplex kein Polygon enthält, so kann auch $\mathfrak{C}'$ kein Polygon enthalten, also auch selbst nicht Polygon sein. Damit ist gezeigt, daß ein in einem Eulerschen Komplex nichtzerfällender Kantenkomplex kein Polygon sein kann, mit andern Worten, daß jedes Polygon den Eulerschen Komplex zerfällt. — Nehmen wir hingegen an, daß $\mathfrak{C}$ kein Eulerscher Komplex ist, so folgt, daß seine Charakteristik $c < 2$ ist. Aus $k_2' = f - 1$ folgt daher $k_1' = k - k_2' = (e + f - c) - (f - 1) = e + 1 - c > e - 1$. Da der Komplex $\mathfrak{E} + \mathfrak{K}_1'$ mehr als $e - 1$ Kanten enthält, sein Exzeß also $>0$ ist, so enthält er wenigstens ein Polygon $\mathfrak{P}$, und da er ein nichtzerfällender Komplex ist — denn $\mathfrak{K}_2' + \mathfrak{F}$ ist zusammenhängend —, so kann auch das Polygon $\mathfrak{P}$ den Komplex nicht zerfällen. Sollen also nichtzerfällende Polygone in dem geschlossenen Komplex $\mathfrak{C}$ nicht vorhanden sein, so muß $\mathfrak{C}$ ein Eulerscher Komplex sein.

4. *Ist $\mathfrak{C} = \mathfrak{E} + \mathfrak{K} + \mathfrak{F}$ ein Eulerscher Komplex, $\mathfrak{C}' = \mathfrak{E}' + \mathfrak{K}'$ ein beliebiger in $\mathfrak{C}$ enthaltener Kantenkomplex, bezeichnen $e'$ und $k'$ die Anzahlen der Elemente von $\mathfrak{E}'$ und $\mathfrak{K}'$, $s$ und $t$ die Anzahlen der Komponenten von $\mathfrak{C}'$ und $(\mathfrak{K} - \mathfrak{K}') + \mathfrak{F}$, so besteht die Relation $s - t = e' - k' - 1$.*

*Beweis.* Wir schreiben $\mathfrak{K}_0, k_0, s_0, t_0$ statt $\mathfrak{K}', k', s, t$ und bezeichnen mit $\mathfrak{K}_1$ einen Komplex, der aus $\mathfrak{K}_0$ durch Weglassen einer beliebigen Kante $b$ hervorgeht, mit $k_1, s_1, t_1$ die Zahlen, die an die Stelle von $k_0$, $s_0, t_0$ treten, wenn $\mathfrak{K}_0$ durch $\mathfrak{K}_1 = \mathfrak{K}_0 - b$ ersetzt wird, während $\mathfrak{E}'$ beibehalten wird. Es sollen also $k_1, s_1, t_1$ die Zahl der Elemente von $\mathfrak{K}_1$, die Komponentenzahl von $\mathfrak{E}' + \mathfrak{K}_1$ und die Komponentenzahl von $(\mathfrak{K} - \mathfrak{K}_1) + \mathfrak{F}$ sein. Dann gilt in jedem Falle $k_1 = k_0 - 1$. Für die Komponentenzahl $s_1$ von $\mathfrak{E}' + \mathfrak{K}_1$ ergibt sich: $s_1 = s_0 + 1$ oder $s_1 = s_0$, je nachdem $b$ Brücke oder Polygonkante des Komplexes $\mathfrak{E}' + \mathfrak{K}_0$ war. Die beiden Flächen $\alpha$ und $\beta$ der Kante $b$ sind, wenn $b$ Brücke von $\mathfrak{E}' + \mathfrak{K}_0$ ist, innerhalb $(\mathfrak{K} - \mathfrak{K}_0) + \mathfrak{F}$ verbunden (§ 30, 4). Ist aber $b$ Polygonkante von $\mathfrak{E}' + \mathfrak{K}_0$, kommt also $b$ im Kantensystem $\bar{\mathfrak{K}}$ eines in $\mathfrak{E}' + \mathfrak{K}_0$ enthaltenen Polygons vor, so sind $\alpha$ und $\beta$ in $(\mathfrak{K} - \mathfrak{K}_0) + \mathfrak{F}$ nicht verbunden, weil $\mathfrak{C}$ ein Eulerscher Komplex ist und daher $\alpha$ und $\beta$ bereits in $(\mathfrak{K} - \bar{\mathfrak{K}}) + \mathfrak{F}$ nicht mehr verbunden sind. In dem Komplex $(\mathfrak{K} - \mathfrak{K}_1) + \mathfrak{F} = (\mathfrak{K} - \mathfrak{K}_0) + b + \mathfrak{F}$ sind aber $\alpha$ und $\beta$ in jedem Falle, nämlich durch $b$ verbunden. Daher haben, wenn $b$ Brücke ist, $(\mathfrak{K} - \mathfrak{K}_0)$

$+\mathfrak{F}$ und $(\mathfrak{K}-\mathfrak{K}_1)+\mathfrak{F}$ die gleiche Komponentenzahl, während, wenn $b$ Polygonkante ist, die Komponentenzahl des ersten Komplexes um eins größer als die des zweiten ist, d. h. es ist im ersten Falle $t_1 = t_0$, im zweiten $t_1 = t_0 - 1$. Hieraus ersehen wir, daß in jedem Falle — mag $b$ Brücke oder Polygonkante von $\mathfrak{C}'$ sein — die Gleichung

$$s_1 - t_1 + k_1 = s_0 - t_0 + k_0$$

besteht. Nehmen wir eine Kante nach der andern aus $\mathfrak{K}_0$ heraus und bezeichnen wir nach Wegnahme von $m$ Kanten mit $\mathfrak{K}_m$ das zurückbleibende Kantensystem, mit $k_m$, $s_m$, $t_m$ die Elementenzahl von $\mathfrak{K}_m$ und die Komponentenzahlen von $\mathfrak{E}'+\mathfrak{K}_m$ und $(\mathfrak{K}-\mathfrak{K}_m)+\mathfrak{F}$, so ergibt sich in gleicher Weise:

$$s_m - t_m + k_m = s_0 - t_0 + k_0 .$$

Erreicht $m$ seinen größten Wert $k' = k_0$, nehmen wir also alle Kanten weg, so wird $\mathfrak{K}_m$ leer, $k_m = 0$, $\mathfrak{E}'+\mathfrak{K}_m = \mathfrak{E}'$, also $s_m = e'$; $(\mathfrak{K}-\mathfrak{K}_m)+\mathfrak{F} = \mathfrak{K}+\mathfrak{F}$ ist zusammenhängend, also $t_m = 1$. Mithin ist hier

$$s_m - t_m + k_m = e' - 1,$$

also ist auch

$$s - t + k' = s_0 - t_0 + k_0 = e' - 1; \quad s - t = e' - k' - 1,$$

w. z. b. w.

Wir setzen $f'$ für $t$ und geben der letzten Gleichung die Form:

$$e' - k' + f' = s + 1. \tag{1}$$

Ist $\mathfrak{C}'$ zusammenhängend, so ergibt die letzte Gleichung

$$e' - k' + f' = 2.$$

Es ist dies eine Erweiterung der EULERschen Gleichung, die man erhält, wenn man $\mathfrak{E}' = \mathfrak{E}$, $\mathfrak{K}' = \mathfrak{K}$ nimmt.

Wir machen von den letzten Ergebnissen Gebrauch, um die Lücke auszufüllen, die beim Beweise des CAUCHYschen Satzes (S. 58), und zwar in dem kombinatorischen Teil dieses Beweises noch verblieben war. Wir setzen als bekannt voraus, daß die Ecken, Kanten und Flächen eines konvexen Polyeders die Bedingungen eines EULERschen Komplexes $\mathfrak{C} = \mathfrak{E}+\mathfrak{K}+\mathfrak{F}$ realisieren; ferner, daß zwei Ecken des Komplexes nicht durch mehrere Kanten des Komplexes verbunden sein können, so daß jede Kante durch Angabe ihrer Ecken bestimmt ist. $\mathfrak{K}$ sei in drei Teile zerlegt: $\mathfrak{K} = \mathfrak{K}^+ + \mathfrak{K}^- + \mathfrak{K}^0$, wobei wohl $\mathfrak{K}^0$, nicht aber $\mathfrak{K}' = \mathfrak{K}^+ + \mathfrak{K}^-$ leer sein darf. Wir bezeichnen mit $\mathfrak{E}'$ das System der in den Kanten von $\mathfrak{K}'$ gelegenen Ecken, setzen aber voraus, daß jede Ecke des Komplexes $\mathfrak{C}' = \mathfrak{E}'+\mathfrak{K}'$ mindestens zweikantig ist. Diese Annahme ist gestattet, weil es sich gegenwärtig um den Nachweis der Unmöglichkeit eines Falles handelt, bei dem $\mathfrak{C}'$ sogar nur vier- oder mehrkantige Ecken haben müßte. Wie in unsern letzten Untersuchungen bezeichnen wir mit $e'$, $k'$, $f'$ und $s$ die Anzahlen der Elemente von $\mathfrak{E}'$, $\mathfrak{K}'$ und die Komponentenzahlen der Komplexe $(\mathfrak{K} - \mathfrak{K}') + \mathfrak{F}$ und $\mathfrak{E}'$, so daß die Gleichung (1) gilt. Aus unserer Annahme, daß in $\mathfrak{E}'$ jede Ecke mindestens zweikantig ist, folgt, daß $\mathfrak{E}'$ auch Polygonkanten hat, daß daher $(\mathfrak{K} - \mathfrak{K}') + \mathfrak{F}$ nicht zusammenhängt und somit $f' > 1$ ist. Es seien $\mathfrak{F}_1, \mathfrak{F}_2, \ldots, \mathfrak{F}_{f'}$ die Flächensysteme der Komponenten, in die der Komplex $(\mathfrak{K} - \mathfrak{K}') + \mathfrak{F}$ zerfällt, $\mathfrak{A}_r (r = 1, \ldots, f')$ der polyedrische Komplex, der aus $\mathfrak{F}_r$ entsteht, wenn man noch die in den Flächen von $\mathfrak{F}_r$ gelegenen Kanten und Ecken hinzunimmt. Eine Kante oder Ecke, die mehreren Komplexen $\mathfrak{A}_r$ angehört, kann in diesen nur als Randelement auftreten und gehört sicher zu $\mathfrak{E}'$. Aber es können sehr wohl Kanten und Ecken aus $\mathfrak{E}'$ als innere Elemente eines Komplexes $\mathfrak{A}_r$ auftreten. Dies zeigt die nebenstehende Abbildung; sie stellt ein konvexes Polyeder dar, das aus einer vierseitigen Pyramide durch Abschneiden der dreikantigen Ecken entsteht. Die stark gezeichneten Linien sollen die Kanten des Komplexes $\mathfrak{E}'$ darstellen. Wir haben hier fünf Komplexe $\mathfrak{A}_r$, von denen vier nur je eine Dreiecksfläche enthalten, während der fünfte die übrigen fünf Flächen enthält. Die einzige vierkantige Ecke ist inneres Element dieses letzten Komplexes, und dasselbe gilt also auch von ihren Kanten. — Es sei $A$ eine Ecke von $\mathfrak{E}'$, $\mathfrak{S}$ das System der durch sie gehenden Kanten und Flächen von $\mathfrak{E}$. Wir durchlaufen das System $\mathfrak{S}$ cyclisch, mit einer Kante aus $\mathfrak{E}'$ beginnend, und bezeichnen die Kanten von $\mathfrak{E}'$ in der Reihenfolge, wie sie uns begegnen, mit $a_0, a_1, \ldots, a_m = a_0$. Das System der Elemente, die wir zwischen $a_{i-1}$ und $a_i$ $(i = 1, \ldots, m)$ passieren, heiße $\mathfrak{S}_i$. Diese Systeme $\mathfrak{S}_i$ sind die Komponenten, in die $\mathfrak{S} - (a_1 + \cdots + a_m)$ zerfällt. Jedes System $A + \mathfrak{S}_i$ wollen wir nur für den Zweck der augenblicklichen Untersuchung einen Winkel nennen. $A$ soll der Scheitel, $a_{i-1}$ und $a_i$ sollen die Schenkel des Winkels heißen. Jeder Winkel gehört zu einem ganz bestimmten Komplex $\mathfrak{A}_r$, in dem die sämtlichen Elemente von $\mathfrak{S}_i$ vorkommen. Jede Ecke von $\mathfrak{E}'$ ist Scheitel von zwei oder mehr Winkeln, die nicht notwendig zu verschiedenen Komplexen $\mathfrak{A}_r$ gehören müssen. Das System derjenigen Winkel, von denen der eine Schenkel zu $\mathfrak{K}^+$, der andere zu $\mathfrak{K}^-$ gehört, nennen wir $\mathfrak{W}'$, ihre Anzahl $w'$. Zur Ergänzung des Beweises des CAUCHYschen Satzes haben wir zu zeigen, daß nicht an jeder Ecke von $\mathfrak{E}'$ vier oder mehr als vier zu $\mathfrak{W}'$ gehörige Winkel liegen können. Das wird gezeigt sein, wenn wir nachweisen, daß $4e' > w'$ ist. Zu jedem Komplex $\mathfrak{A}_r$ gehören wenigstens drei Winkel[1]; denn $\mathfrak{A}_r$ hat wenigstens drei Randecken, jede von ihnen gehört zu $\mathfrak{E}'$ und ist Scheitel (wenigstens) eines zu $\mathfrak{A}_r$ ge-

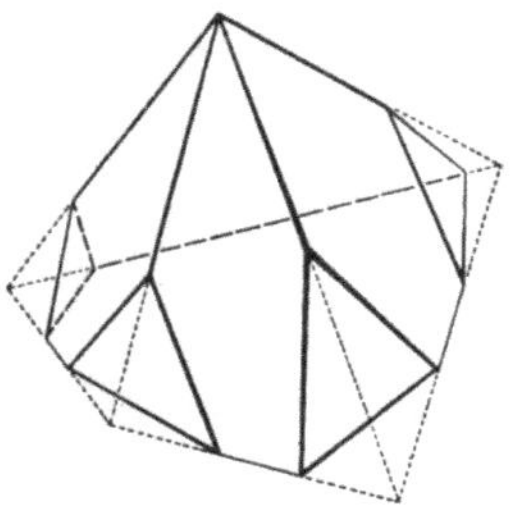

Abb. 89.

[1] [Denn es handelt sich hier ja um konvexe Polyeder, nicht um bloße EULERsche Komplexe.]

hörigen Winkels. Sei $A$ Scheitel eines solchen Winkels mit den Schenkeln $AB$ und $AC$; $B$ und $C$ sind ebenfalls Scheitel zu $\mathfrak{A}_r$ gehöriger Winkel. Soll $A_r$ nur drei Winkel haben, so muß der Winkel bei $B$ die Schenkel $BC$ und $BA$, der Winkel bei $C$ die Schenkel $CA$ und $CB$ haben. Die drei Winkel können, wie man sofort sieht, nicht alle drei dem System $\mathfrak{W}'$ angehören. Nun ist die Anzahl $w$ aller Winkel gleich $2k'$, weil jeder Winkel zwei Schenkel hat und jede Kante bei vier Winkeln als Schenkel auftritt. Ist $f_3'$ die Anzahl der Komplexe $\mathfrak{A}_r$ mit nur drei Winkeln, so gibt es nach dem Vorangehenden wenigstens $f_3'$ nicht zu $\mathfrak{W}'$ gehörige Winkel, und folglich wird:

$$w' \leqq w - f_3' = 2k' - f_3'.$$

Die Anzahl aller Winkel ist wenigstens gleich $3 \cdot f_3' + 4 \cdot (f' - f_3') = 4f' - f_3'$, also

$$2k' \geqq 4f' - f_3', \quad 4f' \leqq 2k' + f_3'.$$

Andererseits ist nach (1)

$$\begin{aligned} 4e' &= 4k' - 4f' + 4s + 4 \geqq 4k' - (2k' + f_3') + 4s + 4 \\ &= 2k' - \phantom{4}f_3' + 4s + 4 \geqq w' + 4s + 4 > w', \end{aligned}$$

also

$$4e' > w',$$

w. z. b. w.

*Elementarkomplexe.*

Wie unter den *geschlossenen* normalen Komplexen diejenigen, welche durch jedes Polygon *zerfällt* werden, das sind die EULERschen, sich durch besondere Einfachheit auszeichnen, so unter den *berandeten* Komplexen die, welche durch jeden *Querzug* zerfällt werden. Wir wollen einen berandeten normalen Komplex „*Elementarkomplex*" nennen, wenn er entweder *keine* oder *nur zerfällende* Querzüge hat.

5. *Ein Elementarkomplex kann nur einen Rand haben;*

denn andernfalls gibt es (wenigstens) einen Querzug, dessen Endpunkte verschiedenen Rändern angehören, und ein solcher Querzug zerfällt den Komplex nicht (§ 31, 2, 4).

6. *Ein Elementarkomplex wird durch jeden Querzug in zwei Elementarkomplexe zerfällt.*

*Beweis.* Der Elementarkomplex $\mathfrak{C}$ habe den Rand $\mathfrak{R}$ und werde durch den in $A$ und $B$ endigenden Querzug in $\mathfrak{A}$ und $\mathfrak{B}$ zerfällt. Sind $\mathfrak{Z}_1$ und $\mathfrak{Z}_2$ die beiden Komponenten von $\mathfrak{R} - A - B$, so stellt das Polygon $\mathfrak{Z}_1 + \mathfrak{Q}$ die Berandung des einen dieser beiden Komplexe, etwa $\mathfrak{A}$, das Polygon $\mathfrak{Z}_2 + \mathfrak{Q}$ die des andern $\mathfrak{B}$ dar. Enthält $\mathfrak{B}$ nur eine Fläche, so ist $\mathfrak{B}$ Elementarkomplex. Andernfalls sei $\mathfrak{Q}'$ ein Querzug von $\mathfrak{B}$, der in den Punkten $C, D$ endigt. Wir können dann einen Querzug $\mathfrak{Q}_1$ von $\mathfrak{C}$ bestimmen, der einerseits $\mathfrak{Q}'$ enthält, andererseits in dem aus den Elementen von $\mathfrak{Q}$ und $\mathfrak{Q}'$ gebildeten Komplex enthalten ist.

Gehören nämlich $C$ und $D$ zu $\mathfrak{R}$, so ist $\mathfrak{Q}'$ selbst ein solcher Querzug; gehört keiner der Punkte $C, D$ zu $\mathfrak{R}$, so sind sie beide innere Elemente von $\mathfrak{Q}$, und man erhält den verlangten Querzug $\mathfrak{Q}_1$ von $\mathfrak{C}$, indem man das zwischen $C$ und $D$ gelegene Stück von $\mathfrak{Q}$ durch $\mathfrak{Q}'$ ersetzt. Gehört einer der beiden Punkte, etwa $C$ zu $\mathfrak{R}$, der andere nicht, so ist $D$ inneres Element von $\mathfrak{Q}$. Wählen wir dann aus den Punkten $A$ und $B$ einen aus, der von $C$ verschieden ist — es sei dies etwa $B$ —, so bildet $\mathfrak{Q}'$ mit dem von $D$ bis $B$ reichenden Teile von $\mathfrak{Q}$ den verlangten Querzug $\mathfrak{Q}_1$. Es sei nun $c$ eine Kante aus $\mathfrak{Q}'$; die beiden durch $c$ gehenden Flächen $\alpha$ und $\beta$ gehören beide zu $\mathfrak{B}$. Es gibt daher einen Weg von $\alpha$ nach $\beta$, der nur Flächen und innere Kanten von $\mathfrak{B}$, also keine Kante von $\mathfrak{Q}$ enthält. Aber dieser Weg muß eine Kante von $\mathfrak{Q}_1$ enthalten, weil $\mathfrak{C}$ als Elementarkomplex durch $\mathfrak{Q}_1$ zerfällt wird und die Kante $c$ auch zu $\mathfrak{Q}_1$ gehört. Diese nicht zu $\mathfrak{Q}$ gehörige Kante von $\mathfrak{Q}_1$ muß zu $\mathfrak{Q}'$ gehören. Da somit jeder von $\alpha$ nach $\beta$ führende Weg aus Kanten und Flächen von $\mathfrak{B}$ eine Kante von $\mathfrak{Q}'$ enthalten muß, so wird $\mathfrak{B}$ durch $\mathfrak{Q}'$, d. h. durch jeden Querzug zerfällt, ist also ein Elementarkomplex. Dasselbe läßt sich von $\mathfrak{A}$ nachweisen.

7. *Jeder Elementarkomplex hat die Charakteristik* 1.

*Beweis.* Im Falle $f = 1$ ist die Behauptung richtig, weil der Komplex dann außer der einen Fläche nur noch das zugehörige Polygon enthält, dessen Charakteristik 0 ist. Ist $f > 1$, so führen wir den Beweis durch Induktion. Durch einen Querzug $\mathfrak{Q}$ wird $\mathfrak{C}$ in zwei Elementarkomplexe $\mathfrak{A}$ und $\mathfrak{B}$ zerfällt, und es ist $Ch(\mathfrak{C}) = Ch(\mathfrak{A}) + Ch(\mathfrak{B}) - 1$ (§ 31, S. 125). Da aber jeder der Komplexe $\mathfrak{A}$ und $\mathfrak{B}$ weniger als $f$ Flächen hat, so gilt als bereits bewiesen, daß $Ch(\mathfrak{A}) = Ch(\mathfrak{B}) = 1$ ist. Hieraus folgt aber, daß auch $Ch(\mathfrak{C}) = 1$ ist.

8. *Jeder berandete polyedrische Komplex von der Charakteristik* 1 *ist ein Elementarkomplex.*

Wenn nämlich der Komplex $\mathfrak{C}$ die Voraussetzungen des Satzes 8 erfüllt, so entsteht, wenn ein Rand $\mathfrak{R}$ von $\mathfrak{C}$ durch Einführung einer Fläche $\varrho$ geschlossen wird, ein Komplex $\mathfrak{C} + \varrho$ von der Charakteristik 2, also ein EULERscher Komplex; $\mathfrak{C}$ hat also nur den einen Rand $\mathfrak{R}$. Sei nun, falls $\mathfrak{C}$ nicht nur eine einzige Fläche hat, $\mathfrak{Q}$ ein Querzug mit den beiden Endpunkten $A, B$, $b$ eine Kante von $\mathfrak{Q}$, $\alpha$ und $\beta$ die beiden durch $b$ gehenden Flächen und $\mathfrak{W}$ ein beliebiger Weg, der innerhalb $\mathfrak{K} + \mathfrak{J}$ von $\alpha$ zu $\beta$ führt und keine Kante von $\mathfrak{R}$ enthält, $\mathfrak{R} - A - B$ zerfällt in zwei Komponenten $\mathfrak{T}, \mathfrak{U}$. $\mathfrak{Q} + \mathfrak{T}$ ist ein Polygon des EULERschen Komplexes $\mathfrak{C} + \varrho$, und da dieser nur zerfällende Polygone hat, so muß der Weg $\mathfrak{W}$ Kanten des Polygons und, da in ihm keine Kante aus $\mathfrak{T}$ vorkommt, Kanten des Querzuges $\mathfrak{Q}$ enthalten. Damit ist gezeigt, daß jeder beliebige Querzug $\mathfrak{Q}$ den Komplex zerfällt, daß also $\mathfrak{C}$ Elementarkomplex ist.

Aus dem Vorangehenden ergibt sich ohne weiteres:

9. *Ein Elementarkomplex wird durch Hinzufügen einer mit seinem Rande incidenten Fläche zu einem* EULER*schen Komplex ergänzt; aus einem* EULER*schen Komplex wird durch Weglassen einer Fläche ein Elementarkomplex.*

Allgemeiner gilt:

10. *Ein* EULER*scher Komplex wird durch jedes Polygon in zwei Elementarkomplexe zerfällt;*

denn wenn der EULERsche Komplex $\mathfrak{C}$ durch das Polygon in $\mathfrak{A}$ und $\mathfrak{B}$ zerfällt wird, so ist

$$Ch(\mathfrak{A}) + Ch(\mathfrak{B}) = Ch(\mathfrak{C}) = 2,$$

und da $Ch(\mathfrak{A}) \leqq 1$, $Ch(\mathfrak{B}) \leqq 1$ ist, weil beide Komplexe berandet sind, so müssen die Charakteristiken von $\mathfrak{A}$ und $\mathfrak{B}$ gleich 1, d. h. $\mathfrak{A}$ und $\mathfrak{B}$ Elementarkomplexe sein.

11. *Wird das Flächensystem eines* EULER*schen Komplexes $\mathfrak{C} = \mathfrak{E} + \mathfrak{K} + \mathfrak{F}$ so in zwei Teile $\mathfrak{F}_1$, $\mathfrak{F}_2$ zerlegt, daß aus jedem der beiden Flächensysteme $\mathfrak{F}_1$, $\mathfrak{F}_2$ durch Hinzufügung der in seinen Elementen gelegenen Kanten ein zusammenhängender Komplex wird, so sind $\mathfrak{F}_1$ und $\mathfrak{F}_2$ die Flächensysteme zweier Elementarkomplexe, in die $\mathfrak{C}$ durch ein Polygon zerfällt wird.*

*Beweis.* Sei $\mathfrak{K}_1$ das System der in den Flächen von $\mathfrak{F}_1$, $\mathfrak{K}_2$ das System der in den Flächen von $\mathfrak{F}_2$ gelegenen Kanten, $\mathfrak{K}_3$ das System der $\mathfrak{K}_1$ und $\mathfrak{K}_2$ gemeinsamen Elemente, also derjenigen Kanten, deren eine Fläche zu $\mathfrak{F}_1$, deren andere zu $\mathfrak{F}_2$ gehört, $\mathfrak{E}'$ das System der in den Kanten von $\mathfrak{K}_3$ gelegenen Ecken. Da jeder Weg, der innerhalb $\mathfrak{K} + \mathfrak{F}$ aus einer Fläche von $\mathfrak{F}_1$ zu einer Fläche von $\mathfrak{F}_2$ führt, eine Kante aus $\mathfrak{K}_3$ enthalten muß, so ist der Komplex $(\mathfrak{K} - \mathfrak{K}_3) + \mathfrak{F}$ nicht zusammenhängend, und mithin wird $\mathfrak{C}$ durch den Kantenkomplex $\mathfrak{E}' + \mathfrak{K}_3$ zerfällt, der demnach wenigstens ein Polygon enthalten muß. Durch ein solches Polygon $\mathfrak{P}$ wird aber $\mathfrak{C}$ in zwei Elementarkomplexe $\mathfrak{A}$ und $\mathfrak{B}$ zerfällt. Nun besagen aber die bezüglich $\mathfrak{F}_1$ und $\mathfrak{F}_2$ gemachten Voraussetzungen, daß jeder der Komplexe $\mathfrak{K}_1 + \mathfrak{F}_1$ und $\mathfrak{K}_2 + \mathfrak{F}_2$ zusammenhängend ist. Sind daher $\alpha$ und $\alpha'$ zwei Flächen aus $\mathfrak{F}_1$, so gibt es innerhalb $\mathfrak{K}_1 + \mathfrak{F}_1$ einen von $\alpha$ nach $\alpha'$ führenden einfachen Weg, und dieser kann keine Kante aus $\mathfrak{K}_3$, also auch keine aus $\mathfrak{P}$ enthalten. Es sind also $\alpha$ und $\alpha'$ auch innerhalb $\mathfrak{C} - \mathfrak{P}$ verbunden, und somit gehören beide Flächen entweder zu $\mathfrak{A}$ oder beide zu $\mathfrak{B}$. Nehmen wir etwa an, daß $\alpha$ zu $\mathfrak{A}$ gehört, so werden alle Flächen von $\mathfrak{F}_1$ zu $\mathfrak{A}$ gehören. Ebenso muß das Flächensystem $\mathfrak{F}_2$, da es nicht auch ganz in $\mathfrak{A}$ enthalten sein kann, vollständig in $\mathfrak{B}$ enthalten sein. Damit ist unser Satz bewiesen. Da die Kanten von $\mathfrak{P}$ die einzigen sind, durch die sowohl eine Fläche aus $\mathfrak{A}$ wie eine aus $\mathfrak{B}$ geht, so ist das System $\mathfrak{K}_3$ mit diesen Kanten erschöpft, und es wird $\mathfrak{C}' = \mathfrak{P}$.

12. *Jedes in einem Elementarkomplex $\mathfrak{C}$ enthaltene Polygon $\mathfrak{P}$ ist Randpolygon eines bestimmten in $\mathfrak{C}$ enthaltenen Elementarkomplexes $\mathfrak{T}$.*

Ein solcher Komplex $\mathfrak{T}$ muß nämlich auch Teil des EULERschen Komplexes $\mathfrak{C} + \varrho$ sein, den wir durch Schließung des Randes von $\mathfrak{C}$ mittels einer Fläche $\varrho$ erhalten. In $\mathfrak{C} + \varrho$ ist aber $\mathfrak{P}$ Randpolygon zweier Elementarkomplexe, nämlich derjenigen beiden, in welche $\mathfrak{C} + \varrho$ durch $\mathfrak{P}$ zerfällt wird. Von diesen ist der eine, in dem $\varrho$ nicht vorkommt, in $\mathfrak{C}$ enthalten.

13. *Ist der Elementarkomplex $\mathfrak{T}$ echter Teil des Elementarkomplexes $\mathfrak{C}$, so kann $\mathfrak{C}$ durch einen Querzug so in zwei Komplexe $\mathfrak{A}, \mathfrak{B}$ zerfällt werden, daß $\mathfrak{T}$ ganz in dem einen dieser Komplexe enthalten ist.*

*Beweis.* Damit ein Querzug $\mathfrak{Q}$ unsere Forderung erfüllt, ist notwendig und hinreichend, daß er keine innere Kante von $\mathfrak{T}$ enthält; denn wenn er eine solche Kante enthielte, so würde von ihren beiden Flächen die eine zu $\mathfrak{A}$, die andere zu $\mathfrak{B}$, aber beide zu $\mathfrak{T}$ gehören. Wenn andererseits $\mathfrak{Q}$ keine innere Kante von $\mathfrak{T}$ enthält, so folgt aus dem Umstande, daß je zwei Flächen $\alpha$ und $\beta$ von $\mathfrak{T}$ durch einen Weg verbunden werden können, der nur Flächen und innere Kanten von $\mathfrak{T}$, also keine Kanten aus $\mathfrak{Q}$ enthält, daß der Komplex $\mathfrak{T}$ ganz in dem einen der beiden Elementarkomplexe $\mathfrak{A}, \mathfrak{B}$ enthalten ist. Es kommt also nur darauf an, die Existenz eines derartigen Querzuges nachzuweisen. Gehen wir von einem beliebigen Querzuge $\mathfrak{Q}$ aus, der in $A$ beginnt, in $B$ endigt. Wenn $\mathfrak{Q}$ eine innere Kante von $\mathfrak{T}$ enthält, so werden das erste und letzte zu $\mathfrak{T}$ gehörige Element des Querzuges zwei Ecken $A'$, $B'$ sein. Da $\mathfrak{T}$ echter Teil von $\mathfrak{C}$ ist, so muß es eine Kante $b$ geben, die Randkante von $\mathfrak{T}$, aber innere Kante von $\mathfrak{C}$ ist; denn jeder einfache Weg, der innerhalb $\mathfrak{K} + \mathfrak{F}$ von einer Fläche aus $\mathfrak{T}$ zu einer nicht zu $\mathfrak{T}$ gehörigen Fläche von $\mathfrak{C}$ führt, muß eine solche Kante enthalten. Ist nun $\mathfrak{R}$ das Randpolygon von $\mathfrak{T}$ und $\mathfrak{S}$ die Komponente von $\mathfrak{R} - A' - B'$, in der die Kante $b$ vorkommt, so erhalten wir, indem wir den zwischen $A'$ und $B'$ gelegenen Teil von $\mathfrak{Q}$ durch $\mathfrak{S}$ ersetzen, einen einfachen Kantenzug $\mathfrak{Z}$, der in einem Randpunkt $A$ von $\mathfrak{C}$ beginnt, in einem Randpunkt $B$ endigt und wenigstens eine innere Kante von $\mathfrak{C}$, nämlich $b$, aber keine innere Kante von $\mathfrak{T}$ enthält. Ist unter den Ecken dieses Kantenzuges $\mathfrak{Z}$, die $b$ vorangehen, $A''$ die letzte, unter denen, die auf $b$ folgen, $B''$ die erste zur Berandung von $\mathfrak{C}$ gehörige, so ist der von $A''$ bis $B''$ reichende Teil von $\mathfrak{Z}$ ein Querzug von $\mathfrak{C}$, der keine innere Kante von $\mathfrak{T}$ enthält. Damit ist Satz 13 bewiesen.

Wir kommen noch einmal auf den Beweis des Satzes 6 zurück. Durch den dort mit $\mathfrak{Q}_1$ bezeichneten Querzug wird $\mathfrak{C}$ in zwei Elementarkomplexe $\mathfrak{A}_1$ und $\mathfrak{B}_1$, durch den Querzug $\mathfrak{Q}'$ $\mathfrak{B}$ in zwei Elementarkomplexe $\mathfrak{B}'$ und $\mathfrak{B}''$ zerfällt. Jeder der drei Elementarkomplexe $\mathfrak{A}$, $\mathfrak{B}'$ und $\mathfrak{B}''$ muß entweder in $\mathfrak{A}_1$ oder $\mathfrak{B}_1$ enthalten sein; denn zwei Flächen $\alpha$, $\beta$, die zu demselben Komplex gehören, sind durch einen Weg verbunden, der nur Flächen und innere Kanten des Komplexes, also keine Kante aus $\mathfrak{Q}_1$ enthält. Da der $\mathfrak{B}$ zerfällende Querzug $\mathfrak{Q}'$ Teil von $\mathfrak{Q}_1$ ist, können

$\mathfrak{B}'$ und $\mathfrak{B}''$ nicht beide zu $\mathfrak{A}_1$ oder beide zu $\mathfrak{B}_1$ gehören. Wählen wir also die Bezeichnung so, daß $\mathfrak{A}$ in $\mathfrak{A}_1$ enthalten ist, so wird $\mathfrak{A}_1$ noch etwa $\mathfrak{B}''$ enthalten, während $\mathfrak{B}' = \mathfrak{B}_1$ wird. Damit ist gezeigt:

14. *Wird der Elementarkomplex $\mathfrak{C}$ durch den Querzug $\mathfrak{Q}$ in $\mathfrak{A}$ und $\mathfrak{B}$ zerfällt und enthält $\mathfrak{B}$ mehr als eine Fläche, so kann man $\mathfrak{C}$ durch einen neuen Querzug $\mathfrak{Q}_1$ so in $\mathfrak{A}_1$ und $\mathfrak{B}_1$ zerfällen, daß $\mathfrak{B}_1$ echter Teil von $\mathfrak{B}$ (mithin $\mathfrak{A}$ echter Teil von $\mathfrak{A}_1$) wird.*

Diese Schlußweise läßt sich, wenn $\mathfrak{B}_1$ noch mehr als eine Fläche hat, wiederholen und führt schließlich zu einer Zerfällung von $\mathfrak{C}$ in zwei Komplexe $\mathfrak{A}_n$ und $\mathfrak{B}_n$, von denen der eine $\mathfrak{B}_n$ nur eine einzige Fläche besitzt. Diese ist in $\mathfrak{B}$ enthalten. Da wir aber dasselbe Verfahren auch auf $\mathfrak{A}$ anwenden können, so ergibt sich:

15. *Enthält ein Elementarkomplex mehr als eine Fläche, so besitzt er mindestens zwei Flächen $\alpha, \beta$, für welche $\mathfrak{F} - \alpha$ ebenso wie $\mathfrak{F} - \beta$ das Flächensystem eines Elementarkomplexes ist, der durch Zerfällung von $\mathfrak{C}$ mittels eines Querzuges erhalten wird.*

Man ersieht daraus leicht, daß man den Flächen auf wenigstens $2^{f-1}$ Arten eine solche Anordnung $\alpha_1, \alpha_2, \ldots, \alpha_f$ erteilen kann, daß $\alpha_1, \alpha_1 + \alpha_2, \alpha_1 + \alpha_2 + \alpha_3, \ldots$ die Flächensysteme von Elementarkomplexen werden. Ferner erkennt man, daß man jeden $f$-flächigen Elementarkomplex aus einem $(f - 1)$-flächigen erhalten kann, indem man auf dem Rande des letzteren einen einfachen Kantenzug auswählt, diesen durch Hinzunahme neuer Elemente zu einem Polygon ergänzt und eine neue mit den Elementen des Polygons incidente Fläche einfügt. — Daß umgekehrt dieser Prozeß auch stets wieder zu Elementarkomplexen führt, ist ebenfalls sofort ersichtlich.

16. *Zwei Flächen $\alpha, \beta$ eines Elementarkomplexes $\mathfrak{C}$ können stets durch einen Querzug getrennt werden.*

Hat der Elementarkomplex nur zwei Flächen, so ist der Satz trivial. Für größere Flächenzahl $f$ beweisen wir ihn durch Induktion. Wird $\mathfrak{C}$ durch den Querzug $\mathfrak{Q}$ in $\mathfrak{A}$ und $\mathfrak{B}$ zerfällt und gehört von den Flächen $\alpha$ und $\beta$ die eine zu $\mathfrak{A}$, die andere zu $\mathfrak{B}$, so leistet bereits $\mathfrak{Q}$ das Verlangte. Gehörten aber $\alpha$ und $\beta$ zu demselben Komplex, etwa zu $\mathfrak{B}$, so dürfen wir, weil $\mathfrak{B}$ weniger als $f$ Flächen hat, die Existenz eines $\alpha$ und $\beta$ trennenden Querzuges $\mathfrak{Q}'$ von $\mathfrak{B}$ bereits voraussetzen. Wie beim Beweise des Satzes 6 können wir dann einen $\mathfrak{Q}'$ enthaltenden, nur aus Elementen von $\mathfrak{Q}$ und $\mathfrak{Q}'$ zusammengesetzten Querzug $\mathfrak{Q}_1$ von $\mathfrak{C}$ bilden, und dieser trennt $\alpha$ und $\beta$.

17. *Zwei Flächen $\alpha, \beta$ eines Elementarkomplexes $\mathfrak{C}$ können höchstens zwei Randecken von $\mathfrak{C}$ gemeinsam haben.*

Zerfällen wir nämlich durch einen Querzug $\mathfrak{Q}$ mit den Endpunkten $A$ und $B$ $\mathfrak{C}$ in $\mathfrak{A}$ und $\mathfrak{B}$ so, daß $\alpha$ zu $\mathfrak{A}$ und $\beta$ zu $\mathfrak{B}$ gehört, so sind $A$ und $B$ die einzigen $\mathfrak{A}$ und $\mathfrak{B}$ gemeinsamen Randecken von $\mathfrak{C}$. Andere Randecken können auch $\alpha$ und $\beta$ nicht gemein haben.

18. *Sind $\alpha$, $\beta$ zwei Flächen eines Elementarkomplexes $\mathfrak{C}$, enthält die eine die Randecken $A$ und $B$ von $\mathfrak{C}$, die andere die Randecken $C$ und $D$, so können die Paare $A$, $B$, $C$, $D$ sich auf dem Rande $\mathfrak{R}$ von $\mathfrak{C}$ nicht trennen.*

*Beweis.* Durch einen Querzug $\mathfrak{Q}$ von $\mathfrak{C}$ mit den Endpunkten $P$ und $Q$ sei $\mathfrak{C}$ so in $\mathfrak{A}$ und $\mathfrak{B}$ zerfällt, daß $\alpha$ in $\mathfrak{A}$, $\beta$ in $\mathfrak{B}$ enthalten ist. Von den beiden Komponenten $\mathfrak{Z}_1$ und $\mathfrak{Z}_2$, in die $\mathfrak{R} - P - Q$ zerfällt, gehöre $\mathfrak{Z}_1$ zur Begrenzung von $\mathfrak{A}$, $\mathfrak{Z}_2$ zur Begrenzung von $\mathfrak{B}$. $A$ und $B$ sind dann die Endpunkte eines einfachen Kantenzuges $\mathfrak{Z}'$, der Teil des einfachen Kantenzuges $P + \mathfrak{Z}_1 + Q$ ist. Die Punkte $C$ und $D$ gehören zu $P + \mathfrak{Z}_2 + Q$ und kommen, da sie auch von $A$ und $B$ verschieden sein sollen, in $\mathfrak{Z}'$ nicht vor. $\mathfrak{Z}'$ ist daher Teil von $\mathfrak{R} - C - D$. In diesem Komplex sind also $A$ und $B$ verbunden; somit werden sie auf $\mathfrak{R}$ nicht durch $C$ und $D$ getrennt.

19. *Sind die Randecken $A_1, A_2, \ldots, A_n$ $(n \geqq 4)$ eines Elementarkomplexes $\mathfrak{C}$ zu je zweien mit einer und derselben Fläche von $\mathfrak{C}$ incident, so kommt in $\mathfrak{C}$ eine Fläche vor, die alle diese Randpunkte enthält.*

*Beweis.* Wir denken uns die Punkte in der cyclischen Folge, in der sie uns beim Durchlaufen des Randpolygons begegnen, numeriert. Dann trennen die Paare $A_1, A_3$ und $A_2 A_n$ einander. Nach unserer Voraussetzung gibt es in $\mathfrak{C}$ eine mit $A_1$ und $A_3$ incidente Fläche $\alpha$ und eine mit $A_2$ und $A_n$ incidente Fläche $\beta$. Das ist aber nach dem vorigen Satze, wenn $\alpha$ und $\beta$ verschieden sind, nicht möglich; es ist also $\beta = \alpha$, und $\alpha$ enthält also die Ecken $A_1, A_2, A_3, A_n$. Ist $n > 4$ und $3 < i < n$, so trennen einander die Paare $A_1, A_i$ und $A_2, A_n$. Nach Voraussetzung enthält $\mathfrak{C}$ eine mit $A_1$ und $A_i$ incidente Fläche $\gamma$, die nun wieder mit der Fläche $\alpha$, die $A_2$ und $A_n$ enthält, identisch sein muß. $\alpha$ enthält also $A_i$ und somit alle Punkte $A_1, \ldots, A_n$.

20. *Es seien $P$ und $Q$ zwei Ecken auf dem Rande $\mathfrak{R}$ des Elementarkomplexes $\mathfrak{C} = \mathfrak{E} + \mathfrak{K} + \mathfrak{F}$. Dann gilt:*

1) *Ist der Komplex $(\mathfrak{E} - P - Q) + \mathfrak{K}$ zusammenhängend, so kann man $P$ und $Q$ durch einen Querzug trennen, und es gibt keine mit $P$ und $Q$ incidente Fläche in $\mathfrak{C}$.*

2) *Zerfällt $(\mathfrak{E} - P - Q) + \mathfrak{K}$, so lassen sich $P$ und $Q$ nicht durch einen Querzug trennen, und es gibt (wenigstens) eine mit $P$ und $Q$ incidente Fläche in $\mathfrak{C}$.*

*Beweis.* Es seien $\mathfrak{Z}_1$ und $\mathfrak{Z}_2$ die Komponenten von $\mathfrak{R} - P - Q$. Nehmen wir an, daß $(\mathfrak{E} - P - Q) + \mathfrak{K}$ zusammenhängt. Dann kann $\mathfrak{Z}_1$ nicht nur aus einer Kante bestehen; denn diese wäre sonst ein isoliertes Element in $(\mathfrak{E} - P - Q) + \mathfrak{K}$. Ebenso kann $\mathfrak{Z}_2$ nicht nur aus einer Kante bestehen. Ist nun $A$ eine Ecke aus $\mathfrak{Z}_1$, $B$ eine solche aus $\mathfrak{Z}_2$, so gibt es in $(\mathfrak{E} - P - Q) + \mathfrak{K}$ einen einfachen Kantenzug

$$A_0 b_1 A_1 \ldots b_n A_n, \quad (A = A_0, B = A_n),$$

der $A$ mit $B$ verbindet. Ist $A_r$ die letzte zu $\mathfrak{Z}_1$ gehörige Ecke, $A_s$ unter den folgenden Ecken die erste zu $\mathfrak{Z}_2$ gehörige in diesem Zuge, so stellt der von $A_r$ bis $A_s$ reichende Teil des Zuges einen Querzug $\mathfrak{Q}$ dar, der $P$ und $Q$ trennt, da die Paare $A$, $B$ und $P$, $Q$ einander auf dem Rande $\mathfrak{R}$ trennen. Sind $\mathfrak{A}$ und $\mathfrak{B}$ die Komplexe, in die $\mathfrak{C}$ durch $\mathfrak{Q}$ zerfällt wird, so gehört $P$ nur dem einen dieser Komplexe, etwa $\mathfrak{A}$, $Q$ nur dem andern $\mathfrak{B}$ an. Daher kann es auch keine Fläche in $\mathfrak{C}$ geben, die $P$ und $Q$ enthält.

Umgekehrt ist leicht zu sehen, daß, wenn keine mit $P$ und $Q$ incidente Fläche existiert, der Komplex $\mathfrak{C}' = (\mathfrak{E} - P - Q) + \mathfrak{K}$ zusammenhängend ist, denn in diesem Falle hat das System der in einer beliebigen Fläche von $\mathfrak{C}$ gelegenen Ecken und Kanten durch die Wegnahme von $P$ und $Q$ entweder nichts oder nur eine Ecke verloren, ist also zusammenhängend geblieben. Da ferner zwei benachbarte Flächen immer wenigstens eine Kante, also ein Element von $\mathfrak{C}'$ gemein haben und man von jeder Fläche zu benachbarten fortschreitend zu jeder andern gelangen kann, gibt es auch innerhalb $\mathfrak{C}'$ einen Weg von jedem Element zu jedem andern. Soll also $\mathfrak{C}'$ zerfallen, so muß eine mit $P$ und $Q$ incidente Fläche existieren. Dann ist es aber, wie wir bereits sahen, nicht möglich, $P$ und $Q$ durch einen Querzug zu trennen.

21. *Ist $\mathfrak{P}$ ein in dem* EULER*schen Komplex $\mathfrak{C} = \mathfrak{E} + \mathfrak{K} + \mathfrak{F}$ enthaltenes Polygon und ist $(\mathfrak{E} + \mathfrak{K}) - \mathfrak{P}$ zusammenhängend, so ist $\mathfrak{P}$ ein Flächenpolygon.*

*Beweis.* Es seien $\mathfrak{C}_1$ und $\mathfrak{C}_2$ die Komponenten von $\mathfrak{C} - \mathfrak{P} = (\mathfrak{E} + \mathfrak{K} - \mathfrak{P}) + \mathfrak{F}$, also $\mathfrak{A} = \mathfrak{C}_1 + \mathfrak{P}$ und $\mathfrak{B} = \mathfrak{C}_2 + \mathfrak{P}$ die beiden Elementarkomplexe, in die $\mathfrak{C}$ durch $\mathfrak{P}$ zerfällt wird. Dann ist, wenn einer dieser Komplexe nur eine einzige Fläche enthält, $\mathfrak{P}$ das Polygon dieser Fläche. Wenn also $\mathfrak{P}$ kein Flächenpolygon ist, so muß sowohl $\mathfrak{A}$ wie $\mathfrak{B}$ mehrere Flächen und mithin innere Kanten enthalten. Ist dann $a$ eine innere Kante von $\mathfrak{A}$, $b$ eine innere Kante von $\mathfrak{B}$, so gehört $a$ zu $\mathfrak{C}_1$, $b$ zu $\mathfrak{C}_2$. $a$ und $b$ sind also in $(\mathfrak{E} + \mathfrak{K} - \mathfrak{P}) + \mathfrak{F}$ nicht verbunden und sind daher auch in $\mathfrak{E} + \mathfrak{K} - \mathfrak{P}$ nicht verbunden, mithin zerfällt dieser Komplex. Soll also $\mathfrak{E} + \mathfrak{K} - \mathfrak{P}$ nicht zerfallen, so muß $\mathfrak{P}$ Flächenpolygon sein.

Der Satz ist nicht umkehrbar. Es kann sein, daß $\mathfrak{P}$ ein Flächenpolygon ist und daß trotzdem $(\mathfrak{E} + \mathfrak{K}) - \mathfrak{P}$ zerfällt. Dies zeigt das schon S. 90 betrachtete EULERsche Polyeder. Wird hier aus dem Komplex der Ecken und Kanten das in der Fläche $\alpha$ gelegene Polygon $ACBE$ fortgelassen, so besteht der zurückbleibende Komplex aus zwei Ecken $D, F$ und sechs Kanten. $D$ ist mit drei von diesen Kanten, $F$ mit den übrigen drei incident, so daß also der zurückbleibende Komplex in zwei Komponenten zerfällt.

22. *Jeder Elementarkomplex $\mathfrak{C}$ ist orientierbar.*

*Beweis.* Im Falle, daß der Elementarkomplex $\mathfrak{C}$ nur eine einzige Fläche enthält, ist der Satz evident. Enthält $\mathfrak{C}$ mehr Flächen, so führen wir den Beweis, indem wir mittels vollständiger Induktion zeigen, daß eine dem MÖBIUSschen Kantengesetz entsprechende Orientierung der Flächen möglich ist. Zugleich wollen wir zeigen, daß bei einer solchen Orientierung die Randkanten einen Richtungssinn erhalten, der einem ganz bestimmten Umlaufssinn des Randpolygons $\mathfrak{R}$ entspricht. — Der Komplex $\mathfrak{C}$ werde durch den in $A$ und $B$ endigenden Querzug $\mathfrak{Q}$ in $\mathfrak{A}$ und $\mathfrak{B}$ zerfällt, und von den beiden Komponenten $\mathfrak{Z}_1$, $\mathfrak{Z}_2$, in die $\mathfrak{R} - A - B$ zerfällt, gehöre $\mathfrak{Z}_1$ zur Berandung von $\mathfrak{A}$, $\mathfrak{Z}_2$ zur Berandung von $\mathfrak{B}$. Da $\mathfrak{A}$ und $\mathfrak{B}$ Elementarkomplexe sind, deren Flächenzahl kleiner als die von $\mathfrak{C}$ ist, so dürfen wir als bereits feststehend ansehen, daß die Flächen von $\mathfrak{A}$ und die von $\mathfrak{B}$ so orientierbar sind, daß an den innern Kanten von $\mathfrak{A}$ und an den innern Kanten von $\mathfrak{B}$ das MÖBIUSsche Kantengesetz erfüllt ist, daß ferner bei der Orientierung von $\mathfrak{A}$ die Randkanten den Richtungssinn erhalten, den sie in dem Umlaufssinn $A\mathfrak{Q}B\mathfrak{Z}_1$ des Randpolygons haben, bei der Orientierung von $\mathfrak{B}$ die Randkanten denselben Richtungssinn wie im Umlaufssinn $B\mathfrak{Q}A\mathfrak{Z}_2$ des Randpolygons bekommen. Dann ist auch an den Kanten von $\mathfrak{Q}$, also an allen innern Kanten von $\mathfrak{C}$, das MÖBIUSsche Gesetz erfüllt, und der Richtungssinn der Randkanten von $\mathfrak{C}$ entspricht dem Umlaufssinn $A\mathfrak{Z}_2B\mathfrak{Z}_1$ von $\mathfrak{R}$.

23. *Jeder* EULER*sche Komplex ist orientierbar.*

Es seien nämlich $\alpha$ eine Fläche des EULERschen Komplexes $\mathfrak{C}$, $\mathfrak{P}$ das zu $\alpha$ gehörige Polygon. Bei einer Orientierung des Elementarkomplexes $\mathfrak{C} - \alpha$ erhalten dessen Randkanten einen Richtungssinn, der einem bestimmten Umlaufssinn seines Randpolygons $\mathfrak{P}$ entspricht. Orientieren wir jetzt $\alpha$ mit dem entgegengesetzten Umlaufssinn von $\mathfrak{P}$, so sind alle Flächen von $\mathfrak{C}$ dem MÖBIUSschen Gesetz gemäß orientiert.

Zweites Kapitel.

# Topologische Äquivalenz normaler polyedrischer Komplexe.

## § 34. Spaltungsprozesse und kombinatorische Definition der topologischen Äquivalenz.

Bei der Einführung in die Analysis situs im 1. Abschnitt wurden Flächen betrachtet, die sich aus einfachen Flächenstücken polyedrisch aufbauen lassen. Der Begriff des polyedrischen Aufbaus wurde dabei erörtert, und ein Vergleich der dortigen Festsetzungen mit den Definitionen des vorigen Kapitels läßt sofort erkennen, daß ein solcher Aufbau genau den Bedingungen eines normalen polyedrischen Komplexes entspricht, also als eine geometrische Realisierung eines solchen Komplexes betrachtet werden kann. Es wird eine Hauptaufgabe dieses Kapitels sein, den noch ausstehenden Beweis für den in § 13 des 1. Abschnitts angegebenen Hauptsatz der Flächentopologie zu liefern. Natürlich kann dieser Beweis nicht vollständig auf Grund rein kombinatorischer Betrachtung erbracht werden, weil der Begriff der Stetigkeit, den wir bei der Definition des Äquivalenzbegriffes benutzten, außerhalb der Begriffsbildung unserer kombinatorischen Untersuchungen liegt. Aber wir können den Beweis bis auf einen geringfügigen Rest erledigen, indem wir zunächst neben den früheren geometrischen Äquivalenzbegriff einen rein kombinatorischen setzen und so an die Stelle des geometrischen Äquivalenzsatzes einen kombinatorischen treten lassen.

Um den Zweck unserer nächsten kombinatorischen Definition deutlich zu machen, gehen wir von der Betrachtung einer geometrischen Fläche aus, die wir uns polyedrisch aufgebaut denken. Wir können einen neuen Aufbau der Fläche erhalten, indem wir mittels eines in einer Kante angenommenen Punktes diese in zwei Kanten zerlegen oder auch indem wir eins der Flächenstücke $\alpha$ durch eine Linie, die zwei Ecken von $\alpha$ verbindet, in zwei Flächenstücke zerspalten. Diese beiden Prozesse sowie ihre Umkehrungen, die in der Vereinigung zweier von einer zweikantigen Ecke ausgehenden Kanten, die nur diesen einen Punkt gemeinsam haben, bzw. in der Vereinigung zweier benachbarter Flächenstücke, die nur ein Stück ihrer Begrenzung gemein haben, bestehen, erweisen sich als die Hilfsmittel, durch die wir zu jedem beliebigen polyedrischen Aufbau der Fläche gelangen können. Wir gehen gleich dazu über, diese Prozesse ins kombinatorische Gebiet zu übersetzen.

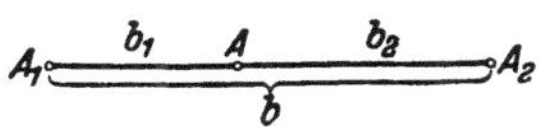

Abb. 90.

*Kantenspaltung.* Die Kante $b$ des normalen Komplexes $\mathfrak{C}$ sei mit den Ecken $A_1$ und $A_2$ und der Fläche $\alpha$ und, falls sie innere Kante ist, noch mit der Fläche $\beta$ incident. Die Spaltung der Kante $b$ besteht darin, daß sie ausgeschieden wird und an ihre Stelle zwei neue Kanten $b_1$, $b_2$ und eine neue, mit $b_1$ und $b_2$ incidente Ecke $A$ treten (Abb. 90). Die drei neuen Elemente $b_1$, $A$, $b_2$ sollen mit $\alpha$ (und $\beta$), ferner $b_1$ noch mit $A_1$, $b_2$ noch mit $A_2$ incident sein. Man überzeugt sich sofort davon, daß der so entstandene Komplex $\overline{\mathfrak{C}} = (\mathfrak{C} - b) + (b_1 + A + b_2)$ allen Anforderungen eines normalen polyedrischen Komplexes genügt. Die neu eingeführte Ecke $A$ ist zweikantig, und ihre beiden Kanten $b_1$, $b_2$ haben nur die eine Ecke $A$ gemein, da die beiden andern Ecken $A_1$, $A_2$ verschieden sind. Die drei Elemente $A$, $b_1$, $b_2$ sind entweder sämtlich innere Elemente oder Randelemente von $\overline{\mathfrak{C}}$, je nachdem $b$ inneres Element oder Randelement von $\mathfrak{C}$ war. Umgekehrt erkennt man sofort, daß, wenn in einem normalen Komplex $\overline{\mathfrak{C}}$ eine zweikantige Ecke $A$ vorkommt, deren beide Kanten $b_1$, $b_2$ nur die Ecke $A$ gemein haben, und wenn überdies alle drei Elemente innere oder alle drei Randelemente sind, dieser Komplex durch Kantenspaltung aus einem Komplex $\mathfrak{C}$ hervorgeht, der an Stelle der Ecke $b_1$, $A$, $b_2$ eine Kante $b$ hat.

*Flächenspaltung.* Es sei $\gamma$ eine Fläche von $\mathfrak{C}$, $\mathfrak{P}$ das zu $\gamma$ gehörige Polygon; ferner seien $A$ und $B$ zwei beliebige Ecken von $\mathfrak{P}$ (die also auch benachbart sein dürfen) und $\mathfrak{Z}_1$ und $\mathfrak{Z}_2$ die beiden Komponenten, in die $\mathfrak{P} - A - B$ zerfällt. Die Spaltung der Fläche $\gamma$ besteht darin (Abb. 91), daß sie ausgeschieden wird und an ihrer Stelle eine Kante $c$ und zwei mit ihr incidente Flächen $\gamma_1$ und $\gamma_2$ eingeführt werden, wobei $c, \gamma_1, \gamma_2$ mit $A$ und $B$, außerdem $\gamma_1$ mit allen Elementen von $\mathfrak{Z}_1$, $\gamma_2$ mit allen Elementen von $\mathfrak{Z}_2$ incident sein soll. Auch hier erkennt man sofort, daß der neue Komplex $\bar{\mathfrak{C}} = (\mathfrak{C} - \gamma) + (\gamma_1 + c + \gamma_2)$ wieder normal ist. Ferner ist die neue Kante $c$ inneres Element, und die zu ihren Flächen gehörigen Polygone $\mathfrak{P}_1$, $\mathfrak{P}_2$ haben außer der Kante $c$ und ihren beiden Ecken $A$ und $B$ kein Element gemein. Man sieht auch sogleich, daß, wenn in einem normalen Komplex $\bar{\mathfrak{C}}$ die zu den Flächen $\gamma_1, \gamma_2$ einer innern Kante $c$ gehörigen Polygone nur diese Kante und ihre beiden Ecken gemein haben, $\bar{\mathfrak{C}}$ durch Flächenspaltung aus einem Komplex $\mathfrak{C}$ hervorgeht, der an Stelle von $\gamma_1, c_1, \gamma_2$ eine Fläche $\gamma$ hat.

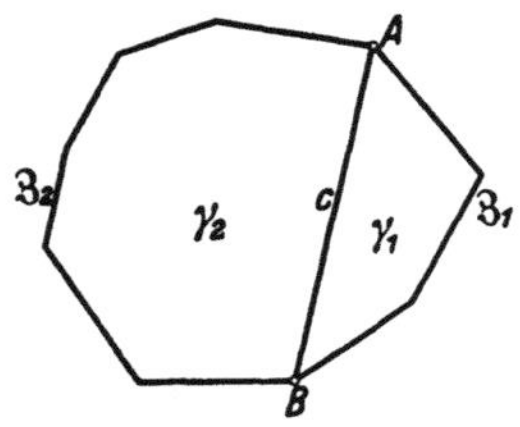

Abb. 91.

Das System der Randelemente von $\mathfrak{C}$ bleibt bei der Flächenspaltung ungeändert, bei einer Kantenspaltung ändert es sich nur, wenn die zu spaltende Kante $b$ Randelement ist. Das Randpolygon $\mathfrak{R}$, dem sie angehört, geht dann in ein Randpolygon des neuen Komplexes über; jedenfalls erfährt die Anzahl der Ränder keine Änderung. Dasselbe gilt offenbar von der Charakteristik. Endlich zeigt auch der durch Spaltung erhaltene Komplex $\bar{\mathfrak{C}}$ dasselbe Verhalten der Indikatrix wie der ursprüngliche $\mathfrak{C}$, d. h. wenn einer der beiden Komplexe orientierbar ist, ist es der andere auch. Um dies zu zeigen, denken wir uns bei dem als orientierbar vorausgesetzten Komplex die Flächenausdrücke dem MÖBIUSschen Kantengesetz entsprechend aufgeschrieben. Handelt es sich um Kantenspaltung, so werden in den Ausdrücken der Flächen $\alpha$, $\beta$ die Spaltungskante $b$, wenn $\mathfrak{C}$ der als orientiert vorausgesetzte Komplex ist, die Züge

$$(1) \qquad A_1 b A_2 \quad \text{und} \quad A_2 b A_1$$

(in der oben gebrauchten Bezeichnung), wenn aber $\bar{\mathfrak{C}}$ als orientiert vorausgesetzt ist, die Züge

$$(2) \qquad A_1 b_1 A\, b_2 A_2 \quad \text{und} \quad A_2 b_2 A\, b_1 A_1$$

auftreten.

Wir haben dann im ersten Falle nur (1) durch (2), im zweiten (2) durch (1) zu ersetzen, um die Ausdrücke der nach dem MÖBIUSschen Gesetz orientierten Flächen des andern Komplexes zu erhalten. Handelt es sich um eine Flächenspaltung, so dürfen wir, wenn $\mathfrak{C}$ als orientiert vorausgesetzt wurde, den Flächenausdruck von $\gamma$ mit der Orientierung

$$A\mathfrak{Z}_1 B\mathfrak{Z}_2, \tag{3}$$

wenn $\overline{\mathfrak{C}}$ als orientiert vorausgesetzt wurde, die Flächenausdrücke von $\gamma_1$ und $\gamma_2$ mit den Orientierungen

$$A\mathfrak{Z}_1 Bc \quad \text{und} \quad B\mathfrak{Z}_2 Ac \tag{4}$$

annehmen (Abb. 91). Wir haben dann im ersten Falle (3) durch (4), im zweiten (4) durch (3) zu ersetzen, um die Flächenausdrücke des andern Komplexes dem MÖBIUSschen Gesetz entsprechend zu erhalten.

Teilen wir die normalen Komplexe bzw. Typen normaler Komplexe in Klassen ein, indem wir alle diejenigen, welche dieselbe Ränderzahl, dieselbe Charakteristik haben und bezüglich der Indikatrix dasselbe Verhalten zeigen, zu derselben Klasse rechnen, so ist das Ergebnis der letzten Betrachtungen, daß Spaltungsprozesse nicht aus der Klasse herausführen.

*Benachbarte Typen. Kombinatorischer Äquivalenzbegriff.* Wir nennen zwei normale Komplexe $\mathfrak{C}_1$, $\mathfrak{C}_2$ oder auch ihre Typen benachbart, wenn einer aus dem andern (also $\mathfrak{C}_2$ aus $\mathfrak{C}_1$ oder $\mathfrak{C}_1$ aus $\mathfrak{C}_2$) durch eine Kanten- oder Flächenspaltung hervorgeht. Ferner sollen zwei Typen $\mathfrak{T}$, $\mathfrak{T}'$ normaler Komplexe oder auch zwei diesen Typen angehörige Komplexe äquivalent heißen, wenn man eine Folge von Typen normaler Komplexe $\mathfrak{T} = \mathfrak{T}_0, \mathfrak{T}_1, \ldots, \mathfrak{T}_n = \mathfrak{T}'$ angeben kann, die mit $\mathfrak{T}$ beginnt, mit $\mathfrak{T}'$ schließt und in welcher je zwei aufeinanderfolgende benachbart sind. Der Hauptsatz der Äquivalenztheorie besagt nun:

*Alle äquivalenten Typen gehören zu derselben Klasse, und alle Typen derselben Klasse sind untereinander äquivalent.*

Der erste Teil dieses Satzes ist durch die vorausgehenden Untersuchungen bereits bewiesen; es bleibt zu zeigen, daß alle Typen derselben Klasse äquivalent sind.

## § 35. Polymorphe Abbildungen.

Ein in einem normalen Komplex $\mathfrak{C}$ enthaltener einfacher Kantenzug $\mathfrak{Z}$ mit den Endpunkten $A$, $B$ wird, wenn wiederholt Spaltungsprozesse vorgenommen werden, entweder unverändert bleiben oder doch immer wieder in einen einfachen $\overline{\mathfrak{Z}}$ mit den Endpunkten $A$ und $B$ übergehen. An die Stelle von $\mathfrak{Z} - A - B$ ist nach den Spaltungen $\overline{\mathfrak{Z}} - A - B$ getreten. Einen solchen Komplex, der aus einem einfachen Kantenzug durch Weglassung der Endpunkte entsteht, wollen wir als einen Elementarzug (im normalen Komplex) bezeichnen. Insbesondere gilt also auch jede einzelne Kante als ein Elementarzug. Die beiden Endpunkte des einfachen Kantenzuges, aus dem der Elementarzug hervorgeht, nennen wir der bequemen Ausdrucksweise wegen auch Endpunkte des Elementarzuges, wenn sie auch nicht zu den Elementen des Elementarzuges gehören. Die Elemente eines Elementarzuges bilden einen einfachen, aus Kanten und Ecken des normalen Komplexes zusammengesetzten Weg, der mit einer Kante beginnt und mit einer Kante schließt. Aber nicht jeder solche Weg (auch nicht jeder mit einem Elementarzug isomorphe Teilkomplex) ist notwendig ein Elementarzug (in dem zugrunde gelegten normalen Komplex). So ist z. B., wenn $A$ eine Ecke eines in $\mathfrak{C}$ enthaltenen Polygons $\mathfrak{P}$ ist, $\mathfrak{P} - A$ kein Elementarzug in $\mathfrak{C}$. — Bei wiederholten Spaltungen wird ein Elementarzug, insbesondere also auch eine Kante, immer wieder durch einen Elementarzug ersetzt.

Es sei $\mathfrak{A}$ ein in dem normalen Komplex $\mathfrak{C}$ enthaltener Elementarkomplex, $\mathfrak{R}$ sein Rand. Werden mit $\mathfrak{C}$ wiederholt Spaltungsprozesse vorgenommen, so geht $\mathfrak{R}$ in ein Polygon $\bar{\mathfrak{R}}$, $\mathfrak{A}$ in einen normalen Komplex $\bar{\mathfrak{A}}$ über, der $\bar{\mathfrak{R}}$ zum Rand und wie $\mathfrak{A}$ die Charakteristik 1 hat, also ebenfalls ein Elementarkomplex ist. $\mathfrak{A} - \mathfrak{R}$ ist daher nach den Spaltungen in $\bar{\mathfrak{A}} - \bar{\mathfrak{R}}$ übergegangen. Einen solchen Komplex, der wie $\mathfrak{A} - \mathfrak{R}$ aus den innern Elementen eines Elementarkomplexes von $\mathfrak{C}$ besteht, bezeichnen wir hinfort als ein Elementargebiet (von $\mathfrak{C}$). Insbesondere stellt auch jede einzelne Fläche ein Elementargebiet dar, da sie mit ihrem Polygon zusammen einen Elementarkomplex ergibt. Bei wiederholten Spaltungen tritt also an die Stelle jedes Elementargebietes (insbesondere jeder Fläche) wieder ein Elementargebiet.

Unter einer polymorphen Abbildung $\sigma$ eines normalen Komplexes $\mathfrak{C}$ auf einen normalen Komplex $\mathfrak{C}'$ verstehen wir eine Abbildung mit folgenden Eigenschaften:

1. Jedem Element $\mathfrak{a}$ von $\mathfrak{C}$ ist ein Element $\mathfrak{a}\sigma$ von $\mathfrak{C}'$ zugeordnet,

2. sind $\mathfrak{a}$, $\mathfrak{b}$ zwei incidente Elemente von $\mathfrak{C}$, so sind $\mathfrak{a}\sigma$ und $\mathfrak{b}\sigma$ entweder ebenfalls incident, oder es ist $\mathfrak{a}\sigma = \mathfrak{b}\sigma$;

3. jedem Element $\mathfrak{a}'$ von $\mathfrak{C}'$ entspricht in $\mathfrak{C}$ wenigstens ein Element, d. h. es gibt wenigstens ein Element $\mathfrak{x}$ in $\mathfrak{C}$, für welches $\mathfrak{x}\sigma = \mathfrak{a}'$ wird. Insbesondere gilt:

a) jeder Ecke von $\mathfrak{C}'$ entspricht in $\mathfrak{C}$ ein einziges Element, und zwar eine Ecke,

b) jeder Kante von $\mathfrak{C}'$ entsprechen in $\mathfrak{C}$ die Elemente eines Elementarzuges (evtl. eine einzelne Kante),

c) jeder Fläche von $\mathfrak{C}'$ entsprechen in $\mathfrak{C}$ die Elemente eines Elementargebietes (evtl. also einer einzelnen Fläche).

Es sei $b'$ eine Kante von $\mathfrak{C}'$ mit den Ecken $A'$, $B'$, $\mathfrak{B} = b_1 A_1 b_2 A_2 \ldots A_{n-1} b_n$ der entsprechende Elementarzug aus $\mathfrak{C}$, $A$ und $B$ seine Endpunkte, wobei $A$ in $b_1$, $B$ in $b_n$ gelegen seien. Es ist dann $b_1\sigma = b'$, dagegen $A\sigma \neq b'$, weil $A$ nicht zu $\mathfrak{B}$ gehört. Da $A$ mit $b_1$ incident ist, muß nach 2. $A\sigma$ mit $b'$ incident sein. $A\sigma$ kann keine Fläche $\gamma'$ sein; denn einer solchen entsprechen in $\mathfrak{C}$ die inneren Elemente eines Elementarkomplexes

(3c) und wenn $A$ zu diesen gehörte, so würde auch $b_1$ zu ihnen gehören; es wäre dann aber $b_1\sigma = \gamma'$ und nicht gleich $b'$. Es muß daher $A\sigma$ eine mit $b'$ incidente Ecke sein, etwa $A\sigma = A'$. Ebenso muß $B\sigma$ eine mit $b'$ incidente Ecke sein, und da $B\sigma$ nicht gleich $A\sigma$ sein kann, weil nach 3a) der Ecke $A'$ eine einzige Ecke von $\mathfrak{C}$ entspricht, so ist $B\sigma = B'$, also: den beiden Ecken einer Kante $b'$ von $\mathfrak{C}'$ entsprechen in $\mathfrak{C}$ die beiden Endpunkte des der Kante $b'$ zugeordneten Elementarzuges.

Jedem einfachen Kantenzug von $\mathfrak{C}'$ entspricht in $\mathfrak{C}$ ein einfacher Kantenzug, jedem Elementarzug ein Elementarzug. Denn wenn $\mathfrak{Z}' = A_0'b_1' \ldots b_n'A_n'$ ein einfacher Kantenzug von $\mathfrak{C}'$ ist, so entsprechen seinen Ecken $A_i'$ ebenso viele verschiedene Ecken $A_i$ von $\mathfrak{C}$, jeder Kante $b_i'$ aber entspricht ein Elementarzug $\mathfrak{B}_i$ mit $A_{i-1}$ und $A_i$ als Endpunkten. Da wegen der durch 1. festgesetzten Eindeutigkeit der Abbildung $\sigma$ die Komplexe $A_i$, $\mathfrak{B}_i$ keine gemeinsamen Elemente haben, bilden sie insgesamt einen einfachen Kantenzug $\mathfrak{Z}$ mit $A_0$ und $A_n$ als Endpunkten. Dem Elementarzug $\mathfrak{Z} - A' - B'$ von $\mathfrak{C}'$ entspricht daher in $\mathfrak{C}$ der Elementarzug $\mathfrak{Z} - A - B$. Ebenso zeigt man, daß jedem Polygon aus $\mathfrak{C}'$ in $\mathfrak{C}$ ein Polygon entspricht.

Es sei $\alpha'$ eine Fläche von $\mathfrak{C}'$, $\mathfrak{P}'$ das in ihr gelegene Polygon, $\mathfrak{A}$ das $\alpha'$ entsprechende Elementargebiet, $\mathfrak{P}$ das dem Polygon $\mathfrak{P}'$ entsprechende Polygon von $\mathfrak{C}$ und $\mathfrak{R}$ das Randpolygon des Elementarkomplexes $\mathfrak{A}_1$, dessen innere Elemente den Komplex $\mathfrak{A}$ bilden, so daß also $\mathfrak{A}_1 = \mathfrak{A} + \mathfrak{R}$ ist. Ist $\mathfrak{a}$ irgendein Element von $\mathfrak{R}$, so ist $\mathfrak{a}\sigma \neq \alpha'$. Andererseits gibt es (wenigstens) eine mit $\mathfrak{a}$ incidente Fläche $\alpha$ in $\mathfrak{A}$. Dann ist aber $\alpha\sigma = \alpha'$ und nach 2. $\mathfrak{a}\sigma$ mit $\alpha\sigma = \alpha'$ incident; $\mathfrak{a}\sigma$ gehört also zu $\mathfrak{P}'$ und demnach $\mathfrak{a}$ zu $\mathfrak{P}$. Das Polygon $\mathfrak{R}$ ist also Teil des Polygons $\mathfrak{P}$ und somit gleich $\mathfrak{P}$ (S. 99), d. h. dem Polygon $\mathfrak{P}'$ einer Fläche $\alpha'$ von $\mathfrak{C}'$ entspricht in $\mathfrak{C}$ das Randpolygon desjenigen Elementarkomplexes, dessen innere Elemente das der Fläche $\alpha'$ entsprechende Elementargebiet bilden.

Wir bezeichnen jetzt mit $\mathfrak{C}_0'$ irgendeinen Teilkomplex von $\mathfrak{C}'$, mit $\mathfrak{C}_0$ den entsprechenden Teilkomplex von $\mathfrak{C}$, also den Komplex der Elemente $\mathfrak{x}$ von $\mathfrak{C}$, für die $\mathfrak{x}\sigma$ zu $\mathfrak{C}_0'$ gehört. Besteht $\mathfrak{C}_0'$ aus einem einzigen Element, so ist $\mathfrak{C}_0$ zusammenhängend; denn jedes Elementargebiet ist, wie allgemein das System der innern Elemente eines beliebigen normalen Komplexes, zusammenhängend; ebenso ist jeder Elementarzug und jeder Komplex, der nur aus einem einzigen Element besteht, zusammenhängend. Da ferner jede einzelne Ecke die Charakteristik 1, jeder Elementarzug wie jede einzelne Kante die Charakteristik $-1$, jedes Elementargebiet, das sich ja von einem Elementarkomplex nur um ein Polygon unterscheidet, wie jede einzelne Fläche die Charakteristik 1 hat, so folgt zunächst für den Fall eines einelementigen Komplexes $\mathfrak{C}_0'$ die Gleichheit der Charakteristiken von $\mathfrak{C}_0$ und $\mathfrak{C}_0'$. Nun ist aber in jedem Falle $\mathfrak{C}_0$ die Summe der Komplexe, die den einzelnen Elementen von $\mathfrak{C}_0'$ entsprechen, und daher gilt ganz allgemein: $\mathfrak{C}_0$ und $\mathfrak{C}_0'$ haben dieselbe Charakteristik. — Besteht $\mathfrak{C}_0'$ aus zwei Elementen $\mathfrak{a}'$ und $\mathfrak{b}'$ und sind $\mathfrak{A}$ und $\mathfrak{B}$ die entsprechenden Komplexe in $\mathfrak{C}_0$, so ist $\mathfrak{A} + \mathfrak{B}$ zusammenhängend oder nicht, je nachdem $\mathfrak{a}'$ und $\mathfrak{b}'$ incident sind (also $\mathfrak{a}' + \mathfrak{b}'$ zusammenhängend ist) oder nicht; denn nehmen wir erstens Incidenz von $\mathfrak{a}'$ und $\mathfrak{b}'$ an, so ist, falls $\mathfrak{a}'$ Kante und $\mathfrak{b}'$ eine Ecke dieser Kante ist, $\mathfrak{A}$ ein Elementarzug, $\mathfrak{B}$ einer seiner Endpunkte; ist aber $\mathfrak{a}'$ eine Fläche, also $\mathfrak{b}'$ eine Kante oder Ecke des zugehörigen Polygons, so ist $\mathfrak{B}$ ein Elementarzug oder eine Ecke aus dem Randpolygon von $\mathfrak{A}$, und mithin finden Incidenzen zwischen Elementen von $\mathfrak{A}$ und $\mathfrak{B}$ statt. In jedem Falle ist also $\mathfrak{A} + \mathfrak{B}$ zusammenhängend. Setzen wir umgekehrt $\mathfrak{A} + \mathfrak{B}$ als zusammenhängend voraus, so können wir aus $\mathfrak{A}$ und $\mathfrak{B}$ zwei incidente Elemente $\mathfrak{a}, \mathfrak{b}$ herausgreifen. Da nun $\mathfrak{a}\sigma = \mathfrak{a}'$, $\mathfrak{b}\sigma = \mathfrak{b}'$ ist, so sind nach 2. auch $\mathfrak{a}'$ und $\mathfrak{b}'$ incident. Aus diesem Ergebnis ist sofort allgemein bei beliebigem Teilkomplex $\mathfrak{C}_0$ zu schließen: die Komplexe $\mathfrak{C}_0$ und $\mathfrak{C}_0'$ haben die gleiche Anzahl von Komponenten.

Wir verfolgen jetzt den Fall weiter, wo $\mathfrak{C}_0'$ polyedrisch ist. Zunächst ergibt sich: Ist $\mathfrak{C}_0'$ ein polyedrischer Komplex, so auch $\mathfrak{C}_0$. Denn $\mathfrak{C}_0'$ besteht aus einem System von Flächen und den Kanten und Ecken, die in den Polygonen dieser Flächen auftreten, $\mathfrak{C}_0$ also aus Elementargebieten und den Elementen der zugehörigen Ränder. Daraus ergibt sich aber, daß $\mathfrak{C}_0$ mit einer Fläche zugleich auch immer das Polygon dieser Fläche enthält und mithin polyedrisch ist (§ 28).

Wir beweisen jetzt weiter: Ist $\mathfrak{C}_0'$ polyedrisch, so entsprechen den Randelementen des polyedrischen Komplexes $\mathfrak{C}_0$ die Randelemente von $\mathfrak{C}_0'$. Es gilt nämlich:

1) Ist $\mathfrak{x}$ Element von $\mathfrak{C}_0$ und $\mathfrak{x}\sigma$ eine Fläche $\alpha'$, so ist $\mathfrak{x}$ inneres Element von $\mathfrak{C}_0$; denn $\mathfrak{x}$ gehört in diesem Falle dem $\alpha'$ entsprechenden Elementargebiet an, welches aus den innern Elementen eines zu $\mathfrak{C}_0$ gehörigen Elementarkomplexes besteht.

2) Ist $b$ eine Kante von $\mathfrak{C}_0$ und $b\sigma = b'$ ebenfalls Kante, so ist $b'$ innere Kante von $\mathfrak{C}_0'$, wenn $b$ innere Kante von $\mathfrak{C}_0$ ist und umgekehrt; denn ist $b$ innere Kante von $\mathfrak{C}_0$ und sind $\alpha, \beta$ ihre Flächen, die auch zu $\mathfrak{C}_0$ gehören, so sind die Flächen $\alpha\sigma = \alpha'$ und $\beta\sigma = \beta'$ mit $b'$ incident, und sie sind voneinander verschieden, weil im Falle $\alpha' = \beta'$ das entsprechende Elementargebiet $\mathfrak{A}$ von $\mathfrak{C}_0$ die Flächen $\alpha, \beta$ und mithin auch die Kante $b$ enthielte, also, gegen die Voraussetzung, $b\sigma = \alpha'$ wäre. Wird umgekehrt $b'$ als innere Kante von $\mathfrak{C}_0'$ vorausgesetzt und sind $\alpha', \beta'$ ihre Flächen, so gehört $b$ den Randpolygonen der $\alpha'$ und $\beta'$ entsprechenden Elementargebiete $\mathfrak{A}, \mathfrak{B}$ von $\mathfrak{C}_0$ an, ist also mit je einer Fläche von $\mathfrak{A}$ und $\mathfrak{B}$ incident, somit innere Kante von $\mathfrak{C}_0$.

3) Ist $b$ Randkante von $\mathfrak{C}_0$, so ist $b\sigma$ Randkante von $\mathfrak{C}_0'$. Denn nach 1) kann $b\sigma$ keine Fläche, nach 2) keine innere Kante von $\mathfrak{C}_0'$ sein.

4) Ist $A$ Randecke von $\mathfrak{C}_0$, so ist $A\sigma$ Randelement von $\mathfrak{C}_0'$. Denn wenn $b$ eine durch $A$ gehende Randkante von $\mathfrak{C}_0$ ist, so ist nach 3) $b\sigma$

Randkante von $\mathfrak{C}_0'$; $A\sigma$ muß aber entweder $= b\sigma$ oder mit $b\sigma$ incident, also [wegen 1)] eine mit $b\sigma$ incidente Ecke sein. In jedem Falle ist also $A\sigma$ Randelement von $\mathfrak{C}_0'$.

5) Ist $b$ innere Kante von $\mathfrak{C}_0$, so ist $b\sigma$ inneres Element von $\mathfrak{C}_0'$. Denn $b\sigma$ ist entweder eine Fläche oder eine Kante und im zweiten Falle nach 2) innere Kante von $\mathfrak{C}_0'$.

6) Ist $A$ innere Ecke von $\mathfrak{C}_0$, so ist $A\sigma$ inneres Element von $\mathfrak{C}_0'$; denn wäre $A\sigma$ eine Randkante $b'$ von $\mathfrak{C}_0'$ oder eine Randecke und somit in einer Randkante $b'$ von $\mathfrak{C}_0'$ gelegen, so wäre $A$ Element oder Endpunkt des Elementarzuges $\mathfrak{Z}$ aus $\mathfrak{C}_0$, der $b'$ entspricht. Jede Kante $b$ aus $\mathfrak{Z}$ wäre dann, weil $b\sigma = b'$ ist, nach 2) Randkante; dann aber wäre auch $A$, weil in einer solchen Kante gelegen, Randecke von $\mathfrak{C}_0$, was gegen die Voraussetzung ist. Damit ist die obige Behauptung vollständig bewiesen.

Nehmen wir an, daß $\mathfrak{C}_0'$ ein normaler Komplex ist, dann ist $\mathfrak{C}_0$ ebenfalls ein solcher. Denn erstens ist $\mathfrak{C}_0$ polyedrisch und, wie $\mathfrak{C}_0'$, zusammenhängend. Ist ferner $\mathfrak{R}_0$ die Berandung von $\mathfrak{C}_0$, $\mathfrak{R}_0'$ die von $\mathfrak{C}_0'$, so sind die Komponenten von $\mathfrak{R}_0'$ Polygone, und da bei unserer Abbildung dem Komplex $\mathfrak{R}_0'$ von $\mathfrak{C}'$ der Komplex $\mathfrak{R}_0$ von $\mathfrak{C}$, jedem Polygon aus $\mathfrak{C}'$ aber ein Polygon aus $\mathfrak{C}$ entspricht, so sind auch die Komponenten von $\mathfrak{R}$ Polygone. Es gehen also durch jede Randecke von $\mathfrak{C}_0$ nur zwei Randkanten von $\mathfrak{C}_0$. Aus alledem folgt aber, weil $\mathfrak{C}_0$ Teil des normalen Komplexes $\mathfrak{C}$ ist, daß auch $\mathfrak{C}_0$ normal ist. Es stimmen ferner $\mathfrak{C}_0$ und $\mathfrak{C}_0'$ in der Zahl der Ränder überein. Da dasselbe für die Charakteristik gilt, so folgt unter anderem, daß, wenn $\mathfrak{C}_0'$ ein Elementarkomplex ist, auch $\mathfrak{C}_0$ ein Elementarkomplex sein muß. Und da alsdann dem Rande $\mathfrak{R}_0'$ von $\mathfrak{C}_0'$ der Rand $\mathfrak{R}_0$ von $\mathfrak{C}_0$ entspricht, so entspricht dem Komplex $\mathfrak{C}_0' - \mathfrak{R}_0'$ der Komplex $\mathfrak{C}_0 - \mathfrak{R}_0$. Damit ist aber gezeigt:

Jedem Elementargebiet von $\mathfrak{C}'$ entspricht ein Elementargebiet von $\mathfrak{C}$.

Es seien $\mathfrak{C}, \mathfrak{C}', \mathfrak{C}''$ normale polyedrische Komplexe, und es liege eine polymorphe Beziehung $\sigma$ von $\mathfrak{C}$ auf $\mathfrak{C}'$ und eine polymorphe Beziehung $\tau$ von $\mathfrak{C}'$ auf $\mathfrak{C}''$ vor. Aus beiden resultiert eine Beziehung $\sigma\tau$, die jedem Element $\mathfrak{a}$ von $\mathfrak{C}$ ein Element $\mathfrak{a}\sigma\tau = (\mathfrak{a}\sigma)\tau$ von $\mathfrak{C}''$ zuordnet. Sind $\mathfrak{a}$ und $\mathfrak{b}$ incidente Elemente aus $\mathfrak{C}$, so ist entweder $\mathfrak{a}\sigma = \mathfrak{b}\sigma$ und somit auch $\mathfrak{a}\sigma\tau = \mathfrak{b}\sigma\tau$, oder es ist $\mathfrak{a}\sigma$ mit $\mathfrak{b}\sigma$ incident und dann entweder $\mathfrak{a}\sigma\tau = \mathfrak{b}\sigma\tau$ oder $\mathfrak{a}\sigma\tau$ mit $\mathfrak{b}\sigma\tau$ incident. Jeder Ecke $A''$ von $\mathfrak{C}''$ entspricht bei $\tau$ eine Ecke $A'$ von $\mathfrak{C}'$ und dieser bei $\sigma$ eine Ecke $A$ von $\mathfrak{C}$, die dann bei $\sigma\tau$ der Ecke $A''$ von $\mathfrak{C}''$ zugeordnet ist. Jeder Kante von $\mathfrak{C}''$ entspricht in $\mathfrak{C}'$ ein Elementarzug und diesem in $\mathfrak{C}$ wieder ein Elementarzug. Jeder Fläche von $\mathfrak{C}''$ entspricht in $\mathfrak{C}'$ ein Elementargebiet und diesem in $\mathfrak{C}$ wieder ein Elementargebiet. Aus alledem ergibt sich: *Ist $\mathfrak{C}$ polymorph zu $\mathfrak{C}'$, $\mathfrak{C}'$ zu $\mathfrak{C}''$, so ist auch $\mathfrak{C}$ zu $\mathfrak{C}''$ polymorph.*

Da jede isomorphe Beziehung auch den Bedingungen der polymorphen Abbildung genügt, so stellt sie einen Spezialfall einer solchen

Abbildung dar. Geht ferner durch einen Spaltungsprozeß aus dem normalen Komplex $\mathfrak{C}_0$ der Komplex $\mathfrak{C}_1$ hervor, so erhält man offenbar eine polymorphe Beziehung von $\mathfrak{C}_1$ auf $\mathfrak{C}_0$, indem man jedem der drei neu eingeführten Elemente das Element von $\mathfrak{C}_0$ entsprechen läßt, an dessen Stelle sie getreten sind, während man jedes andere Element sich selbst zuordnet. Gelangt man durch wiederholte Spaltungen von $\mathfrak{C}_0$ sukzessive zu den Komplexen $\mathfrak{C}_1, \mathfrak{C}_2, \ldots, \mathfrak{C}_n$, so ist in dieser Reihe jeder folgende Komplex zu dem vorhergehenden und somit nach unsern letzten Ergebnissen auch $\mathfrak{C}_n$ zu $\mathfrak{C}_0$ polymorph. Also:

*Wiederholte Spaltungsprozesse führen immer zu polymorphen Komplexen.*

Es sei nun wieder $\sigma$ eine polymorphe Abbildung eines normalen Komplexes $\mathfrak{C}$ auf einen zweiten $\mathfrak{C}'$. $\mathfrak{C}$ hat dann wenigstens ebensoviel Elemente wie $\mathfrak{C}'$. Ist die Zahl der Elemente beider Komplexe gleich, also die Beziehung eine eindeutig umkehrbare, so liegt Isomorphismus vor. Um dies nachzuweisen, ist nur noch zu zeigen, daß incidenten Elementen von $\mathfrak{C}'$ auch incidente von $\mathfrak{C}$ entsprechen. Bilden nun die Ecke $A'$ und die Kante $b'$ ein incidentes Paar, so entspricht, wie gezeigt wurde, der Ecke $A'$ ein Endpunkt des $b'$ zugeordneten Elementarzuges. Da dieser hier nur aus einer Kante $b$ besteht, ist $A$ mit $b$ incident. Haben wir in $\mathfrak{C}'$ eine Fläche $\alpha'$ und eine mit ihr incidente Ecke oder Kante $\mathfrak{a}'$, so gehört das entsprechende Element $\mathfrak{a}$ dem Randpolygon des $\alpha'$ entsprechenden Elementargebietes an. Da dieses hier nur aus einer Fläche $\alpha$ besteht, so ist $\mathfrak{a}$ mit $\alpha$ incident. — Wir beweisen weiter:

Besteht eine polymorphe Abbildung $\sigma$ des normalen Komplexes $\mathfrak{C}$ auf den normalen Komplex $\mathfrak{C}'$, die aber kein Isomorphismus ist, so kann man durch eine Kanten- oder Flächenspaltung aus $\mathfrak{C}'$ einen Komplex $\mathfrak{C}_1'$ erhalten, zu dem $\mathfrak{C}$ ebenfalls polymorph ist.

In dem hier betrachteten Fall nämlich enthält $\mathfrak{C}'$ wenigstens eine Kante oder Fläche, der in $\mathfrak{C}$ mehrere Elemente zugeordnet sind. Nehmen wir an, daß eine solche Kante $b'$ vorkommt. Den Ecken $A_1', A_2'$ von $b'$ entsprechen dann in $\mathfrak{C}$ die Endpunkte $A_1, A_2$ des $b'$ zugeordneten Elementarzuges $\mathfrak{Z}$. Dieser enthält der Voraussetzung nach mehr als eine Kante, also auch Ecken. Es sei $A$ eine dieser Ecken. Dann zerfällt $\mathfrak{Z} - A$ in zwei Komponenten, von denen die eine $\mathfrak{Z}_1$ den Punkt $A_1$, die andere $\mathfrak{Z}_2$ den Punkt $A_2$ als einen Endpunkt hat. Spalten wir jetzt $b'$, so erhalten wir an Stelle dieser Kante eine Ecke $A'$ und zwei Kanten, von denen wir die mit $A_1'$ incidente $b_1'$, die mit $A_2'$ incidente $b_2'$ nennen. Ordnen wir jetzt der Ecke $A$ die Ecke $A'$, den Elementen von $\mathfrak{Z}_1$ bzw. von $\mathfrak{Z}_2$ die Kante $b_1'$ bzw. $b_2'$ zu, während wir sonst die durch $\sigma$ gegebenen Beziehungen zwischen den Elementen von $\mathfrak{C}$ und $\mathfrak{C}'$ beibehalten, so haben wir offenbar eine polymorphe Beziehung zwischen $\mathfrak{C}$ und dem durch die Kantenspaltung aus $\mathfrak{C}'$ erhaltenen Komplex. — Nehmen wir aber an, daß jeder Kante von $\mathfrak{C}'$ nur eine einzige Kante von $\mathfrak{C}$ entspricht, so wird $\mathfrak{C}'$ eine Fläche $\alpha'$ enthalten, der in $\mathfrak{C}$ ein Elementargebiet $\mathfrak{A}$ entspricht, das mehrere Flächen enthält. Sei

$$\mathfrak{P}' = A_0' b_1' A_1' b_2 \ldots b_n' A_0'$$

das Polygon von $\alpha'$ und $A_i$ bzw. $b_i$ das der Ecke $A_i'$ bzw. der Kante $b_i'$ entsprechende Element von $\mathfrak{C}$, so ist $\mathfrak{P} = A_0 b_1 \ldots b_n A_0$ das Randpolygon von $\mathfrak{A}$. Da $\mathfrak{A}$ mehr als eine Fläche hat, so gibt es in dem Elementarkomplex $\mathfrak{A} + \mathfrak{P}$ einen Querzug $\mathfrak{Q}$. Sind $A_r$ und $A_s$ die Endpunkte von $\mathfrak{Q}$, $\mathfrak{Z}_1$ und $\mathfrak{Z}_2$ die Komponenten von $\mathfrak{P} - A_r - A_s$, $\mathfrak{Z}_1'$ und $\mathfrak{Z}_2'$ die entsprechenden Elementarzüge in $\mathfrak{C}'$, also die Komponenten von $\mathfrak{P}' - A_r' - A_s'$, so sind $\mathfrak{Q} + \mathfrak{Z}_1$ und $\mathfrak{Q} + \mathfrak{Z}_2$ die Randpolygone der beiden Elementarkomplexe, in welche $\mathfrak{A} + \mathfrak{P}$ durch $\mathfrak{Q}$ zerfällt wird. Bezeichnen wir mit $\mathfrak{A}_1$ das System der inneren Elemente des ersten, mit $\mathfrak{A}_2$ das der inneren Elemente des zweiten, so ist

$$\mathfrak{A} = \mathfrak{A}_1 + \mathfrak{A}_2 + (\mathfrak{Q} - A_r - A_s).$$

Spalten wir jetzt die Fläche $\alpha'$ in der Weise, daß die neu eingeführte Kante $\mathfrak{q}'$ die Punkte $A_r'$ und $A_s'$ enthält, und bezeichnen wir mit $\alpha_1'$ die von $\mathfrak{q}' + \mathfrak{Z}_1'$, mit $\alpha_2'$ die von $\mathfrak{q}' + \mathfrak{Z}_2'$ begrenzte neue Fläche, so erhalten wir offenbar eine polymorphe Beziehung zwischen $\mathfrak{C}$ und dem durch die Spaltung aus $\mathfrak{C}'$ gewonnenen Komplex, indem wir den Elementen des Elementargebietes $\mathfrak{A}_1$ die Fläche $\alpha_1'$, den Elementen von $\mathfrak{A}_2$ die Fläche $\alpha_2'$ und den Elementen des Elementarzuges $\mathfrak{Q} - A_r - A_s$ die Kante $\mathfrak{q}'$ zuordnen, im übrigen aber die durch $\sigma$ gegebenen Beziehungen zwischen den Elementen von $\mathfrak{C}$ und $\mathfrak{C}'$ beibehalten.

Jetzt folgt auch leicht:

*Besteht eine polymorphe Abbildung $\sigma$ des normalen Komplexes $\mathfrak{C}$ auf den normalen Komplex $\mathfrak{C}'$, die kein Isomorphismus ist, so kann man durch Spaltungsprozesse aus $\mathfrak{C}'$ einen zu $\mathfrak{C}$ isomorphen Komplex ableiten.* Denn durch eine erste Spaltung von $\mathfrak{C}'$ kann man einen Komplex $\mathfrak{C}_1'$, zu welchem $\mathfrak{C}$ polymorph ist, erhalten. Liegt noch immer kein Isomorphismus vor, so kann man aus $\mathfrak{C}_1'$ durch Spaltung wieder einen Komplex $\mathfrak{C}_2'$ herleiten, zu dem $\mathfrak{C}$ polymorph ist. Die Fortsetzung dieses Verfahrens muß schließlich zu einem zu $\mathfrak{C}$ isomorphen Komplex führen, da bei jeder Spaltung die Elementenzahl um 2 wächst, diese Zahl aber nicht über die Elementenzahl von $\mathfrak{C}$ hinauswachsen kann. Die Zahl der Schritte ist gleich dem Überschuß der Kantenzahl bzw. dem halben Überschuß der Elementenzahl von $\mathfrak{C}$ über die von $\mathfrak{C}'$. Unser Satz zeigt, daß polymorphe Beziehung nur zwischen äquivalenten Komplexen stattfinden kann. Daher stimmen zwei solche Komplexe nicht nur in der Ränderzahl und der Charakteristik, sondern auch im Verhalten der Indikatrix überein.

Ist der normale Komplex $\mathfrak{C}$ polymorph zu dem normalen Komplex $\mathfrak{C}'$ und geht aus $\mathfrak{C}'$ durch eine Spaltung der Komplex $\mathfrak{C}_1'$ hervor, so ist entweder $\mathfrak{C}$ auch zu $\mathfrak{C}_1'$ polymorph, oder es kann $\mathfrak{C}$ durch Spaltungen in einen zu $\mathfrak{C}_1'$ polymorphen Komplex verwandelt werden.

*Beweis.* Es gehe zunächst $\mathfrak{C}_1'$ aus $\mathfrak{C}'$ durch eine Spaltung hervor, bei der die Kante $b'$ durch die Kanten $b_1'$, $b_2'$ und die Ecke $A'$ ersetzt wird. $A_1'$ und $A_2'$ seien die auf $b'$ gelegenen Ecken. Durch die polymorphe Beziehung $\sigma$ von $\mathfrak{C}$ auf $\mathfrak{C}'$ werden die Elemente eines Elementarzuges $\mathfrak{Z}$ von $\mathfrak{C}$ in $b'$ abgebildet und die Endpunkte $A_1$, $A_2$ von $\mathfrak{Z}$ in die Endpunkte $A_1'$, $A_2'$. Enthält $\mathfrak{Z}$ mehrere Kanten, also auch Ecken, so sei $A$ eine von ihnen, $\mathfrak{Z} - A$ zerfällt in zwei Elementarzüge $\mathfrak{Z}_1$ und $\mathfrak{Z}_2$ mit den Endpunkten $A_1, A$ bzw. $A_2, A$. Ordnen wir der Ecke $A$ die Ecke $A'$, den Elementen von $\mathfrak{Z}_1$ die Kante $b_1'$, den Elementen von $\mathfrak{Z}_2$ die Kante $b_2'$ zu und lassen wir die Beziehung der übrigen Elemente ungeändert, so haben wir $\mathfrak{C}$ selbst auf $\mathfrak{C}_1'$ polymorph abgebildet. Besteht aber $\mathfrak{Z}$ aus einer einzigen Kante $b$, so spalten wir diese, ordnen der neu eingeführten Ecke die Ecke $A'$, der mit $A_1$ incidenten neuen Kante die Kante $b_1'$, der anderen die Kante $b_2'$ zu und lassen die übrigen Beziehungen ungeändert. Dann ist der durch Spaltung aus $\mathfrak{C}$ entstandene Komplex polymorph auf $\mathfrak{C}_1'$ bezogen. — Nehmen wir jetzt an, daß $\mathfrak{C}_1'$ durch Spaltung einer Fläche $\alpha'$ aus $\mathfrak{C}'$ hervorgeht. In der vorausgesetzten polymorphen Beziehung von $\mathfrak{C}$ auf $\mathfrak{C}'$ entspricht der Fläche $\alpha'$ ein Elementargebiet $\mathfrak{A}$ von $\mathfrak{C}$, dem Polygon $\mathfrak{P}'$ von $\alpha'$ das Randpolygon $\mathfrak{P}$ von $\mathfrak{A}$. Sind ferner $A_r'$ und $A_s'$ die mit der durch die Spaltung neu eingeführten Kante $\mathfrak{q}'$ incidenten Ecken von $\mathfrak{P}'$, $A_r$ und $A_s$ die entsprechenden Ecken in $\mathfrak{P}$, so entsprechen den beiden Elementarzügen $\mathfrak{Z}_1', \mathfrak{Z}_2'$, in welche $\mathfrak{P}' - A_r' - A_s'$ zerfällt, die beiden Elementarzüge, aus denen $\mathfrak{P} - A_r - A_s$ besteht. Von den bei der Spaltung von $\alpha'$ neu eingeführten Flächen enthält die eine, $\alpha_1'$, das Polygon $A_r'\mathfrak{Z}_1'A_s'\mathfrak{q}'$, die andere, $\alpha_2'$, das Polygon $A_s'\mathfrak{Z}_2'A_r'\mathfrak{q}'$. Enthält der Elementarkomplex $\mathfrak{A} + \mathfrak{P}$ einen Querzug $\mathfrak{Q}$, der in $A_r$ und $A_s$ endigt, so wird er in zwei Elementarkomplexe zerfällt, von denen der erste $\mathfrak{Z}_1$, der zweite $\mathfrak{Z}_2$ in seiner Berandung enthält. Ist $\mathfrak{A}_1$ das System der inneren Elemente des ersten, $\mathfrak{A}_2$ das der inneren Elemente des zweiten Komplexes, so ordnen wir den Elementen von $\mathfrak{A}_1$ die Fläche $\alpha_1'$, den Elementen von $\mathfrak{A}_2$ die Fläche $\alpha_2'$ und den Elementen des Elementarzuges $\mathfrak{Q} - A_r - A_s$ die Kante $\mathfrak{q}'$ zu und lassen die übrigen Beziehungen zwischen den Elementen bestehen. Dann haben wir eine polymorphe Beziehung von $\mathfrak{C}$ selbst auf $\mathfrak{C}_1'$. Ist ein solcher Querzug in $\mathfrak{A} + \mathfrak{P}$ nicht vorhanden, so stellen wir uns durch Spaltungsprozesse, die aber nur die Elemente von $\mathfrak{A}$ betreffen, einen solchen her. Enthält $\mathfrak{A}$ eine Fläche $\beta$, die die Ecken $A_r$ und $A_s$ enthält, so genügt es, diese durch Einführung einer neuen mit $A_r$ und $A_s$ incidenten Kante zu spalten. Ist eine solche Fläche nicht vorhanden, so sei $\beta_0$ eine mit $A_r$, $\bar{\beta}$ eine mit $A_s$ incidente Fläche aus $\mathfrak{A}$. Ist dann $\beta_0 b_1 \beta_1 b_2 \ldots b_n \beta_n (= \bar{\beta})$ ein aus Kanten und Flächen von $\mathfrak{A}$ gebildeter einfacher Weg, so spalten wir erst die Kanten

$b_i$ $(i = 1, \ldots, n)$, wobei $B_i$ die bei der Spaltung von $b_i$ eingeführte Ecke ist, sodann jede der Flächen $\beta_i$ $(i = 0, 1, \ldots, n)$, wobei die bei der Spaltung von $\beta_i$ neu eingeführte Kante $c_i$ heißen möge. Hierbei soll $c_0$ die Ecken $A_r$, $B_1$, $c_n$ die Ecken $B_n$, $A_s$, jede andere Kante $c_i$ die Ecken $B_i$, $B_{i+1}$ verbinden. Dadurch geht das Elementargebiet $\mathfrak{A}$ in ein neues $\overline{\mathfrak{A}}$, der ganze Komplex $\mathfrak{C}$ in einen Komplex $\overline{\mathfrak{C}}$ über. Ordnen wir zunächst den Elementen von $\overline{\mathfrak{A}}$ die Fläche $\alpha'$ zu, während wir im übrigen die durch $\sigma$ zwischen den Elementen von $\mathfrak{C}$ und $\mathfrak{C}'$ gegebenen Beziehungen beibehalten, so haben wir $\overline{\mathfrak{C}}$ auf $\mathfrak{C}'$ polymorph abgebildet. Da aber jetzt in dem Elementarkomplex $\overline{\mathfrak{A}} + \mathfrak{P}$ ein in $A_r$ und $A_s$ endigender Querzug $\mathfrak{Q} = A_r c_0 B_1 c_1 B_2 c_2 \ldots B_n c_n A_s$ existiert, so können wir, wie in dem zuerst betrachteten Falle, $\overline{\mathfrak{C}}$ auch auf den Komplex $\mathfrak{C}_1'$ polymorph beziehen.

Sind $\mathfrak{C}_0$ und $\mathfrak{C}$ zwei äquivalente normale Komplexe, so läßt sich ein normaler Komplex finden, der sowohl zu $\mathfrak{C}_0$ wie zu $\mathfrak{C}$ polymorph ist.

*Beweis.* Aus der vorausgesetzten Äquivalenz von $\mathfrak{C}$ und $\mathfrak{C}_0$ folgt, daß man eine Reihe normaler Komplexe $\mathfrak{C}_0, \mathfrak{C}_1, \ldots, \mathfrak{C}_n = \mathfrak{C}$ von der Art finden kann, daß durch eine Kanten- oder Flächenspaltung entweder $\mathfrak{C}_{i-1}$ in einen zu $\mathfrak{C}_i$ oder $\mathfrak{C}_i$ in einen zu $\mathfrak{C}_{i-1}$ isomorphen Komplex verwandelt werden kann. Nehmen wir nun an, wir hätten einen normalen Komplex $\overline{\mathfrak{C}}_r$ $(r = 0, 1, \ldots, n-1)$, der zu jedem der Komplexe $\mathfrak{C}_0$, $\mathfrak{C}_1, \ldots, \mathfrak{C}_r$ polymorph ist — für $r = 0$ gibt es ja sicher einen solchen Komplex, nämlich $\overline{\mathfrak{C}}_0 = \mathfrak{C}_0$. In dem Falle, daß aus $\mathfrak{C}_{r+1}$ durch eine Spaltung ein zu $\mathfrak{C}_r$ isomorpher Komplex gewonnen werden kann, ist $\mathfrak{C}_r$ zu $\mathfrak{C}_{r+1}$ polymorph, und daher ist dann auch der zu $\mathfrak{C}_r$ polymorphe Komplex $\overline{\mathfrak{C}}_r$ zu $\mathfrak{C}_{r+1}$ polymorph. Der Komplex $\overline{\mathfrak{C}}_r$, den wir dann gleich $\overline{\mathfrak{C}}_{r+1}$ setzen, ist also dann zu $\mathfrak{C}_0, \mathfrak{C}_1, \ldots, \mathfrak{C}_{r+1}$ polymorph. Liegt aber der Fall vor, daß durch Spaltung von $\mathfrak{C}_r$ ein zu $\mathfrak{C}_{r+1}$ isomorpher Komplex gewonnen wird, so können wir nach unseren letzten Untersuchungen durch Anwendung von Spaltungsprozessen aus $\overline{\mathfrak{C}}_r$ einen Komplex $\overline{\mathfrak{C}}_{r+1}$ gewinnen, der auch zu $\mathfrak{C}_{r+1}$ polymorph ist. Da nun $\overline{\mathfrak{C}}_{r+1}$ zu $\overline{\mathfrak{C}}_r$ und $\overline{\mathfrak{C}}_r$ zu $\mathfrak{C}_0, \mathfrak{C}_1, \ldots, \mathfrak{C}_r$ polymorph ist, so ist wieder $\overline{\mathfrak{C}}_{r+1}$ polymorph zu den Komplexen $\mathfrak{C}_0, \mathfrak{C}_1, \ldots, \mathfrak{C}_{r+1}$. Auf diese Weise gelangen wir schließlich zu einem Komplex $\overline{\mathfrak{C}}_n$, der zu allen Komplexen unserer Reihe, also auch zu $\mathfrak{C}_0$ und $\mathfrak{C}$, polymorph ist. Damit ist unser Satz bewiesen. Da man aus $\mathfrak{C}_0$ und $\mathfrak{C}$ durch Spaltungen einen zu $\overline{\mathfrak{C}}_n$ isomorphen Komplex erhalten kann, so ist damit noch der Satz bewiesen: Äquivalente normale Komplexe können durch Spaltungsprozesse in isomorphe Komplexe verwandelt werden.

Der S. 143 angegebene Hauptsatz der Äquivalenztheorie läßt sich für die beiden einfachsten Klassen, nämlich für die durch die Ränderzahl 1 und die Charakteristik 1 bestimmte Klasse der Elementarkomplexe und für die durch die Charakteristik 2 bestimmte Klasse der EULERschen Komplexe sehr leicht beweisen. Wir behaupten also:

*Alle Elementarkomplexe sind äquivalent, alle* EULER*schen Komplexe sind äquivalent.*

Ist nämlich $\mathfrak{C}'$ der einfachste Elementarkomplex, der nur aus einer Fläche $\alpha'$, zwei Kanten $b_1'$, $b_2'$ und zwei Ecken $A'$, $B'$ besteht, und $\mathfrak{C}$ ein beliebiger Elementarkomplex, in dessen Rand die Ecken $A$, $B$ vorkommen, so zerfällt $\mathfrak{R} - A - B$ in zwei Elementarzüge $\mathfrak{Z}_1$, $\mathfrak{Z}_2$, und man erhält eine polymorphe Beziehung von $\mathfrak{C}$ auf $\mathfrak{C}'$, wenn man den Ecken $A$ und $B$ die Ecken $A'$ und $B'$, den Elementen von $\mathfrak{Z}_1$ bzw. $\mathfrak{Z}_2$ die Kanten $b_1'$ bzw. $b_2'$, den inneren Elementen von $\mathfrak{C}$ die Fläche $\alpha'$ zuordnet. Ist andererseits $\mathfrak{C}'$ der einfachste EULERsche Komplex, der nur aus zwei Flächen $\alpha_1'$, $\alpha_2'$, zwei Kanten $b_1'$, $b_2'$ und zwei Ecken $A'$, $B'$ besteht und $\mathfrak{C}$ ein beliebiger EULERscher Komplex, der zwei auf einem Polygon $\mathfrak{P}$ gelegene Ecken $A$, $B$ enthält, so zerfällt $\mathfrak{P} - A - B$ in zwei Elementarzüge $\mathfrak{Z}_1$, $\mathfrak{Z}_2$ und $\mathfrak{C} - \mathfrak{P}$ in zwei Elementargebiete $\mathfrak{A}_1$, $\mathfrak{A}_2$. Man erhält dann eine polymorphe Abbildung von $\mathfrak{C}$ auf $\mathfrak{C}'$, indem man den Ecken $A$, $B$ die Ecken $A'$, $B'$, den Elementen von $\mathfrak{Z}_1$ bzw. $\mathfrak{Z}_2$, $\mathfrak{A}_1$, $\mathfrak{A}_2$ die Elemente $b_1$, $b_2'$, $\alpha_1'$, $\alpha_2'$ zuordnet. — Aus diesen polymorphen Beziehungen ergibt sich die Richtigkeit unserer Behauptung.

## § 36. Maximalzahl nichtzerstückender Polygone in einem polyedrischen Komplex.

Zur Bestimmung einer Klasse normaler polyedrischer Komplexe bedarf es, wie wir gesehen haben, der Angabe von $c$, $r$ und einer solchen über das Verhalten der Indikatrix. Aus bald ersichtlichem Grund sei von nun an an Stelle von $c$ die Zahl $d = 2 - (c + r)$ verwendet. Da immer $c \leqq 2 - r$ ist (vgl. § 30, Satz 6), so ist $d$ stets nichtnegativ; es ändert sich nicht, wenn ein Rand durch Einfügung einer zweiseitigen Fläche geschlossen wird, denn damit nimmt $r$ um 1 ab, während $c$ um 1 zunimmt. Ist $d = 0$, so liegt für $r = 0$ ein EULERscher, für $r = 1$ ein Elementarkomplex vor; allgemein ist der Fall $d = 0$ dadurch charakterisiert, daß der Komplex durch Schließung der Ränder zu einem EULERschen wird. Im Falle $d = 0$ gibt es also keine nichtzerstückenden Polygone. Hat man im Innern eines normalen polyedrischen Komplexes $\mathfrak{C}$ ein nichtzerstückendes Polygon $\mathfrak{P}$, so wird, wenn ein Schnitt längs $\mathfrak{P}$ geführt wird, die Zahl $r$ um 1 oder 2 vermehrt, je nachdem $\mathfrak{P}$ ein- oder zweiseitig ist, während $c$ sich nicht ändert; daher kann $d$ hier nicht 0 sein.

Es sei $d > 0$, der Komplex orientierbar. Wir machen ihn, falls er berandet ist, durch Einfügung zweiseitiger Flächen *geschlossen*. Es existiert dann ein nichtzerstückendes Polygon $\mathfrak{P}$, denn sonst läge nach § 33, 3 ein EULERscher Komplex ($d = 0$) vor. Indem wir einen Schnitt längs $\mathfrak{P}$ führen, die beiden entstehenden Ränder schließen, erhalten wir einen orientierbaren geschlossenen Komplex, dessen $d$-Zahl gleich $d-2$ ist. Ist $d-2>0$, so können wir das Verfahren wiederholen. Wir fahren so fort, bis die $d$-Zahl Null wird, dann müssen wir schließlich zu dem einfachsten geschlossenen orientierbaren Komplex, dem EULERschen, gelangen. Daraus ist zu ersehen, daß $d$ gerade war. Bei ungeradem $d$ ist also $\mathfrak{C}$ sicher nicht orientierbar[1].

Hat man auf einem normalen polyedrischen Komplex $\mathfrak{C}$ $l_1$ einseitige, $l_2$ zweiseitige Polygone ohne gemeinsame Elemente, die zusammen nicht zerstücken, so liefert ein Aufschneiden längs dieser einen Komplex, dessen $d$-Zahl um $l_1+2l_2$ kleiner ist. Ist daher $d$ die $d$-Zahl von $\mathfrak{C}$, so folgt $l_1+2l_2 \leqq d$. Diese Grenze bleibt bei Spaltungen bestehen, da bei solchen $d$ und $c$ sich nicht ändern. Es fragt sich nun, *ob man durch Spaltungen* $\mathfrak{C}$ *in einen Komplex* $\mathfrak{C}'$ *verwandeln kann, daß* $l_1+2l_2=d$, *das heißt, die Grenze* $d$ *erreicht wird.* Man könnte alsdann $\mathfrak{C}$ immer durch Spaltungen in ein $\mathfrak{C}'$ mit $l_1+l_2$ Polygonen von genannter Eigenschaft verwandeln, so daß ein Aufschneiden längs dieser den Komplex $\mathfrak{C}'$ zu einem solchen mit $d=0$ und nach Schließung der Ränder bis auf einen zu einem Elementarkomplex macht. Dies ist in der Tat immer möglich.

Wir beweisen zunächst den weniger weitgehenden Satz: *Ist* $d>0$, *so gibt es, wenn nicht in dem normalen polyedrischen Komplex* $\mathfrak{C}$ *selbst, so doch in einem durch Spaltungen aus* $\mathfrak{C}$ *gewonnenen* $\mathfrak{C}_1$ *nichtzerstückende Polygone.*

Im Falle $r=0$ ist dieser Satz schon bewiesen (§ 33, 3), da auf jedem geschlossenen Nicht-EULERschen Komplex nichtzerstückende Polygone vorkommen. Der Nachweis für berandete Komplexe erfordert einige Vorbereitungen. Man kann nämlich den Komplex durch Einfügung von Flächen zu einem geschlossenen machen, für den der Satz gilt. Es fragt sich, ob die im nunmehr geschlossenen Komplex vorhandenen nichtzerstückenden Polygone diese Eigenschaft für den wieder berandet zu denkenden beibehalten. Schwierigkeiten sind nur zu befürchten, wenn sie Randelemente enthalten. Diese Randelemente können jedoch, wie wir sehen werden, durch geeignete Spaltungen so ausgeschaltet werden, daß die Polygone für den geschlossen gedachten und somit auch für den wieder berandeten nichtzerstückend bleiben.

Es sei in $\mathfrak{C}=\mathfrak{E}+\mathfrak{K}+\mathfrak{F}$ der Kantenkomplex $\mathfrak{C}_1=\mathfrak{E}_1+\mathfrak{K}_1$ enthalten. Dann hat $\mathfrak{C}-\mathfrak{C}_1$ ebensoviel Komponenten wie $(\mathfrak{K}-\mathfrak{K}_1)+\mathfrak{F}$ (§ 30, 1). Die Vermehrung von $\mathfrak{K}_1$ kann weiteren Zerfall zur Folge haben; Randkanten aus $\mathfrak{C}$ zu $\mathfrak{K}_1$ hinzuzufügen, führt jedoch zu keinem weiteren Zerfall. $\mathfrak{C}_1$ enthalte insbesondere nur innere Elemente von $\mathfrak{C}$. $A+w_1+B$ sei ein einfacher Kantenzug in $\mathfrak{C}_1$ mit den Endpunkten $A, B$; $w_2$ sei ein anderer Elementarzug, der $A$ und $B$ verbindet, er

[1] Es kann jedoch auch bei *geradem* $d$ der Komplex nichtorientierbar sein, vgl. § 15.

enthalte ebenfalls nur innere Elemente von $\mathfrak{C}$ und kein Element von $\mathfrak{C}_1$. Ferner sei $A + w_1 + B + w_2$ Randpolygon eines Elementarkomplexes aus $\mathfrak{C}$, *der aus diesem und dem Elementargebiet* $\mathfrak{A}$ *bestehe*. Kein Element von $\mathfrak{C}_1$ gehöre zu $\mathfrak{A}$. Indem wir in $\mathfrak{C}_1$ $w_1$ durch $w_2$ ersetzen, erhalten wir den Komplex $\mathfrak{C}_2 = \mathfrak{C}_1 - w_1 + w_2$, so daß $\mathfrak{C}_1 + w_2 = \mathfrak{C}_2 + w_1$ wird. Die Zahl der Komponenten, in die $\mathfrak{C} - (\mathfrak{C}_1 + w_2)$ zerfällt, ist um 1 größer als die Zahl der Komponenten von $\mathfrak{C} - \mathfrak{C}_1$. Denn wenn man in $(\mathfrak{K} - \mathfrak{K}_1) + \mathfrak{F}$ die Kanten von $w_2$, an der Ecke $A$ beginnend, der Reihe nach wegnimmt, so kann erst bei Fortnahme der letzten dieser Kanten ein weiterer Zerfall eintreten. Dann tritt er aber auch wirklich ein, weil von den an der Kante gelegenen Flächen $\alpha$, $\beta$ die eine zu $\mathfrak{A}$ gehört, die andere nicht, und ein von $\alpha$ nach $\beta$ führender Weg daher notwendig ein Randelement des Elementarkomplexes enthalten muß. Ebenso zeigt man, daß die Anzahl der Komponenten bei $\mathfrak{C} - (\mathfrak{C}_2 + w_1)$ um 1 größer ist als die von $\mathfrak{C} - \mathfrak{C}_2$. Aus $\mathfrak{C}_1 + w_2 = \mathfrak{C}_2 + w_1$ folgt, daß $\mathfrak{C} - \mathfrak{C}_1$ und $\mathfrak{C} - \mathfrak{C}_2$ die gleiche Anzahl von Komponenten haben. Ist insbesondere $\mathfrak{C}_1$ nichtzerstückend, so auch $\mathfrak{C}_2$, und umgekehrt.

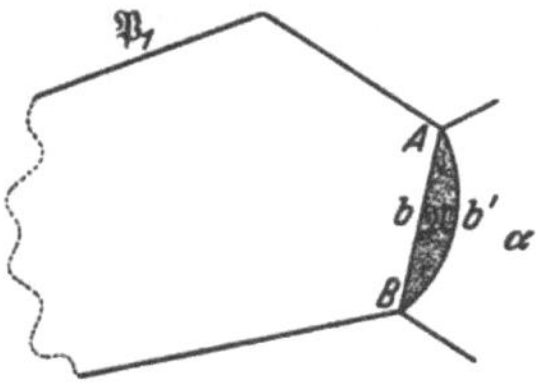

Abb. 92.

Sei insbesondere $\mathfrak{C}_1 = \mathfrak{P}_1 + \cdots + \mathfrak{P}_l$ ein System nichtzerstückender Polygone, dann geht bei Abänderungen der besprochenen Art dieses in ein ebensolches System über. Dabei bleibt auch Ein- bzw. Zweiseitigkeit der Polygone erhalten; ist etwa $\mathfrak{P}_i = A + w_1 + B + w$, das abgeänderte Polygon $\mathfrak{P}_i' = A + w_2 + B + w$, so gelangt man, von $A$ ausgehend, auf den Wegen $w_1$ und $w_2$ nach derselben Indikatrix bei $B$, und führt auch $w$ zu dieser Indikatrix, so sind $\mathfrak{P}_i$ und $\mathfrak{P}_i'$ zwei-, sonst einseitig. Zwei für das Folgende wichtige Beispiele solcher Abänderung sind:

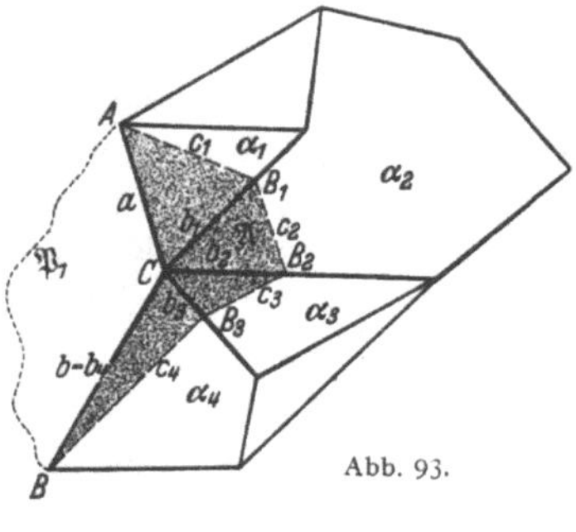

Abb. 93.

1. Kantenausschaltung (Abb. 92). Sei $b$ Kante aus $\mathfrak{P}_1$, $\alpha$ eine ihrer Flächen, $A$ und $B$ ihre Ecken. Wir spalten $\alpha$ durch Einführung einer $A$ und $B$ verbindenden Kante $b'$ und ersetzen $b$ durch $b'$.

2. Eckenausschaltung (Abb. 93). Es sei $C$ Ecke von $\mathfrak{P}_1$, $a$ und $b$ ihre Kanten mit den Ecken $A$ und $B$. Diese und die auf der einen Seite von $aCb$ gelegenen, mit $C$ incidierenden Flächen und Kanten geben einen Weg $a\alpha_1 b_1 \alpha_2 b_2 \ldots \alpha_n b$. Wir spalten die Kanten $b_1, \ldots, b_{n-1}$ durch Einführung der Ecken $B_1, \ldots, B_{n-1}$, die Flächen $\alpha_1, \ldots, \alpha_n$ durch die Kanten $c_1, \ldots, c_n$, wo $c_1$ die Ecken $A B_1$, $c_i$ die Ecken $B_{i-1} B_i$ hat $(B_n = B)$, und ersetzen in $\mathfrak{P}_1$ den Teil $aCb$ durch $c_1 B_1 c_2 B_2 \ldots c_n$, so die Ecke $C$ ausschaltend. In beiden Abbildungen ist das nach dem

Vorangegangenen erforderliche Elementargebiet $\mathfrak{A}$ durch Schattierung hervorgehoben.

Ist also in einem normalen polyedrischen Komplex $\mathfrak{C}$ $\mathfrak{P}_1, \ldots, \mathfrak{P}_l$ ein System nichtzerstückender Polygone und sind $\gamma_1, \ldots, \gamma_r$ Flächen von $\mathfrak{C}$ ohne gemeinsame Elemente, so sind wir in der Lage, das System durch zweckmäßige Spaltungen von $\mathfrak{C}$, d. h. durch Anwendung der soeben beschriebenen beiden Prozesse, so abzuändern, daß die Polygone kein mit einer Fläche $\gamma_i$ incidentes Element enthalten und die $\gamma_i$ und die mit ihnen incidenten Elemente von den Spaltungen nicht betroffen werden. Hat z. B. $\mathfrak{P}_j$ eine Kante $b$ von $\gamma_i$ und ist $\alpha$ die zweite Fläche von $b$, so kann man $b$ durch eine neue $\alpha$ spaltende Kante $b'$ (mit denselben Elementen wie $b$) ersetzen. So schafft man aus den $\mathfrak{P}_j$ die Kanten und die Ecken der $\gamma_i$ weg, wobei die an einer solchen Ecke auf der $\gamma_i$ nicht enthaltenden Seite gelegenen Elemente zu spalten sind.

Damit sind alle Vorbereitungen für den Beweis unseres Hilfssatzes getroffen. Es habe $\mathfrak{C}$ $r$ Ränder, und es sei $d > 0$. Dann machen wir aus $\mathfrak{C}$ durch Einfügung von Flächen $\gamma_1, \ldots, \gamma_r$ einen geschlossenen Komplex $\bar{\mathfrak{C}}$. In diesem haben wir sicher ein nichtzerstückendes Polygon $\mathfrak{P}$. Indem wir Elemente, die von $\gamma_i$ verschieden und nicht mit ihnen incident sind, d. h. innere Elemente von $\mathfrak{C}$, geeignet spalten, können wir $\mathfrak{P}$ so in $\mathfrak{P}'$ abändern, daß $\mathfrak{P}'$ nur innere Elemente von dem aus $\mathfrak{C}$ durch die Spaltungen entstandenen $\mathfrak{C}_1$ enthält. $\mathfrak{P}'$ ist auch auf $\mathfrak{C}_1$ nichtzerstückend. Dann hat man zunächst zwischen je zwei Flächen von $\mathfrak{C}_1$ einen Weg in dem aus $\bar{\mathfrak{C}}$ durch die Spaltungen hervorgegangenen $\bar{\mathfrak{C}}_1$. Sollte dieser Weg ein $\gamma_i$ enthalten, so vermeide man $\gamma_i$ und gehe statt dessen auf dem Rande von $\gamma_i$ entlang; da die auf diesem Wegstück benachbarten Elemente Elemente desselben Randes sind, so sind sie in $\mathfrak{C}_1$ verbunden, damit ist der Hilfssatz bewiesen.

Wir zeigen jetzt: *Hat man auf dem normalen polyedrischen Komplex $\mathfrak{C}$ ein System nichtzerstückender Polygone $\mathfrak{P}_1, \ldots, \mathfrak{P}_l$, und ist für dieses $l_1 + 2l_2 < d$, so kann man in $\mathfrak{C}$ selbst oder in einem durch Spaltungen aus $\mathfrak{C}$ hervorgehenden Komplex noch ein weiteres Polygon $\mathfrak{P}$ so hinzufügen, daß auch das System $\mathfrak{P}_1 + \cdots + \mathfrak{P}_l + \mathfrak{P}$ nicht zerstückt.*

Ist dies bewiesen, so folgt, weil für das neue System $l_1 + 2l_2$ einen größeren Wert hat, daß man diesen Wert so lange erhöhen kann, bis $d$ erreicht ist.

Indem wir Schnitte längs $\mathfrak{P}_1, \ldots, \mathfrak{P}_l$ ausführen, erhalten wir aus $\mathfrak{C}$ einen neuen Komplex $\mathfrak{C}'$, dessen $d$-Zahl $d' = d - (l_1 + 2l_2) > 0$ ist. Daher können wir durch Spaltungen innerer Elemente von $\mathfrak{C}'$ diesen Komplex so umgestalten, daß der entstandene Komplex $\mathfrak{C}_1'$ ein nichtzerstückendes Polygon enthält. Da die inneren Elemente von $\mathfrak{C}'$ auch innere Elemente von $\mathfrak{C}$ sind und nicht den Polygonen $\mathfrak{P}_1, \ldots, \mathfrak{P}_l$ angehören, so können wir dieselben Spaltungen auch mit $\mathfrak{C}$ vornehmen, was $\mathfrak{C}_1$ ergeben möge. Wir erhalten daher das Polygon $\mathfrak{P}$ auch im

Innern von $\mathfrak{C}_1$. Sind $\alpha, \beta$ zwei Flächen von $\mathfrak{C}_1$, also auch von $\mathfrak{C}_1'$, so gibt es in $\mathfrak{C}_1' - \mathfrak{P}$ einen Flächen-Kanten-Weg von $\alpha$ nach $\beta$, der nur innere Kanten von $\mathfrak{C}_1'$ enthält. Alle Elemente dieses Weges sind zugleich Elemente von $\mathfrak{C}_1 - (\mathfrak{P}_1 + \cdots + \mathfrak{P}_l + \mathfrak{P})$. Hieraus folgt, daß das System $\mathfrak{P}_1 + \cdots + \mathfrak{P}_l + \mathfrak{P}$ ein nichtzerstückendes ist. Es existiert also auf dem genügend gespaltenen Komplex sicher ein System innerer Polygone, für welches $l_1 + 2l_2 = d$ wird. Ist der Komplex *orientierbar*, so kann, wie wir sahen, $d$ nicht ungerade sein: $d = 2p = l_1 + 2l_2$, $l_1 = 0$, $2l_2 = 2p$; das heißt: $p = \frac{d}{2}$ ist die *Maximalzahl nichtzerstückender Polygone*; $p = \frac{d}{2}$ heißt das *Geschlecht* des Komplexes.

## § 37. Erledigung des Äquivalenzproblems im Falle $d = 0$.

Der Nachweis, daß alle Komplexe derselben Klasse äquivalent sind, wird geführt, indem wir aus jeder Klasse einen einfachsten Typus wählen, den wir den „Normaltypus“ oder „Normalkomplex“ der Klasse nennen, und zeigen, daß alle Komplexe der Klasse durch Spaltungen polymorph zum Normaltypus gemacht werden können, also zu ihm äquivalent sind. Im Falle $d = 0$ haben wir nur Klassen orientierbarer Komplexe vor uns; die einzelne Klasse ist durch $r$ bestimmt, im Falle $r = 0$ erhalten wir die EULERschen Komplexe. Sie sind alle polymorph zu dem einfachsten aus zwei Flächen, zwei Ecken, zwei Kanten bestehenden, den wir als Normaltypus wählen (z. B. eine Kugel mit Äquator und zwei auf diesem liegenden Punkten). Die Elementarkomplexe sind durch $r = 1$ charakterisiert. Sie sind alle polymorph zu dem einfachsten mit $f = 1$, $e = 2$, $k = 2$, den wir als Normaltypus betrachten (z. B. eine Halbkugelfläche mit zwei Punkten auf dem Rande).

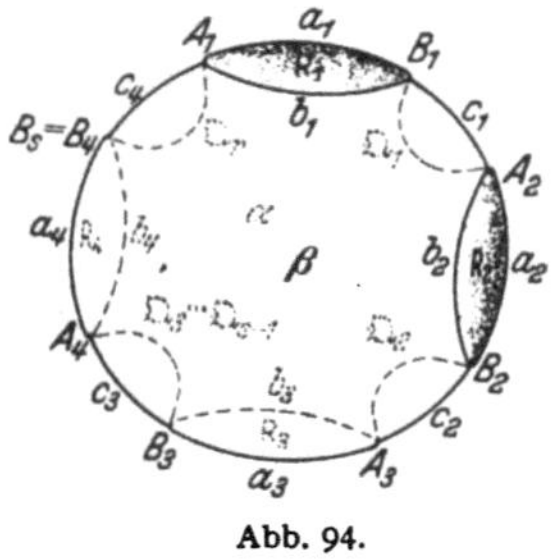


Abb. 94.

Jetzt setzen wir $r \geqq 2$ voraus. Der Normaltypus für die Klasse $d = 0$, $r \geqq 2$ enthält die beiden Flächen (Abb. 94):

$$\alpha = A_1 a_1 B_1 c_1 A_2 a_2 B_2 c_2 A_3 \ldots A_r a_r B_r c_r A_1,$$
$$\beta = A_1 b_1 B_1 c_1 A_2 b_2 B_2 c_2 A_3 \ldots A_r b_r B_r c_r A_1,$$

ferner ist $e = 2r$, $k = 3r$, $c = 2 - r$. Ist $\mathfrak{C}$ ein beliebiger Komplex dieser Klasse mit den Rändern $\mathfrak{R}_1, \ldots, \mathfrak{R}_r$, so werden, um zu einer polymorphen Beziehung zu dem zugehörigen Normaltypus zu gelangen, auf jedem Rande $\mathfrak{R}_i$ zwei Ecken $A_i$, $B_i$ willkürlich angenommen. Es sei $1 \leqq s \leqq r$. Haben wir $s = 1$ Querzüge $\mathfrak{Q}_1, \ldots, \mathfrak{Q}_{s-1}$ ohne gemeinsame Elemente (im Falle $s - 1$ also noch keinen), von denen $\mathfrak{Q}_i$ in $B_i$ und $A_{i+1}$ endigt, und ist $\mathfrak{C}_1$ der Kantenkomplex, der alle Randelemente und alle Elemente der $s - 1$ Querzüge enthält, so sind die

Kanten der letzteren Brücken von $\mathfrak{C}_1$. Da $\mathfrak{C}_1$ außer Brücken nur Randelemente enthält, so ist es nichtzerstückend. Ist in $\mathfrak{C}$ $\alpha$ eine mit $B_s$, $\beta$ eine mit $A_{s+1}$ (im Falle $s = r$ mit $A_1$) incidente Fläche, so hat man einen einfachen Flächen-Kanten-Weg von $\beta$ nach $\alpha$, der keine Kante von $\mathfrak{C}_1$ enthält. Durch Spaltung der Elemente dieses Weges schafft man sich einen Querzug von $B_s$ nach $A_{s+1}$ (bzw. $A_1$). Man kann also durch Spaltungen zu $r$ Querzügen $\mathfrak{Q}_i$ $(i = 1, \ldots, r)$ ohne gemeinsame Elemente gelangen, von denen $\mathfrak{Q}_i$ in $B_i$, $A_{i+1}$, $\mathfrak{Q}_r$ in $B_r$, $A_1$ endigt. Die $r$ Querzüge zusammen sind zerstückend, da die $r$ Querschnitte die Charakteristik, welche $2 - r$ war, auf 2 erhöhen würden, was bei einem berandeten normalen polyedrischen Komplex nicht möglich ist. Läßt man aber aus dem (nun alle $r$ Querzüge $\mathfrak{Q}_i$ enthaltenden) Komplex $\mathfrak{C}_1$ die Kante $b$ eines Querzuges weg, so ist $\mathfrak{C}_1 - b$ nichtzerstückend, weil die übrigen Querzugskanten Brücken werden. $\mathfrak{C}_1$ zerstückt $\mathfrak{C}$ in zwei Elementarkomplexe; es wird nämlich durch $r - 1$ Querschnitte die Charakteristik zu 1, womit also ein Elementarkomplex entstanden ist, der dann durch den $r$-ten Querzug in zwei Elementarkomplexe zerfällt. Die Querzüge $\mathfrak{Q}_i = B_i + \bar{c}_i + A_{i+1}$ sind beiden Elementarkomplexen gemein, während von den beiden Elementarzügen, in die $\mathfrak{R}_i - A_i - B_i$ zerfällt, der eine $\bar{a}_i$ zur Berandung des einen Komplexes, dessen Elementargebiet wir $\bar{\alpha}$ nennen, der andere $\bar{b}_i$ zum andern mit dem Elementargebiet $\bar{\beta}$ gehört. Indem wir den Ecken $A_i$, $B_i$ von $\mathfrak{C}$ die ebenso bezeichneten Ecken des Normaltypus, den Elementargebieten $\bar{\alpha}$, $\bar{\beta}$ die Flächen $\alpha$, $\beta$, den Elementarzügen $\bar{a}_i$, $\bar{b}_i$, $\bar{c}_i$ die Kanten $a_i$, $b_i$, $c_i$ zuordnen, haben wir $\mathfrak{C}$ auf den Normaltypus polymorph bezogen. Damit ist die Äquivalenz der Komplexe $d = 0$, $r$ beliebig bewiesen.

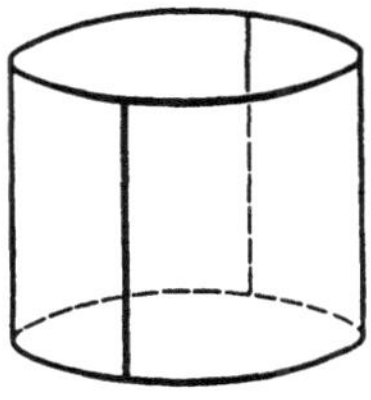

Abb. 95.

Bei der polymorphen Beziehung zwischen $\mathfrak{C}$ und dem Normalkomplex, den wir $\mathfrak{N}_r$ nennen, sind den Rändern von $\mathfrak{C}$ die von $\mathfrak{N}_r$ zugeordnet. Bei der Herstellung einer polymorphen Beziehung kann die Zuordnung willkürlich gewählt werden, denn die Ränder von $\mathfrak{C}$ wurden in willkürlicher Reihenfolge mit $\mathfrak{R}_1, \ldots, \mathfrak{R}_r$ bezeichnet. Ebenso waren $A_i$, $B_i$ willkürlich auf $\mathfrak{R}_i$ gewählt, d. h. zwei beliebige Punkte von $\mathfrak{R}_i$ konnten den beiden Ecken des $i$-ten Randes von $\mathfrak{N}_r$ entsprechend gemacht werden. Im Falle $r = 2$ können wir $\mathfrak{N}_2$ noch zweckmäßig als Zylindermantel veranschaulichen, der durch zwei Mantellinien in zwei Flächen geteilt ist (Abb. 95). Da man jeden Typus der Klasse $d = 0$, $r = 2$ durch Spaltungen in einen solchen überführen kann, der aus $\mathfrak{N}_2$ durch Spaltungen hervorgeht, so kann man jeden Komplex dieser Klasse in zylindrischer oder röhrenartiger Form darstellen, weshalb wir diese Komplexe kurz „Röhrenkomplexe" nennen wollen.

## § 38. Zusammensetzung von Komplexen.

Es seien $\mathfrak{C}'(c', r', d')$ und $\mathfrak{C}''(c'', r'', d'')$ zwei berandete normale polyedrische Komplexe ohne gemeinsame Elemente, auch sollen keine Incidenzen zwischen den Elementen des einen und des andern stattfinden. $s$ sei eine natürliche Zahl, so daß $r' \geqq s$, $r'' \geqq s$. Aus den Rändern von $\mathfrak{C}', \mathfrak{C}''$ werden je $s$ beliebig und in beliebiger Reihenfolge herausgegriffen: $\mathfrak{R}_1', \mathfrak{R}_2', \ldots, \mathfrak{R}_s'$; $\mathfrak{R}_1'', \mathfrak{R}_2'', \ldots, \mathfrak{R}_s''$; es seien jeweils $\mathfrak{R}_i'$ und $\mathfrak{R}_i''$ einander zugeordnet. Durch Spaltungen ist erreichbar, daß je zwei zugeordnete oder auch alle $2s$ gleich viele, etwa $n$ Ecken haben. Es sei $\mathfrak{R}_1' = A_1 a_1' \ldots A_n' a_n'$; $\mathfrak{R}_1'' = A_1'' a_1'' \ldots A_n'' a_n''$; $\mathfrak{R}_2' = B_1' b_1' \ldots B_n' b_n'$; $\mathfrak{R}_2'' = B_1'' b_1'' \ldots B_n'' b_n''$. Bei jedem Rande ist die Wahl der ersten Ecke und des Umlaufssinns willkürlich, nur müssen $A_i', A_i''$ usw. jeweils zugeordnet sein. Wir wollen jetzt erklären, was wir unter der „Zusammensetzung von $\mathfrak{C}'$ und $\mathfrak{C}''$ zu *einem* Komplex durch Vereinigung zugeordneter Ränder" zu verstehen haben. Wir bilden, um zur Zusammensetzung von $\mathfrak{C}'$ und $\mathfrak{C}''$ zu gelangen, zunächst die beiden zusammenhängenden Komplexe $\mathfrak{C}' - (\mathfrak{R}_1' + \cdots + \mathfrak{R}_s')$ und $\mathfrak{C}'' - (\mathfrak{R}_1'' + \cdots + \mathfrak{R}_s'')$, sodann

$$\mathfrak{D} = \{\mathfrak{C}' - (\mathfrak{R}_1' + \cdots + \mathfrak{R}_s')\} + \{\mathfrak{C}'' - (\mathfrak{R}_1'' + \cdots + \mathfrak{R}_s'')\},$$

welcher letztere Komplex natürlich in zwei Stücke zerfällt. Statt jedes fortgelassenen Polygonpaares $\mathfrak{R}_i', \mathfrak{R}_i''$ führen wir ein neues Polygon $\mathfrak{P}_i$ mit ganz neuen Elementen ein; so für $\mathfrak{R}_1', \mathfrak{R}_1''$ ein Polygon $\mathfrak{P}_1 = A_1 a_1 A_2 a_2 \ldots A_n a_n$. Dabei soll jedes Element $A_i$ bzw. $a_i$ als Ersatz für die beiden Elemente $A_i', A_i''$ bzw. $a_i', a_i''$ gelten, indem es mit denjenigen Elementen von $\mathfrak{D}$ incident sein soll, mit denen die ersetzten Elemente in $\mathfrak{C}'$ bzw. $\mathfrak{C}''$ incidierten. Entsprechendes gilt für alle übrigen Paare $\mathfrak{R}_i', \mathfrak{R}_i''$. So erhalten wir den zusammengesetzten Komplex $\mathfrak{C} = \mathfrak{D} + (\mathfrak{P}_1 + \cdots + \mathfrak{P}_s)$; er ist endlich, polyedrisch und vollkommen zusammenhängend. Jede Kante $b$ von $\mathfrak{C}$ ist, wenn sie schon in $\mathfrak{C}'$ oder $\mathfrak{C}''$ vorkommt, mit denselben Flächen behaftet wie in $\mathfrak{C}'$ bzw. $\mathfrak{C}''$, ihre Ecken sind, soweit sie nicht in einem $\mathfrak{R}_i'$ oder $\mathfrak{R}_i''$ vorkommen, dieselben wie in $\mathfrak{C}'$ bzw. $\mathfrak{C}''$. Kommt aber eine Ecke in einem $\mathfrak{R}_i'$ vor, so ist diese weggefallen, dafür aber eine Ecke von $\mathfrak{P}_i$ eingetreten. Die zu einem $\mathfrak{P}_i$ gehörigen Kanten $b$ sind mit zwei Ecken von $\mathfrak{P}_i$ und zwei Flächen incident, nämlich mit den beiden Flächen, von denen die eine mit $b'$, die andere mit $b''$ incidiert, wo $b'$ und $b''$ die beiden Kanten sind, die durch $b$ ersetzt wurden. Eine Fläche von $\mathfrak{C}$ kommt in $\mathfrak{C}'$ oder $\mathfrak{C}''$ vor, und diese ist dortselbst mit einem Polygon incident; sofern Elemente desselben zu den $\mathfrak{R}_i'$ oder $\mathfrak{R}_i''$ gehören, sind andere Elemente an ihre Stelle getreten, die ihre Incidenzen mit übernommen haben. Eine Ecke von $\mathfrak{C}$, die nicht einem $\mathfrak{P}_i$ angehört, hat in $\mathfrak{C}$ dieselben Incidenzen wie in $\mathfrak{C}'$ bzw. $\mathfrak{C}''$. Gehört sie zu einem $\mathfrak{P}_i$, so sieht man leicht, daß die mit ihr incidenten Elemente einen geschlossenen Cyclus bilden. Für die Charakteristik $c$, die Ränderzahl $r$ und die Zahl $d$ gelten die leicht zu beweisenden Formeln

$$c = c' + c'', \qquad r = r' + r'' - 2s, \qquad d = d' + d'' + 2(s-1).$$

Der Komplex $\mathfrak{C}_1 = \mathfrak{C}' - (\mathfrak{R}_1' + \cdots + \mathfrak{R}_s') + (\mathfrak{P}_1 + \cdots + \mathfrak{P}_s)$ ist Teil von $\mathfrak{C}$ und isomorph zu $\mathfrak{C}'$; ebenso ist

$$\mathfrak{C}_2 = \mathfrak{C}' - (\mathfrak{R}_1'' + \cdots + \mathfrak{R}_s'') + (\mathfrak{P}_1 + \cdots + \mathfrak{P}_s)$$

Teil von $\mathfrak{C}$ und isomorph zu $\mathfrak{C}''$.

*Verhalten der Indikatrix.* Besitzt wenigstens einer der Komplexe $\mathfrak{C}', \mathfrak{C}''$ eine umkehrbare Indikatrix, so hat, da die zu ihnen isomorphen Komplexe $\mathfrak{C}_1, \mathfrak{C}_2$ Teile von $\mathfrak{C}$ sind, auch $\mathfrak{C}$ eine umkehrbare Indikatrix. Für die Orientierbarkeit von $\mathfrak{C}$ ist also notwendig (aber keineswegs hinreichend), daß die Komplexe $\mathfrak{C}', \mathfrak{C}''$ beide orientierbar sind.

Wir setzen jetzt $\mathfrak{C}'$ und $\mathfrak{C}''$, somit auch $\mathfrak{C}_1, \mathfrak{C}_2$ als orientierbar voraus. Dann können wir den Flächen von $\mathfrak{C}$ solchen Umlaufssinn erteilen, daß für alle inneren Kanten von $\mathfrak{C}_1$ und $\mathfrak{C}_2$, d. h. für die nicht zu den Polygonen $\mathfrak{P}_i$ gehörigen inneren Kanten von $\mathfrak{C}$, das Möbiussche Kantengesetz erfüllt ist, und zwar ist dies auf vierfache Weise möglich, da sowohl bei $\mathfrak{C}_1$ wie bei $\mathfrak{C}_2$ zwischen zwei Orientierungen zu wählen ist. Durch die Orientierung von $\mathfrak{C}_1$ erhält nun jedes Randpolygon $\mathfrak{P}_i$ von $\mathfrak{C}_1$ einen bestimmten Umlaufssinn, desgleichen erhält $\mathfrak{P}_i$ von $\mathfrak{C}_2$ aus einen solchen. Sind die beiden Umlaufssinne identisch, so ist bei keiner Kante von $\mathfrak{P}_i$ das Möbiussche Gesetz erfüllt, andernfalls bei allen Kanten. Ist dies für alle $\mathfrak{P}_i$ der Fall, so ist $\mathfrak{C}$ orientierbar, ebenfalls jedoch, wenn das Möbiussche Gesetz für kein $\mathfrak{P}_i$ erfüllt ist; denn wir brauchen im letzteren Falle nur bei einem der Komplexe $\mathfrak{C}_1$ oder $\mathfrak{C}_2$ die Orientierung umzukehren, um Erfüllung des Möbiusschen Gesetzes durch alle $\mathfrak{P}_i$ zu erreichen. Ist jedoch das Gesetz etwa bei $\mathfrak{P}_1$ erfüllt, bei $\mathfrak{P}_2$ aber nicht, so nützt uns keine andere Orientierung von $\mathfrak{C}_1$ oder $\mathfrak{C}_2$, da in jedem Falle das Gesetz bei einem der Polygone erfüllt sein wird, bei dem andern nicht. Daraus ist zunächst zu ersehen, daß, wenn die Zahl $s$ der Polygone $s = 1$ ist, $\mathfrak{C}$ immer orientierbar gemacht werden kann.

Es sei nun $s > 1$, $\mathfrak{C}'$, $\mathfrak{C}''$ werden als orientierbar vorausgesetzt, die Vereinigung soll vollzogen werden. Wir zeigen: Es ist möglich, sie so einzurichten, daß $\mathfrak{C}$ orientierbar, aber auch so, daß $\mathfrak{C}$ nichtorientierbar wird. Wird $\mathfrak{C}'$ orientiert, so erhalten $\mathfrak{R}_1', \mathfrak{R}_2', \ldots$ bestimmte Umlaufssinne, die wir als zugeordnete bezeichnen und die in der Darstellung $\mathfrak{R}_1' = A_1' a_1' \ldots$, $\mathfrak{R}_2' = B_1' b_1' \ldots$ zum Ausdruck kommen mögen. Die Ränder von $\mathfrak{C}''$, $\mathfrak{R}_1'' = A_1'' a_1'' \ldots$, $\mathfrak{R}_2'' = B_1'' b_1'' \ldots$, seien zunächst beliebig aufgeschrieben, dann die Vereinigung in der früher angegebenen Weise vollzogen. Wenn nun auch die aufgeschriebenen Umlaufssinne der $\mathfrak{R}''$ alle einander entsprechen, so erreicht man, indem man $\mathfrak{C}'$ so orientiert, wie es den Umlaufssinnen der $\mathfrak{R}'$ entspricht, $\mathfrak{C}''$ aber so, daß man bei den $\mathfrak{R}''$ die entgegengesetzten Umlaufssinne erhält, daß in $\mathfrak{C}$ das Kantengesetz überall erfüllt ist. Wenn aber etwa die Umlaufssinne von $\mathfrak{R}_1''$ und $\mathfrak{R}_2''$ einander nicht entsprechen, so wird, wie man auch $\mathfrak{C}_1$ und $\mathfrak{C}_2$ orientieren mag, bei einem der Polygone $\mathfrak{P}_1, \mathfrak{P}_2, \ldots$ das Kantengesetz nicht erfüllt sein. $\mathfrak{C}$ ist also dann nichtorientierbar.

Wie $\mathfrak{C}'$ und $\mathfrak{C}''$ im letzteren Falle doch zu einem orientierbaren Komplex $\mathfrak{C}$ zu vereinigen sind, ersieht man durch Betrachtung eines Spezialfalles. Es sei $\mathfrak{C}'$ ein polyedrischer Komplex, $\mathfrak{R}_1'$ und $\mathfrak{R}_2'$ seien zwei seiner Ränder. Eine „*röhrenförmige Verbindung*" zwischen $\mathfrak{R}_1'$ und $\mathfrak{R}_2'$ herstellen bedeutet: $\mathfrak{C}'$ mit einem Röhrenkomplex $\mathfrak{C}''$ so zu einem Komplex $\mathfrak{C}$ zusammensetzen, daß die beiden Ränder von $\mathfrak{C}''$ mit $\mathfrak{R}_1'$ und $\mathfrak{R}_2'$ vereinigt werden. Da in unserm Falle $d'' = 0$, $r'' = 2$, $s = 2$, $c'' = 0$ ist, so ergibt sich $c = c'$, $d = d' + 2$, $r = r' - 2$. Ist nun $\mathfrak{C}'$ orientierbar, so können wir, da $\mathfrak{C}''$ sicher orientierbar ist, die Verbindung so herstellen, daß auch $\mathfrak{C}$ orientierbar wird („röhrenförmige Verbindung *erster* Art"), aber auch so, daß $\mathfrak{C}$ nichtorientierbar wird („röhrenförmige Verbindung *zweiter* Art"). Und zwar vereinigen wir zunächst den Rand $\mathfrak{R}_1''$ von $\mathfrak{C}''$ mit $\mathfrak{R}_1'$ von $\mathfrak{C}'$. Dadurch entsteht ein Komplex $\bar{\mathfrak{C}}$ mit den Rändern $\mathfrak{R}_2'$ und $\mathfrak{R}_2''$. $\bar{\mathfrak{C}}$ sei dadurch orientiert, daß wir die Orientierung von $\mathfrak{C}'$ über das gemeinsame Polygon $\mathfrak{R}_1$ fortgesetzt denken. Dabei haben auch die Ränder $\mathfrak{R}_2'$ und $\mathfrak{R}_2''$ je eine Orientierung erfahren. $\mathfrak{R}_2'$ und $\mathfrak{R}_2''$ seien beide $n$-seitige Polygone, die in der ihnen erteilten Orientierung von je einem beliebigen Endpunkt $A_0'$ bzw. $A_0''$ ausgehend die Bezeichnungen $A_0' a_1' A_1' a_2' \ldots a_{n-1}' A_{n-1}' a_n' A_0'$ und $A_0'' a_1'' A_1'' a_2'' \ldots a_{n-1}'' A_{n-1}'' a_n'' A_0''$ haben mögen. Nun gibt es zwei Möglichkeiten: Entweder vereinigen wir $A_i'$ mit $A_i''$ zu $A_i$, $a_i'$ mit $a_i''$ zu der Kante $a_i$. Dann tritt jede Kante $a_i$ sowohl in der zu $\mathfrak{C}'$ wie in der zu $\mathfrak{C}''$ gehörigen Fläche in dem Durchlaufungssinn $A_{i-1} a_i A_i$ (wobei $A_0 = A_n$ gilt) auf, das MÖBIUSsche Kantengesetz ist also in dem resultierenden Komplex $\mathfrak{C}$ nicht erfüllt, dieser ist nicht orientierbar (röhrenförmige Verbindung zweiter Art). Oder wir vereinigen $A_i'$ mit $A_{n-i}''$ zu $A_i$, $a_i'$ mit $a_{n-i+1}''$ zu $a_i$ (wobei $A_0'$ als $A_n'$, $A_0''$ als $A_n''$ gilt). Dann wird die Kante $a_i$ als Kante von $\mathfrak{C}'$ in der Richtung $A_{i-1} a_i A_i (= A_{i-1}' a_i' A_i')$, in $\mathfrak{C}''$ in der Richtung $A_i a_i A_{i-1} (= A_{n-i}'' a_{n-i+1}'' A_{n-i+1}'')$ durchlaufen, das MÖBIUSsche Kantengesetz ist erfüllt, der vereinigte Komplex $\mathfrak{C}$ ist orientierbar (röhrenförmige Verbindung erster Art).

## § 39. Das Äquivalenzproblem bei orientierbaren Komplexen.

Eine Klasse orientierbarer Komplexe ist gegeben durch $d$ und $r$, wobei $d$ gerade ist ($d = 2p$). Da der Fall $d = 0$ erledigt ist, nehmen wir $p > 0$ an. Um den Äquivalenzbeweis zu führen, stellen wir erst für unsere Klasse einen Normalkomplex $\mathfrak{N}_{d,r}$ auf. Wir setzen $d + r$

$= 2p + r = r'$ und gehen von dem Normalkomplex $\mathfrak{N}_{r'} = \mathfrak{N}_{0,r'}$ der Klasse $0, r'$ aus (über $\mathfrak{N}_{r'}$ vgl. § 37). Seine Flächen seien $\alpha, \beta$, ihre Polygone

$$\alpha:\quad A_1 a_1 B_1 c_1 \ldots A_{r'} a_{r'} B_{r'} c_{r'} A_1,$$
$$\beta:\quad A_1 b_1 B_1 c_1 \ldots A_{r'} b_{r'} B_{r'} c_{r'} A_1 \leftarrow .$$

Orientieren wir das $\alpha$-Polygon wie aufgeschrieben, das andere in der entgegengesetzten, durch den Pfeil angedeuteten Richtung, so haben wir dem Kantengesetz Rechnung getragen. Die Ränder unseres $\mathfrak{N}_{r'}$ werden unter Berücksichtigung der Orientierung $\mathfrak{R}_i = A_i a_i B_i b_i$ $(i = 1, \ldots, r')$. Wir stellen zwischen jedem der $p$ Ränderpaare $\mathfrak{R}_1, \mathfrak{R}_2; \mathfrak{R}_3, \mathfrak{R}_4; \ldots; \mathfrak{R}_{2p+1}, \mathfrak{R}_{2p}$ eine röhrenförmige Verbindung erster Art her. Jede dieser Verbindungen bewirkt, daß die Ränderzahl um 2 abnimmt, die $d$-Zahl um 2 wächst. Letztere wächst also von 0 auf $2p = d$, während jene von $r' = 2p + r$ auf $r$ abnimmt. Da die Verbindungen erster Art sein sollen, wird der entstandene Komplex auch orientierbar sein. Er wird somit wirklich der von uns betrachteten Klasse angehören. Für die röhrenförmige Verbindung wählen wir nun wiederum Normalkomplexe $(\mathfrak{N}_2)$. Dann sind alle zu vereinigenden Ränder zweikantig, so daß die Vereinigung ohne vorhergegangene Spaltung erfolgen kann. Auf dem fertigen Komplex wird die erste, $\mathfrak{R}_1$ und $\mathfrak{R}_2$ verbindende Röhre so beschaffen sein, daß dem Umlaufssinn $B_1 a_1 A_1 b_1$ von $\mathfrak{R}_1$ der Umlaufssinn $B_2 a_2 A_2 b_2$ von $\mathfrak{R}_2$ entspricht, und wir müssen die beiden Flächen der Röhre so orientieren, daß $\mathfrak{R}_1, \mathfrak{R}_2$ eben diesen Umlaufssinn erhalten, damit die Kanten $a_1, b_1, a_2, b_2$ der Röhre den entgegengesetzten Umlaufssinn haben wie bei $\mathfrak{N}_{r'}$. Setzen wir noch fest, daß die beiden inneren Kanten unserer Normalröhre $s_1$

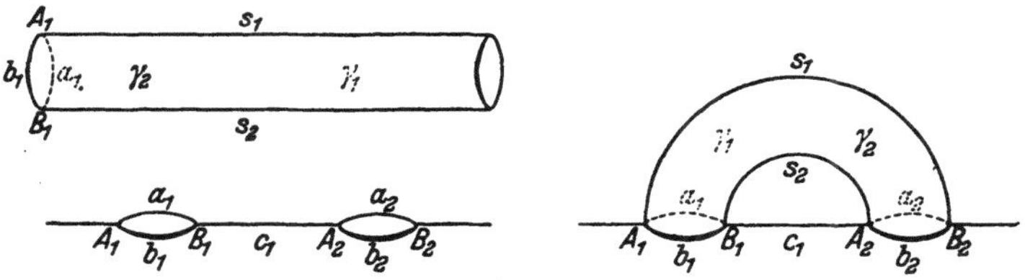

Abb. 96.

mit den Ecken $A_1 B_2$, $s_2$ mit den Ecken $A_2 B_1$ incident sein sollen, so erhalten wir für die Ränder der beiden Flächen $\gamma_1, \gamma_2$ der ersten Röhre die beiden orientierbaren Polygone

$$\gamma_1:\ B_1 a_1 A_1 s_1 B_2 a_2 A_2 s_2 A_1 \quad \text{und} \quad \gamma_2:\ A_1 b_1 B_1 s_2 A_2 b_2 B_2 s_1 B_1 .$$

In derselben Weise verfahren wir bei der Herstellung der übrigen Röhrenverbindungen und erhalten so die Flächenpaare $\gamma_3, \gamma_4; \ldots; \gamma_{p-1}, \gamma_{2p}$. Beim Übergang von einem Paar zum nächsten hat man beim Aufschreiben der Polygone einfach alle Indices um 2 zu erhöhen. Abb. 96 gibt eine geometrische Veranschaulichung des Vorganges.

Zum Beweise des Äquivalenzsatzes sind nun einige Hilfsbetrachtungen erforderlich. Es sei $\mathfrak{C}$ ein beliebiger normaler polyedrischer Komplex, $\mathfrak{T}$ ein Elementarkomplex, der ganz, d. h. einschließlich seines Randes $\mathfrak{R}$, dem Innern von $\mathfrak{C}$ angehört, $\mathfrak{A}$ sei das zu $\mathfrak{T}$ gehörige Elementargebiet, also $\mathfrak{T} = \mathfrak{R} + \mathfrak{A}$. $\mathfrak{C} - \mathfrak{R}$ zerfalle in $\mathfrak{A}$ und $\mathfrak{B}$. $\mathfrak{C} - \mathfrak{A} = \mathfrak{B} + \mathfrak{R}$ ist ein vollkommen zusammenhängender polyedrischer Komplex, der einen Rand mehr hat als $\mathfrak{C}$, nämlich $\mathfrak{R}$. Ferner ist

$$Ch(\mathfrak{A}) = Ch(\mathfrak{T}) - Ch(\mathfrak{R}) = Ch(\mathfrak{T}) = 1,$$

$$Ch(\mathfrak{B} + \mathfrak{R}) = Ch(\mathfrak{C}) - 1.$$

Ist $\mathfrak{C} - \mathfrak{A} = \mathfrak{B} + \mathfrak{R}$ orientierbar, so ist es auch $\mathfrak{C}$, da $\mathfrak{T}$ so orientiert werden kann, daß $\mathfrak{R}$ bei $\mathfrak{T}$ den entgegengesetzten Umlaufssinn hat wie bei $\mathfrak{C} - \mathfrak{R}$. Es gilt nun der

Hilfssatz: Man kann durch Spaltungen von $\mathfrak{C}$, die aber die Elemente von $\mathfrak{T}$ ungeändert lassen, bewirken, daß $\mathfrak{T}$ ganz im Innern eines Elementarkomplexes $\mathfrak{T}'$ liegt, der wiederum ganz im Innern von $\mathfrak{C}$ gelegen ist.

Ist nämlich zunächst $b$ Kante von $\mathfrak{T}$, die Fläche $\delta$ mit $b$ incident und nicht zu $\mathfrak{T}$ gehörig, so kann man $\delta$ durch eine Kante $b'$ mit denselben Ecken wie $b$ im $\delta_1$ und $\delta_2$ spalten, wobei $\delta_1$ mit $b$ incident sei. $\mathfrak{T} + \delta_1 + b'$ ist dann ein Elementarkomplex, der $b$ als innere Kante enthält. So kann man erst die Kanten von $\mathfrak{R}$ zu inneren machen, sodann in einfacher Weise die Ecken durch Spaltungen der mit ihnen incidenten, nicht bereits dem Innern des erhaltenen Komplexes angehörigen Kanten und Flächen und Hinzunahme der mit der betreffenden Ecke incidenten und der mit diesen wieder incidenten Elemente.

Ist $\mathfrak{R}$ ein Rand des normalen polyedrischen Komplexes $\mathfrak{C}$ und schließen wir ihn durch Hinzufügen einer Fläche $\gamma$, so kann man also durch Spaltungen von Elementen aus $\mathfrak{C} - \mathfrak{R}$ einen im Innern von $\mathfrak{C} + \gamma$ gelegenen Elementarkomplex $\mathfrak{T}$ erzeugen, der seinerseits den Elementarkomplex $\mathfrak{R} + \gamma$ ganz in seinem Innern enthält. $\mathfrak{T} - \gamma$ ist dann eine in $\mathfrak{C}$ enthaltene Röhre (Randstreifen), die von $\mathfrak{R}$ und einem inneren Polygon von $\mathfrak{C}$ begrenzt wird. Ist $\mathfrak{A}$ das System der inneren Elemente von $\mathfrak{T} - \gamma$, so gehört der Komplex $\mathfrak{C} - (\mathfrak{A} + \mathfrak{R})$ derselben Klasse wie $\mathfrak{C}$ an.

Es sei $\mathfrak{P}$ ein zweiseitiges nichtzerstückendes Polygon im Innern des normalen orientierbaren Komplexes $\mathfrak{C}$. Wir verwandeln durch einen Schnitt längs $\mathfrak{P}$ $\mathfrak{C}$ in $\overline{\mathfrak{C}}$; $\mathfrak{R}_0$ sei das eine der beiden Polygone, die für $\mathfrak{P}$ eintreten, $\mathfrak{R}_1$ das andere. Durch Spaltungen von $\mathfrak{C} - \mathfrak{P}$ verschaffen wir uns im Innern von $\mathfrak{C}$ ein Polygon $\mathfrak{R}_2$, das mit $\mathfrak{R}_1$ zusammen einen Randstreifen $\mathfrak{R}_1 + \mathfrak{A}_1 + \mathfrak{R}_2$ von $\overline{\mathfrak{C}}$ begrenzt. Der Röhrenkomplex $\mathfrak{R}_2 + \mathfrak{A}_1 + \mathfrak{R}_1$ ist zu $\mathfrak{R}_2 + \mathfrak{A}_1 + \mathfrak{P}$ isomorph. Ebenso ist der normale polyedrische Komplex $\overline{\mathfrak{C}} - \mathfrak{A}_1 - \mathfrak{R}_1$ isomorph zu $\overline{\mathfrak{C}} - \mathfrak{A}_1 - \mathfrak{R}_0 - \mathfrak{R}_1 + \mathfrak{P} = \mathfrak{C} - \mathfrak{A}_1$. $\overline{\mathfrak{C}} - \mathfrak{A}_1 - \mathfrak{R}_1$ gehört zu derselben Klasse wie $\overline{\mathfrak{C}}$, für welche $r$ um 2 größer, $d$ um 2 kleiner ist als bei $\mathfrak{C}$. Hat man also im Innern eines normalen Komplexes $\mathfrak{C}$ ein zweiseitiges nichtzerstückendes Polygon $\mathfrak{R}_1$, so kann man (nach eventuellen Spaltungen, die aber $\mathfrak{R}_1$ nicht berühren), ein zweites derartiges Polygon $\mathfrak{R}_2$ im Innern so angeben, daß $\mathfrak{R}_1$ und $\mathfrak{R}_2$ die Ränder einer in $\mathfrak{C}$ enthaltenen Röhre $\mathfrak{R}_1 + \mathfrak{R}_2 + \mathfrak{A}_1$ sind. $\mathfrak{C}_1 = \mathfrak{C} - \mathfrak{A}_1$ ist dann ebenfalls ein normaler polyedrischer Komplex, dessen $d$-Zahl um 2 kleiner und dessen Ränderzahl um 2 größer ist als bei $\mathfrak{C}$; die Charakteristik ist die gleiche geblieben. Seine Ränder sind $\mathfrak{R}_1$ und $\mathfrak{R}_2$ sowie die $r$ Ränder von $\mathfrak{C}$. Ist $d - 2 > 0$, so können wir auf $\mathfrak{C}_1$ dieselbe Schlußweise anwenden; wieder können wir zwei Polygone $\mathfrak{R}_3$, $\mathfrak{R}_4$ angeben, die die Begrenzung einer Röhre $\mathfrak{R}_3 + \mathfrak{R}_4 + \mathfrak{A}_2$ bilden; $\mathfrak{C}_2 = \mathfrak{C}_1 + \mathfrak{A}_2$ hat $r + 4$ Ränder, die $d$-Zahl ist $d - 4$. Das Verfahren ist $p$-mal anwendbar. So hat man auf $\mathfrak{C}$ schließlich $d = 2p$ Polygone $\mathfrak{R}_1, \mathfrak{R}_2, \ldots, \mathfrak{R}_{2p-1}, \mathfrak{R}_{2p}$. $\mathfrak{R}_{2i-1}$ und $\mathfrak{R}_{2i}$ bilden die Begrenzung einer Röhre $\mathfrak{R}_{2i-1} + \mathfrak{R}_{2i} + \mathfrak{A}_i$. Die Röhren haben keine gemeinsamen Elemente. Der Komplex $\mathfrak{C}_p = \mathfrak{C} - (\mathfrak{A}_1 + \cdots + \mathfrak{A}_p)$ hat $r' = d + r$ Ränder $\mathfrak{R}_1, \ldots, \mathfrak{R}_d, \ldots, \mathfrak{R}_{r'}$, seine $d$-Zahl ist 0.

Wir nehmen jetzt auf jedem Rande $\mathfrak{R}_j$ zwei Punkte $A_j, B_j$ willkürlich an, dann ziehen wir innerhalb $\mathfrak{C}_p$ (nach eventuellen Spaltungen) folgende Querzüge ohne gemeinsame Elemente: $B_1 + \bar{c}_1 + A_2$, $B_2 + \bar{c}_2 + A_3, \ldots, B_{r'} + \bar{c}_{r'} + A_1$. $\mathfrak{C}_p$ wird dadurch in zwei Elementarkomplexe zerstückt, deren Elementargebiete wir mit $\bar{\alpha}$, $\bar{\beta}$ bezeichnen. Die Querzüge gehören zur Begrenzung beider. Von den beiden Elementarzügen, in die $\mathfrak{R}_i - A_i - B_i$ zerfällt, gehört der eine $\bar{a}_i$ zur Begrenzung von $\bar{\alpha}$, der andere $\bar{b}_i$ zur Begrenzung von $\bar{\beta}$:

$$\bar{\alpha}: A_1\bar{a}_1B_1\bar{c}_1 \ldots A_{r'}\bar{a}_{r'}B_{r'}\bar{c}_{r'}A_1,$$

$$\bar{\beta}: A_1\bar{b}_1B_1\bar{c}_1 \ldots A_{r'}\bar{b}_{r'}B_{r'}\bar{c}_{r'}A_1.$$

In der Röhre $\mathfrak{R}_1 + \mathfrak{R}_2 + \mathfrak{A}_1$ können wir zwei Querzüge $A_1 + \bar{s}_1 + B_2$, $B_1 + \bar{s}_2 + A_2$ annehmen. Sie wird durch diese in zwei Elementarkomplexe zerlegt, deren Gebiete $\bar{\gamma}_1, \bar{\gamma}_2$ seien, und zwar so, daß $\bar{a}_1$ zur Begrenzung von $\bar{\gamma}_1$, $\bar{b}_1$ zu der von $\bar{\gamma}_2$ gehört. In $\mathfrak{C}_p$ entspricht dem Umlaufssinn $A_1\bar{a}_1B_1\bar{b}_1$ von $\mathfrak{R}_1$ der Umlaufssinn $A_2\bar{a}_2B_1\bar{b}_1$ von $\mathfrak{R}_2$. Beide müssen sich wegen der Orientierbarkeit von $\mathfrak{C}$ auch auf dem Röhrenkomplex entsprechen. Nennen wir $\bar{x}, \bar{y}$ die Elementarzüge von $\mathfrak{R}_2 - A_2 - B_2$, welche zur Berandung von $\bar{\gamma}_1, \bar{\gamma}_2$ gehören, so ergibt sich, daß $\vec{\gamma}_2$ die Begrenzung $A_1\bar{a}_1B_1\bar{s}_2A_2\bar{x}B_2\bar{s}_1$ hat, also dem Umlaufssinn $A_1\bar{a}_1B_1\bar{b}_1$ von $\mathfrak{R}_1$ in der Röhre der Umlaufssinn $A_2\bar{x}B_2s_1$ von $\mathfrak{R}_2$ entspricht, also $\bar{x} = \bar{a}_2$, $\bar{b}_2 = y$ sein muß. Es ist also der Rand von

$$\gamma_1: B_1\bar{a}_1A_2\bar{s}_1B_2\bar{a}_2A_2\bar{s}_2B_1, \quad \gamma_2: A_1\bar{a}_1B_1\bar{s}_2A_2\bar{a}_2B_2\bar{s}_2A_1.$$

Entsprechend ist mit den übrigen Röhren zu verfahren. Aus dieser Bezeichnung ersehen wir die polymorphe Beziehung von $\mathfrak{C}$ auf $\mathfrak{N}_{d,r}$. Damit ist der Äquivalenzsatz für alle orientierbaren Komplexe bewiesen.

## § 40. Das Möbiussche Band.

Ein langgestreckter, rechteckiger Streifen, dessen Schmalseiten so zur Deckung gebracht werden, daß je zwei gegenüberliegende Ecken des Rechtecks zur Deckung kommen, gibt die einfachste Veranschaulichung einer einseitigen Fläche. (Möbiussches Band, § 8.) Wir verbinden die Mitten der langen Seiten, teilen das Rechteck in zwei Flächen $\alpha$, $\beta$, deren Ecken und Kanten die aus Abb. 97 ersichtliche Bezeichnung tragen. Wir erhalten so das Schema eines nichtorientierbaren, vollkommen zusammenhängenden endlichen polyedrischen Komplexes.

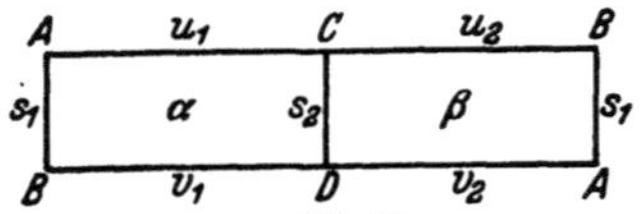

Abb. 97.

$$\alpha\colon\ A s_1 B v_1 D s_2 C u_1 A\,, \qquad \beta\colon\ A s_1 B u_2 C s_2 D v_2 A\,.$$

Jeder äquivalente Komplex läßt sich geometrisch in der gleichen Weise repräsentieren und soll deshalb gleichfalls ein Möbiussches Band heißen. Für unseren Komplex wird $e = 4$, $f = 2$, $k = 6$, $c = 0$, $r = 1$ ($A u_1 C u_2 B v_1 D v_2 A$ ist ein einziger Rand), $d = 1$ (was schon die Nichtorientierbarkeit anzeigt). Diese Werte müssen für alle Möbiusschen Bänder die gleichen sein; alle müssen der Klasse $d = 1$, $r = 1$ angehören. Das Äquivalenzproblem verlangt den Nachweis, daß alle Komplexe dieser Klasse äquivalent, d. h. daß sie zu dem oben angegebenen Komplex, dem Normalkomplex $\mathfrak{N}'_{1,1}$ polymorph sind.

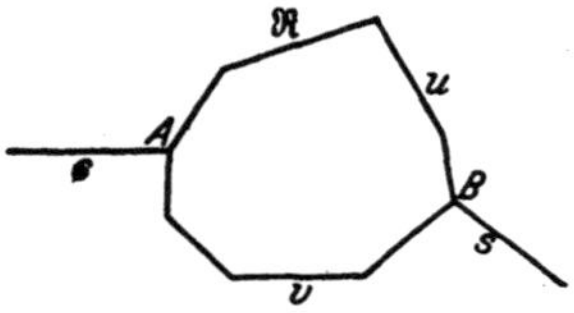

Abb. 98.

Es sei nun $\mathfrak{C}$ ein beliebiger Komplex der Klasse $d = 1$, $r = 1$, $\mathfrak{R}$ sein Rand. Es müssen nichtzerstückende Querzüge existieren, ein solcher sei $A + s + B$ (Abb. 98). Durch $A$ und $B$ zerfällt der Rand $\mathfrak{R}$ in die zwei Elementarzüge $u$ und $v$. Ein Querschnitt längs $AsB$ ergibt einen berandeten Komplex von der Charakteristik 1, also einen Elementarkomplex. Würde noch ein zweiter Querschnitt angebracht, so müßte Zerfall in zwei Elementarkomplexe eintreten. Wird der Querschnitt längs $AsB$ ausgeführt, so treten an Stelle von $AsB$ zwei Kantenzüge $A's'B'$ und $A''s''B''$ den beiden Seiten entsprechend (Abb. 99). $A$ ist Ecke auf einer zu $u$ und zugleich auf einer zu $v$ gehörigen Kante. Nach dem Schnitt sei $A'$ mit der $u$-, $A''$ mit der $v$-Kante incident, und $B'$ mit der $v$-, $B''$ mit der $u$-Kante; denn wäre es umgekehrt, so hätten wir nach dem Schnitt zwei Randpolygone $A's'B'uA'$ und $A''s''B''vA''$, was nicht möglich ist, da wir einen Elementarkomplex erhalten. Der Rand desselben wird also $A's'B'vA''s''B''u$.

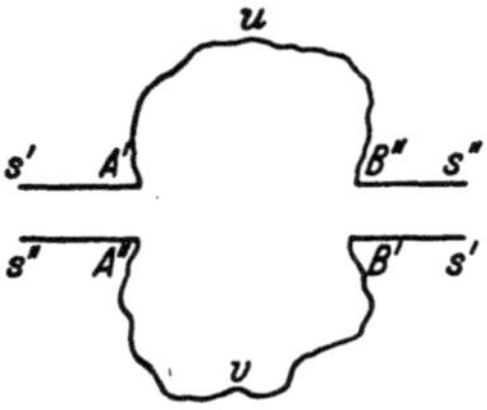

Abb. 99.

Wir schreiben von nun an für den Elementarzug $s$ das Zeichen $s_1$ (Abb. 100). Sollte $u$ nur aus einer Kante bestehen, so führen wir durch Spaltung eine neue Ecke $C$ ein. Ebenso verfahren wir eventuell mit $v$, dessen neue Ecke $D$ heiße. $u - C$ zerfällt in zwei Elementarzüge $u_1, u_2$, $v - D$ in zwei Elementarzüge $v_1, v_2$, so daß $u_1$ und $v_2$ bei $A$ endigen. In $\mathfrak{C} - (A + s_1 + B)$ führt ein kürzester Flächenkantenweg von $C$ nach $D$. Indem wir die Kanten, dann die Flächen dieses Weges spalten, erhalten wir einen Querzug $C + s_2 + D$, der mit $A + s_1 + B$ kein Element gemein hat. Beide Querzüge zusammen zerstücken in zwei Elementarkomplexe mit den Elementargebieten $\alpha, \beta$; $u_1$ gehöre der Begrenzung von $\alpha$ an. Da $C + s_2 + D$, wenn schon der andere Querschnitt ausgeführt ist, zerstückt, so ist $s_2$ gemeinsame Begrenzung von $\alpha$ und $\beta$, $u_2$ gehört zur Begrenzung von $\beta$. Da längs $A + s_1 + B$ die $u$-Seite bei $A$ mit der $v$-Seite bei $B$ in Verbindung steht, so gehört $v_1$ (wie $u_1$) zur Begrenzung von $\alpha$, $v_2$ (wie $u_2$) zur Begrenzung von $\beta$. Daraus ergibt sich, daß $\mathfrak{C} - (C + s_2 + D)$ noch nicht zerfällt. In der Begrenzung von $\alpha$ haben wir jetzt das Polygon $A s_1 B v_1 D s_2 C u_1 A$, und da ein Polygon nicht echter Teil eines andern sein kann, so ist dies die ganze Begrenzung von $\alpha$. Ebenso erhalten wir für $\beta$ die Begrenzung $A s_1 B u_2 C s_2 D v_2 A$. Der Vergleich mit dem Schema des Normalkomplexes zeigt, daß Polymorphismus mit $\mathfrak{N}'_{1,1}$ vorliegt. Damit ist der Äquivalenzbeweis für die Klasse $d = 1$, $r = 1$ geführt.

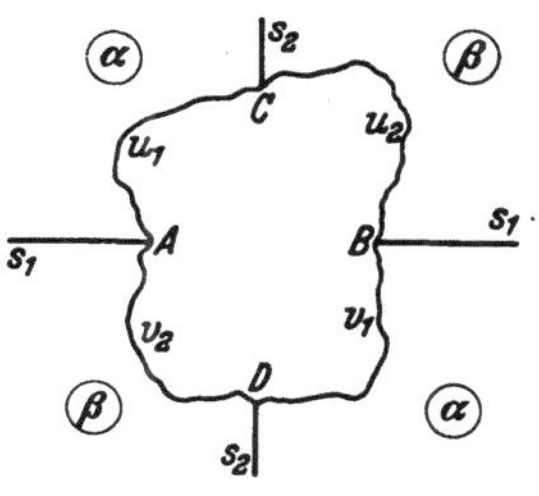

Abb. 100.

Beim Normalkomplex $\mathfrak{N}'_{1,1}$ haben wir den Rand $A u_1 C u_2 B v_1 D v_2 A$. Führen wir eine neue Fläche $\gamma$ ein, welche mit dem Rande incident ist, so erhalten wir einen Komplex der Klasse $d = 1$, $r = 0$, den wir als Normalkomplex $\mathfrak{N}'_{1,0}$ dieser Klasse bezeichnen. Ist $\mathfrak{C}$ ein beliebiger Komplex dieser Klasse, $\gamma$ eine beliebige Fläche von $\mathfrak{C}$, so gehört $\mathfrak{C} - \gamma$ der Klasse $d = 1$, $r = 1$ an. Durch Spaltungen, die $\gamma$ unberührt lassen, erreicht man, daß man in $\mathfrak{C} - \gamma$ zwei Querzüge $A + s_1 + B$, $C + s_2 + D$ ohne gemeinsame Elemente hat, von denen jeder einzelne nicht zerstückt. Das Randpolygon von $\mathfrak{C} - \gamma$, also das Polygon von $\gamma$, nimmt dann die Form $A + u_1 + C + u_2 + B + v_1 + D + v_2$ an, und $\mathfrak{C}$ selbst wird in drei Elementarkomplexe zerlegt mit den Elementargebieten $\alpha$, $\beta$, $\gamma$, deren Randpolygone $A s_1 B v_1 D s_2 C u_1 A$, $A s_1 B u_2 C s_2 D v_2 A$, $A u_1 C u_2 B v_1 D v_2 A$ sind, woraus der Polymorphismus zum Normalkomplex $\mathfrak{N}'_{1,0}$ ersichtlich wird.

Der oben dargestellten Konstruktion von Röhrenpolygonen innerhalb $\mathfrak{C}$, wenn man daselbst ein zweiseitiges Polygon hat, stellen wir die Konstruktion Möbiusscher Bänder gegenüber, die sich beim Vorhandensein einseitiger Polygone ergeben. Es sei $\mathfrak{P} = A_0 b_1 A_1 b_2 \ldots b_n A_0$ ein einseitiges Polygon im Innern von $\mathfrak{C}$, $b_i$ mit $\alpha_i$, $\beta_i$ incident, wo $\alpha_i$, $\alpha_{i+1}$ $(i = 1, \dots, n-1)$ auf derselben Seite an der Stelle $A_i$, also $\alpha_n$, $\beta_1$ auf derselben Seite bei $A_0$ liegen. Führen wir einen Schnitt längs $\mathfrak{P}$ aus, so erhalten wir einen Komplex $\overline{\mathfrak{C}} = \mathfrak{C} - \mathfrak{P} + \overline{\mathfrak{P}}$, wo $\overline{\mathfrak{P}} = A_0' b_1' \dots b_n' A_0'' b_1'' \dots b_n'' A_0')$, $b_i'$ mit $\alpha_i$, $b_i''$ mit $\beta_i$, $A_i'$ mit den Elementen der $\alpha_i$-Seite, $A_i''$ mit den Elementen der $\beta_i$-Seite von $A_i$ incidieren $(i = 1, \dots, n-1)$ und $A_0'$ mit $\alpha_1$, $\beta_n$ und $A_0''$ mit $\beta_1$, $\alpha_n$ incident sind. Durch Spaltungen, die nur innere Elemente von $\mathfrak{C} - \mathfrak{P} = \overline{\mathfrak{C}} - \overline{\mathfrak{P}}$ betreffen, können wir im Innern dieses Komplexes ein Polygon $\mathfrak{P}_0$ so erhalten, daß auf $\overline{\mathfrak{C}}$ $\mathfrak{P}_0$ und $\overline{\mathfrak{P}}$ die Begrenzung einer Röhre $\mathfrak{P}_0 + \mathfrak{A} + \overline{\mathfrak{P}}$ sind; $Ch(\mathfrak{A}) = 0$. Die mit Elementen von $\mathfrak{P}$ incidenten Elemente von $\mathfrak{C} - \mathfrak{P} = \overline{\mathfrak{C}} - \overline{\mathfrak{P}}$ sind identisch mit den mit Elementen von $\overline{\mathfrak{P}}$ incidenten Elementen dieses Komplexes, gehören also alle zu $\mathfrak{A}$. Andererseits ist jedes Element von $\overline{\mathfrak{P}}$, also auch jedes von $\mathfrak{P}$ mit Elementen von $\mathfrak{A}$ incident. $\mathfrak{A} + \mathfrak{P}$ ist zusammenhängend. Innerhalb $\overline{\mathfrak{C}} - \overline{\mathfrak{P}} - \mathfrak{P}_0 = \mathfrak{C} - \mathfrak{P} - \mathfrak{P}_0$ führt kein Weg aus $\mathfrak{A}$ heraus, und da jedes Element von $\mathfrak{P}$ *nur* mit Elementen von $\mathfrak{A} + \mathfrak{P}$ incidiert, so führt auch kein Weg aus $\mathfrak{A} + \mathfrak{P}$ in $\mathfrak{C} - \mathfrak{P}_0$ heraus. $\mathfrak{P}_0$ ist also zerstückend: $\mathfrak{C} - \mathfrak{P}_0 = \mathfrak{C}_1 + \mathfrak{C}_2$, wo $\mathfrak{C}_1 = \mathfrak{A} + \mathfrak{P}$. $\mathfrak{C}_1 + \mathfrak{P}_0 = \mathfrak{P}_0 + (\mathfrak{A} + \mathfrak{P})$ ist ein Komplex mit *einem* Rande von der Charakteristik Null, also ein MÖBIUSsches Band. $\mathfrak{C}_2 + \mathfrak{P}_0 = \mathfrak{C} - (\mathfrak{A} + \mathfrak{P})$ ist der Komplex, den man aus $\mathfrak{C}$ erhält, wenn man das Innere des MÖBIUSschen Bandes entfernt; er hat einen Rand mehr als $\mathfrak{C}$, während seine $d$-Zahl um 1 kleiner ist.

## § 41. Polygonsysteme, deren Ausschaltung Orientierbarkeit herbeiführt.

Wir wenden uns nun zur allgemeinen Behandlung der *nichtorientierbaren* Komplexe. Komplexe einer beliebigen Klasse derselben $(d > 0, r)$ können wir leicht erhalten durch Zusammensetzung eines Komplexes vom Geschlecht Null mit Röhrenkomplexen $(c = 0,\ d = 0,\ r = 2)$ und MÖBIUSschen Bändern $(d = 1,\ r = 1,\ c = 0)$. Bei Herstellung einer röhrenförmigen Verbindung nimmt, wie wir gesehen haben, $r$ um 2 ab, $d$ wächst um 2; bei der Einfügung eines MÖBIUSschen Bandes in einen Rand nimmt $r$ um 1 ab, $d$ wächst um 1; beide Prozesse lassen die Charakteristik ungeändert. In § 36 haben wir bewiesen, daß man durch Spaltungen aus einem normalen polyedrischen Komplex $\mathfrak{C}$ einen solchen $\mathfrak{C}'$ machen kann, in dem ein System nichtzerstückender Polygone (als solches ohne gemeinsame Elemente) existiert, für welches $l_1 + 2l_2 = d$ ist. Dabei bedeutet $l_1$ die Zahl der einseitigen, $l_2$ die der zweiseitigen Polygone. Soll ein Komplex der Klasse $(d, r)$ auf die oben angegebene Weise konstruiert werden, so wollen wir zunächst Lösungen der Gleichung $l_1 + 2l_2 = d$ oder $l_1 = d - 2l_2$ in ganzen nichtnegativen

Zahlen suchen. Es kann $l_2$ jede ganze Zahl sein, für die $0 \leqq l_2 \leqq \frac{d}{2}$ ist; die Anzahl der Lösungen ist $\frac{d+2}{2}$ oder $\frac{d+1}{2}$, je nachdem $d$ gerade oder ungerade ist. Es sei $l_1$, $l_2$ eine beliebige Lösung. Wir gehen aus von einem Komplex vom Geschlecht Null mit $d + r = l_1 + 2l_2 + r$ Rändern. $2l_2$ dieser Ränder bringen wir zum Fortfall, indem wir je zwei von ihnen röhrenförmig verbinden, $l_1$ Ränder durch Einfügen von $l_1$ MÖBIUSschen Bändern. Die Ränderzahl wird $r$, während die $d$-Zahl um $l_1 + 2l_2 = d$, also von $0$ auf $d$ wächst. Für den entstandenen Komplex haben also $r$ und $d$ die vorgeschriebenen Werte. Es fragt sich noch, ob er auch der Bedingung genügt, nichtorientierbar zu sein. Dies ist sicher der Fall, wenn $l_1 > 0$. Ist $l_1 = 0$, also $l_2 > 0$, so ist darauf zu achten, daß auch einmal eine röhrenförmige Verbindung zweiter Art hergestellt wird (§ 38). Den verschiedenen Lösungen von $l_1 + 2l_2 = d$ entsprechend, haben wir *verschiedene* Methoden zur Erzeugung von Komplexen unserer Klasse, und es ist von vornherein nicht so leicht zu sehen, daß alle so erhaltenen Komplexe doch äquivalent sind. Der Überwindung dieser Schwierigkeiten sollen die Betrachtungen dieses Paragraphen dienen.

Es sei $\mathfrak{C}$ ein nichtorientierbarer polyedrischer Komplex. Von einem Polygonsystem $\mathfrak{S} = \mathfrak{P}_1 + \cdots + \mathfrak{P}_s$ sagen wir, daß seine Ausschaltung Orientierbarkeit herbeiführt, wenn das System erstens nichtzerstückend ist, also die Polygone keine gemeinsamen Elemente haben, ganz aus inneren Elementen von $\mathfrak{C}$ bestehen, und wenn zweitens die Flächen von $\mathfrak{C}$ so orientiert werden können, daß das MÖBIUSsche Gesetz bei allen inneren, nicht zu $\mathfrak{S}$ gehörigen Kanten erfüllt ist. $\mathfrak{S}$ habe die verlangten Eigenschaften, $\alpha$ sei eine Fläche von $\mathfrak{C}$. Wir denken uns die Flächen so orientiert, daß das MÖBIUSsche Kantengesetz in $\mathfrak{C} - \mathfrak{S}$ erfüllt ist. Dasselbe wird auch der Fall sein, wenn wir bei allen Flächen den Umlaufssinn umkehren, so daß wir bei $\alpha$ den Umlaufssinn noch beliebig festsetzen können. Dann aber ist der Umlaufssinn jeder andern Fläche $\beta$ bestimmt; denn da $\mathfrak{S}$ nicht zerstückt, so existiert in $\mathfrak{C}$ ein einfacher Flächenkantenweg von $\alpha$ nach $\beta$, der kein Element von $\mathfrak{S}$, also nur solche Kanten enthält, bei denen das MÖBIUSsche Gesetz erfüllt sein soll. Ob jedoch dieses Gesetz bei einer beliebigen Kante von $\mathfrak{P}_1$ aus $\mathfrak{S}$ auch erfüllt ist, ist zweifelhaft. Es sei $\mathfrak{P}_1$ gleich $A_0 b_1 A_1 \ldots b_n A_0$, wo $b_i$ mit den Flächen $\alpha_i \beta_i$ incident sei und $\alpha_{i-1}$ und $\alpha_i$ auf derselben Seite von $A_{i-1}$ $(i = 2, \ldots, n)$ liegen mögen; $b_1$ habe bei $\alpha_1$ den Richtungssinn $A_0 A_1$. Besteht die $\alpha_1$-Seite von $A_1$ etwa aus $\alpha_1 c_1 \gamma c_2 \delta c_3 \alpha_2$, so ist $A_1$ Anfangspunkt von $c_1$ in $\alpha_1$, Endpunkt von $c_1$ in $\gamma$, Anfangspunkt von $c_3$ in $\gamma$ usw., schließlich Anfangspunkt von $b_2$ in $\alpha_2$. $b_i$ hat in $\alpha_i$ den Richtungssinn $A_{i-1} A_i$. Ist $\mathfrak{P}$ einseitig, so liegt $\beta_1$ auf derselben Seite wie $\alpha_n$ an der Stelle $A_0$, und $b_1$ erhält in $\beta_1$ den Richtungssinn $A_0 A_1$, denselben wie in $\alpha_1$. Daher ist das Möbiussche Gesetz bei $b_1$ nicht erfüllt. Da $b_1$ eine beliebige Kante von $\mathfrak{P}_1$ ist, so folgt: Ist $\mathfrak{P}_1$ einseitig, so ist bei keiner Kante von $\mathfrak{P}_1$ das Möbiussche Gesetz erfüllt. Sei nun $\mathfrak{P}_1$ zweiseitig. Wir sehen, daß bei allen Flächen $\alpha$ die Kanten von $\mathfrak{P}_1$ einen solchen Umlaufssinn erhalten, der einem bestimmten Umlaufssinn von $\mathfrak{P}_1$ entspricht. Dasselbe gilt für die $\beta$; erhalten wir bei diesen denselben Umlaufssinn, so ist das Möbiussche Gesetz bei keiner, andernfalls bei jeder Kante von $\mathfrak{P}_1$ erfüllt. In jedem Falle zeigen also alle Kanten eines Polygons $\mathfrak{P}_j$ gleiches Verhalten.

Solche Polygonsysteme, deren Ausschaltung $\mathfrak{C}$ orientierbar macht, brauchen auf $\mathfrak{C}$ noch nicht zu existieren, jedoch kann man ihre Existenz durch Spaltungen erreichen. Es sei die Klasse des vorliegenden nichtorientierbaren Komplexes $\mathfrak{C}$ durch $d, r$ bestimmt, $l_1$, $l_2$ sei eine Lösung der Gleichung $l_1 + 2l_2 = d$. Durch Spaltungen erreichen wir (§ 36), daß auf $\mathfrak{C}$ ein System $\mathfrak{S} = \mathfrak{P}_1 + \cdots + \mathfrak{P}_s$ nichtzerstückender Polygone ($l_1 + l_2 = s$) vorliegt, unter denen $l_1$ ein-, $l_2$ zweiseitig sind. Führen wir Schnitte längs dieser Polygone aus, so haben wir einen Komplex $\overline{\mathfrak{C}} = \mathfrak{C} - \mathfrak{S} + \overline{\mathfrak{S}}$ vom Geschlecht 0, der also orientierbar ist. Geben wir also den Flächen einen solchen Umlaufssinn, daß das Kantengesetz in $\overline{\mathfrak{C}}$ erfüllt ist, so besteht es in $\overline{\mathfrak{C}} - \overline{\mathfrak{S}} = \mathfrak{C} - \mathfrak{S}$, woraus ersichtlich wird, daß $\mathfrak{S}$ ein Polygonsystem ist, durch dessen Ausschaltung $\mathfrak{C}$ orientierbar wird. Wir wollen zeigen, daß $\mathfrak{C}$ schon nach Ausschaltung eines einzigen Polygons (nach geeigneten Spaltungen) orientierbar gemacht werden kann.

Den Beweis führen wir, indem wir zeigen, wie aus einem die Orientierbarkeit herbeiführenden Polygonsystem $\mathfrak{S} = \mathfrak{P}_1 + \cdots + \mathfrak{P}_s$, das mehrere Polygone enthält, ein ebensolches mit weniger Polygonen abgeleitet werden kann. Wenn bei einer Orientierung der Flächen, die an allen nicht zu $\mathfrak{S}$ gehörigen Kanten dem Möbiusschen Gesetz entspricht, dieses auch bei den Kanten eines der Polygone $\mathfrak{P}_i$, etwa $\mathfrak{P}_s$, erfüllt ist, so ist bereits $\mathfrak{P}_1 + \cdots + \mathfrak{P}_{s-1}$ ein System, dessen Ausschluß Orientierbarkeit herbeiführt. Es kommt daher allein der Fall in Betracht, wo an allen Kanten von $\mathfrak{S}$ das Gesetz nicht erfüllt ist. Um diesen zu erledigen, sind einige Hilfsbetrachtungen erforderlich.

Es sei $\mathfrak{P}_1, \ldots, \mathfrak{P}_s$ ($s > 1$) ein System nichtzerstückender Polygone in $\mathfrak{C}$. Durch Spaltungen, die aber die Polygone unangetastet lassen, kann man, wie gezeigt werden soll, erreichen, daß in $\mathfrak{C}$ ein Elementarkomplex $\mathfrak{T}$ enthalten ist mit folgenden Eigenschaften: $\mathfrak{T}$ gehört ganz dem Innern von $\mathfrak{C}$ an; im Innern von $\mathfrak{T}$ ist kein Element irgendeines der Polygone $\mathfrak{P}_i$ gelegen; die Berandung von $\mathfrak{T}$ hat mit $\mathfrak{P}_1$ und $\mathfrak{P}_2$ je einen Kantenzug, aber sonst kein Element gemein, sie enthält auch kein Element eines der übrigen Polygone $\mathfrak{P}_i$.

Sei nun $b$ mit den Kanten $A$, $B$ eine Kante von $\mathfrak{P}_1$, $b'$ eine von $\mathfrak{P}_2$ (Abb. 101). Nehmen wir erst an, $\mathfrak{C}$ enthalte eine mit $b$ und $b'$ incidente

Fläche $\gamma$. Wir denken uns das zugehörige Polygon mit $AbB$ beginnend durchlaufen. Erscheinen dann die beiden Ecken von $b'$ in der Reihenfolge $CD$, so spalten wir $\gamma$ durch eine $AD$ verbindende Kante $c$ und diejenige der beiden neuen Flächen, welche $B$ und $C$ enthält, durch eine diese Punkte verbindende Kante $c'$. Es wird hierbei eine neue Fläche $\gamma'$ eingeführt, die zusammen mit ihrem Polygon $AbBc'Cb'DcA$ einen Elementarkomplex der verlangten Eigenschaft darstellt.

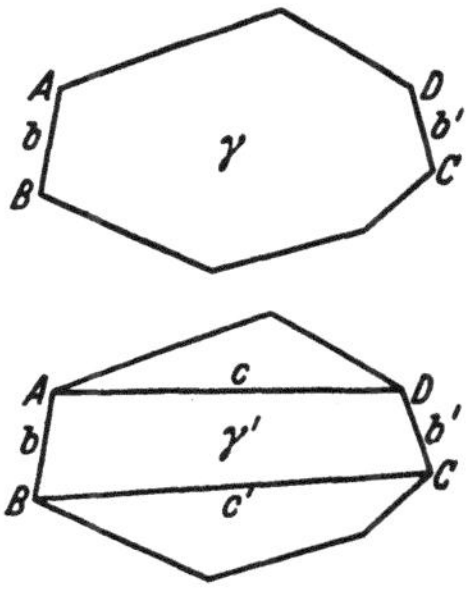


Abb. 101.

Es sei wieder $b$ mit den Ecken $A$, $B$ Kante von $\mathfrak{P}_1$, $b'$ Kante von $\mathfrak{P}_2$ (Abb. 102). Von einer mit $b$ incidenten Fläche $\alpha_1'$ zu einer mit $b'$ incidenten Fläche $\beta'$ kann man einen Flächenkantenweg $\alpha_1' b_1' \alpha_2' b_2' \ldots b_{n-1}' \beta'$ angeben, der ganz in $\mathfrak{C} - \mathfrak{S}$ verläuft, wo $\mathfrak{S} = \mathfrak{P}_1 + \cdots + \mathfrak{P}_s$ ist. Indem wir $b_i'$ spalten und sodann noch einmal die eine der neu eingeführten Kanten ($i = 1, \ldots, n-1$), ersetzen wir $b_i'$ durch einen Elementarzug mit drei Kanten, deren mittlere wir mit $b_i$ bezeichnen. Die zu ihr gehörigen Ecken seien $A_i, B_i$ genannt, die zu $b'$ gehörigen $A'$, $B'$, und zwar so, daß, wenn noch $A = A_0$, $B = B_0$, $A' = A_n$,

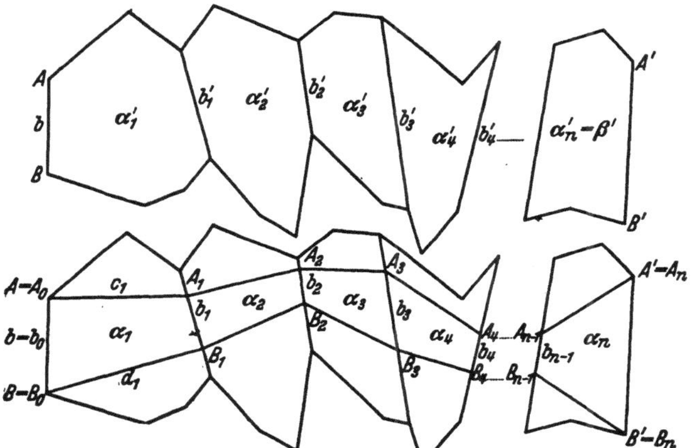


Abb. 102.

$B' = B_n$, $b = b_0$, $b' = b_n$ gesetzt wird, auf dem zu $\alpha_i$ ($i = 1, \ldots, n$) gehörigen Polygon die Paare $A_{i-1}B_i$ und $B_{i-1}A_i$ einander trennen[1]. Hierauf spalten wir jede Fläche $\alpha_i'$ durch eine $A_{i-1}$ und $A_i$ verbindende Kante $c_i$ und diejenige der beiden so entstehenden Flächen, die $B_{i-1}$ und $B_i$ enthält, durch eine diese Punkte verbindende Kante $d_i$. Die

[1] Hierdurch erst erhalten die Endpunkte von $b'$ ihre Bezeichnung, während man von einer bestimmten Bezeichnung der Endpunkte von $b$ ausgegangen war.

hierbei eingeführte, mit $c_i$ und $d_i$ incidierende Fläche heiße $\alpha_i$. Die Flächen $\alpha_i$ $(i = 1, \ldots, n)$ bilden mit ihren zugehörigen Polygonen $A_{i-1} b_{i-1} B_{i-1} d_i B_i A_i c_i$ einen ganz im Innern von $\mathfrak{C}$ enthaltenen Elementarkomplex, der mit $\mathfrak{P}_1$ den Zug $AbB$, mit $\mathfrak{P}_2$ $B'b'A'$ gemein hat, sonst aber nur neue Elemente, also kein Element von $\mathfrak{S}$ enthält.

Es sei $\mathfrak{T}$ irgendein Elementarkomplex, der die geforderten Eigenschaften hat (Abb. 103). Er habe mit $\mathfrak{P}_1$ den Kantenzug $A + u_1 + B$, mit $\mathfrak{P}_2$ den Kantenzug $C + u_2 + D$ gemein. Die beiden noch übrigen Elementarzüge seines Randes seien $w_1$, in $D$ und $A$, $w_2$, in $B$ und $C$ endigend; $\mathfrak{P}_1 - (A + B)$ zerfällt in zwei Elementarzüge $u_1$ und $v_1$, ebenso $\mathfrak{P}_2 - (C + D)$ in $u_2$ und $v_2$. Setzen wir noch $\mathfrak{P}_1 + \mathfrak{P}_2 + w_1 + w_2 - u_1 - u_2 = \mathfrak{P}'$, so ist $\mathfrak{P}'$ ein inneres Polygon von $\mathfrak{C}$, das mit $\mathfrak{P}_3, \ldots, \mathfrak{P}_s$ kein Element gemein hat, und wenn wir noch $\mathfrak{S}' = \mathfrak{P}' + \mathfrak{P}_3 + \cdots + \mathfrak{P}_s$ setzen, so wird $\mathfrak{S}' = \mathfrak{S} + w_1 + w_2 - u_1 - u_2$, $\mathfrak{S} + w_1 + w_2 = \mathfrak{S}' + u_1 + u_2$.

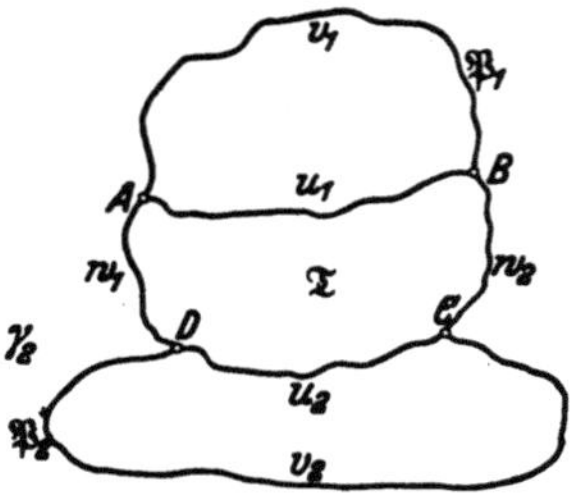

Abb. 103.

Wir wollen zeigen, daß das Polygonsystem $\mathfrak{S}'$ nicht zerstückt. Ist $b$ irgendeine Kante von $w_2$, $w_2 - b = w'$, also $w_2 = w' + b$, und $\mathfrak{R}$ das System der Randelemente von $\mathfrak{C}$, falls solche vorhanden, sonst leer, so ist $\mathfrak{R} + \mathfrak{S}$ ein System von Polygonen ohne gemeinsame Elemente, $\mathfrak{C}_1 = \mathfrak{R} + \mathfrak{S} + w_1 + w'$ ein Kantenkomplex; die zu $\mathfrak{R} + \mathfrak{S}$ gehörigen Kanten sind Polygonkanten in $\mathfrak{C}_1$, die zu $w_1 + w'$ gehörigen jedoch Brücken von $C_1$. Denn in $\mathfrak{C}_1$ hängen die Elemente von $\mathfrak{P}_1$ mit denen von $\mathfrak{P}_2$ zusammen, aber dieser Zusammenhang wird aufgehoben, wenn eine Kante von $w_1$ entfernt wird, und somit sind zunächst diese Kanten Brücken von $\mathfrak{C}_1$. Wenn ferner $w_2$ nur aus der Kante $b_2$ besteht, so ist $w'$ leer, $w_1 + w' = w_1$ enthält dann nur Brücken. Hat aber $w_2$ mehr Elemente, also auch noch wenigstens eine von $b$ verschiedene Kante $b'$, so sind die in dem Zuge $w_2$ zwischen $b$ und $b'$ gelegenen Elemente innerhalb $\mathfrak{C}_1 - b'$ nicht mit $\mathfrak{P}_1$ und $\mathfrak{P}_2$ zusammenhängend, während dies in $\mathfrak{C}_1$ noch der Fall ist. Es sind also auch die Kanten von $w'$ Brücken des Komplexes $\mathfrak{C}_1$. Seien nun $\alpha$ und $\beta$ zwei beliebige Flächen aus $\mathfrak{C}$. Da $\mathfrak{C} - (\mathfrak{R} + \mathfrak{S})$ zusammenhängend ist, gibt es in diesem Komplex einen Flächenkantenweg zwischen $\alpha$ und $\beta$, der kein Element von $\mathfrak{R} + \mathfrak{S}$, also keine Polygonkante von $\mathfrak{C}_1$ enthält. Da $\mathfrak{C}_1$ aber alle Randelemente enthält, so müßte, wenn $\alpha$ und $\beta$ in $\mathfrak{C} - \mathfrak{C}_1$ nicht zusammenhingen, jeder solcher von $\alpha$ nach $\beta$ führende Flächenkantenweg eine Polygonkante von $\mathfrak{C}_1$ enthalten (§ 30, 2). Es hängen $\alpha$ und $\beta$ also in $\mathfrak{C} - \mathfrak{C}_1$ zusammen, und da $\alpha$ und $\beta$ beliebig waren, so ist $\mathfrak{C} - \mathfrak{C}_1$ zusammenhängend, $\mathfrak{C}_1$ also nichtzerstückend.

Hieraus folgt weiter, daß der Komplex $\mathfrak{C}_1 + b = \mathfrak{R} + \mathfrak{S} + w_1 + w_2 = \mathfrak{R} + \mathfrak{S}' + u_1 + u_2$ höchstens in zwei Teile zerstückt. Daß aber dieser Komplex wirklich zerstückt, folgt daraus, daß er das Randpolygon von $\mathfrak{T}$ enthält, durch welches allein schon eine Zerstückung herbeigeführt wird. Bei der Zerstückung in zwei Teile gehören alle Flächen von $\mathfrak{T}$ zu dem einen, alle übrigen zu dem andern Teil, und eine weitere Zerstückung findet auch durch $\mathfrak{R} + \mathfrak{S}' + u_1 + u_2$ nicht statt. Ist nun $c$ eine zu $u_2$ gehörige Kante, so stellt diese eine Verbindung einer zu $\mathfrak{T}$ gehörigen mit einer nicht zu $\mathfrak{T}$ gehörigen Fläche dar, und es ist daher der Komplex $\mathfrak{C} - (\mathfrak{R} + \mathfrak{S}' + u_1 + u_2 - c)$ wieder zusammenhängend. Der Komplex $\mathfrak{R} + \mathfrak{S}' + u_1 + (u_2 - c)$ ist also nichtzerstückend, und somit kann auch sein Teilkomplex $\mathfrak{S}'$ nichtzerstückend sein.

Bisher haben wir von dem System $\mathfrak{S}$ nur vorausgesetzt, daß es nichtzerstückend sei und wenigstens zwei Polygone enthält. Jetzt wollen wir mehr voraussetzen, nämlich, *daß seine Ausschaltung Orientierbarkeit hervorruft.* Wir nehmen also jetzt an, es seien alle Flächen orientiert, und zwar so, daß an allen nicht zu $\mathfrak{S}$ gehörigen inneren Kanten das Möbiussche Gesetz erfüllt ist. Wir hatten uns die Aufgabe gestellt, ein System mit weniger Polygonen zu finden, das dasselbe leistet, und gesehen, daß wir ein solches natürlich sofort haben, wenn an den Kanten irgendeines der Polygone $\mathfrak{P}_1, \ldots, \mathfrak{P}_s$ das Gesetz auch erfüllt ist. Nehmen wir jetzt an, es gäbe kein solches Polygon. Wir wollen zeigen: Das oben gewonnene Polygonsystem $\mathfrak{S}'$, das ein Polygon weniger als $\mathfrak{S}$ hat, erfüllt unsere Forderung, das heißt, sein Ausscheiden macht $\mathfrak{C}$ orientierbar. Zu diesem Zweck kehren wir den Umlaufssinn aller zu $\mathfrak{T}$ gehörigen Flächen um. Dann wird an den nicht zu $\mathfrak{S} + w_1 + w_2$ gehörigen Kanten das Möbiussche Gesetz erfüllt sein. Ist nämlich $c$ eine solche, so war es *vor* der vorgenommenen Umorientierung erfüllt; es ist aber auch nachher erfüllt, weil $c$ nicht zur Berandung von $\mathfrak{T}$ gehört, die beiden Flächen von $\mathfrak{C}$ also entweder beide außerhalb $\mathfrak{T}$ sind, somit durch die Änderung nicht betroffen werden, oder beide zu $\mathfrak{T}$ gehören, also beide den Umlaufssinn umkehren. Wir sehen weiter, daß nach der Abänderung das Gesetz auch an allen Kanten von $u_1$ und $u_2$ erfüllt ist, für die es vorher *nicht* bestand. Denn von den beiden Flächen einer solchen Kante hat die eine ihren Umlaufssinn umgekehrt, die andere ihn behalten. Damit ist die Behauptung bewiesen. Besteht das System $\mathfrak{S}'$ nur aus einem Polygon, so sind wir fertig. Sonst vermindern wir durch Wiederholung des Verfahrens auch die Zahl der Polygone von $\mathfrak{S}'$ wieder um 1. Nach $s-1$ solchen Schritten bleibt nur *ein* Polygon übrig, und damit ist gezeigt, *daß bei einem hinreichend gespaltenen Komplex stets die Ausschaltung eines einzigen Polygons zur Orientierbarmachung genügt.*

## § 42. Erledigung des Äquivalenzproblems für die nichtorientierbaren Komplexe.

Es sei eine Klasse nichtorientierbarer Komplexe gegeben durch $d$ und $r$, $d > 0$. Die Fälle $d = 1$, $r = 1$ und $d = 1$, $r = 0$, die bereits früher behandelt waren, sollen jetzt ausgeschlossen sein; wir setzen also voraus, daß wenigstens eine der beiden Zahlen $d, r > 1$ ist. Es wird sich zunächst darum handeln, einen Normalkomplex für die Klasse aufzustellen, den wir mit $\mathfrak{N}'_{d,r}$ bezeichnen wollen. Wir gehen wie bei $\mathfrak{N}_{d,r}$ (bei geradem $d$) in jedem Falle wieder von dem Normalkomplex $\mathfrak{N}_{d+r}$ aus. Im übrigen wollen wir die Fälle eines geraden $d$ und eines ungeraden $d$ getrennt behandeln.

Es sei zunächst $d = 2p$ gerade. Um den Normalkomplex $\mathfrak{N}'_{d,r}$ zu konstruieren, betrachten wir erst den Normalkomplex $\mathfrak{N}_{d,r}$, der aus $\mathfrak{N}_{d+r}$ durch Hinzufügung von $p$ röhrenförmigen Verbindungen erster Art hervorgeht. Seine Flächen und Flächenpolygone sind (vgl. § 39):

$$\begin{aligned}
\alpha &: A_1 a_1 B_1 c_1 \ldots c_r A_1, \\
\beta &: A_1 b_1 B_1 c_1 \ldots c_r A_1, \quad \leftarrow \\
\gamma_1 &: B_1 a_1 A_1 s_1 B_2 a_2 A_2 s_2 B_1, \\
\gamma_2 &: A_1 b_1 B_1 s_2 A_2 b_2 B_2 s_1 A_1, \\
&\vdots \\
\gamma_{d-1} &: B_{d-1} a_{d-1} A_{d-1} s_{d-1} B_d a_d A_d s_d B_{d-1}, \\
\gamma_d &: A_{d-1} b_{d-1} B_{d-1} s_d A_d b_d B_d s_{d-1} A_{d-1}.
\end{aligned}$$

Die letzte Röhre mit den Flächen $\gamma_{d-1}$, $\gamma_d$ ist durch Abb. 104 veranschaulicht. Wir nehmen diese letzte Röhrenverbindung fort und ersetzen sie durch eine andere zweiter Art, wobei wieder der Röhrenkomplex Normalkomplex werden soll. Jetzt aber muß bei diesem dem Umlaufssinn

$$A_{d-1} a_{d-1} B_{d-1} b_{d-1}$$

des einen Randpolygons bei dem andern der Umlaufssinn $B_d a_d A_d b_d$ entsprechen. Dies können wir dadurch erreichen,

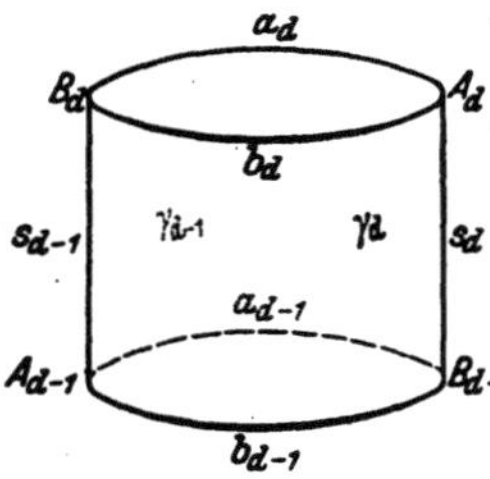


Abb. 104.

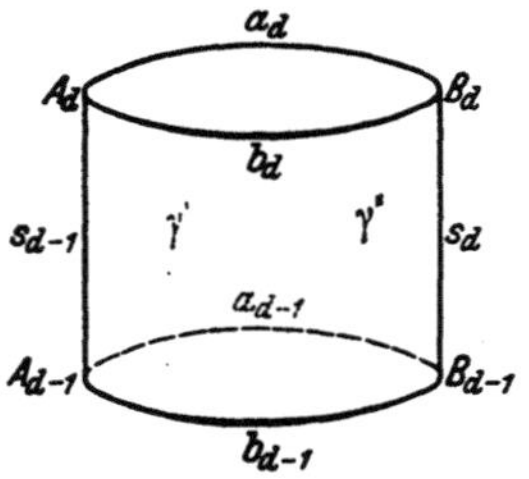


Abb. 105.

daß wir bei den zuletzt aufgeschriebenen Polygonen $A_d$ und $B_d$ miteinander vertauschen. Die Flächen, zu denen diese Polygone gehören, wollen wir, um den Unterschied hervorzuheben, $\gamma'$ und $\gamma''$ statt $\gamma_{d-1}$ und $\gamma_d$ nennen (Abb. 105). Es ist also:

$$\begin{aligned}
\gamma' &: B_{d-1} a_{d-1} A_{d-1} s_{d-1} A_d a_d B_d s_d B_{d-1}, \\
\gamma'' &: A_{d-1} b_{d-1} B_{d-1} s_d B_d b_d A_d s_{d-1} A_{d-1}.
\end{aligned}$$

Den so erhaltenen Komplex nennen wir $\mathfrak{N}'_{d,r}$; wie können wir ihn geometrisch veranschaulichen? Den Normalkomplex $\mathfrak{N}_{d,r}$ konnten wir so darstellen, daß seine Flächen einander nicht durchschnitten.

Es fragt sich, ob dies bei $\mathfrak{N}'_{d,r}$ auch möglich ist. Im Falle $r = 0$ ist es ausgeschlossen. Eine Fläche nämlich, die einen nichtorientierbaren Komplex darstellt, ist einseitig. Andererseits teilt eine geschlossene, sich selbst nicht durchsetzende Fläche den euklidischen Raum in zwei Teile, und man kann an ihr eine innere und äußere Seite unterscheiden[1]. Ist aber $r > 0$, so läßt sich $\mathfrak{N}'_{d,r}$ ohne Selbstdurchdringung realisieren, wie in Abb. 106 angedeutet ist. Unser $\mathfrak{N}'_{d,r}$ ist aus einem $\mathfrak{N}_{d+r} = \mathfrak{N}_{0,r'}$ durch Herstellung von $p - 1$ röhrenförmigen Verbindungen erster und einer solchen zweiter Art abgeleitet. Alle dabei verwandten Röhren waren Normalkomplexe $\mathfrak{N}_2$.

Wir zeigen nun leicht allgemein: Ist der Komplex $\mathfrak{C}$ aus einem Komplex $\mathfrak{C}'$ vom Geschlecht 0 mit $d + r = 2p + r$ Rändern $\mathfrak{R}_1, \ldots, \mathfrak{R}_{d+r}$ durch Herstellung von $p - 1$ röhrenförmigen Verbindungen erster und einer solchen zweiter Art entstanden, so ist er zu $\mathfrak{N}'_{d,r}$ äquivalent. Durch die Röhren seien die Ränderpaare $\mathfrak{R}_1$, $\mathfrak{R}_2$; ...; $\mathfrak{R}_{2p-1}$, $\mathfrak{R}_{2p}$ verbunden, die letzte Verbindung sei von zweiter Art. Auf jedem Rande $\mathfrak{R}_i$ $(i = 1, \ldots, d + r)$ seien die Ecken $A_i, B_i$ angenommen. Nach hinreichenden Spaltungen hat man auf $\mathfrak{C}'$ $d + r$ Querzüge $B_i c_i A_{i+1}$ $(i = 1, \ldots, d + r;$ $B_{d+r+1} = B_1)$ ohne gemeinsame Elemente, welche durch $\mathfrak{C}'$ in zwei Elementarkomplexe mit den Elementargebieten $\alpha$, $\beta$ zerstückt wird. Von den Elementarzügen, in die $\mathfrak{R}_i - A_i - B_i$ zerfällt, nennen wir den zum Rand von $\alpha$ gehörigen $a_i$, den anderen $b_i$. Dann sind $A_1 a_1 B_1 c_1 \ldots c_{r'} A_1$ $(r' = d + r)$ und $A_1 b_1 B_1 c_1 \ldots c_{r'} A_1 \leftarrow$ die Randpolygone von $\alpha$ und $\beta$. In der $i$-ten Röhre haben wir die Querzüge $A_{2i-1} s_{2i-1} B_{2i}$ und $B_{2i-1} s_{2i} A_{2i}$ $(i = 1, \ldots, p - 1)$, in der $p$-ten die Querzüge $A_{d-1} s_{d-1} A_d$ und $B_{d-1} s_d B_d$. Jede Röhre wird dadurch in zwei Elementarkomplexe zerlegt. Die Elementargebiete der $i$-ten Röhre nennen wir $\gamma_{2i-1}$, $\gamma_{2i}$, und zwar so, daß $a_{2i-1}$ zur Berandung von $\gamma_{2i-1}$ gehört, die der $p$-ten $\gamma'$ und $\gamma''$, und zwar so, daß $a_{d-1}$ zur Berandung von $\gamma'$ gehört. Indem man berücksichtigt, daß die $p$-te Verbindung

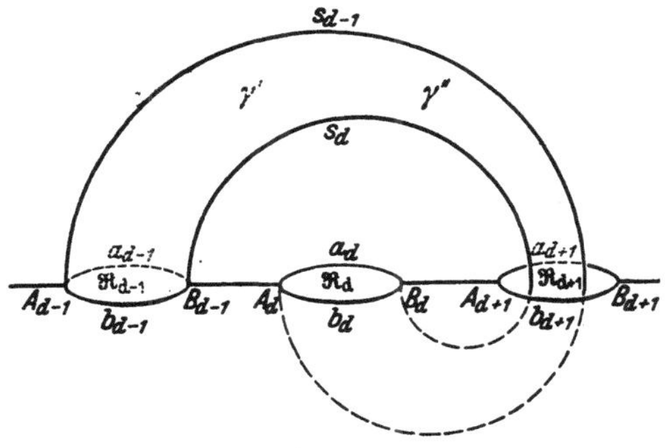

Abb. 106.

[1] Diese Behauptung bedürfte eines Beweises, den man auch, in mehr oder minder allgemeiner Fassung des Begriffs Fläche, in der Kontinuitäts-Topologie erbringt. In dem vorliegenden Zusammenhang mag sie jedoch, da sie nur für ein Beispiel und nicht in einem Beweise gebraucht wird, als anschaulich einleuchtend hingenommen werden. Für *Polyeder* wird der Beweis der Behauptung in § 60 erbracht werden.

von zweiter Art ist, alle übrigen von erster Art, erhält man die Randpolygone:

$$\begin{array}{lllll} \gamma_{2i-1}: & B_{2i-1}a_{2i-1}A_{2i-1}s_{2i-1}B_{2i}a_{2i}A_{2i}s_{2i}B_{2i-1}, \\ \gamma_{2i}: & A_{2i-1}b_{2i-1}B_{2i-1}s_{2i}\ A_{2i}b_{2i}B_{2i}s_{2i-1}A_{2i-1}, \\ \gamma': & B_{d-1}\,a_{d-1}\,A_{d-1}\,s_{d-1}\,A_d\,a_d\,B_d\,s_d B_{d-1}, \\ \gamma'': & A_{d-1}\,b_{d-1}\,B_{d-1}\,s_d\ \ B_d\,b_d\,A_d\,s_{d-1}A_{d-1}, \end{array}$$

welche den Polymorphismus erkennen lassen.

Es sei jetzt $d$ ungerade. Wir konstruieren den Normalkomplex $\mathfrak{N}_{d-1,\,r+1}$, erhalten also die Flächen $\alpha, \beta, \gamma_i$ $(i = 1, \ldots, d-1)$ mit ihren Polygonen wie früher. Wir spalten die Kante $a_d$ des $d$-ten Randes durch $C$, $b_d$ durch $D$. Dabei werden sie durch Elementarzüge $a'Ca''$ und $b'Db''$ ersetzt, wobei $a'$ und $b''$ mit $A_d$ incident sein sollen. Darauf schließen wir den $d$-ten Rand durch Einfügen eines Möbiusschen Bandes mit den Flächen $\gamma'$: $A_d a' C s'' D b' B_d s' A_d$ und $\gamma''$: $C a'' B_d s' A_d b'' D s'' C$. Den so erhaltenen Komplex betrachten wir als den Normalkomplex $\mathfrak{N}'_{d,\,r}$ unserer Klasse.

Wir zeigen zunächst wieder: Wenn ein Komplex aus einem solchen $\mathfrak{C}'$ vom Geschlecht Null und $d + r$ Rändern $\mathfrak{R}'_1, \ldots, \mathfrak{R}_{r'}$ $(r' = d + r)$ dadurch hervorgeht, daß die Ränder $\mathfrak{R}_{2i-1}$, $\mathfrak{R}_{2i}$ $\left(i = 1, \ldots, \frac{d-1}{2}\right)$ röhrenförmig nach erster Art verbunden werden, während $\mathfrak{R}_d$ durch ein beliebiges Möbiussches Band geschlossen wird, so ist der Komplex zu $\mathfrak{N}'_{d,\,r}$ äquivalent. Es seien nämlich die Punkte $A_d$ und $B_d$ von $\mathfrak{R}_d$ durch einen nichtzerstückenden Querzug $A_d s' B_d$ verbunden und in den beiden Teilen, in die $\mathfrak{R}_d - A_d - B_d$ zerfällt, die Ecken $C, D$ angenommen; so gibt es auf dem Rande einen Querzug $C + s'' + D$, der mit dem andern kein Element gemein hat (nach hinreichender Spaltung). Die beiden Querzüge zerlegen das Band in zwei Elementarkomplexe mit den Elementargebieten $\gamma'$ und $\gamma''$. Sind $A_j$ und $B_j$ zwei beliebige Punkte des Randes $\mathfrak{R}_j$ $(j = 1, \ldots, r';\ j \neq d)$, dann gibt es in der $i$ten Röhre zwei Querzüge $A_{2i-1}s_{2i-1}B_{2i}B_{2i-1}s_{2i}A_{2i}$ $\left(i = 1, \ldots, \frac{d-1}{2}\right)$ ohne gemeinsame Elemente, die eine Einteilung in zwei Elementargebiete $\gamma_{2i-1}$, $\gamma_{2i}$ liefern. Endlich hat man auf $\mathfrak{C}'$ $d + r$ Querzüge $B_i c_i A_{i+1}$ $(i = 1, \ldots, d + r;\ A_{d+r+1} = A_1)$ ohne gemeinsame Elemente, die $\mathfrak{C}'$ in zwei Elementargebiete $\alpha, \beta$ zerlegen. $\gamma_{2i-1}, \gamma_{2i}, \gamma', \gamma''$ $\left(i = 1, \ldots, \frac{d-1}{2}\right)$ geben die zu $\mathfrak{N}'_{d,r}$ polymorphe Einteilung.

Es sei nun $\mathfrak{C}$ ein nichtorientierbarer Komplex der Klasse $d, r$. Auf $\mathfrak{C}$ haben wir ein Polygon $\mathfrak{P}$, dessen Ausschaltung orientierbar macht. Je nachdem $d$ gerade oder ungerade ist, ist $\mathfrak{P}$ zwei- oder einseitig; denn ein Schnitt längs $\mathfrak{P}$ macht die $d$-Zahl gerade. Diese wird aber $d - 2$ oder $d - 1$, je nachdem $\mathfrak{P}$ zwei- oder einseitig ist. Ist $d$ gerade, so können wir ein zweites Polygon $\mathfrak{P}'$ so finden, daß $\mathfrak{P}$, $\mathfrak{P}'$ eine

Röhre begrenzen. Die Wegnahme ihres Innern aus $\mathfrak{C}$ vermindert $d$ um 2 und macht zweiseitig. Die Röhre stellt also eine *Verbindung zweiter Art* dar. Auf dem zurückbleibenden Komplex können wir dann wie früher $\frac{d-1}{2}$ Röhren herausnehmen, die natürlich erster Art sind, worauf dann ein Komplex vom Geschlecht Null mit $d+r$ Rändern zurückbleibt. Ist $d$ ungerade, so können wir ein Polygon $\mathfrak{P}'$ so bestimmen, daß es ein MÖBIUSsches Band abgrenzt, das $\mathfrak{P}$ im Innern enthält. Die Herausnahme des Innern macht $\mathfrak{C}$ orientierbar und vermindert $d$ um 1, so daß dann noch $\frac{d-1}{2}$ Röhren herausgenommen werden können, bis man einen Komplex vom Geschlecht Null mit $d+r$ Rändern hat. Wir sehen in beiden Fällen, daß ein solcher Aufbau des Komplexes möglich ist, aus dem die Äquivalenz mit $\mathfrak{N}'_{d,r}$ geschlossen werden kann. Damit ist das Äquivalenzproblem erledigt.

Drittes Kapitel.

# Polyeder im engeren Sinne.

## § 43. Kombinatorische Definition des Polyederbegriffs.

Die Bezeichnung „Polyeder" gebrauchen wir in etwas engerem Sinne wie polyedrischer Komplex. Wir definieren:

Ein polyedrischer Komplex soll Polyeder heißen, wenn jeder Winkel (§ 28) durch seine beiden Schenkel eindeutig bestimmt ist.

Wenn in einer Fläche $\alpha$ des polyedrischen Komplexes $\mathfrak{C}$ ein Zweieck $A_1 b_1 A_2 b_2 (A_1)$ vorkommt, so haben wir zwei Winkel $A_1\alpha$, $A_2\alpha$ mit demselben Schenkelpaar $b_1$, $b_2$ (Abb. 107). Dasselbe tritt ein, wenn durch eine Ecke $A$ ein Zweikant $b_1\gamma_2 b_2\gamma_2(b_1)$ hindurchgeht (Abb. 108). Dann haben die beiden Winkel $A\gamma_1$ und $A\gamma_2$ dieselben Schenkel. In diesen Fällen ist also der polyedrische Komplex $\mathfrak{C}$ kein Polyeder in unserm Sinne.

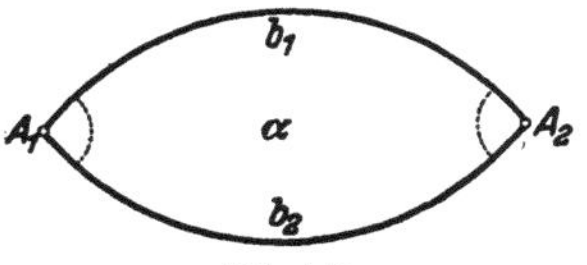

Abb. 107.

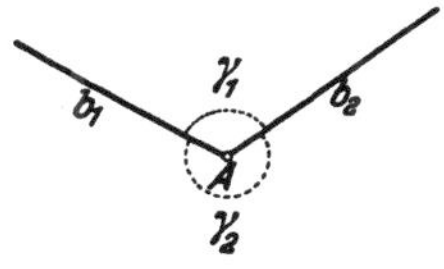

Abb. 108.

Nehmen wir umgekehrt an, es sei $\mathfrak{C}$ zwar ein polyedrischer Komplex, aber kein Polyeder. Dann kommen in $\mathfrak{C}$ zwei verschiedene Winkel $A_1\gamma_1$, $A_2\gamma_2$ vor, die beide Schenkel $b_1$, $b_2$ gemeinsam haben. Daß beide Winkel verschieden sind, bedeutet, daß nicht zugleich $A_1 = A_2$ und $\gamma_1 = \gamma_2$ ist. Es sind sonach drei verschiedene Fälle möglich, nämlich

1. $A_1 \neq A_2$, $\gamma_1 = \gamma_2 (= \alpha)$; 2. $A_1 = A_2$, $\gamma_1 \neq \gamma_2$; 3. $A_1 \neq A_2$, $\gamma_1 \neq \gamma_2$.

Im ersten Fall liegt in der Fläche $\gamma_1 = \gamma_2 (= \alpha)$ das Zweieck $A_1 b_1 A_2 b_2 (A_1)$ (Abb. 107), im zweiten geht durch die Ecke $A_1 = A_2$ das Zweikant

$b_1 \gamma_1 b_2 \gamma_2 (b_1)$ (Abb. 108), im dritten haben wir in den Flächen $\gamma_1$ und $\gamma_2$ das Zweieck $A_1 b_1 A_2 b_2 (A_1)$, und durch jede der Ecken $A_1$, $A_2$ geht das Zweikant $b_1 \gamma_1 b_2 \gamma_2 (b_1)$ (Abb. 109). Hieraus ist ersichtlich, daß die obige Definition des Polyederbegriffs mit der folgenden übereinstimmt:

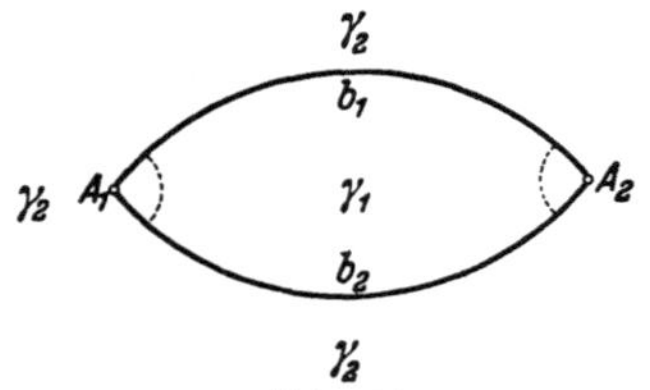

Abb. 109.

*Ein polyedrischer Komplex heißt „Polyeder", wenn seine Flächen keine Zweiecke enthalten und durch seine Ecken keine Zweikante hindurchgehen.* Damit ist nicht ausgeschlossen, daß zwei Kanten $b_1 b_2$ dieselben beiden Ecken $A_1$, $A_2$ enthalten, nur darf das Zweieck $A_1 b_1 A_2 b_2$ nicht in einer Fläche des Komplexes liegen.

Ist ein Polyeder zugleich ein normaler polyedrischer Komplex oder ein EULERscher oder ein Elementarkomplex usw., so nennen wir es auch normales Polyeder oder EULERsches Polyeder oder Elementarpolyeder.

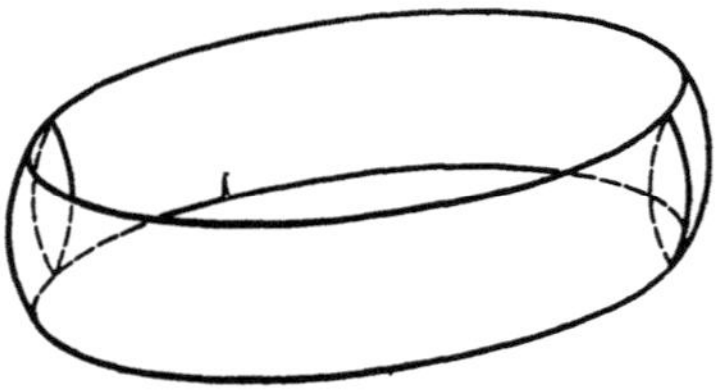
Abb. 110.

Oft sehen wir uns veranlaßt, den zu betrachtenden Polyedern noch weitere einschränkende Bedingungen aufzuerlegen. Wir geben hier einige besonders wichtige solche Bedingungen an:

1a) Zwei Flächen sollen nicht mehrere Kanten gemein haben.

1b) Zwei Ecken sollen höchstens eine gemeinsame Kante haben.

2a) Haben zwei Flächen eine Kante $b$ und eine Ecke $A$ gemein, so soll $A$ auf $b$ liegen.

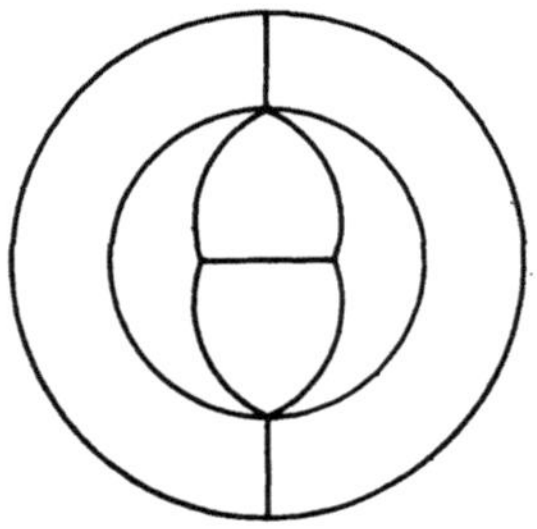
Abb. 111.

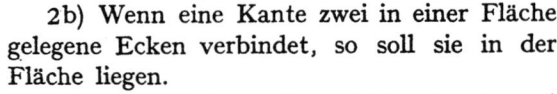

2b) Wenn eine Kante zwei in einer Fläche gelegene Ecken verbindet, so soll sie in der Fläche liegen.

3a) Zwei Flächen sollen nicht mehr als zwei Ecken gemein haben.

3b) Zwei Ecken sollen nicht mehr als zwei gemeinsame Flächen haben und, wenn sie durch eine Randkante verbunden sind, nur eine.

Nehmen wir auf einer Ringfläche zwei Parallelkreise und zwei Meridiane an, so schneiden sich diese Linien insgesamt in vier Punkten und teilen die Fläche in vier Teile. Die Einteilung repräsentiert ein Polyeder mit vier vierkantigen Flächen und vier vierkantigen Ecken (Abb. 110). Dieses normale Polyeder genügt keiner der angegebenen Bedingungen. Jede Fläche hat je zwei ihrer Kanten noch mit einer andern Fläche gemein; ebenso jede Ecke je zwei Kanten mit einer andern. Es sind also die Bedingungen 1a) und 1b) nicht erfüllt, und deswegen können, wie wir gleich sehen werden, auch die weiteren Bedingungen nicht erfüllt sein. Ebenso verhält es sich mit dem in Abb. 111 dargestellten Elementarpolyeder. Die Einteilung der projektiven Ebene durch drei Geraden (s. Abb. 52, S. 49) repräsentiert ein Polyeder, das der Bedingung 1 a), nicht aber der Bedingung 1 b) genügt. Die Abb. 112 ist entstanden, indem in der Kante *34* eines Tetraeders *1234* zwei Punkte *5*, *6* und in den Tetraederflächen *134* und *234* die Punkte *7* bzw. *8* angenommen sind und sodann das Tetraeder *5678* herausgeschnitten ist. Die Oberfläche des zurückbleibenden Körpers repräsentiert ein EULERsches Polyeder, das der Bedingung 1 b), nicht aber der Bedingung 1 a) genügt; denn wir haben zwei Flächen *146753* und *246853* mit zwei gemeinsamen Kanten *46*, *53*. Was die Anordnung unserer Bedingungen betrifft, so sieht man zunächst, daß 1 a) und 1 b), ebenso 2a) und 2b) zueinander reziprok sind. Dasselbe gilt für 3a) und 3b), wenn man sich auf geschlossene Polyeder beschränkt, so daß der die Randkante betreffende Zusatz wegfällt.

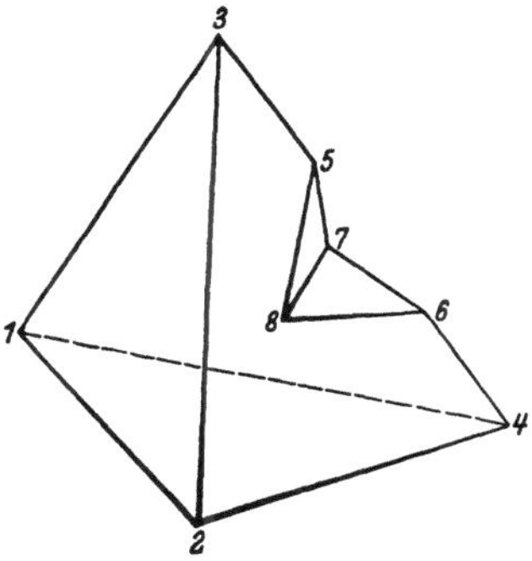

Abb. 112.

Ferner sind die Bedingungen 1 a), 2a), 3a) ebenso 1 b), 2b), 3b) so geordnet, daß jede folgende die vorangehende einschließt. Nehmen wir nämlich an, ein Polyeder $\mathfrak{C}$ erfülle die Bedingung 1 a) nicht. Dann haben wir vier Incidenzen von der Form $\alpha a$, $\beta a$, $\alpha b$, $\beta b$. Ist nun $A$ eine Ecke von $a$, so kann $A$ nicht auf $b$ liegen; sonst hätten die beiden Winkel $A\alpha$, $A\beta$ dieselben Schenkel $a$, $b$, was der Polyederbedingung widerspricht. Die beiden Flächen $\alpha$, $\beta$ haben mithin die Kante $b$ und die Ecke $A$ gemein, ohne daß $A$ auf $b$ liegt, d. h. die Bedingung 2a) ist nicht erfüllt. Durch die duale Betrachtung zeigen wir, daß die Bedingung 2b) die Bedingung 1 b) enthält.

Nehmen wir jetzt an, das Polyeder $\mathfrak{C}$ erfülle die Bedingung 2a) nicht. Dann haben wir Incidenzen von der Form $A\alpha$, $A\beta$, $b\alpha$, $b\beta$, wobei $b$ nicht durch $A$ geht. $b$ muß daher zwei von $A$ verschiedene Ecken $B$, $C$ enthalten, so daß die beiden Flächen $\alpha$, $\beta$ die drei Ecken $A$, $B$, $C$ gemein haben; d. h. die Bedingung 3a) ist nicht erfüllt. — Wenn das Polyeder $\mathfrak{C}$ die Bedingung 2b) nicht erfüllt, so hat man Incidenzen von der Form $\alpha A$, $\alpha B$, $A b$, $B b$, wobei $b$ nicht in $\alpha$ liegt. Ist $b$ innere Kante, so gehen durch $b$ zwei von $\alpha$ verschiedene Flächen $\beta$, $\gamma$, und die Ecken $A$, $B$ haben die Flächen $\alpha$, $\beta$, $\gamma$ gemein. Ist $b$ Randkante, so geht durch $b$ eine Fläche $\beta$ und die durch die Randkante $b$ verbundenen Ecken $A$, $B$ haben die Flächen $\alpha$, $\beta$ gemein. In jedem Falle ist 3b) nicht erfüllt.

Daß nun aber in der Reihe der Bedingungen 1 a), 2a), 3a) und ebenso 1 b), 2b), 3b) jede folgende wirklich mehr fordert als die vorangehende, zeigen wir an Beispielen, bei denen es nicht ohne Interesse ist, daß es sich um EULERsche Polyeder handelt und diese in einfacher Weise als Oberflächen von Körpern realisiert sind, die sich aus Tetraedern additiv und subtraktiv zusammensetzen.

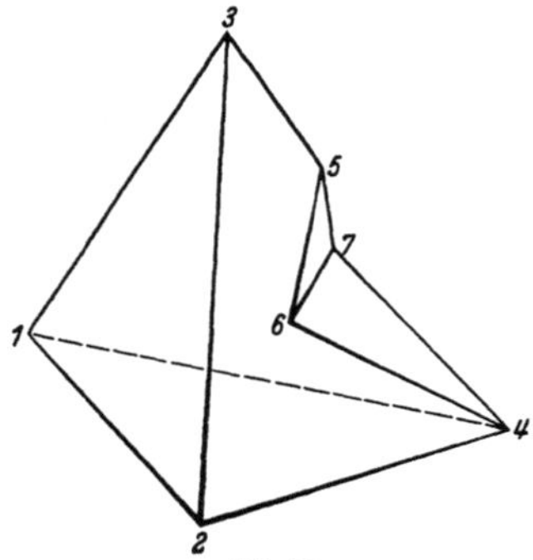

Abb. 113.

Das Polyeder der Abb. 113 ist aus einem Tetraeder *1234* gewonnen, in dem in der Kante *34* der Punkt *5*, in den Flächen *234* und *134* die Punkte *6* und *7* angenommen sind und dann das Tetraeder *4567* herausgeschnitten ist. Die Flächen *23564* und *14753* haben die Kante *35* und die nicht in ihr gelegene Ecke *4* gemein. Die Bedingung 2a) ist also nicht erfüllt, wohl aber 1a).

Nimmt man in der Fläche *234* des Tetraeders *1234* den Punkt *5* an, außerhalb des Tetraeders den Punkt *6*, und fügt man zu dem ersten ein zweites Tetraeder *3456* hinzu, so repräsentiert die Oberfläche des entstandenen Körpers (Abb. 114) ein Polyeder, in dem die Kante *34* vorkommt, die aber nicht in der die Punkte *3* und *4* enthaltenden Fläche *4235* liegt. Hier ist die Bedingung 2b) nicht erfüllt, wohl aber 1b).

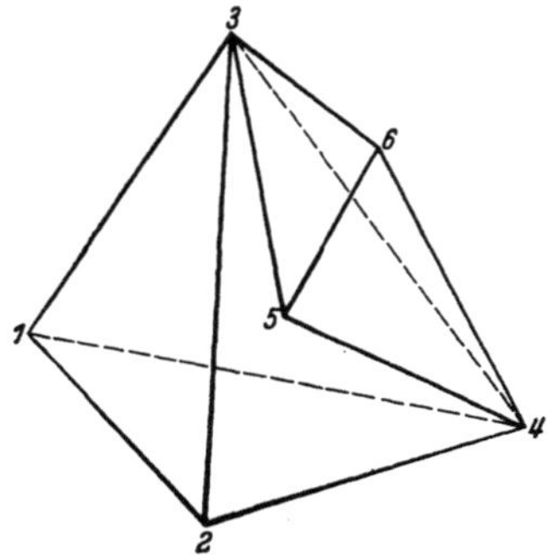

Abb. 114.

Zu einem Polyeder, das die Bedingung 2a), nicht aber 3a) erfüllt, gelangen wir, indem wir in der Kante *34* des Tetraeders *1234* (Abb. 115) die Ecke *5*, in der Fläche *234* die Ecken *6* und *8*, in der Fläche *134* die Ecken *7* und *9* annehmen und die Tetraeder *3567* und *4589* herausschneiden. Die Flächen *236584* und *137594* haben die drei Ecken *3*, *4*, *5* gemein.

Nehmen wir in den Flächen *123* und *243* des Tetraeders *1234* die Ecken *5* und *8* an und setzen wir auf die Dreiecke *235* und *238* die Tetraeder *2356* und *2387* auf, wobei wir die Punkte *6* und *7* so wählen, daß die Strecke *67* die Kante *23* schneidet und sich daher die Dreiecke *236* und *237* zu einem ebenen Viereck *2637* vereinigen (Abb. 116), so repräsentiert die Oberfläche des entstandenen Körpers ein Polyeder, das die Bedingung 2b), nicht aber 3b) erfüllt: die Ecken *2* und *3* haben die drei Flächen *1352*, *2637* und *4382* gemein.

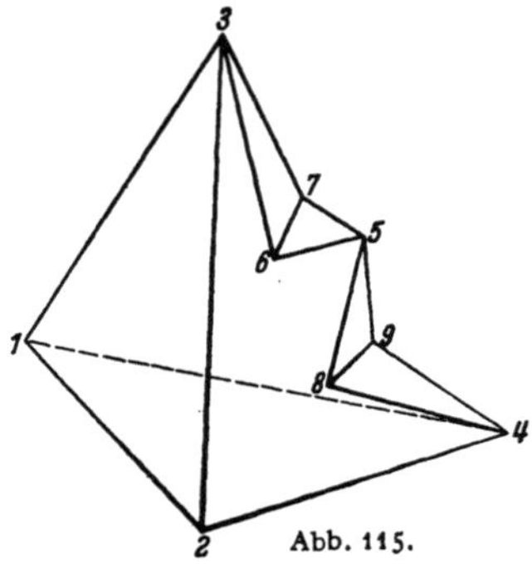

Abb. 115.

Von größerer Bedeutung als die bisher betrachteten Bedingungen ist eine vierte zu sich selbst duale, welche alle vorangehenden enthält, aber über sie hinausgeht und die uns auch schon früher begegnet ist:

4. (Bedingung des Nichtübergreifens.) Sind die beiden Ecken $A$, $B$ mit den beiden Flächen $\alpha$, $\beta$ incident, so soll eine mit $A$, $B$, $\alpha$, $\beta$ incidente Kante vorhanden sein.

Wir zeigen zunächst, daß 4. die übrigen Bedingungen einschließt. Nach dem Vorangehenden genügt es, dies für 3a) und 3b) zu beweisen. Wäre 3a) nicht erfüllt, so hätte man Incidenzen von der Form

$$\alpha A, \beta A, \alpha B, \beta B, \alpha C, \beta C.$$

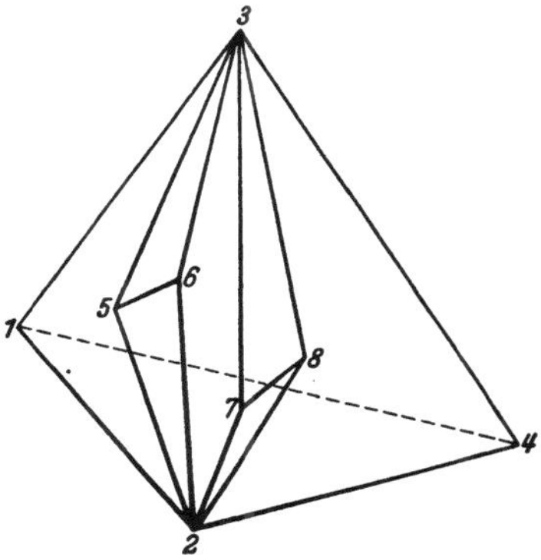

Abb. 116.

Wäre nun trotzdem 4. erfüllt, so müßte eine mit $A$, $B$, $\alpha$, $\beta$ incidente Kante $b$, ebenso eine mit $A$, $C$, $\alpha$, $\beta$ incidente Kante $c$ in $\mathfrak{C}$ vorkommen. Dann aber wären $b$ und $c$ Schenkel sowohl des Winkels $A\alpha$ als auch des Winkels $A\beta$, und $\mathfrak{C}$ wäre kein Polyeder. — Wäre 3b) nicht erfüllt, so hätte man entweder Incidenzen von der Form

$$A\alpha, B\alpha, A\beta, B\beta, A\gamma, B\gamma$$

und gelangte dann in ganz analoger Weise wie im vorigen Fall zu einem Widerspruch. Oder es würde eine Randkante $b$ existieren, deren beide Ecken $A$, $B$ außer der durch $b$ gehenden Fläche $\alpha$ noch eine zweite $\beta$ (die also nicht durch $b$ geht) gemein hätten. Dann hätte man die Incidenzen $A\alpha$, $B\alpha$, $A\beta$, $B\beta$, und es müßte, wenn 4. erfüllt wäre, eine mit $A$, $B$, $\alpha$, $\beta$ incidente und daher von $b$ verschiedene Kante $c$ vorhanden sein. Dann aber hätten die Winkel $A\alpha$, $B\alpha$ dieselben Schenkel $b$, $c$, und $\mathfrak{C}$ wäre kein Polyeder. — Die schon oft betrachtete Abb. 84, S. 90 repräsentiert ein EULERsches zu sich reziprokes Polyeder, welches der Bedingung 4. nicht genügt, während alle vorangehenden Bedingungen erfüllt sind, und zeigt somit, daß die Bedingung 4. wirklich mehr besagt als die übrigen.

Haben die Flächen $\alpha$, $\beta$ die Ecken $A$, $B$ gemein, ohne daß eine mit $\alpha$, $\beta$, $A$, $B$ incidente Kante vorhanden ist, so nennen wir $\alpha$, $\beta$, $A$, $B$ ein *übergreifendes Quadrupel*. Zwei Ecken oder zwei Flächen, die in einem solchen Quadrupel vorkommen, sollen ein *übergreifendes Paar*, jede Ecke oder Fläche, die in einem solchen Quadrupel vorkommt, ein *übergreifendes Element* heißen.

Es sei $O$ eine Ecke des normalen Polyeders $\mathfrak{C}$, $\mathfrak{S}_1$ das System der mit $O$ incidenten Elemente von $\mathfrak{C}$, und $\mathfrak{C}_1$ das Polyeder, das aus den Flächen durch $O$ und allen in diesen gelegenen Kanten und Ecken besteht. $O$ und $\mathfrak{S}_1$ sind in $\mathfrak{C}_1$ enthalten; setzen wir $\mathfrak{C}_1 = O + \mathfrak{S}_1 + \mathfrak{S}_2$, so umfaßt $\mathfrak{S}_1$ die Elemente des Polyeders $\mathfrak{C}$, die von $O$ den Abstand 1, $\mathfrak{S}_2$ die, welche den Abstand 2 haben, $\mathfrak{C}_1$ alle Elemente, deren Abstand von $O$ $\leqq 2$ ist[1]. $\mathfrak{S}_1$ besteht aus einer einfachen Reihe oder einem Cyclus von Kanten und Ecken, $b_0\gamma_1 b_1\gamma_2 \ldots \gamma_n b_n$, wobei im Falle eines Cyclus $b_n = b_0$, $n \geqq 3$ ist. $A_i$ $(i = 0, \ldots, n)$ sei die von $O$ verschiedene Ecke der Kante $b_i$. Das in $\gamma_i$ gelegene Polygon setzt sich aus $O$, $b_{i-1}$, $b_i$, $A_{i-1}$, $A_i$ und einem Elementarzug $\mathfrak{Z}_i$ $(i = 1, \ldots, n)$ mit $A_{i-1}$ und $A_i$ als Endpunkten zusammen. Der Komplex $\mathfrak{S}_2$ besteht offenbar aus den Ecken $A_i$ und den Elementen der Züge $\mathfrak{Z}_i$ und ist ein zusammenhängender Kantenkomplex. Setzen wir, je nachdem $O$ innere Ecke oder Randecke ist, $\mathfrak{R} = \mathfrak{S}_2$ oder $\mathfrak{R} = \mathfrak{S}_2 + O + b_0 + b_n$, so ist auch $\mathfrak{R}$ ein zusammenhängender Kantenkomplex. — Durch jede Ecke $B$ von $\mathfrak{R}$ gehen wenigstens zwei Kanten von $\mathfrak{R}$. Gehört nämlich $B$ einem der Elementarzüge $\mathfrak{Z}_i$ an, so gehen durch $B$ zwei Kanten von $\mathfrak{Z}_i$. Ist $B$ eine Ecke $A_i$ $(i = 1, \ldots, n-1)$, so geht durch $A_i$ eine Kante aus $\mathfrak{Z}_i$ und eine aus $\mathfrak{Z}_{i+1}$, und diese sind voneinander verschieden; denn wenn eine durch $A_i$ gehende Kante $c$ gleichzeitig zu $\mathfrak{Z}_i$ und $\mathfrak{Z}_{i+1}$ gehörte, so ginge durch $A_i$ das Zweikant $\gamma_i c \gamma_{i+1} b_i(\gamma_i)$, was durch die Polyederbedingung ausgeschlossen ist. Ebenso gehen, falls $O$ innere Ecke ist, durch $A_0 = A_n$ zwei verschiedene Kanten aus $\mathfrak{R}$, von denen die eine zu $\mathfrak{Z}_1$, die andere zu $\mathfrak{Z}_n$ gehört. Ist $O$ Randecke, so gehen durch $A_0$ und $A_n$ auch wenigstens je zwei zu $\mathfrak{R}$ gehörige Kanten, nämlich durch $A_0$ die Kante $b_0$ und eine zum Zuge $\mathfrak{Z}_1$, durch $A_n$ die Kante $b_n$ und eine zum Zuge $\mathfrak{Z}_n$ gehörige Kante; endlich gehören in diesem Falle die Kanten $b_0$ und $b_n$ von $O$ zu $\mathfrak{R}$. Bezeichnen wir mit $e'$, $k'$ die Ecken- und Kantenzahl von $\mathfrak{R}$, mit $e'_i$ die Anzahl der Ecken von $\mathfrak{R}$, durch welche je $i$ Kanten von $\mathfrak{R}$ gehen, so ist $e'_0 = 0$, $e'_1 = 0$, also (§ 25, S. 101).

$$(1) \qquad e'_3 + 2e'_4 + 3e'_5 + \cdots = 2(k' - e').$$

Daher ist $k' - e' \geqq 0$, der Exzeß von $\mathfrak{R}$, das ist $1 - e' + k' \geqq 1$. $\mathfrak{R}$ enthält also wenigstens ein Polygon. — Wir beweisen nun den Satz:

*Ist $O$ eine Ecke des normalen Polyeders $\mathfrak{C}$, $\mathfrak{C}_1$ das von den Flächen des Punktes $O$ und den in diesen gelegenen Elementen gebildete Polyeder, so ist, wenn $O$ kein übergreifendes Element ist, $\mathfrak{C}_1$ ein Elementarkomplex und nur in diesem Falle.*

Nehmen wir an, daß $O$ keine übergreifende Ecke ist. Dann müssen zwei Ecken $A_r$, $A_s$, die zu zwei verschiedenen Kanten $b_r$, $b_s$ des Punktes $O$ gehören, verschieden sein. Andernfalls würden sie mit diesen Kanten zusammen ein Zweieck bilden, und es dürfte keine Fläche in $\mathfrak{C}$ vorhanden sein, die $b_r$ und $b_s$ zugleich enthält. Wäre dann $\alpha$ eine mit $b_r$, $\beta$ eine mit $b_s$ incidente Fläche, so dürfte wiederum keine mit $\alpha$, $\beta$, $O$ und $A_r = A_s$ incidente Kante $c$ vorhanden sein, weil man sonst in $\alpha$ ein Zweieck mit den Kanten $b_r$ und $c$ hätte. Das Nichtvorhandensein einer solchen Kante $c$ würde aber, weil $\alpha$ und $\beta$ mit $O$ und $A_r = A_s$

[1] [Der Begriff „Abstand“ ist in § 24, S. 94, eingeführt.]

incident wären, besagen, daß $O$ gegen die Voraussetzung übergreifendes Element ist. — Gehört eine von $O$ verschiedene Ecke $B$ zwei Flächen $\gamma_r, \gamma_s$ aus $\mathfrak{C}_1$ an, so muß eine mit $\gamma_r, \gamma_s, O, B$ incidente Kante vorhanden sein. Ist $b_i$ diese durch $O$ gehende Kante, so ist $\gamma_r, \gamma_s$ mit dem Flächenpaar $\gamma_i, \gamma_{i+1}$, die Ecke $B$ mit $A_i$ identisch. Eine Fläche $\gamma_r$ kann also außer $O$ nur je eine der in den Kanten $b_{r-1}$ und $b_r$ gelegenen Ecken $A_{r-1}$ und $A_r$ mit je einer andern Fläche von $O$ gemein haben. Sie kann nicht beide Ecken $A_{r-1}$ und $A_r$ mit derselben Fläche des Punktes $O$ gemein haben, weil sonst bei $O$ ein Flächenzweikant vorhanden wäre. Eine Ecke oder Kante des Elementarzuges $\mathfrak{Z}_r$ kann also, außer in $\gamma_r$, in keiner andern Fläche von $\mathfrak{C}_1$ vorkommen. Daraus geht hervor, daß die Züge $\mathfrak{Z}_i$ keine gemeinsamen Elemente haben und auch nicht die Ecken $A_i$ enthalten und daß alle Kanten, die in diesen Zügen auftreten, und daher auch alle Ecken sowie die Endpunkte $A_i$ dieser Züge Randelemente von $\mathfrak{C}_1$ sind. Das besagt aber, daß der Komplex $\mathfrak{S}_2$ nur Randelemente von $\mathfrak{C}_1$ enthält. Weiter aber ergibt sich aus dem Vorangehenden, daß im Falle eines inneren Punktes $O$ $(A_n = A_0)$ diese Züge sich mit den Punkten $A_i$ zu einem Polygon, im Falle eines Randpunktes $O$ $(A_n \neq A_0)$ zu einem einfachen Kantenzuge vereinigen, der aber durch Hinzufügung der Randelemente $b_0, O, b_n$ zu einem Polygon ergänzt wird. Dies Polygon ist in beiden Fällen der von uns mit $\mathfrak{R}$ bezeichnete Komplex. Es umfaßt alle Randelemente von $\mathfrak{C}_1$; denn die übrigen Elemente von $\mathfrak{C}_1$ — das sind im Falle eines inneren Punktes $O$ die $n$ Flächen $\gamma_i$, die $n$ Kanten $b_i$ und der Punkt $O$, im Falle eines Randpunktes $O$ die $n$ Flächen $\gamma_i$ und die $n-1$ Kanten $b_1, \ldots, b_{n-1}$, — sind innere Elemente von $\mathfrak{C}_1$. Da durch jede Randecke von $\mathfrak{C}_1$ nur zwei Randkanten von $\mathfrak{C}_1$ gehen, erfüllt $\mathfrak{C}_1$ die Bedingungen eines normalen Polyeders, und da überdies das System der inneren Elemente, also auch das aller Elemente des berandeten Komplexes $\mathfrak{C}_1$, die Charakteristik 1 hat, ist $\mathfrak{C}_1$ Elementarkomplex. Damit ist der erste Teil unserer Behauptung bewiesen.

Wir haben jetzt, von der Voraussetzung ausgehend, daß $\mathfrak{C}_1$ Elementarkomplex ist, zu zeigen, daß $O$ kein übergreifendes Element sein kann. Der Komplex $\mathfrak{R}$ muß, wie oben gezeigt wurde, wenigstens ein Polygon enthalten. Ein solches Polygon $\mathfrak{P}$ ist aber Randpolygon eines in $\mathfrak{C}_1$ enthaltenen Elementarkomplexes $\mathfrak{T}$ (§ 33, 12). Ist $\gamma_r$ eine Fläche von $\mathfrak{T}$, $\gamma_i$ eine beliebige Fläche von $\mathfrak{C}_1$, so gibt es einen Weg von $\gamma_r$ nach $\gamma_i$, der nur Flächen und innere Kanten von $\mathfrak{C}_1$ enthält. Da diese inneren Kanten $b_i$ nicht zu $\mathfrak{R}$, also auch nicht zum Randpolygon $\mathfrak{P}$ des Komplexes $\mathfrak{T}$ gehören[1], kann dieser Weg nicht aus $\mathfrak{T}$ herausführen; $\mathfrak{T}$ enthält also alle Kanten von $\mathfrak{C}_1$; daher ist $\mathfrak{T}$ mit $\mathfrak{C}_1$ identisch. Der Komplex $\mathfrak{R}$ kann daher nur ein einziges Polygon, nämlich das Randpolygon von $\mathfrak{C}_1$ enthalten. Entfernt man daher aus $\mathfrak{R}$ eine Kante $c$ dieses Polygons, so

[1] [Die $b_i$ und $\gamma_i$ haben nach Definition den Abstand 1, $\mathfrak{R} = \mathfrak{S}_2$ den Abstand 2 von $O$.]

ist $\mathfrak{R} - c$ noch zusammenhängend, enthält also kein Polygon mehr. Der Exzeß von $\mathfrak{R}$ ist daher gleich 1. Andererseits ist die Komponentenzahl von $\mathfrak{R}$ gleich 1, der Exzeß also gleich $1 - e' + k'$, mithin ist $k' - e' = 0$, und die Gleichung (1) nimmt die Form: $e_3' + 2e_4' + 3e_5' + \cdots = 0$ an, woraus $e_3' = 0$, $e_4' = 0$ usw. folgt. $\mathfrak{R}$ hat also nur zweikantige Ecken, ist also, weil endlich und zusammenhängend, selbst ein Polygon und somit das Randpolygon des Elementarkomplexes $\mathfrak{E}_1$. Jede Kante des Zuges $\mathfrak{Z}_r$ gehört der Fläche $\gamma_r$ und, weil sie zu $\mathfrak{R}$ gehört, also Randkante von $\mathfrak{E}_1$ ist, keiner andern Fläche $\gamma_i$ an. Liegt eine von $O$ verschiedene Ecke $B$ von $\mathfrak{E}_1$ in $\gamma_r$, so gehen, je nachdem $B$ Element oder Endpunkt des Elementarzuges $\mathfrak{Z}_r$ ist, durch $B$ zwei oder eine Kante von $\mathfrak{Z}_r$. Da diese zu $\mathfrak{R}$ gehören und durch keinen Punkt mehr als zwei Kanten von $\mathfrak{R}$ gehen, so kann die Ecke $B$ nicht in mehr als zwei Flächen $\gamma_i$ liegen und nur dann in zwei Flächen $\gamma_r, \gamma_s$, wenn sie gemeinsamer Endpunkt von $\mathfrak{Z}_r$ und $\mathfrak{Z}_s$ ist, also zu den Punkten $A_i$ gehört. Dabei muß, falls $O$ Randecke ist, $B \neq A_0$ und $B \neq A_n$ sein, weil durch $A_0$ $(A_n)$ die Randkante $b_0 (b_n)$ geht, die in keinem Zuge $\mathfrak{Z}$ vorkommt. Jeder andere Punkt $B = A_i$ gehört nun allerdings zwei Flächen aus $\mathfrak{E}_1$, nämlich $\gamma_i$ und $\gamma_{i+1}$ — im Falle $B = A_0 = A_n$ den Flächen $\gamma_n$ und $\gamma_1$ — an; es existiert aber dann auch immer eine Kante, nämlich $b_i$ (bzw. $b_0 = b_n$), die mit $\gamma_i$, $\gamma_{i+1}$, $O$, $A_i$ incident ist. $O$ kommt also in keinem übergreifenden Quadrupel vor, ist kein übergreifendes Element.

[Für einige Zwecke ist der folgende Satz nützlich:

2. Ein EULERsches Polyeder mit übergreifenden Elementen besitzt mindestens sechs Flächen und sechs Ecken.

*Beweis.* Es seien $A$, $B$, $\alpha$, $\beta$ die übergreifenden Elemente in dem EULERschen Polyeder $\mathfrak{E}$, von denen also $A$ mit $\alpha$ und $\beta$, $B$ mit $\alpha$ und $\beta$ incidieren, zu denen es aber in $\mathfrak{E}$ keine mit allen vier Elementen incidierende Kante gibt. Läßt man aus dem Polyeder $\mathfrak{E}$ die Fläche $\alpha$ weg, so bleibt ein Elementarkomplex $\mathfrak{E}_1 = \mathfrak{E} - \alpha$ übrig (§ 33, 9); der Rand $\mathfrak{R}_1$ von $\mathfrak{E}_1$ besteht nur aus Kanten von $\alpha$. In $\mathfrak{E}_1$ ist $\beta$ enthalten, von dem jedenfalls die Ecken $A$ und $B$, da sie auch mit $\alpha$ incidieren, auf $\mathfrak{R}_1$ liegen. Das Polygon von $\beta$ sei $A a_1 A_1 \ldots A_{l-1} a_l B b_1 B_1 \ldots b_{m-1} B_{m-1} b_m A$. Der Kantenzug $A a_1 A_1 \ldots A_{l-1} a_l B$, dessen Endpunkte auf $\mathfrak{R}_1$ liegen, kann nicht ganz zu $\mathfrak{R}_1$ gehören, denn dann müßte jede seiner Kanten nur mit $\alpha$ und $\beta$ incidieren, es müßte $l = 1$ sein, da sonst zweikantige Ecken vorkämen, der Kantenzug müßte sich also auf $A a_1 B$ reduzieren, was unmöglich ist, da $a_1$ eine mit $A$, $B$, $\alpha$, $\beta$ incidierende Kante wäre. Es gibt also in $A a_1 A_1 \ldots A_{l-1} a_l B$ eine erste *innere* Kante $a_i$ von $\mathfrak{E}_1$, die einem Querzug $\mathfrak{Q}_1 = A_{i-1} a_i A_i \ldots a_j A_j$ angehört $(1 \leqq i \leqq j \leqq l,\ A_0 = A,\ A_l = B)$. Dieser Querzug zerlegt $\mathfrak{E}_1$ in die Elementarkomplexe $\mathfrak{E}_2$ und $\mathfrak{E}_2'$, wobei $\mathfrak{E}_2$ die Fläche $\beta$ enthalten möge. $\mathfrak{E}_2'$ kann nicht nur eine Fläche $\gamma$ enthalten. Denn der Rand $\mathfrak{R}_2'$ von $\mathfrak{E}_2'$ wird von $A_{i-1}$ und $A_j$ in zwei Stücke $\mathfrak{S}_1$ und $\mathfrak{S}_2$ zerlegt, von denen

$\mathfrak{S}_1$ der Elementarzug $a_i A_i \ldots a_j$ sei und $\mathfrak{S}_2$ zu $\mathfrak{R}_1$ gehöre. Die Kanten von $\mathfrak{S}_1$ incidieren in $\mathfrak{C}_1$ sämtlich mit $\beta$. Enthielte $\mathfrak{C}_2'$ nur eine Fläche $\gamma$, so würden die Kanten von $\mathfrak{S}_1$ in $\mathfrak{C}_1$ nur mit $\gamma$ und $\beta$ incidieren, und $\mathfrak{S}_1$ müßte wegen der Vermeidung von zweikantigen Ecken nur aus einer Kante $a_i$ bestehen. Ebenso müßte $\mathfrak{S}_2$ nur aus einer Kante, die mit $\gamma$ und $\alpha$ incident wäre, bestehen, und $\mathfrak{C}_2'$ wäre ein Zweieck, was nicht sein darf. Also enthält $\mathfrak{C}_2'$ mindestens *zwei* Flächen.

Zu $\mathfrak{C}_2$ gehört $\beta$ und auch der mit $\beta$ incidierende Kantenzug $B b_1 B_1 \ldots b_{m-1} B_{m-1} b_m A$. Er enthält gleichfalls einen Querzug $\mathfrak{Q}_2$, und durch analoge Schlüsse stellt man fest, daß $\mathfrak{Q}_2$ eine Zerlegung von $\mathfrak{C}_2$ in $\mathfrak{C}_3$ und $\mathfrak{C}_3'$ bewirkt, wobei $\mathfrak{C}_3$ $\beta$ enthalten möge und dann $\mathfrak{C}_3'$ mindestens zwei Flächen enthält.

Damit haben wir in $\mathfrak{C}$ die beiden Flächen $\alpha$, $\beta$, ferner je zwei in $\mathfrak{C}_2'$ und $\mathfrak{C}_3'$, im ganzen also mindestens sechs Flächen.

Der zu $\mathfrak{C}$ reziproke Komplex $\overline{\mathfrak{C}}$ ist gleichfalls ein EULERsches Polyeder (§ 33, S. 129, § 43, S. 176), in dem gleichfalls ein übergreifendes Quadrupel vorkommt, dessen Flächen dual zu $A$, $B$, dessen Ecken dual zu $\alpha$, $\beta$ sind. Also enthält auch $\overline{\mathfrak{C}}$ mindestens sechs Flächen, d. h. $\mathfrak{C}$ enthält mindestens sechs Ecken.

Danach ist also das in Abb. 84 dargestellte Polyeder das einfachste EULERsche Polyeder mit übergreifenden Elementen. Daß geschlossene Polyeder von der Charakteristik Null schon bei nur vier Flächen und vier Ecken übergreifende Elemente aufweisen können, zeigt das Beispiel der Abb. 110.

## § 44. Spaltungsprozesse bei Polyedern.

Nehmen wir mit einem Polyeder $\mathfrak{C}$ eine Kanten- oder Flächenspaltung vor (§ 34), so entsteht ein polyedrischer Komplex, der indes kein Polyeder zu sein braucht. Wir wollen nun solche Spaltungsprozesse einführen, welche, auf Polyeder angewandt, immer wieder zu Polyedern führen. Solcher Prozesse unterscheiden wir vier und bezeichnen sie als *reguläre Spaltungen*. Eine reguläre Spaltung kann eine Kanten- oder Flächenspaltung sein oder sich aus mehreren zusammensetzen. Wird eine Polyederkante $b$ gespalten, so kommt es darauf an, ob sie innere oder Randkante ist.

Im ersten Fall wird durch die Spaltung eine innere zweikantige Ecke eingeführt, und der entstehende Komplex ist kein Polyeder. Dagegen führt die Spaltung einer Randkante auf ein Polyeder. Diese Spaltung einer Randkante bezeichnen wir auch als *reguläre Spaltung vierter Art*.

Wird eine Polyederfläche $\gamma$ durch eine Kante $c$ gespalten, so ist zu unterscheiden, ob die beiden Ecken $A$, $B$, welche auf $c$ liegen, schon durch eine Kante von $\gamma$ verbunden waren oder nicht. Im ersten Fall wird durch die Spaltung ein Zweieck eingeführt, und man erhält kein

Polyeder. Liegen aber $A$ und $B$ nicht auf derselben Kante von $\gamma$, so hat jede der Flächen $\gamma_1, \gamma_2$, die nach der Spaltung auftreten, wenigstens drei Ecken, und der neue Komplex ist wieder ein Polyeder. In diesem Falle bezeichnen wir die Flächenspaltung auch als *reguläre Spaltung erster Art* (Abb. 117).

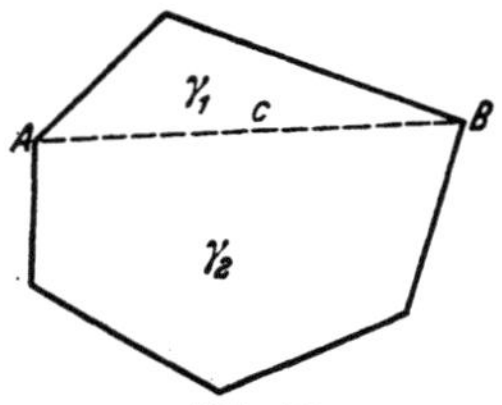

Abb. 117.

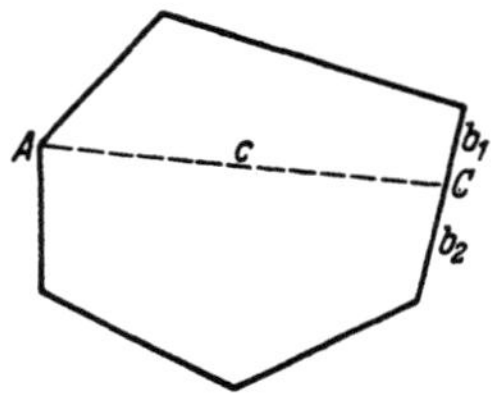

Abb. 118.

Ist $\gamma$ eine Fläche des Polyeders $\mathfrak{C}$, $b$ eine in $\gamma$ gelegene Kante, $A$ eine in $\gamma$, aber nicht auf $b$ liegende Ecke, und ist $b$ innere Kante von $\mathfrak{C}$, so wird, wenn man $b$ mittels einer neuen Ecke $C$ in $b_1$, $b_2$ spaltet, kein Polyeder entstehen, da $C$ eine innere zweikantige Ecke ist. Wird aber sodann $\gamma$ mittels einer durch $C$ und $A$ gehenden Kante $c$ gespalten, so erhält $C$ eine dritte Kante, und der entstehende Komplex ist ein Polyeder. Diesen aus einer Kanten- und Flächenspaltung zusammengesetzten Prozeß nennen wir *reguläre Spaltung zweiter Art* (Abb. 118). Natürlich würde ein Polyeder auch dann entstehen, wenn $b$ Randkante wäre; doch fassen wir in diesem Falle den Prozeß nicht als eine reguläre Spaltung zweiter Art auf, sondern betrachten ihn als zusammengesetzt aus einer regulären Spaltung vierter Art und einer solchen erster Art.

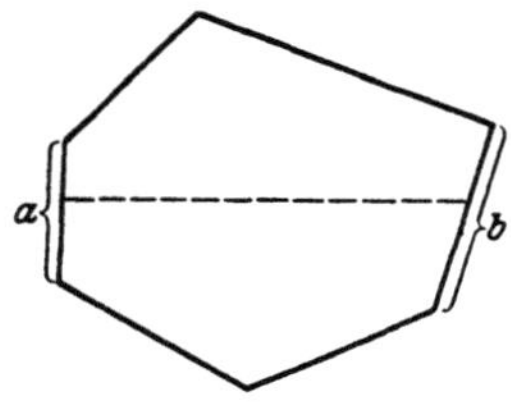

Abb. 119.

Die *reguläre Spaltung dritter Art* setzt sich aus drei einfachen Spaltungen zusammen: eine Polyederfläche $\gamma$ enthalte die beiden inneren Kanten $a, b$. Jede dieser beiden Kanten wird gespalten und darauf die Fläche $\gamma$ selbst mittels einer Kante, welche die beiden neu eingeführten Ecken verbindet (Abb. 119).

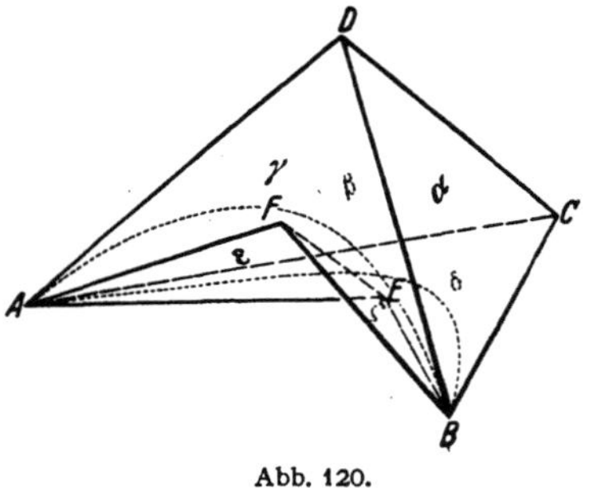

Abb. 120.

Handelt es sich um Polyeder, die einer der im vorigen Paragraphen angeführten Bedingungen genügen, so ist die Frage von Interesse, ob die aus ihnen durch reguläre Spaltungen abgeleiteten Polyeder auch immer wieder dieselbe Bedingung erfüllen. Es läßt sich leicht zeigen, daß dies bei den Bedingungen 1a), 2a), 3a) der Fall ist. Anders steht es mit den Bedingungen 1b), 2b), 3b). Das Polyeder der Abb. 120 besitzt übergreifende Elemente, genügt aber noch den Bedingungen 3a) und 3b). Unterwirft man es einer regulären Spaltung erster Art, indem man die Vierecksfläche $ACBE$ mittels einer $A$ und $B$ verbindenden Kante spaltet, so genügt das neue Polyeder noch der Bedingung 1b), nicht aber mehr der Bedingung 2b) (also auch nicht 3b)); denn die durch die neue Kante verbundenen Ecken $A$ und $B$ sind noch mit der Vierecksfläche $ADBF$ incident, die nicht durch diese Kante geht. Spaltet man auch diese Vierecksfläche mittels einer $A$ und $B$ verbindenden Kante, so sind $A$ und $B$ durch zwei Kanten verbunden, so daß auch 1b) nicht erfüllt ist. — Andererseits läßt sich auch leicht erkennen, daß man von einem beliebigen Polyeder durch reguläre Spaltungen zu einem Polyeder ohne übergreifende Elemente gelangen kann, das also allen angeführten Bedingungen genügt. Wir übergehen die Beweise dieses und des vorher erwähnten Satzes, da sie für das Folgende keine Bedeutung haben, und beschränken uns darauf, im nächsten Paragraphen den Beweis für die wichtige Tatsache zu geben, daß die durch die Bedingung 4) geforderte Eigenschaft bei regulären Spaltungen nicht verlorengehen kann.

## § 45. Polyeder ohne übergreifende Elemente.

Die Polyeder, welche keine übergreifenden Elemente enthalten, zeichnen sich durch eine Reihe wichtiger Eigenschaften aus, die wir hier zusammenstellen wollen. Zunächst beweisen wir den am Ende des vorigen Paragraphen angekündigten Satz:

1. *Aus einem Polyeder ohne übergreifende Elemente gehen durch reguläre Spaltungen immer nur Polyeder ohne übergreifende Elemente hervor.*

*Beweis.* Das Polyeder $\mathfrak{C}$ habe keine übergreifenden Elemente. Durch eine reguläre Spaltung gehe aus $\mathfrak{C}$ das Polyeder $\overline{\mathfrak{C}}$ hervor. Es seien $\alpha, \beta$ zwei Flächen, $A, B$ zwei Ecken von $\overline{\mathfrak{C}}$, die beide in $\alpha$ und $\beta$ liegen. Dann ist die Existenz einer Kante von $\overline{\mathfrak{C}}$ zu erweisen, die mit $\alpha, \beta, A, B$ incident ist.

Ist die Spaltung von der vierten Art, so liegt die bei ihr eingeführte Ecke nur in einer Fläche von $\overline{\mathfrak{C}}$, ist daher von $A$ und $B$ verschieden. $\alpha, \beta, A, B$ kommen daher auch in $\mathfrak{C}$ vor, und da $\mathfrak{C}$ keine übergreifenden Elemente besitzt, so gibt es in $\mathfrak{C}$ eine Kante $b$, die mit $\alpha, \beta, A, B$ incident ist. Da $b$ innere Kante von $\mathfrak{C}$ ist, wird sie durch die Spaltung nicht betroffen; also kommt diese mit $\alpha, \beta, A, B$ incidente Kante auch in $\overline{\mathfrak{C}}$ vor.

Die Spaltung sei jetzt von der ersten, zweiten oder dritten Art. Die von der Spaltung betroffene Fläche von $\mathfrak{C}$ heiße $\gamma$. An ihre Stelle sind in $\overline{\mathfrak{C}}$ eine Kante $c$ und zwei durch sie gehende Flächen $\gamma_1, \gamma_2$ getreten. — Wir unterscheiden drei Fälle, je nachdem 1) das Flächenpaar $\alpha, \beta$ mit dem Flächenpaar $\gamma_1, \gamma_2$ identisch ist oder 2) eine und nur eine der Flächen $\alpha, \beta$ unter den Flächen $\gamma_1, \gamma_2$ sich findet oder 3) keine der Flächen $\alpha, \beta$ mit einer der Flächen $\gamma_1, \gamma_2$ identisch ist.

Im Falle 1) folgt aus der Definition der Spaltung unmittelbar, daß $\alpha = \gamma_1$ und $\beta = \gamma_2$ nur die Kante $c$ und ihre beiden Ecken gemein haben; $A$ und $B$ müssen also mit diesen Ecken identisch sein, und $c$ ist mit $\alpha, \beta, A, B$ incident.

Bei Fall 2) dürfen wir annehmen, daß $\alpha \neq \gamma_1, \beta = \gamma_2$ ist. Wir unterscheiden zwei Unterfälle. Wir wollen zunächst annehmen, daß von den beiden Ecken $A$ und $B$ wenigstens die eine, etwa $A$, in $\mathfrak{E}$ nicht vorkommt. Dann wird durch $A$ eine innere Kante $a$ von $\mathfrak{E}$, die mit $\gamma$ und einer zweiten Fläche $\delta$ von $\mathfrak{E}$ incident ist, gespalten, und an ihre Stelle sind in $\overline{\mathfrak{E}}$ $A$ und zwei neue Kanten $a_1, a_2$ getreten. In $\overline{\mathfrak{E}}$ ist $A$ nur mit drei Flächen $\gamma_1, \gamma_2, \delta$ incident. Es muß also $\delta = \alpha$ sein. Da $\mathfrak{E}$ keine übergreifenden Elemente hat, so haben in $\mathfrak{E}$ die Flächen $\gamma$ und $\delta$ nur die Kante $a$ und ihre beiden Ecken gemein. Der Punkt $B$ muß schon in $\mathfrak{E}$ vorkommen; denn sonst würde er eine von $a$ verschiedene Kante $b$ der Fläche $\gamma$ spalten, und es würde $\alpha$ auch diese Kante mit $\gamma$ gemein haben müssen, was durch die Bedingung 4) ausgeschlossen ist. Von den Kanten $a_1$ und $a_2$ gehört die eine, etwa $a_1$, zu $\gamma_1$, die andere, $a_2$, zu $\gamma_2$. Da in $\mathfrak{E}$ $\gamma$ und $\delta = \alpha$ nur die Kante $a$ und die Ecken dieser Kante gemein haben, von diesen Ecken aber in $\overline{\mathfrak{E}}$ nur die eine, nämlich die auf $a_2$ gelegene, zu $\gamma_2 = \beta$ gehört, so muß diese Ecke mit $B$ identisch sein. Daraus folgt, daß die Kante $a_2$ mit $\alpha, \gamma_2 = \beta, A, B$ incident ist. — Kommen beide Ecken $A$ und $B$ schon in $\mathfrak{E}$ vor, so sind sie als Ecken von $\beta = \gamma_2$ auch in $\gamma$ enthalten, und es gibt daher in $\mathfrak{E}$ eine Kante $a$, die mit $\alpha, \gamma, A, B$ incident ist. Diese Kante wird durch die Spaltung nicht betroffen, weil sonst eine der Ecken $A$, $B$ nur zu $\gamma_1$ und nicht zu $\gamma_2 = \beta$ gehörte. $a$ ist also Kante von $\overline{\mathfrak{E}}$. Die bei der Spaltung eingeführte Kante $c$ kann nicht durch $A$ und $B$ gehen, da sonst ein Flächenzweieck entstünde. Somit liegt wenigstens einer der Punkte $A$ und $B$ nicht auf $c$, also, weil er in $\gamma_2 = \beta$ liegt, nicht zugleich in $\gamma_1$. Mithin kann auch $a$ nicht in $\gamma_1$ liegen, liegt also in $\gamma_2$, und somit ist die Kante $a$ von $\overline{\mathfrak{E}}$ mit $\alpha, \gamma_1 = \beta, A$ und $B$ incident.

Im Falle 3) muß die Ecke $A$ schon in $\mathfrak{E}$ vorkommen; denn eine bei der Spaltung neu eingeführte Ecke kommt außer in $\gamma_1$ und $\gamma_2$ nur noch in einer Fläche vor. Aus demselben Grunde gehört auch $B$ zu $\mathfrak{E}$. Es gibt daher in $\mathfrak{E}$ eine mit $\alpha, \beta, A, B$ incidente Kante $a$. Da $a$ nicht noch mit $\gamma$ incident sein kann, so wird $a$ durch die Spaltung nicht betroffen, gehört also auch zu $\overline{\mathfrak{E}}$. — Damit ist der Beweis für alle Fälle erbracht. Unter Benutzung des Satzes S. 180 hätte er vielleicht noch etwas kürzer geführt werden können.

Aus unserem Satz kann man leicht ersehen, daß man aus der Existenz einer polymorphen Beziehung eines Polyeders $\mathfrak{E}$ auf ein zweites $\mathfrak{E}'$ noch nicht immer schließen kann, daß aus $\mathfrak{E}'$ durch *reguläre* Spaltungen ein zu $\mathfrak{E}$ isomorphes Polyeder zu gewinnen ist. So läßt sich z. B. eine polymorphe

Abbildung des Polyeders $\mathfrak{C}$ in Abb. 120 auf ein Tetraeder $A'B'C'D$, herstellen, bei welcher den Ecken $A, B, C, D$ die Ecken $A', B', C', D''$ den Flächen $AEBC, CDA, CDB$ die Flächen $A'B'C', C'D'A', C'D'B'$, dem Punkt $F$ und den durch ihn gehenden Kanten und Flächen die Fläche $A'B'D'$ zugeordnet sind. Trotzdem können wir vom Tetraeder, da es keine übergreifenden Elemente besitzt, durch reguläre Spaltungen nicht zu einem Polyeder des Typus $\mathfrak{C}$ gelangen, weil in diesem übergreifende Elemente vorkommen.

Angesichts der durch dieses Beispiel bewiesenen Tatsache ist der folgende Satz von Wichtigkeit:

2. Ist das geschlossene normale Polyeder $\mathfrak{C}$ polymorph zum Polyeder $\mathfrak{C}'$ und kommen in $\mathfrak{C}$ übergreifende Elemente nicht vor, so läßt sich aus $\mathfrak{C}'$ durch reguläre Spaltungen ein zu $\mathfrak{C}$ isomorphes Polyeder gewinnen.

Offenbar kommt der Beweis dieses Satzes auf den Beweis des folgenden Hilfssatzes hinaus.

*Hilfssatz.* Ist das geschlossene Polyeder $\mathfrak{C}$ polymorph, aber nicht isomorph zum Polyeder $\mathfrak{C}'$ und hat $\mathfrak{C}$ keine übergreifenden Elemente, so kann man durch eine reguläre Spaltung aus $\mathfrak{C}'$ ein Polyeder $\mathfrak{C}''$ erhalten, zu welchem $\mathfrak{C}$ ebenfalls polymorph ist.

Wir haben uns also nur noch mit dem Beweis dieses Hilfssatzes zu beschäftigen.

Es liege eine polymorphe Beziehung $\sigma$ von $\mathfrak{C}$ auf $\mathfrak{C}'$ vor. Wir bezeichnen die Flächen von $\mathfrak{C}'$ mit $\alpha_i'$ $(i = 1, \ldots, f')$, das in $\alpha_i'$ gelegene Polygon mit $\mathfrak{P}_i'$, das entsprechende Polygon von $\mathfrak{C}$ mit $\mathfrak{P}_i$. $\mathfrak{P}_i$ ist Randpolygon eines Elementargebietes $\mathfrak{A}_i$, dessen Elementen die Fläche $\alpha_i'$ zugeordnet ist. Die den Ecken von $\mathfrak{C}'$ entsprechenden Ecken von $\mathfrak{C}$ wollen wir *Hauptecken* nennen.

Wir wollen zunächst voraussetzen, daß es in irgendeinem der Elementarkomplexe $\mathfrak{A}_i + \mathfrak{P}_i$ einen „brauchbaren" Querzug $\mathfrak{Q}$ gibt. Darunter verstehen wir aus sogleich ersichtlichen Gründen einen Querzug, der zwei Hauptecken des Polygons $\mathfrak{P}_i$ voneinander trennt. Es sei

$$\mathfrak{P}_i' = A_0' b_1' A_1' b_2' \ldots b_n' A_n', \qquad (A_n' = A_0')$$

$A_l$ die der Ecke $A_l'$ von $\mathfrak{P}_i'$ entsprechende Ecke von $\mathfrak{P}_i$, $\mathfrak{B}_l$ der der Kante $b_l'$ entsprechende Elementarzug, dessen Endpunkte also die beiden Hauptpunkte $A_{l-1}$ und $A_l$ sind. Die Endpunkte des brauchbaren Querzuges $\mathfrak{Q}$ seien $P$ und $Q$, $\mathfrak{Z}_1$ und $\mathfrak{Z}_2$ die beiden Elementarzüge, in welche $\mathfrak{P}_i - P - Q$ zerfällt. Nach der über $\mathfrak{Q}$ gemachten Voraussetzung enthält jeder dieser Elementarzüge wenigstens eine Hauptecke. Daher kann keiner der Kantenzüge $A_{l-1}\mathfrak{B}_l A_l$ beide Punkte $P$ und $Q$ zugleich enthalten. Es sind drei Fälle zu unterscheiden: 1) $P$ und $Q$ sind Hauptecken, 2) nur einer von beiden Punkten ist Hauptecke, 3) keiner ist Hauptecke. Wir wollen den dritten Fall näher betrachten;

die beiden anderen erledigen sich ganz ähnlich. In diesem Falle gehört $P$ einem Elementarzuge $\mathfrak{B}_l$, $Q$ einem andern $\mathfrak{B}_m$ an, wo $m > l$ angenommen werden darf (Abb. 121). $\mathfrak{B}_l - P$ zerfällt in zwei Elementarzüge, von denen der eine $\mathfrak{B}_{l1}$ mit den Endpunkten $A_{l-1}$ und $P$ zu $\mathfrak{Z}_1$, der andere $\mathfrak{B}_{l2}$ zu $\mathfrak{Z}_2$ gehört. Ebenso zerfällt $\mathfrak{B}_m - Q$ in zwei zu $\mathfrak{Z}_1$ bzw. $\mathfrak{Z}_2$ gehörige Elementarzüge $\mathfrak{B}_{m1}$ mit den Endpunkten $Q$ und $A_m$, $\mathfrak{B}_{m2}$. Das Elementargebiet $\mathfrak{A}_i$ zerlegt sich in

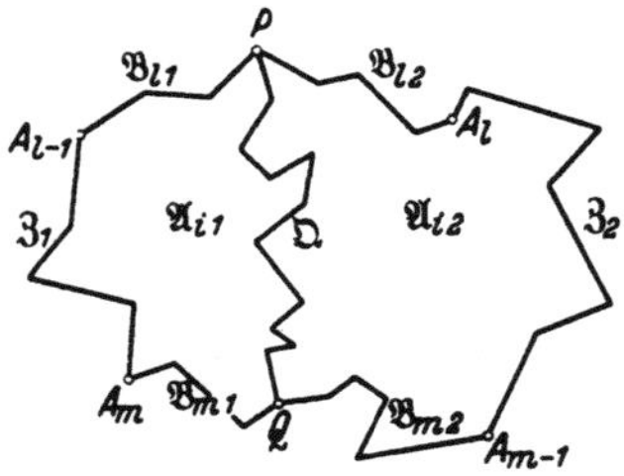

Abb. 121.

$$\mathfrak{A}_i = \mathfrak{A}_{i1} + (\mathfrak{Q} - P - Q) + \mathfrak{A}_{i2},$$

wobei $\mathfrak{A}_{i1}$ und $\mathfrak{A}_{i2}$ Elementargebiete sind mit den Randpolygonen $\mathfrak{Z}_1 + \mathfrak{Q}$ und $\mathfrak{Z}_2 + \mathfrak{Q}$. Wir wenden nun auf $\mathfrak{C}'$ eine reguläre Spaltung dritter Art an (Abb. 122), indem wir die Kante $b'_l$ mittels eines Punktes $P'$ in $b'_{l1}$ (mit den Ecken $A'_{l-1}$ und $P'$) und $b'_{l2}$, die Kante $b'_m$ mittels eines Punktes $Q'$ in $b'_{m1}$ (mit den Ecken $Q'$ und $A'_m$) und $b'_{m2}$ spalten und sodann die Fläche $\alpha'_i$ mittels einer $P'$ und $Q'$ verbindenden Kante $\mathfrak{q}'$ in $\alpha'_{i1}$ und $\alpha'_{i2}$, wobei $b'_{l1}$ und $b'_{m1}$ in $\alpha'_{i1}$ liegen sollen. Auf das so entstandene Polyeder $\mathfrak{C}''$ wird dann $\mathfrak{C}$ polymorph abgebildet, wenn man den Elementen von $\mathfrak{A}_{i1}$, $\mathfrak{A}_{i2}$, $\mathfrak{B}_{l1}$, $\mathfrak{B}_{l2}$, $\mathfrak{B}_{m1}$, $\mathfrak{B}_{m2}$, $\mathfrak{Q} - P - Q$ bzw. die Elemente $\alpha'_{i1}$, $\alpha'_{i2}$, $b'_{l1}$, $b'_{l2}$, $b'_{m1}$, $b'_{m2}$, $\mathfrak{q}'$ zuordnet, im übrigen aber die durch $\sigma$ gegebene Abbildung bestehen läßt. — Ganz ebenso zeigt man, daß in den Fällen 1) und 2) das Polyeder $\mathfrak{C}$ zu einem Polyeder polymorph ist, das aus $\mathfrak{C}'$ durch eine reguläre Spaltung erster bzw. zweiter Art hervorgeht.

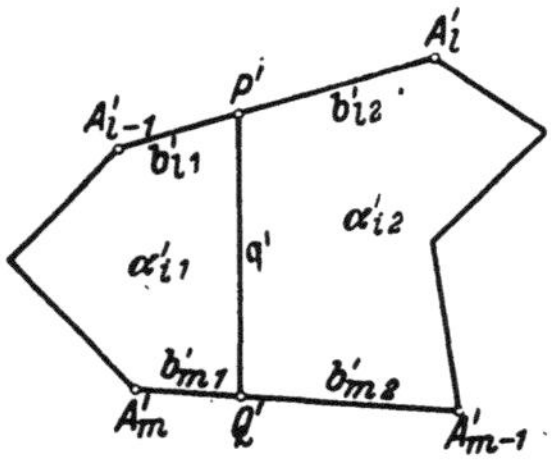

Abb. 122.

Damit ist die Richtigkeit des Hilfssatzes für alle die Fälle bewiesen, in denen bei der polymorphen Beziehung $\sigma$ ein brauchbarer Querzug existiert. Um den Beweis vollständig zu führen, hat man noch zu zeigen, daß, falls solche Querzüge nicht existieren, $\sigma$ durch eine andere polymorphe Abbildung $\tau$ von $\mathfrak{C}$ auf $\mathfrak{C}'$ ersetzt werden kann, bei welcher solche Querzüge vorkommen.

Wir nehmen also jetzt an, daß in der vorgelegten Abbildung $\sigma$ brauchbare Querzüge nicht vorhanden sind, und wollen zunächst untersuchen, welche Eigenschaften $\sigma$ alsdann haben muß. — Es sei $b'$ eine beliebige Kante von $\mathfrak{C}'$; $\alpha'_i$, $\alpha'_j$, $A'$, $B'$ seien die mit $b'$ incidenten Flächen und Ecken. Den Ecken $A'$, $B'$ entsprechen in $\mathfrak{C}$ zwei Hauptecken $A$, $B$, der Kante $b'$ ein in $A$ und $B$ endigender Elementarzug $\mathfrak{B}$, der mit diesen Ecken zusammen einen gemeinsamen Teil der Randpolygone $\mathfrak{P}_i$ und $\mathfrak{P}_j$ von $\mathfrak{A}_i$ und $\mathfrak{A}_j$ darstellt (Abb. 123). Da es in $\mathfrak{A}_i$ nach unserer Annahme keinen Querzug gibt, der $A$ und $B$ trennt, so muß nach

Satz 20, § 33 eine Fläche $\alpha_i$ in $\mathfrak{A}_i$ vorhanden sein, welche die Punkte $A$ und $B$ enthält. Aus gleichem Grunde gibt es in $\mathfrak{A}_j$ eine $A$ und $B$ enthaltende Fläche $\alpha_j$. Da $\mathfrak{C}$ keine übergreifenden Elemente hat, so muß es in $\mathfrak{C}$ eine Kante $b$ geben, die mit $\alpha_i$, $\alpha_j$, $A$, $B$ incident ist. Diese Kante $b$ gehört dann der Berandung sowohl von $\mathfrak{A}_i$ wie von $\mathfrak{A}_j$, also den Randpolygonen $\mathfrak{P}_i$ und $\mathfrak{P}_j$ zugleich an. Nun zerfällt aber $\mathfrak{P}_i - A - B$ in zwei Elementarzüge, von denen der eine $\mathfrak{B}$ ist, der andere aber noch mindestens eine Hauptecke enthält, also sicher nicht nur aus einer Kante besteht. Die mit $A$ und $B$ incidente Kante $b$ muß also mit $\mathfrak{B}$ identisch sein. Es entspricht also jeder Kante von $\mathfrak{C}'$ nur eine einzige Kante von $\mathfrak{C}$. Das Randpolygon $\mathfrak{P}_i$ von $\mathfrak{A}_i$ enthält daher auch nur ebenso viele Ecken wie $\mathfrak{P}'_i$, d. h. jede Ecke von $\mathfrak{P}_i$ ist Hauptecke. Daraus folgt, weil zwei Ecken von $\mathfrak{P}_i$ durch keinen Querzug des Elementarkomplexes $\mathfrak{A}_i + \mathfrak{P}_i$ getrennt werden können, daß je zwei Ecken von $\mathfrak{P}_i$ mit einer Fläche dieses Elementarkomplexes incident sind. Nehmen wir an, daß $\mathfrak{P}_i$ mehr als drei Ecken hat, so muß nach Satz 19, § 33 in $\mathfrak{A}_i$ eine Fläche $\alpha_i$ vorkommen, die mit allen Ecken von $\mathfrak{P}_i$ incident ist. Ist nun $b$ wieder eine beliebige Kante von $\mathfrak{P}_i$ mit den Ecken $A$ und $B$, so geht durch $b$ eine Fläche $\delta$ aus $\mathfrak{A}_i$. Diese muß mit $\alpha_i$ identisch sein; denn andernfalls müßte eine mit $\alpha_i$, $\delta$, $A$, $B$ incidente Kante $c$ in $\mathfrak{C}$ vorkommen. Da $A$ und $B$ nicht durch mehrere Kanten verbunden sein können, so müßte $c = b$ sein, und es gingen durch diese Kante zwei Flächen $\delta$, $\alpha_i$ von $\mathfrak{A}_i$, was wiederum unmöglich ist, weil $b$ Randkante von $\mathfrak{A}_i + \mathfrak{P}_i$ ist. Es ist also $\delta = \alpha_i$, und $\alpha_i$ enthält also auch alle Kanten von $\mathfrak{P}_i$, woraus weiter folgt, daß $\mathfrak{A}_i$ nur aus der Fläche $\alpha_i$ besteht. Somit erhalten wir das Resultat:

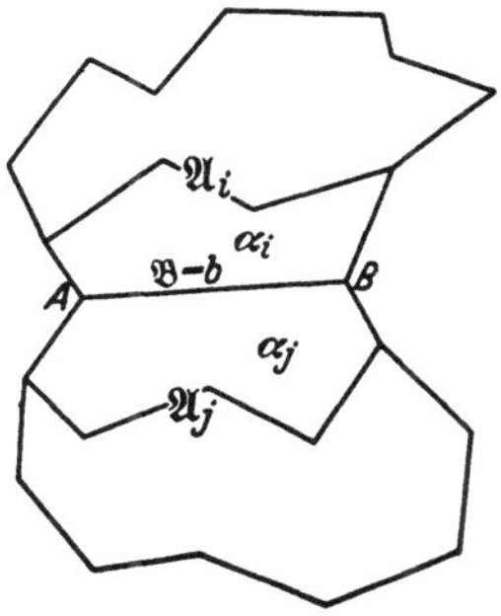


Abb. 123.

Damit kein brauchbarer Querzug bei der Abbildung $\sigma$ existiere, ist notwendig (und, wie man leicht sieht, auch hinreichend), daß jeder Kante von $\mathfrak{C}'$ nur eine Kante von $\mathfrak{C}$ und jeder Fläche von $\mathfrak{C}'$, die mehr als drei Ecken enthält, nur eine einzige Fläche von $\mathfrak{C}$ entspricht.

Da wir annahmen, daß bei der Beziehung $\sigma$ kein brauchbarer Querzug vorhanden ist, so entspricht jeder Kante von $\mathfrak{C}'$ nur eine Kante in $\mathfrak{C}$. Würde auch jeder Fläche von $\mathfrak{C}'$ nur eine Fläche in $\mathfrak{C}$ entsprechen, so würde $\sigma$ ein Isomorphismus sein, ein Fall, welcher ausgeschlossen wurde. Es gibt also in $\mathfrak{C}'$ eine Fläche $\alpha'_i$, der in $\mathfrak{C}$ ein Elementargebiet $\mathfrak{A}_i$ entspricht, das mehrere Flächen enthält. Nach unsern letzten Ergebnissen muß dann $\mathfrak{P}_i$ ein Dreieck sein. Es sei $\mathfrak{P}'_i = A'b'B'c'C'd'(A')$, $\alpha'_j$ die zweite durch $b'$ gehende Fläche aus $\mathfrak{C}'$, $\mathfrak{P}'_j = A'b'B'b'_1B'_1b'_2 \ldots b'_n(A')$. Die entsprechenden Elemente von $\mathfrak{C}$ bezeichnen wir mit denselben Buchstaben ohne die Striche (Abb. 124). In $\mathfrak{A}_i$ kann es keine Fläche geben, die alle drei Ecken $A$, $B$, $C$ enthält; es würde sich sonst genau wie oben ergeben, daß diese Fläche auch alle Kanten von $\mathfrak{P}_i$ enthalten müßte und somit einzige Fläche von $\mathfrak{A}_i$ wäre. Die durch $b$ gehende Fläche $\beta$ aus $\mathfrak{A}_i$ enthält daher außer $b$ $A$ und $B$ nur innere Elemente von $\mathfrak{A}_i$, und diese bilden mit $A$ und $B$ zusammen einen Querzug $\mathfrak{Q}$ des Elementarkomplexes $\mathfrak{A}_i + \mathfrak{P}_i$. Setzen wir $\mathfrak{Q} - A - B = \mathfrak{B}$, so enthält $\mathfrak{B}$ mehr als eine Kante. Das Elementargebiet $\mathfrak{A}_i$ zerlegt sich in $\beta + \mathfrak{B} + \overline{\mathfrak{A}}_i$, wo $\overline{\mathfrak{A}}_i$ ein Elementargebiet mit dem Randpolygon $d + C + c + B + \mathfrak{B} + A$ ist. Da die Elemente von $\mathfrak{B}$ zu $\mathfrak{A}_i$ gehören, kommen sie in $\mathfrak{P}_j - b$ nicht vor. $\overline{\mathfrak{P}}_j = \mathfrak{P}_j - b + \mathfrak{B}$ ist daher ein Polygon. Dieses Polygon ist Randpolygon des polyedrischen Komplexes, der sich aus den Flächen von $\mathfrak{A}_j$, der Fläche $\beta$ und allen in diesen Flächen liegenden Elementen zusammensetzt. Dieser Komplex ist $= \overline{\mathfrak{A}}_j + \overline{\mathfrak{P}}_j$, wo $\overline{\mathfrak{A}}_j = \mathfrak{A}_j + b + \beta$ gesetzt ist. Da $\overline{\mathfrak{A}}_j$ wie $\mathfrak{A}_j$ die Charakteristik 1 hat, so ist $\overline{\mathfrak{A}}_j + \overline{\mathfrak{P}}_j$ ein Elementarkomplex, $\overline{\mathfrak{A}}_j$ ein Elementargebiet.

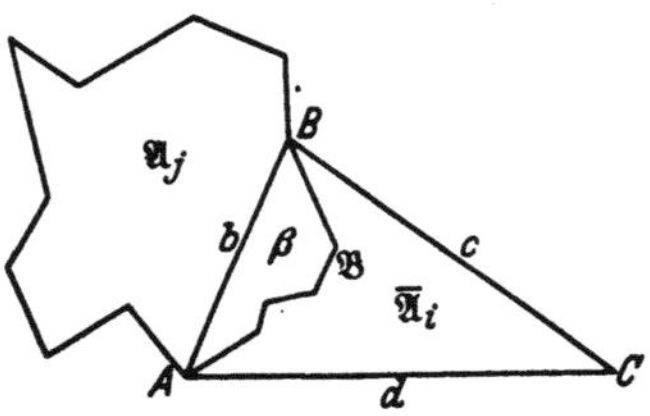

Abb. 124.

Daraus ist ersichtlich, daß wir eine polymorphe Abbildung $\tau$ von $\mathfrak{C}$ auf $\mathfrak{C}'$ erhalten, wenn wir den Elementen von $\overline{\mathfrak{A}}_i$, $\overline{\mathfrak{A}}_j$, $\mathfrak{B}$ die Elemente $\alpha'_j$, $\alpha'_i$, $b'$ zuordnen, im übrigen aber die durch $\sigma$ gegebene Zuordnung beibehalten. Der Elementarzug $\mathfrak{B}$ enthält mehr als eine Kante. Da somit in der Beziehung $\tau$ der Kante $b'$ von $\mathfrak{C}'$ nicht nur eine einzige Kante von $\mathfrak{C}$ entspricht, so müssen bei $\tau$ brauchbare Querzüge vorkommen. Für diesen Fall aber ist der Hilfssatz bereits bewiesen worden. Damit ist der Beweis des Hilfssatzes und somit auch des Satzes 2 erbracht.

Bei nichtgeschlossenen Polyedern erleidet der Satz eine leicht erkennbare Ausnahme. Diese tritt dann ein, wenn $\mathfrak{C}$ ein Elementarpolyeder ist, welches ein Dreieck zum Rande hat und $\mathfrak{C}'$ aus einer einzigen Fläche mit einem Dreieck besteht. $\mathfrak{C}$ ist dann polymorph zu $\mathfrak{C}'$; aber die erste Spaltung, die man mit $\mathfrak{C}'$ vornähme, würde die Zahl der Randecken vermehren, und weitere Spaltungen könnten diese Zahl nicht mehr auf 3 reduzieren.

Dies ist jedoch der einzige Ausnahmefall. Soll nämlich der analoge Hilfssatz für nichtgeschlossene Polyeder nicht gelten, so muß zunächst jeder Randkante von $\mathfrak{C}'$ nur eine einzige Randkante von $\mathfrak{C}$ entsprechen; sonst würde man durch Spaltung der Randkante von $\mathfrak{C}'$, also durch eine reguläre Spaltung vierter Art, zu einem Polyeder gelangen, zu welchem $\mathfrak{C}$ polymorph ist. Sodann gelten die Schlüsse der vorigen Untersuchung bis S. 189 unten unverändert. Was endlich die Abänderung der Beziehung $\sigma$ in eine solche $\tau$ mit brauchbarem Querzug betrifft, so hat dieselbe zur alleinigen Voraussetzung, daß die dreieckige Fläche $\alpha'_i$ eine Nachbarfläche besitzt, und das ist immer der Fall, wenn $\mathfrak{C}'$ nicht nur diese eine Fläche hat. Daraus ergibt sich alles Weitere leicht.

Es sei $\mathfrak{C} = \mathfrak{E} + \mathfrak{K} + \mathfrak{F}$ ein geschlossenes normales Polyeder ohne übergreifende Elemente, $\mathfrak{S}_1$ das System der durch eine Ecke $\mathfrak{O}$ von $\mathfrak{C}$ gehenden Kanten und Flächen, $\mathfrak{S}_2$ das System der in den Flächen von $\mathfrak{S}_1$ gelegenen und in $\mathfrak{O} + \mathfrak{S}_1$ noch nicht vorkommenden Ecken und Kanten. Wie in § 43 gezeigt wurde, ist $\mathfrak{C}_1 = \mathfrak{O} + \mathfrak{S}_1 + \mathfrak{S}_2$ ein Elementarkomplex und $\mathfrak{S}_2$ sein Rand. Durch $\mathfrak{S}_2$ wird $\mathfrak{C}$ in $\mathfrak{C}_1$ und einen zweiten normalen Komplex $\mathfrak{C}_2 = \mathfrak{C} - \mathfrak{O} - \mathfrak{S}_1$ zerfällt. Der Komplex $\mathfrak{K} + \mathfrak{F} - \mathfrak{S}_1$ besteht aus den Kanten und Flächen von $\mathfrak{C}_2$, ist also zusammenhängend. Somit erhalten wir den Satz:

3. Ist $\mathfrak{C} = \mathfrak{E} + \mathfrak{K} + \mathfrak{F}$ ein geschlossenes normales Polyeder ohne übergreifende Elemente, $\mathfrak{S}_1$ das System der mit einer Ecke von $\mathfrak{C}$ incidenten Kanten und Flächen, so ist $\mathfrak{K} + \mathfrak{F} - \mathfrak{S}_1$ zusammenhängend.

Da ein zu einem normalen geschlossenen Polyeder ohne übergreifende Elemente reziproker Komplex wieder ein solches ist, so gilt auch der duale Satz:

4. Ist $\mathfrak{P}$ ein Flächenpolygon eines normalen geschlossenen Polyeders $\mathfrak{C} = \mathfrak{E} + \mathfrak{K} + \mathfrak{F}$ ohne übergreifende Elemente, so ist $\mathfrak{E} + \mathfrak{K} - \mathfrak{P}$ zusammenhängend.

Wir notieren endlich noch den folgenden Satz:

5. Sind $\mathfrak{C} = \mathfrak{E} + \mathfrak{K} + \mathfrak{F}$ und $\mathfrak{C}' = \mathfrak{E}' + \mathfrak{K}' + \mathfrak{F}'$ zwei geschlossene normale Polyeder ohne übergreifende Elemente[1] und besteht zwischen $\mathfrak{E} + \mathfrak{F}$ und $\mathfrak{E}' + \mathfrak{F}'$ eine isomorphe Beziehung $\sigma$, so ist diese in einer isomorphen Beziehung zwischen $\mathfrak{C}$ und $\mathfrak{C}'$ enthalten.

Ist nämlich irgendeine Kante $b$ von $\mathfrak{C}$ mit den Ecken $A_1$, $A_2$ und den Flächen $\gamma_1$, $\gamma_2$ incident, so sind $\gamma_1$ und $\gamma_2$ mit $A_1$ und $A_2$, daher $\gamma_1\sigma$ und $\gamma_2\sigma$ mit $A_1\sigma$ und $A_2\sigma$ incident. Da $\mathfrak{C}'$ keine übergreifenden Elemente hat, so existiert eine und natürlich auch nur eine mit $\gamma_1\sigma$, $\gamma_2\sigma$, $A_1\sigma$ und $A_2\sigma$ incidente Kante in $\mathfrak{C}'$; indem wir diese $= b\sigma$ setzen, dehnen wir die Abbildung $\sigma$ auch auf die Kanten aus, und zwar so, daß sie zu einer isomorphen Beziehung zwischen $\mathfrak{C}$ und $\mathfrak{C}'$ wird. Auf der durch diesen Satz ausgedrückten Tatsache beruht ja die schon früher (S. 90) erörterte Möglichkeit, den Typus eines Polyeders ohne übergreifende Elemente durch eine rechteckige Matrix $(c_{rs})$ darzustellen. Bezüglich dieser Darstellung bemerken wir noch folgendes: Setzen wir $c'_{rs} = c_{sr}$ $(r = 1, \ldots, e;\ s = 1, \ldots, f)$, so daß $(c'_{rs})$ den reziproken Typus darstellt, und bilden wir nach der gewöhnlichen Kompositionsregel für Matrizen das Produkt $(c_{sr}) \cdot (c'_{rs}) = (d_{rs})$, so ist $d_{pq} = \sum_{l=1}^{e} c_{pl} c_{ql}$ die Anzahl der Ecken, welche die $p$te und $q$te Fläche gemein haben.

[1] Es genügt schon, die Voraussetzung des Nichtübergreifens bei einem der Polyeder zu machen (s. § 48, 6).

$d_{rr}$ ist also die Anzahl der Ecken in der $r$ten Fläche und somit $\geqq 3$, während $d_{pq} = d_{qp}$ für $p \neq q$ stets $\leqq 2$, und zwar dann $= 2$ ist, wenn die Flächen benachbart sind. In gleicher Weise läßt die Matrix $(c'_{rs}) \cdot (c_{sr})$ die Anzahl der durch jede einzelne Ecke gehenden Flächen und die miteinander benachbarten Ecken erkennen.

## § 46. *K*-Polyeder.

Wir haben im vorangehenden zwei Klassen normaler polyedrischer Komplexe, die sich durch besonders einfache Eigenschaften auszeichnen, ausführlicher behandelt, nämlich einmal die EULERschen Komplexe, sodann die Polyeder ohne übergreifende Elemente. Hiernach wird man schon vermuten können, daß denjenigen Polyedern, welche beiden Klassen zugleich angehören, also den EULERschen Polyedern ohne übergreifende Elemente, eine besonders wichtige Rolle zukommen muß. Wir bezeichnen sie als $K$-Polyeder, durch das $K$ andeutend, daß sie mit den konvexen Polyedern in engster Beziehung stehen. Daß jedes konvexe Polyeder der EULERschen Gleichung genügt und keine übergreifenden Elemente hat, somit ein $K$-Polyeder repräsentiert, haben wir schon im 1. Abschnitt S. 91 bemerkt. Es gilt nun aber auch umgekehrt, daß jedes $K$-Polyeder als konvexes Polyeder realisiert werden kann. Für diesen „Fundamentalsatz der konvexen Typen" werden wir im nächsten Abschnitt mehrere Beweise erbringen. Hier stellen wir zunächst einen Satz auf, der uns als Grundlage für einen der Beweise dienen wird:

1. *Jedes K-Polyeder läßt sich aus dem gewöhnlichen Tetraeder durch reguläre Spaltungen ableiten.*

*Beweis.* Es sei $\mathfrak{C} = \mathfrak{E} + \mathfrak{K} + \mathfrak{F}$ ein $K$-Polyeder, $D$ eine Ecke von $\mathfrak{C}$, $\mathfrak{S}_1$ das System der mit $D$ incidenten Kanten und Flächen, $\mathfrak{S}_2$ das der übrigen in den Flächen von $D$ gelegenen Kanten und Ecken; $\mathfrak{S}_2$ ist dann ein Polygon, durch welches $\mathfrak{C}$ in zwei Elementarkomplexe $\mathfrak{C}_1 = D + \mathfrak{S}_1 + \mathfrak{S}_2$ und $\mathfrak{C}_2$ zerfällt wird. Es seien ferner $a$, $b$, $c$ drei von den Kanten des Punktes $D$. Die Ecken $A$, $B$, $C$, welche diese Kanten außer $D$ noch haben, gehören dem Polygon $\mathfrak{S}_2$ an, und $\mathfrak{S}_2 - A - B - C$ zerfällt in drei Elementarzüge $\mathfrak{Z}_{AB}$, $\mathfrak{Z}_{BC}$, $\mathfrak{Z}_{CA}$ mit den Endpunkten $A, B$; $B, C$; $C, A$ (Abb. 125). $AaDbB$ stellt einen Querzug dar, der $\mathfrak{C}_1$ in zwei Elementarkomplexe zerfällt, und von diesen wird der eine durch den Querzug $DcC$ wieder zerfällt. Im ganzen erhalten wir so eine Zerfällung von $\mathfrak{C}$ in vier Elementarkomplexe, deren zugehörige Elementargebiete wir $\mathfrak{A}$, $\mathfrak{B}$, $\mathfrak{D}$, $\mathfrak{G}$ nennen. Ihre Randpolygone sind in dieser Reihenfolge $DbB\mathfrak{Z}_{BC}Cc(D)$, $DcC\mathfrak{Z}_{CA}Aa(D)$, $DaA\mathfrak{Z}_{AB}Bb(D)$ und $\mathfrak{S}_2$. Wir erhalten eine polymorphe Beziehung von $\mathfrak{C}$ auf ein Tetraeder $A'B'C'D'$, indem wir den Ecken $A$, $B$, $C$, $D$ von $\mathfrak{C}$ die Ecken $A'$, $B'$, $C'$, $D'$ des Tetraeders, den Elementargebieten $\mathfrak{A}$, $\mathfrak{B}$, $\mathfrak{D}$, $\mathfrak{G}$ die Gegenflächen der genannten Ecken und den Elementarzügen $a, b, c, \mathfrak{Z}_{BC}, \mathfrak{Z}_{CA}, \mathfrak{Z}_{AB}$ die Kanten $D'A', D'B', D'C', B'C', C'A', A'B'$ zuordnen. Da $\mathfrak{C}$ keine übergreifenden Elemente hat, ist es nach Satz 2 des vorigen Paragraphen möglich, aus dem Tetraeder ein zu $\mathfrak{C}$ isomorphes Polyeder durch reguläre Spaltungen zu gewinnen. Daß man umgekehrt aus einem Tetraeder durch reguläre Spaltungen nur $K$-Polyeder erhalten kann, ergibt sich umgekehrt aus Satz 1 (§ 45), S. 185.

Neben den Satz 5 des vorigen Paragraphen, demzufolge der Typus jedes geschlossenen Polyeders ohne übergreifende Elemente, also auch der Typus jedes $K$-Polyeders $\mathfrak{C} + \mathfrak{E} + \mathfrak{K} + \mathfrak{F}$, bereits durch den Typus $\mathfrak{E} + \mathfrak{F}$ vollständig bestimmt ist, treten bei $K$-Polyedern noch zwei ähnliche und zueinander duale Sätze, die besagen, daß der Typus eines solchen Polyeders auch schon durch den Typus von $\mathfrak{E} + \mathfrak{K}$ und $\mathfrak{K} + \mathfrak{F}$ bestimmt ist oder anders ausgedrückt:

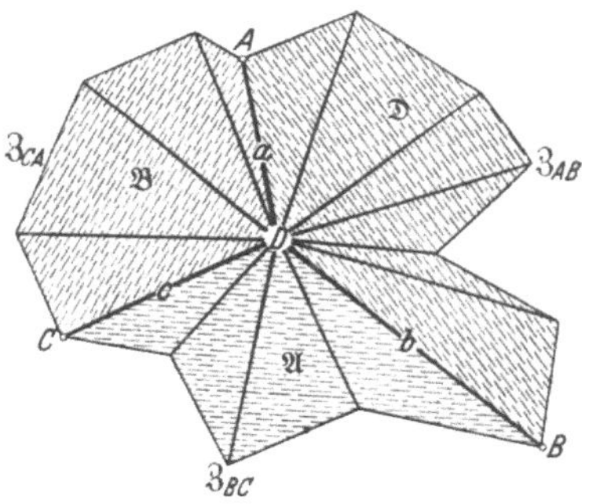

2. *Sind $\mathfrak{C} = \mathfrak{E} + \mathfrak{K} + \mathfrak{F}$ und $\mathfrak{C}' = \mathfrak{E}' + \mathfrak{K}' + \mathfrak{F}'$ zwei K-Polyeder und besteht eine isomorphe Beziehung zwischen $\mathfrak{E} + \mathfrak{K}$ und $\mathfrak{E}' + \mathfrak{K}'$ oder zwischen $\mathfrak{K} + \mathfrak{F}$ und $\mathfrak{K}' + \mathfrak{F}'$, so ist diese in einer isomorphen Beziehung zwischen $\mathfrak{C}$ und $\mathfrak{C}'$ enthalten.*

Abb. 125.

Ist nämlich $\mathfrak{P}$ ein in $\mathfrak{E} + \mathfrak{K}$ enthaltenes Polygon, so ist dafür, daß $\mathfrak{P}$ Flächenpolygon ist, nach Satz 4 des vorigen Paragraphen notwendig und nach § 33 Satz 21 hinreichend, daß der Komplex $\mathfrak{E} + \mathfrak{K} - \mathfrak{P}$ zusammenhängend ist. Besteht also eine isomorphe Beziehung $\sigma$ zwischen $\mathfrak{E} + \mathfrak{K}$ und $\mathfrak{E}' + \mathfrak{K}'$ und ist $\gamma_i$ irgendeine Fläche von $\mathfrak{C}$, $\mathfrak{P}_i$ ihr Polygon, $\mathfrak{P}_i'$ das entsprechende Polygon aus $\mathfrak{E}' + \mathfrak{K}'$, so ist $\mathfrak{E} + \mathfrak{K} - \mathfrak{P}_i$ und mithin auch $\mathfrak{E}' + \mathfrak{K}' - \mathfrak{P}_i'$ zusammenhängend. Daraus folgt aber, daß $\mathfrak{P}_i'$ das Polygon einer Fläche $\gamma_i'$ von $\mathfrak{C}'$ ist. Indem wir $\gamma_i' = \gamma_i \sigma$ setzen, erweitern wir $\sigma$ zu einer isomorphen Beziehung zwischen $\mathfrak{C}$ und $\mathfrak{C}'$. Analog erledigt sich der duale Satz.

Satz 1 wurde bewiesen, indem gezeigt wurde, daß jedes $K$-Polyeder zum Tetraeder polymorph ist. Es läßt sich aber allgemeiner beweisen:

3. *Jedes EULERsche Polyeder ist zum Tetraeder polymorph.*

*Beweis.* Es sei $\mathfrak{C}$ ein EULERsches Polyeder. Wir denken uns aus den EULERschen Polyedern, auf die sich $\mathfrak{C}$ polymorph beziehen läßt — es gibt solche, nämlich $\mathfrak{C}$ selbst —, ein solches $\mathfrak{C}'$ ausgewählt, das möglichst wenig Elemente hat. Wir zeigen dann, daß $\mathfrak{C}'$ ein Tetraeder ist. Es ist klar, daß $\mathfrak{C}'$ nicht auf ein anderes EULERsches Polyeder $\mathfrak{C}''$ polymorph bezogen werden kann, wofern nicht $\mathfrak{C}'$ und $\mathfrak{C}''$ isomorph sind, denn sonst hätte $\mathfrak{C}''$ weniger Elemente als $\mathfrak{C}'$, und es wäre trotzdem $\mathfrak{C}$ polymorph zu $\mathfrak{C}''$.

Es bezeichne jetzt $\mathfrak{E}_0$ einen kleinsten EULERschen Komplex, der also nur aus zwei Flächen, zwei Kanten und zwei Ecken besteht. Dann läßt sich durch einfache Kanten- und Flächenspaltungen aus $\mathfrak{E}_0$ ein zu $\mathfrak{E}'$ isomorpher Komplex ableiten (§ 35, S. 149, 152). Wir denken uns diese einfachen Spaltungen ausgeführt und bezeichnen mit $\mathfrak{E}_0, \mathfrak{E}_1, \ldots, \mathfrak{E}_n$ die Reihe der Komplexe, durch die man bei den einzelnen Spaltungen geführt wird, bis man in $\mathfrak{E}_n$ das zu $\mathfrak{E}'$ isomorphe Polyeder erhält. $\mathfrak{E}_0, \mathfrak{E}_1, \ldots, \mathfrak{E}_{n-1}$ sind EULERsche Komplexe, aber keine Polyeder. Die letzte Spaltung, durch die man von $\mathfrak{E}_{n-1}$ zu $\mathfrak{E}_n$ gelangt, muß eine Flächenspaltung sein, da durch eine Kantenspaltung eine zweikantige innere Ecke eingeführt würde, die bei dem Polyeder $\mathfrak{E}_n$ nicht vorkommen darf.

Es sei $\varepsilon$ die von der Spaltung betroffene Fläche von $\mathfrak{E}_{n-1}$, $\mathfrak{P}$ ihr Polygon. Die durch die spaltende Kante $c$ verbundenen Ecken $A$ und $B$ von $\mathfrak{P}$ dürfen nicht benachbart sein, da sonst ein Flächenzweieck eingeführt würde. $\mathfrak{P}$ enthält also mindestens vier Ecken und jeder der beiden Züge $\mathfrak{Z}_1$ und $\mathfrak{Z}_2$, in welche $\mathfrak{P} - A - B$ zerfällt, mindestens eine Ecke. Die beiden Flächen, welche in $\mathfrak{E}$ an die Stelle von $\varepsilon$ getreten sind, haben die Elemente $c, A, B$ gemein; außerdem enthält die eine $\gamma$ noch den Zug $\mathfrak{Z}_1$, die andere $\delta$ noch den Zug $\mathfrak{Z}_2$. Sehen wir von $\varepsilon$ ab, so kommen alle Flächen von $\mathfrak{E}_{n-1}$ auch in $\mathfrak{E}_n$ vor und enthalten in $\mathfrak{E}_{n-1}$ auch dieselben Polygone wie in $\mathfrak{E}_n$. Unter diesen Polygonen kann also kein Zweikant vorkommen. Dasselbe gilt aber auch für das Polygon $\mathfrak{P}$ in $\varepsilon$, das ja sogar mindestens vierkantig ist. Die Ecken von $\mathfrak{E}_{n-1}$ sind dieselben wie die von $\mathfrak{E}_n$, und abgesehen von $A$ und $B$ ist auch jede Ecke in $\mathfrak{E}_{n-1}$ mit denselben Kanten wie in $\mathfrak{E}_n$ incident. Also müssen diese Ecken von $\mathfrak{E}_n$ mindestens dreikantig sein. Die Ecken $A$ und $B$ dagegen haben in $\mathfrak{E}_{n-1}$ eine Kante weniger als in $\mathfrak{E}_n$; von diesen beiden Ecken muß wenigstens die eine in $\mathfrak{E}_{n-1}$ zweikantig sein, weil sonst bereits $\mathfrak{E}_{n-1}$ ein Polyeder wäre. Wir dürfen also in jedem Fall annehmen, daß die Ecke $A$ in $\mathfrak{E}_{n-1}$ zweikantig ist. Von den beiden Kanten der Ecke $A$ enthalte die zu $\mathfrak{Z}_1$ gehörige noch die Ecke $P$, die zu $\mathfrak{Z}_2$ gehörige noch die Ecke $Q$; $\alpha$ sei die von $\varepsilon$ verschiedene Fläche der Ecke $A$.

Da $P$ und $Q$ wenigstens dreikantig sind, besitzt der Elementarkomplex $\mathfrak{E}_{n-1} - \varepsilon = \mathfrak{E}_n - \gamma - c - \delta$ mehr als eine Fläche, also auch Querzüge. Die Endpunkte eines solchen Querzuges gehören dem Randpolygon an. Unser nächstes Ziel ist, zu beweisen, daß es wenigstens einen Querzug gibt, von dessen Endpunkten der eine zu $\mathfrak{Z}_1$, der andere zu $\mathfrak{Z}_2$ gehört.

Dies ist sicher der Fall, wenn das Flächenpolygon von $\alpha$ ein Dreieck ist. Alsdann nämlich ist die $P$ und $Q$ verbindende Kante $d$ dieses Dreiecks, da sie nicht zu $\mathfrak{P}$ gehören kann, innere Kante des Elementarkomplexes $\mathfrak{E}_{n-1} - \varepsilon$ und stellt daher mit $P$ und $Q$ zusammen einen Querzug der verlangten Art dar. Nun muß aber das Flächenpolygon von $\alpha$ ein Dreieck sein, wenn nicht auch die Ecke $B$ zweikantig ist; denn $\mathfrak{E}_{n-1}$ läßt sich durch eine Kantenspaltung aus einem Komplex $\mathfrak{E}'_{n-1}$ ableiten, der an Stelle der Ecke $A$ und ihrer beiden Kanten eine einzige mit $P$, $Q$, $\varepsilon$ und $\alpha$ incidente Kante hat. In diesem Komplex $\mathfrak{E}'_{n-1}$ haben, von $\varepsilon$ und $\alpha$ abgesehen, alle Flächen dieselben Ecken wie in $\mathfrak{E}_{n-1}$, sind also alle mindestens dreieckig. Ebenso sind, da wir ja $B$ als drei- oder mehrkantig annahmen, alle Ecken von $\mathfrak{E}'_{n-1}$ wie in $\mathfrak{E}_{n-1}$ wenigstens dreikantig. Die Flächen $\varepsilon$ und $\alpha$ haben zwar in $\mathfrak{E}'_{n-1}$ eine Ecke weniger als in $\mathfrak{E}_{n-1}$. Da aber $\varepsilon$ in $\mathfrak{E}_{n-1}$ wenigstens vier Ecken hat, so würden, wenn auch $\alpha$ in $\mathfrak{E}_{n-1}$ mehr als drei Ecken hätte, in $\mathfrak{E}'_{n-1}$ auch keine Flächenzweiecke vorkommen. $\mathfrak{E}'_{n-1}$ wäre also ein Polyeder, und zu diesem Polyeder, das weniger Elemente als $\mathfrak{E}_{n-1}$, also um so mehr weniger Elemente als $\mathfrak{E}_n$ hat, wäre $\mathfrak{E}_n$ polymorph. Das aber ist, wie wir sahen, nicht möglich. — Damit ist in allen Fällen, wo $A$ die einzige zweikantige Ecke von $\mathfrak{E}_{n-1}$ ist, die Existenz eines Querzuges der verlangten Art für $\mathfrak{E}_{n-1} - \varepsilon$ nachgewiesen.

Wir haben jetzt den Fall zu betrachten, daß beide Ecken $A$ und $B$ in $\mathfrak{E}_{n-1}$ zweikantig sind. $P$, $Q$, $\alpha$ mögen ihre frühere Bedeutung beibehalten, $R$ und $S$ seien die Ecken, welche die Kanten des Punktes $B$ noch enthalten, und zwar soll $R$ auf $\mathfrak{Z}_1$, $S$ auf $\mathfrak{Z}_2$ liegen; $\beta$ sei die mit $B$ incidente Fläche von $\mathfrak{E}_{n-1} - \varepsilon$. Da durch $A$ und $B$ nur Randkanten von $\mathfrak{E}_{n-1} - \varepsilon$ gehen, muß jeder Querzug dieses Komplexes in zwei von $A$ und $B$ verschiedenen Punkten von $\mathfrak{P}$ endigen. Hat $\mathfrak{P}$ überhaupt nur vier Ecken, ist also $P = R$, $Q = S$, so sind $P$ und $Q$ die Endpunkte des Querzuges, und wir haben einen Querzug der verlangten Art. Es habe jetzt $\mathfrak{P}$ mehr als vier Ecken. Dann dürfen wir $P \neq R$ annehmen. Der Komplex $\mathfrak{E}_{n-1}$ kann durch zwei Kantenspaltungen aus einem Eulerschen Komplex $\overline{\mathfrak{E}}_{n-1}$ abgeleitet werden, der an Stelle der Ecke $A$ und ihrer beiden Kanten eine einzige mit $P$, $Q$, $\varepsilon$, $\alpha$ incidente Kante, an Stelle der Ecke $B$ und ihrer beiden Kanten eine einzige mit $R$, $S$, $\varepsilon$, $\beta$ incidente Kante hat. Zu diesem Komplex, der weniger Elemente als $\mathfrak{E}_n$ hat, ist $\mathfrak{E}_n$ polymorph. $\overline{\mathfrak{E}}_{n-1}$ darf also kein Polyeder sein. Nun hat $\overline{\mathfrak{E}}_{n-1}$, abgesehen von den ihm fehlenden Ecken $A$ und $B$, dieselben Ecken wie $\mathfrak{E}_{n-1}$, und alle diese Ecken haben in $\overline{\mathfrak{E}}_{n-1}$ dieselbe Kantenzahl wie in $\mathfrak{E}_{n-1}$, sind also wenigstens dreikantig. $\overline{\mathfrak{E}}_{n-1}$ hat auch dieselben Flächen wie $\mathfrak{E}_{n-1}$, und abgesehen von $\varepsilon$, $\alpha$, $\beta$ hat jede dieser Flächen in $\overline{\mathfrak{E}}_{n-1}$ dieselben Ecken wie in $\mathfrak{E}_{n-1}$, ist also wenigstens dreieckig. $\varepsilon$ hat in $\mathfrak{E}_{n-1}$ wenigstens die fünf (verschiedenen) Ecken $A$, $B$, $P$, $Q$, $R$, in $\overline{\mathfrak{E}}_{n-1}$ also wenigstens die drei Ecken $P$, $Q$, $R$. Der Fall $\alpha = \beta$ ist auszuschließen; denn die Fläche $\alpha = \beta$ würde in $\mathfrak{E}_{n-1}$ die Ecken $A$, $B$, $P$, $Q$, $R$, in $\overline{\mathfrak{E}}_{n-1}$ die Ecken $P$, $Q$, $R$ haben, und $\overline{\mathfrak{E}}_{n-1}$ wäre alsdann ein Polyeder. Es muß also $\alpha \neq \beta$ sein. Jede der Flächen $\alpha$, $\beta$ hat dann in $\overline{\mathfrak{E}}_{n-1}$ eine Ecke weniger als in $\mathfrak{E}_{n-1}$, und da wenigstens eine von beiden Flächen in $\overline{\mathfrak{E}}_{n-1}$ zweieckig sein muß (weil sonst $\overline{\mathfrak{E}}_{n-1}$ ein Polyeder wäre), muß sie in $\mathfrak{E}_{n-1}$ dreieckig sein. Wir haben schon gesehen, daß, wenn $\alpha$ dreieckig ist, die $P$ und $Q$ verbindende Kante von $\alpha$ mit ihren Ecken zusammen einen Querzug der verlangten Art liefert. Dasselbe gilt, wenn $\beta$ dreieckig ist, von $R$, $S$ und der $R$ und $S$ verbindenden Kante dieser Fläche.

Nachdem so die Existenz eines Querzuges $\mathfrak{Q}$ von $\mathfrak{E}_{n-1} - \varepsilon = \mathfrak{E}_n - \gamma - c - \delta$ erwiesen ist, von dessen Endpunkten der eine $D$ auf $\mathfrak{Z}_1$, der andere $C$ auf $\mathfrak{Z}_2$ liegt, ergibt sich auch sofort eine polymorphe Abbildung $\mathfrak{E}_n$ auf ein Tetraeder $A'B'C'D'$. $\mathfrak{E}_n - \mathfrak{P}$ zerfällt in zwei Elementargebiete, von denen das eine nach Wegnahme der Kante $c$ in die Einzelflächen $\gamma$, $\delta$, das andere nach Wegnahme von $\mathfrak{Q} - C - D$ in zwei Elementargebiete $\mathfrak{A}$, $\mathfrak{B}$ zerfällt. Die polymorphe Abbildung läßt sich so gestalten, daß den Tetraederecken die Ecken $A$, $B$, $C$, $D$, den Tetraederflächen die Elementargebiete $\mathfrak{A}$, $\mathfrak{B}$, $\gamma$, $\delta$, den Tetraederkanten die Kante $c$, der Elementarzug $\mathfrak{Q} - C - D$ und die vier Elementarzüge entsprechen, in welche $\mathfrak{P} - A - C - B - D$ zerfällt. Da nach unserer Annahme $\mathfrak{E}_n$ nicht zu einem EULERschen Polyeder mit kleinerer Elementenzahl polymorph sein kann, muß dieser Polymorphismus natürlich ein Isomorphismus, $\mathfrak{E}_n$ ein Tetraeder sein.

## § 47. Der $\theta$-Prozeß.

Wir wollen jetzt ein für viele Anwendungen wichtiges Verfahren einführen, durch welches aus einem geschlossenen polyedrischen Komplex ein zweiter abgeleitet wird. Er sei zunächst geometrisch erläutert. Wir denken uns eine geschlossene Fläche aus einfach zusammenhängenden Flächenstücken polyedrisch aufgebaut. Innerhalb jeder Kante nehmen wir einen Punkt an und verbinden sodann innerhalb jedes Flächenstückes je zwei Punkte, die auf benachbarten Kanten angenommen wurden, durch eine Linie, und zwar so, daß keine dieser Linien sich selbst oder eine andere schneidet. Die Linien bilden alsdann das Kantensystem einer neuen polyedrischen Einteilung. Zwischen der ursprünglichen polyedrischen Einteilung $\mathfrak{E}$ und der neuen $\mathfrak{E}'$ bestehen einfache Beziehungen: jeder Kante $b$ von $\mathfrak{E}$ entspricht eine Ecke $A'$ von $\mathfrak{E}'$, diejenige nämlich, die auf $b$ angenommen wurde. Jeder Fläche $\gamma$ von $\mathfrak{E}$ entspricht eine Fläche $\gamma'$ von $\mathfrak{E}'$; sie entsteht, indem durch die neuen Kanten Teile von $\gamma$, die an den Ecken liegen, fortgeschnitten werden. Jeder Ecke $A$ von $\mathfrak{E}$ entspricht wieder eine Fläche $\alpha'$; die an $A$ liegenden Flächenteile, welche von den um $A$ herum liegenden Flächen der Einteilung $\mathfrak{E}$ weggeschnitten wurden, fügen sich zu der Fläche $\alpha'$ zusammen. Jedem Winkel von $\mathfrak{E}$ entspricht eine Kante von $\mathfrak{E}'$, die in der Fläche des Winkels liegt und deren Endpunkte in den Schenkeln jenes Winkels gelegen sind. Zwei benachbarten Flächen von $\mathfrak{E}'$ entsprechen in $\mathfrak{E}$ eine Fläche und eine mit ihr incidente Ecke usw.

*Beispiele.* Ist $\mathfrak{C}$ mit dem gewöhnlichen Tetraeder isomorph, so ist $\mathfrak{C}'$ isomorph zum regulären Oktaeder (Abb. 126). Ist $\mathfrak{C}$ isomorph zum regulären Oktaeder oder Würfel, so ist $\mathfrak{C}'$ isomorph zum Kubooktaeder (Abb. 127). — Hier zeigt es sich, daß der Prozeß, auf zwei reziproke Einteilungen angewandt, zu isomorphen Einteilungen führt.

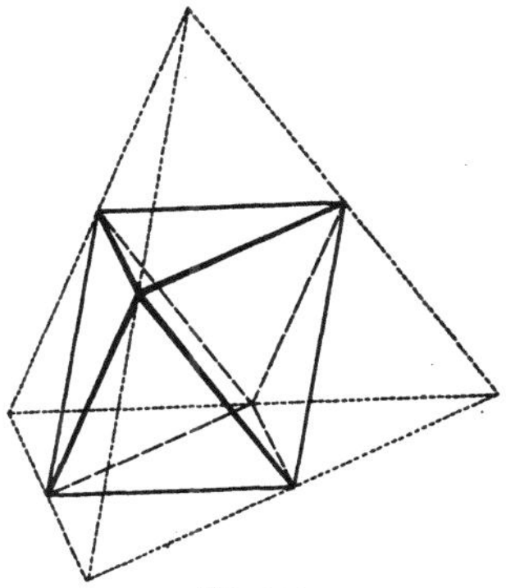

Abb. 126.

Der im vorangehenden beschriebene Prozeß soll jetzt rein kombinatorisch für jeden beliebigen geschlossenen polyedrischen Komplex $\mathfrak{C} = \mathfrak{E} + \mathfrak{K} + \mathfrak{F}$ definiert werden. Um uns bequem ausdrücken zu können, wollen wir den Begriff der Incidenz auch auf die Winkel des Komplexes ausdehnen. Ein Winkel soll als incident gelten mit seinem Scheitel, seiner Fläche und jedem seiner beiden Schenkel, als nicht incident mit allen andern Elementen von $\mathfrak{C}$. Wir betrachten jetzt das System

$$\mathfrak{C} + \mathfrak{W} = \mathfrak{K} + \mathfrak{W} + (\mathfrak{E} + \mathfrak{F})$$

und definieren einen neuen Komplex

$$\mathfrak{C}' = \mathfrak{E}' + \mathfrak{K}' + \mathfrak{F}',$$

dessen Elemente in einer eindeutigen und eindeutig umkehrbaren Beziehung zu den Elementen von $\mathfrak{C} + \mathfrak{W}$ stehen sollen. Und zwar sollen die Elemente von $\mathfrak{E}'$ denen von $\mathfrak{K}$, die von $\mathfrak{K}'$ denen von $\mathfrak{W}$, die von $\mathfrak{F}'$ den von $\mathfrak{E} + \mathfrak{F}$ zugeordnet sein. Wir setzen ferner fest, daß zwei Elemente von $\mathfrak{C}'$, die nicht demselben Teilkomplex $\mathfrak{E}'$ oder $\mathfrak{K}'$ oder $\mathfrak{F}'$ angehören, als incident oder nichtincident gelten sollen, je nachdem die entsprechenden Elemente von $\mathfrak{C} + \mathfrak{W}$ incident sind oder nicht.

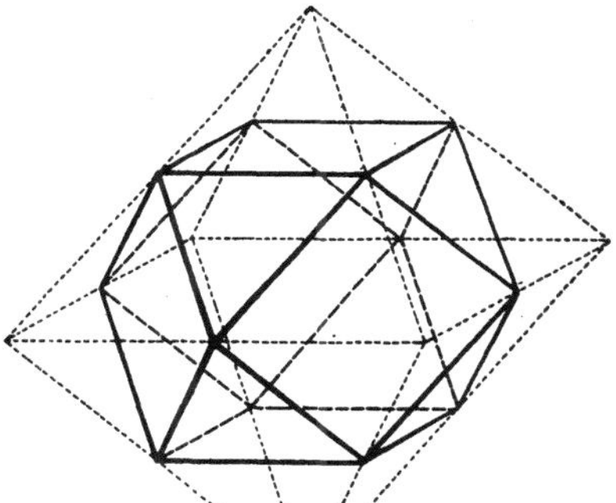

Abb. 127.

Es sei die Kante $b'$ von $\mathfrak{C}'$ mit der Ecke $A'$ und der Fläche $\gamma'$ incident. Der Kante $b'$ entspricht in $\mathfrak{C} + \mathfrak{W}$ ein Winkel, der Ecke $A'$ ein Schenkel $a$ und der Fläche $\gamma'$ entweder der Scheitel $C$ oder die Fläche $\gamma$ dieses Winkels. Da $a$ sowohl mit $C$ als mit $\gamma$ incident ist, so ist in jedem Falle $A'$ mit $\gamma'$ incident, d. h. der Komplex $\mathfrak{C}'$ ist geordnet. — Da jeder Winkel aus $\mathfrak{C} + \mathfrak{W}$ einerseits mit zwei Kanten, andererseits mit einer Ecke und einer Fläche incident ist, so folgt: jede Kante von $\mathfrak{C}'$ ist mit zwei Ecken und zwei Flächen incident. — Es seien die Ecke $A'$ und die Fläche $\gamma'$

von $\mathfrak{C}'$ incident. Der Ecke $A'$ entspricht in $\mathfrak{C} + \mathfrak{W}$ eine Kante $a$, der Fläche $\gamma'$ ein Element $\mathfrak{c}$, welches Ecke oder Fläche sein kann, in jedem Falle aber mit $a$ incident ist. Nun gibt es aber genau zwei Winkel, welche $a$ als Schenkel und $\mathfrak{c}$ als Scheitel bzw. Fläche haben, also mit $a$ und $\mathfrak{c}$ incident sind; folglich gibt es in $\mathfrak{C}'$ genau zwei mit $A'$ und $\gamma'$ incidente Kanten. — Da endlich jedes Element aus $\mathfrak{E} + \mathfrak{F}$ mit Elementen aus $\mathfrak{K}$, und ebenso jedes Element aus $\mathfrak{K}$ mit Elementen aus $\mathfrak{E} + \mathfrak{F}$ incident ist, so gilt dasselbe für die Systeme $\mathfrak{F}'$ und $\mathfrak{E}'$; es treten also in $\mathfrak{C}'$ keine isolierten Ecken oder Flächen auf. Aus alledem folgt, daß $\mathfrak{C}'$ ein geschlossener polyedrischer Komplex ist. Wir wollen ihn mit $\theta(\mathfrak{C})$ bezeichnen, indem wir $\theta$ als Operationssymbol auffassen.

Sind $\alpha'$ und $\beta'$ zwei benachbarte Flächen von $\theta(\mathfrak{C})$, so gibt es eine mit $\alpha'$ und $\beta'$ incidente Kante $b'$. Dieser entspricht ein Winkel aus $\mathfrak{C}$, und die $\alpha'$ und $\beta'$ entsprechenden Elemente von $\mathfrak{C}$ müssen mit diesem Winkel incident sein und dem System $\mathfrak{E} + \mathfrak{F}$ angehören. Daher muß das eine dieser Elemente der Scheitel, das andere die Fläche dieses Winkels sein. Daraus folgt: Zwei benachbarten Flächen von $\theta(\mathfrak{C})$ entsprechen eine Ecke und eine mit ihr incidente Fläche von $\mathfrak{C}$. Umgekehrt entsprechen einer Ecke und einer mit ihr incidenten Fläche von $\mathfrak{C}$ allemal zwei benachbarte Flächen von $\theta(\mathfrak{C})$. — Ebenso sieht man leicht, daß benachbarten Kanten von $\mathfrak{C}$ benachbarte Ecken von $\theta(\mathfrak{C})$, benachbarten Winkeln von $\mathfrak{C}$ benachbarte Kanten von $\theta(\mathfrak{C})$ entsprechen, und umgekehrt (vgl. § 28, S. 111).

Es sei $\mathfrak{C}$ zusammenhängend. Sind dann $\mathfrak{a}'$ und $\mathfrak{b}'$ zwei Elemente aus $\mathfrak{E}' + \mathfrak{F}'$, so entsprechen ihnen zwei Elemente $\mathfrak{a}$ und $\mathfrak{b}$ aus $\mathfrak{C}$, die in $\mathfrak{C}$ durch einen Weg verbunden werden können. Dieser läßt sich so wählen, daß niemals eine Ecke und eine Fläche in ihm nebeneinander auftreten; denn sollte dies vorkommen, so könnte man zwischen Ecke und Fläche noch eine mit beiden incidente Kante einschieben. Dem Wege von $\mathfrak{a}$ nach $\mathfrak{b}$ entspricht nun in $\mathfrak{E}' + \mathfrak{F}'$ ein Weg von $\mathfrak{a}'$ nach $\mathfrak{b}'$. Mithin ist $\mathfrak{E}' + \mathfrak{F}'$ und daher auch $\theta(\mathfrak{C}) = \mathfrak{C}' = \mathfrak{E}' + \mathfrak{K}' + \mathfrak{F}'$ zusammenhängend. Also: Ist $\mathfrak{C}$ zusammenhängend, so auch $\theta(\mathfrak{C})$.

Es sei umgekehrt $\theta(\mathfrak{C})$ zusammenhängend. In $\mathfrak{C}$ seien $\mathfrak{a}$ und $\mathfrak{b}$ zwei beliebige Elemente, denen in $\theta(\mathfrak{C})$ $\mathfrak{a}'$ und $\mathfrak{b}'$ aus $\mathfrak{E}' + \mathfrak{F}'$ entsprechen. $\mathfrak{a}'$ und $\mathfrak{b}'$ lassen sich durch einen Weg in $\theta(\mathfrak{C})$ verbinden. Enthält dieser Weg kein Element aus $\mathfrak{K}'$, so entspricht ihm Element für Element ein Weg in $\mathfrak{C}$, der $\mathfrak{a}$ mit $\mathfrak{b}$ verbindet. Enthält der Weg jedoch eine Kante $b'$, so entspricht ihr ein Winkel $B\beta$ in $\mathfrak{C}$, und den beiden mit $b'$ incidenten Elementen $\mathfrak{c}'$ und $\mathfrak{d}'$ entsprechen die Elemente $\mathfrak{c}$ und $\mathfrak{d}$, die nur die beiden Schenkel des Winkels $B\beta$ oder $B$ oder $\beta$ selbst seien können. Kommt $B$ oder $\beta$ unter $\mathfrak{c}$ und $\mathfrak{d}$ vor, so läßt man den Winkel $B\beta$ einfach weg, da schon $\mathfrak{c}$, $\mathfrak{d}$ incident sind. Sind dagegen $\mathfrak{c}$ und $\mathfrak{d}$ die beiden Schenkel von $B\beta$, so ist $\mathfrak{c}B\mathfrak{d}$ ein Wegstück in $\mathfrak{C}$. Also folgt: Ist $\theta(\mathfrak{C})$ zusammenhängend, so ist es auch $\mathfrak{C}$.

Sind $A, B$ die Ecken, $\alpha, \beta$ die Flächen einer Kante $b$ von $\mathfrak{C}$, so ordnen sich diese Elemente zusammen mit den Winkeln, bei denen $b$ als Schenkel auftritt, zu einem Cyclus:

$$A\alpha, \alpha, B\alpha, B, B\beta, \beta, A\beta, A, (A\alpha)$$

derart, daß je zwei benachbarte Glieder des Cyclus incident sind. Entsprechend ordnen sich die mit einer Ecke von $\theta(\mathfrak{C})$ incidenten Kanten und Flächen an. Somit ergibt sich: $\theta(\mathfrak{C})$ hat lauter einfache, und zwar vierkantige Ecken (Abb. 128).

Es sei $\gamma'$ eine Fläche von $\theta(\mathfrak{C})$. Ihr entspricht in $\mathfrak{C}$ ein Element $\mathfrak{c}$, das Ecke oder Fläche sein kann. Nehmen wir an, es sei $\mathfrak{c} = \gamma$ eine Fläche ($\mathfrak{c} = C$ eine Ecke), $\mathfrak{S}_1$, $\mathfrak{S}_2$, $\mathfrak{S}_3$ die Systeme der mit $\mathfrak{c}$ incidenten Kanten, Ecken (Flächen) und Winkel. Die Elemente von $\mathfrak{S}_2$ entsprechen in bestimmter Weise denen von $\mathfrak{S}_3$, indem zu jeder Ecke $A$ (jeder Fläche $\alpha$) aus $\mathfrak{S}_2$ ein Winkel $A\gamma$ (ein Winkel $C\alpha$) gehört. Ist eine Kante aus $\mathfrak{S}_1$ mit einer Ecke (Fläche) aus $\mathfrak{S}_2$ incident, so ist sie auch mit dem zugehörigen Winkel incident, und umgekehrt. Da nun im $\theta$-Prozeß den Elementen aus $\mathfrak{S}_1 + \mathfrak{S}_3$ die in $\gamma'$ gelegenen Ecken und Kanten zugeordnet sind, und zwar so, daß incidenten Elementen wieder incidente entsprechen, so gibt es auch eine solche eindeutige Beziehung zwischen den Elementen von $\mathfrak{S}_1 + \mathfrak{S}_2$, d. h. den mit $\mathfrak{c}$ incidenten Elementen von $\mathfrak{C}$ und den mit $\gamma'$ incidenten Elementen von $\mathfrak{C}' = \theta(\mathfrak{C})$. Daraus folgt, daß, wenn die Ecke oder Fläche $\mathfrak{c}$ einfach ist, dasselbe für $\gamma'$ gilt; allgemeiner: daß das System der mit $\mathfrak{c}$ incidenten Elemente von $\mathfrak{C}$ so viele Komponenten hat, wie das System der mit $\gamma'$ incidenten Elemente von $\theta(\mathfrak{C})$; daß, wenn eine Komponente des Systems ein $n$-Eck ($n$-Kant) ist, die entsprechende ebenfalls ein $n$-Eck ist. Auch zwischen den Umlaufssinnen der einander in dieser Weise entsprechenden Komponenten besteht eine Zuordnung.

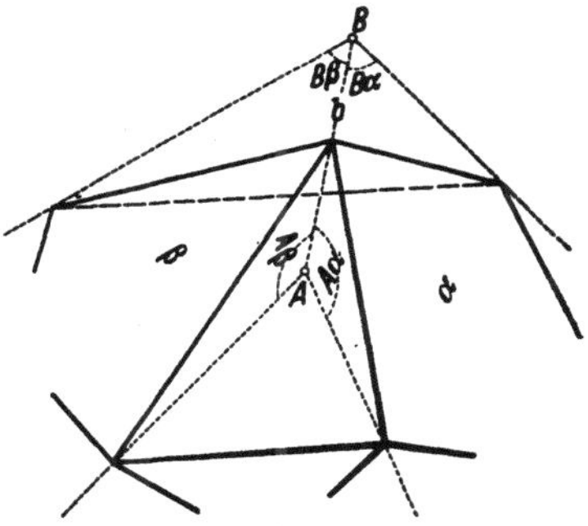


Abb. 128.

Aus den vorangehenden Untersuchungen ist zu ersehen, daß, wenn von den beiden Komplexen $\mathfrak{C}$ und $\theta(\mathfrak{C})$ der eine zusammenhängend bzw. vollkommen zusammenhängend, endlich, normal, ein Polyeder ist, dem andern dieselbe Eigenschaft auch zukommt.

Ist $c'$ eine Kante des Komplexes $\mathfrak{C}' = \theta(\mathfrak{C})$, $A\beta$ der entsprechende Winkel von $\mathfrak{C}$, so sind den Elementen $A, \beta$ im $\theta$-Prozeß die Flächen $\alpha', \beta'$, den Schenkeln $a, b$ des Winkels die Ecken $A', B'$ der Kante $c'$ zugeordnet. Da der Winkel definitionsgemäß durch $A$ und $\beta$ eindeutig bestimmt ist und zufolge der Bedingungen polyedrischer Komplexe

$a$ und $b$ die einzigen mit $A$ und $\beta$ zugleich incidenten Kanten sind, haben die Flächen $\alpha'$ und $\beta'$ nur die Elemente $c', A', B'$ gemein. Also:

Zwei benachbarte Flächen des Komplexes $\theta(\mathfrak{C})$ haben immer nur eine Kante und ihre beiden Ecken gemein.

Wir behalten die letzten Bezeichnungen bei, wollen aber jetzt den Komplex $\mathfrak{C}$ als normal voraussetzen. Das Incidenztripel $A\,a\,\beta$ erteilt dem Element $A$ diejenige Indikatrix, welche durch die Anweisung „$a$ vor $\beta$" oder auch „$a$ vor $A\beta$", und dem Element $\beta$ diejenige Indikatrix, die durch „$A$ vor $a$" oder „$A\beta$ vor $a$" gegeben ist. Ihnen entsprechen im $\theta$-Prozeß die durch „$A'$ vor $c'$" gegebene Indikatrix der Fläche $\alpha'$ und die durch „$c'$ vor $A'$" gegebene Indikatrix der Fläche $\beta'$. Bei einem Schritt von $A$ nach $\beta$ oder umgekehrt gehen die beiden betrachteten Indikatrizen dieser Elemente ineinander über, während die zugeordneten Indikatrizen von $\alpha'$ und $\beta'$ dem MÖBIUSschen Gesetz genügen. Ist daher $\mathfrak{C}$ orientierbar, führt also jeder geschlossene Weg in $\mathfrak{E} + \mathfrak{F}$ zur Ausgangsindikatrix zurück, so gilt dasselbe für jeden geschlossenen Weg in $\mathfrak{F}' + \mathfrak{K}'$, d. h. es ist auch $\mathfrak{C}' = \theta(\mathfrak{C})$ orientierbar. Wird umgekehrt $\mathfrak{C}'$ als orientierbar vorausgesetzt, so folgt, daß jeder geschlossene Weg in $\mathfrak{E} + \mathfrak{F}$ zur Ausgangsindikatrix zurückführt, und daraus die Orientierbarkeit von $\mathfrak{C}$.

Sind die Komplexe $\mathfrak{C}$ und $\mathfrak{C}' = \theta(\mathfrak{C})$ endlich, $e, k, f$ bzw. $e', k', f'$ die Anzahlen ihrer Ecken, Kanten, Flächen und ist $w$ die Anzahl der Winkel von $\mathfrak{C}$, so ist

$$w = 2k, \quad e' = k, \quad k' = w = 2k, \quad f' = e + k,$$
$$e' - k' + f' = e - k + f;$$

beide Komplexe haben also dieselbe Charakteristik.

Es ist klar, daß beim $\theta$-Prozeß nur der Typus des ihm unterworfenen Komplexes in Betracht kommt und daß auch $\theta(\mathfrak{C})$ nur seinem Typus nach bestimmt ist. Ferner läßt aber die Definition dieses Prozesses, in welcher hinsichtlich der Ecken und Flächen von $\mathfrak{C}$ kein Unterschied gemacht wird, sofort erkennen, daß der Prozeß, auf zwei reziproke Typen angewandt, zu einem und demselben Typus führt. Gehört also zu einem Typus $\mathfrak{C}'$ ein Typus $\mathfrak{C}$, für den $\theta(\mathfrak{C}) = \mathfrak{C}'$ wird, so gibt es auch immer einen zweiten, den zu $\mathfrak{C}$ reziproken, der allerdings auch mit $\mathfrak{C}$ identisch sein kann. Die Frage, wann zu gegebenem $\mathfrak{C}'$ ein der Bedingung $\theta(\mathfrak{C}) = \mathfrak{C}'$ genügender Komplex $\mathfrak{C}$ existiert, beantwortet sich so:

Damit zu dem (geschlossenen polyedrischen) Komplex $\mathfrak{C}'$ ein (geschlossener polyedrischer) der Bedingung $\theta(\mathfrak{C}) = \mathfrak{C}'$ genügender Komplex $\mathfrak{C}$ gefunden werden könne, ist notwendig und hinreichend, daß $\mathfrak{C}'$ den Bedingungen genügt:

1) Jede Ecke von $\mathfrak{C}'$ muß einfach und vierkantig sein.

2) Es muß möglich sein, die Flächen von $\mathfrak{C}'$ so in zwei Klassen einzuteilen, daß benachbarte Flächen nie zu derselben Klasse gehören.

3) Benachbarte Flächen von $\mathfrak{C}'$ dürfen stets nur eine Kante und ihre beiden Ecken gemein haben.

Die Notwendigkeit der Bedingungen 1) und 3) ergibt sich daraus, daß sie, wie wir sahen, bei jedem Komplex $\theta(\mathfrak{C})$ erfüllt sind; die Notwendigkeit der Bedingung 2) daraus, daß, wenn das Flächensystem $\mathfrak{F}'$ eines Komplexes $\theta(\mathfrak{C})$ so in $\mathfrak{F}_1' + \mathfrak{F}_2'$ zerlegt wird, daß die Elemente aus $\mathfrak{F}_1'$ den Ecken, die Elemente aus $\mathfrak{F}_2'$ den Flächen aus $\mathfrak{C}$ entsprechen, diese Einteilung der in 2) ausgesprochenen Forderung genügt.

Nehmen wir jetzt an, der Komplex $\mathfrak{C}' = \mathfrak{E}' + \mathfrak{K}' + \mathfrak{F}'$ genüge den angegebenen Bedingungen, und es sei $\mathfrak{F}' = \mathfrak{F}_1' + \mathfrak{F}_2'$ eine Zerlegung, die der Forderung in 2) entspricht. Wir definieren dann einen Komplex $\mathfrak{C} = \mathfrak{E} + \mathfrak{K} + \mathfrak{F}$, bei dem die Elemente von $\mathfrak{E}$ denen von $\mathfrak{F}_1'$, die Elemente von $\mathfrak{F}$ denen von $\mathfrak{F}_2'$, die Elemente von $\mathfrak{K}$ den Elementen von $\mathfrak{E}'$ eindeutig umkehrbar zugeordnet sind, und setzen fest: Ein Element aus $\mathfrak{K}$ und ein Element aus $\mathfrak{E} + \mathfrak{F}$ sollen als incident gelten, wenn die entsprechenden Elemente von $\mathfrak{C}'$ incident sind; ein Element aus $\mathfrak{E}$ und ein Element aus $\mathfrak{F}$ sollen als incident gelten, wenn die entsprechenden Elemente aus $\mathfrak{F}_1'$ und $\mathfrak{F}_2'$ benachbart sind. — Wir haben jetzt zu zeigen, daß $\mathfrak{C}$ ein geschlossener polyedrischer Komplex ist und $\theta(\mathfrak{C})$ den Typus von $\mathfrak{C}'$ hat. Es sei $b$ eine Kante von $\mathfrak{C}$, $B'$ die entsprechende Ecke von $\mathfrak{C}'$. $B'$ ist mit vier Flächen incident, die abwechselnd zu $\mathfrak{F}_1'$ und $\mathfrak{F}_2'$ gehören. Den beiden zu $\mathfrak{F}_1'$ gehörigen Flächen $\alpha_1'$, $\alpha_2'$ entsprechen zwei Ecken $A_1$, $A_2$, den zu $\mathfrak{F}_2'$ gehörigen Flächen $\gamma_1'$, $\gamma_2'$ zwei Flächen $\gamma_1$, $\gamma_2$ von $\mathfrak{C}$. $A_1$, $A_2$, $\gamma_1$, $\gamma_2$ sind die sämtlichen mit $b$ incidenten Elemente. $\alpha_1'\gamma_1'$, $\gamma_1'\alpha_2'$, $\alpha_2'\gamma_2'$, $\gamma_2'\alpha_1'$ sind benachbarte Flächenpaare, daher $A_1\gamma_1$, $\gamma_1 A_2$, $A_2\gamma_2$, $\gamma_2 A_1$ incidente Paare. Damit ist gezeigt, daß $\mathfrak{C}$ ein geordneter Komplex und jede Kante von $\mathfrak{C}$ mit zwei Ecken und zwei Flächen incident ist. Ist $A\gamma$ ein incidentes Paar aus $\mathfrak{E}$ und $\mathfrak{F}$, so sind die entsprechenden Flächen $\alpha'$, $\gamma'$ aus $\mathfrak{C}'$ benachbart. Diese Flächen haben also nach 3) genau eine Kante $b'$ und deren beide Ecken $B_1'$, $B_2'$ gemein. Den Ecken entsprechen in $\mathfrak{C}$ zwei mit $A$ und $\gamma$ zugleich incidente Kanten $b_1$, $b_2$, und andere Kanten können $A$ und $\gamma$ nicht gemein haben, weil sonst $\alpha'$ und $\gamma'$ auch noch eine dritte Ecke gemein hätten. Somit ist auch die zweite für polyedrische Komplexe geltende Bedingung erfüllt. Durch den Winkel $A\gamma$ ist das Flächenpaar $\alpha'\gamma'$, also nach 3) auch die Kante $b'$ eindeutig bestimmt, wie auch umgekehrt durch die Kante $b'$ das Paar $A\gamma$ und somit der Winkel. Wir haben also eine eindeutige Zuordnung zwischen den Winkeln von $\mathfrak{C}$ und den Kanten von $\mathfrak{C}'$. Daraus, daß jede Fläche von $\mathfrak{C}'$ mit Ecken incident ist, folgt, daß jede Ecke und ebenso jede Fläche von $\mathfrak{C}$ mit Kanten incident ist, daß also in $\mathfrak{C}$ weder isolierte Ecken noch isolierte Flächen vorkommen. Daß die eindeutige Beziehung zwischen den Elementen und

Winkeln von $\mathfrak{C}$ und den Elementen von $\mathfrak{C}'$ den Anforderungen des $\theta$-Prozesses genügt, ist sofort zu sehen. — Ist der Komplex $\mathfrak{C}'$ normal (allgemeiner: ist $\mathfrak{K}' + \mathfrak{F}'$ zusammenhängend), so kann es nicht mehr als eine Zerlegung $\mathfrak{F}' = \mathfrak{F}_1' + \mathfrak{F}_2'$ von der in 2) verlangten Art geben. Man hat dann, wenn man einen der Bedingung $\theta(\mathfrak{C}) = \mathfrak{C}'$ genügenden Komplex $\mathfrak{C}$ sucht, noch zu wählen, welchem der beiden Systeme $\mathfrak{F}_1'$, $\mathfrak{F}_2'$ Ecken, welchem Flächen entsprechen sollen. Hat man die Wahl getroffen, so ist alles Weitere bestimmt. Den beiden möglichen Entscheidungen entsprechen aber offenbar zwei reziproke Komplexe. Daraus folgt:

Sind $\mathfrak{C}_1$ und $\mathfrak{C}_2$ zwei normale Komplexe und sind die Typen $\theta(\mathfrak{C}_1)$ und $\theta(\mathfrak{C}_2)$ gleich, so sind $\mathfrak{C}_1$ und $\mathfrak{C}_2$ isomorph oder reziprok.

Wir können hinzufügen, daß die eindeutige Beziehung zwischen $\mathfrak{C}_1$ und $\mathfrak{C}_2$ die aus den eindeutigen Beziehungen zwischen $\mathfrak{C}_1$ und $\theta(\mathfrak{C})_1$, $\theta(\mathfrak{C}_1)$ und $\theta(\mathfrak{C}_2)$, $\theta(\mathfrak{C}_2)$ und $\mathfrak{C}_2$ resultiert, eine isomorphe oder reziproke ist.

Wir setzen jetzt $\mathfrak{C}$ als (geschlossenes) Polyeder voraus. Daß in $\theta(\mathfrak{C})$ zwei benachbarte Flächen immer nur eine Kante und ihre beiden Ecken gemein haben, besagt, daß das Polyeder $\theta(\mathfrak{C})$ der Bedingung 2a) aus § 43 genügt. Es können ferner zwei Ecken von $\theta(\mathfrak{C})$ nicht drei oder mehr als drei Flächen gemein haben; denn sonst hätten die entsprechenden beiden Kanten von $\mathfrak{C}$ entweder beide Ecken und (wenigstens) eine Fläche oder beide Flächen und (wenigstens) eine Ecke gemein. Das ist aber unmöglich, weil im ersten Falle ein Flächenzweieck, im zweiten Falle ein Zweikant in $\mathfrak{C}$ vorhanden wäre. Wir können also den Satz aussprechen:

Ist $\mathfrak{C}$ ein Polyeder, so genügt das Polyeder $\theta(\mathfrak{C})$ den Bedingungen 2a) und 3b) aus § 43.

Wir beweisen ferner:

Genügt das Polyeder $\mathfrak{C}$ den Bedingungen 1a) und 1b) aus § 43, so hat das Polyeder $\theta(\mathfrak{C})$ keine übergreifenden Elemente.

Es seien nämlich $\alpha'$, $\beta'$ zwei Flächen, $A'$, $B'$ zwei mit ihnen incidente Ecken von $\theta(\mathfrak{C})$. Den Ecken entsprechen in $\mathfrak{C}$ zwei Kanten $a$, $b$, den Flächen zwei mit den Kanten incidente Elemente aus $\mathfrak{E} + \mathfrak{F}$. Diese Elemente können, weil $\mathfrak{C}$ den Bedingungen 1a) und 1b) genügt, nicht beide Ecken und nicht beide Flächen sein. Es ist also das eine eine Ecke $A$, das andere eine Fläche $\alpha$. Beide sind mit $a$ und $b$, also auch miteinander incident; und $a$ und $b$ sind also die Schenkel des Winkels $A\alpha$. Diesem Winkel entspricht aber in $\theta(\mathfrak{C})$ eine mit $\alpha'$, $\beta'$, $A'$, $B'$ incidente Kante, womit unser Satz bewiesen ist. — Da mit den Bedingungen 2a) und 3b) aus § 43 auch zugleich immer 1a) und 1b) erfüllt sind, so ergibt sich aus den letzten beiden Sätzen noch:

Ist $\mathfrak{C}$ ein Polyeder, so ist $\theta(\theta(\mathfrak{C}))$ ein Polyeder ohne übergreifende Elemente.

## § 48. Einige Anwendungen des $\theta$-Prozesses.

Dem Satz 2 in § 46 können wir folgende Fassung geben:

1. Besteht zwischen den Ecken (oder den Flächen) zweier $K$-Polyeder eine eindeutig umkehrbare Beziehung, in welcher benachbarten Ecken (bzw. Flächen) immer wieder benachbarte entsprechen, so ist diese Beziehung in einem Isomorphismus zwischen beiden Polyedern enthalten.

Wenn nämlich etwa die Ecken zweier $K$-Polyeder $\mathfrak{C} = \mathfrak{E} + \mathfrak{K} + \mathfrak{F}$ und $\mathfrak{C}' = \mathfrak{E}' + \mathfrak{K}' + \mathfrak{F}'$ in der angegebenen Beziehung stehen, so erhält man aus ihr sofort auch eine eindeutige Beziehung zwischen den Kanten, indem nämlich jeder Kante $b$ von $\mathfrak{C}$ die Kante $b'$ von $\mathfrak{C}'$ entspricht, deren Ecken den Ecken von $\mathfrak{C}$ zugeordnet sind. Man hat dann eine isomorphe Beziehung zwischen $\mathfrak{E} + \mathfrak{K}$ und $\mathfrak{E}' + \mathfrak{K}'$.

Wir beweisen jetzt:

2. Sind $\mathfrak{C} = \mathfrak{E} + \mathfrak{K} + \mathfrak{F}$ und $\mathfrak{C}' = \mathfrak{E}' + \mathfrak{K}' + \mathfrak{F}'$ zwei Eulersche, den Bedingungen 1a) und 1b) genügende Polyeder und besteht eine isomorphe Beziehung zwischen $\mathfrak{E} + \mathfrak{F}$ und $\mathfrak{E}' + \mathfrak{F}'$, so ist diese in einer isomorphen Beziehung zwischen $\mathfrak{C}$ und $\mathfrak{C}'$ enthalten.

*Beweis.* Die Polyeder $\theta(\mathfrak{C})$ und $\theta(\mathfrak{C}')$ haben dieselbe Charakteristik wie $\mathfrak{C}$ und $\mathfrak{C}'$, sind also auch Eulersche Polyeder. Aus den über $\mathfrak{C}$ und $\mathfrak{C}'$ gemachten Voraussetzungen folgt nach S. 202, daß $\theta(\mathfrak{C})$ und $\theta(\mathfrak{C}')$ keine übergreifenden Elemente haben, also $K$-Polyeder sind. Dem Isomorphismus zwischen $\mathfrak{E} + \mathfrak{F}$ und $\mathfrak{E}' + \mathfrak{F}'$ entspricht eine Beziehung zwischen den Flächen von $\theta(\mathfrak{C})$ und $\theta(\mathfrak{C}')$, bei welcher benachbarten Flächen immer wieder benachbarte zugeordnet sind. Diese Beziehung ist also in einem Isomorphismus zwischen $\theta(\mathfrak{C})$ und $\theta(\mathfrak{C}')$ enthalten. Ihm entspricht eine isomorphe oder reziproke Beziehung zwischen $\mathfrak{C}$ und $\mathfrak{C}'$. Da aber in dieser der vorausgesetzte Isomorphismus zwischen $\mathfrak{E} + \mathfrak{F}$ und $\mathfrak{E}' + \mathfrak{F}'$ enthalten ist, so kommt auch nur eine isomorphe Beziehung zwischen $\mathfrak{C}$ und $\mathfrak{C}'$ in Frage.

3. Sind $\mathfrak{C}$ und $\mathfrak{C}'$ zwei Eulersche, den Bedingungen 1a) und 1b) des § 43 genügende Polyeder und besteht zwischen ihren Kanten eine eindeutige Beziehung, bei welcher benachbarten immer wieder benachbarte entsprechen, so ist diese in einer isomorphen oder reziproken Beziehung zwischen $\mathfrak{C}$ und $\mathfrak{C}'$ enthalten.

Es sei nämlich $\sigma$ die vorausgesetzte Beziehung zwischen den Kanten von $\mathfrak{C}$ und $\mathfrak{C}'$. Da beim $\theta$-Prozeß benachbarten Kanten des ursprünglichen Polyeders benachbarte Ecken des abgeleiteten entsprechen, so entspricht der Beziehung $\sigma$ eine Beziehung $\sigma'$ zwischen den Ecken der Polyeder $\theta(\mathfrak{C})$ und $\theta(\mathfrak{C}')$, bei welcher benachbarten Ecken benachbarte zugeordnet sind. Nun sind aber $\theta(\mathfrak{C})$ und $\theta(\mathfrak{C}')$ $K$-Polyeder; die Beziehung $\sigma'$ ist also in einer isomorphen Beziehung zwischen $\theta(\mathfrak{C})$ und $\theta(\mathfrak{C}')$ enthalten, und dieser entspricht wieder eine $\sigma$ enthaltende isomorphe oder reziproke Beziehung der Polyeder $\mathfrak{C}$ und $\mathfrak{C}'$.

4. Sind $\mathfrak{C}_1$ und $\mathfrak{C}_2$ zwei EULERsche Polyeder und besteht zwischen ihren Winkeln eine eindeutige Beziehung $\sigma$, bei der benachbarten Winkeln wieder benachbarte entsprechen, so ist diese in einer isomorphen oder reziproken Beziehung zwischen $\mathfrak{C}_1$ und $\mathfrak{C}_2$ enthalten.

*Beweis.* Der Beziehung $\sigma$ zwischen den Winkeln von $\mathfrak{C}_1$ und $\mathfrak{C}_2$ entspricht eine eindeutige Beziehung $\sigma'$ zwischen den Kanten von $\theta(\mathfrak{C}_1)$ und $\theta(\mathfrak{C}_2)$, bei der benachbarten Kanten benachbarte entsprechen, und dieser wieder eine eindeutige Beziehung $\sigma''$ zwischen den Ecken von $\theta(\theta(\mathfrak{C}_1))$ und $\theta(\theta(\mathfrak{C}_2))$, bei welcher benachbarten Ecken benachbarte entsprechen. Die letztgenannten Polyeder sind aber $K$-Polyeder, und daher ist $\sigma''$ in einer isomorphen Beziehung zwischen ihnen enthalten. Hieraus folgt weiter, daß $\sigma'$ in einer isomorphen oder reziproken Beziehung zwischen $\theta(\mathfrak{C}_1)$ und $\theta(\mathfrak{C})_2$ enthalten ist. In unserm Falle ist aber Reziprozität ausgeschlossen; denn $\theta(\mathfrak{C}_1)$ und $\theta(\mathfrak{C}_2)$ sind geschlossene Polyeder mit lauter vierkantigen Ecken; die Anzahl ihrer Kanten ist also doppelt so groß wie die Anzahl der Ecken. Wären die Polyeder zueinander reziprok, so wäre in ihnen die Anzahl der Kanten auch doppelt so groß wie die Anzahl der Flächen, und die Charakteristik der Polyeder wäre 0, was der Voraussetzung, daß es sich um EULERsche Polyeder handelt, widerspricht. Es ist also $\sigma'$ in einer isomorphen Beziehung zwischen $\theta(\mathfrak{C}_1)$ und $\theta(\mathfrak{C}_2)$ enthalten, und dieser entspricht eine $\sigma$ enthaltende isomorphe oder reziproke Beziehung zwischen $\mathfrak{C}_1$ und $\mathfrak{C}_2$.

Unsere letzten Sätze sowie die Sätze § 45, 5 und § 46, 2 können wir noch etwas erweitern, indem wir die Voraussetzungen, unter denen wir die in ihnen ausgesprochenen Behauptungen beweisen, verringern. Wir bezeichnen im folgenden mit $\mathfrak{C}_1 = \mathfrak{E}_1 + \mathfrak{K}_1 + \mathfrak{F}_1$ und $\mathfrak{C}_2 = \mathfrak{E}_2 + \mathfrak{K}_2 + \mathfrak{F}_2$ stets zwei geschlossene normale Komplexe.

5. (Erweiterung des Satzes 2 aus § 46.) Besteht eine isomorphe Beziehung $\sigma$ zwischen $\mathfrak{E}_1 + \mathfrak{K}_1$ und $\mathfrak{E}_2 + \mathfrak{K}_2$ (oder zwischen $\mathfrak{K}_1 + \mathfrak{F}_1$ und $\mathfrak{K}_2 + \mathfrak{F}_2$), so kann man schon dann schließen, daß $\sigma$ in einer isomorphen Beziehung zwischen $\mathfrak{C}_1$ und $\mathfrak{C}_2$ enthalten ist, wenn man voraussetzt, daß der eine dieser Komplexe, etwa $\mathfrak{C}_1$, ein Polyeder ohne übergreifende Elemente, der andere, $\mathfrak{C}_2$, ein EULERscher Komplex ist.

Ist nämlich unter diesen Voraussetzungen $\gamma_1$ irgendeine Fläche von $\mathfrak{C}_1$, $\mathfrak{P}_1$ ihr Polygon, $\mathfrak{P}_2 = \mathfrak{P}_1\sigma$ das entsprechende Polygon von $\mathfrak{C}_2$, so ist $\mathfrak{E}_1 + \mathfrak{K}_1 - \mathfrak{P}_1$ zusammenhängend (§ 45, 4), und daher ist auch $\mathfrak{E}_2 + \mathfrak{K}_2 - \mathfrak{P}_2$ zusammenhängend. Daraus folgt (§ 33, 21), daß $\mathfrak{P}_2$ das Polygon einer Fläche $\gamma_2$ von $\mathfrak{C}_2$ ist (und auch nur einer Fläche, weil sonst $\mathfrak{C}_2$ nur zwei Flächen enthielte, $\mathfrak{E}_2 + \mathfrak{K}_2 = \mathfrak{P}_2$, $\mathfrak{E}_1 + \mathfrak{K}_1 = \mathfrak{P}_1$ wäre, was sich mit der Voraussetzung, daß $\mathfrak{C}_1$ ein Polyeder ist, nicht verträgt). Indem wir $\gamma_1\sigma = \gamma_2$ setzen, erweitern wir die Beziehung $\sigma$ zu einer isomorphen Abbildung von $\mathfrak{C}_1$ auf einen Teil $\mathfrak{C}_2'$ von $\mathfrak{C}_2$. Da aber $\mathfrak{C}_2'$ wie $\mathfrak{C}_1$ ein geschlossener normaler Komplex ist, so kann $\mathfrak{C}_2'$ nicht echter Teil von $\mathfrak{C}_2$ sein; es ist also $\mathfrak{C}_2' = \mathfrak{C}_2$. $\mathfrak{C}_1$ und $\mathfrak{C}_2$ sind dann natürlich $K$-Polyeder.

6. (Erweiterung des Satzes 5 aus § 45.) Besteht eine isomorphe Beziehung $\sigma$ zwischen $\mathfrak{C}_1 + \mathfrak{F}_1$ und $\mathfrak{C}_2 + \mathfrak{F}_2$, so kann man in folgenden Fällen schließen, daß $\sigma$ in einer isomorphen Beziehung zwischen $\mathfrak{C}_1$ und $\mathfrak{C}_2$ enthalten ist:

a) Wenn man voraussetzt, daß der eine Komplex, etwa $\mathfrak{C}_2$, ein Polyeder ohne übergreifende Elemente ist.

b) Wenn man voraussetzt, daß der eine Komplex $\mathfrak{C}_1$ ein EULERscher, der andere, $\mathfrak{C}_2$, ein den Bedingungen 1a) und 1b) aus § 43 genügendes Polyeder ist.

Wir machen die Voraussetzung a). Ist dann $b_1$ eine beliebige Kante von $\mathfrak{C}_1$ mit den Ecken $A_1$, $B_1$ und den Flächen $\alpha_1$, $\beta_1$, so sind die Flächen $\alpha_2 = \alpha_1\sigma$ und $\beta_2 = \beta_1\sigma$ von $\mathfrak{C}_2$ mit den Ecken $A_2 = A_1\sigma$ und $B_2 = B_1\sigma$ incident, und es existiert nach der von $\mathfrak{C}_2$ gemachten Voraussetzung eine eindeutig bestimmte Kante $b_2$ in $\mathfrak{C}_2$, die mit $A_2$, $B_2$, $\alpha_2$, $\beta_2$ incident ist. Indem wir $b_1\sigma = b_2$ setzen, erweitern wir $\sigma$ zu einer Beziehung, durch welche $\mathfrak{C}_1$ auf einen Teil von $\mathfrak{C}_2$ isomorph abgebildet wird, der nun wieder als geschlossener normaler Komplex mit $\mathfrak{C}_2$ identisch sein muß.

Machen wir die Voraussetzung $b$), so wird $\theta(\mathfrak{C}_1)$ ein EULERscher Komplex, $\theta(\mathfrak{C}_2)$ ein Polyeder ohne übergreifende Elemente. Aus der isomorphen Beziehung $\sigma$ zwischen $\mathfrak{C}_1 + \mathfrak{F}_1$ und $\mathfrak{C}_2 + \mathfrak{F}_2$ ergibt sich eine eindeutige Beziehung $\tau$ zwischen den Flächen der Komplexe $\theta(\mathfrak{C}_1)$ und $\theta(\mathfrak{C}_2)$, bei welcher benachbarten Flächen benachbarte entsprechen. Da nun bei einem durch den $\theta$-Prozeß gewonnenen Komplex zwei Flächen nie mehr als eine Kante gemein haben können, so entspricht jedem Paar benachbarter Flächen eine Kante (und umgekehrt). Die Beziehung $\tau$ läßt sich daher zu einer isomorphen Beziehung zwischen dem System der Kanten und Flächen von $\theta(\mathfrak{C}_1)$ und dem System der Kanten und Flächen von $\theta(\mathfrak{C}_2)$ und diese wieder (nach Satz 5) zu einer isomorphen Beziehung zwischen $\theta(\mathfrak{C}_1)$ und $\theta(\mathfrak{C}_2)$ erweitern. Daraus folgt, daß $\sigma$ in einer isomorphen oder reziproken Beziehung zwischen $\mathfrak{C}_1$ und $\mathfrak{C}_2$ enthalten ist. Da aber durch $\sigma$ Ecken wieder Ecken zugeordnet werden, ist Reziprozität in unserm Falle ausgeschlossen.

7. (Erweiterung von Satz 3.) *Ist $\mathfrak{C}_1$ ein* EULER*scher Komplex, $\mathfrak{C}_2$ ein den Bedingungen 1a) und 1b) genügendes Polyeder, $\sigma$ eine eindeutig umkehrbare Beziehung zwischen $\mathfrak{K}_1$ und $\mathfrak{K}_2$, bei welcher benachbarten Kanten benachbarte entsprechen, so ist $\sigma$ in einer isomorphen oder reziproken Beziehung zwischen $\mathfrak{C}_1$ und $\mathfrak{C}_2$ enthalten.*

Aus $\sigma$ ergibt sich nämlich eine eindeutig umkehrbare Beziehung zwischen den Ecken von $\theta(\mathfrak{C}_1)$ und denen von $\theta(\mathfrak{C}_2)$, bei welcher benachbarten Ecken benachbarte entsprechen. Nun haben $\theta(\mathfrak{C}_1)$ und $\theta(\mathfrak{C}_2)$ lauter vierkantige Ecken, und $\theta(\mathfrak{C}_2)$ ist ein Polyeder ohne übergreifende Elemente. Daher ist jede Ecke von $\theta(\mathfrak{C}_2)$ genau zu vier verschiedenen Ecken benachbart, und wegen der Beziehung $\tau$ gilt dasselbe für die Ecken von $\theta(\mathfrak{C}_1)$, so daß in $\theta(\mathfrak{C}_1)$ zwei Kanten nicht beide Ecken gemeinsam haben können, also jede Kante durch ihre beiden Ecken bestimmt ist. Die Beziehung $\tau$ kann daher zu einer isomorphen Beziehung zwischen den Ecken und Kanten von $\theta(\mathfrak{C}_1)$ und denen von $\theta(\mathfrak{C}_2)$ und diese zu einer isomorphen Beziehung zwischen $\theta(\mathfrak{C}_1)$ und $\theta(\mathfrak{C}_2)$ erweitert werden. Daraus folgt, daß $\sigma$ in einer isomorphen oder einer reziproken Beziehung zwischen $\mathfrak{C}_1$ und $\mathfrak{C}_2$ enthalten ist.

8. (Erweiterung von Satz 4.) *Ist* $\mathfrak{C}_1$ *ein* EULER*scher Komplex,* $\mathfrak{C}_2$ *ein Polyeder und besteht zwischen den Winkeln von* $\mathfrak{C}_1$ *und* $\mathfrak{C}_2$ *eine eindeutig umkehrbare Beziehung* $\sigma$, *bei welcher benachbarten Winkeln benachbarte entsprechen, so ist* $\sigma$ *in einer isomorphen oder reziproken Beziehung zwischen* $\mathfrak{C}_1$ *und* $\mathfrak{C}_2$ *enthalten.*

Wie beim Beweise von 4 folgt aus der Beziehung $\sigma$ eine Beziehung $\sigma''$ zwischen den Ecken der Komplexe $\theta(\theta(\mathfrak{C}_1))$ und $\theta(\theta(\mathfrak{C}_2))$, bei welcher benachbarten Ecken wieder benachbarte entsprechen. Da von diesen beiden Komplexen der eine ein EULERscher, der andere ein Polyeder ohne übergreifende Elemente ist, so folgt, wie beim Beweise von 7, daß $\sigma''$ in einer isomorphen Beziehung zwischen $\theta(\theta(\mathfrak{C}_1))$ und $\theta(\theta(\mathfrak{C}_2))$ enthalten ist. Der weitere Verlauf des Beweises gestaltet sich wie bei Satz 4.

## § 49. Beispiele für die Notwendigkeit der in den letzten Sätzen gemachten Voraussetzungen. Kritische Vergleichung der schematischen Darstellungsmethoden der Polyedertypen.

Wir wollen jetzt an einer Reihe von Beispielen nachweisen, daß die in unsern letzten Sätzen angegebenen Bedingungen notwendig sind.

In Satz 5 des vorigen Paragraphen haben wir gesehen, daß wir aus einem Isomorphismus zwischen $\mathfrak{E}_1 + \mathfrak{K}_1$ und $\mathfrak{E}_2 + \mathfrak{K}_2$ (bzw. $\mathfrak{K}_1 + \mathfrak{F}_1$ und $\mathfrak{K}_2 + \mathfrak{F}_2$) auf einen Isomorphismus zwischen den ganzen Komplexen schließen können, wenn wir den einen als ein Polyeder ohne übergreifende Elemente, den andern als einen EULERschen Komplex voraussetzen. Keine dieser Bedingungen ist entbehrlich. Wir zeigen noch mehr, nämlich:

a) es genügt nicht, beide Komplexe als EULERsche vorauszusetzen, auch nicht, wenn man annimmt, daß beide noch den Bedingungen 3a) und 3b) genügen;

b) es genügt auch nicht, beide Komplexe als Polyeder ohne übergreifende Elemente vorauszusetzen;

c) es genügt auch nicht, beide Voraussetzungen bei dem einen Polyeder zu machen, d. h. das eine Polyeder als ein $K$-Polyeder anzunehmen, selbst wenn man noch weiter annimmt, daß das andere den Bedingungen 3a) und 3b) genügt.

Beispiele zu a). 1. Das schon oft betrachtete EULERsche Polyeder (Abb. 120) mit den sechs Flächen

$$\alpha = BCD, \quad \beta = CDA, \quad \gamma = BDAF, \quad \delta = ACBE,$$
$$\varepsilon = AEF, \quad \zeta = BFE$$

genügt den Bedingungen 3a) und 3b). Man kann hier das System $\mathfrak{E} + \mathfrak{K}$ in der Weise isomorph auf sich selbst beziehen, daß die Ecken $E, F$ miteinander vertauscht werden, während jede andere Ecke sich selbst zugeordnet wird. Ebenso kann man — das Polyeder ist nämlich zu sich selbst reziprok — das System $\mathfrak{K} + \mathfrak{F}$ auf sich selbst in der Weise isomorph beziehen, daß die beiden Flächen $\varepsilon$ und $\zeta$ miteinander vertauscht, die übrigen Flächen sich selbst zugeordnet werden. Aber keiner dieser Isomorphismen ist in einem Automorphismus des ganzen Polyeders enthalten; denn bei dem ersten werden die Ecken $A, C, B, E$ der Fläche $\delta$ in die Ecken $A, C, B, F$ übergeführt, die nicht alle in einer und derselben Fläche liegen, durch den zweiten die Flächen der Ecke $A$ in Flächen, die nicht alle zu einer und derselben Ecke gehören.

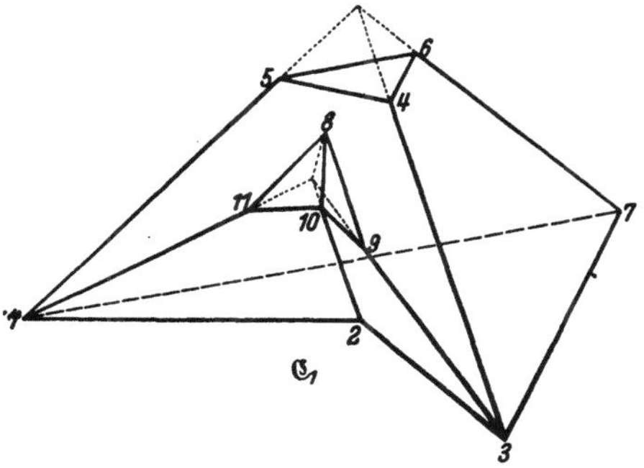

Abb. 129.

2. Die beiden Abb. 129 und 130 zeigen zwei EULERsche, den Bedingungen 3a) und 3b) genügende Polyeder $\mathfrak{E}_1$, $\mathfrak{E}_2$, die man geometrisch leicht aus dem eben betrachteten durch Wegschneiden von Tetraedern entstehen lassen kann. $\mathfrak{E}_1 + \mathfrak{K}_1$ ist zu $\mathfrak{E}_2 + \mathfrak{K}_2$ isomorph. (Die Zuordnung der durch dieselben Ziffern bezeichneten Ecken läßt dies sofort erkennen.) Aber $\mathfrak{E}_1$ und $\mathfrak{E}_2$ sind überhaupt nicht isomorph; denn $\mathfrak{E}_1$ enthält eine siebeneckige Fläche, $\mathfrak{E}_2$ aber nicht. Die beiden Abb. 131 und 132 stellen die zu $\mathfrak{E}_1$ und $\mathfrak{E}_2$ reziproken EULERschen Polyeder $\mathfrak{E}_1'$ und $\mathfrak{E}_2'$ dar. Hier besteht also ein Isomorphismus zwischen den Systemen der Kanten und Flächen, ohne daß die Polyeder selbst isomorph sind. $\mathfrak{E}_1'$ enthält eine siebenkantige Ecke, $\mathfrak{E}_2'$ aber nicht.

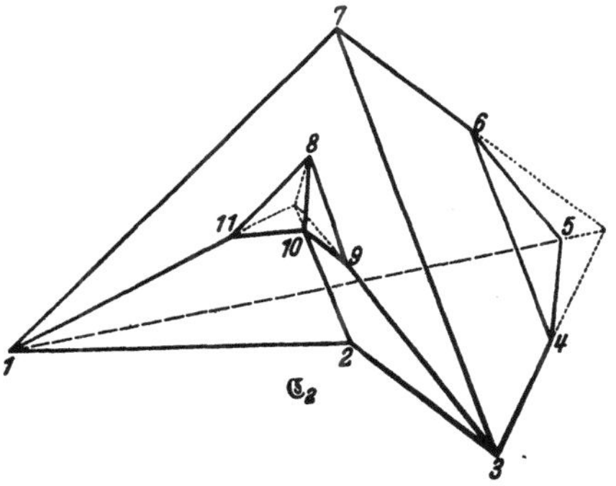

Abb. 130.

Beispiele zu b). 1. Es bezeichne $\mathfrak{E}$ ein System von sechs Punkten $A_1, \ldots, A_6$ im Raume, $\mathfrak{K}$ das System ihrer 15 Verbindungsstrecken,

$\mathfrak{F}$ das System der 20 Dreiecke, die man aus den Ecken bilden kann. Die 20 Dreiecke gruppieren sich zu zehn Paaren; ist nämlich $A_i A_l A_m$ eins der Dreiecke, so bilden die drei übrigen Ecken $A_n, A_p, A_q$ ein zweites; wir wollen es die Gegenfläche des ersten nennen. Unter den $5! = 120$ Anordnungen, die man fünf Ecken $A_1, \ldots, A_5$ geben kann, liefern immer je 2 mal $5 = 10$ dasselbe räumliche Fünfeck; man kann also zwölf solche Fünfecke bilden. Greift man eins, $A_i A_l A_m A_n A_p$, aus ihnen heraus und verbindet man je drei in diesem Cyclus aufeinanderfolgende Ecken zu einem Dreieck, so entsteht ein MÖBIUSsches Band mit dem Rande $A_i A_m A_p A_l A_n (A_i)$, welches durch Hinzunahme der die Ecke $A_6$ mit den Randkanten verbindenden Dreiecke zu einem MÖBIUSschen Zehnflach (§ 12, S. 36) ergänzt wird. Es gibt zwölf solcher MÖBIUSschen Zehnflache; für jedes von ihnen ist $\mathfrak{E} + \mathfrak{K}$ das System

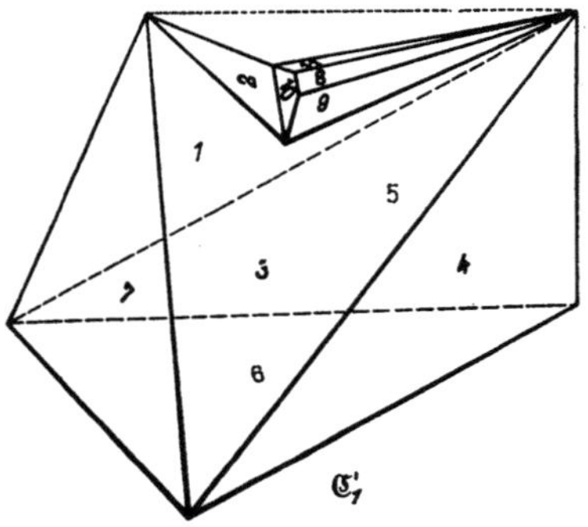


Abb. 131.

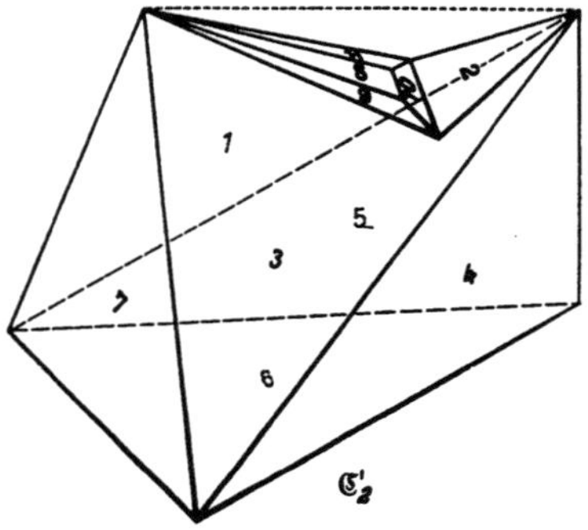


Abb. 132.

der Ecken und Kanten, während es von den 20 Flächen aus $\mathfrak{F}$ immer nur zehn, und zwar je eine Fläche aus jedem Gegenflächenpaar, enthält. Sind nun $\mathfrak{E} + \mathfrak{K} + \mathfrak{F}_1$ und $\mathfrak{E} + \mathfrak{K} + \mathfrak{F}_2$ zwei solche MÖBIUSsche Zehnflache und läßt man jedes Element aus $\mathfrak{E} + \mathfrak{K}$ sich selbst entsprechen, so hat man das System der Ecken und Kanten des einen auf das der Ecken und Kanten des andern isomorph bezogen, aber natürlich ist diese Beziehung nicht in einem Isomorphismus der beiden Polyeder enthalten. Die zwölf MÖBIUSschen Zehnflache ordnen sich wieder paarweise an. Es zeigt sich nämlich leicht, daß die Gegenflächen der Flächen eines solchen Zehnflachs das Flächensystem eines zweiten darstellen. Ordnet man nun bei zwei solchen konjugierten Zehnflachen $\mathfrak{E} + \mathfrak{K} + \mathfrak{F}_1$ und $\mathfrak{E} + \mathfrak{K} + \mathfrak{F}_2$ je zwei Gegenflächen einander zu, so entsprechen, wie man leicht sieht, Nachbarflächen wieder Nachbarflächen. Die Zuordnung ist daher in einer isomorphen Beziehung zwischen $\mathfrak{K} + \mathfrak{F}_1$ und $\mathfrak{K} + \mathfrak{F}_2$ enthalten; aber diese Beziehung läßt sich nicht zu einem Isomorphismus der Polyeder selbst erweitern; denn es werden bei ihr den fünf Flächen an der Ecke eines dieser Polyeder in dem andern fünf Flächen zugeordnet, die ein MÖBIUSsches Band bilden.

2. In dem zuletzt betrachteten Beispiel sind die verglichenen Polyeder immerhin noch isomorph. Wir können aber aus ihnen leicht nichtisomorphe Polyeder ableiten, bei denen doch ein Isomorphismus zwischen den Systemen der Kanten und Flächen besteht. Wir gehen von den beiden konjugierten Zehnflachen $\mathfrak{C}_1 = \mathfrak{E} + \mathfrak{K} + \mathfrak{F}_1$, $\mathfrak{C}_2 = \mathfrak{E} + \mathfrak{K} + \mathfrak{F}_2$ aus und bezeichnen mit $\sigma$ den Isomorphismus zwischen $\mathfrak{K} + \mathfrak{F}_1$ und $\mathfrak{K} + \mathfrak{F}_2$, welcher jeder Fläche ihre Gegenfläche zuordnet. Auf die fünf Flächen der Ecke $A_1$ von $\mathfrak{C}_1$ und ebenso auf die ihnen zugeordneten Flächen von $\mathfrak{C}_2$ (die einen MÖBIUSschen Streifen bilden) setzen wir Tetraeder auf und lassen sodann diejenigen Flächen, auf welche die Tetraeder aufgesetzt wurden, fort. Es entstehen so aus $\mathfrak{C}_1$ und $\mathfrak{C}_2$ zwei neue (normale) Polyeder

$$\mathfrak{C}_1' = \mathfrak{E}_1' + \mathfrak{K}_1' + \mathfrak{F}_1' \quad \text{und} \quad \mathfrak{C}_2' = \mathfrak{E}_2' + \mathfrak{K}_2' + \mathfrak{F}_2'$$

ohne übergreifende Elemente mit je 11 Ecken, 30 Kanten und 20 Flächen. Jede der in $\mathfrak{C}_1'$ bzw. $\mathfrak{C}_2'$ neu auftretenden Flächen enthält genau eine Kante, die schon in $\mathfrak{C}_1$ bzw. $\mathfrak{C}_2$ vorkommt. Ordnen wir nun je zwei solche neue Flächen von $\mathfrak{C}_1'$ und $\mathfrak{C}_2'$ einander zu, wenn die Kanten von $\mathfrak{C}_1$ bzw. $\mathfrak{C}_2$, welche sie enthalten, einander in $\sigma$ entsprechen, so haben wir eine Zuordnung zwischen $\mathfrak{F}_1'$ und $\mathfrak{F}_2'$, bei welcher Nachbarflächen wieder Nachbarflächen entsprechen, die daher in einer isomorphen Beziehung zwischen $\mathfrak{K}_1' + \mathfrak{F}_1'$ und $\mathfrak{K}_2' + \mathfrak{F}_2'$ enthalten ist. Aber die beiden Polyeder $\mathfrak{C}_1'$ und $\mathfrak{C}_2'$ sind überhaupt nicht isomorph, weil an der Ecke $A_1$ in $\mathfrak{C}_1'$ zehn Flächen liegen, während $\mathfrak{C}_2'$ keine Ecke mit zehn Flächen enthält.

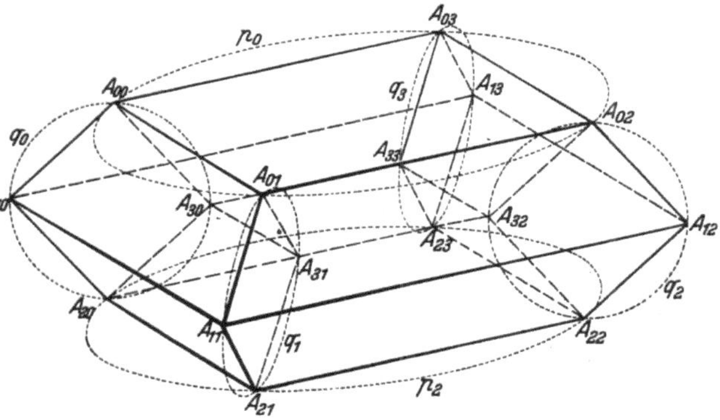


Abb. 133.

3. Auf einer Ringfläche, welche durch Rotation eines Kreises um eine nicht schneidende Gerade seiner Ebene entsteht, nehmen wir $m \geqq 3$ Parallelkreise $p_0, p_1, \ldots, p_m = p_0$ und $n \geqq 3$ Meridiane $q_0, q_1, \ldots, q_n = q_0$ an (Abb. 133). Der Schnittpunkt von $p_r$ und $q_s$ sei $A_{rs}$. Die Ringfläche wird durch die angenommenen Kurven in $m \cdot n$ viereckige

Flächenstücke eingeteilt. Die Ecken eines jeden solchen Flächenstückes sind zugleich die Ecken eines ebenen gleichschenkligen Paralleltrapezes $\gamma_{rs} = A_{rs} A_{rs+1} A_{r+1\, s+1} A_{r+1\, s}$, und diese Trapeze setzen sich zu einem normalen geschlossenen orientierbaren Polyeder $\mathfrak{C} = \mathfrak{C}_{mn}$ ohne übergreifende Elemente zusammen, das $e = m \cdot n$ Ecken, $k = m\,n$ Kanten und $f = m \cdot n$ Flächen, also die Charakteristik 0 hat. Jede Kante ist Sehne eines Meridians oder Parallelkreises. Die dem Parallelkreise $p_r$ bzw. dem Meridian $q_s$ einbeschriebenen Kanten bilden ein Polygon $\mathfrak{P}_r$ bzw. $\mathfrak{Q}_s$. Wir führen noch die von diesen Polygonen begrenzten ebenen Flächenstücke $\pi_r$ und $\varkappa_s$ ein. Es sei $\mathfrak{C} = \mathfrak{E} + \mathfrak{K} + \mathfrak{F}$, $\mathfrak{F}_3$ das System der Flächen $\pi_r$, $\mathfrak{F}_4$ das System der Flächen $\varkappa_s$. Sind nun, wie wir annehmen, $m$ und $n$ gerade und zerlegen wir $\mathfrak{F}$ in $\mathfrak{F} = \mathfrak{F}_1 + \mathfrak{F}_2$, indem wir die Fläche $\gamma_{rs}$ zu $\mathfrak{F}_1$ oder $\mathfrak{F}_2$ rechnen, je nachdem $r + s$ ungerade oder gerade ist, so gehört von je zwei benachbarten Flächen des Polyeders $\mathfrak{C}$ immer die eine zu $\mathfrak{F}_1$, die andere zu $\mathfrak{F}_2$. Durch jede Kante von $\mathfrak{C}$ geht eine Fläche aus $\mathfrak{F}_1$, eine aus $\mathfrak{F}_2$ und entweder eine Fläche aus $\mathfrak{F}_3$ oder eine aus $\mathfrak{F}_4$. Man überzeugt sich leicht davon, daß der Komplex $\mathfrak{C}' = \mathfrak{C}'_{mn} = \mathfrak{E} + \mathfrak{K} + \mathfrak{F}'$, wo $\mathfrak{F}' = \mathfrak{F}_2 + \mathfrak{F}_3 + \mathfrak{F}_4$ ist, ein geschlossenes normales orientierbares Polyeder mit $f' = \frac{1}{2} m \cdot n + m + n$ Flächen ist. Seine Charakteristik ist $m + n - \frac{1}{2} m\, n$. Nehmen wir für $m$ den kleinsten zulässigen Wert 4, so wird die Charakteristik $4 - n$, und das kann jede gerade Zahl $\leqq 0$ sein. Wir haben also hier zwei geschlossene orientierbare normale Polyeder $\mathfrak{C}$ und $\mathfrak{C}'$ ohne übergreifende Elemente, die dasselbe System von Ecken und Kanten haben, von denen das eine die Charakteristik 0 hat, also vom Geschlecht 1, das andere von irgendeinem Geschlecht $\geqq 1$ ist.

Wir können das Resultat noch erweitern und zwei geschlossene normale orientierbare Polyeder ohne übergreifende Elemente von beliebig vorgeschriebenem Geschlecht $> 1$ nachweisen, bei denen die Systeme der Ecken und Kanten isomorph sind. Wir gehen aus von vier geschlossenen orientierbaren normalen Polyedern ohne übergreifende Elemente $\mathfrak{C}_i = \mathfrak{E}_i + \mathfrak{K}_i + \mathfrak{F}_i$. Es wird vorausgesetzt, daß zwischen $\mathfrak{E}_1 + \mathfrak{K}_1$ und $\mathfrak{E}_2 + \mathfrak{K}_2$ ein Isomorphismus $\sigma$, zwischen $\mathfrak{E}_3 + \mathfrak{K}_3$ und $\mathfrak{E}_4 + \mathfrak{K}_4$ ein Isomorphismus $\tau$ besteht, daß die Charakteristiken $c_1$, $c_4$ der Komplexe $\mathfrak{C}_1$, $\mathfrak{C}_4 = 0$ sind, $\mathfrak{C}_2$ und $\mathfrak{C}_3$ beliebig vorgeschriebene gerade Charakteristiken $c_2 \leqq 0$, $c_3 \leqq 0$ haben, daß $\mathfrak{C}_1$ ein Flächenpolygon $\mathfrak{P}_1$ enthält, dem durch $\sigma$ in $\mathfrak{C}_2$ ein Flächenpolygon $\mathfrak{P}_2$ entspricht, daß ebenso $\mathfrak{C}_3$ ein Flächenpolygon $\mathfrak{P}_3$ enthält, dem durch $\tau$ in $\mathfrak{C}_4$ ein Flächenpolygon $\mathfrak{P}_4$ zugewiesen ist, endlich daß $\mathfrak{P}_1$ und $\mathfrak{P}_3$ gleich viele Ecken haben. Die Existenz solcher Polyeder hat sich schon aus unsern vorangehenden Untersuchungen ergeben. (Die oben mit $\mathfrak{C}_{mn}$ und $\mathfrak{C}'_{mn}$ bezeichneten Polyeder haben nämlich nicht nur dasselbe System von Ecken und Kanten, sondern außerdem noch gewisse viereckige Flächen gemein, und von den beiden Polyedern hat das eine die Charakteristik 0, das andere eine beliebig vorgeschriebene gerade Charakteristik $\leqq 0$. Versteht man also unter $\sigma$ die Identität, so treffen die für $\mathfrak{C}_1$ und $\mathfrak{C}_2$ gemachten Voraussetzungen bei $\mathfrak{C}_{mn}$ und $\mathfrak{C}'_{mn}$ zu.) Wir bezeichnen mit $\overline{\mathfrak{C}}_i$ das Polyeder, welches zurückbleibt, wenn man aus $\mathfrak{C}_i$ die Fläche des Polygons $\mathfrak{P}_i$ fortläßt, so daß jedes der Polyeder $\overline{\mathfrak{C}}_i$ einen Rand hat und alle diese Ränder dieselbe Eckenzahl $\nu$ aufweisen. Nunmehr denken wir uns vier Polyeder $\mathfrak{C}'_i$ so konstruiert, daß $\mathfrak{C}'_i$ isomorph zu $\overline{\mathfrak{C}}_i$ ist, daß $\mathfrak{C}'_1$ mit $\mathfrak{C}'_3$, $\mathfrak{C}'_2$ mit $\mathfrak{C}'_4$ die Randelemente gemein hat. Dabei soll die Vereinigung der Ränder in der Weise vorgenommen sein, daß, wenn ein Randelement von $\mathfrak{C}'_1$ und ein solches von $\mathfrak{C}'_3$ zusammenfallen, auch diejenigen Randelemente von $\mathfrak{C}'_2$ und $\mathfrak{C}'_4$ zusammenfallen, die jenen Elementen in der durch $\sigma, \tau$ und die Isomorphismen zwischen den $\overline{\mathfrak{C}}_i$ und $\mathfrak{C}'_i$ vermittelten Beziehung entsprechen. Die Elemente von $\mathfrak{C}'_1$ und von $\mathfrak{C}'_3$ setzen sich zu einem Komplex $\mathfrak{C}_5 = \mathfrak{E}_5 + \mathfrak{K}_5 + \mathfrak{F}_5$, die von $\mathfrak{C}'_2$ und $\mathfrak{C}'_4$ zu einem Komplex $\mathfrak{C}_6 = \mathfrak{E}_6 + \mathfrak{K}_6 + \mathfrak{F}_6$ zusammen. Aus unserer Konstruktion ergibt sich leicht: $\mathfrak{C}_5$ und $\mathfrak{C}_6$ sind normale geschlossene orientierbare Polyeder ohne übergreifende Elemente; $\mathfrak{E}_5 + \mathfrak{K}_5$ ist zu $\mathfrak{E}_6 + \mathfrak{K}_6$ isomorph; die Charakteristik von $\mathfrak{C}_5$ ist $c_5 = c_1 + c_3 - 2 = c_3 - 2$, die Charakteristik von $\mathfrak{C}_6$ ist $c_6 = c_2 + c_4 - 2 = c_2 - 2$. Da $c_2$ und $c_3$ beliebige gerade Zahlen $\leqq 0$ sind, so können $c_5$ und $c_6$ von beliebig vorgeschriebenem Geschlecht $> 1$ sein.

4. Wir wollen jetzt auch Polyeder mit umkehrbarer Indikatrix betrachten. Durch $n$ Gerade $g_i$ $(i = 1, \ldots, n)$, die nicht alle durch einen Punkt gehen, erhalten wir in der projektiven Ebene eine Einteilung, die ein Polyeder $\mathfrak{C}_n$ repräsentiert. In dem schon früher (§ 15, S. 49) betrachteten Fall $n = 3$ hat es drei Ecken, sechs Kanten und vier Flächen, also die Charakteristik 1. Die Hinzufügung jeder weiteren Geraden kommt auf Spaltungsprozesse hinaus, die wir mit dem vorher vorhandenen Polyeder vornehmen, kann also die Charakteristik $(c = 1)$ nicht ändern. Nehmen wir an, daß nicht irgend drei der $n$ Geraden durch einen Punkt gehen, so haben wir als Ecken von $\mathfrak{C}_n$ die $e = \frac{n \cdot (n-1)}{2}$ Schnittpunkte der Geraden. Die Kantenzahl wird, da jede Gerade durch die andern in $n - 1$ Stücke zerlegt wird, $k = n \cdot (n - 1)$ und mithin $f = 1 + k - e = 1 + \frac{n \cdot (n-1)}{2}$. Da die Charakteristik ungerade ist, haben wir es mit nichtorientierbaren Polyedern zu tun. Es sei $O$ ein Punkt im Innern einer Fläche $\gamma_0$. Wir betrachten eine von $O$ ausgehende und nach $O$ wieder zurückkehrende Linie in der projektiven Ebene. Die Zahl $u_i$ gebe an, wie oft sie die Gerade $g_i$ überschreitet $(i = 1, \ldots, n)$. Greifen wir zwei Geraden $g_j$, $g_h$ heraus, so wird durch sie die Ebene in zwei Gebiete I, II eingeteilt, und jede Überschreitung der einen oder andern Geraden führt aus dem einen in das andere Gebiet. Unser geschlossener Weg muß daher eine gerade

Anzahl solcher Überschreitungen aufweisen, d. h. die Zahl $u_j + u_h$ ist gerade, und mithin sind die $n$ Zahlen $u_i$ entweder alle gerade oder alle ungerade. Im Falle eines geraden $n$ ist daher $\sum_i u_i$, das ist die Gesamtzahl aller Überschreitungen von Geraden $g_i$, gerade. Sind $M$ und $N$ zwei Punkte in einer andern Fläche $\gamma_s$ von $\mathfrak{C}_n$, so können wir sie durch eine Linie verbinden, die keine der Geraden überschreitet. Nehmen wir noch eine Linie von $O$ nach $M$ und eine von $O$ nach $N$ hinzu, so haben wir eine geschlossene Linie, bei der (für gerades $n$) die Gesamtzahl der Überschreitungen gerade ist. Daher ist für alle Linien, die aus der Fläche $\gamma_0$ in die Fläche $\gamma_s$ führen, die Anzahl der Geradenüberschreitungen entweder gerade, oder sie ist für alle ungerade. Teilen wir hiernach die sämtlichen Flächen in zwei Klassen ein, je nachdem diese Anzahl gerade oder ungerade ist, so haben wir offenbar eine Einteilung der Flächen, bei welcher benachbarte immer zu verschiedenen Klassen gehören. Eine solche Einteilung ist also bei geradem $n$ stets möglich. Für $n = 4$ erhalten wir eine schon früher betrachtete Einteilung, bei der die eine Klasse aus vier Dreiecken, die andere aus drei Vierecken besteht (S. 51, Abb. 54). Die Vierecke haben zu je zweien zwei nichtbenachbarte Ecken gemein, das Polyeder $\mathfrak{C}_4$ hat deshalb übergreifende Elemente. Setzen wir jetzt $n > 4$ voraus. Sind dann $A$ und $B$ zwei nichtbenachbarte Ecken einer Fläche $\gamma$ und sind $\alpha$ und $\beta$ die Flächen, in die man aus $\gamma$ zunächst gerät, wenn man die in $\gamma$ verlaufende Strecke $AB$ über $A$ bzw. $B$ hinaus verlängert, so kann $\alpha$ nicht gleich $\beta$ sein, weil man sonst einen geschlossenen Weg angeben könnte, der die beiden Geraden durch $A$ und die beiden Geraden durch $B$ je einmal, die übrigen Geraden keinmal überschritte, was mit der Tatsache, daß die Zahlen $n_i$ sämtlich gerade oder sämtlich ungerade sind, im Widerspruch steht. Hieraus ist leicht zu ersehen, daß für $n > 4$ $\mathfrak{C}_n$ keine übergreifenden Elemente hat.

Es sei jetzt $n > 4$ und gerade. Wir setzen $\mathfrak{C}_n = \mathfrak{E} + \mathfrak{K} + \mathfrak{F}$. $\mathfrak{F} = \mathfrak{F}' + \mathfrak{F}''$ bezeichne die eben als möglich nachgewiesene Klasseneinteilung. Die zu irgendeiner Geraden $g_i$ gehörigen Ecken und Kanten bilden ein Polygon $\mathfrak{P}_i$, das aber nicht Flächenpolygon von $\mathfrak{C}_n$ ist. Wir führen jetzt ein neues System $\mathfrak{F}'''$ von $n$ Flächen $\varkappa_i$ ein, indem wir verfügen, daß $\varkappa_i$ mit den Elementen von $\mathfrak{P}_i$ incident sein soll. Durch jede Kante von $\mathfrak{C}_n$ geht dann je eine Fläche aus jedem der drei Systeme $\mathfrak{F}', \mathfrak{F}'', \mathfrak{F}'''$, und man erkennt leicht, daß jeder der Komplexe $\mathfrak{C}_n' = \mathfrak{E} + \mathfrak{K} + (\mathfrak{F}' + \mathfrak{F}''')$ und $\mathfrak{C}_n'' = \mathfrak{E} + \mathfrak{K} + (\mathfrak{F}'' + \mathfrak{F}''')$ wie $\mathfrak{C}_n$ ein normales geschlossenes Polyeder ohne übergreifende Elemente ist.

Wir wollen den einfachsten in Betracht kommenden Fall $n = 6$ näher behandeln. Es gibt hier drei verschiedene Typen von Polyedern $\mathfrak{C}_6$: 1. Fall. Unter den Flächen von $\mathfrak{C}_6$ kommt ein Sechseck vor (in der Abb. 134 ist es regulär angenommen, so daß drei Ecken $A, B, C$ ins

Unendliche fallen). Rechnen wir dieses zu $\mathfrak{F}'$, so enthält $\mathfrak{F}'$ außerdem noch sechs Vierecke, während $\mathfrak{F}''$ sechs Dreiecke und drei Vierecke (I, II, III), $\mathfrak{F}'''$ sechs Fünfecke umfaßt. Es ist $e = 15$, $k = 30$; $\mathfrak{E}_6'$ enthält $7 + 6 = 13$, $\mathfrak{E}_6''$ $9 + 6 = 15$ Flächen. Demnach hat $\mathfrak{E}_6'$ die Charakteristik $-2$, $\mathfrak{E}_6''$ die Charakteristik 0. Die Indikatrix von $\mathfrak{E}_6'$ ist umkehrbar, die von $\mathfrak{E}_6''$ dagegen nicht. Gibt man den Flächen von $\mathfrak{E}_6''$ den durch die Pfeile bezeichneten Umlaufssinn, so ist das Möbiussche Kantengesetz erfüllt. — 2. Fall (s. Abb. 135). Jedes der Systeme $\mathfrak{F}'$, $\mathfrak{F}''$ enthält ein Fünfeck, vier Vierecke und drei Dreiecke. $\mathfrak{E}_6'$ und $\mathfrak{E}_6''$ werden hier isomorph und haben je vierzehn Flächen. Die Charakteristik ist $-1$, die Indikatrix also umkehrbar. — 3. Fall. (Die Abb. 136 ist so angenommen, daß fünf Geraden ein reguläres Fünfeck bilden, während als sechste die unendlich ferne Gerade gedacht ist.) Das Polyeder steht mit dem Möbiusschen Zehnflach (vgl. S. 52, Abb. 56) in enger Beziehung. Es geht aus ihm durch den $\theta$-Prozeß hervor. $\mathfrak{F}'$ umfaßt zehn Dreiecke (1—10), $\mathfrak{F}''$ sechs Fünfecke. $\mathfrak{E}_6'$ hat daher 16 Flächen und die Charakteristik 1, $\mathfrak{E}_6''$ zwölf Flächen, nämlich zwölf Fünfecke, und die Charakteristik $-3$. Beide Polyeder haben also eine umkehrbare Indikatrix. $\mathfrak{E}_6''$ ist besonders bemerkenswert, weil es im topologischen Sinne regulär ist[1] und die Gruppe seiner Isomorphismen mit der Gruppe aller 120 Vertauschungen von fünf Dingen isomorph ist.

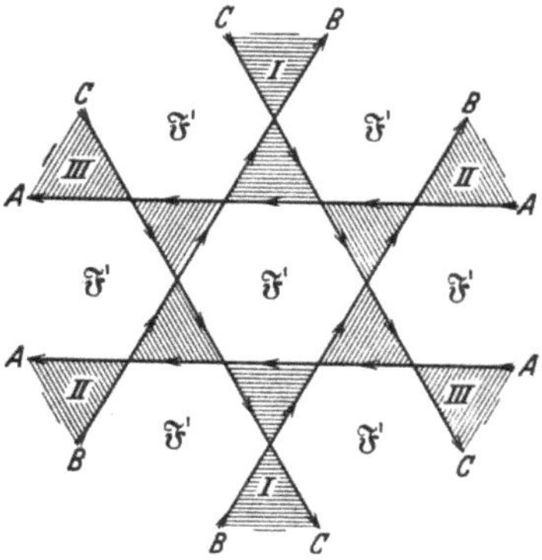

Abb. 134.

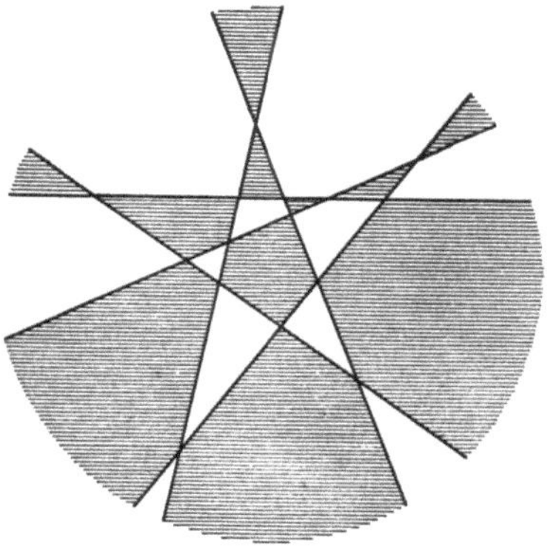
Abb. 135.

Beispiele zu c). 1. Das reguläre Oktaeder und das aus ihm hervorgehende Heptaeder (s. S. 36, Abb. 37) haben dasselbe System von Ecken

[1] [Topologisch regulär ist ein Polyeder, wenn es die Höchstzahl von Automorphismen zuläßt. Da ein Automorphismus bestimmt ist, wenn feststeht, in welches Incidenztripel ein festbestimmtes übergeht, so gibt es höchstens so viele Automorphismen wie Incidenztripel, d. h. höchstens $4k$. Das ist im obigen Falle, wo man die Isomorphie mit der symmetrischen Gruppe vom Grade 5 leicht direkt einsieht, erfüllt, da $k = 30$ ist. — Für die topologische Regularität ist notwendig, aber bei höherem Geschlecht nicht hinreichend, daß nur je ein $e_i$ und ein $f_j$ (§ 4) von Null verschieden ist, also jede Ecke $i$-kantig, jede Fläche $j$-kantig ist. Im obigen Beispiel ist $i = 4$, $j = 5$. (Vgl. Steinitz, Enzyklopädieartikel S. 117.)]

und Kanten. Ersteres ist ein $K$-Polyeder, das Heptaeder hat übergreifende Elemente, genügt aber noch den Bedingungen 3a) und 3b) von § 43. Es gehört, da seine Charakteristik 1 ist, zu der einfachsten Klasse nichtorientierbarer Polyeder. (Wir bemerken noch, daß unter Beibehaltung der bei den vorigen Beispielen eingeführten Bezeichnungsweise $\mathfrak{C}_4$ das einseitige Heptaeder darstellt und von den beiden Polyedern $\mathfrak{C}_4'$ und $\mathfrak{C}_4''$ das eine ebenfalls das einseitige Heptaeder, das andere das Oktaeder ist.)

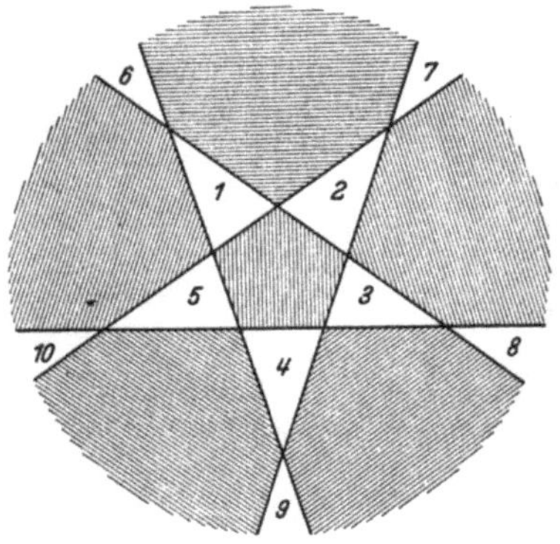

Abb. 136.

2. Das Flächensystem $\mathfrak{F}$ des regulären Kubooktaeders $\mathfrak{C} = \mathfrak{E} + \mathfrak{K} + \mathfrak{F}$ zerfällt in zwei Teilsysteme $\mathfrak{F}'$ und $\mathfrak{F}''$, das eine sechs Vierecke, das andere acht Dreiecke umfassend (Abb. 38, S. 36). Seine 24 Kanten zerfallen in vier Gruppen zu je sechs; die sechs Kanten derselben Gruppe schließen ein reguläres ebenes Sechseck ein. Bezeichnen wir das System dieser vier Sechsecke mit $\mathfrak{F}'''$, so geht durch jede Kante von $\mathfrak{C}$ je eine Fläche aus jedem der drei Systeme $\mathfrak{F}'$, $\mathfrak{F}''$, $\mathfrak{F}'''$. $\mathfrak{C}' = \mathfrak{E} + \mathfrak{K} + (\mathfrak{F}' + \mathfrak{F}''')$ und $\mathfrak{C}'' = \mathfrak{E} + \mathfrak{K} + (\mathfrak{F}'' + \mathfrak{F}''')$ sind normale geschlossene Polyeder, die übergreifende Elemente haben, aber den Bedingungen 3a) und 3b) genügen. Die Charakteristik von $\mathfrak{C}'$ ist $-2$, die von $\mathfrak{C}''$ 0. Man überzeugt sich leicht davon, daß die Indikatrix von $\mathfrak{C}'$ umkehrbar ist, die von $\mathfrak{C}''$ dagegen nicht.

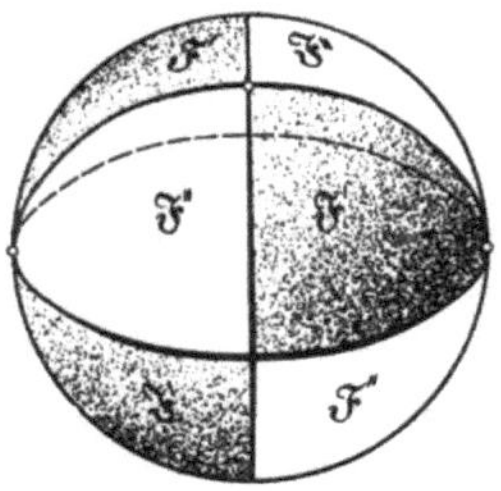
Abb. 137.

3. Legt man durch den Mittelpunkt einer Kugel $n \geqq 3$ Ebenen, von denen keine drei durch eine Gerade gehen, so schneiden diese auf der Kugel eine Einteilung aus, die ein $K$-Polyeder $\mathfrak{C}_n = \mathfrak{E} + \mathfrak{K} + \mathfrak{F}$ repräsentiert. [Der einfachste Fall dieses Polyeders ist die Einteilung der Kugel in acht Oktanten (Abb. 137)]. Das Flächensystem $\mathfrak{F}$ zerfällt in zwei Teilsysteme $\mathfrak{F}'$, $\mathfrak{F}''$ so, daß benachbarte Flächen immer zu verschiedenen Systemen gehören. Führt man noch das System $\mathfrak{F}'''$ der sich in den Ebenen befindenden $(2n - 2)$-Ecke hinzu, so stellen $\mathfrak{C}' = \mathfrak{E} + \mathfrak{K} + (\mathfrak{F}' + \mathfrak{F}''')$ und $\mathfrak{C}'' = \mathfrak{E} + \mathfrak{K} + (\mathfrak{F}'' + \mathfrak{F}''')$ normale geschlossene Polyeder dar, die übergreifende Elemente haben, aber den Bedingungen 3a) und 3b) genügen. Für $n = 3$ und $n = 4$ erhält man die unter 1. und 2. besprochenen Beispiele.

Nach dem S. 210 besprochenen Zusammensetzungsverfahren kann man sich leicht, von dem unter 1. gegebenen Beispiel ausgehend, normale nichtorientierbare, den Bedingungen 3a) und 3b) genügende

Polyeder jeder Charakteristik $c \leqq 1$ herstellen, bei denen das System der Ecken und Kanten mit dem eines $K$-Polyeders isomorph ist. Ein Gleiches leistet im Gebiete der orientierbaren Polyeder ($c \leqq 0$, gerade) das unter 2. betrachtete Polyeder $\mathfrak{C}''$.

4. Als letztes hierher gehöriges Beispiel führen wir noch ein zu sich selbst reziprokes Polyeder $\mathfrak{C} = \mathfrak{E} + \mathfrak{K} + \mathfrak{F}$ an, bei dem $\mathfrak{E} + \mathfrak{K}$ zu dem System der Ecken und Kanten des regulären Ikosaeders, $\mathfrak{K} + \mathfrak{F}$ zu dem System der Kanten und Flächen des regulären Dodekaeders isomorph ist. $\mathfrak{C}$ tritt selbst in zweifacher Weise als reguläres Sternpolyeder auf, nämlich als das sterneckige Zwölfflach und das zwölfeckige Sternzwölfflach[1].

Zu Satz 6 des vorigen Paragraphen, in dem es sich um Bedingungen handelt, unter denen man aus einem Isomorphismus $\sigma$ zwischen $\mathfrak{E}_1 + \mathfrak{F}_1$ und $\mathfrak{E}_2 + \mathfrak{F}_2$ auf einen $\sigma$ enthaltenden Isomorphismus zwischen $\mathfrak{C}_1$ und $\mathfrak{C}_2$ schließen kann, bemerken wir:

a) Man kann diesen Schluß nicht machen, wenn man keins der Polyeder als ein EULERsches oder als ein Polyeder ohne übergreifende Elemente voraussetzt, selbst dann nicht, wenn man annimmt, daß beide den Bedingungen 3a) und 3b) aus § 43 genügen.

b) Man kann auch dann den Schluß nicht ziehen, wenn man $\mathfrak{C}_1$ und $\mathfrak{C}_2$ als EULERsche Polyeder voraussetzt, ohne zu verlangen, daß wenigstens bei einem von ihnen die Bedingungen 1a) und 1b) des § 43 erfüllt sind.

Ein Beispiel zu a) liefern uns die beiden zuletzt angeführten regulären Sternpolyeder. Man kann sie so konstruieren, daß die Ecken und Ebenen des einen mit denen des andern zusammenfallen. Die Flächen des einen, $\mathfrak{C}_1$, sind dann gewöhnliche reguläre Fünfecke, die des andern, $\mathfrak{C}_2$, die aus den Diagonalen jedes einzelnen dieser Fünfecke gebildeten Sternfünfecke. Ordnet man zusammenfallende Ecken und in derselben Ebene gelegene Flächen von $\mathfrak{C}_1$ und $\mathfrak{C}_2$ einander zu, so hat man einen Isomorphismus $\sigma$ zwischen $\mathfrak{E}_1 + \mathfrak{F}_1$ und $\mathfrak{E}_2 + \mathfrak{F}_2$, der aber in keiner isomorphen Beziehung zwischen $\mathfrak{C}_1$ und $\mathfrak{C}_2$ enthalten ist, weil benachbarte Ecken nichtbenachbarten zugeordnet sind.

Beispiel zu b). Die beiden Abb. 138 u. 139 stellen Körper dar, welche aus einem Tetraeder *1234* durch Fortschneiden gewisser tetraederförmiger Stücke hervorgehen. In der Fläche *123* des ursprünglichen Tetraeders sind die Punkte *6*, *10*, *14*, in der Fläche *134* die Punkte *8*, *12*, *16*, in der Kante *13* sechs Punkte angenommen, die, wenn wir von *1* nach *3* gehen, bei dem einen Körper in der Reihenfolge *5*, *7*, *9*, *11*, *13*, *15*, bei dem andern in der Reihenfolge *5*, *7*, *13*, *15*, *9*, *11* auftreten. Es sind sodann die Tetraeder *5678*, *9101112*,

[1] STEINITZ, S.: Enzyklopädieartikel S. 103 mit Tafel, ferner BRÜCKNER: Vielecke und Vielflache (Leipzig 1900) S. 173f., und Tafel VII, Abb. 22, 23, Tafel IX, Abb. 7.

***13 14 15 16*** fortgeschnitten, im Innern der zurückbleibenden Körper die Punkte ***17***, ***18*** angenommen und endlich noch die Tetraeder ***5 6 8 17*** und ***9 10 12 18*** entfernt. Die Oberflächen der so erhaltenen Körper repräsentieren zwei EULERsche Polyeder $\mathfrak{E}_1, \mathfrak{E}_2$, bei denen zwischen $\mathfrak{E}_1 + \mathfrak{F}_1$ und $\mathfrak{E}_2 + \mathfrak{F}_2$ Isomorphismus besteht. Ordnet man nämlich gleichbezeichnete Ecken einander zu, so entsprechen den Ecken einer Fläche des einen Polyeders allemal die Ecken einer bestimmten Fläche des andern. Aber die cyclische Folge der Ecken in den Flächen ist nicht überall dieselbe, und man sieht auch leicht, daß die Polyeder überhaupt nicht isomorph sind. $\mathfrak{E}_1$ enthält nämlich drei Ecken *7*, *17*, *18*, die dadurch ausgezeichnet sind, daß sie selbst dreikantig sind, während jede zu einer von ihnen benachbarte Ecke vierkantig ist. $\mathfrak{E}_2$ aber enthält nur zwei Ecken von dieser Beschaffenheit, nämlich 17 und 18.

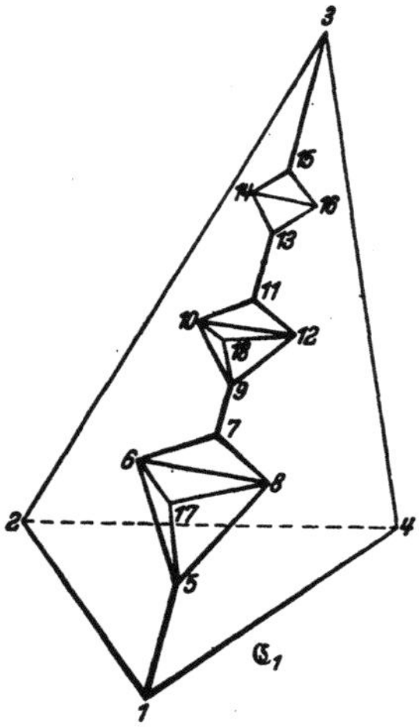

Abb. 138.

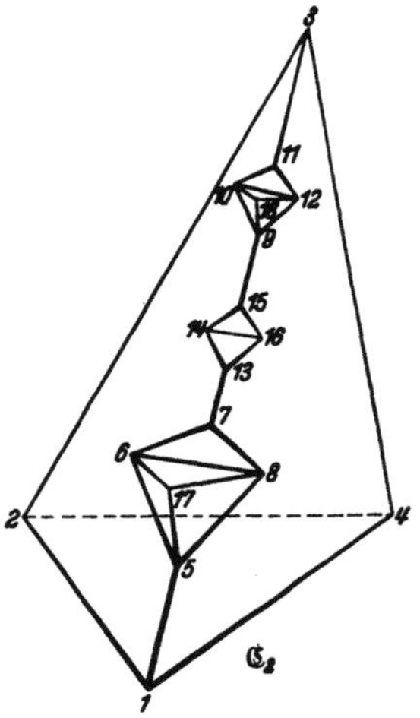

Abb. 139.

Zu Satz 7 bemerken wir: Aus einer Beziehung $\sigma$ zwischen $\mathfrak{K}_1$ und $\mathfrak{K}_2$, bei welcher benachbarten Kanten benachbarte entsprechen, kann man noch nicht auf eine $\sigma$ enthaltende isomorphe oder reziproke Beziehung zwischen $\mathfrak{E}_1$ und $\mathfrak{E}_2$ schließen,

a) wenn keins der beiden Polyeder als ein EULERsches vorausgesetzt wird, mögen sie auch beide frei von übergreifenden Elementen angenommen sein;

b) wenn keinem der Polyeder die Bedingungen 1a) und 1b) aus § 43 auferlegt werden, mögen sie auch beide als EULERsche Polyeder vorausgesetzt werden;

c) wenn von dem einen Polyeder keine weiteren Voraussetzungen gemacht werden, mag man auch verlangen, daß das andere ein *K*-Polyeder ist.

Beispiel zu a). Wir hatten oben (S. 208) vom MÖBIUSschen Zehnflach ausgehend zwei Trigonalpolyeder $\mathfrak{E}_1$, $\mathfrak{E}_2$ konstruiert, die frei von übergreifenden Elementen waren und bei denen zwischen $\mathfrak{K}_1 + \mathfrak{F}_1$ und $\mathfrak{K}_2 + \mathfrak{F}_2$ ein Isomorphismus $\sigma$ bestand, die aber nicht isomorph waren. Sie sind natürlich auch nicht reziprok zueinander, da sie Dreiecks-, aber nicht Dreikantspolyeder sind. Da alle Flächen in $\mathfrak{E}_1$ und $\mathfrak{E}_2$ dreieckig sind, so sind Kanten derselben Fläche auch stets benachbart und durch die isomorphe Beziehung $\sigma$ zwischen $\mathfrak{K}_1 + \mathfrak{F}_1$ und $\mathfrak{K}_2 + \mathfrak{F}_2$ werden daher Nachbarkanten immer wieder Nachbarkanten zugeordnet.

Beispiel zu b). Die beiden Abb. 140, 141 stellen Körper dar, die aus einem Tetraeder durch Aufsetzen (oder Ausschneiden) tetraederförmiger Stücke hervorgehen. Die Oberflächen repräsentierten EULERsche Polyeder, welche noch der Bedingung 1b), aber nicht mehr der Bedingung 1a) genügen. Ordnen wir je zwei gleichbezeichnete Kanten einander zu, so entsprechen benachbarten Kanten wieder benachbarte. Die Polyeder sind aber weder isomorph noch reziprok; denn das eine enthält die achtkantige Fläche *1564911102*, das andere aber weder eine achtkantige Fläche noch eine achtkantige Ecke.

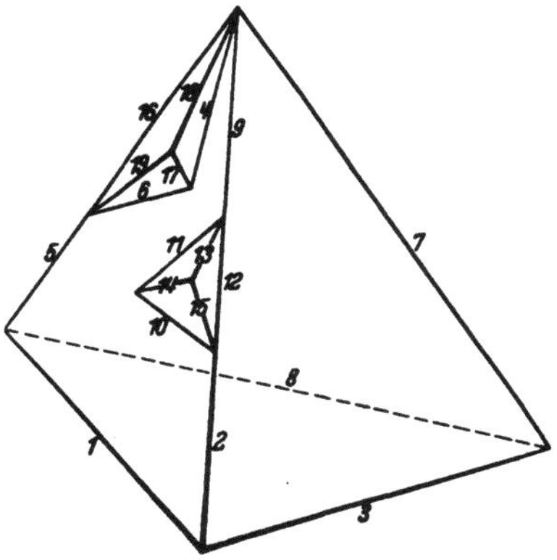

Abb. 140.

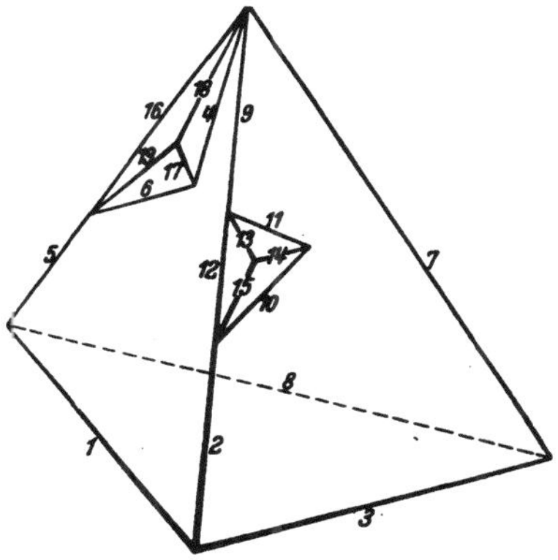

Abb. 141.

Beispiel zu c). Es sei $\mathfrak{E}_1 = \mathfrak{E} + \mathfrak{K} + \mathfrak{F}_1$ ein Polyeder vom Typus des Würfels. Seine acht Ecken gruppieren sich zu vier Paaren so, daß zwei Ecken eines solchen Paares keine gemeinsame Fläche haben. Läßt man aus $\mathfrak{E} + \mathfrak{K}$ zwei Ecken eines Paares und die durch sie gehenden Kanten fort, so bleibt ein Sechseck übrig. Solcher Sechsecke gibt es vier. Führen wir nun ein System $\mathfrak{F}_2$ von vier neuen Flächen ein mit der Bestimmung, daß jede von ihnen eins der vier Sechsecke enthalten soll, so ist $\mathfrak{E}_2 = \mathfrak{E} + \mathfrak{K} + \mathfrak{F}_2$ wieder ein geschlossenes normales Dreikantspolyeder. Zwei Kanten, die in $\mathfrak{E}_1$ benachbart sind, sind auch in $\mathfrak{E}_2$ benachbart. Die Polyeder sind aber weder isomorph noch reziprok; denn $\mathfrak{E}_1$ ist ein $K$-Polyeder, $\mathfrak{E}_2$ aber hat die Charakteristik 0. $\mathfrak{E}_2$ ist orientierbar und regulär im topologischen Sinne.

Wir wollen noch an einem letzten Beispiel zeigen, daß in Satz 8 von § 48 die Voraussetzung, daß der eine der beiden Komplexe ein EULERscher ist, nicht fortgelassen werden kann, auch wenn man sich auf Polyeder ohne übergreifende Elemente beschränkt. Zu diesem Zweck kommen wir noch einmal auf die oben (S. 210) betrachteten Polyeder $\mathfrak{C}_{mn}$ zurück, die wir auf der Ringfläche konstruierten. Dem dort mit $\mathfrak{P}_r$ $(r = 1,2,\ldots,m)$ bezeichneten Polygon geben wir den Umlaufssinn $A_{r0}A_{r1}A_{r2}\ldots A_{r\,n-1}A_{r0}$. Längs des Polygons können wir auf $\mathfrak{C}_{mn}$ zwei Seiten unterscheiden. Von den $4n$ Winkeln, deren einer Schenkel dem Polygon $\mathfrak{P}_r$ angehört, liegen auf jeder Seite $2n$. Diese $2n$ Winkel bilden einen Cyclus, indem jeder von ihnen zu zweien benachbart ist. Entsprechend dem Umlaufssinn, den wir $\mathfrak{P}_r$ gaben, können wir von den zwei benachbarten Winkeln den einen als den vorangehenden, den andern als den folgenden bezeichnen. Zwei benachbarte Winkel haben entweder ihre Fläche und eine Kante von $\mathfrak{P}_r$ als Schenkel oder ihren Scheitel und eine Kante eines Polygons $\mathfrak{Q}$ als Schenkel gemein. Den $m$ Polygonen $\mathfrak{P}_r$ entsprechend zerfällt das System $\mathfrak{W}$ aller $4\,mn$ Winkel in $2m$ Cyclen. Bilden wir $\mathfrak{W}$ in der Weise in sich selbst ab, daß wir jedem Winkel den folgenden Winkel desselben Cyclus zuordnen, so entsprechen benachbarten Winkeln immer wieder benachbarte. Aber den vier Winkeln einer Ecke bzw. Fläche entsprechen dabei die vier Winkel an einer Kante eines Polygons $\mathfrak{P}$ bzw. $\mathfrak{Q}$ und umgekehrt. Die Abbildung ist daher weder in einer isomorphen noch einer reziproken Beziehung von $\mathfrak{C}_{mn}$ enthalten.

Es möge hier noch eine Bemerkung Platz finden, die sich auf die verschiedenen Darstellungen eines Polyedertyps bezieht. Die Darstellung durch eine rechteckige Matrix $c_{ij}$ genügt, wie sich aus Satz 6 in § 48 ergibt, nicht nur im Bereich der Polyeder ohne übergreifende Elemente, sondern bei Beschränkung auf EULERsche Polyeder auch dann, wenn man nur die Bedingungen 1a) und 1b) fordert. Daß sie in andern Fällen versagen kann, zeigen die Beispiele zu a) und b), S. 215, bei denen Polyeder verschiedener Typen dieselbe Matrix liefern würden. Weiter reicht die Verwendbarkeit der Bezeichnung durch Flächenausdrücke (wir meinen die Flächenausdrücke in der ursprünglichen Form, bei der wir die Kanten nicht weiter bezeichnen). Sie wird immer ausreichend sein, wenn wir nur die Forderung 1b) stellen, denn alsdann ist jede Kante durch Angabe ihrer Ecken bestimmt, und das Schema der Flächenausdrücke läßt die vorhandenen Kanten unmittelbar erkennen. Ebenso genügt das Schema der Eckenausdrücke, falls die Forderung 1a) erhoben wird. Daß andernfalls auch diese Darstellungsmethoden versagen können, zeigen die in den Abb. 138, 139 dargestellten Polyeder, deren Flächen wir einander so zuordneten, daß entsprechende Flächen die gleichbezeichneten Ecken enthielten. Führen wir nun auch für die Flächen Zeichen ein, und zwar für entsprechende Flächen das gleiche Zeichen, so erhalten die beiden Polyeder, die doch von verschiedenem Typus sind, dieselben Eckenausdrücke.

## § 50. Die KIRKMANsche Reduktion.

In § 46 wurde gezeigt, daß man vom Tetraeder ausgehend durch reguläre Spaltungen zu jedem $K$-Polyeder gelangen kann. Da jeder der Begriffe $K$-Polyeder, Tetraeder zu sich selbst dual ist, so muß man auch durch die zu den regulären Spaltungen reziproken Prozesse vom Tetraeder aus zu allen $K$-Polyedern gelangen können. KIRKMAN hat in einer Arbeit, die sich zur Aufgabe stellt, die autopolaren, d. h. zu sich selbst reziproken konvexen Polyeder zu bestimmen, nur reguläre Spaltungen erster Art und zu ihnen reziproke Prozesse verwendet. Es zeigt sich, daß auch diese beiden Prozeßarten zur Ableitung aller $K$-Polyeder ausreichen, wobei man freilich als Ausgang nicht allein das Tetraeder, sondern die Gesamtheit aller Pyramiden wählen muß. Daß dies nötig ist, ist leicht zu sehen. Wenn nämlich ein Polyeder $\mathfrak{E}_1$ aus einem andern $\mathfrak{E}_0$ durch eine reguläre Spaltung erster Art hervorgeht, so sind die beiden Ecken der neu eingeführten Kante sicher mehr als dreikantig. $\mathfrak{E}_1$ besitzt also mindestens zwei Ecken mit mehr als drei Kanten. Entsprechend muß das Polyeder $\mathfrak{E}_1$, wenn es durch einen zur Spaltung erster Art dualen Prozeß[1] aus einem Polyeder $\overline{\mathfrak{E}}_0$ hervorgeht, mindestens zwei Flächen mit mehr als drei Kanten besitzen. Nun hat aber jede Pyramide, abgesehen von der Spitze, nur dreikantige Ecken und abgesehen von der Grundfläche nur Dreiecksflächen, kann also weder auf die eine noch auf die andere Art abgeleitet werden. KIRKMANs Untersuchungen ergaben aber, daß die Pyramiden die einzigen Ausnahmefälle sind, d. h. es gilt der Satz:

I. *Jedes K-Polyeder* $\mathfrak{E}_1$, *das keine Pyramide ist, kann entweder durch eine reguläre Spaltung erster Art oder einen zu einer solchen reziproken Prozeß aus einem andern K-Polyeder abgeleitet werden.*

Daraus folgt dann unmittelbar:

II. *Von den Pyramiden ausgehend, kann man durch reguläre Spaltungen erster Art und die zu diesen reziproken Prozesse zu allen K-Polyedern gelangen.*

Der Beweis dieser Sätze ist die Hauptaufgabe dieses Paragraphen. — Wir schicken zunächst einige Sätze voraus, die sich auf charakteristische Eigenschaften der Pyramiden beziehen.

---

[1] [Ein solcher Prozeß besteht in der Zerlegung einer mindestens 4-kantigen Ecke in zwei Ecken durch die Einführung einer verbindenden Kante: Sei $A$ die Ecke mit den Flächen und Kanten $\alpha_0 b_1 \alpha_1 b_2 \alpha_2 \ldots \alpha_{n-1} b_n \alpha_0$ $(n \geqq 4)$. Diesen Cyclus zerlegen wir in $\alpha_0 b_1 \ldots b_{s-1} \alpha_{s-1}$ und $\alpha_{s-1} b_s \ldots b_n \alpha_0$, führen statt $A$ zwei neue Ecken $A_1$ und $A_2$ ein, von denen $A_1$ mit dem ersten Cyclusteil, $A_2$ mit dem zweiten, außerdem $A_1$ und $A_2$ je noch mit einer neuen Kante $b$ incidieren. Ferner incidiere $b$ noch mit $\alpha_0$ und $\alpha_{s-1}$, so daß wir um $A_1$ den Cyclus $b\, \alpha_0 b_1 \ldots b_{s-1} \alpha_{s-1} b$ und um $A_2$ den Cyclus $b\, \alpha_{s-1} b_s \ldots b_n \alpha_0 b$ haben.]

1. Enthält das normale geschlossene Polyeder $\mathfrak{C}$ eine Fläche $\gamma_0$, deren sämtliche Ecken und deren sämtliche Nachbarflächen dreikantig sind, so ist $\mathfrak{C}$ eine Pyramide mit $\gamma_0$ als Grundfläche.

Es sei nämlich $\mathfrak{P} = A_0 b_1 A_1 b_2 \ldots b_n A_0$ das in $\gamma_0$ enthaltene Polygon, $\delta_i$ die Nachbarfläche von $\gamma_0$ an der Kante $b_i$, $c_i$ die nicht in $\gamma_0$ gelegene, durch $A_i$ gehende Kante, $S_i$ ihre zweite Ecke. Die Dreiecksfläche $\delta_i$ enthält dann die Kanten $c_{i-1}$, $b_i$, $c_i$ und die Ecken $S_{i-1}$, $A_{i-1}$, $A_i$ $S_i$. Es muß also $S_{i-1} = S_i$ sein, und es wird also $S_0 = S_1 = S_2 = \cdots$. Daraus ist ersichtlich, daß die Flächen $\gamma_0$, $\delta_i$ $(i = 1, \ldots, n)$ und die in ihnen enthaltenen Elemente eine Pyramide mit $\gamma_0$ als Grundfläche bilden, die Teil von $\mathfrak{C}$ und daher (§ 29, S. 116) mit $\mathfrak{C}$ identisch ist.

Ist $\mathfrak{C}$ eine Pyramide, $A$ eine Ecke, $\gamma$ eine mit $A$ incidente Fläche von $\mathfrak{C}$, so ist wenigstens eins der Elemente $A, \gamma$ dreikantig. Dasselbe gilt natürlich, wenn $\mathfrak{C}$ ein Dreiecks- oder Dreikantspolyeder ist. Wir beweisen folgende Umkehrung:

2. Ist $\mathfrak{C}$ ein $K$-Polyeder und ist in jedem incidenten Paare $A, \gamma$ von $\mathfrak{C}$ wenigstens das eine Element dreikantig, so ist $\mathfrak{C}$ entweder eine Pyramide oder ein Dreikants- oder ein Dreieckspolyeder.

Es genüge nämlich $\mathfrak{C}$ der Voraussetzung unseres Satzes und sei keine Pyramide. Nehmen wir zunächst an, daß $\mathfrak{C}$ eine Ecke $A$ enthält, deren sämtliche Flächen Dreiecksflächen $\gamma_1 = A B_1 B_2$, $\gamma_2 = A B_2 B_3$, $\ldots, \gamma_n = A B_n B_1$ sind. Dann sind $B_1, \ldots, B_n$ die sämtlichen zu $A$ benachbarten Ecken. Durch jede Kante $B_i B_{i+1}$ $(i = 1, \ldots, n;$ $B_{n+1} = B_1)$ geht außer $\gamma_i$ noch eine Fläche $\delta_i$. Der Fall $\delta_1 = \delta_2 = \cdots = \delta_n$ ist ausgeschlossen, da sonst diese Fläche das Polygon $B_1 B_2 \ldots B_n$ enthielte und man eine Pyramide hätte. Es sei unter den Flächen $\delta_2, \delta_3, \ldots, \delta_n$ $\delta_s$ die erste, die ungleich $\delta_1$ ist. Dann ist $\delta_{s-1} = \delta_1 \neq \delta_s$. Die Ecke $B_s$ ist dann mit den vier verschiedenen Flächen $\gamma_{s-1}$, $\gamma_s$, $\delta_{s-1}$, $\delta_s$ incident. Unserer Voraussetzung gemäß müssen daher alle mit $B_s$ incidenten Flächen dreieckig sein. Dies gilt insbesondere also auch von $\delta_{s-1} = \delta_1$. Da die Numerierung der Flächen $\gamma_i$ bzw. $\delta_i$ beliebig war, so sind also alle Flächen $\delta_i$ dreieckig. Durch die Ecke $B_i$ gehen wenigstens drei dreieckige Flächen, nämlich $\gamma_{i-1}$, $\gamma_i$, $\delta_i$. Gehen noch andere Flächen durch $B_i$, so sind der Voraussetzung gemäß alle durch $B_i$ gehenden Flächen dreieckig. Es gilt also in jedem Falle: Jede der Ecken $B_i$ ist nur mit dreieckigen Flächen incident. Damit ist gezeigt, daß, wenn $\mathfrak{C}$ keine Pyramide ist, den Voraussetzungen unseres Satzes genügt und irgendeine Ecke $A$ von $\mathfrak{C}$ nur mit Dreiecksflächen incident ist, dasselbe für jede zu $A$ benachbarte Ecke gilt. Da man von Ecke zu Nachbarecke fortschreitend zu jeder Ecke gelangen kann, so kommen überhaupt nur Dreiecksflächen vor, d. h. $\mathfrak{C}$ ist ein Dreieckspolyeder. — Wenn nun $\mathfrak{C}$ den Voraussetzungen unseres Satzes genügt und weder Pyramide noch Dreikantspolyeder ist, so enthält $\mathfrak{C}$ eine mehrkantige Ecke $A$; und da diese der Voraussetzung gemäß nur mit

Dreiecksflächen incident ist, ist, wie wir sahen, $\mathfrak{C}$ ein Dreieckspolyeder. Damit ist Satz 2 bewiesen.

3. Ist $\mathfrak{C} = \mathfrak{E} + \mathfrak{K} + \mathfrak{F}$ ein $K$-Polyeder und ist sowohl von den beiden Flächen einer jeden Kante als auch von den beiden Ecken einer jeden Kante immer wenigstens die eine dreikantig, so ist $\mathfrak{C}$ eine Pyramide.

*Beweis.* Es sei $A, \gamma$ ein incidentes Paar aus $\mathfrak{C}$. Wir zeigen dann zunächst, daß von den beiden Elementen $A, \gamma$ wenigstens eins dreikantig sein muß. Dabei verfahren wir indirekt, setzen also $A$ und $\gamma$ als wenigstens vierkantig voraus. Es seien $\gamma = \gamma_0, b_1, \gamma_1, b_2 \ldots, b_n, \gamma_n = \gamma_0$ die Flächen und Kanten durch $A$ in ihrer cyclischen Folge $(n \geqq 4)$, $B_i$ die von $A$ verschiedene, mit $b_i$ incidente Ecke, $\mathfrak{Z}_i$ der Elementarzug, den $\gamma_i$ außer den Elementen $B_i, b_i, A, b_{i+1} B_{i+1}$ noch enthält $(i = 1, \ldots, n;\ \gamma_n = \gamma_0, b_{n+1} = b_1, B_{n+1} = B_1)$. Von den beiden Flächen der Kante $b_1$ ist die eine, $\gamma_0$, wenigstens vierkantig, daher die andere, $\gamma_1$, unserer Voraussetzung gemäß dreikantig. Aus gleichem Grunde muß $\gamma_{n+1}$ dreikantig sein. Ebenso müssen die zu der mehrkantigen Ecke $A$ benachbarten Ecken $B_i$ sämtlich dreikantig sein. Die sämtlichen Flächen $\gamma_i$ bilden mit den in ihnen gelegenen Elementen zusammen einen Elementarkomplex $\mathfrak{C}_0$, dessen Rand $\mathfrak{R}$ von den Zügen $\mathfrak{Z}_i$ und den Ecken $B_i$ gebildet wird. — Nehmen wir zunächst an, daß die Flächen $\gamma_1, \gamma_2, \ldots, \gamma_{n-1}$ sämtlich dreikantig sind. Dann besteht jeder Zug $\mathfrak{Z}_i$ $(i = 1, \ldots, n-1)$ aus einer einzigen Kante $c_i$, die zu $\mathfrak{R}$ gehört und durch die außer $\gamma_i$ noch eine nicht zu $\mathfrak{C}_0$ gehörige Fläche $\delta_i$ geht. Durch $B_i$ $(i = 2, \ldots, n-1)$ gehen die Flächen $\gamma_{i-1}, \gamma_i, \delta_{i-1} \delta_i$. $\gamma_{i-1}$ und $\gamma_i$ sind voneinander verschieden, und $\delta_i$ ist von $\gamma_{i-1}$ und $\gamma_i$ verschieden. Da $B_i$ nur dreikantig, also auch nur dreiflächig ist, muß $\delta_{i-1} = \delta_i$ sein. Wir erhalten also: $\delta_1 = \delta_2 = \cdots = \delta_{n-1}$. Wir nennen diese Fläche kurz $\delta$. Sie hat mit $\gamma = \gamma_0$ die Ecken $B_1$ und $B_n$ gemein. Es muß also eine mit $\gamma, \delta, B_1$ und $B_n$ incidente Kante $c$ in $\mathfrak{C}$ vorkommen. Dann aber enthielte $\gamma$ das Dreieck $B_1 b_1 A\, b_n B_n c$ und wäre gegen die Voraussetzung dreikantig. Es können also nicht alle Flächen $\gamma_1, \ldots, \gamma_{n-1}$ dreikantig sein. Sei nun unter ihnen $\gamma_s$ die erste mehrkantige; dann ist $1 < s < n$. Die Züge $\mathfrak{Z}_i$ $(i = 1, \ldots, s-1)$ bestehen wieder nur aus einer Kante $c_i$, durch die außer $\gamma_i$ noch eine Fläche $\delta_i$ geht. Es folgt genau wie oben: $\delta_1 = \cdots = \delta_{s-1}$. Nennen wir diese Fläche wieder $\delta$. Sie enthält die Kanten $c_1, \ldots, c_{s-1}$ mit den Ecken $B_1, \ldots, B_s$, also wenigstens zwei Ecken $B_i$. Da nun durch $B_1$ nur die drei Flächen $\gamma_0, \gamma_1, \delta$, durch $B_s$ nur die drei Flächen $\gamma_{s-1}, \gamma_s, \delta$ gehen, so ist $\delta$ zu den mehrkantigen Flächen $\gamma_0$ und $\gamma_s$ benachbart. Daraus würde einerseits folgen, daß $\delta$ noch wenigstens eine Ecke aus $\mathfrak{Z}_0$ und eine Ecke aus $\mathfrak{Z}_s$, mithin im ganzen mindestens vier Ecken enthielte; andererseits aber müßte $\delta$ den Voraussetzungen unseres Satzes gemäß als Nachbarfläche mehrkantiger Flächen dreieckig sein. Wir erhalten also auch in dem hier angenommenen Falle einen Widerspruch, und somit ist gezeigt, daß wenigstens ein Element des incidenten Paares $A, \gamma$ dreikantig sein muß.

Wenn nun in $\mathfrak{C}$ eine mehr als dreikantige Fläche $\gamma_0$ vorkommt, so folgt, wie wir eben sahen, daß alle Ecken von $\gamma_0$ dreikantig sind. Unserer Voraussetzung gemäß sind aber auch alle Nachbarflächen von $\gamma_0$ dreikantig; mithin ist nach Satz 1 $\mathfrak{C}$ eine Pyramide. Wegen der Dualität des Pyramidenbegriffs und der Voraussetzung unseres Satzes können wir schließen, daß auch, wenn eine mehrkantige Ecke in $\mathfrak{C}$ vorkommt, $\mathfrak{C}$ eine Pyramide sein muß. Kommen aber in $\mathfrak{C}$ überhaupt nur dreikantige Ecken und dreikantige Flächen vor, so ist $\mathfrak{C}$ ebenfalls nach Satz 1 eine Pyramide, und zwar ein Tetraeder. Damit ist Satz 3 bewiesen.

Im folgenden verstehen wir unter $\mathfrak{C}_1$ stets einen geschlossenen normalen Komplex (der also zunächst kein Polyeder zu sein braucht), unter $b$ eine Kante von $\mathfrak{C}_1$, unter $A_1$, $A_2$, $\gamma_1$, $\gamma_2$ die mit $b$ incidenten Ecken und Flächen. $\mathfrak{P}_1$, $\mathfrak{P}_2$ seien die zu $\gamma_1$ und $\gamma_2$ gehörigen Polygone, $\mathfrak{S}_1$, $\mathfrak{S}_2$ die Systeme der mit $A_1$ bzw. $A_2$ incidenten Elemente. Soll es möglich sein, $\mathfrak{C}_1$ aus einem normalen Komplex $\mathfrak{C}_0$ durch eine Flächenspaltung abzuleiten, so ist notwendig und hinreichend (§ 34, S. 142), daß die Polygone $\mathfrak{P}_1$ und $\mathfrak{P}_2$ nur die Elemente $A_1$, $b$, $A_2$ gemein haben. In diesem Falle ergibt die Zusammenfassung aller in $\mathfrak{P}_1$ und $\mathfrak{P}_2$ vorkommenden Elemente nach Weglassung der Kante $b$ ein Polygon $\mathfrak{P}$, und der zur Flächenspaltung inverse Prozeß, also der Übergang von $\mathfrak{C}_1$ zu $\mathfrak{C}_0$, besteht darin, daß $b$, $\gamma_1$, $\gamma_2$ ausfallen und dafür eine $\mathfrak{P}$ enthaltende Fläche $\gamma$ eintritt. Denken wir uns den Komplex $\mathfrak{C}_1$ geometrisch durch eine Fläche dargestellt, auf welcher die Kanten des Komplexes als Linien aufgezeichnet sind, so gewinnen wir eine Darstellung von $\mathfrak{C}_0$, indem wir die $b$ repräsentierende Linie weglöschen. Wir wollen diesen Prozeß deshalb auch „Löschung der Kante $b$" nennen. Übersetzen wir unsere Betrachtung ins Duale, so erhalten wir folgendes Ergebnis: Damit $\mathfrak{C}_1$ aus einem normalen Komplex $\overline{\mathfrak{C}}_0$ durch einen zu einer Flächenspaltung reziproken Prozeß, bei dem $b$ die neu eingeführte Kante ist, abgeleitet werden kann, ist notwendig und hinreichend, daß die oben mit $\mathfrak{S}_1$ und $\mathfrak{S}_2$ bezeichneten Komplexe nur $\gamma_1 b \gamma_2$ gemein haben. Die Zusammenfassung der in $\mathfrak{S}_1$ und $\mathfrak{S}_2$ vorkommenden Elemente ergibt in diesem Falle einen zusammenhängenden Komplex $\mathfrak{S}$, bei dem jedes Element mit zwei andern incident ist, und man gelangt von $\mathfrak{C}_1$ zu $\overline{\mathfrak{C}}_0$, indem man $b$, $A_1$, $A_2$ fortläßt und dafür eine mit den Elementen von $\mathfrak{S}$ incidente Ecke $A$ einführt. Man kann sich diesen Vorgang veranschaulichen, indem man sich vorstellt, daß, während sonst der Typus ungeändert bleibt, die Linie $b$ zu einem Punkt $A$ zusammenschrumpft. Wir nennen deshalb diesen Prozeß „Zusammenziehen der Kante $b$". Beide Prozesse mögen auch den gemeinsamen Namen „Kantenelimination" führen.

Wir nehmen jetzt an, daß $\mathfrak{C}_1$ ein Polyeder ist und daß bei der Kante $b$ die Voraussetzungen für ihre Löschung erfüllt sind. In dem Komplex $\mathfrak{C}_0$ haben die Ecken $A_1$, $A_2$ eine Kante weniger als in $\mathfrak{C}_1$, während bei allen andern Ecken die Kantenzahl erhalten bleibt. Die Fläche $\gamma$ von $\mathfrak{C}_0$ ist wenigstens vierkantig, während die übrigen Flächen von $\mathfrak{C}_0$ dieselbe Kantenzahl wie in $\mathfrak{C}_1$ haben. Hieraus ist sofort zu ersehen, daß $\mathfrak{C}_0$ dann und nur dann ein Polyeder ist, wenn die Ecken $A_1$ und $A_2$ in $\mathfrak{C}_1$ mindestens vierkantig sind. Die dualen Überlegungen ergeben: Ist $\mathfrak{C}_1$ ein Polyeder und sind bei seiner Kante $b$ die Voraussetzungen für eine Elimination durch Zusammenziehen erfüllt, so ist der durch die Elimination entstehende Komplex $\overline{\mathfrak{C}}_0$ dann und nur dann ein Polyeder, wenn die beiden Flächen $\gamma_1$, $\gamma_2$ in $\mathfrak{C}_1$ mindestens vierkantig sind.

Wir setzen jetzt $\mathfrak{C}_1$ als ein Polyeder ohne übergreifende Elemente voraus. Die Bedingung für die Elimination durch Löschung von $b$ ist hier stets erfüllt, da die beiden Flächenpolygone $\mathfrak{P}_1$ und $\mathfrak{P}_2$ außer $A_1 b A_2$ keine Elemente mehr gemein haben können. Dasselbe gilt für die Elimination durch Zusammenziehung. Es fragt sich nur, unter welchen Bedingungen diese Prozesse wieder auf Polyeder ohne übergreifende Elemente führen. Wir wollen beweisen:

4. Ist $\mathfrak{C}_1$ ein Polyeder ohne übergreifende Elemente, $b$ eine seiner Kanten, sind $A_1$, $A_2$, $\gamma_1$, $\gamma_2$ die mit $b$ incidenten Elemente und $\mathfrak{C}_0$ und $\overline{\mathfrak{C}}_0$ die Komplexe, welche durch Löschung bzw. Zusammenziehung der Kante $b$ entstehen, so ist $\mathfrak{C}_0$ dann und nur dann ein Polyeder ohne übergreifende Elemente, wenn in $\mathfrak{C}_1$ keine Fläche $\beta$ vorkommt, die mit jeder der Flächen $\gamma_1$, $\gamma_2$ eine von $A_1$ und $A_2$ verschiedene Ecke gemein hat; und $\overline{\mathfrak{C}}_0$ ist dann und nur dann ein Polyeder ohne übergreifende Elemente, wenn in $\mathfrak{C}_1$ keine Ecke $B$ vorkommt, die mit jeder der Ecken $A_1$, $A_2$ eine von $\gamma_1$ und $\gamma_2$ verschiedene Fläche gemein hat.

Offenbar handelt es sich hier um zwei reziproke Sätze, so daß wir nur den ersten zu beweisen brauchen. — Es sei $\gamma$ die Fläche, die in $\mathfrak{C}_0$ an die Stelle von $b$, $\gamma_1$, $\gamma_2$ getreten ist. Sind nun $\alpha$, $\beta$ zwei Flächen von $\mathfrak{C}_0$ $M$ und $N$ mit $\alpha$ und $\beta$ zugleich incidente Ecken, so kommen, wenn $\alpha$ und $\beta$ von $\gamma$ verschieden sind, alle vier Elemente schon in $\mathfrak{C}_1$ vor, und da $\mathfrak{C}_1$ keine übergreifenden Elemente hat, so gibt es in diesem Polyeder eine mit $\alpha$, $\beta$, $M$, $N$ incidente Kante $c$; es ist $c \neq b$, weil durch $b$ die Flächen $\gamma_1$, $\gamma_2$ und keine andern gehen. $c$ kommt daher auch in $\mathfrak{C}_0$ vor, und somit ist in diesem Falle $\alpha$, $\beta$, $M$, $N$ kein übergreifendes Quadrupel. Ist eine der Flächen $\alpha$, $\beta$ etwa $\alpha = \gamma$, so muß jede der Ecken $M$ und $N$, weil sie mit $\gamma = \alpha$ incident ist, in einer der Flächen $\gamma_1$, $\gamma_2$ liegen. Enthält $\gamma_1$ beide Ecken, so muß in $\mathfrak{C}_1$ eine mit $\gamma_1$, $\beta$, $M$, $N$ incidente Kante $c$ vorkommen, die wiederum ungleich $b$ ist (weil $b$ nicht mit $\beta$ incident ist) und daher zu $\mathfrak{C}_0$ gehört. Also ist auch in diesem Falle $\alpha = \gamma$, $\beta$, $M$, $N$ kein übergreifendes Quadrupel, aber dasselbe gilt natürlich, wenn $M$ und $N$ beide in $\gamma_2$ liegen. Soll also $\alpha, \beta, M, N$ ein übergreifendes Quadrupel sein, so muß von den beiden Ecken $M$ und $N$ die eine nur zu $\gamma_1$, die andere nur zu $\gamma_2$ gehören, womit auch gesagt ist, daß sie von $A_1, A_2$ verschieden sind. Wenn daher in $\mathfrak{C}_1$ keine Fläche $\beta$ vorkommt, die mit $\gamma_1$ und $\gamma_2$ je eine von $A_1$ und $A_2$ verschiedene Ecke gemein hat, so hat $\mathfrak{C}_0$ sicher keine übergreifenden Elemente. $\mathfrak{C}_0$ ist in diesem Falle aber auch ein Polyeder; denn wäre z. B. die Ecke $A_1$ in $\mathfrak{C}_1$ nur dreikantig, so würde die dritte Fläche, welche außer $\gamma_1$ und $\gamma_2$ durch $A_1$ noch geht, mit $\gamma_1$ und $\gamma_2$ benachbart sein und daher mit jeder dieser Flächen noch eine von $A_1$ und $A_2$ verschiedene Ecke gemein haben. Nehmen wir andererseits an, daß in $\mathfrak{C}_1$ eine Fläche $\beta$ vorkommt, die mit $\gamma_1$ die Ecke $M$, mit $\gamma_2$ die Ecke $N$ gemein hat, wo $M$ und $N$ von $A_1, A_2$ verschieden sind, so kommt eine $M$ und $N$ verbindende Kante weder in $\gamma_1$ noch in $\gamma_2$ vor; eine solche Kante kann also auch in $\gamma$ nicht vorkommen, und mithin ist alsdann $\beta, \gamma, M, N$ ein übergreifendes Quadrupel von $\mathfrak{C}_0$. Damit ist Satz 4 bewiesen.

5. Ist $\mathfrak{C}_1$ ein $K$-Polyeder und ist jedes der vier mit der Kante $b$ incidenten Elemente $A_1, A_2, \gamma_1, \gamma_2$ mindestens vierkantig, so ist von den beiden Polyedern $\mathfrak{C}_0$ und $\overline{\mathfrak{C}}_0$, die man durch Löschung bzw. Zusammenziehung von $b$ enthält, wenigstens das eine ein $K$-Polyeder.

*Beweis.* Zunächst ist klar, daß $\mathfrak{C}_0$ und $\overline{\mathfrak{C}}_0$ Eulersche Polyeder sind; es kommt also nur darauf an, daß wenigstens eins von ihnen von übergreifenden Elementen frei ist. Wir führen den Beweis indirekt, nehmen also an, daß sowohl in $\mathfrak{C}_0$ wie in $\overline{\mathfrak{C}}_0$ übergreifende Elemente vorkommen. Dann muß es nach 4. in $\mathfrak{C}_1$ erstens eine Fläche $\beta$ geben, die mit $\gamma_1$ eine Ecke $M$, mit $\gamma_2$ eine Ecke $N$ gemein hat, wobei $M$ und $N$ von $A_1$ und $A_2$ verschieden sind; und es muß zweitens in $\mathfrak{C}_1$ eine Ecke $B$ geben, die mit $A_1$ eine Fläche $\mu$, mit $A_2$ eine Fläche $\nu$ gemein hat, wobei $\mu$ und $\nu$ von $\gamma_1$ und $\gamma_2$ verschieden sind. Aus diesen Annahmen wollen wir jetzt einen Widerspruch herleiten. Zunächst sehen wir, daß die Fläche $\beta$ keine der Ecken $A_1, A_2$ enthalten kann. Enthielte sie nämlich z. B. $A_1$, so wäre sie, weil sie auch $M$ und $N$ enthält, mit $\gamma_1$ und $\gamma_2$ benachbart, und da auch $\gamma_1$ und $\gamma_2$ benachbart sind, so wäre $A_1$ gegen die Voraussetzung eine dreikantige Ecke. In gleicher Weise schließen wir, daß die Ecke $B$ in keiner der Flächen $\gamma_1, \gamma_2$ liegen kann, daß daher $\mu$ und $\nu$ von $\gamma_1$ und $\gamma_2$ verschieden sind. Die durch $A_2$ gehende Fläche $\nu$ kann daher nicht durch $A_1$ gehen. Ferner ist $\nu \neq \beta$, weil $\beta$ nicht durch $A_2$ geht. Wir betrachten jetzt das System $\mathfrak{S}_1$ der mit $A_1$ incidenten Kanten und Flächen. Zu diesem System gehören $\gamma_1, \gamma_2$ und $\mu$, dagegen nicht $\beta$ und $\nu$. Nehmen wir zu $\mathfrak{S}_1$ noch alle sonst in den Flächen von $\mathfrak{S}_1$ gelegenen Elemente hinzu, so erhalten wir einen Elementarkomplex $\mathfrak{C}_2$ (§ 43, S. 180), durch dessen Randpolygon $\mathfrak{R}$ das $K$-Polyeder $\mathfrak{C}_1$ in $\mathfrak{C}_2$ und einen zweiten Elementarkomplex $\mathfrak{C}_3$ zerfällt wird. Die Flächen $\gamma_1, \gamma_2, \mu$ gehören zu $\mathfrak{C}_2$, die Flächen $\beta$ und $\nu$ zu $\mathfrak{C}_3$. $A_1$ ist die einzige innere Ecke von $\mathfrak{C}_2$. Die Ecken $A_2, M, N, B$, die sich in den Flächen $\gamma_1, \gamma_2, \mu$ finden, sind voneinander und von $A_1$ verschieden und gehören dem Rande $\mathfrak{R}$ an. Auf diesem Rande schließen sich an $A_2$ auf der einen Seite die zu $\gamma_1$, auf der andern Seite die zu $\gamma_2$ gehörigen Elemente von $\mathfrak{R}$, zu denen die Ecke $B$ nicht gehört. Daraus folgt, daß sich die Punktepaare $A_2, B$ und $M, N$ auf $\mathfrak{R}$ trennen. Nun ist $\mathfrak{R}$ auch Randpolygon des Elementarkomplexes $\mathfrak{C}_3$, dem die beiden verschiedenen Flächen $\beta$ und $\nu$ angehören, von denen die erste das Eckenpaar $M, N$, die zweite das Eckenpaar $A_2, B$ enthält. Das ist aber nach § 33, 18 unmöglich. — Wir können noch auf etwas anschaulichere Weise einen Widerspruch herleiten. Zunächst sieht man, daß $\beta$ von $\mu$ und $\nu$ verschieden ist. Spalten wir nun die Fläche $\mu$ durch eine $A_1$ und $B$ verbindende Kante $p$, $\nu$ durch eine $A_2$ und $B$ verbindende Kante $q$ (wobei es ganz gleichgültig ist, ob etwa durch diese Spaltung Flächenzweiecke eingeführt werden), so wird der erhaltene Komplex durch das Polygon $A_1 p B q A_2 b A_1$ in zwei Elementarkomplexe $\mathfrak{C}_4$ und $\mathfrak{C}_5$ zerfällt, von denen der eine, $\mathfrak{C}_4$, die Fläche $\gamma_1$, der andere, $\mathfrak{C}_5$, die Fläche $\gamma_2$ enthält. $M$ ist dann innere Ecke von $\mathfrak{C}_4$, gehört also nicht zu $\mathfrak{C}_5$, und ebensowenig kann $N$ zu $\mathfrak{C}_4$ gehören. Die von den Spaltungen nicht betroffene Fläche $\beta$ müßte also entweder zu $\mathfrak{C}_4$ oder zu $\mathfrak{C}_5$ gehören. Aber in dem einen Falle könnte sie nicht die Ecke $N$, in dem andern nicht die Ecke $M$ enthalten, die sie doch enthalten soll.

6. Ist $\mathfrak{C}_1$ ein $K$-Polyeder, $b$ eine Kante von $\mathfrak{C}_1$, deren beide Ecken $A_1, A_2$ mindestens vierkantig sind, während von ihren Flächen $\gamma_1, \gamma_2$ wenigstens die eine, $\gamma_2$, nur dreikantig ist, und ist die dritte Ecke $A_3$ der Fläche $\gamma_2$ dreikantig, so erhält man durch Löschung von $b$ ein $K$-Polyeder.

Wäre dies nämlich nicht der Fall, so müßte $\mathfrak{C}_1$ eine Fläche $\beta$ enthalten, die mit $\gamma_1$ eine von $A_1$ und $A_2$ verschiedene Ecke $M$, mit $\gamma_2$ die Ecke $A_3$ gemein hat. Da $A_3$ nur dreiflächig ist, müßte $\beta$ zu $\gamma_2$ benachbart sein, also noch eine der Ecken $A_1$, $A_2$ enthalten. Enthielte nun $\beta$ z. B. die Ecke $A_1$, so hätte $\beta$ mit $\gamma_1$ die Ecken $A_1$ und $M$ gemein, und es wären die durch $A_1$ gehenden Flächen $\gamma_1, \gamma_2, \beta$ alle drei miteinander benachbart, $A_1$ wäre also gegen die Voraussetzung dreikantig. Damit ist Satz 6 bewiesen.

7. Enthält das $K$-Polyeder $\mathfrak{C}_1$ eine Dreiecksfläche $\gamma_2$, deren Ecken $A_1, A_2, A_3$ sämtlich mindestens vierkantig sind, so sind unter den drei Kanten $a = A_3 A_1$, $b = A_1 A_2$, $c = A_2 A_3$ wenigstens zwei so beschaffen, daß die Löschung einer von ihnen ein $K$-Polyeder ergibt.

*Beweis.* Durch jede der Kanten $a, b, c$ geht außer $\gamma_2$ noch eine Fläche; wir nennen diese Flächen $\delta, \gamma_1, \gamma_3$. Nehmen wir nun an, daß die Voraussetzungen des Satzes 7 erfüllt sind, seine Behauptung aber nicht zutrifft. Dann gibt es unter den Kanten von $\gamma_2$ zwei solche, etwa $b$ und $a$, daß sowohl die Löschung von $b$ als auch die Löschung von $a$ ein Polyeder mit übergreifenden Elementen ergibt. Nach Satz 4 muß dann $\mathfrak{C}_1$ erstens eine Fläche $\beta$ enthalten, die mit $\gamma_1$ eine von $A_1$ und $A_2$

verschiedene Ecke $M$, mit $\gamma_2$ die Ecke $A_3$ gemein hat, und zweitens muß $\mathfrak{C}_1$ eine Fläche $\beta'$ enthalten, die mit $\delta$ eine von $A_1$ und $A_3$ verschiedene Ecke $N$, mit $\gamma_2$ die Ecke $A_2$ gemein hat. Die Fläche $\beta$ kann weder mit $A_1$ noch mit $A_2$ incident sein; enthielte sie nämlich $A_1$ und somit die drei Ecken $A_1, M, A_3$, so wäre sie zu $\gamma_1$ und zu $\gamma_2$ benachbart, und die Ecke $A_1$ wäre nur dreikantig. Aus gleichem Grunde kann $\beta$ nicht $A_2$ enthalten, und ebensowenig kann in $\beta'$ eine der Ecken $A_1$ oder $A_3$ vorkommen. $\beta'$ ist also auch von der $A_3$ enthaltenden Fläche $\beta$ verschieden. Es sei nun wieder $\mathfrak{C}_2$ der aus den Flächen durch $A_1$ und den in ihnen gelegenen Elementen gebildete Elementarkomplex, $\mathfrak{R}$ sein Rand, $\mathfrak{C}_3$ der zweite in $\mathfrak{C}_1$ enthaltene Elementarkomplex mit dem Rande $\mathfrak{R}$. Die Flächen $\gamma_1, \gamma_2, \delta$ gehören zu $\mathfrak{C}_2$, die Flächen $\beta$ und $\beta'$ dagegen zu $\mathfrak{C}_3$. $A_1$ ist die einzige innere Ecke von $\mathfrak{C}_2$, die Ecken $A_2$, $A_3$, $M$ und $N$ gehören zu $\mathfrak{R}$. Die durch $c$ verbundenen Ecken $A_2, A_3$ folgen auf $\mathfrak{R}$ unmittelbar aufeinander. Auf $A_2$ folgen in $\mathfrak{R}$ auf der einen Seite die zu $\gamma_1$ gehörigen Ecken, darunter $M$, auf $A_3$ nach der andern Seite die zu $\delta$ gehörigen Ecken, darunter $N$. Die Punktepaare $A_2, N$ und $A_3, M$ trennen einander auf dem Rande $\mathfrak{R}$ des Elementarkomplexes $\mathfrak{C}_3$. Von den zu $\mathfrak{C}_3$ gehörigen Flächen $\beta$, $\beta'$ ist aber die eine mit $M$ und $A_3$, die andere mit $N$ und $A_2$ incident, und das steht im Widerspruch zu Satz 18, § 33.

8. Enthält das $K$-Polyeder $\mathfrak{C}_1$ eine Kante $b$, deren beide Ecken $A_1, A_2$ mindestens vierkantig sind, so kann man aus $\mathfrak{C}_1$ durch Elimination einer Kante zu einem $K$-Polyeder gelangen.

Sind nämlich beide durch $b$ gehende Flächen vier- oder mehrkantig, so führt entweder die Löschung oder die Zusammenziehung von $b$ zu einem $K$-Polyeder (Satz 5). Kommt aber unter den Flächen von $b$ eine dreikantige $\gamma_2$ vor, so ist zu unterscheiden, ob die dritte Ecke $A_3$ von $\gamma_2$ drei- oder mehrkantig ist. Im ersten Falle führt die Löschung von $b$ auf ein $K$-Polyeder (Satz 6), im zweiten sind unter den drei Kanten von $\gamma_2$ wenigstens zwei so beschaffen, daß die Löschung einer von ihnen ein $K$-Polyeder ergibt (Satz 7).

Durch Dualisieren von 8. erhalten wir den Satz

9. Enthält das $K$-Polyeder $\mathfrak{C}_1$ eine Kante $b$, deren beide Flächen mindestens vierkantig sind, so kann man aus $\mathfrak{C}_1$ durch Elimination einer Kante zu einem $K$-Polyeder gelangen.

Es sei nun $\mathfrak{C}_1$ ein $K$-Polyeder, aber keine Pyramide. Dann muß nach Satz 3 in $\mathfrak{C}_1$ eine Kante $b$ vorkommen, bei der entweder beide Ecken oder beide Flächen vier- oder mehrkantig sind. Nach den Sätzen 8 und 9 muß es dann auch möglich sein, aus $\mathfrak{C}_1$ durch Elimination einer Kante ein $K$-Polyeder zu erhalten, d. h. es muß möglich sein, $\mathfrak{C}_1$ durch eine reguläre Spaltung erster Art oder einen zu einer solchen reziproken Prozeß aus einem $K$-Polyeder herzuleiten. Dies ist aber der Inhalt des Satzes I, aus dem II unmittelbar folgt.

Dritter Abschnitt.

# Geometrische Realisierung der Polyeder.

Erstes Kapitel.

## Analytisch-geometrische Methoden.

### § 51. Der Fundamentalsatz der konvexen Typen im Bereich der Dreikantspolyeder.

Unserm am Ende des ersten Abschnitts entwickelten Programm gemäß haben wir im zweiten rein kombinatorische Betrachtungen angestellt und Schemata behandelt, die wir polyedrische Komplexe bzw. Polyeder nannten, ohne Rücksicht darauf, ob ein solches Schema durch ein geometrisches Gebilde realisierbar ist, das nach allgemeinem Sprachgebrauch oder auf Grund der im ersten Abschnitt gegebenen Definitionen als Polyeder gelten kann. Die Frage nach der Realisierbarkeit und andere damit in engem Zusammenhang stehende Fragen werden den Hauptgegenstand dieses Abschnittes bilden. Im Verfolg dieser Dinge werden wir auch noch öfters neuen Problemen kombinatorischer Art begegnen. Wir wollten diese aber nicht vorwegnehmen, sondern erst dann bringen, wenn ihr Zweck klar liegt und daher größeres Interesse an ihnen erwartet werden kann.

Als eine unserer wichtigsten Aufgaben betrachten wir den Beweis des in § 46 des letzten Kapitels angegebenen fundamentalen Satzes, daß jedes $K$-Polyeder als konvexes Polyeder realisierbar ist. Da man aus dem Tetraeder durch reguläre Spaltungen alle $K$-Polyeder ableiten kann, kommt es offenbar nur darauf an, folgendes nachzuweisen:

Sind $\mathfrak{C}_0$ und $\mathfrak{C}_1$ zwei $K$-Polyeder, von denen das zweite aus dem ersten durch eine reguläre Spaltung hervorgeht, und ist $\mathfrak{C}_0$ als konvexes Polyeder realisierbar, so gilt von $\mathfrak{C}_1$ dasselbe.

Wenn wir von einem $f$-flächigen $K$-Polyeder $\mathfrak{C}_0$ sagen, daß es durch das konvexe Polyeder $\overline{\mathfrak{C}}_0$ realisiert wird, so meinen wir, daß $\overline{\mathfrak{C}}_0$ ein konvexer Körper ist, der von $f$ in ebenso vielen verschiedenen Ebenen gelegenen Polygonflächen begrenzt wird, deren Ausdrücke bei geeigneter Bezeichnung mit den Ausdrücken von $\mathfrak{C}_0$ übereinstimmen. Daß alsdann diese Flächen ebenfalls konvex und die Kanten in lauter verschiedenen Geraden gelegen sind, ist eine einfache Folgerung, bei deren Ableitung wir hier um so weniger zu verweilen brauchen, als wir im nächsten Kapitel auf eine axiomatische Behandlung der konvexen Polyeder eingehen werden. Wir wollen in diesem Paragraphen den Beweis des

Fundamentalsatzes im Gebiete der Dreikantspolyeder erbringen, für den er sich besonders einfach gestaltet.

Wenn $\mathfrak{C}_1$ aus dem $K$-Polyeder $\mathfrak{C}_0$ durch eine reguläre Spaltung hervorgeht, so ist eine $m$-kantige Ecke von $\mathfrak{C}_0$ in $\mathfrak{C}_1$ ebenfalls $m$-kantig, wenn sie nicht auf der spaltenden Kante liegt; in diesem Fall ist sie $m + 1$-kantig. Die bei einer regulären Spaltung dritter Art hinzukommenden Ecken sind 3-kantig, und dasselbe gilt für die Ecke, die bei einer Spaltung zweiter Art eingeführt wird. Hieraus folgt, daß $\mathfrak{C}_1$ dann und nur dann ein Dreikantspolyeder ist, wenn $\mathfrak{C}_0$ Dreikantspolyeder und die Spaltung von dritter Art ist. Bei der Ableitung eines $K$-Polyeders mit lauter dreikantigen Ecken aus dem Tetraeder kommen also nur Spaltungen dritter Art vor, und umgekehrt erhält man, wenn man sich auf solche Spaltungen beschränkt, aus dem Tetraeder auch nur immer Dreikantspolyeder.

Es sei jetzt $\mathfrak{C}_0$ irgendein $K$-Polyeder mit lauter dreikantigen Ecken, $\gamma$ eine Fläche von $\mathfrak{C}_0$, $\mathfrak{P}$ das in $\gamma$ gelegene Polygon. Sind $s$ und $t$ zwei Kanten aus $\mathfrak{P}$, so zerfällt $\mathfrak{P} - s - t$ in zwei einfache Kantenzüge, von denen sich jedoch der eine, wenn die Kanten benachbart sind, auf eine Ecke reduziert. Es seien $A_1, \ldots, A_p$ und $B_1, \ldots, B_q$ die Ecken der beiden Züge ($p \geqq 1$, $q \geqq 1$, $p + q \geqq 3$) so geordnet, daß $A_1, \ldots, A_p, B_1, \ldots, B_q$ ihre Anordnung im Polygon ist und $s = B_q A_1$, $t = A_p B_1$ wird. Durch $s$ geht außer $\gamma$ noch eine Fläche $\sigma$, durch $t$ eine Fläche $\tau$. Die außerhalb $\gamma$ gelegenen Ecken von $\mathfrak{C}_0$ seien in irgendeiner Reihenfolge mit $C_1, C_2, \ldots$ bezeichnet. Wir leiten jetzt aus $\mathfrak{C}_0$ durch eine reguläre Spaltung dritter Art das Polyeder $\mathfrak{C}_1$ her, indem wir $s$ durch eine Ecke $S$, $t$ durch eine Ecke $T$, $\gamma$ durch eine $S$ und $T$ verbindende Kante $c$ spalten. An Stelle von $\gamma$ sind in $\mathfrak{C}_1$ die Flächen $\alpha = S A_1 \ldots A_p T(S)$, $\beta = T B_1 \ldots B_q S(T)$ getreten. Durch jede Ecke $A_i$ geht noch eine nicht in $\alpha$ gelegene Kante $a_i$, durch jede Kante $A_i A_{i+1}$ (im Falle $p > 1$) außer $\alpha$ noch eine Fläche $\delta_i$. In dem Cyclus $\mathfrak{S}$ der Kanten und Flächen $\alpha, s' = S A_1, \sigma, a_1, \delta_1, a_2, \ldots, \delta_{p-1}, a_p, \tau, t' = T A_p, (\alpha)$ ist jedes Element mit dem nächsten incident. (Im Falle $p = 1$ besteht der Cyclus nur aus den Elementen $\alpha, s', \sigma, a_1, \tau, t', (\alpha)$.)

Wir nehmen jetzt an, daß $\mathfrak{C}_0$ durch ein konvexes Polyeder $\overline{\mathfrak{C}}_0$ realisiert ist. Die Elemente von $\overline{\mathfrak{C}}_0$ bezeichnen wir wie die ihnen zugeordneten in $\mathfrak{C}_0$. In der Kante $s$ von $\overline{\mathfrak{C}}_0$ nehmen wir einen Punkt $S$, in der Kante $t$ einen Punkt $T$ an und ziehen die gerade Strecke $ST$. Die Fläche $\gamma$ von $\overline{\mathfrak{C}}_0$ wird dadurch in die beiden Polygonflächen $\alpha = S A_1 \ldots A_p T(S)$, $\beta = T B_1 \ldots B_q S(T)$ zerlegt. Schreiben wir noch für die übrigen Flächen von $\overline{\mathfrak{C}}_0$ die Ausdrücke hin, so haben wir das Schema von $\mathfrak{C}_1$. Wir haben es hier mit einer „uneigentlichen" Realisierung von $\mathfrak{C}_1$ zu tun, uneigentlich deshalb, weil die Flächen $\alpha, \beta$, in die die Fläche $\gamma$ von $\overline{\mathfrak{C}}_0$ geteilt wurde, in derselben Ebene liegen. Diesem

Übelstand können wir aber leicht abhelfen. Es sei nämlich $\eta$ eine um die Gerade $ST$ drehbare Ebene. In ihrer Anfangslage enthalte sie die Fläche $\gamma$. Wir nehmen mit $\eta$ eine kleine Drehung vor, die jedenfalls so klein sein soll, daß $\eta$ noch nicht durch eine der außerhalb $\gamma$ gelegenen Ecken $C_i$ hindurchgeht. Dann werden nach erfolgter Drehung alle Ecken $C_i$ noch wie im Anfang alle auf derselben Seite von $\eta$ liegen. Die Ecken $A_i$ $(i = 1, \ldots, p)$ und $B_i$ $(i = 1, \ldots, q)$ aber liegen zu verschiedenen Seiten von $\eta$; es hängt vom Sinne der Drehung ab, ob die $A_i$ oder die $B_i$ auf der Seite der $C_i$ liegen. Wir wollen die Drehung so annehmen, daß durch $\eta$ die Ecken $A_i$ von den übrigen getrennt werden. $\eta$ schneidet dann diejenigen Kanten von $\overline{\mathfrak{C}}_0$, welche von einer dieser Ecken zu den Ecken $A_i$ führen, das sind die Kanten $s$ und $t$, die in $S$ und $T$ getroffen werden, und die Kanten $a_i$. Ist $A_i'$ der Schnittpunkt auf $a_i$, so ist die Schnittfläche das Polygon $\alpha' = SA_1' \ldots A_p' T (S)$, seine Kanten sind $c$ und die Schnitte von $\eta$ mit den Flächen aus $\mathfrak{S}$. Durch $\eta$ wird $\overline{\mathfrak{C}}_0$ in zwei konvexe Teile zerschnitten, von denen derjenige, $\overline{\mathfrak{C}}_1$, der die Ecken $C_i$ enthält, eine Realisierung des $K$-Polyeders $\mathfrak{C}_1$ im eigentlichen Sinne darstellt; denn die Flächenausdrücke von $\mathfrak{C}_1$ stimmen mit denen von $\overline{\mathfrak{C}}_1$ überein, wenn man nur jedes $A_i$ durch $A_i'$ ersetzt, und die Flächen von $\overline{\mathfrak{C}}_1$ liegen in ebenso vielen verschiedenen Ebenen.

Wir sind hier von der uneigentlichen Realisation des $K$-Polyeders $\mathfrak{C}_1$ zu der eigentlichen gelangt, indem wir nur eine Ebene mit den in ihr gelegenen Elementen beliebig wenig variierten. Wäre das durch $\overline{\mathfrak{C}}_0$ realisierte $K$-Polyeder $\mathfrak{C}_0$ kein Dreikantspolyeder, so hätte man, gleichviel, ob die Spaltung, durch die $\mathfrak{C}_1$ aus $\mathfrak{C}_0$ hervorgeht, von erster, zweiter oder dritter Art ist, den ersten Teil unserer Konstruktion, der zu der uneigentlichen Darstellung von $\mathfrak{C}_1$ führte, natürlich auch leicht ausführen können. Aber der Übergang zu der eigentlichen durch bloße Drehung einer Ebene würde, wenn unter den Ecken $A_i$, $B_i$ auch mehrkantige vorkommen, offenbar nicht möglich sein. Es liegt aber die Vermutung nahe, daß man auch in diesem Falle durch kompliziertere Variation von Elementen zum Ziele gelangt. Daß es sich in der Tat so verhält, werden wir unter Benutzung einiger allgemeiner Sätze aus der Analysis im folgenden zeigen.

## § 52. Hilfssätze aus der Analysis.

Wir stellen hier einige bekannte Tatsachen aus der Analysis, die wir für unsere Zwecke brauchen, ohne Beweis zusammen.

Es seien $f_i = a_{i1} u_1 + \cdots + a_{in} u_n$ $(i = 1, \ldots, m)$ $m$ lineare Formen von $u_1, \ldots, u_n$, deren Koeffizienten von den $u$ unabhängig sind. Bilden wir

$$f = c_1 f_1 + \cdots + c_m f_m,$$

wo die Koeffizienten $c$ ebenfalls von den $u$ unabhängig sind, so ist auch $f$ eine solche Linearform; die Form $f$ ist aus den Formen $f_1, \ldots, f_m$ mittels der Koeffizienten $c$ „komponiert". Es kann sein, daß $f$ identisch Null ist, d. h. daß in $f$ die Koeffizienten aller $u$ verschwinden. Es ist dies sicher der Fall, wenn alle $c$ Null sind. Wenn aber die $c$ so wählbar sind, daß sie nicht alle Null sind, und trotzdem $f$ identisch Null wird, so heißen die Formen $f_1, \ldots, f_m$ linear abhängig, andernfalls linear unabhängig. Ist $m > 1$, so sind die Formen $f_i$ dann und nur dann linear abhängig, wenn unter ihnen wenigstens eine ist, die schon aus den übrigen komponiert werden kann. Ist $m = 1$, so bedeutet lineare Abhängigkeit, daß die eine Form identisch Null ist. Das System der $m$ Formen $f_i$ heißt vom Range $r$, wenn es möglich ist, dem System $r$ linear unabhängige Formen zu entnehmen, während ein Teilsystem von mehr als $r$ unabhängigen Formen nicht vorhanden ist. In jedem Falle ist $r \leqq m$ und $r \leqq n$. Der Rang des Systems kann auch noch anders erklärt werden. Die aus den Koeffizienten der Formen gebildete Matrix vom $m$ Zeilen und $n$ Spalten weist, wenn der Rang $r$ ist, wenigstens eine nicht verschwindende Unterdeterminante $r$-ten Grades auf, während nicht verschwindende Unterdeterminanten höheren Grades nicht vorhanden sind. Sind die $m$ Formen $f_i$ alle linear unabhängig, ist also der Rang des Systems $m$, und nimmt man noch eine Form $f_{m+1}$ hinzu, so ist das neue System linear abhängig, wenn $f_{m+1}$ aus den übrigen Formen komponierbar ist.

Statt linearer Formen nehmen wir jetzt $m$ beliebige reelle Funktionen $f_i(u_1, \ldots, u_n)$ der $n$ reellen Veränderlichen $u_1, \ldots, u_n$, von denen wir nur voraussetzen, daß sie innerhalb eines gewissen Gebietes definiert sind und daselbst stetige partielle Ableitungen erster Ordnung haben. Die $m$ Differentiale $df_i = \frac{\partial f_i}{\partial u_1} du_1 + \cdots + \frac{\partial f_i}{\partial u_n} du_n$ sind dann lineare Formen der $n$ Differentiale $du_1, \ldots, du_n$. Die Koeffizienten $\frac{\partial f_i}{\partial u_h}$ sind von den $du_n$ unabhängig, sind aber Funktionen der $u$, und auch der Rang der Linearformen $df_i$ oder — was dasselbe ist — der Rang der aus den partiellen Ableitungen $\frac{\partial f_i}{\partial u_h}$ gebildeten Matrix kann sich mit den $u$ ändern. Nehmen wir an, daß für ein gewisses Wertsystem der $u$, etwa $u_1 = \mathring{u}_1, \ldots, u_n = \mathring{u}_n$, der Rang gleich $m$ ist, was natürlich nur möglich ist, wenn $m \leqq n$ ist, also seinen höchsten Wert erreicht. Es existiert dann eine Unterdeterminante $D$ vom $m$-ten Grade, die an der Stelle $\mathring{u}$ von Null verschieden ist. Grenzen wir dann eine Umgebung dieser Stelle ab, d. h. wählen wir $n$ positive Zahlen $\delta_1, \ldots, \delta_n$, und beschränken wir jedes $u_h$ auf das Intervall $\mathring{u}_h - \delta_h$ bis $\mathring{u}_h + \delta_h$, so werden, wenn diese Umgebung klein genug gewählt ist, nicht nur die Funktionen $f_i$ in dieser Umgebung definiert und differentiierbar sein, sondern es wird wegen der Stetigkeit dieser Ableitungen die Determinante

$D$ eine stetige Funktion der $u$ und überall von Null verschieden, nämlich überall von demselben Vorzeichen wie an der Stelle $\mathring{u}$ sein. Dies besagt, daß, wenn der Rang des Systems der Differentiale $df_i$ an der Stelle $\mathring{u}$ seinen Höchstwert $m$ hat, dasselbe auch in einer gewissen Umgebung von $\mathring{u}$ überall der Fall sein muß.

Wir betrachten jetzt die $m$ Gleichungen

$$f_1(u_1, \ldots, u_n) = 0, \ \ldots, \ f_m(u_1, \ldots, u_n) = 0$$

und setzen ausdrücklich $m < n$ voraus. Es braucht natürlich keine Lösung dieses Systems zu existieren. Nehmen wir aber an, daß eine Lösung $\mathring{u}$ vorhanden ist, und weiter, daß an der Stelle $\mathring{u}$ der Rang des Differentialsystems $df_i$ gleich $m$, und $D$ eine von Null verschiedene Unterdeterminante $m$-ten Grades aus der Matrix der partiellen Ableitungen $\frac{\partial f_i}{\partial u_h}$ ist.

Wir teilen dann die $n$ Variablen $u_h$ in zwei Klassen, von denen die zweite diejenigen $m$ Variablen $u$ enthält, bezüglich deren die in $D$ auftretenden partiellen Ableitungen genommen sind. Es gilt nun der folgende Satz:

Ist eine Umgebung der Stelle $\mathring{u}$ gegeben, so kann man innerhalb dieser eine kleinere Umgebung so abgrenzen, daß nach willkürlicher Wahl der $n - m$ zur ersten Klasse gehörigen Variablen $u$ innerhalb der ihnen zugewiesenen Umgebungen die $m$ Variablen der zweiten Klasse in ihren Umgebungen auf eine und nur eine Weise so bestimmbar sind, daß die $n$ Werte $u_1, \ldots, u_n$ zusammen eine Lösung der $m$ Gleichungen $f_i = 0$ ergeben.

Wir machen noch einen wichtigen Zusatz: Das System $\mathfrak{S}$ der $m$ Gleichungen $f_i = 0$ sei irgendwie in drei Teilsysteme $\mathfrak{S}_1, \mathfrak{S}_2, \mathfrak{S}_3$ zerlegt, von denen jedoch auch eins oder zwei leer ausgehen können. Wir behalten im übrigen unsere Voraussetzungen bei, nehmen also insbesondere an, daß $\mathring{u}$ eine Lösung aller $m$ Gleichungen $f_i = 0$ ist, daß an der Stelle $\mathring{u}$ der Rang des Differentialsystems $df_i$ gleich $m$ ist und daß eine Umgebung der Stelle $\mathring{u}$ vorliegt. Dann gilt:

Innerhalb der vorgeschriebenen Umgebung kann man eine Stelle $\hat{u}$ so wählen, daß für diese Stelle die Funktionen $f_i$ aus $\mathfrak{S}_1$ gleich Null, die aus $\mathfrak{S}_2$ positiv, die aus $\mathfrak{S}_3$ negativ werden.

Führt man an Stelle der Variablen $u$ neue Variablen $t_1, \ldots, t_n$ ein in der Weise, daß die $u$ Funktionen der $t$ mit stetigen partiellen Ableitungen sind und daß die aus diesen partiellen Ableitungen $\frac{\partial u_h}{\partial t_j}$ gebildete Funktionaldeterminante in dem ganzen in Betracht kommenden Gebiete ungleich Null ist, so kann man die Differentiale $df_i$, die bisher lineare Formen der $du_h$ waren, auch als lineare Formen der $dt_j$ auffassen. Der Rang dieses Formensystems ist dann aber an jeder Stelle $t$ derselbe wie der des ursprünglichen Systems an der entsprechenden Stelle $u$.

## § 53. Realisierbarkeit der LEGENDREschen Bedingung und der Incidenzbedingungen.

Im euklidischen Raum nehmen wir ein beliebiges Parallelkoordinatensystem mit dem Anfangspunkt $O$ an. Jeder Punkt ist dann durch seine drei Koordinaten $x, y, z$ gegeben. Um eine Ebene zu bestimmen, können wir ihre Gleichung

$$ax + by + cz + d = 0$$

geben. Die Koeffizienten $a, b, c, d$ sind aber nur bis auf einen Proportionalitätsfaktor bestimmt. Wir schließen nun ein für allemal die durch $O$ gehenden Ebenen aus; dann kann $d$ nicht gleich Null sein, und es kann $d = 1$ gefordert werden. Die alsdann völlig bestimmten Koeffizienten $a, b, c$ nennen wir die Koordinaten der Ebene. Drei beliebige reelle Zahlen $a, b, c$ sind, wenn sie nicht alle Null sind, die Koordinaten einer (nicht durch $O$ gehenden) Ebene. Ist $A = (x|y|z)$ ein variabler Punkt, $\gamma = (a|b|c)$ eine variable Ebene und wird

$$\omega = ax + by + cz + 1$$

gesetzt, so ist

$$d\omega = x\,da + y\,db + z\,dc + a\,dx + b\,dy + c\,dz,$$

und $\omega = 0$ stellt die Bedingung für die Incidenz von $A$ und $\gamma$ dar.

Es seien nun $A_i = (x_i|y_i|z_i)$ $(i = 1, \ldots, e)$ $e$ variable Punkte, $\gamma_i = (a_i|b_i|c_i)$ $(i = 1, \ldots, f)$ $f$ variable Ebenen, $f_1, \ldots, f_m$ $m$ Funktionen der $3e + 3f$ Koordinaten. Dann ist der Rang des Systems der $m$ Differentiale $df_i$ nur von der Lage der Punkte und Ebenen, nicht von der Wahl des Koordinatensystems abhängig. Um dies zu zeigen, hat man nachzuweisen, daß beim Übergang vom ursprünglichen Koordinatensystem $S$ zu einem neuen $S'$ (dessen Anfangspunkt $O'$ natürlich in keiner der Ebenen liegen darf) die Funktionaldeterminante, welche von den partiellen Ableitungen der alten Koordinaten nach den neuen gebildet wird, von Null verschieden ist. Da die Koordinaten eines Elementes im alten System immer nur von den Koordinaten desselben Elementes im neuen abhängig sind, so ist in unserm Falle die Determinante der gesamten Transformation das Produkt aus den $e + f$ Determinanten dritten Grades, die den Koordinatentransformationen der einzelnen Elemente entsprechen. Was die Transformation der Punktkoordinaten betrifft, so hat sie allgemein die Form:

$$\begin{aligned} x &= c_{11}x' + c_{12}y' + c_{13}z' - x_0, \\ y &= c_{21}x' + c_{22}y' + c_{23}z' - y_0, \\ z &= c_{31}x' + c_{32}y' + c_{33}z' - z_0, \end{aligned}$$

wobei die Determinante von $(c_{ik})$ nicht Null ist. Dies ist zugleich die Funktionaldeterminante, die hier bei der Transformation jedes einzelnen Punktes auftritt. Um zu zeigen, daß auch die bei der Transformation der Ebenenkoordinaten auftretenden Funktionaldeterminanten ungleich 0 sind, denken wir uns die Koordinatentransformation in eine solche mit festgehaltenem Anfangspunkt und eine Parallelverschiebung zerlegt. Dann ist für jede einzelne dieser Teiltransformationen das Nichtverschwinden der Determinante nachzuweisen. Sind bei der Transformation mit festgehaltenem Anfangspunkt

$$\begin{aligned} x' &= b_{11}x + b_{12}y + b_{13}z, \\ y' &= b_{21}x + b_{22}y + b_{23}z, \\ z' &= b_{31}x + b_{32}y + b_{33}z \end{aligned}$$

die Beziehungen zwischen den alten und neuen Koordinaten eines Punktes, $a, b, c$ bzw. $a', b', c'$ die alten und neuen Koordinaten einer Ebene, so lautet die Bedingung für die Incidenz von Punkt und Ebene

$$ax + by + cz + 1 = 0 \quad \text{bzw.} \quad a'x' + b'y' + c'z' + 1 = 0,$$

und die Determinante von $(b_{ik})$ ist ungleich Null. Nun ist aber

$$a'x' + b'y' + c'z' + 1 =$$
$$(b_{11}a' + b_{21}b' + b_{31}c')x + (b_{12}a' + b_{22}b' + b_{32}c')y + (b_{13}a' + b_{23}b' + b_{33}c')z + 1.$$

Mithin wird

$$\begin{aligned} a &= b_{11}a' + b_{21}b' + b_{31}c', \\ b &= b_{12}a' + b_{22}b' + b_{32}c', \\ c &= b_{13}a' + b_{23}b' + b_{33}c'. \end{aligned}$$

Diese Gleichungen stellen die Transformation der Ebenenkoordinaten dar und zeigen, daß die Determinante denselben von Null verschiedenen Wert hat wie die Determinante der Punkttransformation.

Wir kommen jetzt zur Parallelverschiebung. Die Gleichungen der Punkttransformation haben hier die Form: $x = x' + x_0$, $y = y' + y_0$, $z = z' + z_0$, wo $x_0, y_0, z_0$ die Koordinaten von $O'$ in $S$, $-x_0, -y_0, -z_0$ von $O$ in $S'$ sind. Es seien jetzt $a, b, c$ und $a', b', c'$ die alten und neuen Koordinaten einer nicht durch $O$ oder $O'$ gehenden Ebene. Der Ausdruck

$$N = 1 - a'x_0 - b'y_0 - c'z_0$$

ist dann von Null verschieden. Die Bedingung für die Incidenz von Punkt und Ebene lautet in neuen Koordinaten geschrieben:

$$a'x' + b'y' + c'z' + 1 = 0.$$

Da hier

$$\begin{aligned} a'x' + b'y' + c'z' + 1 &= a'(x - x_0) + b'(y - y_0) + c'(z - z_0) + 1 \\ &= a'x + b'y + c'z + N \end{aligned}$$

ist, kann man der Incidenzbedingung die Form

$$\frac{a'}{N} \cdot x + \frac{b'}{N} y + \frac{c'}{N} z + 1 = 0$$

geben. Daraus folgt:

$$a = \frac{a'}{N}, \qquad b = \frac{b'}{N}, \qquad c = \frac{c'}{N}.$$

Es ist

$$\frac{\partial N}{\partial a'} = -x_0, \qquad \frac{\partial N}{\partial b'} = -y_0, \qquad \frac{\partial N}{\partial c'} = -z_0;$$

die aus den partiellen Ableitungen von $a, b, c$ nach $a', b', c'$ gebildete Funktionaldeterminante wird

$$\frac{1}{N^6}\begin{vmatrix} N + a'x_0 & a'y_0 & a'z_0 \\ b'x_0 & N + b'y_0 & b'z_0 \\ c'x_0 & c'y_0 & N + c'z_0 \end{vmatrix}$$

$$= \frac{1}{N^6}\left(N^3 + N^2(a'x_0 + b'y_0 + c'z_0)\right)$$

$$= \frac{1}{N^4}(N + a'x_0 + b'y_0 + c'z_0) = \frac{1}{N^4},$$

hat also einen von Null verschiedenen Wert, der allerdings von der Lage der Ebene abhängig ist.

Es sei jetzt ein (schematisches) normales geschlossenes Polyeder ohne übergreifende Elemente $\mathfrak{C} = \mathfrak{E} + \mathfrak{K} + \mathfrak{F}$ vorgelegt. Wir ordnen jeder Ecke $A_i$ einen Raumpunkt, jeder Fläche $\gamma_j$ eine Ebene zu. Die Systeme dieser Punkte und Ebenen seien mit $\overline{\mathfrak{E}}$ und $\overline{\mathfrak{F}}$ bezeichnet. Dabei denken wir uns die Elemente zunächst variabel. Wir wollen sagen, daß das System $\overline{\mathfrak{E}} + \overline{\mathfrak{F}}$ der Bedingung $B$ genügt, wenn seine Incidenzbeziehungen denen von $\mathfrak{E} + \mathfrak{F}$ entsprechen, d. h. wenn der Punkt $A_i$ aus $\overline{\mathfrak{E}}$ in der Ebene $\gamma_j$ aus $\overline{\mathfrak{F}}$ liegt bzw. nicht liegt, je nachdem das Elementenpaar $A_i\gamma_j$ aus $\mathfrak{C}$ ein incidentes oder nichtincidentes ist. Nehmen wir jetzt an, die Bedingung $B$ sei erfüllbar und sei erfüllt. Sind dann $A_1, A_2$ zwei verschiedene Ecken aus $\mathfrak{C}$, so gibt es in $\mathfrak{C}$ wenigstens drei mit $A_1$ incidente und höchstens zwei mit $A_1$ und $A_2$ zugleich incidente Flächen; es gibt also wenigstens eine Fläche $\gamma$, die mit $A_1$, aber nicht mit $A_2$ incident ist. In $\overline{\mathfrak{E}} + \overline{\mathfrak{F}}$ wird daher die Ebene $\gamma$ den Punkt $A_1$ enthalten, den Punkt $A_2$ aber nicht. Daraus folgt, daß $A_1$ und $A_2$, und allgemein, daß die $e$ Punkte des Systems $\overline{\mathfrak{E}}$ sämtlich voneinander verschieden sind. Ganz ähnlich beweist man, daß die $f$ Ebenen aus $\overline{\mathfrak{F}}$ voneinander verschieden sind. Ist $b$ eine Kante aus $\mathfrak{C}$, sind $A_1$, $A_2$ ihre Ecken, $\gamma_1, \gamma_2$ ihre Flächen und ist $A_3$ irgendeine dritte Ecke, $\gamma_3$ eine dritte Fläche aus $\mathfrak{C}$; so können $\gamma_1$ und $\gamma_2$ [weil die Bedingung 3a) aus § 43, S. 176 erfüllt ist] nicht beide mit $A_3$ incident sein, und ebensowenig können $A_1$ und $A_2$ beide mit $\gamma_3$ incidieren. Gehen wir zu $\overline{\mathfrak{E}} + \overline{\mathfrak{F}}$ über, so ergibt sich aus dem Vorangehenden: Die beiden voneinander verschiedenen Punkte $A_1, A_2$ liegen in den beiden voneinander verschiedenen Ebenen $\gamma_1, \gamma_2$. Ihre Verbindungsgerade stellt daher zugleich die Schnittgerade der Ebenen $\gamma_1, \gamma_2$ dar. Wir ordnen diese Gerade der Kante $b$ aus $\mathfrak{C}$ zu und nennen sie auch $b$. Der Punkt $A_3$ aus $\overline{\mathfrak{E}}$ liegt nicht in $b$, weil er nicht in jeder der Ebenen $\gamma_1, \gamma_2$ liegt, und die Ebene $\gamma_3$ aus $\overline{\mathfrak{F}}$ geht nicht durch die Gerade $b$, weil sie nicht durch jeden der beiden Punkte $A_1, A_2$ geht. Indem wir nun in solcher Weise jeder Kante von $\mathfrak{C}$ eine Gerade zuordnen, gelangen wir so zu einem System $\overline{\mathfrak{K}}$ von Geraden, deren jede genau zwei Punkte aus $\overline{\mathfrak{E}}$ enthält und in zwei Ebenen aus $\overline{\mathfrak{F}}$ liegt. Das System $\overline{\mathfrak{C}} = \overline{\mathfrak{E}} + \overline{\mathfrak{K}} + \overline{\mathfrak{F}}$ von Punkten, Geraden und Ebenen entspricht nun ganz genau allen Bedingungen der Incidenzen und Nichtincidenzen von $\mathfrak{C}$. Wir wollen es daher als eine geometrische Realisierung des Komplexes $\mathfrak{C}$ gelten lassen. Nehmen wir statt jeder der Geraden aus $\overline{\mathfrak{K}}$ nur die von den beiden in ihr gelegenen Punkten aus $\overline{\mathfrak{E}}$ begrenzte Strecke, so erhalten wir in jeder Ebene von $\overline{\mathfrak{F}}$ ein Polygon, und die Gesamtheit dieser Polygone stellt ein geometrisches Polyeder in dem in § 11 (S. 28) definierten Sinne dar.

Wir führen jetzt ein Koordinatensystem ein, dessen Anfangspunkt $O$ in keiner Ebene $\gamma_i$ aus $\overline{\mathfrak{F}}$ liegen soll. Diese Ebenen erhalten nun die Koordinaten $a_j, b_j, c_j$, die Punkte aus $\overline{\mathfrak{E}}$ die Koordinaten $x_i, y_i, z_i$. Wir setzen

$$\omega_{ij} = a_j x_i + b_j y_i + c_j z_i + 1$$

und teilen das System $\mathfrak{T}$ dieser $e \cdot f$ Funktionen in zwei Teilsysteme $\mathfrak{J}, \mathfrak{N}$; $\omega_{ij}$ soll zu $\mathfrak{J}$ oder $\mathfrak{N}$ gehören, je nachdem das Paar $A_i \gamma_j$ aus $\mathfrak{C}$ incident oder nichtincident ist. Wenn das System $\overline{\mathfrak{E}} + \overline{\mathfrak{F}}$ der Bedingung $B$ genügt, so werden die $\omega_{ij}$ aus $\mathfrak{J}$ gleich Null, die aus $\mathfrak{N}$ ungleich Null. Wir betrachten die Differentiale $d\omega_{ij}$ der $\omega_{ij}$ aus $\mathfrak{J}$. Ihre Anzahl ist gleich $2k$, wenn $k$ die Kantenzahl von $\mathfrak{C}$ bedeutet. Nehmen wir wieder an, daß das System $\overline{\mathfrak{E}} + \overline{\mathfrak{F}}$ der Bedingung $B$ genügt.

Der LEGENDREschen Berechnung der Konstantenzahl eines Polyeders liegt die Annahme zugrunde, daß die $2k$ Incidenzbedingungen unabhängig voneinander sind, was auf die lineare Unabhängigkeit der $2k$ Differentiale $d\omega_{ij}$ des Systems $\mathfrak{J}$ hinauskommt. Wir wollen deshalb, wenn diese Unabhängigkeit tatsächlich bei dem der Bedingung $B$ genügenden System besteht, sagen, die LEGENDREsche Bedingung sei erfüllt.

Wir betrachten eine Ebene $\gamma$ aus $\overline{\mathfrak{F}}$. Zufolge der Bedingung $B$, die wir als erfüllt ansehen, bilden die in $\gamma$ gelegenen Punkte aus $\overline{\mathfrak{E}}$ ein Polygon, bei welchem die Geraden, in denen eine Kante liegt, außer den beiden Ecken dieser Kante keinen Punkt aus $\overline{\mathfrak{E}}$ enthalten. Das schließt aber nicht aus, daß überhaupt drei Ecken dieses Polygons in einer Geraden liegen. Wenn jedoch ein solcher Fall nicht vorkommt, wenn also das System $\overline{\mathfrak{E}} + \overline{\mathfrak{F}}$ außer der Bedingung $B$ auch noch der Forderung genügt, daß von den in einer Ebene aus $\overline{\mathfrak{F}}$ gelegenen Punkten von $\overline{\mathfrak{E}}$ niemals drei in einer Geraden liegen, so wollen wir sagen, daß das System $\overline{\mathfrak{E}} + \overline{\mathfrak{F}}$ (oder auch das Polyeder $\overline{\mathfrak{C}}_0$) die Bedingung $B'$ erfüllt; die Bedingung $B'$ schließt also die Bedingung $B$ ein. Wir wollen nun den folgenden Satz beweisen:

Geht aus dem von übergreifenden Elementen freien, geschlossenen normalen Polyeder $\mathfrak{C}_0$ durch eine reguläre Spaltung das Polyeder $\mathfrak{C}_1$ hervor und ist es möglich, $\mathfrak{C}_0$ durch ein geometrisches Polyeder $\overline{\mathfrak{C}}_0$ zu realisieren, das der Bedingung $B'$ und der LEGENDREschen Bedingung genügt, so ist eine solche Realisierung auch bei $\mathfrak{C}_1$ möglich.

Wir bezeichnen die Elemente von $\mathfrak{C}_0$ wie bisher. Die von der Spaltung betroffene Fläche sei $\gamma_f$, an ihre Stelle treten bei $\mathfrak{C}_1$ die Kante $c$ und die beiden Flächen $\alpha$ und $\beta$. Nehmen wir zunächst an, daß die Spaltung von der ersten Art ist. Dann wird $\mathfrak{C}_1 = \mathfrak{E} + \mathfrak{K}_1 + \mathfrak{F}_1$, wo $\mathfrak{K}_1 = \mathfrak{K} + c$, $\mathfrak{F}_1 = \mathfrak{F} - \gamma + \alpha + \beta$ ist. Die Ecken seien in solcher Folge numeriert, daß $A_1$ und $A_2$ auf der spaltenden Kante $c$ liegen, die nächsten Ecken $A_3, \ldots, A_l$ $(l \geqq 3)$ noch in $\alpha$, $A_{l+1}, \ldots, A_m$ $(m - l \geqq 1)$ in $\beta$ liegen. Den Elementen von $\mathfrak{E} + \mathfrak{F}$ seien wie vorher variable Punkte und Ebenen $A_i = (x_i|y_i|z_i)$, $\gamma_j = (a_j|b_j|c_j)$ $(i = 1, \ldots, c,\ j = 1, \ldots, f)$ zugeordnet, und auch die Zeichen $\mathfrak{T}$, $\mathfrak{J}$, $\mathfrak{N}$ mögen ihre frühere Bedeutung beibehalten. Ferner führen wir noch den Flächen $\alpha, \beta$ von $\mathfrak{C}_1$ entsprechend zwei variable Ebenen $\alpha = (a_\alpha|b_\alpha|c_\alpha)$, $\beta = (a_\beta|b_\beta|c_\beta)$ ein, setzen $\omega_{i\alpha} = a_\alpha x_i + b_\alpha y_i + c_\alpha z_i + 1$, $\omega_{i\beta} = a_\beta x_i + b_\beta y_i + c_\beta z_i + 1$, bezeichnen mit $\overline{\mathfrak{F}}_1$ das System der den Flächen aus $\mathfrak{F}_1$ zugeordneten Ebenen, mit $\mathfrak{T}_1$ das System derjenigen $\omega$, die den Paaren aus je einer Ecke und einer Fläche aus $\mathfrak{C}_1$ entsprechen, und teilen $\mathfrak{T}_1$ in $\mathfrak{J}_1$ und $\mathfrak{N}_1$, wobei $\mathfrak{J}_1$ die den incidenten Paaren entsprechenden $\omega$, $\mathfrak{N}_1$ die übrigen umfassen soll. $\mathfrak{J}_1$ geht aus $\mathfrak{J}$ hervor, indem die $m$ Funktionen $\omega_{1f}, \ldots, \omega_{mf}$ wegfallen und dafür die $m + 2$ Funktionen

$$\omega_{1\alpha}, \omega_{2\alpha}, \omega_{3\alpha}, \ldots, \omega_{l\alpha};\quad \omega_{1\beta}, \omega_{2\beta}, \omega_{l+1\,\beta}, \ldots, \omega_{m\beta}$$

eintreten. Wir denken uns das System der sämtlichen eingeführten variablen Punkte und Ebenen in einer solchen Anfangslage, daß $\overline{\mathfrak{E}} + \overline{\mathfrak{F}}$ das System der Ecken und Ebenen eines $\mathfrak{C}_0$ in solcher Weise realisierenden Polyeders darstellt, daß die Bedingung $B'$ und die LEGENDREsche Bedingung erfüllt sind. Die Möglichkeit einer solchen Realisierung haben wir vorausgesetzt. Ferner sollen die Ebenen $\alpha$ und $\beta$ mit der Ebene $\gamma_f$ zusammenfallen, so daß bei der betrachteten Anfangslage $a_\alpha = a_\beta = a_f$, $b_\alpha = b_\beta = b_f$, $c_\alpha = c_\beta = c_f$ ist. Wir wollen zeigen, daß wir von der Anfangslage des Systems $\overline{\mathfrak{E}} + \overline{\mathfrak{F}}_1$ ausgehend durch beliebig kleine Variationen seiner Elemente bewirken können, daß dieses System (bezüglich $\mathfrak{C}_1$) der Bedingung $B'$ und der LEGENDREschen Bedingung genügt.

Zu diesem Zweck betrachten wir das System der Differentiale der $2k + 2$ in $\mathfrak{J}_1$ vorkommenden Funktionen $\omega$ und nehmen noch das

Differential der zu $\mathfrak{N}_1$ gehörigen Funktion $\omega_{3\beta}$ hinzu. Wir beweisen, daß diese $2k+3$ Differentiale linear unabhängig sind. Nehmen wir nämlich an, es bestünde zwischen ihnen eine lineare homogene Relation:

$$\text{(I)} \quad \left\{ \begin{aligned} & c_1 d\omega_{1\alpha} + c_1' d\omega_{1\beta} + c_2 d\omega_{2\alpha} + c_2' d\omega_{2\beta} + c_3 d\omega_{3\alpha} + c_3' d\omega_{3\beta} \\ & + c_4 d\omega_{4\alpha} + c_5 d\omega_{5\alpha} + \cdots + c_l d\omega_{l\alpha} + c_{l+1} d\omega_{l+1\,\beta} + \cdots + c_m d\omega_{m\beta} \\ & + R = 0, \end{aligned} \right.$$

wo $R$ aus den Differentialen der zu $\mathfrak{J}$ und $\mathfrak{J}_1$ gleichzeitig gehörigen $\omega$ (also derjenigen, die den incidenten Paaren, in denen eine der Flächen $\gamma_1, \ldots, \gamma_{f-1}$ vorkommt, entsprechen) komponiert ist. Da diese Relation für beliebige Werte der $3(e+f+1)$ Differentiale $dx_i$, $dy_i$, $dz_i$ $(i = 1, \ldots, e)$, $da_j$, $db_j$, $dc_j$ $(j = 1, \ldots, f-1)$, $da_\alpha$, $db_\alpha$, $dc_\alpha$, $da_\beta$, $db_\beta$, $dc_\beta$ gelten soll, so gilt sie auch, wenn wir speziell $da_\alpha = da_\beta = da_f$, $db_\alpha = db_\beta = db_f$, $dc_\alpha = dc_\beta = dc_f$ setzen. Bei dieser Substitution bleibt $R$ ungeändert, während das Differential $d\omega_{1\alpha} = a_\alpha dx_1 + b_\alpha dy_1 + c_\alpha dz_1 + x_1 da_\alpha + y_1 db_\alpha + z_1 dc_\alpha$, das bei der betrachteten Anfangslage gleich

$$a_f dx_1 + b_f dy_1 + c_f dz_1 + x_1 da_\alpha + y_1 db_\alpha + z_1 dc_\alpha$$

ist, in

$$a_f dx_1 + b_f dy_1 + c_f dz_1 + x_1 da_f + y_1 db_f + z_1 dc_f = d\omega_{1f}$$

übergeht.

Ebenso verwandelt sich $d\omega_{1\beta}$ in $d\omega_{1f}$, $d\omega_{2\alpha}$ in $d\omega_{2f}$, $d\omega_{3\alpha}$ in $d\omega_{3f}$, $\ldots$, $d\omega_{l\alpha}$ in $d\omega_{lf}$, $d\omega_{l+1\,\beta}$ in $d\omega_{l+1\,f}$, $\ldots$ Unsere Relation nimmt also jetzt die Form an:

$$\begin{aligned} & (c_1 + c_1')\, d\omega_{1f} + (c_2 + c_2')\, d\omega_{2f} + (c_3 + c_3')\, d\omega_{3f} \\ & + c_4 d\omega_{4f} + \cdots + c_m d\omega_{mf} + R = 0. \end{aligned}$$

Dies ist aber eine Relation zwischen den $2k$ Differentialen aus $\mathfrak{J}$. Diese Differentiale sind nun nach Voraussetzung linear unabhängig; denn $\overline{\mathfrak{E}} + \overline{\mathfrak{F}}$ genügt der LEGENDREschen Bedingung. Mithin sind alle in $R$ auftretenden Koeffizienten sowie die Koeffizienten $(c_1 + c_1')$, $(c_2 + c_2')$, $(c_3 + c_3')$, $c_4, \ldots, c_m$ gleich 0. Die Relation I nimmt also die Form an:

$$c_1 (d\omega_{1\alpha} - d\omega_{1\beta}) + c_2 (d\omega_{2\alpha} - d\omega_{2\beta}) + c_3 (d\omega_{3\alpha} - d\omega_{3\beta}) = 0.$$

Nun ist

$$d\omega_{1\alpha} - d\omega_{1\beta} = x_1 (da_\alpha - da_\beta) + y_1 (db_\alpha - db_\beta) + z_1 (dc_\alpha - dc_\beta),$$

und Entsprechendes gilt für die beiden andern Klammerausdrücke, so daß wir

$$\begin{aligned} & (c_1 x_1 + c_2 x_2 + c_3 x_3)(da_\alpha - da_\beta) + (c_1 y_1 + c_2 y_2 + c_3 y_3)(db_\alpha - db_\beta) \\ & + (c_1 z_1 + c_2 z_2 + c_3 z_3)(dc_\alpha - dc_\beta) = 0 \end{aligned}$$

erhalten. Da die drei Differentiale $(da_\alpha - da_\beta)$, $(db_\alpha - db_\beta)$, $(dc_\alpha - dc_\beta)$ willkürlich wählbar sind, so muß

$$c_1 x_1 + c_2 x_2 + c_3 x_3 = 0, \quad c_1 y_1 + c_2 y_2 + c_3 y_3 = 0, \quad c_1 z_1 + c_2 z_2 + c_3 z_3 = 0$$

sein. Nun liegen nach der Voraussetzung die Punkte $A_1, A_2, A_3$ nicht in einer Geraden, sie bestimmen also die Ebene $\gamma_f$, die nicht durch den Nullpunkt geht. Daraus folgt: $c_1 = 0$, $c_2 = 0$, $c_3 = 0$; denn andernfalls würde die Determinante

$$\begin{vmatrix} x_1 & y_1 & z_1 \\ x_2 & y_2 & z_2 \\ x_3 & y_3 & z_3 \end{vmatrix} = 0$$

sein, und dies würde bedeuten, daß $A_1, A_2, A_3$ und der Anfangspunkt $O$ in einer Ebene liegen. Somit sind alle in (I) auftretenden Koeffizienten gleich Null, d. h. die in (I) vorkommenden $2k + 3$ Differentiale sind, wie behauptet wurde, linear unabhängig.

Wir wählen jetzt eine beliebig kleine positive Größe $\varepsilon$ und wollen, von der Anfangslage des Systems $\overline{\mathfrak{E}} + \overline{\mathfrak{F}}_1$ ausgehend, seine Elemente variieren. Dabei sollen aber nur solche Variationen der $3(e + f + 1)$ Koordinaten zulässig sein, deren absolute Werte kleiner als $\varepsilon$ sind. Hat man irgendwelche stetige Funktionen der Koordinaten in endlicher Anzahl, die bei der Anfangslage des Systems von Null verschieden sind, so werden sie, wenn man sich auf hinlänglich kleine Variationen beschränkt, auch von Null verschieden bleiben. Hieraus folgt, immer unter der Voraussetzung, daß $\varepsilon$ hinlänglich klein gewählt ist: Ein Punkt aus $\overline{\mathfrak{E}}$ und eine Ebene aus $\overline{\mathfrak{F}}_1$, die in der Anfangslage nichtincident sind, sind auch nach der Variation nichtincident; drei Punkte aus $\overline{\mathfrak{E}}$, die nicht in einer Geraden lagen, werden auch nach der Variation nicht in einer Geraden liegen. Da ferner die Differentiale der zu $\mathfrak{F}_1$ gehörigen $\omega$ im Anfang linear unabhängig waren — denn es waren ja sogar diese Differentiale und das Differential $\omega_{3\beta}$ unabhängig —, so war von den Unterdeterminanten $(2k + 2)$-ten Grades wenigstens eine von Null verschieden, wird also auch nach der Variation von Null verschieden bleiben, d. h. aber die Differentiale der zu $\mathfrak{F}_1$ gehörigen Funktionen sind auch nach der Variation linear unabhängig. Wie klein nun aber auch $\varepsilon$ gewählt sein mag, so ist es nach den Hilfssätzen aus § 52 und weil die in der Relation (I) vorkommenden Differentiale linear unabhängig sind, doch möglich, die Variation so zu gestalten, daß die zu $\mathfrak{F}_1$ gehörigen $\omega$, die im Anfange alle Null waren, auch gleich Null bleiben, während $\omega_{3\beta}$ einen von Null verschiedenen Wert erhält. Das Verschwinden jener $\omega$ besagt, daß nach der Variation die Incidenzbedingungen des Komplexes $\mathfrak{E} + \mathfrak{F}_1$ durch das System $\overline{\mathfrak{E}} + \overline{\mathfrak{F}}_1$ erfüllt werden. Da nun aber $\omega_{3\beta} \neq 0$ ist, während $\omega_{3\alpha} = 0$ ist, so liegt jetzt der Punkt $A_3$ in der Ebene $\alpha$, aber nicht in der Ebene $\beta$. Die beiden Ebenen $\alpha, \beta$ sind also voneinander verschieden, haben also nur die Gerade $A_1A_2$ gemein. Von den Punkten $A_3, A_4, \ldots, A_m$ liegt jetzt keiner in der Geraden $A_1A_2$, weil im Anfange keiner dieser Punkte in dieser Geraden lag. Die Punkte $A_3, \ldots, A_l$ liegen in $\alpha$, die Punkte

$A_{l+1}, \ldots, A_m$ in $\beta$; daher können die ersteren nicht in $\beta$, die letzteren nicht in $\alpha$ liegen, somit sind auch die Nichtincidenzbedingungen des Komplexes $\mathfrak{E} + \mathfrak{F}_1$, soweit daran die Flächen $\alpha$ und $\beta$ beteiligt sind, erfüllt. Was aber die übrigen nichtincidenten Paare aus $\mathfrak{E} + \mathfrak{F}_1$ betrifft, so waren die ihnen entsprechenden Paare aus $\overline{\mathfrak{E}} + \overline{\mathfrak{F}}$ schon vor der Variation nichtincident, sind also auch nichtincident geblieben. Ebensowenig können drei Punkte einer und derselben Fläche aus $\overline{\mathfrak{F}}_1$ jetzt in einer Geraden liegen, da sie vorher nicht auf einer Geraden lagen. Dies besagt, daß die Bedingung $B'$ erfüllt ist. Da überdies die Differentiale der zu $\mathfrak{J}_1$ gehörigen $\omega$ linear unabhängig sind, so genügt das System $\overline{\mathfrak{E}} + \overline{\mathfrak{F}}_1$ auch der LEGENDREschen Bedingung. Damit ist der Fall einer Spaltung erster Art erledigt.

Von den beiden übrigen Fällen brauchen wir nur den der Spaltung dritter Art zu behandeln, weil aus seiner Darstellung auch das Verfahren für den Fall der Spaltung zweiter Art herauszulesen ist. Das Polyeder $\mathfrak{C}_1$ geht hier durch Spaltung einer Fläche $\gamma_f$ aus einem Komplex $\mathfrak{C}_0'$ hervor, der seinerseits durch zwei Kantenspaltungen aus $\mathfrak{C}_0$ gewonnen ist. Die beiden zu spaltenden Kanten $s$ und $t$ von $C_0$ gehören der Fläche $\gamma_f$ an; durch jede von ihnen geht noch eine zweite Fläche, $\gamma_{f-1}$ bzw. $\gamma_{f-2}$. Die beiden spaltenden Ecken $S$ und $T$ sind in $\mathfrak{C}_0'$ zweikantig. Die Zeichen $\mathfrak{E}, \overline{\mathfrak{E}}, \mathfrak{T}, \mathfrak{J}, \mathfrak{N}$ usw. gebrauchen wir im früheren Sinne, und dieselbe Bedeutung, wie sie für das Polyeder $\mathfrak{C}_0$ haben, sollen die Zeichen $\mathfrak{E}', \overline{\mathfrak{E}}', \mathfrak{T}', \mathfrak{J}', \mathfrak{N}'$ für den Komplex $\mathfrak{C}_0'$ haben. Es ist also: $\mathfrak{E}' = \mathfrak{E} + S + T$, $\overline{\mathfrak{E}}'$ besteht aus $\overline{\mathfrak{E}}$ und den Punkten $S = (x_s | y_s | z_s)$, $T = (x_t | y_t | z_t)$; $\mathfrak{T}'$ umfaßt das System $\mathfrak{T}$, dazu noch die Funktionen

$$\omega_{sj} = a_j x_s + b_j y_s + c_j z_s + 1, \quad \omega_{tj} = a_j x_t + b_j y_t + c_j z_t + 1, \quad (j = 1, \ldots, f)$$

und von den Funktionen aus $\mathfrak{T}'$ bilden die den incidenten Paaren von $\mathfrak{E}' + \mathfrak{F}$ entsprechenden das System $\mathfrak{J}'$, die andern das System $\mathfrak{N}'$. $\mathfrak{J}'$ besteht aus $\mathfrak{J}$ und den Funktionen $\omega_{sf}, \omega_{sf-1}, \omega_{tf}, \omega_{tf-2}$. Wenn wir sagen, daß in irgendeiner Lage das System $\overline{\mathfrak{E}}' + \overline{\mathfrak{F}}$ der LEGENDREschen Bedingung genügt, so heißt dies, daß die Differentiale der zu $\mathfrak{J}'$ gehörigen $\omega$ linear unabhängig sind. Sagen wir, daß es der Bedingung $B$ genügt, so ist gemeint, daß es den Incidenz- und Nichtincidenzbedingungen des Komplexes $\mathfrak{E}' + \mathfrak{F}$ entspricht, dagegen kann die weitergehende Forderung $B'$ nicht in dem Sinne gestellt werden, daß in einer Geraden gelegene Punkttripel aus $\overline{\mathfrak{E}}'$ in keiner der Ebenen aus $\overline{\mathfrak{F}}$ auftreten; denn es kommen sicher, wenn $B$ erfüllt ist, zwei Ausnahmefälle vor: die Schnittgerade von $\gamma_f$ und $\gamma_{f-1}$ enthält außer zwei Punkten von $\overline{\mathfrak{E}}$ noch den Punkt $S$, die Schnittgerade von $\gamma_f$ und $\gamma_{f-2}$ außer zwei Punkten von $\overline{\mathfrak{E}}$ noch den Punkt $T$. Was wir aber unter $B'$ fordern, ist, daß dies die beiden einzigen Ausnahmefälle sein sollen. Nun kann man aber leicht zeigen: sind die Elemente des Systems $\overline{\mathfrak{E}} + \overline{\mathfrak{F}}$ der Bedingung

$B'$ und der LEGENDREschen Bedingung gemäß gewählt — und daß eine solche Wahl möglich ist, sollte ja vorausgesetzt werden —, so kann man die Punkte $S$ und $T$ so annehmen, daß auch das System $\overline{\mathfrak{E}}' + \overline{\mathfrak{F}}$ diesen Bedingungen genügt. Die Schnittgerade von $\gamma_f$ und $\gamma_{f-1}$ liegt nämlich in keiner andern Ebene aus $\overline{\mathfrak{F}}$; in ihr haben wir den Punkt $S$ so zu wählen, daß er weder in einer andern Geraden liegt, die zwei zu $\overline{\mathfrak{E}}$ gehörige Punkte der Ebene $\gamma_f$ oder der Ebene $\gamma_{f-1}$ verbindet, noch in einer der Ebenen $\gamma_1, \ldots, \gamma_{f-2}$. Ebenso ist der Punkt $T$ in der Schnittgeraden von $\gamma_f$ und $\gamma_{f-2}$ anzunehmen, nur darf er weder in einer andern, zwei Punkte aus $\overline{\mathfrak{E}}$ verbindenden Geraden der Ebene $\gamma_f$ oder der Ebene $\gamma_{f-1}$, noch in einer der Ebenen $\gamma_1, \gamma_2, \ldots, \gamma_{f-3}, \gamma_{f-1}$, noch in einer Geraden liegen, die $S$ mit einem andern Punkte von $\gamma_f$ verbindet. Man sieht dann sofort, daß die Bedingung $B'$ in dem oben angegebenen Sinne erfüllt ist. — Das System $\overline{\mathfrak{E}}' + \overline{\mathfrak{F}}'$ genügt aber auch der LEGENDREschen Bedingung. Denn das System der Differentiale aus $\mathfrak{J}$ ist nach Voraussetzung linear unabhängig; von den vier hinzukommenden Differentialen enthalten

$$d\omega_{sf} = x_s da_f + y_s db_f + z_s dc_f + a_f dx_s + b_f dy_s + c_f dz_s$$

und

$$d\omega_{sf-1} = x_s da_{f-1} + y_s db_{f-1} + z_s dc_{f-1} + a_{f-1} dx_s + b_{f-1} dy_s + c_{f-1} dz_s$$

die in den andern nicht vorkommenden Differentiale $dx_s$, $dy_s$, $dz_s$, deren Koeffizientenreihen $a_f, b_f, c_f$ und $a_{f-1}, b_{f-1}, c_{f-1}$ weder verschwinden noch proportional sind (denn die Ebenen $\gamma_f$ und $\gamma_{f-1}$ sind verschieden und nicht parallel), und ebenso enthalten $d\omega_{tf}$ und $d\omega_{tf-2}$ die sonst in den Differentialen aus $\mathfrak{J}_1$ nicht auftretenden Differentiale $dx_t, dy_t, dz_t$ mit den nichtverschwindenden und nichtproportionalen Koeffizientenreihen $a_f, b_f, c_f$ und $a_{f-2}, b_{f-2}, c_{f-2}$. Die Hinzunahme der vier Differentiale $d\omega_{sf}, d\omega_{sf-1}, d\omega_{tf}, d\omega_{tf-2}$ zu denen des Systems $\mathfrak{J}$ läßt also die lineare Unabhängigkeit bestehen.

So wie das (schematische) Polyeder $\mathfrak{C}_1$ im Falle der Spaltung erster Art aus $\mathfrak{C}_0$, so wird es jetzt aus $\mathfrak{C}_0'$ durch eine einfache Flächenspaltung gewonnen. Die Ecken der spaltenden Kante sind dabei $S$ und $T$. Um jedoch zu bewirken, daß die früheren Betrachtungen möglichst wortgetreu wieder gelten, wollen wir die Ecken $S$ und $T$ jetzt $A_1$ und $A_2$ nennen und unter $e$ und $k$ die Anzahlen der Ecken und Kanten von $\mathfrak{C}_0'$ verstehen. Für $\gamma_f$ sind in $\mathfrak{C}_1$ die Flächen $\alpha, \beta$ getreten, deren Ecken wir wie früher bezeichnen, und zwar so, daß wir in $\mathfrak{C}_1$ die Kanten $A_1A_3 = \alpha\gamma_{f-1}, A_1A_m = \beta\gamma_{f-1}, A_2A_l = \alpha\gamma_{f-2}, A_2A_{l+1} = \beta\gamma_{f-2}$ haben. Wir führen wie früher die variablen Ebenen $\alpha = (a_\alpha|b_\alpha|c_\alpha)$, $\beta = (a_\beta|b_\beta|c_\beta)$ ein, die wir zunächst mit $\gamma_f$ zusammenfallen lassen, geben $\omega_{i\alpha}$, $\omega_{i\beta}$, $\mathfrak{T}_1$, $\mathfrak{J}_1$, $\overline{\mathfrak{F}}_1$ die frühere Bedeutung und schreiben für $\mathfrak{E}'$ und $\overline{\mathfrak{E}}'$ auch $\mathfrak{E}_1$ und $\overline{\mathfrak{E}}_1$. Es ist zu zeigen, daß man durch beliebig kleine Variation erreichen kann, daß das System $\overline{\mathfrak{E}}_1 + \overline{\mathfrak{F}}_1$ (bezüglich $\mathfrak{E}_1 + \mathfrak{F}_1$) der

LEGENDREschen Bedingung und der Bedingung $B'$ genügt. Wir haben zu diesem Zweck nur den früheren Beweis von S. 236 zu wiederholen mit folgenden Änderungen: statt $\mathfrak{J}$, $\mathfrak{E}$, $\overline{\mathfrak{E}}$ ist $\mathfrak{J}'$, $\mathfrak{E}' = \mathfrak{E}_1$, $\overline{\mathfrak{E}}' = \overline{\mathfrak{E}}_1$ zu setzen, und der Schluß S. 238 muß den Wortlaut erhalten: Punkt $A_2$ liegt nicht in der Ebene $\gamma_{f-1}$, also hat die Gerade $A_1A_2$ mit dieser Ebene nur den Punkt $A_1$ gemein, und dieser ist der einzige gemeinsame Punkt der Ebenen $\alpha$, $\beta$, $\gamma_{f-1}$. Daher liegen $A_1$, $A_3$, $A_m$ (nach erfolgter Variation) nicht mehr in einer Geraden. Dasselbe gilt für die drei Punkte $A_2$, $A_l$, $A_{l+1}$. Jedes andere in einer Ebene aus $\mathfrak{F}_1$ gelegene Punkttripel aus $\overline{\mathfrak{E}}_1$ war aber schon vor der Variation nicht in einer Geraden gelegen und ist es nach dieser also auch nicht. Damit ist der Nachweis einer der Bedingung $B'$ und der LEGENDREschen Bedingung genügenden Realisierung des Polyeders $\mathfrak{E}_1$ erbracht.

## § 54. Erster Beweis des Fundamentalsatzes der konvexen Typen.

Es sei $A_0 A_1 \ldots A_{n-1} A_0$ ein ebenes Polygon, $g_i$ die Verbindungsgerade von $A_{i-1}$ und $A_i$ $(i = 1, \ldots, n,\ A_n = A_0)$. Ist das Polygon konvex, so enthält $g_i$ nur die Ecken $A_{i-1}$, $A_i$; alle übrigen liegen auf einer und derselben Seite von $g_i$. Die eben angegebene Eigenschaft ist für die konvexen Polygone charakteristisch. Gehen wir nämlich jetzt umgekehrt von der Voraussetzung aus, daß jede Gerade $g_i = A_{i-1} A_i$ nur die Ecken $A_{i-1}$, $A_i$ enthält und daß alle übrigen auf ein und derselben Seite von $g_i$ liegen, die wir die positive nennen wollen. Ist dann $S_1$ ein Punkt im Innern der Strecke $A_0 A_1$, $S'$ ein Punkt im Innern der Strecke $S_1 A_2$, so liegt $S'$ auf der positiven Seite aller Geraden $g_i$. Die Gesamtheit $\mathfrak{M}$ der Punkte, die bezüglich jeder Geraden $g_i$ auf der positiven Seite liegen, ist eine konvexe Menge, und dasselbe gilt für die Menge $\mathfrak{M}'$ der Punkte, die bezüglich keiner Geraden $g_i$ auf der negativen Seite liegen. $\mathfrak{M}'$ umfaßt $\mathfrak{M}$ und die Punkte der Kanten $A_{i-1}A_i$. Wenn das Polygon konvex genannt wird, so ist dabei an die Menge $\mathfrak{M}'$ gedacht, die ein konvexes Flächenstück darstellt; $\mathfrak{M}$ ist die Menge der inneren Punkte des Flächenstückes.

Wir zeigen noch, daß die Menge $\mathfrak{M}'$ beschränkt ist, d. h. in einen Kreis eingeschlossen werden kann. Es sei $O$ ein innerer Punkt, also ein Punkt von $\mathfrak{M}$. Ein von $O$ ausgehender Strahl $s$ kann das Polygon nicht in mehreren Punkten treffen, denn ein Punkt, der $s$ von $O$ ausgehend durchläuft, tritt, wenn er zum erstenmal eine Gerade $g_i$ schneidet, auf die negative Seite von $g_i$ über, kann also keine Polygonkante mehr treffen. Andererseits muß jeder solche Strahl $s$ das Polygon auch wirklich schneiden. Betrachten wir nämlich neben $s$ noch einen zweiten von $O$ ausgehenden Strahl $s_1$, der durch einen im Innern der Kante $A_0 A_1$ gelegenen Punkt $S_1$ geht. Die Strahlen $s_1$ und $s_2$ zerlegen die Ebene so in zwei Gebiete $I$ und $II$, daß jede Strecke, die Punkte verschiedener Gebiete verbindet, einen der Strahlen schneiden muß. $A_0$ sei in $I$ gelegen. Ein variabler Punkt $P$, der das Polygon von $A_0$ ausgehend durchläuft, tritt im Punkte $S_1$ von $I$ nach $II$ über; er muß in einem Punkte $S_2$ wieder von $II$ nach $I$ gelangen. $S_2$ kann in $A_0A_1$ oder in einer der Kanten $A_{i-1}A_i$ liegen. Da diese Kanten alle auf der positiven Seite der Geraden $g_1 = A_0A_1$ liegen, enthalten sie den Punkt $S_1$ nicht. Der Punkt $S_2$ ist also sicher von $S_1$ verschieden, und da $s_1$ nicht zwei Punkte des Polygons enthalten kann, so muß $S_2$ in $s$ gelegen sein. Der Strahl $s$ schneidet also das Polygon. Man sieht zugleich, daß die variable Strecke $OP$, wenn $P$ das Polygon durchläuft, durch jeden Punkt des konvexen Flächenstückes $\mathfrak{M}'$ einmal hindurchgeht.

Fällt man von einem beliebigen Punkte $O'$ des Raumes das Lot $O'Q$ auf die Gerade $g_1 = A_0A_1$, so nimmt für einen variablen Punkt $P$, der die Strecke $A_0A_1$ durchläuft, der Abstand $O'P$ zugleich mit dem Abstand $QP$ zu oder ab. Hieraus folgt, daß das Minimum von $O'P$ für $P = Q$ eintritt, falls dieser Punkt der Strecke $A_0A_1$ angehört, sonst für denjenigen Endpunkt der Strecke, der näher an $Q$ gelegen ist. Das Maximum erreicht $O'P$ stets in dem weiter von $Q$ entfernten Punkte $A_0$ oder $A_1$. Durchläuft $P$ also das ganze Polygon $A_0A_1 \ldots A_n = A_0$ und ist unter den Abständen $O'A_i$ der größte $O'A_r$, so ist $O'A_r$ das Maximum von $O'P$. Dies gilt natürlich für jedes Polygon, auch für jedes räumliche. Nehmen wir aber an, daß das Polygon ein ebenes und $O'$ in seiner Ebene gelegen ist, so wird der Kreis um $O'$, der durch $A_r$ geht, den ganzen Streckenzug $A_0A_1 \ldots A_n = A_0$ einschließen. Ist überdies das Polygon konvex, so muß der Kreis auch das ganze konvexe Flächenstück $\mathfrak{M}'$ enthalten. Ist nämlich $P$ ein Punkt im Innern des Flächenstückes, so zerfällt eine durch $P$ in der Ebene gezogene Gerade in zwei von $P$ ausgehende Strahlen, deren jeder den Polygonzug in einem Punkte schneidet. $P$ ist also innerer Punkt der Strecke $ST$, deren Endpunkte dem Polygon angehören; daher ist $O'P <$ als die größere der beiden Strecken $O'S$ und $O'T$; diese sind aber wieder $\leqq O'A_r$. Für alle Punkte $P$ des Flächenstückes $\mathfrak{M}'$ gilt also $O'P \leqq O'A_r$. Liegt wieder $O'$ außerhalb der Ebene des Polygons und ist $Q$ der Fußpunkt des von $O'$ auf die Ebene gefällten Lotes, so nimmt für einen in der Ebene variablen Punkt $P$ der Abstand $O'P$ zugleich mit $QP$ zu und ab. Ist $A_r$ die Ecke größten Abstandes von $Q$, so ist, wie wir sahen, für einen innerhalb $\mathfrak{M}'$ variablen Punkt $P$ $QA_r$ das Maximum von $QP$ und daher auch hier wieder $O'A_r$ das Maximum von $O'P$.

Fällt man von einem Punkt $O'$ im Innern des konvexen Flächenstückes $\mathfrak{M}'$ auf die Geraden $g_i = A_{i-1}A_i$ die Lote $O'Q_i$ und ist $r$ das kürzeste dieser Lote, so ist jeder innere Punkt des Kreises um $O'$ mit dem Radius $r$ zugleich ein innerer Punkt des konvexen Flächenstückes. Dasselbe gilt für alle Punkte der Kreisperipherie, soweit sie nicht zu den Punkten $Q_i$ gehören. Ein Punkt $Q_i$, für den $O'Q_i$ gleich dem Minimum $r$ ist, liegt auf der Kreisperipherie und gehört dem Rande von $\mathfrak{M}'$, also der Kante $A_{i-1}A_i$ an. Er ist ein innerer Punkt dieser Kante; denn fiele er z. B. mit $A_i$ zusammen, so würde außer der Geraden $g_i$, die $\perp O'Q_i$ ist, noch die Gerade $g_{i+1}$ durch ihn durchgehen, deren Abstand von $O'$ alsdann $< r$ wäre, was gegen unsere Annahme ist. Der Kreis berührt also eine oder mehrere Kanten des Polygons und gehört ganz dem Flächenstück $\mathfrak{M}'$ an.

Ein konvexes Polyeder repräsentiert stets ein $K$-Polyeder. In jeder Begrenzungsebene $\varepsilon$ liegen wenigstens drei Ecken, außerhalb wenigstens eine, und die sämtlichen außerhalb $\varepsilon$ gelegenen Ecken liegen alle auf derselben Seite von $\varepsilon$. — Wir gehen jetzt umgekehrt von einem $K$-Polyeder $\mathfrak{C} = \mathfrak{E} + \mathfrak{K} + \mathfrak{F}$ aus. Den Elementen von $\mathfrak{E} + \mathfrak{F}$ seien Punkte und Ebenen im Raume zugeordnet. Wir wollen annehmen, daß sich das System $\overline{\mathfrak{E}} + \overline{\mathfrak{F}}$ dieser Punkte und Ebenen in einer Lage befindet, bei welcher die den Ecken jeder beliebigen Fläche $\gamma$ von $\mathfrak{C}$ entsprechenden Punkte in der $\gamma$ zugeordneten Ebene, alle übrigen Punkte auf einer und derselben Seite der Ebene — wir nennen sie die positive — liegen. Wir behaupten, daß alsdann $\overline{\mathfrak{E}} + \overline{\mathfrak{F}}$ das System der Ecken und Ebenen eines konvexen Polyeders ist, das nach unsern Festsetzungen (§ 51) als eine Realisierung des $K$-Polyeders $\mathfrak{C}$ zu gelten hat. Zunächst entspricht das System $\overline{\mathfrak{E}} + \overline{\mathfrak{F}}$ den Incidenz- und Nichtincidenzbedingungen des Komplexes $\mathfrak{E} + \mathfrak{F}$; die Bedingung $B$ (§ 53, S. 234) ist also erfüllt. Daraus ergibt sich weiter, daß man auch ein System $\overline{\mathfrak{K}}$ von Geraden so einführen kann, daß das System $\overline{\mathfrak{E}} + \overline{\mathfrak{K}} + \overline{\mathfrak{F}}$ allen Incidenz- und Nichtincidenzbedingungen von $\mathfrak{C}$ genügt. Es sei nun $\gamma$ eine Fläche von $\mathfrak{C}$, $A_0 b_1 A_1 b_2 \ldots A_{n-1} b_n A_0$ das in $\gamma$ gelegene Polygon, $\gamma_i$ $(i = 1, \ldots, n)$ die zweite mit $b_i$ incidente Fläche. Der Fläche $\gamma$ von $\mathfrak{C}$ entspricht eine Ebene $\gamma$ aus $\overline{\mathfrak{F}}$, der Kante $b_i$ eine in $\gamma$ gelegene Gerade $b_i$, durch welche noch die der Fläche $\gamma_i$ entsprechende Ebene $\gamma_i$ hindurchgeht. Die Punkte $A_0, A_1, \ldots, A_{n-1}$, welche den gleichnamigen Ecken von $\mathfrak{C}$ entsprechen, liegen in $\gamma$, $A_{i-1}$ und $A_i$ in der Geraden $b_i$, die andern auf einer und derselben Seite der Ebene $\gamma_i$ und mithin auch auf einer und derselben Seite der Geraden $b_i$. Wir erhalten also in der Ebene $\gamma$ ein konvexes Polygon $A_0 A_1 \ldots A_{n-1} A_0$. Da bei einem konvexen Polygon keine drei Ecken in einer Geraden liegen, ist auch die Bedingung $B'$ erfüllt. Jeder Punkt der Geraden $A_{i-1}A_i$ liegt in den Ebenen $\gamma$ und $\gamma_i$. Die Punkte zwischen $A_{i-1}$ und $A_i$ sind dabei auf der positiven Seite aller übrigen Ebenen gelegen, während jeder Punkt außerhalb der Strecke $A_{i-1}A_i$ wenigstens bezüglich einer der übrigen Ebenen auf der negativen Seite liegt. Von den übrigen Punkten der Ebene $\gamma$ liegen die im Innern des zugehörigen konvexen Polygons auf der positiven Seite aller übrigen Ebenen von $\overline{\mathfrak{F}}$, während jeder außerhalb des Polygons gelegene Punkt bezüglich einer der Geraden $b_1, \ldots, b_n$, also auch bezüglich einer der Ebenen $\gamma_1, \ldots, \gamma_n$, auf der negativen Seite liegt. Verbindet man einen Punkt $S$, der innerhalb des Polygons der Ebene $\gamma$ liegt, mit einem außerhalb $\gamma$ gelegenen Punkte $A_r$ von $\overline{\mathfrak{E}}$, so liegt jeder innere Punkt der Strecke $SA_r$ auf der positiven Seite aller Ebenen aus $\overline{\mathfrak{F}}$. Wir bezeichnen wieder mit $\mathfrak{M}$ die Menge der Punkte, die bezüglich jeder Ebene aus $\overline{\mathfrak{F}}$ auf der positiven Seite liegen, mit $\mathfrak{M}'$ die Menge der Punkte, die bezüglich keiner Ebene auf der negativen Seite liegen. $\mathfrak{M}'$ umfaßt $\mathfrak{M}$ und die Punkte der konvexen Polygonflächen, die zu den einzelnen Ebenen aus $\overline{\mathfrak{F}}$ gehören. Die Punkte von $\mathfrak{M}$ heißen *innere*, die andern *Oberflächenpunkte* von $\mathfrak{M}'$.

Es sei $O$ ein innerer Punkt von $\mathfrak{M}'$, $s$ ein von $O$ ausgehender Strahl. Wir zeigen, daß $s$ genau einen Punkt der Oberfläche enthält. Zunächst kann er nicht mehr als einen solchen Punkt enthalten; denn ein Punkt $S$ der Oberfläche liegt in einer oder mehreren Flächen $\gamma$ und auf der positiven Seite der übrigen. Der Punkt und die Punkte zwischen $O$ und $S$ sind dann innere Punkte, während alle übrigen Punkte des Strahls, weil sie auf der negativen Seite wenigstens einer der Ebenen $\gamma$ liegen, nicht zu $\mathfrak{M}'$ gehören. Wir haben jetzt zu zeigen, daß jeder Strahl $s$ wenigstens einen Oberflächenpunkt enthält. Schneidet $s$ eine der Kanten, also auch Ebenen des Systems $\overline{\mathfrak{F}}$, so ist der erste Schnittpunkt mit einer solchen Ebene ein Oberflächenpunkt. Schneidet $s$ keine Kante, so nehmen wir im Innern einer Kante $A_p A_q$ einen Punkt $S_1$, der in keiner der Ebenen liegt, die $s$ mit einem Punkt $A_i$ verbinden. Die Ebene $\varepsilon$ durch $s$ und $S_1$ geht dann durch keinen Punkt $A_i$, schneidet aber wenigstens eine der (begrenzten) Kanten. Ist $b$ irgendeine von $\varepsilon$ geschnittene Kante, so schneidet $\varepsilon$ auch die beiden Polygonflächen, die durch $b$ gehen, d. h. sie enthält innere Punkte dieser Flächen. Wird andererseits irgendeine Polygonfläche, z. B. die in $\gamma_i$ gelegene, von $\varepsilon$ geschnitten, so enthält die Schnittgerade von $\varepsilon$ und $\gamma_i$ zwei Punkte der Begrenzung der Polygonfläche, $\varepsilon$ schneidet also genau zwei der in $\gamma_i$ gelegenen Kanten. Das System $\mathfrak{S}$ der von $\varepsilon$ geschnittenen Kanten und Flächen ist also so beschaffen, daß jede Kante mit zwei Flächen, jede Fläche mit zwei Kanten incident ist. Mithin bilden die Elemente von $\mathfrak{S}$ einen oder mehrere Cyclen. Sei $b_0 \gamma_1 b_1 \gamma_2 \ldots b_{n-1} \gamma_n b_0$ ein solcher Cyclus, $B_i$ der Schnittpunkt von $\varepsilon$ und $b_i$, so liegen die Punkte $B_{i-1}$ und $B_i$ in $\gamma_i$, die übrigen alle auf der positiven Seite dieser Ebene (auf der auch $O$ liegt), also auch alle auf einer und derselben Seite der Geraden $B_{i-1} B_i$ in $\varepsilon$. $B_0 B_1 \ldots B_{n-1} B_0$ ist daher ein konvexes Polygon, das $O$ im Innern enthält. Der Strahl $s$ muß, wie wir sahen, die Begrenzung des Polygons schneiden; damit schneidet er aber zugleich die Oberfläche von $\mathfrak{M}'$.

Ist $O'$ ein beliebiger Raumpunkt, so erreicht für einen Punkt $P$, der innerhalb eines begrenzten Polygons von $\mathfrak{M}'$ variabel ist, der Abstand $O'P$ sein Maximum in einer Ecke des Polygons. Ist $P$ auf der ganzen Oberfläche variabel, so muß daher das Maximum von $O'P$ in einer Ecke $A_i$ erreicht werden. Ist $P_0$ ein innerer Punkt von $\mathfrak{M}'$, so schneidet eine durch $P_0$ gezogene Gerade die Oberfläche in zwei Punkten $S$ und $T$, zwischen denen $P_0$ liegt. Es ist dann $O P_0$ kleiner als die größere der beiden Strecken $O'S$ und $O'T$, und diese ist wieder höchstens gleich $O'A_i$. $O'A_i$ ist daher das Maximum von $O'P$ für alle Punkte aus $\mathfrak{M}'$, und die ganze Punktmenge $\mathfrak{M}'$ in der um $O'$ mit $O'A_i$ beschriebenen Kugel gelegen. Wenn wir von einem konvexen Polyeder reden, das das $K$-Polyeder $\mathfrak{C}_0$ realisiert, so kann damit die Punktmenge $\mathfrak{M}'$ oder auch ihre Oberfläche gemeint sein.

Ist $O'$ ein innerer Punkt von $\mathfrak{M}'$ und hat unter den Loten $O'Q_i$ auf die Begrenzungsebenen $\gamma_i$ das kleinste die Länge $\delta$, so gehören alle Punkte im Innern und auf der Oberfläche der Kugel vom Mittelpunkt $O'$ und Radius $\delta$ dem Körper $\mathfrak{M}'$ an. Ist das Lot $O'Q_i = \delta$, so ist $Q_i$ ein Oberflächenpunkt von $\mathfrak{M}'$, und die Ebene $\gamma_i$ ist senkrecht zu $O'Q_i$. Der Punkt $Q_i$ ist innerer Punkt der in $\gamma_i$ gelegenen Begrenzungsfläche, denn andernfalls würde durch ihn noch eine andere Ebene $\gamma_i$ aus $\overline{\mathfrak{F}}$ gehen, die nicht senkrecht zu $O'Q_i$ wäre und deren Abstand von $O'$ kleiner als $\delta$ wäre.

Indem wir nun zu dem Beweise des Fundamentalsatzes übergehen, brauchen wir nur die Untersuchungen des vorigen Paragraphen von S. 234 an wieder aufzunehmen und zu ergänzen. Von dem Komplex, den wir dort mit $\mathfrak{C} = \mathfrak{E} + \mathfrak{K} + \mathfrak{F}$ bezeichneten, war nur vorausgesetzt, daß er ein Polyeder ohne übergreifende Elemente ist. Jetzt kommt hinzu, daß er ein Eulerscher Komplex ist. Ebenso bleiben die Voraussetzungen, die wir bei dem System $\overline{\mathfrak{E}} + \overline{\mathfrak{F}}$ machten, bestehen; es kommt aber hinzu, daß das Polyeder mit diesem System als Ecken und Ebenen konvex ist. Was die Wahl des Anfangspunktes $O$ des Koordinatensystems betrifft, so soll dieser jetzt im Innern des konvexen Polyeders angenommen sein. Auch das Bestehen der Legendreschen Bedingung wollen wir vorläufig als besondere Annahme einführen, obgleich sich später herausstellen wird, daß dies überflüssig ist, weil diese Bedingung beim konvexen Polyeder stets erfüllt ist[1].

Aus dem Umstande, daß das System $\overline{\mathfrak{E}} + \overline{\mathfrak{F}}$ in der angenommenen Anfangslage den Incidenz- und Nichtincidenzbedingungen des Schemas $\mathfrak{E} + \mathfrak{F}$ entspricht, ergab sich früher, daß $\omega_{ij}$ $(i = 1, \ldots, e,\ j = 1, \ldots, f)$ $= 0$ oder $\neq 0$ ist, je nachdem $A_i \gamma_j$ ein incidentes oder nichtincidentes Paar ist. Jetzt können wir aber mehr aussagen, daß nämlich im zweiten Fall $\omega_{ij} > 0$ ist, weil der Ausdruck

$$a_j x + b_j y + c_j z + 1$$

im Punkte $O$ gleich $1 > 0$ ist und daher auch $> 0$ ist für alle nicht in $\gamma_j$ gelegenen Ecken, die ja auf derselben Seite der Ebene $\gamma_j$ liegen wie der Punkt $O$.

[1] § 56, S. 257.

Wir betrachten wieder erst den Fall, daß $\mathfrak{C}_1$ durch eine Spaltung erster Art aus $\mathfrak{C}$ hervorgeht, und berufen uns unter Benutzung der alten Bezeichnungsweise auf die früheren Sätze. Wir sahen, daß das System der Differentiale der zu $\mathfrak{F}_1$ gehörigen $\omega$ auch nach Hinzufügen von $d\omega_{3\beta}$ noch linear unabhängig ist, und schlossen daraus, daß man das System $\overline{\mathfrak{E}} + \overline{\mathfrak{F}}_1$ durch beliebig kleine Variation in eine solche Lage bringen kann, daß die zu $\mathfrak{F}_1$ gehörenden $\omega$ gleich 0 bleiben, $\omega_{3\beta}$ dagegen ungleich 0 wird. Nach unserm analytischen Hilfssatz können wir aber auch noch genauer fordern, daß $\omega_{3\beta} > 0$ wird. Unsere Aufgabe besteht darin, zu zeigen, daß alsdann das Polyeder, für welches $\overline{\mathfrak{E}} + \overline{\mathfrak{F}}_1$ Ecken- und Ebenensystem ist, und von dem wir schon früher zeigten, daß es eine Realisation von $\mathfrak{C}_1$ darstellt, konvex ist. Das erfordert nur den Nachweis, daß alle zu $\mathfrak{N}_1$ gehörigen $\omega$ positiv geworden sind. Das ist bei allen denen, die zugleich zu $\mathfrak{N}$ gehören, der Fall, denn sie waren vor der Variation positiv und müssen, da die Variation hinreichend klein zu denken ist, positiv bleiben.

Ist ferner $i > m$, also $A_i$ eine der nicht in $\gamma_f$ gelegenen Ecken, so war vor der Variation $\omega_{i\alpha} = \omega_{i\beta} = \omega_{if} > 0$; also ist auch nach der Variation $\omega_{i\alpha} > 0$, $\omega_{i\beta} > 0$. Bedeutet ferner $p$ eine der Zahlen $3, \ldots, l$, $q$ eine der Zahlen $l+1, \ldots, m$, so war vor der Variation $\omega_{p\alpha} = \omega_{p\beta} = \omega_{pf} = 0$, $\omega_{q\alpha} = \omega_{q\beta} = \omega_{qf} = 0$. Nun gehören $\omega_{p\beta}$ und $\omega_{q\alpha}$ zu $\mathfrak{N}_1$; wir hatten früher gezeigt, daß diese Funktionen nach der Variation sämtlich $\neq 0$ sind. Jetzt müssen wir weiter zeigen, daß sie alle $> 0$ sind. Daß dies bei $\omega_{3\beta}$ der Fall ist, wissen wir bereits. Für die übrigen $\omega_{p\beta}$ und die $\omega_{q\alpha}$ ergibt sich dies aus der folgenden Betrachtung: Das in der Ebene $\gamma_f$ (in der Ausgangslage) gelegene Polygon des ursprünglichen konvexen Polyeders war konvex und wurde durch die Strecke $A_1A_2$ in zwei konvexe Polygone zerlegt. Die Punkte $A_3, \ldots, A_l$ liegen auf der einen, die Punkte $A_{l+1}, \ldots, A_m$ auf der andern Seite der Geraden $A_1A_2$. Daher haben die Dreiecke $A_1A_2A_p$ $(p = 3, \ldots, l)$ alle denselben Umlaufssinn, während der Umlaufssinn der Dreiecke $A_1A_2A_q$ $(q = l+1, \ldots, m)$ der entgegengesetzte ist. Daraus folgt weiter, daß die Tetraeder $A_1A_2A_pO$ alle dasselbe Vorzeichen haben, welches dem der Tetraeder $A_1A_2A_qO$ entgegengesetzt ist. Die Tetraedervolumen stellen sich analytisch, bis auf einen konstanten Faktor, durch die Determinanten

$$\begin{vmatrix} x_1 & y_1 & z_1 \\ x_2 & y_2 & z_2 \\ x_p & y_p & z_p \end{vmatrix} \quad \text{und} \quad \begin{vmatrix} x_1 & y_1 & z_1 \\ x_2 & y_2 & z_2 \\ x_q & y_q & z_q \end{vmatrix}$$

dar, deren Vorzeichen bei den kleinen Variationen keine Änderung erleiden. Aus $\omega_{3\beta} > 0$ folgt, daß der Punkt $A_3$ auf derselben Seite der Ebene $\beta = A_1A_2A_q$ liegt wie der Punkt $O$ und daß daher nach der Variation die Tetraeder $A_1A_2A_qO$ dasselbe Vorzeichen wie $A_1A_2A_qA_3$ haben. Daher haben auch nach der Variation die Dreiecke $A_1A_2A_q$

untereinander denselben Umlaufssinn, ebenso wie die Dreiecke $A_1A_2A_p$ untereinander gleichen Umlaufssinn haben. Daher haben alle Tetraeder $A_1A_2A_qA_p$ dasselbe Vorzeichen wie $A_1A_2A_qA_3$ oder auch wie $A_1A_2A_qO$, d. h. alle Punkte $A_p$ liegen auf derselben Seite der Ebene $A_1A_2A_q = \beta$ wie der Punkt $O$. Mithin ist allgemein $\omega_{p\beta} > 0$. Ferner haben $A_1A_2A_pO$ und $A_1A_2A_qO$ verschiedenes Vorzeichen. Das Vorzeichen von $A_1A_2A_pO$ ist also auch dem von $A_1A_2A_qA_p$ entgegengesetzt, dem von $A_1A_2A_pA_q$ gleich. Daher liegen die Punkte $O$ und $A_q$ auf derselben Seite der Ebene $A_1A_2A_p = \alpha$, oder es ist $\omega_{q\alpha} > 0$. Damit ist der Nachweis erbracht, daß das $\mathfrak{C}_1$ realisierende Polyeder konvex ist.

Die Fälle der Spaltung zweiter und dritter Art erledigen sich auch sofort. Man muß nur die neu einzuführenden Ecken im Innern der begrenzenden Kanten $s$ und $t$ annehmen, dann wird ihre Verbindungsgerade das in $\gamma_f$ gelegene konvexe Polygon wieder in zwei konvexe Teile zerlegen, und der Beweis ist genau so wie im ersten Falle weiterzuführen.

## § 55. Über eine besondere Anordnung der Ecken und Flächen eines Polyeders.

Der in § 54 gegebene Beweis des Fundamentalsatzes ist ein bloßer Existenzbeweis, dem wir wenigstens unmittelbar noch keine geometrische Konstruktion eines konvexen Polyeders von vorgeschriebenem Typus entnehmen können. Eine solche zu finden, soll unsere nächste Aufgabe sein. Es wird sich zeigen, daß sie auf linearem Wege lösbar ist, d. h. daß bei der Konstruktion nur Punkte, Geraden und Ebenen vorkommen, die aus gegebenen oder willkürlich gewählten solchen Elementen durch Verbinden und Schneiden abgeleitet werden.

Es sei ein beliebiges normales Polyeder $\mathfrak{C} = \mathfrak{E} + \mathfrak{K} + \mathfrak{F}$ gegeben. Wir fassen nur die Incidenzbedingungen des Systems $\mathfrak{E} + \mathfrak{F}$ ins Auge. Unter der Incidenzzahl eines Elementes von $\mathfrak{E} + \mathfrak{F}$ verstehen wir, je nachdem es Ecke oder Fläche ist, die Anzahl der mit dem Element incidenten Flächen oder Ecken. Wir suchen jetzt in allgemeinster Weise ein entsprechendes System von Punkten und Ebenen im Raum so zu konstruieren, daß die Incidenzbedingungen erfüllt werden. Dabei wollen wir vorläufig, um das Wesentliche der Betrachtung deutlicher hervortreten zu lassen, im projektiven Raume operieren. Die Verhältnisse liegen hier deswegen einfacher, weil zwei Ebenen stets eine Schnittgerade, eine Ebene und eine nicht in ihr gelegene Gerade stets einen Schnittpunkt haben. Wir denken uns die Elemente von $\mathfrak{E} + \mathfrak{F}$ irgendwie angeordnet und in dieser Anordnung mit $\mathfrak{a}_1, \mathfrak{a}_2, \ldots, \mathfrak{a}_{e+f}$ bezeichnet. Unter der vorderen bzw. hinteren Incidenzzahl von $\mathfrak{a}_i$ sei dann die Anzahl derjenigen mit $\mathfrak{a}_i$ incidenten Elemente verstanden, die $\mathfrak{a}_i$ vorangehen bzw. folgen. Vordere und hintere Incidenzzahl geben also zusammen die (volle) Incidenzzahl des Elementes. Nun versuchen wir die Elemente $\mathfrak{a}_1, \mathfrak{a}_2, \ldots$ der Reihe nach so durch Punkte bzw. Ebenen zu realisieren, daß jedes neu hinzukommende Element den vorderen Incidenzbedingungen genügt. Der Punkt bzw. die Ebene $\mathfrak{a}_1$ wird willkürlich anzunehmen sein, und dasselbe wird für $\mathfrak{a}_i$ gelten, falls die vordere Incidenzzahl dieses Elementes 0 ist. Ist sie 1, so handelt es sich entweder darum, einen Punkt in einer bereits vorhandenen Ebene willkürlich zu wählen oder eine Ebene beliebig durch einen schon vorhandenen Punkt zu legen. Ist die vordere Incidenzzahl 2, so wird der Punkt in zwei bereits vorhandenen Ebenen, also (falls diese nicht zusammenfallen) in ihrer Schnittgeraden anzunehmen bzw. die Ebene durch zwei schon vorhandene Punkte zu legen sein. Ist die vordere Incidenzzahl 3, so wird das Element im allgemeinen eindeutig bestimmt sein. Jedenfalls wird in den bisher betrachteten Fällen das neue Element stets den Incidenzbedingungen gemäß wählbar sein, während dieses im allgemeinen nicht mehr der Fall ist, wenn die vordere Incidenzzahl $>3$ ist. Sind alle vorderen Incidenzzahlen $\leqq 3$, so ist das Verfahren bis zum Schluß durchführbar, und das so erhaltene System von Punkten und Ebenen genügt allen Incidenzbedingungen. Es entsteht so die Aufgabe: das System der Ecken und Flächen eines normalen Komplexes wenn möglich so anzuordnen, daß alle vorderen Incidenzzahlen $\leqq 3$ sind.

Natürlich besteht eine solche Möglichkeit nicht immer. Wenn z. B. alle Incidenzzahlen $>3$ sind, so wird bei jeder Anordnung die vordere Incidenzzahl des letzten Elementes, die ja gleich der vollen Incidenzzahl ist, $>3$ sein. Aus den folgenden Untersuchungen wird sich aber u. a. ergeben, daß eine Anordnung der gewünschten Art stets möglich ist, wenn $\mathfrak{C}$ ein EULERscher Komplex ist.

Wir beweisen zunächst den folgenden allgemeinen Satz:

1. Ist $\mathfrak{C} = \mathfrak{E} + \mathfrak{K} + \mathfrak{F}$ ein normaler geschlossener Komplex, seine Charakteristik $e - k + f = c$, so ist der Exzeß jedes nichtzerfällenden Kantenkomplexes aus $\mathfrak{C} \leqq 2 - c$.

Sei nämlich $\mathfrak{E}' + \mathfrak{K}'$ ein in $\mathfrak{C}$ enthaltener, nichtzerfällender Kantenkomplex, $e'$, $k'$ seien die Anzahlen der Elemente von $\mathfrak{E}'$ und $\mathfrak{K}'$, $s$ die Komponentenzahl von $\mathfrak{E}' + \mathfrak{K}'$, also $s - e' + k'$ der Exzeß. Der Exzeß erfährt keine Änderung, wenn wir $\mathfrak{E}'$ durch $\mathfrak{E}$ ersetzen. Denn wir nehmen dann zu dem ursprünglichen Komplex nur isolierte Ecken hinzu. Durch die Hinzufügung einer solchen Ecke wird aber zugleich die Komponentenzahl um 1 vermehrt, so daß also der Exzeß unverändert bleibt. Daß der Komplex $\mathfrak{E}' + \mathfrak{K}'$ ein nicht zerfällender ist, besagt nur, daß $(\mathfrak{K} - \mathfrak{K}') + \mathfrak{F}$ zusammenhängend ist. Dann ist aber auch $\mathfrak{E} + \mathfrak{K}'$ ein nichtzerfällender Komplex. Nehmen wir aus $(\mathfrak{K} - \mathfrak{K}') + \mathfrak{F}$ noch so viele Kanten weg, daß der zurückbleibende Komplex $(\mathfrak{K} - \mathfrak{K}'') + \mathfrak{F}$

eben noch zusammenhängt, so ist, wenn $k''$ die Kantenzahl von $\mathfrak{K}''$ bedeutet, $k'' \geqq k'$, $k - k'' = f - 1$. Der Komplex $\mathfrak{E} + \mathfrak{K}''$ geht, wenn er nicht mit $\mathfrak{E} + \mathfrak{K}'$ identisch ist, aus diesem Komplex durch Hinzufügen von Kanten hervor. Bei der Hinzufügung jeder einzelnen Kante bleibt die Komponentenzahl des Kantenkomplexes ungeändert, falls die hinzugefügte Kante in dem neuen Komplex Polygonkante ist; dagegen nimmt die Komponentenzahl um 1 ab, wenn diese Kante Brücke ist. Im ersten Fall wird durch das Hinzufügen der Kante der Exzeß um 1 vergrößert, im zweiten bleibt er ungeändert. Es ergibt sich hieraus, daß der Exzeß von $\mathfrak{E} + \mathfrak{K}''$ nicht kleiner als der von $\mathfrak{E} + \mathfrak{K}'$ sein kann. Ist $b$ irgendeine in $\mathfrak{K}''$ nicht vorkommende Kante, so ist nach unserer Annahme der Komplex $(\mathfrak{K} - \mathfrak{K}'' - b) + \mathfrak{F}$ nicht mehr zusammenhängend; aus dem nichtzerfällenden Kantenkomplex $\mathfrak{E} + \mathfrak{K}''$ wird also durch Hinzunahme der Kante $b$ ein zerfällender. Dann muß aber $b$ in $\mathfrak{E} + (\mathfrak{K}'' + b)$ Polygonkante sein (§ 30, 5). Die beiden Ecken der Kante $b$ sind also bereits innerhalb des Komplexes $\mathfrak{E} + \mathfrak{K}''$ verbunden, und da dasselbe natürlich auch für die beiden Ecken einer jeden Kante aus $\mathfrak{K} - \mathfrak{K}''$ gilt, so ist der Komplex $\mathfrak{E} + \mathfrak{K}''$ zusammenhängend. Hiernach ist der Exzeß dieses Komplexes gleich $1 - e + k'' = 1 - e + k - (f - 1) = 2 - c$. Nun war der Exzeß von $\mathfrak{E}' + \mathfrak{K}'$ gleich dem von $\mathfrak{E} + \mathfrak{K}'$ und dieser höchstens gleich dem Exzeß von $\mathfrak{E} + \mathfrak{K}''$. Mithin ist der Exzeß von $\mathfrak{E}' + \mathfrak{K}' \leqq 2 - c$, w. z. b. w.

Wir können den Satz noch etwas verallgemeinern. Es sei jetzt $\mathfrak{E}' + \mathfrak{K}'$ ein ganz beliebiger in $\mathfrak{C}$ enthaltener Kantenkomplex, seine Komponentenzahl $s$ und $t$ die Komponentenzahl von $(\mathfrak{K} - \mathfrak{K}') + \mathfrak{F}$. Lassen wir aus $\mathfrak{K}'$ eine Kante $a_1$ fort, die zu verschiedenen Komponenten $\mathfrak{C}_1$ und $\mathfrak{C}_2$ von $(\mathfrak{K} - \mathfrak{K}') + \mathfrak{F}$ gehört, so ist $a_1$ Polygonkante von $\mathfrak{E}' + \mathfrak{K}'$, und die Komponentenzahl von $(\mathfrak{K} - \mathfrak{K}' + a_1) + \mathfrak{F}$ ist $t - 1$, indem jetzt der Komplex $\mathfrak{C}_1 + \mathfrak{C}_2 + a_1$ eine Komponente von $(\mathfrak{K} - \mathfrak{K}' + a_1) + \mathfrak{F}$ darstellt. Da $a_1$ Polygonkante von $\mathfrak{E}' + \mathfrak{K}'$ ist, so hat auch $\mathfrak{E}' + \mathfrak{K}' - a_1$ $s$ Komponenten. Hiernach können wir, indem wir aus $\mathfrak{K}'$ im ganzen $t - 1$ geeignete Kanten $a_1, a_2, \ldots, a_{t-1}$ fortlassen, bewirken, daß die Komponentenzahl von $(\mathfrak{K} - \mathfrak{K}' + a_1 + \cdots + a_{t-1}) + \mathfrak{F}$ gleich 1, die Komponentenzahl von $\mathfrak{E}' + \mathfrak{K}' - a_1 - \cdots - a_{t-1}$ gleich $s$ ist. Dieser Kantenkomplex ist nun (da $\mathfrak{K} - \mathfrak{K}' + a_1 + \cdots + a_{t-1} + \mathfrak{F}$ zusammenhängend ist) nichtzerfällend, sein Exzeß also nach dem vorigen Satze $\leqq 2 - c$. Der Exzeß des ursprünglichen Kantenkomplexes $\mathfrak{E}' + \mathfrak{K}'$, der dieselbe Komponentenzahl hat, ist um $t - 1$ größer, also $\leqq t + 1 - c$, d. h. es ist $s - e' + k' \leqq t + 1 - c$. Es gilt also der Satz:

2. Ist $\mathfrak{C}$ ein beliebiger geschlossener normaler Komplex, $\mathfrak{E}' + \mathfrak{K}'$ ein beliebiger in $\mathfrak{C}$ enthaltener Kantenkomplex, so gilt die Beziehung:

$$s - e' + k' - t \leqq 1 - c,$$

worin $c$ die Charakteristik von $\mathfrak{C}$, $e'$, $k'$ die Anzahlen der Elemente von $\mathfrak{E}'$, $\mathfrak{K}'$, $s$ und $t$ die Komponentenanzahlen von $\mathfrak{E}' + \mathfrak{K}'$ und $(\mathfrak{K} - \mathfrak{K}') + \mathfrak{F}$ bedeuten.

Wir beweisen weiter:

3. Ist $\mathfrak{C} = \mathfrak{E} + \mathfrak{K} + \mathfrak{F}$ ein geschlossener normaler Komplex von der Charakteristik $c$, $\mathfrak{F}^*$ Teil von $\mathfrak{F}$ ($\mathfrak{F}^* = \mathfrak{F}$ nicht ausgeschlossen), $\mathfrak{E}^*$ das System der in den Flächen von $\mathfrak{F}^*$ vorkommenden Ecken, $\mathfrak{W}^*$ das System der in den Flächen von $\mathfrak{F}^*$ gelegenen Winkel und sind $f^*$, $e^*$, $w^*$ die Anzahlen der Elemente von $\mathfrak{F}^*$, $\mathfrak{E}^*$, $\mathfrak{W}^*$, so ist

$$4e^* + 4f^* - 2w^* \geqq 4c.$$

*Beweis.* Es sei noch $\mathfrak{K}^*$ das System der in den Flächen von $\mathfrak{F}^*$ gelegenen Kanten, $k^*$ die Anzahl dieser Kanten. Jede Fläche aus $\mathfrak{F}^*$ bildet für sich eine Komponente des Komplexes $(\mathfrak{K} - \mathfrak{K}^*) + \mathfrak{F}$. Setzen wir die Anzahl der Komponenten dieses Komplexes gleich $f^* + f^{**}$, so ist $f^{**}$ gleich Null oder größer als Null, je nachdem $\mathfrak{F}^*$ gleich $\mathfrak{F}$ oder echter Teil von $\mathfrak{F}$ ist. Wir können die zuletzt bewiesene Formel auf den Komplex $\mathfrak{E}^* + \mathfrak{K}^*$ anwenden. Wir haben dann $e' = e^*$, $k' = k^*$, $t = f^* + f^{**}$ zu setzen und erhalten dann:

$$s - e^* + k^* - f^* - f^{**} \leqq 1 - c,$$

$$e^* - k^* + f^* + f^{**} \geqq c + s - 1 \geqq c,$$

$$(1) \qquad 4e^* - 4k^* + 4f^* + 4f^{**} \geqq 4c.$$

Wir bezeichnen jetzt mit $\mathfrak{F}_j$ $(j = 1, \ldots, f^* + f^{**})$ die Flächensysteme der $f^* + f^{**}$ Komponenten von $(\mathfrak{K} - \mathfrak{K}^*) + \mathfrak{F}$, wobei $\mathfrak{F}_1, \ldots, \mathfrak{F}_{f^*}$ die Komponenten sein mögen, die aus den einzelnen Flächen von $\mathfrak{F}^*$ bestehen; $\mathfrak{C}_j$ sei der polyedrische Komplex, der aus $\mathfrak{F}_j$ und den in den Flächen aus $\mathfrak{F}_j$ gelegenen Ecken und Kanten besteht $(j = 1, \ldots, f^* + f^{**})$. Die Randkanten der Komplexe $\mathfrak{C}_j$ sind die Elemente von $\mathfrak{K}^*$, und jedes Element von $\mathfrak{K}^*$ tritt bei zwei Komplexen $\mathfrak{C}_j$ als Randkante auf. Wenn wir daher bei jedem Komplex $\mathfrak{C}_j$ die Randkanten zählen und alle so erhaltenen Zahlen addieren, ergibt sich die Summe $2k^*$. Für $j = 1, \ldots, f^*$ ist aber die Zahl der Randkanten gleich der Anzahl der Winkel, die in der Fläche liegen, aus der $\mathfrak{F}_j$ besteht, so daß dieser Teil der Zählung $w^*$ ergibt. Da ferner jeder der Komplexe $\mathfrak{C}_j$ $(f^* < j \leqq f^* + f^{**})$ wenigstens zwei Randkanten hat, so kommt noch mindestens die Zahl $2f^{**}$ hinzu. Mithin ist $2k^* \geqq w^* + 2f^{**}$ oder

$$(2) \qquad 4k^* - 4f^{**} - 2w^* \geqq 0,$$

wobei das Gleichheitszeichen nur dann gilt, wenn entweder $f^{**} = 0$ ist oder jeder der Komplexe $\mathfrak{C}_{f^*+1}, \ldots, \mathfrak{C}_{f^*+f^{**}}$ als Berandung ein Zweieck hat. Die Addition von (1) und (2) ergibt die zu beweisende Formel, in der wiederum das Gleichheitszeichen nur in den eben angegebenen Fällen gelten kann (nicht muß).

Es sei jetzt $\mathfrak{C} = \mathfrak{E} + \mathfrak{K} + \mathfrak{F}$ wieder ein geschlossener normaler Komplex, $\mathfrak{E}^* + \mathfrak{F}^*$ ein beliebiges Teilsystem aus $\mathfrak{E} + \mathfrak{F}$. Unter der relativen Incidenzzahl eines Elementes $\mathfrak{a}$ von $\mathfrak{E}^* + \mathfrak{F}^*$ verstehen wir die Anzahl der mit $\mathfrak{a}$ incidenten Elemente aus eben diesem System. Sind $e^*$ und $f^*$ die Anzahlen aller Elemente aus $\mathfrak{E}^*$ und $\mathfrak{F}^*$ und $i^*$ die Anzahl der incidenten Paare aus $\mathfrak{E}^*$ und $\mathfrak{F}^*$, also die Anzahl der Winkel, deren Scheitel zu $\mathfrak{E}^*$ und deren Fläche zu $\mathfrak{F}^*$ gehört, so wollen wir den Ausdruck

$$g = 4e^* + 4f^* - 2i^*$$

das *Gewicht* des Systems $\mathfrak{E}^* + \mathfrak{F}^*$ nennen. Im Falle $\mathfrak{E}^* + \mathfrak{F}^* = \mathfrak{E} + \mathfrak{F}$ ist das Gewicht gleich der vierfachen Charakteristik; denn es ist dann bei Anwendung der gewöhnlichen Bezeichnung $e^* = e$, $f^* = f$, $i^* = 2k$, also $4e^* + 4f^* - 2i^* = 4(e + f - k) = 4c$. Wir werden sehen, daß das Gewicht im allgemeinen $\geqq 4c$ ist. — Wir beweisen zunächst:

4. Sind in $\mathfrak{E}^* + \mathfrak{F}^*$ alle relativen Incidenzzahlen $\geqq 2$, so ist

(3) $$4e^* + 4f^* - 2i^* \geqq 4c.$$

Wir betrachten erst den Fall, daß jede in einer Fläche aus $\mathfrak{F}^*$ gelegene Ecke zu $\mathfrak{E}^*$ gehört und $\mathfrak{E}^*$ auch nur aus den in den Flächen von $\mathfrak{F}^*$ gelegenen Ecken besteht. Dann ist $i^*$ mit der in Satz 3 durch $w^*$ bezeichneten Anzahl aller in den Flächen von $\mathfrak{F}^*$ gelegenen Winkel identisch, und die zu beweisende Relation identisch mit der in jenem Satze bewiesenen. Auf diesen besonderen Fall führen wir den allgemeineren zurück. Sei $\gamma$ irgendeine Fläche aus $\mathfrak{F}^*$, $\mathfrak{P}$ das zugehörige Polygon. Lassen wir aus diesem die zu $\mathfrak{E}^*$ gehörigen Ecken, deren Anzahl $m \geqq 2$ ist, weg, so bleiben $m$ Elementarzüge übrig. Im Falle, daß alle Ecken von $\mathfrak{P}$ zu $\mathfrak{E}^*$ gehören, besteht jeder dieser Züge aus einer einzigen Kante. Nehmen wir jetzt aber an, daß $\mathfrak{P}$ auch nicht zu $\mathfrak{E}^*$ gehörige Ecken enthält und daß der in den Ecken $A$, $B$ von $\mathfrak{E}^*$ endigende Elementarzug $\mathfrak{Z}$ mehrkantig ist. Wir spalten dann $\gamma$ durch Einführung einer $A$ und $B$ verbindenden Kante und bezeichnen diejenige der beiden neuen Flächen, welche den Zug $\mathfrak{Z}$ nicht enthält, mit $\gamma'$. $\gamma'$ ist genau mit denselben Ecken aus $\mathfrak{E}^*$ incident wie $\gamma$, die Anzahl der nicht zu $\mathfrak{E}^*$ gehörigen Ecken ist aber bei $\gamma'$ kleiner als bei $\gamma$. Enthält $\gamma'$ überhaupt noch solche Ecken, so verfahren wir mit $\gamma'$ wie vorher mit $\gamma$ und setzen das Verfahren fort, bis wir zu einer Fläche $\bar{\gamma}$ gelangen, die nur Ecken aus $\mathfrak{E}^*$ enthält, und zwar genau dieselben wie $\gamma$. Wie mit $\gamma$, so können wir mit jeder Fläche aus $\mathfrak{F}^*$ verfahren. Wir erhalten so aus $\mathfrak{C}$ einen neuen Komplex $\bar{\mathfrak{C}}$ mit demselben Eckensystem $\mathfrak{E}$ wie $\mathfrak{C}$, der auch dieselbe Charakteristik wie $\mathfrak{C}$ hat. Jeder Fläche $\gamma$ aus $\mathfrak{F}^*$ entspricht in $\bar{\mathfrak{C}}$ eine Fläche $\bar{\gamma}$, die mit denselben Ecken aus $\mathfrak{E}^*$ incident ist wie $\gamma$, aber nur Ecken aus $\mathfrak{E}^*$ enthält. Bezeichnen wir also das System der Flächen $\bar{\gamma}$ mit $\bar{\mathfrak{F}}^*$, so bezeichnen $f^*$ und $i^*$ auch die Anzahlen der Elemente von $\bar{\mathfrak{F}}^*$ und der incidenten Paare aus $\mathfrak{E}^*$ und $\bar{\mathfrak{F}}^*$. Es liegt jetzt aber der Fall vor, daß $\mathfrak{E}^*$ das System der in den Flächen von $\bar{\mathfrak{F}}^*$ gelegenen Ecken ist. Für diesen Fall haben wir aber die behauptete Relation schon bewiesen.

Hierzu noch einige Bemerkungen. Die Flächen von $\mathfrak{F}^*$ seien mit $\gamma_j$ $(j = 1, \ldots, f^*)$ bezeichnet, die entsprechenden Flächen von $\bar{\mathfrak{F}}^*$ mit $\bar{\gamma}_i$. Falls das Polygon $\mathfrak{P}_j$ von $\gamma_j$ nur Ecken aus $\mathfrak{E}^*$ enthält, ist natürlich $\bar{\gamma}_j = \gamma_j$. Andernfalls gelangt man, wie die oben angegebene Konstruktion ohne weiteres erkennen läßt, von $\gamma_j$ zu $\bar{\gamma}_j$ durch $r$ Flächenspaltungen, wo $r$ angibt, wie viele der Elementarzüge, die von $\mathfrak{P}_i$ nach Weglassung der zu $\mathfrak{E}^*$ gehörigen Ecken zurückbleiben, mehr als eine Kante haben. Es kann auch der Fall vorkommen, daß eine neu eingeführte Kante zwei Nachbarecken $A$ und $B$ des Polygons $\mathfrak{P}$ verbindet. Offenbar tritt dieser Fall dann und nur dann ein, wenn $r = 1$ und $A$ und $B$ die einzigen zu $\mathfrak{E}^*$ gehörigen Ecken von $\mathfrak{P}$ sind. Allgemein gilt, daß jede der neu eingeführten $r$ Kanten mit der Fläche $\bar{\gamma}_j$ und einer zweiten Fläche von $\bar{\mathfrak{C}}$ incident ist, die nicht zu $\bar{\mathfrak{F}}^*$ gehört. — Setzen wir $\bar{\mathfrak{C}} = \bar{\mathfrak{E}} + \bar{\mathfrak{K}} + \bar{\mathfrak{F}}$, so ist offenbar $\mathfrak{E} = \bar{\mathfrak{E}}$, $\mathfrak{K}$ Teil von $\bar{\mathfrak{K}}$, $\mathfrak{F} - \mathfrak{F}^*$ Teil von $\bar{\mathfrak{F}} - \bar{\mathfrak{F}}^*$. Soll also $\bar{\mathfrak{F}}^* = \bar{\mathfrak{F}}$ sein, so muß auch $\mathfrak{F}^* = \mathfrak{F}$ sein. Es muß dann aber auch $\mathfrak{E}^* = \mathfrak{E}$ sein. Denn wäre $A$ eine Ecke aus $\mathfrak{E} - \mathfrak{E}^*$ und $\gamma$ eine mit $A$ incidente Fläche aus $\mathfrak{F}^* = \mathfrak{F}$, so würde $\gamma$ beim Übergange von $\mathfrak{C}$ zu $\bar{\mathfrak{C}}$ zu spalten sein. $\bar{\mathfrak{F}}$ würde dann mehr Flächen enthalten als $\mathfrak{F}$, während $\bar{\mathfrak{F}}^*$ dieselbe Flächenzahl hat wie $\mathfrak{F}^* = \mathfrak{F}$. Es könnte also nicht $\bar{\mathfrak{F}}^*$ gleich $\bar{\mathfrak{F}}$ sein. Mithin ist auch $\mathfrak{E}^* = \mathfrak{E}$.

Setzen wir jetzt unter Beibehaltung der bisherigen Annahmen voraus, daß $\mathfrak{E}^* + \mathfrak{F}^*$ echter Teil von $\mathfrak{E} + \mathfrak{F}$ ist, so ist $\bar{\mathfrak{F}}^*$ echter Teil von $\bar{\mathfrak{F}}$. Verstehen wir unter $\bar{\mathfrak{K}}^*$ das System der in den Flächen von $\bar{\mathfrak{F}}^*$ vorkommenden Kanten, so bildet jede Fläche aus $\bar{\mathfrak{F}}^*$ für sich eine Komponente des Komplexes $(\bar{\mathfrak{K}} - \bar{\mathfrak{K}}^*) + \bar{\mathfrak{F}}$; die Anzahl $f^* + f^{**}$ aller Komponenten dieses Komplexes ist aber $> f^*$. Wir bezeichnen wie beim Beweise von 3. mit $\mathfrak{C}_j$ $(j = 1, \ldots, f^* + f^{**})$ die Komplexe, die aus den Flächen dieser Komponenten und den in ihnen gelegenen Kanten und Ecken bestehen, wobei wieder die ersten $f^*$ Komplexe aus den Flächen von $\bar{\mathfrak{F}}^*$ hervorgehen sollen. Jede Randkante $b$ eines Komplexes $\mathfrak{C}_j$ gehört zu $\bar{\mathfrak{K}}^*$, also gehört von ihren beiden Flächen wenigstens die eine zu $\bar{\mathfrak{F}}^*$, im Falle $j > f^*$ auch nur eine, da die mit $b$ incidente Fläche aus $\mathfrak{C}_j$ nicht zu $\bar{\mathfrak{F}}^*$ gehört.

Wir fügen zu unseren bisherigen Voraussetzungen noch eine hinzu: In der Relation (3) soll das Gleichheitszeichen gelten. Wie aus der Bemerkung am Schluß des Beweises von Satz 3. hervorgeht, besteht dann die gesamte Berandung eines jeden Komplexes $\mathfrak{C}_s$ $(s > f^*)$ aus einem einzigen Zweieck. Das Randzweieck $\mathfrak{P}$ von $\mathfrak{C}_s$ habe die Ecken $A$ und $B$, die Kanten $a$ und $b$. $a$ sei mit der Fläche $\alpha$ aus $\mathfrak{C}_s$ und der

Fläche $\bar{\gamma}_p$ aus $\mathfrak{F}^*$, $b$ mit der Fläche $\beta$ aus $\mathfrak{C}_s$ und der Fläche $\bar{\gamma}_q$ aus $\mathfrak{F}^*$ incident. $A$ und $B$ gehören wie alle in den Flächen von $\mathfrak{F}^*$ auftretenden Ecken zu $\mathfrak{E}^*$. Es muß $\bar{\gamma}_p \neq \bar{\gamma}_q$ sein; denn andernfalls wäre das Zweieck $\mathfrak{P}$ Flächenpolygon von $\bar{\gamma}_p$ und einziges Randpolygon von $\bar{\mathfrak{C}} - \bar{\gamma}_p$. Da nun jeder aus Kanten und Flächen von $\bar{\mathfrak{C}}$ gebildete Weg, der von $\alpha$ ausgeht und keine der Kanten $a$, $b$ enthält, vollständig in $\mathfrak{C}_s$ verläuft, würde sich $\mathfrak{C}_s = \bar{\mathfrak{C}} - \bar{\gamma}_p$ ergeben. $\bar{\gamma}_p$ wäre die einzige Fläche von $\mathfrak{F}^*$, und die Ecken $A$ und $B$ hätten gegen die Voraussetzung die relative Incidenzzahl 1. Es ist also $\bar{\gamma}_p \neq \bar{\gamma}_q$ und somit auch $\gamma_p \neq \gamma_q$. Die beiden Flächen $\gamma_p$, $\gamma_q$ aus $\mathfrak{F}^*$ haben also die Ecken $A$ und $B$ gemein.

Wir machen endlich noch eine letzte Voraussetzung: $\mathfrak{C}$ soll ein Polyeder ohne übergreifende Elemente sein. Dann existiert in $\mathfrak{C}$ eine (und nur eine) Kante $c$, die mit $A$, $B$, $\gamma_p$, $\gamma_q$ incident ist, also den Flächenpolygonen $\mathfrak{P}_p$ und $\mathfrak{P}_q$ von $\gamma_p$ und $\gamma_q$ angehört. Wir dürfen $c \neq b$ annehmen und wollen zeigen, daß auch $c \neq a$ ist. Da die Kante $b$ benachbarte Ecken von $\mathfrak{P}_q$ verbindet, so kann $b$ nicht zum Rande $\mathfrak{P}_q$ von $\gamma_q$ gehören, kann also in $\mathfrak{C}$ nicht vorgekommen sein. Man gelangt also von $\gamma_q$ zu $\bar{\gamma}_q$ durch eine einzige Spaltung, und das Flächenpolygon von $\gamma_q$ ist das Zweieck $AcBb(A)$. Wäre $a = c$, so wäre $a$ mit drei verschiedenen Flächen $\alpha$, $\bar{\gamma}_p$, $\bar{\gamma}_q$ von $\bar{\mathfrak{C}}$ incident. Die Kanten $a$, $b$, $c$ sind also verschieden. Das Flächenpolygon von $\bar{\gamma}_p$ ist $AaBc(A)$. $\bar{\gamma}_p$, $\bar{\gamma}_q$ und $c$ sind die inneren Elemente eines Elementarkomplexes mit dem Randpolygon $AaBb(A)$; $\bar{\mathfrak{C}} - \bar{\gamma}_p - c - \bar{\gamma}_q$ wird ein normaler Komplex mit demselben Randpolygon. Da man in diesem Komplex von $\alpha$ aus zu jeder andern Fläche auf einem Wege von Kanten und Flächen gelangen kann, der die Kanten $a$ und $b$ nicht enthält, so ergibt sich $\bar{\mathfrak{C}} - \bar{\gamma}_p - c - \bar{\gamma}_q = \mathfrak{C}_s$. $\bar{\gamma}_p$ und $\bar{\gamma}_q$ sind also die einzigen Flächen von $\mathfrak{F}^*$, $\gamma_p$ und $\gamma_q$ die einzigen von $\mathfrak{F}^*$, $A, B$ die einzigen Ecken von $\mathfrak{E}^*$. Die Zahlen $e^*$, $f^*$, $i^*$ erhalten die Werte 2, 2, 4; es wird $4e^* + 4f^* - 2i^* = 8$, und da dieser Ausdruck gleich $4c$ sein soll, ist $c = 2$, $\mathfrak{C}$ ein $K$-Polyeder. Es ergibt sich also:

5. Ist $\mathfrak{C}$ ein normales geschlossenes Polyeder ohne übergreifende Elemente, $\mathfrak{E}^* + \mathfrak{F}^*$ echter Teil von $\mathfrak{E} + \mathfrak{F}$ und sind die relativen Incidenzzahlen der Elemente von $\mathfrak{E}^* + \mathfrak{F}^*$ sämtlich $\geqq 2$, so ist, von einer einzigen Ausnahme abgesehen,

$$4e^* + 4f^* - 2i^* > 4c.$$

Der Ausnahmefall tritt ein, wenn $\mathfrak{C}$ ein $K$-Polyeder ist und $\mathfrak{E}^* + \mathfrak{F}^*$ aus den beiden Ecken und den beiden Flächen einer und derselben Kante besteht.

Es sei jetzt wieder $\mathfrak{C} = \mathfrak{E} + \mathfrak{K} + \mathfrak{F}$ ein beliebiger geschlossener normaler Komplex, $\mathfrak{E}^* + \mathfrak{F}^*$ ein beliebiger Teil von $\mathfrak{E} + \mathfrak{F}$, $g$ sein Gewicht. Lassen wir aus $\mathfrak{E}^* + \mathfrak{F}^*$ ein Element fort, dessen relative

Incidenzzahl $m$ ist, so ist das Gewicht des zurückbleibenden Komplexes $g - 4 + 2m$; denn die Zahl der Elemente hat um 1, die der incidenten Paare um $m$ abgenommen. Wir haben gesehen, daß, wenn alle relativen Incidenzzahlen $\geqq 2$ sind, $g \geqq 4c$ ist. Nehmen wir jetzt an, daß das System $\mathfrak{S}_0 = \mathfrak{E}^* + \mathfrak{F}^*$ Elemente enthält, eren relative Incidenzzahl 0 oder 1 ist. Bilden wir dann die Folge $\mathfrak{S}_0$, $\mathfrak{S}_1$, $\mathfrak{S}_2$, ... in der Weise, daß $\mathfrak{S}_{r+1}$ aus $\mathfrak{S}_r$ durch Weglassen eines Elementes hervorgeht, dessen relative Incidenzzahl in $\mathfrak{S}_r$ 0 oder 1 war. Wir können diese Folge so lange fortsetzen, bis wir zu einem System $\mathfrak{S}_n$ gelangen, das entweder leer ist oder nur Elemente enthält, deren relative Incidenzzahl $\geqq 2$ ist. Bei jedem Schritt sinkt das Gewicht um 4 oder 2, je nachdem das fortgelassene Element die relative Incidenzzahl 0 oder 1 hatte. Ist $\mathfrak{S}_n$ nicht leer, so ist nach Satz 5 das Gewicht dieses Systems $\geqq 4c$, das Gewicht von $\mathfrak{S}_0$ also $> 4c$. Ist $\mathfrak{S}_n$ leer, so hat $\mathfrak{S}_{n-1}$ das Gewicht 4; das Gewicht von $\mathfrak{S}_0$ ist $\geqq 4 + 2(n-1) = 2(n+1)$. Da in jedem Falle $4c \leqq 8$ ist, so ist $g > 4c$ für $n \geqq 4$. Es sind also nur noch die Fälle zu betrachten, wo $\mathfrak{S}_0$ aus nicht mehr als drei Elementen besteht. Nun ist das Gewicht eines einelementigen Systems $= 4$, das eines zweielementigen $= 6$ oder 8, je nachdem die beiden Elemente incident sind oder nicht, das Gewicht eines dreielementigen $= 8$ oder 10 oder 12, je nachdem zwischen den Elementen zwei Incidenzen stattfinden oder eine oder keine. Indem wir dieses Ergebnis mit den früheren zusammenfassen, erhalten wir folgendes Resultat:

6. Ist $\mathfrak{C} = \mathfrak{E} + \mathfrak{K} + \mathfrak{F}$ ein geschlossener normaler Komplex von der Charakteristik $c$, $\mathfrak{E}^* + \mathfrak{F}^*$ ein beliebiges Teilsystem von $\mathfrak{E} + \mathfrak{F}$, $g$ sein Gewicht, so ist im Falle $\mathfrak{E}^* + \mathfrak{F}^* = \mathfrak{E} + \mathfrak{F}$ $g = 4c$. Allgemein gilt: Es ist $g \geqq 4c$, außer wenn $c = 2$ und $\mathfrak{E}^* + \mathfrak{F}^*$ nur aus einem Element oder einem incidenten Paar besteht. — Ist $\mathfrak{C}$ ein Polyeder ohne übergreifende Elemente und $\mathfrak{E}^* + \mathfrak{F}^*$ echter Teil von $\mathfrak{E} + \mathfrak{F}$, so ist $g > 4c$ außer in den folgenden Fällen: 1) $c = 2$; $\mathfrak{E}^* + \mathfrak{F}^*$ besteht aus einem oder zwei Elementen oder aus drei Elementen, von denen eins mit den andern incident ist, oder aus zwei Ecken und zwei Flächen, zwischen denen vier Incidenzen bestehen. 2) $c = 1$; $\mathfrak{E}^* + \mathfrak{F}^*$ besteht nur aus einem Element.

In den Fällen $c = 2$ und $c = 1$ ist das Gewicht von $\mathfrak{E}^* + \mathfrak{F}^*$ stets $> 0$; dasselbe gilt im Falle $c = 0$, wenn $\mathfrak{E}^* + \mathfrak{F}^*$ echter Teil von $\mathfrak{E} + \mathfrak{F}$ und $\mathfrak{C}$ ein Polyeder ohne übergreifende Elemente ist.

Wir können nun für das Gewicht noch einen andern Ausdruck gewinnen, indem wir die Zahlen $e_m{}^*$ und $f_m{}^*$ einführen, welche angeben sollen, wie viele Elemente des Systems $\mathfrak{E}^*$ bzw. $\mathfrak{F}^*$ die relative Incidenzzahl $m$ haben.

Offenbar nämlich gelten die beiden Relationen:

$$e_0{}^* + e_1{}^* + e_2{}^* + e_3{}^* \quad + \cdots = e^*$$

$$e_1{}^* + 2e_2{}^* + 3e_3{}^* + \cdots = i^*.$$

Multipliziert man die erste mit 4 und subtrahiert davon die zweite, so erhält man

$$4e_0^* + 3e_1^* + 2e_2^* + e_3^* - e_5^* - \cdots = 4e^* - i^*.$$

Ebenso ergibt sich die Gleichung

$$4f_0^* + 3f_1^* + 2f_2^* + f_3^* - f_5^* - \cdots = 4f^* - i^*.$$

Addiert man die beiden letzten Gleichungen, so erhält man die Relation

$$g = 4(e_0^* + f_0^*) + 3(e_1^* + f_1^*) + 2(e_2^* + f_2^*) + (e_3^* + f_3^*) - (e_5^* + f_5^*) - \cdots$$

oder

$$4(e_0^* + f_0^*) + 3(e_1^* + f_1^*) + 2(e_2^* + f_2^*) + (e_3^* + f_3^*) = g$$
$$+ (e_5^* + f_5^*) + 2(e_6^* + f_6) + \cdots.$$

In den Fällen $c = 2$ und $c = 1$ ist $g > 0$. Also

$$4(e_0^* + f_0^*) + 3(e_1^* + f_1^*) + 2(e_2^* + f_2^*) + (e_3^* + f_3^*) > 0.$$

Daher gibt es mindestens ein Element, dessen relative Incidenzzahl $\leqq 3$ ist. Bilden wir nun die Folge $\mathfrak{S}_0 = \mathfrak{E} + \mathfrak{F}$, $\mathfrak{S}_1$, $\mathfrak{S}_2$, ..., $\mathfrak{S}_{e+f}$ so, daß $\mathfrak{S}_{r+1}$ aus $\mathfrak{S}_r$ durch Weglassen eines Elementes $\mathfrak{a}_{e+f-r}$ hervorgeht, so ist in der Folge $\mathfrak{a}_1, \mathfrak{a}_2, \ldots, \mathfrak{a}_{e+f}$ die vordere Incidenzzahl jedes Elementes $\mathfrak{a}_{e+f-r}$ gleich der relativen Incidenzzahl, die dieses Element innerhalb $\mathfrak{S}_r$ hat. Da man das Element $\mathfrak{a}_{e+f-r}$ in $\mathfrak{S}_r$ so wählen kann, daß seine relative Incidenzzahl $\leqq 3$ ist, so folgt:

Ist die Charakteristik des normalen Komplexes $\mathfrak{C} = \mathfrak{E} + \mathfrak{K} + \mathfrak{F}$ gleich 2 oder 1, so kann man die Elemente von $\mathfrak{E} + \mathfrak{F}$ so anordnen, daß alle vorderen Incidenzzahlen $\leqq 3$ sind. Ist $\mathfrak{C}$ ein Polyeder ohne übergreifende Elemente und $c = 0$, so ist der Ausdruck

$$4(e_0^* + f_0^*) + 3(e_1^* + f_1^*) + 2(e_2^* + f_2^*) + (e_3^* + f_3^*)$$

dann und nur dann gleich 0, wenn $g = 0$, also $\mathfrak{E}^* + \mathfrak{F}^* = \mathfrak{E} + \mathfrak{F}$ und

$$(e_5^* + f_5^*) + 2(e_6^* + f_6^*) + \cdots = 0$$

ist, also $\mathfrak{C}$ nur Ecken und Flächen von der Incidenzzahl 4 hat. Daraus folgt:

Bei einem normalen Polyeder $\mathfrak{C}$ von der Charakteristik 0, das keine übergreifenden Elemente hat, läßt sich das System der Ecken und Flächen stets so anordnen, daß alle vorderen Incidenzzahlen bis auf die des letzten Elementes $\leqq 3$ werden. Man kann bewirken, daß auch die vordere Incidenzzahl des letzten Elementes gleich 3 wird, wofern nicht alle Incidenzzahlen gleich 4 sind.

## § 56. Einige Anwendungen der Resultate des vorigen Paragraphen.

Es sei $\mathfrak{C} = \mathfrak{E} + \mathfrak{K} + \mathfrak{F}$ ein geschlossenes normales Polyeder mit den Ecken $A_1, \ldots, A_e$, den Flächen $\alpha_1, \ldots, \alpha_f$ und $k$ Kanten. Wir wollen voraussetzen, es sei möglich, den Elementen von $\mathfrak{E} + \mathfrak{F}$ eine solche Anordnung

(1) $$\mathfrak{a}_1, \mathfrak{a}_2, \ldots, \mathfrak{a}_{e+f}$$

zu geben,, daß die vordere Incidenzzahl jedes Elementes $\leqq 3$ ist. Es gibt $2k$ incidente Paare in $\mathfrak{E} + \mathfrak{F}$; ist also $v_r$ die vordere Incidenzzahl von $\mathfrak{a}_r$, so ist $v_1 + v_2 + \cdots + v_{e+f} = 2k$. Wir verteilen die $2k$ incidenten Paare in $e + f$ Gruppen $\mathfrak{G}_r$, indem wir ein Paar zu $\mathfrak{G}_r$ rechnen, wenn es aus $\mathfrak{a}_r$ und einem mit $\mathfrak{a}_r$ incidenten in (1) vorangehenden Element besteht. $\mathfrak{G}_r$ enthält also $v_r \leqq 3$ Paare (und ist im Falle $v_r = 0$ leer). Indem wir die Gruppen $\mathfrak{G}_r$ nach steigendem Index ordnen und im Falle $v_r = 2$ oder $= 3$ das Paar $\mathfrak{a}_p \mathfrak{a}_r$ vor das Paar $\mathfrak{a}_q \mathfrak{a}_r$ stellen, wenn $p < q$ ist, haben wir auch die incidenten Paare in eine bestimmte Anordnung gebracht.

Nach Wahl eines Koordinatensystems ordnen wir den Ecken und Flächen von $\mathfrak{E}$ variable Punkte $A_i = (x_i | y_i | z_i)$ und Ebenen $\gamma_j = (a_j | b_j | c_j)$ zu, setzen

$$\omega_{ij} = a_j x_i + b_j y_i + c_j z_i + 1$$

und verstehen wie früher unter $\mathfrak{J}$ das System der $2k$ Funktionen $\omega_{ij}$, die den incidenten Paaren entsprechen. Eine Funktion $\omega_{ij}$ aus $\mathfrak{J}$ betrachten wir als zu $\mathfrak{G}_r$ gehörig, wenn das Paar $A_i \gamma_j$ zu $\mathfrak{G}_r$ gehört.

Wir führen jetzt eine neue Voraussetzung ein:

Es sei möglich, die Punkte und Ebenen in einer solchen Lage $\mathfrak{L}$ anzunehmen, die den Incidenz- und Nichtincidenzbedingungen entspricht, bei welcher ferner keine drei Punkte einer Ebene in einer Geraden liegen (also die Bedingung $B'$ erfüllt ist) und keine drei Ebenen eines Punktes durch ein und dieselbe Gerade gehen. (Eine notwendige Bedingung für die Möglichkeit einer solchen Lage ist offenbar, daß $\mathfrak{E}$ den Bedingungen 3a) und 3b) von § 43 genügt.) Es habe das Element $\mathfrak{a}_r$ die vordere Incidenzzahl 3, und es seien $\mathfrak{a}_m$, $\mathfrak{a}_n$, $\mathfrak{a}_p$ die mit $\mathfrak{a}_r$ incidenten und $\mathfrak{a}_r$ vorangehenden Elemente. Die den Paaren $\mathfrak{a}_m \mathfrak{a}_r$, $\mathfrak{a}_n \mathfrak{a}_r$, $\mathfrak{a}_p \mathfrak{a}_r$ entsprechenden Funktionen $\omega$, also die zur Gruppe $\mathfrak{G}_r$ gehörigen, wollen wir kurz mit $\omega^{(1)}$, $\omega^{(2)}$, $\omega^{(3)}$ bezeichnen. In den Differentialen $d\omega^{(1)}$, $d\omega^{(2)}$, $d\omega^{(3)}$ treten die Differentiale der drei Koordinaten von $\mathfrak{a}_r$ linear auf, und die Koeffizienten der letzteren sind die Koordinaten von $\mathfrak{a}_m$, $\mathfrak{a}_n$, $\mathfrak{a}_p$. Die Determinante dieser Koeffizienten ist, wenn das System, wie wir jetzt annehmen, die Lage $\mathfrak{L}$ hat, $\neq 0$, denn alsdann ist der Punkt bzw. die Ebene $\mathfrak{a}_r$ durch die Ebenen bzw. Punkte $\mathfrak{a}_m$, $\mathfrak{a}_n$, $\mathfrak{a}_p$ eindeutig bestimmt. Bilden wir daher den Ausdruck $c_1 d\omega_1 + c_2 d\omega_2 + c_3 d\omega_3$, wo $c_1$, $c_2$, $c_3$ Konstanten sind, von denen wenigstens eine ungleich Null ist, so können in diesem Ausdruck die Differentiale der drei Koordinaten von $\mathfrak{a}_r$ nicht sämtlich wegfallen. Ist die vordere Incidenzzahl von $\mathfrak{a}_r$ gleich 2 bzw. 1 und sind $\omega^{(1)}$ und $\omega^{(2)}$ bzw. $\omega^{(1)}$ die zur Gruppe $\mathfrak{G}_r$ gehörigen $\omega$, so gilt für den Ausdruck $c_1 d\omega_1 + c_2 d\omega_2$

bzw. $c_1 d\omega_1$ wieder, daß er mindestens eins der Koordinatendifferentiale von $\mathfrak{a}_r$ enthalten muß, falls wenigstens einer der Koeffizienten $\neq 0$ ist. Wir bemerken noch, daß die Differentiale der Koordinaten von $\mathfrak{a}_r$ in denjenigen Funktionen $\omega$, die zu den $\mathfrak{G}_r$ vorausgehenden Gruppen gehören, noch nicht vorkommen.

Wir denken uns jetzt die $2k$ Differentiale $d\omega$ aus $\mathfrak{J}$ in der Reihenfolge, die wir den Funktionen $\omega$ oben gaben, hingeschrieben, mit konstanten Koeffizienten, die nicht alle verschwinden, multipliziert und die Summe $S$ dieser Produkte gebildet. Gehört der letzte nicht verschwindende Koeffizient einem $d\omega$ aus der Gruppe $\mathfrak{G}_r$ an, so können in $S$ die Differentiale der Koordinaten von $\mathfrak{a}_r$ nicht sämtlich fehlen. $S$ ist also nicht identisch Null. Damit ist gezeigt, daß die $2k$ Differentiale $d\omega$ aus $\mathfrak{J}$ linear unabhängig sind, daß also das System von Punkten und Ebenen der LEGENDREschen Bedingung genügt. Wir erhalten so also den Satz:

Wenn es möglich ist, das System der Ecken und Flächen eines geschlossenen normalen Polyeders $\mathfrak{C} = \mathfrak{E} + \mathfrak{K} + \mathfrak{F}$ so anzuordnen, daß alle vorderen Incidenzzahlen $\leqq 3$ sind, und wenn dieses System durch ein System von Punkten und Ebenen in solcher Weise realisiert ist, daß alle Incidenz- und Nichtincidenzbedingungen erfüllt sind und keine drei Punkte einer Ebene und keine drei Ebenen eines Punktes mit einer und derselben Geraden incident sind, so genügt das System von Punkten und Ebenen der LEGENDREschen Bedingung.

Die Voraussetzungen unseres Satzes sind sämtlich erfüllt, wenn es sich um die Ecken und Ebenen eines konvexen Polyeders handelt. Daraus folgt:

Jedes konvexe Polyeder erfüllt die LEGENDREsche Bedingung.

Zweites Kapitel.

# Rein geometrische Methoden.

## § 57. Die Axiome der Verknüpfung und Anordnung.

Im Jahre 1899 hat HILBERT einen neuen Aufbau der Geometrie unternommen, indem er ein System von Axiomen aufstellte, das für alle geometrischen Untersuchungen ausreicht und sich durch besondere Übersichtlichkeit auszeichnet[1]. Es wird dies durch eine zweckmäßige Einteilung der Axiome in verschiedene Gruppen erreicht, deren HILBERT fünf unterscheidet:

I. Axiome der Verknüpfung.
II. Axiome der Anordnung.
III. Das Parallelenaxiom.
IV. Kongruenzaxiome.
V. Stetigkeitsaxiome.

---

[1] GAUSS-WEBER-Festschrift 1899; Grundlagen der Geometrie, 7. Aufl. 1930.

Bereits im Gebiete der Elementargeometrie werden alle diese Axiome verwendet. Andererseits gibt es große geometrische Disziplinen, für deren Aufbau ganze Axiomgruppen entbehrt werden können. So kann man sich z. B. in der projektiven Geometrie ohne Parallelenaxiom und ohne Kongruenzaxiom behelfen. Auf noch schmalerer Basis läßt sich die allgemeine Theorie der Polyeder begründen; es zeigt sich, daß man hier mit den beiden ersten Axiomgruppen auskommt.

Wir haben es mit einem Komplex von drei Arten von Elementen zu tun, die Punkte, Geraden und Ebenen heißen. Dieser Komplex wird dadurch zu einem geordneten im Sinne der im 2. Abschnitt gegebenen Erklärung, daß alle Paare, die aus je zwei Elementen verschiedener Art bestehen, in incidente und nichtincidente zerfallen, wobei als erstes Axiom gilt:

I 1. Ist ein Punkt mit einer Geraden, die Gerade mit einer Ebene incident, so ist der Punkt mit der Ebene incident.

Dazu kommen die folgenden Axiome:

I 2. Zu zwei Punkten $A$ und $B$ gibt es stets eine und nur eine Gerade, die mit beiden incident ist (Verbindungsgerade $AB$ oder $BA$).

I 3. Sind drei Punkte $A$, $B$, $C$ nicht in einer Geraden gelegen, d. h. mit keiner Geraden incident, so gibt es eine und nur eine Ebene, die mit den drei Punkten incident ist (Verbindungsebene).

I 4. Sind zwei Punkte mit einer Ebene incident, so ist ihre Verbindungsgerade mit der Ebene incident.

I 5. Haben zwei Ebenen einen Punkt gemein (d. h. gibt es einen mit beiden incidenten Punkt), so haben sie auch eine Gerade gemein.

Hierzu kommen noch einige „Existentialaxiome":

I 6. Es gibt Punkte, Geraden und Ebenen.

I 7. Es gibt wenigstens vier Punkte, die nicht alle mit einer und derselben Ebene incident sind.

I 8. Ist $\varepsilon$ irgendeine Ebene, so gibt es wenigstens drei Punkte, die mit $\varepsilon$, aber nicht mit einer und derselben Geraden incident sind.

I 9. Ist $g$ eine beliebige Gerade, so gibt es wenigstens zwei mit $g$ incidente Punkte.

Wie früher bei geordneten Komplexen, so bedienen wir uns auch hier noch anderer Ausdrucksweisen, sagen z. B.: „Der Punkt $A$ liegt in der Ebene $\varepsilon$", „$\varepsilon$ geht durch $A$", „$\varepsilon$ enthält $A$" statt „$A$ und $\varepsilon$ sind incident" usf.

Wir leiten jetzt einige Folgerungen aus den Axiomen ab. Nach I 6 gibt es wenigstens eine Ebene $\varepsilon$ und nach I 8 in dieser wenigstens drei Punkte, die nicht alle auf einer gemeinsamen Geraden liegen. Eine beliebige Gerade enthält also mindestens einen dieser Punkte nicht. Oder: zu jeder Geraden gibt es mindestens einen mit ihr nicht incidenten Punkt.

Es sei nun $g$ eine beliebige Gerade. Es gibt nach I 9 in $g$ wenigstens zwei Punkte $A$, $B$, und ferner gibt es, wie soeben gezeigt, mindestens einen Punkt $C$, der nicht in $g$ liegt. $A$, $B$, $C$ liegen nicht in irgendeiner Geraden, da $g$ nach I 2 die einzige Gerade durch $A$ und $B$ ist und diese $C$ nicht enthält. Die drei Punkte bestimmen daher nach I 3 eine Ebene $\alpha$, die nach I 4 durch $g$ geht (Verbindungsebene von $g$ und $C$). Nach I 7 gibt es wenigstens einen nicht in $\alpha$ enthaltenen Punkt $D$, und dieser kann nach I 1 auch nicht in $g$ liegen. Die Verbindungsebene $\beta$ von $g$ und $D$ ist dann von $\alpha$ verschieden. Es gehen also durch jede Gerade wenigstens zwei Ebenen.

Haben zwei Ebenen einen Punkt, also nach I 5 auch eine Gerade $g$ gemein, so haben sie (nach I 1) auch alle Punkte von $g$ gemein. Andere Punkte können sie nicht gemein haben, weil durch $g$ und einen Punkt außerhalb $g$ nur eine einzige Ebene geht. Ebensowenig können die beiden Ebenen noch eine zweite gemeinsame Gerade haben.

Ist $A$ ein beliebiger Punkt, $B$ ein zweiter, $C$ ein nicht in der Geraden $AB$, $D$ ein nicht in der Ebene $ABC$ gelegener Punkt, so sind die drei Geraden $AB$, $AC$, $AD$, deren jede nur einen der Punkte $B$, $C$, $D$ enthält, voneinander verschieden. Ebenso sind die Ebenen $ABC$, $ABD$, $ACD$ verschieden; jede enthält zwei der Punkte $B$, $C$, $D$. Durch jeden Punkt $A$ gehen also wenigstens drei Geraden, die nicht in einer Ebene liegen, und diese bestimmen zu je zweien drei Ebenen mit $A$ als einzigem gemeinsamen Punkt. Die Gerade $BC$ liegt in der Ebene $ABC$, die $D$ nicht enthält. Daher liegen die Punkte $B$, $C$, $D$ nicht in einer Geraden, sie bestimmen eine von $ABC$, $ABD$, $ACD$ verschiedene Ebene und zu je zweien drei voneinander und von $AB$, $AC$, $AD$ verschiedene Geraden. Betrachten wir nun das System $\mathfrak{S}$ der vier Punkte $A$, $B$, $C$, $D$, ihrer sechs Verbindungsgeraden und vier Verbindungsebenen, so sehen wir, daß bereits in diesem System alle bisher angegebenen Axiome erfüllt sind. Es ist deshalb nicht möglich, auf Grund dieser Axiome zu zeigen, daß es außer den genannten 14 Elementen noch andere gibt.

Von den Axiomen der Verknüpfung, die von der Beziehung der Incidenz handeln, wenden wir uns zur zweiten Gruppe, den Axiomen der Anordnung. Der fundamentale Begriff der Anordnung ist von Georg Cantor in die Mengenlehre eingeführt worden. Wir wollen gleich darauf aufmerksam machen, daß unsere geordneten Komplexe nicht geordnete Mengen im Sinne Cantors sind. Cantor nennt eine Menge oder ein System von beliebigen Elementen geordnet, wenn eine Festsetzung getroffen ist, nach welcher von je zwei verschiedenen Elementen $\mathfrak{a}$ und $\mathfrak{b}$ stets das eine als das frühere, das andere als das spätere gilt. Das Zeichen $\mathfrak{a} \prec \mathfrak{b}$ besagt, daß $\mathfrak{a}$ das frühere Element ist (gelesen: „$\mathfrak{a}$ früher als $\mathfrak{b}$" oder „$\mathfrak{a}$ vor $\mathfrak{b}$" u. dgl.). Die Festsetzung ist jedoch an die Bedingung gebunden, daß mit $\mathfrak{a} \prec \mathfrak{b}$, $\mathfrak{b} \prec \mathfrak{c}$ stets zugleich $\mathfrak{a} \prec \mathfrak{c}$ gelten soll. Aus einer Anordnung erhält man eine zweite, die umgekehrte, wenn man verfügt, daß von zwei Elementen stets das als das frühere gelten soll, das bisher als das spätere galt. — Sind $\mathfrak{a}$, $\mathfrak{b}$, $\mathfrak{c}$ drei Elemente einer geordneten Menge und ist $\mathfrak{a} \prec \mathfrak{b} \prec \mathfrak{c}$, so sagt man auch „$\mathfrak{b}$ liegt zwischen $\mathfrak{a}$ und $\mathfrak{c}$" oder auch „zwischen $\mathfrak{c}$ und $\mathfrak{a}$"; es liegt dann auch bei der umgekehrten Anordnung $\mathfrak{b}$ zwischen $\mathfrak{a}$ und $\mathfrak{c}$.

Ein Beispiel einer geordneten Menge ist das System der reellen Zahlen, wenn man von zwei Zahlen die algebraisch kleinere als die frühere gelten läßt. Diese Anordnung überträgt sich auf das System der Punkte einer Geraden, wenn man in dieser nach Annahme eines Koordinatensystems die Punkte durch ihre Abszissen bezeichnet. Je nach der Wahl des Koordinatensystems erhält man zwei verschiedene, durch Umkehrung auseinander hervorgehende Anordnungen, den beiden Richtungssinnen der Geraden entsprechend. Von den beiden Anordnungen ist keine durch irgendeine geometrische Eigenschaft von der andern unterschieden. Für den axiomatischen Aufbau der Geometrie ist deshalb der CANTORsche Anordnungsbegriff nicht unmittelbar geeignet und eine modifizierte Begriffsbildung erwünscht, durch welche die beiden einander entgegengesetzten Anordnungen CANTORS gewissermaßen in eins zusammengefaßt werden. Dies kann nun in der Weise geschehen, daß man die mit „zwischen" bezeichnete Beziehung zugrunde legt, die ja bei Umkehrung der Anordnung erhalten bleibt:

Ist $AB$ irgendein nichtorientiertes Punktepaar einer Geraden $g$ und $C$ irgendein dritter Punkt dieser Geraden, so liegt $C$ entweder zwischen $A$ und $B$ oder $C$ liegt nicht zwischen $A$ und $B$. Wenn wir $AB$ ein nichtorientiertes Paar nennen, so meinen wir, daß zwischen $AB$ und $BA$ nicht unterschieden wird; die Aussagen „$C$ liegt zwischen $A$ und $B$" und „$C$ liegt zwischen $B$ und $A$" sind also vollkommen gleichbedeutend. Statt „$C$ liegt zwischen $A$ und $B$" sagen wir auch „$A$ und $B$ werden durch $C$ ($A$ wird von $B$, $B$ von $A$ durch $C$) getrennt" Von den nun folgenden Axiomen dienen die beiden ersten dazu, die Punktmenge einer Geraden überhaupt als ein im modifizierten, HILBERTschen Sinne geordnetes System zu charakterisieren, während die übrigen (unter II 3 zusammengefaßten) weitere Angaben über die Art der Anordnung machen.

II 1. Unter drei Punkten einer Geraden gibt es stets einen und nur einen, der zwischen den beiden andern liegt.

Diesen Punkt nennen wir auch den mittleren der drei Punkte.

II 2. Sind $A$, $B$, $C$, $D$ irgend vier Punkte einer Geraden und wird keiner der Punkte $A$ und $B$ durch $D$ von $C$ getrennt, so werden $A$ und $B$ auch voneinander durch $D$ nicht getrennt (Abb. 142).

Wir beweisen:

a) Sind $A$, $B$, $C$, $D$ irgend vier Punkte einer Geraden und wird jeder der beiden Punkte $A$ und $B$ durch $D$ von $C$ getrennt, so werden $A$ und $B$ voneinander durch $D$ nicht getrennt (Abb. 143).

Nehmen wir nämlich an, daß jedes der drei Paare $AC$, $BC$ und $AB$ durch $D$ getrennt würde. Nach II 1 liegt dann $C$ weder zwischen $A$ und $D$ noch zwischen $B$ und $D$. Nach II 2 liegt dann $C$ auch nicht zwischen $A$ und $B$. Da unsere Voraussetzungen bezüglich der drei Punkte $A$, $B$, $C$ vollkommen symmetrisch sind, folgt in gleicher Weise, daß $A$ nicht zwischen $B$ und $C$, $B$ nicht zwischen $A$ und $C$ liegt. Wir erhielten so einen Widerspruch zu II 1. Damit ist a) bewiesen.

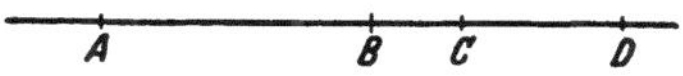

Abb. 142.

Sei $O$ ein beliebiger Punkt einer Geraden $g$, $A$ ein anderer Punkt von $g$. Wir teilen die von $O$ verschiedenen Punkte von $g$ in zwei Klassen, indem wir in die eine den Punkt $A$ und alle die Punkte aufnehmen, die von $A$ durch $O$ nicht getrennt werden, in die andere alle die, die von $A$ durch $O$ getrennt werden (wobei es vorläufig dahingestellt bleibt, ob etwa die zweite Klasse leer ausgeht). Aus II 2 und dem Satz a) folgt sofort, daß zwei Punkte derselben Klasse durch $O$ nicht getrennt werden, zwei Punkte verschiedener Klassen aber durch $O$ getrennt werden. Man erkennt auch sofort, daß diese Klasseneinteilung durch $O$ bestimmt, also von der Wahl des Punktes $A$ unabhängig ist. Auf Grund dieser Tatsache ist die folgende Ausdrucksweise statthaft: Wir sagen, „die beiden Punkte $A$ und $B$ liegen auf verschiedenen Seiten bzw. auf derselben Seite von $O$“, je nachdem das Paar $AB$ durch $O$ getrennt wird oder nicht.

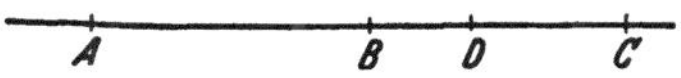

Abb. 143.

Abb. 144.

b) Liegt in der Geraden $g$ der Punkt $P$ zwischen $A$ und $B$, $Q$ zwischen $P$ und $B$ (oder zwischen $A$ und $P$), so liegt $Q$ auch zwischen $A$ und $B$ (Abb. 145).

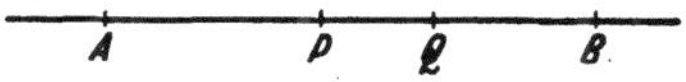

Abb. 145.

*Beweis.* Aus unsern Voraussetzungen folgt, daß $A$ und $B$ zu verschiedenen Seiten, $B$ und $Q$ aber auf derselben Seite von $P$ liegen. Daher liegen $A$ und $Q$ zu verschiedenen Seiten von $P$, $P$ und $Q$ auf derselben Seite von $A$. Ebenso ergibt sich aus unserer Voraussetzung, daß $P$ und $B$ auf derselben Seite von $A$ liegen, also liegen auch $B$ und $Q$ auf derselben Seite von $A$. Ferner liegen $A$ und $P$ auf derselben Seite von $B$, ebenso $P$ und $Q$, also auch $A$ und $Q$. Mithin kann weder $A$ noch $B$ der mittlere der drei Punkte $A$, $B$, $Q$ sein, und es liegt also $Q$ zwischen $A$ und $B$.

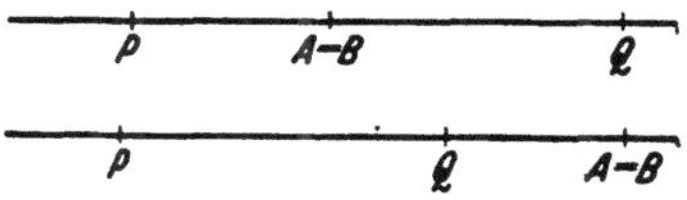

Abb. 146.

Wir betrachten jetzt die orientierten Punktepaare der Geraden $g$, unterscheiden also zwischen $AB$ und $BA$. Zur Vereinfachung der Darstellung führen wir, wenn $AP$ und $BQ$ zwei Punktepaare sind, ein Symbol $\frac{AP}{BQ}$ ein, das stets einen der Werte $+1$, $-1$ haben soll. Wir definieren zunächst für den Fall $A = B$ (Abb. 146): $\frac{AP}{AQ}$ soll gleich $-1$

sein, wenn $A$ zwischen $P$ und $Q$ liegt, sonst (auch im Falle $P = Q$) gleich $+1$. Hiernach ist

$$\frac{AP}{AP} = 1, \tag{1}$$

$$\frac{AP}{AQ} = \frac{AQ}{AP}. \tag{2}$$

Nach II 2 und Satz a) sind die drei Symbole $\frac{AP}{AQ}, \frac{AQ}{AR}, \frac{AR}{AP}$ entweder alle gleich 1, oder zwei von ihnen sind gleich $-1$, das dritte gleich 1 (Abb. 147). Es gilt also in jedem Falle die Gleichung

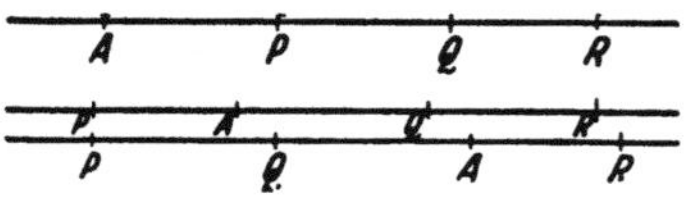

Abb. 147.

$$\frac{AP}{AQ} \cdot \frac{AQ}{AR} \cdot \frac{AR}{AP} = 1 \tag{3}$$

oder auch

$$\frac{AP}{AQ} \cdot \frac{AQ}{AR} = \frac{AP}{AR}. \tag{3'}$$

Sind ferner $A$, $B$, $C$ drei verschiedene Punkte aus $g$, so ist nach II 1 genau eins der drei Symbole $\frac{AB}{AC}, \frac{BC}{BA}, \frac{CA}{CB}$ gleich $-1$, mithin

$$-\frac{AB}{AC} \cdot \frac{BC}{BA} \cdot \frac{CA}{CB} = 1. \tag{4}$$

Wir definieren jetzt das Symbol $\frac{AP}{BQ}$ für den Fall $A \neq B$ durch die Gleichung

$$\frac{AP}{BQ} = -\frac{AP}{AB} : \frac{BQ}{BA} = -\frac{AP}{AB} \cdot \frac{BQ}{BA}. \tag{5}$$

Hieraus folgt nach (5) und (1)

$$\frac{AB}{BA} = -1. \tag{6}$$

Ferner folgt aus (5)

$$\frac{AP}{BQ} = \frac{BQ}{AP}. \tag{7}$$

Wir bilden jetzt für drei beliebige Paare $AP$, $BQ$, $CR$ den Ausdruck:

$$\frac{AP}{BQ} \cdot \frac{BQ}{CR} \cdot \frac{CR}{AP}.$$

Im Falle $A = B = C$ ist dieser Ausdruck nach (3) gleich 1. Sind nur zwei der Punkte $A$, $B$, $C$ gleich, so dürfen wir, da der Ausdruck bei cyclischer Vertauschung der drei Punktepaare in sich übergeht, annehmen, daß $A = B \neq C$ ist. Es wird dann nach (5) und (3')

$$\frac{AP}{BQ} \cdot \frac{BQ}{CR} \cdot \frac{CR}{AP} = \frac{AP}{AQ} \cdot \frac{AQ}{CR} \cdot \frac{CR}{AP} = \frac{AP}{AQ} \cdot \frac{AQ}{AC} \cdot \frac{CR}{CA} \cdot \frac{CR}{CA} \cdot \frac{AP}{AC}$$

$$= \frac{AP}{AC} \cdot \left(\frac{CR}{CA}\right)^2 \cdot \frac{AP}{AC} = \left(\frac{AP}{AC}\right)^2 = 1.$$

Sind $A$, $B$ und $C$ voneinander verschieden, so erhalten wir nach (5), (2), (3′) und (4)

$$\frac{AP}{BQ}\cdot\frac{BQ}{CR}\cdot\frac{CR}{AP} = -\frac{AP}{AB}\cdot\frac{BQ}{BA}\cdot\frac{BQ}{BC}\cdot\frac{CR}{CB}\cdot\frac{CR}{CA}\cdot\frac{AP}{AC}$$

$$= -\frac{AB}{AC}\cdot\frac{BC}{BA}\cdot\frac{CA}{CB} = 1\,.$$

Es gilt also stets:

$$\frac{AP}{BQ}\cdot\frac{BQ}{CR}\cdot\frac{CR}{AP} = 1\,. \tag{8}$$

Diese Gleichung zeigt, daß man die orientierten Punktepaare der Geraden so in zwei Klassen einteilen kann, daß die Paare $AP$ und $BQ$ zu derselben oder zu verschiedenen Klassen gehören, je nachdem $\frac{AP}{BQ}$ gleich $+1$ oder gleich $-1$ ist[1]. Punktepaare derselben Klasse nennen wir gleichgerichtet, Punktepaare verschiedener Klassen entgegengesetzt gerichtet. Nach (6) haben $AB$ und $BA$ entgegengesetzte Richtung. Haben $AB$ und $BC$ gleiche Richtung, so ist $\frac{BA}{BC} = -1$, $B$ liegt also zwischen $A$ und $C$; es wird $\frac{AB}{AC} = +1$, d. h. $AC$ hat dieselbe Richtung wie $AB$ und $BC$. Orientieren wir die Geraden, indem wir nach Belieben die eine Richtung positiv, die andere negativ nennen, und schreiben wir $A \prec B$, wenn $AB$ positiv gerichtet ist, so ergibt sich, wie wir eben sahen, aus $A \prec B$, $B \prec C$, daß auch $A \prec C$ ist. Die Punktmenge der Geraden ist also im CANTORschen Sinne geordnet.

Abb. 148.

Nach den bisherigen Axiomen bleibt es zweifelhaft, ob die Menge der Punkte einer Geraden endlich oder unendlich ist; sicher ist nur (nach I 9), daß sie wenigstens zwei Punkte enthält; denn auch die Axiome II 1 und II 2 machen nur Aussagen für den Fall, daß zwei bzw. drei Punkte in der Geraden vorhanden sind, sagen aber nichts darüber aus, ob ein solcher Fall vorliegt. Wir fügen jetzt ein drittes Axiom hinzu:

II 3. Sind $A$ und $B$ zwei Punkte einer Geraden $g$, so gibt es in $g$ wenigstens einen Punkt zwischen $A$ und $B$ und wenigstens einen solchen Punkt $P$, daß $A$ zwischen $P$ und $B$ liegt.

Es sei in $g$ $P_1$ zwischen $A$ und $B$, $P_2$ zwischen $P_1$ und $B$, $P_3$ zwischen $P_2$ und $B$ gelegen usf. (Abb. 148); dann folgt aus unsern Axiomen, daß

---

[1] [Aus (8) folgt nämlich, daß erstens die Klasseneinteilung widerspruchslos möglich ist, denn wenn $BQ$ und $CR$ je mit $AP$ die Klasse gemeinsam haben, also $\frac{AP}{BQ} = \frac{AP}{CR} = 1$ ist, so ist auch $\frac{BQ}{CR} = 1$, d. h. $CR$ und $BQ$ liegen in derselben Klasse. Zweitens folgt, daß zwei Paare $BQ$ und $CR$, die nicht in der Klasse von $AP$ liegen, für die also $\frac{AP}{BQ} = \frac{AP}{CR} = -1$ ist, zur selben Klasse gehören müssen und es somit nur zwei Klassen gibt.]

die Punkte $P_1$, $P_2$, $P_3$ usw. alle zwischen $A$ und $B$ liegen und alle voneinander verschieden sind. Es gibt also unendlich viele Punkte zwischen $A$ und $B$. Ebenso ergibt sich aus der Existenz eines Punktes in $g$, der von $B$ durch $A$ getrennt wird, die Existenz unendlich vieler solcher Punkte. Werden die Punkte $C$ und $D$ so gewählt, daß $A$, $B$, $C$, $D$ nicht in einer Ebene liegen, so kann eine Ebene durch $g = AB$ die Gerade $CD$ höchstens in einem Punkte schneiden. Die Verbindungsebenen von $g$ mit den einzelnen Punkten von $CD$ sind also alle voneinander verschieden; das „Ebenenbüschel mit der Achse $g$" enthält also unendlich viele Elemente. Dasselbe gilt für jedes Geradenbüschel. — Ist $O$ ein Punkt der Geraden $g$, so bilden die Punkte von $g$ auf der einen Seite des Punktes $O$ einen Strahl $s$ (Halbgerade). Der Ursprung $O$ des Strahls ist dadurch ausgezeichnet, daß er selbst nicht zu $s$ gehört, dagegen jeder Punkt zwischen ihm und irgendeinem Punkt von $s$ Punkt von $s$ ist. Eine Strecke $AB$ wird von den zwischen $A$ und $B$ gelegenen Punkten der Geraden $AB$ gebildet. Die Endpunkte $A$, $B$ der Strecke rechnen wir nicht mit dazu. Sie sind aber dadurch ausgezeichnet, daß jeder Punkt zwischen einem dieser Punkte und einem Punkt der Strecke selbst der Strecke angehört. — Ein Streckenzug $A_0A_1A_2 \ldots A_n$ besteht aus den Strecken $A_0A_1$, $A_1A_2$, ... und den Eckpunkten $A_0$, $A_1$, ..., $A_n$. Im Falle $A_0 = A_n$ hat man ein Polygon, das wir wie früher ein gewöhnliches nennen, wenn die Punkte $A_0$, $A_1$, ..., $A_{n-1}$ voneinander verschieden sind, keiner von ihnen in einer der Strecken vorkommt und auch die Strecken keine gemeinsamen Punkte haben. — Aus unsern Betrachtungen ergibt sich sofort, daß die Punktmenge einer Geraden nach Wegnahme von $n$ Punkten in $n - 1$ Strecken und zwei Strahlen zerfällt.

Zu den bisherigen Anordnungsaxiomen, die von der Punktmenge einer Geraden handeln, müssen wir noch ein solches hinzunehmen, das sich auf die Punktmenge einer Ebene bezieht. In einer Ebene $\varepsilon$ seien eine Gerade $g$ und die mit $g$ nichtincidenten Punkte $A$ und $B$ gelegen. Die Gerade $h = AB$ kann mit $g$ höchstens einen Punkt gemein haben. Tritt dieser Fall ein und liegt der Schnittpunkt $S$ zwischen $A$ und $B$, so sagen wir, daß die Punkte $A$ und $B$ durch $g$ getrennt werden. Haben wir in $h$ drei Punkte $A$, $B$, $C$, so ergibt sich aus II 1 und II 2 schon, daß die Anzahl derjenigen unter den drei Paaren $AB$, $AC$, $BC$, die durch $g$ getrennt werden, Null oder zwei ist. Unser neues Axiom drückt aus, daß dies auch der Fall ist, wenn die Punkte $A$, $B$, $C$ nicht in einer Geraden liegen, also:

II 4. Hat man in einer Ebene $\varepsilon$ eine Gerade $g$ und drei nicht in $g$ gelegene Punkte $A$, $B$, $C$, so werden entweder zwei der Paare $AB$, $AC$, $BC$ durch $g$ getrennt, oder es wird kein Paar getrennt.

(Daß es überhaupt getrennte Paare gibt, geht schon aus den früheren Axiomen hervor.) Aus II 4 folgt jetzt: Die Menge der nicht in $g$ gelegenen Punkte von $\varepsilon$ zerfällt in zwei Klassen so, daß zwei Punkte verschiedener Klassen durch $g$ getrennt werden, zwei Punkte derselben Klasse nicht. Die beiden Klassen werden als Halbebenen bezeichnet.

Es sei $\varepsilon$ eine beliebige Ebene, und es seien $A$, $B$, $C$ drei nicht in $\varepsilon$ gelegene Punkte. Wenn die Strecke $AB$ mit $\varepsilon$ einen Punkt gemein hat, so sagen wir, daß die Punkte $A$, $B$ durch $\varepsilon$ getrennt werden. Durch die Punkte $A$, $B$, $C$ läßt sich in jedem Falle eine Ebene $\delta$ legen, und diese hat mit $\varepsilon$ entweder keinen Punkt oder eine Gerade $g$ mit ihren Punkten gemein. Im ersten Falle kann keins der Paare $AB$, $AC$, $BC$ durch $\varepsilon$ getrennt werden. Im zweiten Falle wird ein Punktepaar dann durch $\varepsilon$ getrennt, wenn es durch die Schnittgerade $g$ der beiden Ebenen $\delta$ und $\varepsilon$ getrennt wird.

Nach II 4 ist daher wieder die Anzahl der getrennten Paare Null oder zwei. Hieraus folgt:

Die Gesamtheit der nicht in $\varepsilon$ gelegenen Punkte zerfällt in zwei Klassen (Halbräume) so, daß zwei Punkte verschiedener Klassen durch $\varepsilon$ getrennt werden, zwei Punkte derselben Klasse nicht. Die Punkte der „einen Halbraum begrenzenden Ebene" rechnen wir im allgemeinen nicht zu dem Halbraum. Sollen sie mit dazugerechnet werden, so sprechen wir von dem „abgeschlossenen Halbraum". Entsprechend sind die Ausdrücke „abgeschlossene Halbebene", „abgeschlossene Halbgerade", „abgeschlossene Strecke" zu verstehen.

## § 58. Orientierung von Ebene und Raum.

Zur Orientierung von Ebene und Raum führt uns die Untersuchung der Punkttripel bzw. -quadrupel. Wir verstehen darunter Systeme von drei nicht in einer Geraden gelegenen Punkten der Ebene bzw. vier nicht in einer Ebene gelegenen beliebigen Raumpunkten, bei denen auch die Anordnung zu berücksichtigen ist.

Wie im vorigen Paragraphen bei den Punktepaaren einer Geraden, so führen wir jetzt für je zwei Tripel $P_1Q_1R_1$, $P_2Q_2R_2$ einer Ebene und für je zwei Quadrupel $P_1Q_1R_1S_1$, $P_2Q_2R_2S_2$ des Raumes die nur der Werte $+1$ und $-1$ fähigen Symbole $\frac{P_1Q_1R_1}{P_2Q_2R_2}$ und $\frac{P_1Q_1R_1S_1}{P_2Q_2R_2S_2}$ ein. Wir gehen vom speziellsten Fall aus und definieren: Das Symbol $\frac{BCP_1}{BCP_2}$ bzw. $\frac{ABCP_1}{ABCP_2}$ soll gleich $-1$ oder $+1$ sein, je nachdem die Punkte $P_1$, $P_2$ durch die Gerade $BC$ bzw. die Ebene $ABC$ getrennt werden oder nicht. — Auf Grund dieser Definition ergeben sich sofort die Gleichungen:

(1a) $$\frac{BCD}{BCD} = 1,$$

(2a) $$\frac{BCP_1}{BCP_2} = \frac{BCP_2}{BCP_1},$$

(3a) $$\frac{BCP_1}{BCP_2}\cdot\frac{BCP_2}{BCP_3}\cdot\frac{BCP_3}{BCP_1}=1\,,$$

(3′a) $$\frac{BCP_1}{BCP_2}\cdot\frac{BCP_2}{BCP_3}=\frac{BCP_1}{BCP_3}$$

und die entsprechenden (1b), (2b), (3b), (3′b), die wir aus ihnen erhalten, indem wir überall im Zähler und Nenner den Buchstaben $A$ vorsetzen, so daß z. B. die Gleichung (2b) lautet:

$$\frac{ABCP_1}{ABCP_2}=\frac{ABCP_2}{ABCP_1}.$$

Diese Formeln sind zu den Formeln (1), (2), (3), (3′) des vorigen Paragraphen analog.

Wir beweisen jetzt die zu (4) analogen Formeln:

(4a) $$-\frac{BP_1P_3}{BP_1P_2}\cdot\frac{BP_2P_1}{BP_2P_3}\cdot\frac{BP_3P_2}{BP_3P_1}=1\,,$$

(4b) $$-\frac{ABP_1P_3}{ABP_1P_2}\cdot\frac{ABP_2P_1}{ABP_2P_3}\cdot\frac{ABP_3P_2}{ABP_3P_1}=1\,.$$

Bei (4a) ist natürlich vorauszusetzen, daß die Geraden $BP_1$, $BP_2$, $BP_3$, bei (4b), daß die Ebenen $ABP_1$, $ABP_2$, $ABP_3$ voneinander verschieden sind.

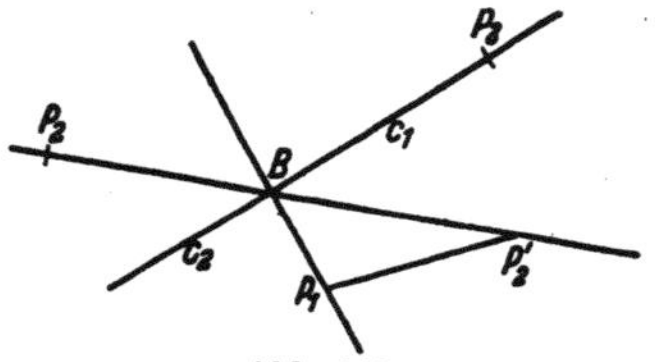

Abb. 149.

Von den drei Faktoren auf der linken Seite von (4a) sind wenigstens zwei einander gleich[1], und wir dürfen, da der Ausdruck durch cyclische Vertauschung der Tripel in sich übergeht, voraussetzen, daß $\frac{BP_1P_3}{BP_1P_2}=\frac{BP_2P_1}{BP_2P_3}$ ist. Wir haben dann zu zeigen, daß $\frac{BP_3P_2}{BP_3P_1}=-1$ ist. Die geometrische Bedeutung ist folgende: Wir setzen voraus, daß entweder das Paar $P_2P_3$ durch die Gerade $BP_1$ und zugleich das Paar $P_3P_1$ durch die Gerade $BP_2$ getrennt wird (Abb. 149) oder daß weder das Paar $P_2P_3$ durch die Gerade $BP_1$ noch das Paar $P_3P_1$ durch die Gerade $BP_2$ getrennt wird (Abb. 150); zu beweisen ist, daß in beiden Fällen die Punkte $P_1$ und $P_2$ durch die Gerade $BP_3$ getrennt werden. Wir wollen die Seite der Geraden $BP_1$, auf welcher der Punkt $P_2$ liegt, die positive nennen, ebenso die Seite der Geraden $BP_2$, die den Punkt $P_1$ enthält. Die Gerade $c=BP_3$ zerfällt durch den Punkt $B$ in zwei Halbgeraden $c_1$ und $c_2$, wobei $c_1$ den Punkt $P_3$ enthalten möge. Nach unsern Voraussetzungen liegt $P_3$ entweder auf der positiven Seite einer jeden der

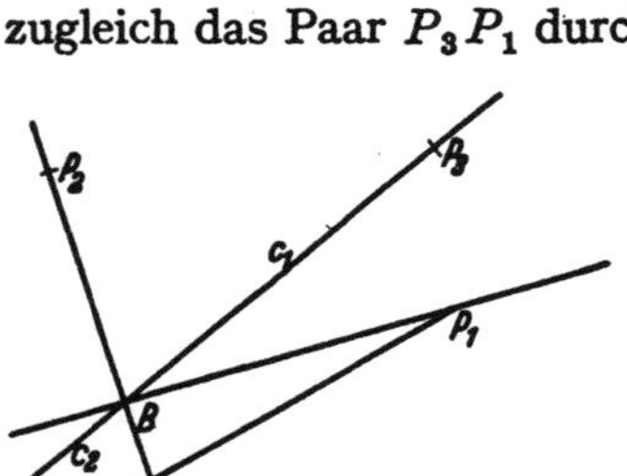

Abb. 150.

[1] [da sie nur +1 oder −1 sein können.]

Geraden $B P_1$, $B P_2$, oder er liegt bezüglich beider Geraden auf der negativen Seite. Im ersten Falle liegen alle Punkte von $c_1$ bezüglich beider Geraden $B P_1$, $B P_2$ auf der positiven, die Punkte von $c_2$ auf der negativen Seite, im zweiten ist es gerade umgekehrt. Es gibt daher in $c$ keinen Punkt, der bezüglich der einen Geraden auf der positiven, bezüglich der andern Geraden auf der negativen Seite liegt. Wir nehmen jetzt in der Geraden $B P_2$ den Punkt $P_2'$ so an, daß er durch $B$ von $P_2$ getrennt wird. Dann liegt $P_2'$ auf der negativen Seite von $B P_1$, und dasselbe gilt daher für alle Punkte der Strecke $P_1 P_2'$. Da ferner $P_1$ auf der positiven Seite der Geraden $B P_2 = B P_2'$ liegt, so liegen auch alle Punkte der Strecke $P_1 P_2'$ auf der positiven Seite dieser Geraden. Daraus folgt, daß kein Punkt dieser Strecke der Geraden $c = B P_3$ angehören kann. $P_1$ und $P_2'$ liegen also auf derselben Seite von $c$. Da $P_2$ und $P_2'$ durch $c$ getrennt werden, so werden nach II 4 auch $P_1$ und $P_2$ durch $B P_3$ getrennt, w. z. b. w.

Um nun (4b) zu beweisen, wählen wir eine Ebene $\varepsilon$, die durch $B$, aber nicht durch $A$ geht, und in ihr die Punkte $P_i'$ $(i = 1, 2, 3)$ so, daß $P_i'$ in der Schnittgeraden von $\varepsilon$ mit der Ebene $A B P_i$ und in der Ebene $A B P_i$ auf derselben Seite der Geraden $A B$ liegt wie der Punkt $P_i$. Die Punkte $P_1$ und $P_1'$ werden durch die Ebene $A B P_3$ nicht getrennt; ebenso werden $P_2$ und $P_2'$ durch die Ebene $A B P_3$ nicht getrennt. Hieraus und weil die Ebene $A B P_3$ mit $A B P_3'$ identisch ist, folgt

$$\frac{A B P_3 P_2}{A B P_3 P_1} = \frac{A B P_3 P_2'}{A B P_3 P_1'} = \frac{A B P_3' P_2'}{A B P_3' P_1'}.$$

Nun liegen $B$, $P_1'$, $P_2'$, $P_3'$ in der Ebene $\varepsilon$, die von der Ebene $A B P_3'$ in der Geraden $B P_3'$ geschnitten wird. $P_1'$ und $P_2'$ werden also durch die Ebene $A B P_3'$ getrennt oder nicht, je nachdem sie in $\varepsilon$ durch die Gerade $B P_3'$ getrennt oder nicht getrennt werden. Mithin ist

$$\frac{A B P_3' P_2'}{A B P_3' P_1'} = \frac{B P_3' P_2'}{B P_3' P_1'},$$

und die linke Seite von (4b) wird gleich

$$-\frac{B P_1' P_3'}{B P_1' P_2'} \cdot \frac{B P_2' P_1'}{B P_2' P_3'} \cdot \frac{B P_3' P_2'}{B P_3' P_1'}.$$

Dieser Ausdruck ist aber nach der bereits bewiesenen Gleichung (4a) gleich 1. Damit ist (4b) bewiesen.

Wir definieren jetzt in der Ebene das Symbol $\frac{B P_1 Q_1}{B P_2 Q_2}$ unter der Voraussetzung, daß die Geraden $B P_1$, $B P_2$ verschieden sind, im Raume das Symbol $\frac{A B P_1 Q_1}{A B P_2 Q_2}$ unter der Voraussetzung, daß die Ebenen $A B P_1$, $A B P_2$ verschieden sind, durch die Gleichungen

(5a) $$\frac{B P_1 Q_1}{B P_2 Q_2} = -\frac{B P_1 Q_1}{B P_1 P_2} \cdot \frac{B P_2 P_1}{B P_2 Q_2},$$

(5b) $$\frac{A B P_1 Q_1}{A B P_2 Q_2} = -\frac{A B P_1 Q_1}{A B P_1 P_2} \cdot \frac{A B P_2 P_1}{A B P_2 Q_2}.$$

Aus diesen Definitionen und den bereits bewiesenen Gleichungen ergeben sich in der Ebene sofort die Gleichungen

$$\text{(6a)} \qquad \frac{BP_1Q_1}{BP_2Q_2} = \frac{BP_2Q_2}{BP_1Q_1},$$

$$\text{(7a)} \qquad \frac{BCD}{BDC} = -1$$

und unter der Voraussetzung, daß die Geraden $BP_1$, $BP_2$, $BP_3$ verschieden sind,

$$\frac{BP_1Q_1}{BP_2Q_2} \cdot \frac{BP_2Q_2}{BP_3Q_3} \cdot \frac{BP_3Q_3}{BP_1Q_1}$$

$$= -\frac{BP_1Q_1}{BP_1P_2} \cdot \frac{BP_2P_1}{BP_2Q_2} \cdot \frac{BP_2Q_2}{BP_2P_3} \cdot \frac{BP_3P_2}{BP_3Q_3} \cdot \frac{BP_3Q_3}{BP_3P_1} \cdot \frac{BP_1P_3}{BP_1Q_1}$$

$$= -\frac{BP_1P_3}{BP_1P_2} \cdot \frac{BP_2P_1}{BP_2P_3} \cdot \frac{BP_3P_2}{BP_3P_1} = 1$$

(nach (3′a) und (4a)), mithin

$$\text{(8a)} \qquad \frac{BP_1Q_1}{BP_2Q_2} \cdot \frac{BP_2Q_2}{BP_3Q_3} \cdot \frac{BP_3Q_3}{BP_1Q_1} = 1,$$

$$\text{(8′a)} \qquad \frac{BP_1Q_1}{BP_2Q_2} \cdot \frac{BP_2Q_2}{BP_3Q_3} = \frac{BP_1Q_1}{BP_3Q_3}.$$

Im Raume ergeben sich die analogen Formeln (6b), (7b), (8b), (8′b), die man durch Vorsetzen von $A$ im Zähler und Nenner erhält. Dabei sind vorläufig die Ebenen $ABP_1$, $ABP_2$, $ABP_3$ als verschieden vorausgesetzt.

Es mögen jetzt in der Ebene vier Tripel $\mathfrak{T}_i = BP_iQ_i$ $(i = 1, \ldots, 4)$ vorliegen, und es sei angenommen, daß in der cyclischen Folge der Geraden $BP_1$, $BP_2$, $BP_3$, $BP_4$, $BP_1$ je zwei aufeinanderfolgende verschieden sind, während $BP_1$ mit $BP_3$, $BP_2$ mit $BP_4$ identisch sein darf. Wir wählen ein neues Tripel $\mathfrak{T}_5 = BP_5Q_5$, bei dem die Gerade $BP_5$ von allen Geraden $BP_i$ $(i = 1, \ldots, 4)$ verschieden ist. Dann ist nach den bisherigen Sätzen:

$$\frac{\mathfrak{T}_1}{\mathfrak{T}_2} \cdot \frac{\mathfrak{T}_2}{\mathfrak{T}_3} \cdot \frac{\mathfrak{T}_3}{\mathfrak{T}_4} \cdot \frac{\mathfrak{T}_4}{\mathfrak{T}_1} = \frac{\mathfrak{T}_1}{\mathfrak{T}_2} \cdot \frac{\mathfrak{T}_2}{\mathfrak{T}_3} \cdot \frac{\mathfrak{T}_3}{\mathfrak{T}_4} \cdot \frac{\mathfrak{T}_4}{\mathfrak{T}_5} \cdot \frac{\mathfrak{T}_5}{\mathfrak{T}_1} = \frac{\mathfrak{T}_1}{\mathfrak{T}_2} \cdot \frac{\mathfrak{T}_2}{\mathfrak{T}_3} \cdot \frac{\mathfrak{T}_3}{\mathfrak{T}_5} \cdot \frac{\mathfrak{T}_5}{\mathfrak{T}_1} = \frac{\mathfrak{T}_1}{\mathfrak{T}_2} \cdot \frac{\mathfrak{T}_2}{\mathfrak{T}_5} \cdot \frac{\mathfrak{T}_5}{\mathfrak{T}_1} = 1,$$

$$\frac{\mathfrak{T}_1}{\mathfrak{T}_2} \cdot \frac{\mathfrak{T}_2}{\mathfrak{T}_3} = \frac{\mathfrak{T}_1}{\mathfrak{T}_4} \cdot \frac{\mathfrak{T}_4}{\mathfrak{T}_3}.$$

Die letzte Gleichung zeigt, daß, wenn in der Ebene zwei Tripel $\mathfrak{T}_1 = BP_1Q_1$, $\mathfrak{T}_3 = BP_3Q_3$ gegeben sind, wo jetzt die Geraden $BP_1$ und $BP_3$ auch zusammenfallen können, der Ausdruck $\frac{\mathfrak{T}_1}{\mathfrak{T}_2} \cdot \frac{\mathfrak{T}_2}{\mathfrak{T}_3}$, wo $\mathfrak{T}_2 = BP_2Q_2$ ein beliebig, doch so gewähltes Tripel ist, daß die Gerade $BP_2$ von $BP_1$ und $BP_3$ verschieden ist, von der Wahl von $\mathfrak{T}_2$ nicht abhängig ist. Sind $BP_1$ und $BP_3$ verschieden, so ist dieser Ausdruck gleich $\frac{\mathfrak{T}_1}{\mathfrak{T}_3}$. Dasselbe gilt, wenn $P_1 = P_3$ ist; denn es ist

$$\frac{BP_1Q_1}{BP_2Q_2} \cdot \frac{BP_2Q_2}{BP_1Q_3} = \frac{BP_1Q_1}{BP_1P_2} \cdot \frac{BP_2P_1}{BP_2Q_2} \cdot \frac{BP_2Q_2}{BP_2P_1} \cdot \frac{BP_1P_2}{BP_1Q_3}$$

$$= \frac{BP_1Q_1}{BP_1P_2} \cdot \frac{BP_1P_2}{BP_1Q_3} = \frac{BP_1Q_1}{BP_1Q_3}.$$

In den übrigen Fällen, wenn nämlich die Geraden $BP_1$, $BP_3$ identisch, die Punkte $P_1$, $P_3$ aber verschieden sind, war das Symbol $\frac{\mathfrak{T}_1}{\mathfrak{T}_3}$ bisher überhaupt nicht definiert. Wir können es jetzt für diesen Fall durch die Gleichung $\frac{\mathfrak{T}_1}{\mathfrak{T}_3} = \frac{\mathfrak{T}_1}{\mathfrak{T}_2} \cdot \frac{\mathfrak{T}_2}{\mathfrak{T}_3}$ definieren. Die Gleichung (6a) hat dann uneingeschränkte Gültigkeit, während (8'a) zunächst in allen Fällen gilt, in denen die Geraden $BP_1$, $BP_2$, $BP_3$ voneinander verschieden sind. Sie gilt aber auch, wenn $BP_3$ mit $BP_1$ zusammenfällt; denn wir brauchen nur die Tripel $\mathfrak{T}' = BP'Q'$ und $\mathfrak{T}'' = BP''Q''$ so zu wählen, daß die Geraden $BP'$ und $BP''$ voneinander und von den übrigen Geraden verschieden sind, dann wird

$$\frac{\mathfrak{T}_1}{\mathfrak{T}_2} \cdot \frac{\mathfrak{T}_2}{\mathfrak{T}_3} = \frac{\mathfrak{T}_1}{\mathfrak{T}'} \cdot \frac{\mathfrak{T}'}{\mathfrak{T}_2} \cdot \frac{\mathfrak{T}_2}{\mathfrak{T}''} \cdot \frac{\mathfrak{T}''}{\mathfrak{T}_3} = \frac{\mathfrak{T}_1}{\mathfrak{T}'} \cdot \frac{\mathfrak{T}'}{\mathfrak{T}''} \cdot \frac{\mathfrak{T}''}{\mathfrak{T}_3} = \frac{\mathfrak{T}_1}{\mathfrak{T}''} \cdot \frac{\mathfrak{T}''}{\mathfrak{T}_3} = \frac{\mathfrak{T}_1}{\mathfrak{T}_3}.$$

Also gilt auch (8'a) und somit auch (8a) ohne Einschränkung.

In gleicher Weise kann, wenn die Ebenen $ABP_1$ und $ABP_3$ zusammenfallen, ohne daß $P_1 = P_3$ ist, der von der Wahl des Quadrupels $ABP_2Q_2$ unabhängige Ausdruck $\frac{ABP_1Q_1}{ABP_2Q_2} \cdot \frac{ABP_2Q_2}{ABP_3Q_3}$ (wobei $P_2$ außerhalb der Ebene $ABP_1$ zu wählen ist), dazu dienen, das Symbol $\frac{ABP_1Q_1}{ABP_3Q_3}$ zu definieren. Die Gleichungen (6b), (8b), (8'b) haben dann uneingeschränkte Gültigkeit.

Es seien in der Ebene $\varepsilon$ die Tripel $P_1Q_1R_1$, $P_2Q_2R_2$ gegeben, $P_1 \neq P_2$. Wird in $\varepsilon$ der Punkt $X$ außerhalb der Geraden $P_1P_2$ willkürlich angenommen, so ist der Ausdruck $-\frac{P_1Q_1R_1}{P_1P_2X} \cdot \frac{P_2P_1X}{P_2Q_2R_2}$ unabhängig von der Wahl des Punktes $X$; denn er geht durch Multiplikation mit $1 = \frac{P_1P_2Y}{P_1P_2X} \cdot \frac{P_2P_1X}{P_2P_1Y}$ in $-\frac{P_1Q_1R_1}{P_1P_2Y} \cdot \frac{P_2P_1Y}{P_2Q_2R_2}$ über. Aus diesem Grunde ist es gestattet, das Symbol $\frac{P_1Q_1R_1}{P_2Q_2R_2}$ $(P_1 \neq P_2)$ durch die Gleichung

$$\text{(9a)} \qquad \frac{P_1Q_1R_1}{P_2Q_2R_2} = -\frac{P_1Q_1R_1}{P_1P_2X} \cdot \frac{P_2P_1X}{P_2Q_2R_2}$$

zu definieren.

Aus gleichem Grunde dürfen wir, wenn die Geraden $AP_1$, $AP_2$ verschieden sind, die Definitionsgleichung

$$\text{(9b)} \qquad \frac{AP_1Q_1R_1}{AP_2Q_2R_2} = -\frac{AP_1Q_1R_1}{AP_1P_2X} \cdot \frac{AP_2P_1X}{AP_2Q_2R_2}$$

aufstellen, in der $X$ einen willkürlichen Punkt außerhalb der Ebene $AP_1P_2$ bezeichnet. Es ergeben sich sofort die Gleichungen:

$$\text{(10a)} \qquad \frac{P_1Q_1R_1}{P_2Q_2R_2} = \frac{P_2Q_2R_2}{P_1Q_1R_1},$$

$$\text{(11a)} \qquad \frac{BCD}{CBD} = -1$$

und die analogen (10b) und (11b).

Ferner wird, wenn die Punkte $P_1$, $P_2$, $P_3$ verschieden sind,

$$\frac{P_1Q_1R_1}{P_2Q_2R_2}\cdot\frac{P_2Q_2R_2}{P_3Q_3R_3}\cdot\frac{P_3Q_3R_3}{P_1Q_1R_1}$$
$$= -\frac{P_1Q_1R_1}{P_1P_2X}\cdot\frac{P_2P_1X}{P_2Q_2R_2}\cdot\frac{P_2Q_2R_2}{P_2P_3X}\cdot\frac{P_3P_2X}{P_3Q_3R_3}\cdot\frac{P_3Q_3R_3}{P_3P_1X}\cdot\frac{P_1P_3X}{P_1Q_1R_1}$$
$$= -\frac{P_1P_3X}{P_1P_2X}\cdot\frac{P_2P_1X}{P_2P_3X}\cdot\frac{P_3P_2X}{P_3P_1X}.$$

Nun ist nach (7a) und (11a)

$$\frac{P_1P_3X}{P_1P_2X} = \frac{P_1XP_3}{P_1P_3X}\cdot\frac{P_1P_3X}{P_1XP_2}\cdot\frac{P_1P_3X}{P_1P_2X} = \frac{P_1XP_3}{P_1XP_2} = \frac{XP_1P_3}{XP_1P_2}.$$

Der obige Ausdruck wird daher

$$= -\frac{XP_1P_3}{XP_1P_2}\cdot\frac{XP_2P_1}{XP_2P_3}\cdot\frac{XP_3P_2}{XP_3P_1} = 1$$

(nach (4a)). Es ist daher

(12a) $$\frac{P_1Q_1R_1}{P_2Q_2R_2}\cdot\frac{P_2Q_2R_2}{P_3Q_3R_3}\cdot\frac{P_3Q_3R_3}{P_1Q_1R_1} = 1$$

und analog

(12b) $$\frac{AP_1Q_1R_1}{AP_2Q_2R_2}\cdot\frac{AP_2Q_2R_2}{AP_3Q_3R_3}\cdot\frac{AP_3Q_3R_3}{AP_1Q_1R_1} = 1.$$

Diese Formeln sind zunächst unter der Annahme bewiesen, daß die Punkte $P_1$, $P_2$, $P_3$ bzw. die Geraden $AP_1$, $AP_2$, $AP_3$ verschieden sind. Im Falle $P_1 = P_2 = P_3$ stimmt der Inhalt der Formel (12a) mit dem der ohne Einschränkung bewiesenen Formel (8a) überein.

Sind nur zwei der Punkte gleich, ist z. B. $P_1 = P_3$, so wird die linke Seite von (12a)

$$= \frac{P_1Q_1R_1}{P_1P_2X}\cdot\frac{P_2P_1X}{P_2Q_2R_2}\cdot\frac{P_2Q_2R_2}{P_2P_1X}\cdot\frac{P_1P_2X}{P_1Q_3R_3}\cdot\frac{P_1Q_3R_3}{P_1Q_1R_1} = 1.$$

Damit ist die Formel (12a) ohne jede Einschränkung bewiesen.

Um dasselbe Ziel bezüglich der Gleichung (12b) zu erreichen, verfahren wir ebenso wie bei der endgültigen Begründung von Formel (8a). Sind die Quadrupel $AP_1Q_1R_1$, $AP_3Q_3R_3$ gegeben und wird $AP_2Q_2R_2$ willkürlich, doch so gewählt, daß die Gerade $AP_2$ von den Geraden $AP_1$ und $AP_3$ verschieden ist, so erweist sich der Ausdruck

$$\frac{AP_1Q_1R_1}{AP_2Q_2R_2}\cdot\frac{AP_2Q_2R_2}{AP_3Q_3R_3}$$

als unabhängig von der Wahl des Quadrupels $AP_2Q_2R_2$. Er wird gleich $\frac{AP_1Q_1R_1}{AP_3Q_3R_3}$ in allen Fällen, in denen dieses Symbol bereits definiert ist, und dient in den übrigen Fällen — nämlich wenn zwar $P_1 \neq P_3$, aber die Gerade $AP_1$ mit $AP_3$ identisch ist — dazu, dieses Symbol zu definieren. Nachdem so der Quotient zweier Quadrupel für alle Fälle, in denen beide mit demselben Punkt beginnen, definiert ist, verläuft auch der endgültige Beweis von (12b) wie der von (8a).

Es ist nun noch der Quotient $\frac{P_1Q_1R_1S_1}{P_2Q_2R_2S_2}$ für den Fall $P_1 \neq P_2$ zu definieren. Dies geschieht durch die Gleichung

$$\frac{P_1Q_1R_1S_1}{P_2Q_2R_2S_2} = -\frac{P_1Q_1R_1S_1}{P_1P_2XY} \cdot \frac{P_2P_1XY}{P_2Q_2R_2S_2}, \tag{13}$$

worin $X$, $Y$ willkürlich zu wählende Punkte sind. Zur Rechtfertigung der Definition hat man zu zeigen, daß die rechte Seite von (13) von der Wahl dieser Punkte unabhängig ist. Nun wird aber mit Benutzung von (7b), wenn auch $X'$, $Y'$ willkürlich gewählte Punkte sind,

$$\begin{aligned}\frac{P_1P_2XY}{P_1P_2X'Y'} &= \frac{P_1P_2XY}{P_1P_2XY'} \cdot \frac{P_1P_2XY'}{P_1P_2Y'X} \cdot \frac{P_1P_2Y'X}{P_1P_2Y'X'} \cdot \frac{P_1P_2Y'X'}{P_1P_2X'Y'} \\ &= \frac{P_1P_2XY}{P_1P_2XY'} \cdot \frac{P_1P_2Y'X}{P_1P_2Y'X'}.\end{aligned}$$

Die rechte Seite dieser Gleichung ändert sich nicht, wenn man $P_1$ und $P_2$ vertauscht, da die Ebene der drei Punkte $P_1$, $P_2$, $X$ bzw. $P_1$, $P_2$, $Y'$ von der Anordnung der drei Punkte unabhängig ist; also ändert sich auch die linke Seite nicht, d. h. es ist $\frac{P_1P_2XY}{P_1P_2X'Y'} = \frac{P_2P_1XY}{P_2P_1X'Y'}$. Der Ausdruck auf der rechten Seite von (13) erfährt aber durch Multiplikation mit $1 = \frac{P_1P_2XY}{P_1P_2X'Y'} \cdot \frac{P_2P_1X'Y'}{P_2P_1XY}$ nur die Änderung, daß $X$, $Y$ durch $X'$, $Y'$ ersetzt werden. Damit ist der Unabhängigkeitsbeweis geführt und die Zulässigkeit der Definition (13) erwiesen. Es ergeben sich jetzt unmittelbar die Gleichungen

$$\frac{P_1Q_1R_1S_1}{P_2Q_2R_2S_2} = \frac{P_2Q_2R_2S_2}{P_1Q_1R_1S_1} \tag{14}$$

und

$$\frac{ABCD}{BACD} = -1. \tag{15}$$

Ferner ergibt die Anwendung der Gleichung (13) für $P_1 \neq P_2$

$$\begin{aligned}&\frac{P_1Q_1R_1S_1}{P_2Q_2R_2S_2} \cdot \frac{P_2Q_2R_2S_2}{P_1Q_3R_3S_3} \\ &= \frac{P_1Q_1R_1S_1}{P_1P_2XY} \cdot \frac{P_2P_1XY}{P_2Q_2R_2S_2} \cdot \frac{P_2Q_2R_2S_2}{P_2P_1XY} \cdot \frac{P_1P_2XY}{P_1Q_3R_3S_3} = \frac{P_1Q_1R_1S_1}{P_1Q_3R_3S_3}\end{aligned}$$

und damit die Gültigkeit der Gleichung

$$\frac{P_1Q_1R_1S_1}{P_2Q_2R_2S_2} \cdot \frac{P_2Q_2R_2S_2}{P_3Q_3R_3S_3} \cdot \frac{P_3Q_3R_3S_3}{P_1Q_1R_1S_1} = 1 \tag{16}$$

für den Fall $P_1 = P_3 \neq P_2$ und überhaupt für die Fälle, wo zwei der Punkte $P_1$, $P_2$, $P_3$ zusammenfallen, der dritte aber verschieden ist. Für den Fall $P_1 = P_2 = P_3$ ist die Gleichung (16) schon durch (12b) erwiesen. Sind endlich alle drei Punkte $P_1$, $P_2$, $P_3$ verschieden, so ergibt die Anwendung der Definition (13) mit Hilfe von (12b) für die linke Seite von (16) zunächst den Ausdruck

$$-\frac{P_1P_3XY}{P_1P_2XY}\cdot\frac{P_2P_1XY}{P_2P_3XY}\cdot\frac{P_3P_2XY}{P_3P_1XY}\,.$$

Mit Benutzung von (7b), (11b) und (12b) erhält man aber:

$$\frac{P_1P_3XY}{P_1P_2XY}=\frac{P_1P_3XY}{P_1XP_3Y}\cdot\frac{P_1XP_3Y}{P_1XYP_3}\cdot\frac{P_1XYP_3}{P_1XYP_2}\cdot\frac{P_1XYP_2}{P_1XP_2Y}\cdot\frac{P_1XP_2Y}{P_1P_2XY}$$
$$=\frac{P_1XYP_3}{P_1XYP_2}=\frac{XYP_1P_3}{XYP_1P_2}\,.$$

Man kann also die linke Seite von (16) auch durch den Ausdruck

$$-\frac{XYP_1P_3}{XYP_1P_2}\cdot\frac{XYP_2P_1}{XYP_2P_3}\cdot\frac{XYP_3P_2}{XYP_3P_1}$$

darstellen. Dieser ist aber nach (4b) gleich 1. Durch die Gleichungen (12a) und (16) ist die Möglichkeit erwiesen, die Tripel in der Ebene und die Quadrupel im Raum so in zwei Klassen einzuteilen, daß je zwei derselben oder verschiedenen Klassen angehören, je nachdem ihr Quotient gleich $+1$ oder $-1$ ist[1]. Dabei ergeben unsere Formeln, daß die Vertauschung zweier benachbarter Punkte eines Tripels oder Quadrupels aus einer Klasse in die andere führt. Die wiederholte Anwendung zeigt, daß dasselbe auch bei Vertauschung irgend zweier Punkte eintritt. Wird ferner der letzte Punkt (oder auch irgendein Punkt) eines Tripels oder Quadrupels durch einen andern Punkt ersetzt, so bleibt die Klasse erhalten, oder sie ändert sich, je nachdem der ursprüngliche oder der neue Punkt auf derselben und zu verschiedenen Seiten der durch die übrigen bestimmten Geraden bzw. Ebene liegen. Durch diese beiden Eigenschaften ist offenbar die Klasseneinteilung vollständig charakterisiert. Ebene und Raum werden orientiert, indem man nach Belieben die Tripel bzw. Quadrupel der einen Klasse als positiv gelten läßt.

## § 59. Teilung der Ebene.

Die Ebene $\varepsilon$ wird durch eine Gerade $g$ in zwei Halbebenen zerlegt. Ein Streckenzug, von dem kein Punkt (Eckpunkt oder Punkt einer Strecke) zu $g$ gehört, verläuft ganz in der einen Halbebene; ein Streckenzug, der zwei Punkte $A$, $B$ der beiden Halbebenen verbindet, muß also wenigstens einen Punkt von $g$ enthalten. — Sind $g_i$ $(i = 1, \ldots, n)$ $n$ verschiedene Geraden, so zerfällt die Menge $\mathfrak{M}$ der in keiner Geraden $g_i$ gelegenen Punkte von $\varepsilon$ — und solche muß es, da $\varepsilon$ noch unendlich viele andere Geraden enthält, deren jede mit jeder Geraden $g_i$ höchstens einen Punkt gemein haben kann, geben — in eine Anzahl von Gebieten. Wir rechnen dabei zwei Punkte $A$, $B$ zu demselben

[1] [Vgl. die entsprechende Überlegung in Fußnote S. 263.]

Gebiet, wenn sie durch einen ganz in $\mathfrak{M}$ verlaufenden, also keinen Punkt einer Geraden $g_i$ enthaltenden Streckenzug verbunden werden können. Dazu ist notwendig und hinreichend, daß $A$ und $B$ bezüglich jeder Geraden $g_i$ auf derselben Seite liegen. Ist diese Bedingung erfüllt, so stellt die abgeschlossene Strecke $AB$ selbst einen solchen Streckenzug dar. Ein Punkt $O$ von $\mathfrak{M}$ liegt bezüglich jeder Geraden $g_i$ in einer bestimmten, durch diese begrenzten Halbebene $\mathfrak{H}_i$, und das Gebiet $\mathfrak{G}$, zu dem er gehört, ist der Durchschnitt dieser Halbebenen, d. h. die Gesamtheit aller den Halbebenen $\mathfrak{H}_i$ gemeinsamen Punkte. Jedes der betrachteten Gebiete ist eine konvexe Punktmenge[1], weil jede Halbebene eine solche ist und offenbar der allgemeine Satz gilt, daß der Durchschnitt konvexer Punktmengen stets wieder eine konvexe Punktmenge ist (sofern man auch eine Punktmenge, die nur aus einem einzigen Punkt besteht oder leer ist, als konvex gelten läßt). Nimmt man statt der $n$ den Punkt $O$ enthaltenden Halbebenen die abgeschlossenen Halbebenen, so ist auch deren Durchschnitt eine konvexe Punktmenge. Sie umfaßt, wie man sofort sieht, das Gebiet $\mathfrak{G}$ und seine „Grenzpunkte". Dabei heißt ein Punkt $G$ Grenzpunkt von $\mathfrak{G}$, wenn er nicht selbst zu $\mathfrak{G}$ gehört, aber Endpunkt einer in $\mathfrak{G}$ enthaltenen Strecke ist. Ein von $O$ ausgehender Strahl gehört, wenn er keine der Geraden $g_i$ schneidet, ganz dem Gebiete $\mathfrak{G}$ an. Sind Schnittpunkte vorhanden und ist $S$ der erste von ihnen, so gehört nur die Strecke $OS$ dem Gebiet $\mathfrak{G}$ an. Die von $O$ durch $S$ getrennten Punkte des Strahls liegen auf der andern Seite der in $S$ geschnittenen Geraden und sind weder Punkte noch Grenzpunkte von $\mathfrak{G}$. Ein von $O$ ausgehender Strahl kann also höchstens einen Grenzpunkt des Gebietes enthalten.

Als Ecke unserer Gebietseinteilung betrachten wir jeden Punkt, der in wenigstens zwei der Geraden $g_i$ liegt. Unter Kante verstehen wir, falls eine Gerade $g_i$ von keiner andern geschnitten wird, die ganze Gerade, wenn aber in $g_i$ $m$ Eckpunkte liegen, die $m + 1$ Teile (zwei Strahlen und $m - 1$ Strecken), in welche $g_i$ nach Wegnahme der $m$ Punkte zerfällt. — Seien $e$, $k$, $f$ die Anzahlen der Ecken, Kanten und Gebiete unserer Einteilung. Wir fügen eine $(n + 1)$-te Gerade $g_{n+1}$ hinzu; $e'$, $k'$, $f'$ seien die Anzahlen der Ecken, Kanten und Gebiete für die neue Einteilung. Wenn $g_{n+1}$ dann $m (\geqq 0)$ Ecken enthält, von denen $m_1$ neu hinzugekommen sind, so ist $e' = e + m_1$. Ferner ist $k' = k + m + 1 + m_1$; denn die Gerade $g_{n+1}$ enthält $m + 1$ Kanten, und jede neu hinzugetretene Ecke $A$ liegt außer auf $g_{n+1}$ noch auf einer Geraden $g_i$ und vermehrt die Zahl der Kanten dieser Geraden um 1. Endlich wird $f' = f + m + 1$. Von den $m + 1$ Kanten nämlich, in welche $g_{n+1}$ zerfällt, liegt jede vollständig in einem Gebiete der ursprünglichen Einteilung und jede in einem andern. Ist $\mathfrak{G}$ eins

[1] S. 1, § 1.

der ursprünglichen Gebiete, in welchem eine solche Kante liegt, so sieht man sofort, daß es Punkte von $\mathfrak{G}$ zu beiden Seiten von $g_{n+1}$ gibt und daß zwei Punkte von $\mathfrak{G}$ zu demselben oder zu verschiedenen Gebieten der neuen Einteilung gehören, je nachdem sie auf derselben oder auf verschiedenen Seiten von $g_{n+1}$ liegen. Jedes der $m+1$ Gebiete, durch welche die Gerade $g_{n+1}$ hindurchgeht, liefert also zwei Gebiete für die neue Einteilung. Jedes der übrigen Gebiete der ursprünglichen Einteilung bleibt aber auch ein Gebiet in der neuen, so daß die Anzahl der Gebiete sich um $m+1$ vermehrt. Aus den angegebenen Relationen ergibt sich:

$$e' - k' + f' = e - k + f.$$

Diese Überlegungen gelten auch schon für $n = 0$. In diesem Falle ist $e = 0$, $k = 0$, $f = 1$, also $e - k + f = 1$. Mithin gilt allgemein die Relation:

$$e - k + f = 1.$$

Die Zahlen $e$, $k$, $f$ erreichen offenbar bei gegebenem $n$ alle drei ihre größten Werte, wenn alle Geraden einander schneiden und niemals drei durch einen Punkt gehen. In diesem Falle wird $e = \frac{n\cdot(n-1)}{2}$, $k = n^2$, also $f = \frac{n\cdot(n+1)}{2} + 1$. Es ist auch leicht zu sehen, daß dieser Fall für jedes $n$ möglich ist.

Es seien $A$, $B$, $C$ drei nicht in einer Geraden gelegene Punkte der Ebene $\varepsilon$. Die drei Verbindungsgeraden liefern eine Gebietseinteilung, für welche $e = 3$, $k = 9$, also $f = 7$ ist. Jede von ihnen teilt die Ebene in zwei Halbebenen, von denen wir jedesmal die, welche den dritten Punkt enthält, als positiv bezeichnen wollen. Die Strecke $AB$ liegt dann bezüglich jeder der Geraden $BC$, $AC$ auf der positiven Seite, und wenn $M$ ein Punkt dieser Strecke ist, so liegt die Strecke $MC$ auf der positiven Seite aller drei Geraden (Abb. 151). Der Durchschnitt der drei positiven Halbebenen heißt „Dreiecksfläche $ABC$". Der Durchschnitt, der drei abgeschlossenen positiven Halbebenen „abgeschlossene Dreiecksfläche $ABC$". Die letztere besteht aus der Dreiecksfläche und ihrer Begrenzung; die Begrenzung (das Dreieck $ABC$) aus den drei Strecken oder Kanten $AB$, $BC$, $CA$ und den drei Ecken $A$, $B$, $C$.

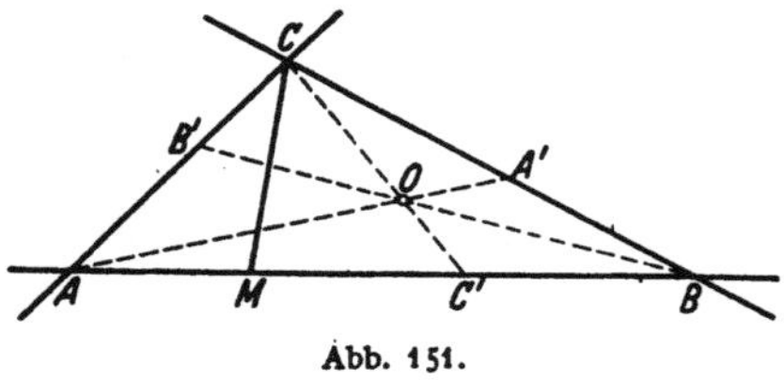

Abb. 151.

Ist $O$ ein auf der positiven Seite der Geraden $CA$, $CB$ gelegener Punkt, so wird weder das Paar $A$, $O$ durch die Gerade $CB$ noch das Paar $B$, $O$ durch die Gerade $CA$ getrennt. Mithin werden $A$ und $B$

durch die Gerade $CO$ getrennt (§ 58, (4a)). $CO$ schneidet daher die Kante $AB$ in einem Punkte $C'$. Liegt $O$ in der Dreiecksfläche, so wird ebenso die Kante $BC$ von $AO$ in einem Punkte $A'$, die Kante $CA$ von $BO$ in einem Punkte $B'$ geschnitten. $O$ liegt zwischen $C$ und $C'$; denn da $C$ und $O$ auf der positiven Seite der den Punkt $C'$ enthaltenden Geraden $AB$, $C'$ und $O$ auf der positiven Seite der Geraden $CA$ liegen, kann weder $C'$ zwischen $C$ und $O$ noch $C$ zwischen $C'$ und $O$ gelegen sein. Ebenso liegt $O$ zwischen $A$ und $A'$ und zwischen $B$ und $B'$ (Abb. 151).

Umgebung eines Punktes $O$ in einer Geraden $g$ heißt jede $O$ enthaltende Strecke dieser Geraden, Umgebung eines Punktes $O$ in einer Ebene $\varepsilon$ jede $O$ enthaltende Dreiecksfläche der Ebene. Nach dem Vorangehenden kann eine Umgebung in $\varepsilon$ in allgemeinster Weise so erhalten werden: Man zieht in $\varepsilon$ durch $O$ drei beliebige Geraden $a$, $b$, $c$, in denen die Ecken des Dreiecks liegen sollen. Die Ecke $A$ kann in $a$ beliebig gewählt werden, $B$ und $C$ sind aber in $b$ und $c$ so anzunehmen, daß $A$ und $B$ durch $c$, $A$ und $C$ durch $b$ getrennt werden. $c$ schneidet dann die Strecke $AB$ in einem Punkt $C'$, und da die Punkte $A$ und $C$ durch $b$ getrennt werden, $A$ und $C'$ aber nicht, so werden $C$ und $C'$ durch $b$ getrennt, $O$ liegt also zwischen $C$ und $C'$; daher gehört der Punkt $C'$ der Kante $AB$, $O$ der Dreiecksfläche $ABC$ an, und diese ist eine Umgebung von $O$. Es sei $\mathfrak{M}$ eine konvexe Punktmenge, welche die Ecken eines Dreiecks $ABC$ enthält. $\mathfrak{M}$ enthält dann auch alle Punkte in den Kanten. Ist ferner $O$ ein Punkt der Dreiecksfläche, $C'$ der Schnittpunkt von $CO$ und der Kante $AB$, so muß $\mathfrak{M}$ auch den zwischen $C$ und $C'$ gelegenen Punkt $O$ enthalten. $\mathfrak{M}$ enthält somit das ganze abgeschlossene Dreieck $ABC$. Wir können diese Tatsache so ausdrücken: Das abgeschlossene Dreieck $ABC$ ist die kleinste konvexe $A$, $B$, $C$ enthaltende Punktmenge.

Ein aus einem Punkte $O$ der Dreiecksfläche $ABC$ gezogener Strahl $s$ kann die Begrenzung nur in einem Punkte treffen. Er muß sie aber auch wirklich treffen. Nehmen wir nämlich zunächst an, daß die Gerade $g$, welcher $s$ angehört, durch keine Ecke des Dreiecks geht. $A$, $B$, $C$ können dann nicht derselben durch $g$ begrenzten Halbebene angehören, da sonst diese konvexe Punktmenge das ganze abgeschlossene Dreieck $ABC$ enthielte. Das aber würde im Widerspruch stehen zu der Tatsache, daß durch $g$ der Punkt $C$ von dem Punkte $C'$, in welchem die Gerade $CO$ die Strecke $AB$ schneidet, getrennt wird. Von den drei Ecken liegen also zwei, etwa $A$ und $B$, auf der einen, die dritte, $C$, auf der andern Seite von $g$. Die Kanten $CA$, $CB$ werden dann von $g$ in zwei Punkten $T$, $U$ geschnitten, und von der Geraden $TU$ gehört nur die Strecke $TU$ der Dreiecksfläche an. $O$ muß daher in dieser Strecke liegen, und von den beiden Strahlen, durch die die Gerade $TU$ durch $O$ zerlegt wird und unter denen auch $s$ vorkommt, trifft der eine die Begrenzung in $T$, der andere in $U$. Dasselbe ergibt sich aber auch, wenn $g$ durch eine Ecke, etwa durch $C$ geht, da der Strahl $OC$ in $C$, der Strahl $OC'$ in $C'$ die Begrenzung trifft.

Von der Geraden $CC'$ gehört die Strecke $CC'$ der Dreiecksfläche an. Der sich in $C$ anschließende Strahl liegt bezüglich $AB$ auf der positiven, bezüglich der beiden andern Geraden auf der negativen Seite, während für den in $C'$ sich anschließenden Strahl gerade das Entgegengesetzte gilt. Daraus ersehen wir folgendes: Von den sieben Gebieten, in welche die Ebene durch die Geraden $AB$, $BC$, $CA$ eingeteilt wird, liegt eins auf der positiven Seite aller drei Geraden, drei Gebiete liegen bezüglich je einer Geraden, drei bezüglich je zweier Geraden auf der positiven Seite; ein Gebiet auf der negativen Seite bezüglich aller drei Geraden existiert also nicht. — Hat man nun in $\varepsilon$ vier Punkte $A$, $B$, $C$, $D$ von allgemeiner Lage und gibt man den vier Tripeln, die man aus ihnen bilden kann, die folgende cyclische Orientierung:

(1) $$ABC, \quad BAD, \quad CBD, \quad ACD,$$

die dem MÖBIUSschen Gesetz entspricht, so können die vier Tripel nicht alle derselben Klasse im Sinne des vorigen Paragraphen angehören. Denn alsdann wären die Quotienten $\frac{ABD}{ABC}$, $\frac{BCD}{BCA}$ und $\frac{CAD}{CAB}$ alle gleich $-1$, was besagen würde, daß bezüglich des Dreiecks $ABC$ der Punkt $D$ auf der negativen Seite aller drei Begrenzungsgeraden läge. Die vier Tripel (1) verteilen sich also so auf die beiden Klassen, daß die eine eins, die andere drei enthält oder daß beide je zwei enthalten. Beides kommt vor, so daß bei vier Punkten der Ebene zwei verschiedene Lagemöglichkeiten bestehen. Liegt der Punkt $D$ in der Dreiecksfläche $ABC$, so gehören von den Tripeln (1) das erste zu der einen Klasse, die übrigen zu der andern. Liegt $D$ bezüglich $AB$ auf der negativen, bezüglich $CA$ und $CB$ auf der positiven Seite, so gehören erstes und zweites Tripel zu der einen, drittes und viertes Tripel zu der andern Klasse. In diesem Falle schneiden die Strecken $AB$ und $CD$ einander, während von den übrigen Punktepaaren $A, C$; $B, C$; $A, D$; $B, D$ keines durch die Verbindungsgerade der beiden übrigen Punkte getrennt wird.

Es sei $\mathfrak{S}$ ein System von endlich vielen Geraden, Strahlen, Strecken und Punkten einer Ebene $\varepsilon$, wobei jedoch gefordert wird, daß der Ursprung jedes Strahls und die Endpunkte jeder Strecke aus $\mathfrak{S}$ unter den Punkten von $\mathfrak{S}$ vorkommen. Für Geraden, Strahlen, Strecken wollen wir auch die gemeinsame Bezeichnung „Kanten" gebrauchen. $\mathfrak{P} = \mathfrak{P}(\mathfrak{S})$ sei die Menge, die sich aus den Punkten von $\mathfrak{S}$ und den Punkten der in den Kanten von $\mathfrak{S}$ enthaltenen Punkten zusammensetzt, $\mathfrak{M}$ die Menge der übrigen Punkte der Ebene $\varepsilon$. — Sei $M$ ein Punkt aus $\mathfrak{M}$, $g$ eine Gerade durch $M$ (in $\varepsilon$). In $g$ kann man zu beiden

Seiten von $M$ die Punkte $L$ und $N$ so annehmen, daß zwischen ihnen keiner der (endlich vielen) Punkte des Systems $\mathfrak{S}$ liegt (Abb. 152). Wenn in $g$ ein Strahl oder eine Strecke $s$ des Systems $\mathfrak{S}$ liegt, so kann doch kein Punkt von $s$ zwischen $L$ und $N$ liegen; denn läge ein solcher Punkt $P$ etwa zwischen $M$ und $N$, so würde, weil $P$, nicht aber $M$ zu $\mathfrak{S}$ gehört, der Ursprung bzw. ein Endpunkt von $s$, in jedem Falle also ein Punkt aus $\mathfrak{S}$ zwischen $M$ und $N$ liegen, was nach dem Vorangehenden ausgeschlossen ist.

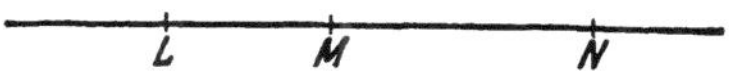

Abb. 152.

Ein Punkt aus $\mathfrak{P}$ zwischen $L$ und $N$ kann also nur einer Kante aus $\mathfrak{S}$ angehören, die nur diesen einen Punkt mit $g$ gemein hat. Da hiernach nur endlich viele Punkte aus $\mathfrak{P}$ zwischen $L$ und $N$ liegen können, so kann man innerhalb $LN$ eine $M$ enthaltende $L'N'$ bestimmen, die keinen Punkt aus $\mathfrak{P}$ enthält. — Es sei jetzt $A_1B_1C_1$ eine $M$ enthaltende Dreiecksfläche (Abb. 153). Dann können wir in den Strecken $MA_1$, $MB_1$, $MC_1$ die Punkte $A_2$, $B_2$, $C_2$ so annehmen, daß in den Strecken $MA_2$, $MB_2$, $MC_2$ kein Punkt aus $\mathfrak{P}$ liegt. Wenn in der Dreiecksfläche $A_2B_2C_2$ $n$ Punkte des Systems $\mathfrak{S}$ liegen und $P$ einer von ihnen ist, so schneidet der Strahl $MP$ eine Kante des Dreiecks, etwa $A_2B_2$. $P$ gehört dann der Dreiecksfläche $A_2B_2M$ an, und die Gerade $B_1P$ schneidet $MA_2$ in einem Punkte $A_3$ so, daß die Dreiecksfläche $A_3B_2C_2$ höchstens noch $n-1$ Punkte aus $\mathfrak{P}$ enthält.

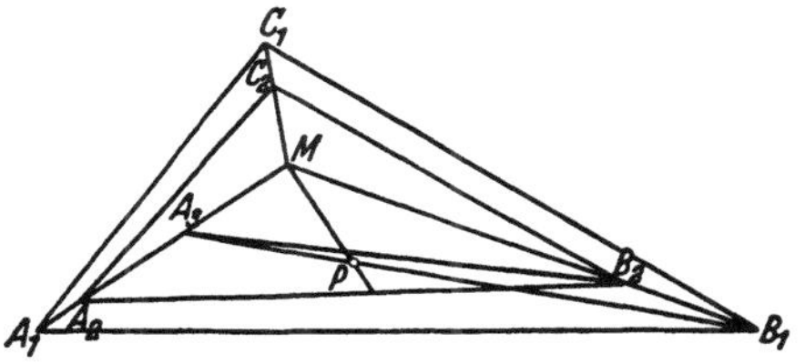

Abb. 153.

In dieser Weise fortfahrend, gelangen wir zu einer solchen $M$ enthaltenden Dreiecksfläche $ABC$, die keinen Punkt aus $\mathfrak{S}$ enthält und bei welcher die Strecken $MA$, $MB$, $MC$ keinen Punkt aus $\mathfrak{P}$ enthalten. Wir zeigen, daß überhaupt kein Punkt aus $\mathfrak{P}$ in der Dreiecksfläche liegen kann. Ein solcher Punkt $P$ müßte nämlich einer Kante $s$ aus $\mathfrak{S}$ angehören. Nennen wir $g$ die Gerade, in der $s$ liegt. $g$ trennt zwei Dreiecksecken, etwa $A$ und $B$, voneinander und daher eine dieser Ecken, etwa $A$, von $M$ (Abb. 154). Der Schnittpunkt $S$ von $MA$ und $g$ gehört nach dem Vorangehenden nicht zu $\mathfrak{P}$, mithin kann $g$ keine Gerade aus $\mathfrak{S}$ sein. Würde $P$ einer zu $\mathfrak{S}$ gehörigen Strecke oder Halbgeraden von $g$ angehören, so würde zwischen $S$ und $P$ ein Endpunkt der Strecke bzw. der Ursprung der Halbgeraden, in jedem Falle ein Punkt aus $\mathfrak{S}$ liegen, was wieder nach dem Vorhergehenden ausgeschlossen ist. Es ergibt sich also: Jeder nicht zu $\mathfrak{P}$ gehörige Punkt besitzt eine ebene Umgebung, die ganz außerhalb $\mathfrak{P}$ liegt.

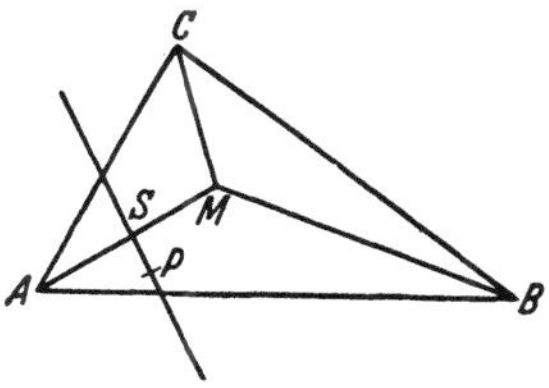

Abb. 154.

Sei $AB$ eine ganz in $\mathfrak{M}$ gelegene Strecke, deren Endpunkte aber auch zu $\mathfrak{P}$ gehören können (Abb. 155). Aus einem Punkte $M$ von $AB$ ziehen wir nach einer beliebigen Seite der Geraden $AB$ einen Strahl und nehmen auf ihm den Punkt $C_1$ so an, daß die Strecke $MC_1$ ganz zu $\mathfrak{M}$ gehört. Enthält die Dreiecksfläche $ABC_1$ $n$ Punkte aus $\mathfrak{S}$ und ist $P$ einer von ihnen, $C_2$ der Schnittpunkt der Geraden $AP$ mit der Strecke $MC_1$, so enthält die Dreiecksfläche $ABC_2$ weniger als $n$ Punkte von $\mathfrak{S}$.

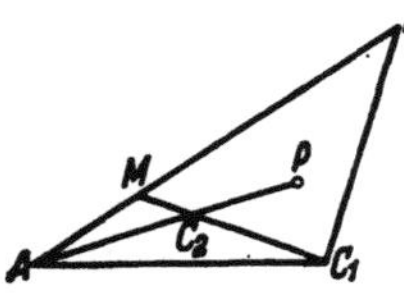

Abb. 155.

Wir können daher das Dreieck $ABC$ so annehmen, daß die Strecke $AB$ keinen Punkt aus $\mathfrak{P}$, die Dreiecksfläche keinen Punkt aus $\mathfrak{S}$ enthält. Diese Fläche enthält dann überhaupt keinen Punkt aus $\mathfrak{P}$; denn durch einen solchen Punkt $P$ ginge eine Gerade $g$, die entweder selbst oder von der eine Strecke oder Halbgerade zu $\mathfrak{P}$ gehörte. $g$ müßte eine der Strecken $MC$, $AB$ schneiden. Der Schnittpunkt $S$ würde in keinem Falle zu $\mathfrak{P}$ gehören; $g$ kann also nicht eine Gerade aus $\mathfrak{S}$ sein. Die zu $\mathfrak{S}$ gehörige, $P$ enthaltende Strecke oder Halbgerade aber würde, da sie $S$ nicht enthält, zwischen $P$ und $S$ einen Endpunkt bzw. ihren Ursprung haben. Das würde der Tatsache widersprechen, daß in der Fläche $ABC$ kein Punkt aus $\mathfrak{S}$ liegt. Also gilt:

Gehört kein Punkt der Strecke $AB$ zu $\mathfrak{P}$, so kann man auf jeder Seite der Geraden $AB$ ein Dreieck $ABC$ angeben, in dem kein Punkt aus $\mathfrak{P}$ liegt.

Wir können zu einem System $\mathfrak{S}$ leicht ein System $\mathfrak{S}'$ bestimmen, das denselben Bedingungen wie $\mathfrak{S}$ genügt, für welches $\mathfrak{P}(\mathfrak{S})$ mit $\mathfrak{P}(\mathfrak{S}')$ identisch ist, bei dem aber kein Punkt noch in einer Kante auftritt und auch die Kanten keine gemeinsamen Punkte mehr haben. Kommt nämlich irgendein Punkt $A$ aus $\mathfrak{S}$ in einer Kante aus $\mathfrak{S}$ vor, so ersetzen wir die Kante durch die zwei Kanten, in die sie nach Wegnahme des Punktes zerfällt. Kommt dann ein und dieselbe Kante mehrfach in dem System vor, so behalten wir sie natürlich nur einmal bei. Ist dies allgemein durchgeführt, so können gemeinsame Punkte mehrerer Kanten nur bei solchen Kanten vorkommen, die in verschiedenen Geraden liegen. Ist nun $S$ ein solcher Punkt, so ersetzen wir jede durch ihn gehende Kante durch die beiden Kanten, in die sie nach Wegnahme von $S$ zerfällt, und nehmen $S$ als neuen Punkt in das System $\mathfrak{S}$ auf. Das so erhaltene System $\mathfrak{S}'$ hat dann die gewünschten Eigenschaften. Lassen wir eine Kante aus $\mathfrak{S}'$ weg, so bleibt ein System von derselben Beschaffenheit zurück. Wir können $\mathfrak{S}'$, wofür wir nun wieder $\mathfrak{S}$ schreiben wollen, als geometrische Realisierung eines schematischen Komplexes von Kanten und Ecken ansehen, wobei die mit einer Kante incidenten Ecken durch die Endpunkte der geometrischen Kante repräsentiert werden; dabei sind Kanten mit 0, 1, 2 Ecken (Geraden, Halbgeraden, Strecken) zu unterscheiden. Die Menge der nicht zu $\mathfrak{P}(\mathfrak{S})$ gehörigen Punkte sei wieder mit $\mathfrak{M}$ bezeichnet. Wir untersuchen die durch $\mathfrak{P}(\mathfrak{S})$ bewirkte Gebietseinteilung. Ein Streckenzug, von dem ein Endpunkt $A$ zu $\mathfrak{P}(\mathfrak{S})$ gehört, während er sonst in $\mathfrak{M}$ verläuft, gehört bis auf $A$ ganz ein und demselben Gebiet an. Wir zeigen:

Zwei Streckenzüge, die sonst ganz in $\mathfrak{M}$ verlaufen, von denen aber je ein Endpunkt $A$ bzw. $B$ einer und derselben Kante $c$ aus $\mathfrak{S}$ angehört, wobei die Endstrecken auf derselben Seite von $c$ liegen, verlaufen in einem und demselben Gebiet.

In $c$ können wir nämlich die Punkte $A_1$, $B_1$ so annehmen, daß $A$ und $B$ zwischen ihnen liegen. Ist $\mathfrak{R}$ die Punktmenge, die zurückbleibt, wenn man die Punkte der Strecke $A_1B_1$ aus $\mathfrak{P}(\mathfrak{S})$ fortläßt, so kann man, wie oben gezeigt wurde, das Dreieck $A_1\,B_1\,C_1$ so bestimmen, daß es auf derselben Seite wie die beiden Endstrecken liegt und seine Fläche keinen Punkt aus $\mathfrak{R}$, also auch keinen aus $\mathfrak{P}(\mathfrak{S})$ enthält. Alle Punkte dieser Fläche gehören dann zu demselben Gebiet $\mathfrak{G}$ unserer Einteilung, und da Punkte der beiden Endstrecken in die Fläche fallen, gehören auch die beiden Streckenzüge dem Gebiet $\mathfrak{G}$ an. — An jeder Kante sind zwei Seiten zu unterscheiden; auf jeder Seite grenzt sie, nach dem eben Bewiesenen, an ein ganz bestimmtes Gebiet an; es ist auch nicht ausgeschlossen, daß sie auf beiden Seiten an dasselbe Gebiet grenzt.

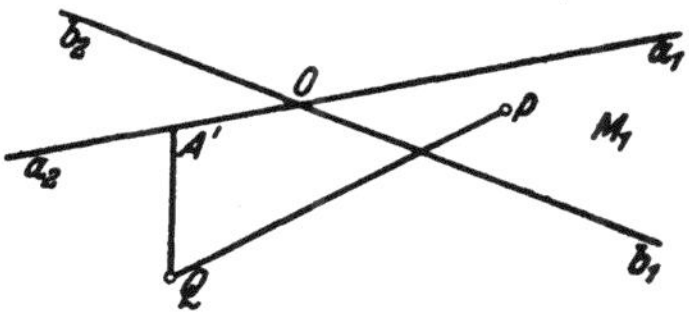

Abb. 156.

Das System $\mathfrak{S}$ bestehe aus einem Punkte $O$ und zwei von ihm ausgehenden Strahlen $a_1$, $b_1$, die nicht in derselben Geraden liegen (Abb. 156). Wir bezeichnen mit $a$, $b$ die Geraden, denen $a_1$, $b_1$ angehören, mit $a_2$, $b_2$ die Gegenstrahlen von $a_1$, $b_1$. Als positive Seite von $a$ bzw. $b$ soll die gelten, welche den Strahl $b_1$ bzw. $a_1$ enthält. $\mathfrak{P} = \mathfrak{P}(\mathfrak{S})$ besteht hier aus $O$ und den Punkten von $a_1$ und $b_1$; die Menge $\mathfrak{M}$ der übrigen Punkte der Ebene zerlegen wir in zwei Punktmengen $\mathfrak{M}_1$ und $\mathfrak{M}_2$, wobei $\mathfrak{M}_1$ die Punkte umfassen soll, die bezüglich beider Geraden auf der positiven Seite liegen. Für die zu $\mathfrak{S}$ gehörige Gebietseinteilung gehören alle Punkte von $\mathfrak{M}_1$ zu demselben Gebiet; denn die Verbindungsstrecke von zweien gehört vollständig zu $\mathfrak{M}_1$, woraus zugleich ersichtlich ist, daß $\mathfrak{M}_1$ konvex ist. Ebenso gehören die Punkte von $\mathfrak{M}_2$ zu einem und demselben Gebiet. Sei nämlich $Q$ irgendein Punkt von $\mathfrak{M}_2$, $A'$ ein in $a_2$ fest gewählter, also auch zu $\mathfrak{M}_2$ gehöriger Punkt. $Q$ liegt wenigstens bezüglich einer der Geraden $a$, $b$ auf der negativen Seite. Liegt $Q$ auf der negativen Seite von $b$, so enthält die Strecke $A'Q$ keinen Punkt von $b$, also auch keinen von $b_1$; liegt $Q$ auf der negativen Seite von $a$, so liegt die ganze Strecke $A'Q$ auf der negativen Seite von $a$, kann also wiederum keinen Punkt von $b_1$ enthalten. Ebensowenig enthält sie $O$ oder einen Punkt von $a_1$. Daher gehören alle Punkte von $\mathfrak{M}_2$ zu einem und demselben Gebiete, nämlich demselben Gebiete wie $A'$. Eine Strecke, die einen Punkt $P$ von $\mathfrak{M}_1$ mit einem Punkte $Q$ von $\mathfrak{M}_2$ verbindet, muß, wenn sie nicht durch $O$ geht, einen Punkt von $a_1$ oder $b_1$ enthalten; denn sie muß wenigstens eine der Geraden $a$, $b$ schneiden, und der erste Schnittpunkt, zu dem man von $P$ ausgehend gelangt, liegt auf der positiven Seite der Geraden, der er nicht angehört. $\mathfrak{M}_1$ und $\mathfrak{M}_2$ repräsentieren also zwei verschiedene Gebiete; wir nennen sie Winkelgebiete. Jeder der Strahlen $a_1$, $b_1$ grenzt auf der einen Seite an $\mathfrak{M}_1$, auf der andern an $\mathfrak{M}_2$. $\mathfrak{M}_2$ ist im Gegensatz zu $\mathfrak{M}_1$ nicht konvex; denn eine Gerade $g$, die die Strahlen $a_1$, $b_1$ schneidet, wird durch die Schnittpunkte $A$, $B$ in drei Teile zerfällt, deren mittlerer, die Strecke $AB$, zu $\mathfrak{M}_1$ gehört, während die beiden andern in $\mathfrak{M}_2$ liegen. — Zwei von einem Punkte $O$ ausgehende Gegenstrahlen zerlegen die Ebene in zwei Halbebenen, die wir dann bisweilen auch als Winkelgebiete bezeichnen.

Bei zwei Strahlen $a_1$, $b_1$ desselben Ursprungs $O$ erscheinen die beiden Seiten, die man an jedem unterscheiden kann, in bestimmter Weise einander zugeordnet, indem jeder Seite von $a_1$ diejenige von $b_1$ entspricht, die mit ihr zusammen als Begrenzung desselben Winkelgebietes auftritt. Dieselbe Zuordnung können wir auch vornehmen, wenn es sich um zwei Strecken mit der gemeinsamen Ecke $O$ handelt, indem wir für jede Strecke den Strahl mit dem Ursprung $O$ setzen, von dem sie ein Teil ist. — Es seien nun $A_0A_1$ und $A_1A_2$ zwei aufeinanderfolgende Strecken eines Zuges (Abb. 157). Wir nehmen den Punkt $P_1$ auf einer beliebigen Seite der Geraden $A_0A_1$, sodann den Punkt $P_2$ so an, daß er auf der zugeordneten Seite von $A_1A_2$ liegt. Schließen wir zunächst den Fall aus, daß die Punkte $A_0$, $A_1$, $A_2$ in einer Geraden liegen. Dann sind die $A_2$-Seite von $A_1A_0$ und die $A_0$-Seite von $A_1A_2$ einander zugeordnet; denn mit diesen Seiten grenzen die Strahlen $A_1A_0$, $A_1A_2$ an das durch sie bestimmte konvexe Winkelgebiet $\mathfrak{W}$. Liegt daher $P_1$ auf derselben Seite von $A_1A_0$ wie $A_2$, so liegt auch $P_2$ auf derselben Seite von $A_1A_2$ wie $A_0$. Mithin sind, wenn wir die Bezeichnung von § 58 wieder aufnehmen, die Quotienten $\frac{A_0A_1P_1}{A_0A_1A_2}$ und $\frac{A_1A_2A_0}{A_1A_2P_2}$ beide gleich $+1$ oder beide gleich $-1$. In jedem Falle erhalten wir

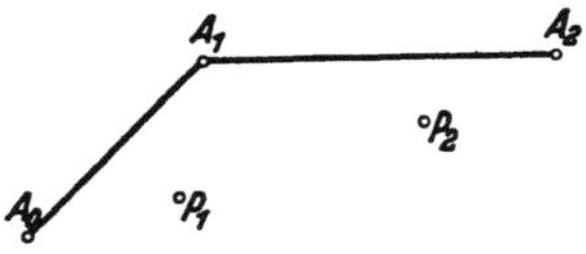

Abb. 157.

$$1 = \frac{A_0A_1P_1}{A_0A_1A_2} \cdot \frac{A_1A_2A_0}{A_1A_2P_2} = \frac{A_0A_1P_1}{A_1A_2P_2} \cdot \frac{A_1A_2A_0}{A_0A_1A_2} = \frac{A_0A_1P_1}{A_1A_2P_2}.$$

Dasselbe gilt, wenn $A_0$, $A_1$, $A_2$ in einer Geraden liegen und $A_1$ der mittlere Punkt ist, weil alsdann $P_1$ und $P_2$ auf derselben Seite dieser Geraden liegen. Um dasselbe Resultat auch zu erhalten, wenn $A_0A_1$ und $A_1A_2$ entgegengesetzt gerichtete Strecken der Geraden $g$ sind, haben wir zu verfügen, daß in diesem Falle als zugeordnet die Seiten der Strahlen $A_0A_1$ und $A_1A_2$ gelten sollen, die verschiedene Seiten der Geraden $g$ darstellen. — Durch unsere Festsetzung wird die Fortsetzung der Seite längs eines Streckenzuges definiert, wobei an die Stelle der ersten oder letzten Strecke des Zuges auch ein Strahl treten kann. Ist $A_0A_1A_2 \ldots A_{n-1}A_0$ ein geschlossener Zug, nimmt man den Punkt $P_1$ auf einer beliebigen Seite von $A_0A_1$ an und bestimmt man $P_2$, $P_3, \ldots, P_n$, $P_{n+1}$ so, daß die $P_{i+1}$-Seite von $A_iA_{i+1}$ sich als Fortsetzung der $P_i$-Seite von $A_{i-1}A_i$ ergibt ($i = 1, \ldots, n$, $A_n = A_0$), so folgt, wie die Gleichung $\frac{A_0A_1P_1}{A_1A_2P_2} = 1$ zeigt, daß alle Tripel $A_iA_{i+1}P_{i+1}$ ($i = 0, \ldots, n$) derselben Klasse angehören, daß also auch $\frac{A_0A_1P_1}{A_0A_1P_{n+1}} = 1$ ist, so daß man nach Durchlaufen des Polygons wieder zur Ausgangsseite zurückkekrt; m. a. W.: jedes Polygon ist zweiseitig.

Es sei $A_0A_1 \ldots A_{n-1}A_0$ ein beliebiges Polygon in $\varepsilon$, $\mathfrak{R}$ seine Punktmenge, $\mathfrak{M}$ die Menge der übrigen Punkte von $\varepsilon$, $O$ ein Punkt aus $\mathfrak{M}$. Von $O$ aus ziehen wir zwei Strahlen $a$, $b$, die durch keine Ecke $A_i$ gehen. Sie bestimmen zwei Winkelgebiete. Geben die Zahlen $l$, $m$ an, wie oft beim Durchlaufen des Polygons der Strahl $a$ bzw. $b$ geschnitten wird, so ist $l + m$ gerade, weil bei jedem Schnittpunkt ein Übertritt aus dem einen in das andere Winkelgebiet stattfindet und man zum Ausgangspunkt zurückkehrt. Hieraus folgt, daß für jeden Strahl aus $O$ die Zahl der Schnittpunkte gerade oder für jeden ungerade ausfällt. Hiernach kann man $\mathfrak{M}$ in die Menge $\mathfrak{M}^{(0)}$ der Punkte $O$ mit gerader und die Menge $\mathfrak{M}^{(1)}$ der Punkte $O$ mit ungerader Schnittpunktzahl zerlegen. Grenzt man auf einer Geraden $g$ die Strecke $PQ$ so ab, daß außerhalb $PQ$ kein Punkt von $\mathfrak{R}$ mehr liegt, so gehören die Punkte von $g$ außerhalb der Strecke alle zu $\mathfrak{M}^{(0)}$. Die Punktmenge $\mathfrak{M}^{(1)}$ ist in besonderen Fällen leer, nämlich dann, wenn jeder Punkt von $\mathfrak{P}$ in einer geraden Anzahl von Kanten des Polygons auftritt, wie z. B. bei den Polygonen $A_0A_1A_2A_1A_0$ und $A_0A_1A_2A_0A_1A_2A_0$. Wenn eine Gerade $AB$ durch keine Ecke des Polygons geht und die abgeschlossene Strecke $AB$ ganz zu $\mathfrak{M}$ gehört, so ist die Schnittpunktzahl für den Strahl $AB$ dieselbe wie die für den von $B$ ausgehenden Teilstrahl. $A$ und $B$ gehören also entweder beide zu $\mathfrak{M}^{(0)}$ oder beide zu $\mathfrak{M}^{(1)}$. Daraus ersieht man, daß ein Punkt von $\mathfrak{M}^{(0)}$ und ein Punkt von $\mathfrak{M}^{(1)}$ nicht demselben Gebiet der durch $\mathfrak{P}$ bewirkten Einteilung angehören können. Ferner ergibt sich sofort, daß, wenn eine Strecke $AB$, deren Endpunkte zu $\mathfrak{M}$ gehören, genau eine Polygonkante schneidet, von den Punkten $A$, $B$ der eine zu $\mathfrak{M}^{(0)}$, der andere zu $\mathfrak{M}^{(1)}$ gehört. Hieraus folgt u. a., daß ein einfaches Polygon die Ebene wenigstens in zwei Gebiete teilt.

Man kann noch eine feinere Einteilung der Punktmenge $\mathfrak{M}$ herstellen. Die Ebene sei orientiert. Damit ist zugleich für jede orientierte

Gerade oder Strecke $AB$ eine Unterscheidung der beiden Seiten als positive und negative gegeben: als positiv soll die Seite gelten, für deren Punkte $P$ das Tripel $ABP > 0$ ausfällt. — Wir kommen wieder zum Polygon $A_0A_1 \ldots A_{n-1}A_0$ und den von $O$ ausgehenden Strahlen $a$, $b$ zurück, von denen wir annehmen wollen, daß sie nicht in derselben Geraden liegen. Die durch $a$, $b$ begrenzten Winkelgebiete seien $\mathfrak{W}_1$ und $\mathfrak{W}_2$. Wir betrachten eine orientierte Strecke $AB$, die von $a$ in $S$, von $b$ in $T$ geschnitten wird. Wir können unterscheiden, ob die von $O$ ausgehenden Strahlen in $S$ und $T$ von der positiven Seite von $AB$ zur negativen übergehen oder umgekehrt. Im ersten Falle wollen wir von einem positiven, im zweiten von einem negativen Schneiden sprechen. Wie man sofort sieht, liegt der erste oder zweite Fall vor, je nachdem das Tripel $ABO$ (oder $OAB$, $OAS$, $OSB$, $OAT$, $OTB$) positiv oder negativ ist. Nehmen wir an, $ABO$ sei positiv und es gehe $AB$ in $S$ von $\mathfrak{W}_1$ nach $\mathfrak{W}_2$, also in $T$ von $\mathfrak{W}_2$ nach $\mathfrak{W}_1$ über. Dann ergibt sich beim Durchlaufen des Polygons $A_0A_1 \ldots A_{n-1}A_0$: Wird die Kante $A_iA_{i+1}$ von $a$ geschnitten, so ist der Schnitt positiv oder negativ, je nachdem die Kante im Schnittpunkt von $\mathfrak{W}_1$ nach $\mathfrak{W}_2$ oder von $\mathfrak{W}_2$ nach $\mathfrak{W}_1$ übertritt; ein Schnitt einer Kante $A_iA_{i+1}$ mit $b$ ist positiv oder negativ, je nachdem die Kante von $\mathfrak{W}_2$ nach $\mathfrak{W}_1$ oder von $\mathfrak{W}_1$ nach $\mathfrak{W}_2$ übergeht. Geben die Zahlen $x$, $x'$ an, wie oft der Strahl $a$ Polygonkanten positiv bzw. negativ schneidet und haben die Zahlen $y$, $y'$ die entsprechende Bedeutung für $b$, so geben $x + y'$ und $y + x'$ die Anzahlen der Übergänge von $\mathfrak{W}_1$ nach $\mathfrak{W}_2$ bzw. $\mathfrak{W}_2$ nach $\mathfrak{W}_1$ an. Hiernach ist $x + y' = y + x'$ und somit $x - x' = y - y'$. Die Differenz zwischen der Anzahl der positiven und negativen Schnitte ist also für jeden Strahl aus $O$ dieselbe. Diese durch das Polygon und den Punkt $O$ bestimmte Zahl ist uns schon früher (§ 10, S. 27) unter dem Namen Windungszahl des Polygons bezüglich $O$ (oder Zellkoeffizient des Punktes $O$) begegnet. Ist $\mathfrak{M}_w$ der Teil von $\mathfrak{M}$, der die Punkte von der Windungszahl $w$ umfaßt, so ergibt sich wieder, daß jedes Gebiet der durch das Polygon bewirkten Einteilung ganz in derselben Menge $\mathfrak{M}_w$ enthalten ist und daß die Windungszahl eines variablen Punktes $P$, wenn dieser durch eine Kante von der positiven zur negativen Seite übertritt, um 1 abnimmt.

[Hieraus folgt nun (in Ergänzung der Bemerkung von S. 281) leicht, daß ein einfaches Polygon $\mathfrak{R}$ die Ebene in genau zwei Gebiete teilt. Zum Beweise dieses Satzes schicken wir den folgenden Hilfssatz voran:

Ist $\mathfrak{T}$ ein in $\mathfrak{M}$ gelegener einfacher Streckenzug $Aa_1A_1a_2 \ldots A_{n-1}a_nB$, dessen Endpunkte $A$ und $B$ auch in $\mathfrak{P}(\mathfrak{S})$ liegen dürfen, der aber sonst mit $\mathfrak{P}(\mathfrak{S})$ keinen Punkt gemein hat, so kann man auf jeder Seite von $\mathfrak{T}$ einen ganz in $\mathfrak{M}$ liegenden Streckenzug von $A'$ nach $B'$ ziehen, wo $A'$ und $B'$ Punkte aus beliebig gegebenen Umgebungen $\mathfrak{U}$, $\mathfrak{V}$ von $A$ und $B$ sind.

Beweis: Ziehen wir durch $A_i (i = 0, 1, \ldots n;\ A_0 = A, A_n = B)$ eine Gerade $g_i$, die $A_{i-1}$ und $A_{i+1}$ trennt, so gilt nach § 58 (7a), (11a) für jeden Punkt $C_i$ auf $g_i$

$$-1 = \frac{A_i C_i A_{i-1}}{A_i C_i A_{i+1}} = \frac{A_i A_{i-1} C_i}{A_i A_{i+1} C_i} = -\frac{A_{i-1} A_i C_i}{A_i A_{i+1} C_i}.$$

Die Punkte $C_i$ haben also die Eigenschaft, daß sie zu den beiden Strecken $A_{i-1} A_i$ und $A_i A_{i+1}$ in gleicher Orientierung liegen. Man kann die Punkte $C_i$ auf einer vorgeschriebenen Seite des Streckenzuges $A a_1 A_1 a_2 \ldots . A_{n-1} a_n B$ und dabei noch in solchen Umgebungen $\mathfrak{U}_i$ von $A_i$ wählen, die getrennt sind und ganz in $\mathfrak{M}$ liegen.

Nun werde zunächst auf der vorgeschriebenen Seite von $a_1$ ein solches Dreieck $A D_1 A_1$ bestimmt, das von den Punkten $\mathfrak{P}(\mathfrak{S})$ und $\mathfrak{P}(\mathfrak{T} - a_1)$ frei ist (s. S. 278). Wir gehen schrittweise weiter, indem wir auf derselben Seite von $a_2$ das Dreieck $A_1 D_2 A_2$ bestimmen, das seinerseits von $\mathfrak{P}(\mathfrak{S})$ und $\mathfrak{P}(\mathfrak{T} - a_2)$ und auch von den Punkten des Streckenzuges $A D_1 A_1$ frei ist. Allgemein werde auf der bestimmten Seite von $a_i$ das Dreieck $A_{i-1} D_i A_i$ angenommen, das keine Punkte von $\mathfrak{P}(\mathfrak{S})$ und $\mathfrak{P}(\mathfrak{T} - a_i)$ enthält und auch den Streckenzug $A D_1 A_1 D_2 A_2 \ldots D_{i-1} A_{i-1}$ nicht trifft, was nach S. 278 möglich ist. Diese Konstruktion werde nacheinander für $i = 1, 2, \ldots, n$ durchgeführt. Die vorhin erwähnten Umgebungen $\mathfrak{U}_i (i = 0, 1, \ldots n)$ sollen dann so klein gewählt werden, daß sie von den Streckenzügen $A D_1 A_1 \ldots D_i$ und $D_{i+1} A_{i+1} \ldots D_n B$ ganz frei sind (wobei für $\mathfrak{U}_0$ der erste, für $\mathfrak{U}_n$ der zweite dieser beiden Streckenzüge wegfällt).

Nunmehr konstruieren wir den in Aussicht genommenen Streckenzug durch eine Abänderung des Streckenzuges $A D_1 A_1 D_2 A_2 \ldots A_{n-1} D_n B$, die nur in den Umgebungen $\mathfrak{U}_i$ stattfindet, und zwar auf folgende Weise: Die Strecke $A D_1$ durchsetzt den Rand der Umgebung $\mathfrak{U}_0$ in dem Punkte $E_1$ und die Strecke $D_1 A_1$ durchsetzt den Rand von $\mathfrak{U}_1$ in $F_1$. Wir ersetzen $A D_1 A_1$ durch den Streckenzug $C_0 E_1 D_1 F_1 C_1$, der mit jenem außerhalb der Umgebungen $\mathfrak{U}_0$, $\mathfrak{U}_1$ zusammenfällt. Allgemein ersetzen wir $A_{i-1} D_i A_i$ durch $C_{i-1} E_i D_i F_i C_i$, worin $E_i$, $F_i$ diejenigen Punkte sind, in denen die Strecken $A_{i-1} D_i$ und $D_i A_i$ aus der Umgebung $\mathfrak{U}_{i-1}$ heraus- bzw. in die Umgebung $\mathfrak{U}_i$ hereintreten. Die neuen Teilstreckenzüge setzen sich zu dem gesamten Streckenzug

$$\mathfrak{T}' = C_0 E_1 D_1 F_1 C_1 E_2 D_2 F_2 C_2 \ldots . C_{n-1} E_n D_n F_n C_n$$

zusammen, der mit dem früheren $A D_1 A_1 D_2 A_2 \ldots A_{n-1} D_n B$ außerhalb der Umgebungen $\mathfrak{U}_i$ zusammenfällt, wie dieser also einfach ist und auf der vorgeschriebenen Seite von $\mathfrak{T}$ liegt. Im übrigen hat die Abänderung innerhalb der Umgebungen $\mathfrak{U}_i$ bewirkt, daß der Streckenzug $\mathfrak{T}'$ mit $\mathfrak{T}$ keinen Punkt mehr gemein hat. Setzen wir noch $C_0 = A'$ und $C_n = B'$, so ist $\mathfrak{T}'$ der im Hilfssatz geforderte Streckenzug.

Es sei nun $\mathfrak{R}$ ein einfaches Polygon. Wir wollen nachweisen, daß es die Ebene in genau zwei Gebiete teilt, von denen nämlich das eine dasjenige der Punkte von gerader, das andere dasjenige der Punkte von ungerader Windungszahl ist.

Es seien $P$ und $Q$ zwei Punkte von gerader Windungszahl in bezug auf das Polygon $\mathfrak{R}$. Wir wollen zeigen, daß $P$ und $Q$ durch einen Weg verbunden werden können, der das Polygon $\mathfrak{R}$ nicht trifft. Zu diesem Zwecke ziehen wir die Verbindungsstrecke $a = PQ$. Schneidet $a$ das Polygon nicht, so ist $a$ schon ein Weg der gesuchten Art. Im andern Falle sei $S_1$ der erste Schnittpunkt auf $a$, den man beim Durchlaufen von $P$ nach $Q$ antrifft. Von $S_1$ nun werde das orientierte Polygon $\mathfrak{R}$ in positivem Sinne durchlaufen bis zum nächsten Schnittpunkt $S_2$ mit $a$. *Einen solchen Schnittpunkt $S_2$ muß es geben*, da $P$ und $Q$ beide gerade Windungszahlen besitzen und es zwischen ihnen daher nur eine gerade Anzahl von Schnittpunkten geben kann. Der Streckenzug $S_1 S_2$ auf dem Polygon hat zwei Seiten. Wir ziehen auf derjenigen Seite, von der aus $PS_1$ auf ihm einmündet, nach dem vorausgeschickten Hilfssatz einen Weg $\mathfrak{T}'$, der mit $\mathfrak{R}$ keinen Punkt gemein hat und der von $S_1'$ nach $S_2'$ führt, wobei $S_1'$ ein Punkt der Strecke $PS_1$ ist und in der Umgebung $\mathfrak{U}$ von $S_1$ liegt und $S_2'$ auf $a$ in der Umgebung $\mathfrak{V}$ von $S_2$ liegt. Da die Strecke $S_2 Q$ den Punkt $S_1$ nicht enthält (denn $S_1$ war der erste Schnittpunkt der Strecke $PQ$ mit dem Polygon), so gilt dies auch für die Strecke $S_2' Q$, wenn die Umgebung $\mathfrak{V}$ von $S_2$, in der $S_2'$ liegt, hinreichend eingeschränkt wird. (Daß $S_2'$ zwischen $S_2$ und $Q$ liegt, ist für das weitere gleichgültig und soll daher nicht erst bewiesen werden.) Ist nun die Strecke $S_2' Q$ frei von Schnittpunkten mit $\mathfrak{R}$, so ist nun $P$ mit $Q$ durch $PS_1' \mathfrak{T}' S_2' Q$ verbunden innerhalb $\mathfrak{M}$. Liegen dagegen auf $S_2' Q$ noch Schnittpunkte mit $\mathfrak{R}$, so wiederholen wir das Verfahren, einen von $\mathfrak{R}$ freien Umweg zu konstruieren. Wenn die Strecke $a = PQ$ nicht etwa eine Kante von $\mathfrak{R}$ enthalten hat, dann besitzt sie nur endlich viele Schnittpunkte mit $\mathfrak{R}$ und wir sind mit endlich vielen Schritten fertig. Liegen dagegen auf $a$ eine oder mehrere Kanten von $\mathfrak{R}$, so ersetzen wir vorher $P$ durch einen Punkt $P'$ derart, daß erstens $P'$ in einer gleichfalls ganz in $\mathfrak{M}$ gelegenen Umgebung $\mathfrak{U}'$ von $P$ liegt und zweitens die Strecke $P'Q$ keine von den endlich vielen Kanten von $\mathfrak{R}$ enthält, und wenden dann auf $P'Q$ unsere Überlegungen an.

Sind $P$ und $Q$ beide von ungerader Windungszahl, so läuft der Schluß genau so. Also zerfällt die Ebene durch ein einfaches Polygon in die beiden Gebiete und $\mathfrak{M}^{(0)}$ und $\mathfrak{M}^{(1)}$.

Da es auf einem Strahl Punkte mit der Windungszahl 0 gibt, und die Windungszahl sich auf solchen Wegen, die $\mathfrak{R}$ nicht treffen, nicht ändert, so haben alle Punkte von $\mathfrak{M}^{(0)}$ die Windungszahl 0. Man nennt $\mathfrak{M}^{(0)}$ das *Äußere des Polygons* $\mathfrak{R}$. Die Windungszahl der Punkte von

$\mathfrak{M}^{(1)}$ kann sich nur um 1 von 0 unterscheiden, ist also 1 oder $-1$ je nach dem Umlaufssinn des Polygons im Vergleich zur Orientierung der Ebene. $\mathfrak{M}^{(1)}$ ist das *Innere des Polygons* $\mathfrak{R}$.]

## § 60. Teilung des Raumes.

Die auf die Ebene bezüglichen Betrachtungen des vorigen Paragraphen lassen sich weitgehend analog für den Raum durchführen.

Durch eine Ebene $\varepsilon$ wird der Raum in zwei Halbräume zerlegt. Die Verbindungsstrecke zweier Punkte $A$, $B$ aus den verschiedenen Halbräumen hat mit $\varepsilon$ einen Punkt gemeinsam. Daraus schließt man, daß jeder Streckenzug, der $A$ und $B$ verbindet, mindestens einen Punkt von $\varepsilon$ enthalten muß.

Ein Halbraum ist ein konvexes Gebiet, daher ist auch jeder Durchschnitt von mehreren Halbräumen konvex. Durch mehrere Ebenen $\alpha_1, \ldots \alpha_n$ zerfällt die Menge $\mathfrak{M}$ der keiner Ebene $\alpha$ angehörigen Punkte in eine Anzahl konvexer Gebiete. Zwei Punkte $A$ und $B$ gehören dann und nur dann demselben Gebiet an, wenn bezüglich jeder Ebene $\alpha_i$ beide auf derselben Seite liegen. Ihre Verbindungsstrecke $AB$ liegt dann gleichfalls ganz in diesem Gebiet.

Schneiden sich zwei von den Ebenen $\alpha_i$, so haben sie eine ganze Gerade gemeinsam. Es kann sein, daß mehr als zwei der Ebenen dieselbe Gerade gemeinsam haben. Eine solche Schnittgerade soll als Kante bezeichnet werden, wenn auf ihr keine Ecken der Raumeinteilung liegen, wobei unter Ecke ein solcher Punkt verstanden ist, der mehreren Ebenen gemeinsam ist, unter denen sich aber drei Ebenen befinden müssen, die nicht eine gemeinsame Gerade enthalten. Eine Schnittgerade wird durch $m$ Ecken in $m+1$ Kanten zerlegt, darunter zwei Strahlen und $m-1$ Strecken. In jeder Ebene $\alpha_i$ werden (wofern sie von andern Ebenen überhaupt getroffen wird) durch die Kanten Flächenstücke ausgeschnitten.

Die durch die $n$ Ebenen $\alpha_1, \ldots \alpha_n$ bewirkte Raumeinteilung möge $e$ Ecken, $k$ Kanten, $f$ Flächenstücke und $r$ Gebiete aufweisen. Wir nehmen eine $(n+1)$-te Ebene $\alpha_{n+1}$ hinzu. Für die dadurch entstehende Raumeinteilung seien $e', k', f', r'$ die Anzahlen der Ecken, Kanten, Flächenstücke, Gebiete. In der Ebene $\alpha_{n+1}$ können Ecken und Kanten der bisherigen Raumeinteilung liegen. Neu hinzugekommen seien $e_1$ Ecken und $k_1$ Kanten in $\alpha_{n+1}$. Dann ist zunächst

$$(1) \qquad e' = e + e_1 .$$

Die Kanten sind erstens vermehrt um die $k_1$ Kanten in $\alpha_{n+1}$; außerdem aber zerlegt jede neue Ecke eine alte nicht in $\alpha_{n+1}$ gelegene Kante in zwei Kanten, so daß wir haben

$$(2) \qquad k' = k + k_1 + e_1 .$$

Die Flächenstücke werden vermehrt um die $f_1$ Flächenstücke in $\alpha_{n+1}$. Jede neue Kante aber muß ein nicht in $\alpha_{n+1}$ gelegenes Flächenstück in zwei Flächenstücke zerschneiden, also

(3) $$f' = f + f_1 + k_1.$$

Endlich, die Gebietsanzahl wird nur dadurch vermehrt, daß $\alpha_{n+1}$ Gebiete der bisherigen Einteilung zerschneidet. Da die Gebiete konvex waren, gibt es je zwei neue Gebiete, die auch konvex sind, und zwar wird die Trennung in zwei Gebiete bewirkt durch je ein Flächenstück in $\alpha_{n+1}$. Somit ist

(4) $$r' = r + f_1.$$

Aus (1), (2), (3), (4) folgt

$$e' - k' + f' - r' = e - k + f - r;$$

diese Anzahl ändert sich also nicht durch das Hinzutreten neuer Teilungsebenen. Für $n = 0$ ist $e = k = f = 0$, $r = 1$, also ist stets

(5) $$e - k + f - r = -1.$$

Wenn je drei der $n$ Ebenen sich in einer Ecke, aber nicht in einer gemeinsamen Kante schneiden und nicht mehr als drei Ebenen durch eine Ecke gehen, so haben wir

$$e = \frac{n(n-1)(n-2)}{1 \cdot 2 \cdot 3}.$$

In jeder Ebene schneiden die $(n-1)$ andern Ebenen $(n-1)$ Geraden aus, die nach der Überlegung von S. 274 in $(n-1)^2$ Kanten zerfallen. Das ergibt in $n$ Ebenen im ganzen

$$k = \frac{n(n-1)^2}{2},$$

da jede Kante in zwei Ebenen vorkommt. In jeder Ebene erzeugen die $(n-1)$ Schnittgeraden nach S. 274 $\frac{(n-1)n}{2} + 1$ Flächenstücke. In allen $n$ Ebenen zusammen sind das also

$$f = \frac{n^2(n-1)}{2} + n$$

Flächenstücke. In diesem Falle haben wir also

$$r = \frac{n(n-1)(n-2)}{1 \cdot 2 \cdot 3} - \frac{n(n-1)^2}{2} + \frac{n^2(n-1)}{2} + n + 1$$

$$= \binom{n+1}{3} + n + 1$$

Gebiete.

Es seien $A, B, C, D$ vier nicht in einer Ebene gelegene Punkte. Sie sollen zu je dreien durch die Ebenen $\alpha = BCD$, $\beta = ACD$, $\gamma = ABD$, $\delta = ABC$ verbunden werden. Diese vier Ebenen haben die soeben für beliebiges $n$ beschriebenen Lagebeziehungen zueinander. Sie zerlegen also die Menge $\mathfrak{M}$ der nicht in ihnen enthaltenen Punkte in $r = \binom{5}{3} + 5 = 15$ Gebiete.

Jede der Ebenen $\alpha, \beta, \gamma, \delta$ zerlegt den Raum in zwei Halbräume. Es soll jedesmal derjenige als der positive bezeichnet werden, der den vierten Punkt enthält. Die Ebene $\delta$ wird von den Ebenen $\alpha, \beta, \gamma$ in den Geraden $BC, AC, AB$ geschnitten. Jede dieser Geraden zerlegt $\delta$ in zwei Halbebenen, die positiv oder negativ zu nennen sind, je nach dem Vorzeichen des Halbraumes, in dem sie liegen. Das Dreieck $ABC$ (vgl. § 59) liegt auf den positiven Seiten von $\alpha, \beta, \gamma$. Ist $P$ ein Punkt aus $ABC$, so enthält die Strecke $PD$ keine Schnittpunkte mit den Ebenen, alle ihre Punkte liegen bezüglich jeder Ebene auf einer Seite und offenbar auf der positiven. Der Durchschnitt aller vier positiven Halbräume ist somit nicht leer. Wir nennen ihn das „Tetraeder $ABCD$“. Das „abgeschlossene Tetraeder $ABCD$“ besteht aus dem Tetraeder und seiner Begrenzung, die ihrerseits aus vier Dreiecksflächen, sechs Strecken und vier Ecken besteht. Man erhält das abgeschlossene Tetraeder als Durchschnitt der vier abgeschlossenen Halbräume; es ist also *konvex*.

Liegt der Punkt $O$ auf der positiven Seite von $\gamma = ABD$ und von $\delta = ABC$, so wird $CO$ nicht durch $ABD$ und $DO$ nicht durch $ABC$ getrennt, d. h. es ist

$$\frac{ABDC}{ABDO} = \frac{ABCO}{ABCD} = 1,$$

folglich nach § 58 (4b):

$$\frac{ABOD}{ABOC} = -1,$$

die Ebene $ABO$ trennt $C$ und $D$ voneinander, schneidet also die Gerade $CD$ in einem Punkt der Strecke $CD$. Wenn der Punkt $O$ im Tetraeder $ABCD$ liegt, so muß allgemein die Ebene durch $O$ und eine Kante stets die Gegenkante schneiden. Als Kante und Gegenkante soll dabei stets ein Paar von Kanten ohne gemeinsame Ecken bezeichnet werden.

Es sei $O$ ein innerer Punkt des Tetraeders $ABCD$. Wir verbinden ihn mit $D$ durch die Gerade $d = OD$. Durch $O$ und $CD$ legen wir die Verbindungsebene $\varepsilon$, die $d$ enthalten muß. Wie wir eben gesehen haben, wird die Kante $AB$ von $\varepsilon$ in einem Punkte $E$ geschnitten. Das Dreieck $CDE$ liegt bezüglich aller vier Tetraederebenen auf den positiven Seiten. Für die Ebene $ABC = \delta$, die $CE$ enthält und $D$ nicht enthält, ist dies klar, ebenso für $ABD = \gamma$. Der Punkt $E$ auf der Kante $AB$ liegt aber auch auf der positiven Seite von $\beta = ACD$, da $B$ hier liegt und $A$ in $\beta$ liegt; Entsprechendes gilt für die Ebene $\alpha$. Das Dreieck $CDE$ enthält also $O$. Die Gerade $d = OD$ muß nach früheren Überlegungen die Seite $CE$ des Dreiecks schneiden in einem

Punkte, der $D'$ heißen möge. $D'$ ist in $CE$ gelegen, liegt also in dem Begrenzungsdreieck $ABC$. Jeder innere Punkt des Tetraeders liegt daher auf einer Verbindungsstrecke einer Ecke mit einem geeigneten Punkt des Gegendreiecks des Tetraeders.

Man kann jeden inneren Punkt $O$ eines Tetraeders aber auch erhalten als inneren Punkt einer Strecke, deren Endpunkte auf zwei Gegenkanten, etwa $AB$ und $CD$, liegen. In dem Dreieck $CDE$ nämlich werde noch die Gerade $EO$ gezogen, die die Seite $CD$ in einem Punkte $E'$ schneiden muß. $O$ liegt dann auf $EE'$, und zwar zwischen $E$ und $E'$.

Die Gerade $DD'$ zerfällt durch $D$ und $D'$ in die Strecke $DD'$, die dem Tetraeder angehört, und die Strahlen mit den Endpunkten $D$ und $D'$. In $D$ werden die drei Ebenen $\alpha, \beta, \gamma$ geschnitten, jeder Punkt des von $D$ ausgehenden Strahles liegt also auf der negativen Seite von $\alpha, \beta, \gamma$ und auf der positiven von $\delta$. Jeder Punkt des von $D'$ ausgehenden Strahles liegt dagegen auf der positiven Seite von $\alpha, \beta, \gamma$ und auf der negativen von $\delta$. Zieht man ferner durch den inneren Punkt $O$ des Tetraeders die Strecke $EE'$, mit $E$ auf $AB$ und $E'$ auf der Gegenkante $CD$, so sieht man, daß die Verlängerung von $EE'$ über $E$ hinaus Punkte enthält, die bezüglich $\alpha, \beta$ auf der positiven, bezüglich $\gamma, \delta$ auf der negativen Seite liegen; für die Verlängerung über $E'$ hinaus gilt das Entgegengesetzte. In den 15 Gebieten, in die der Raum durch die vier Tetraederebenen $\alpha, \beta, \gamma, \delta$ zerfällt, sind also alle Vorzeichenkombinationen vertreten, außer der einen mit lauter negativen Vorzeichen; das sind gerade $2^4 - 1 = 15$ Möglichkeiten. Es gibt daher keinen Punkt, der auf den negativen Seiten aller vier Tetraederebenen liegt.

Ebenso wie wir im vorigen Paragraphen die Zerlegung der Ebene durch ein einfaches Polygon bewiesen haben, kann man nunmehr die Zerlegung des Raumes durch ein Polyeder untersuchen.

Es sei $\mathfrak{C}$ ein einfaches Polyeder, d. h. ein solches, dessen Flächen aus dem Innern einfacher Polygone bestehen, dessen Kanten Polygonkanten sind und dessen Ecken Eckpunkte der Polygone. Die Flächen, Kanten, Ecken sollen mit keinen anderen Flächen, Kanten, Ecken, als mit denen sie inzidieren, Punkte gemeinsam haben. Ferner sei das Polyeder $\mathfrak{C}$ *orientierbar* und sei orientiert. An jeder seiner Flächen sind zwei Seiten zu unterscheiden, eine positive, von der aus gesehen es in seiner Orientierung in positivem Sinne umlaufen wird, und eine negative.

Von dem beliebigen Punkt $O$ des Raumes aus werde ein Strahl gezogen, auf dem, wenn er das Polyeder überhaupt trifft, die Schnittpunkte mit dem Polyeder markiert werden sollen. Der Strahl sei so gezogen, daß er das Polyeder nur in den Polygonflächen, nicht in Kanten oder Ecken trifft. Die Schnittpunkte unterscheiden wir als positive oder negative, je nachdem der Strahl von $O$ aus die einzelne Polyederfläche von der positiven oder von der negativen Seite trifft. Wir werden zeigen, daß die Differenz der Anzahl positiver und negativer Schnittpunkte auf dem Strahl eine dem Punkte $O$ unabhängig von der Wahl des Strahles zukommende Zahl ist, die seine Windungszahl genannt werden möge.

Hierzu eine Vorbemerkung: Das Polyeder $\mathfrak{C}$ werde durch eine Ebene $\varepsilon$ geschnitten. Auf $\varepsilon$ können Kanten und Ecken von $\mathfrak{C}$ liegen, doch möge $\varepsilon$ keine Flächen von $\mathfrak{C}$ enthalten. Eine nicht in $\varepsilon$ liegende Kante kann nur in einem Punkt, eine Fläche in einer oder mehreren Strecken geschnitten werden. Die Schnittkanten und Schnittecken der Ebene $\varepsilon$ mit $\mathfrak{C}$ bringen reguläre Spaltungen zustande, die $\mathfrak{C}$ in $\mathfrak{C}'$ verwandeln mögen. $\mathfrak{C}'$ hat dann mit $\varepsilon$ einen oder mehrere geschlossene Kantenzüge gemeinsam. Diese Kantenzüge sind orientierte Polygone. Es sei nämlich eine Seite von $\varepsilon$ als die positive ausgezeichnet. Dann sollen die Kantenzüge diejenige Orientierung haben, die sie in dem gespaltenen orientierten Polyeder $\mathfrak{C}'$ auf dem durch die positive Seite von $\varepsilon$ gekennzeichneten Ufer haben.

Nun seien $a$ und $b$ zwei Strahlen von $O$ aus, die durch keine Kante und Ecke von $\mathfrak{C}$ gehen. Durch $a$ und $b$ legen wir die Ebene $\varepsilon$, die $\mathfrak{C}$ spaltet und mit dem gespaltenen Polyeder $\mathfrak{C}'$ die Polygone $\mathfrak{Z}_1, \ldots \mathfrak{Z}_k$ gemein hat. Wir nehmen zunächst an, daß keine Fläche von $\mathfrak{C}$ in $\varepsilon$ hineinfällt. $a$ und $b$ zerlegen die Ebene in zwei Winkelräume $\mathfrak{W}_1$ und $\mathfrak{W}_2$. Die positive Durchsetzung von $\mathfrak{C}$ durch $a$ oder $b$ wird sich darin äußern, daß einer der Kantenzüge $\mathfrak{Z}_j$ in, sagen wir, positivem Sinne innerhalb $\varepsilon$ durchstoßen wird. Ebenso wie auf S. 282 überlegt man sich nun: Durchläuft man ein Polygon $\mathfrak{Z}_j$, so wird ein positiver Schnittpunkt von $a$ einen Übertritt von, sagen wir, $\mathfrak{W}_1$ nach $\mathfrak{W}_2$ bedeuten, ein positiver Schnittpunkt von $b$ jedoch einen Übertritt von $\mathfrak{W}_2$ nach $\mathfrak{W}_1$. Seien $x$ und $x'$ die Zahlen der positiven und negativen Schnittpunkte auf $a$, $y$ und $y'$ die entsprechenden Zahlen für $b$, so ist also, da jeder der geschlossenen Kantenzüge $\mathfrak{Z}_j$ in demselben Gebiet $\mathfrak{W}_1$ oder $\mathfrak{W}_2$ endet, in dem er anfängt, die Zahl der Übertritte aus $\mathfrak{W}_1$ in $\mathfrak{W}_2$ gleich der von $\mathfrak{W}_2$ nach $\mathfrak{W}_1$, also $x + y' = x' + y$ oder $x - x' = y - y'$. Dies ist also eine auf allen Strahlen durch $O$ übereinstimmende Zahl, die wir die Windungszahl von $O$ nennen wollen.

Es sind zwar nur zwei solche Strahlen zum Vergleiche zugelassen worden, deren gemeinsame Ebene keine Fläche von $\mathfrak{C}$ enthält; sollte dies aber für $a$ oder $b$ nicht zutreffen, so vergleichen wir beide mit einem der unendlich vielen Strahlen durch $O$, unter denen es gewiß einen solchen $s$ gibt, daß die Ebenen $(as)$ und $(bs)$ keine Polygonebene enthalten.

Jetzt können wir eine Einteilung des Raumes in Zellen vornehmen nach den Windungszahlen der Punkte $P$, die nicht auf $\mathfrak{C}$ liegen. Geht man mit $P$ durch genau eine Polyederfläche hindurch, so gelangt man in eine Zelle mit einer um 1 verschiedenen Windungszahl, während sich die Windungszahl auf einem Wege, der 𝕮 nicht trifft, nicht ändert. Die Windungszahl wollen wir jetzt auch den Zellkoeffizienten nennen.

Das einfache orientierbare Polyeder 𝕮 zerlegt also den Raum in mindestens zwei Gebiete, nämlich eines mit dem Zellkoeffizienten 0 und eines mit einem ungeraden Zellkoeffizienten. Es stellt sich aber heraus, daß es auch nur genau zwei Gebiete sind. Denn man kann je zwei Punkte mit geradem Koeffizienten verbinden durch einen Weg, der das Polyeder nicht durchsetzt. Man braucht dazu nur durch die beiden Punkte $A$ und $B$ eine Ebene zu legen und in ihr die Überlegungen des § 59 durchzuführen. Ebenso bilden die Punkte mit ungeradem Zellkoeffizienten auch nur ein Gebiet.

Bisher hat das Geschlecht des Polyeders keine Rolle gespielt. Beachten wir nunmehr den Satz 23, § 33, so brauchen wir bei einem Eulerschen Polyeder nicht noch besonders die Orientierbarkeit vorauszusetzen. Wir haben damit also den Satz bewiesen:

Jedes einfache Eulersche Polyeder zerlegt den Raum in zwei Gebiete.

Die besondere Voraussetzung der Orientierbarkeit ist aber überhaupt überflüssig, da sich zeigen läßt, daß *jedes einfache Polyeder im euklidischen Raum orientierbar ist.* Den Beweis dafür, der nach unseren Vorbereitungen nicht mehr schwierig ist, wollen wir kurz skizzieren.

Es sei $O$ ein nicht auf 𝕮 liegender Punkt. Die Flächen von 𝕮 liegen in endlich vielen Ebenen. Jede dieser Ebenen werde so orientiert, daß ein positives Punkttripel $ABC$ einer solchen Ebene ergänzt durch $O$ ein positives Punktquadrupel $ABCO$ ergibt (§ 58). Durch diese Ebenenorientierung bekommen die in ihnen liegenden Flächenpolygone eine *vorläufige* Orientierung. Jetzt betrachten wir einen von $O$ ausgehenden Strahl $s$, der das Polyeder nicht in Ecken und Kanten treffen möge. Die Durchstoßpunkte seien der Reihe nach von $O$ aus $A_1, A_2, \ldots$, die in den Polygonflächen $\alpha_1, \alpha_2, \ldots$ liegen mögen. Wir setzen nun fest: Die Flächen mit geradem Index sollen die ihnen vorläufig gegebene Orientierung als endgültig behalten, die mit ungeradem Index sollen die zur vorläufigen Orientierung entgegengesetzte bekommen. Diese Festsetzung ist widerspruchslos möglich, d. h. wenn eine Fläche von zwei Strahlen $s$ und $t$ getroffen wird, so bekommt sie auf beiden entweder einen geraden oder einen ungeraden Index. Da man zwei einer Fläche, d. h. einem Polygoninnern angehörende Punkte, nach § 59 stets durch einen Streckenzug im Innern des Polygons verbinden kann, so genügt es, dies für zwei Strahlen $s$ und $t$ zu beweisen, die eine Polygonfläche in zwei solchen Punkten $A$ und $B$ durchdringen, die durch eine ganz im Innern des Polygons liegende Strecke $AB$ verbunden werden können. Die durch $O$, $A$, $B$ gelegte Ebene schneidet nun das *einfache* Polyeder in *einfachen* Polygonen. Man sieht dann leicht ein, daß die Zahl der Schnittpunkte auf $OA$ und $OB$ zusammen gerade ist.

Die somit festgesetzte Orientierung der Flächenpolygone genügt nun dem Möbiusschen Kantengesetz. Man wird, um dies einzusehen, zwei Fälle zu unterscheiden haben, nämlich je nachdem es einen Strahl durch $O$ gibt, welcher die *beiden* mit der betrachteten Kante inzidierenden Polygonflächen trifft oder nicht. Die nicht schwierigen Einzelheiten der Überlegung, bei der man zweckmäßigerweise den im nächsten Paragraphen eingeführten Umgebungsbegriff benutzt, mögen dem Leser überlassen bleiben.

Hiernach ist klar, daß *jedes einfache Polyeder im euklidischen Raum orientierbar* ist und daher nach unserem früheren Resultat *den Raum in genau zwei Gebiete teilt*. Durch Umkehrung dieses Satzes sehen wir zugleich ein, daß im euklidischen Raum ein einseitiges geschlossenes Polyeder nicht als einfaches Polyeder, sondern nur mit Selbstdurchdringungen zu realisieren ist (s. S. 49).

## § 61. Umgebungen von Punkten, Geraden und Ebenen.

Gehört $O$ dem Tetraeder $ABCD$ an, so wollen wir das Tetraeder auch eine *Umgebung von* $O$ nennen. Eine Umgebung eines gegebenen Punktes $O$ kann auf folgende Weise konstruiert werden. Man zieht durch $O$ vier Geraden $a, b, c, d$, von denen keine drei in einer gemeinsamen Ebene liegen. Auf $a$ kann der Punkt $A$ beliebig von $O$ verschieden angenommen werden. Der Punkt $B$ muß aber nach dem Vorangehenden auf $b$ so gewählt werden, daß er durch die Ebene $(cd)$ von $A$ getrennt wird. Ebenso werde $C$ auf $c$ und $D$ auf $d$ so gewählt, daß $C$ von $A$ durch die Ebene $(bd)$, $D$ von $a$ durch die Ebene $(bc)$ getrennt wird. Der Schnittpunkt $E$ von $AB$ und $(cd)$ liegt auf derselben Seite von $(bd)$ wie $A$, da nämlich $E$ auf der Strecke $AB$ liegt, deren einer Endpunkt $B$ in $(bd)$ liegt. Dagegen liegen nach Konstruktion $A$ und $C$ auf verschiedenen Seiten von $(bd)$. Daher werden $E$ und $C$ durch $(bd)$ getrennt. Da aber die Schnittgerade von $DEC$ und $(bd)$ die Gerade $d$ ist, so werden $E$ und $C$ durch $d$ getrennt. Ebenso werden $E$ und $D$ durch $c$ getrennt. Der Schnittpunkt $O$ von $d$ und $c$ liegt somit im Innern des Dreiecks $CDE$, also auf den positiven Seiten der Ebenen $ACD = \beta$, $AEC = \delta$, $AED = \gamma$. Daß $O$ auch auf der positiven Seite von $BCD$ liegt, folgt daraus, daß $A$ und $E$ auf derselben Seite von $BCD$ liegen ($E$ als Punkt auf der Strecke $AB$, deren einer Endpunkt in $BCD$ liegt). $E$ liegt also auf der positiven Seite von $BCD$ und mit ihm alle inneren Punkte des Dreiecks $CDE$, mithin auch $O$. Das konstruierte Tetraeder $ABCD$ ist also wirklich eine Umgebung von $O$.

Der Begriff des inneren Punktes ist bisher für Strecken, Dreiecke, Tetraeder erklärt worden. Von einer beliebigen räumlichen Punktmenge heiße $P$ ein innerer Punkt, wenn es eine ganze Umgebung von $P$ gibt, die auch noch zu $\mathfrak{M}$ gehört. Auf jedem Strahl, der von dem inneren Punkt $P$ ausgeht, gibt es infolgedessen eine von $P$ ausgehende Strecke, die ganz zu $\mathfrak{M}$ gehört. Dieser Satz läßt sich in voller Allgemeinheit nicht umkehren, wohl aber, wenn es sich nur um *konvexe* Mengen $\mathfrak{M}$ handelt. Wenn es auf jedem von $P$ ausgehenden Strahl eine zu $\mathfrak{M}$ gehörende Strecke mit dem einen Endpunkt $P$ gibt, so wählen wir auf vier durch $P$ gehenden Geraden, von denen keine drei in einer Ebene liegen, je einen Punkt $A, B, C, D$ von $\mathfrak{M}$. Und zwar seien $A, B, C, D$ unter Beachtung der oben diskutierten Lagebezeichnungen bestimmt. Dann gehören die sechs Strecken $AB$, $CD$, $AC$, $BD$, $AD$, $BC$ auch zur konvexen Menge $\mathfrak{M}$, daher auch die vier Dreiecke $ABC$, $ACD$, $ABD$, $BCD$ und damit auch die Punkte jeder Verbindungsstrecke von einem Punkt dieser Dreiecke mit der gegenüberliegenden Ecke, also alle Punkte des Tetraeders. Daher ist $P$ in der Tat innerer Punkt von $\mathfrak{M}$.

Man erkennt zugleich, daß jede konvexe Menge, die vier nicht in einer Ebene liegende Punkte enthält, das ganze abgeschlossene Tetraeder $ABCD$ enthalten muß; dieses ist also, da es selbst konvex ist, die kleinste konvexe Punktmenge, die die vier Punkte $A, B, C, D$ enthält.

Da zwei Umgebungen eines Punktes einen konvexen Durchschnitt besitzen, so sieht man, daß es stets eine dritte Umgebung des Punktes gibt, die zugleich in jenen beiden enthalten ist.

Den Umgebungsbegriff brauchen wir, um später geeignete Abänderungen der Polyeder vornehmen zu können. Dabei sind eine Reihe von Sätzen und Definitionen nötig, in denen über das Verhalten von Umgebungen in bezug auf Incidenz und Anordnung Aussagen gemacht werden und ferner der Umgebungsbegriff auch für Geraden und Ebenen eingeführt und behandelt wird.

*Hilfssatz 1.* In der Ebene $\varepsilon$ liege die Gerade $a$, auf ihr der Punkt $O$ und die von $O$ verschiedenen Punkte $A, A'$. Von $A$ und $A'$ aus sind in $\varepsilon$ die Strahlen $d$ und $d'$ gezogen, die auf derselben oder auf verschiedenen Seiten von $a$ liegen sollen, je nachdem $A, A'$ auf derselben oder auf verschiedenen Seiten von $O$ liegen. Dann läßt sich durch $O$ eine Gerade ziehen, die $d$ und $d'$ schneidet.

Betrachten wir zuerst den Fall, daß $O$ die Punkte $A, A'$ nicht trennt. Dann nehmen wir $Q$ so auf $a$ an, daß $A, A'$ zwischen $O$ und $Q$ liegen. Auf $d$ werde $P$ beliebig angenommen. Wir ziehen $OP$ und $QP$. Wird die Strecke $OP$ von $d'$ geschnitten, so ist $OP$ die verlangte Gerade. Wird $OP$ von $d'$ und (da $OP$ und $d'$ auf derselben Seite von $a$ liegen) somit auch von der Geraden, in der $d'$ liegt, nicht geschnitten, so muß diese Gerade, da sie eine Seite des Dreiecks $OPQ$, nämlich $OQ$, schneidet, auch $PQ$ schneiden. Sei $R'$ der Schnittpunkt. Dann liegen also $P$ und $Q$ auf verschiedenen Seiten der Geraden $OR'$, $A$ und $Q$ auf derselben Seite, also $A$ und $P$ auf verschiedenen Seiten. $AP$ treffe $OR'$ in $R$. Dann ist $OR$ die gesuchte Gerade.

Im zweiten Falle, in dem $A$ und $A'$ durch $O$ getrennt werden, nehmen wir auf $d$ den Punkt $P$, auf $d'$ den Punkt $Q'$ an. Schneidet die Gerade

$OP$ den Strahl $d'$, so hat sie die verlangte Eigenschaft. Schneidet sie ihn nicht, so liegen $A'$, $Q'$ auf derselben Seite von $OP$, $A'$, $A$ auf verschiedenen, daher $A$ und $Q'$ auf verschiedenen Seiten. Sei $S$ der Schnittpunkt der Strecke $AQ'$ mit der Geraden $OP$. $Q'$, $P$ liegen auf verschiedenen, $Q'$ und $S$ auf derselben Seite von $a$, also $P$ und $S$ auf verschiedenen Seiten von $a$, daher der Punkt $O$ zwischen $P$ und $S$. Folglich liegen $P$ und $S$ auch auf verschiedenen Seiten von $OQ'$. Da $S$, $A$ aber auf derselben Seite von $OQ'$ liegen, so $A$, $P$ auf verschiedenen Seiten. $OQ'$ schneidet daher $AP$ und hat demnach die verlangte Eigenschaft.

Daß die beiden Schnittpunkte der durch $O$ gezogenen Geraden mit $a$ und $a'$ durch $O$ getrennt werden oder nicht, je nachdem dies für $AA'$ gilt, ist ohne weiteres ersichtlich.

Es seien eine Ebene $\varepsilon$ und ein nicht in ihr liegender Punkt $O$ gegeben. $P$ sei ein beliebiger von $O$ verschiedener Punkt. Die Gerade $OP$ kann mit $\varepsilon$ höchstens einen Punkt $P'$ gemeinsam haben. Ist dies der Fall, so heißt $P'$ *die Projektion von $P$ aus $O$ auf $\varepsilon$*, und zwar ***eigentliche*** oder ***uneigentliche***, je nachdem $P$ und $P'$ auf derselben oder auf verschiedenen Seiten von $O$ liegen. Jeder Punkt $P'$ auf $\varepsilon$ ist eigentliche Projektion all derjenigen Punkte, die auf der Geraden $OP'$, und zwar auf demjenigen von $O$ ausgehenden Strahl liegen, der $P'$ enthält. Auf dem Gegenstrahl liegen alle Punkte, deren uneigentliche Projektion $P'$ ist. Mit $\mathfrak{P}_1(O, \varepsilon)$ bezeichnen wir die Menge der Punkte, die eine eigentliche, mit $\mathfrak{P}_2(O, \varepsilon)$ die Menge der Punkte, die eine uneigentliche Projektion in $\varepsilon$ von $O$ aus haben[1]. Um zu beweisen, daß $\mathfrak{P}_1(O, \varepsilon)$ und $\mathfrak{P}_2(O, \varepsilon)$ konvexe Punktmengen sind, brauchen wir den folgenden

*Hilfssatz* 2. Durch den Punkt $O$ mögen die beiden verschiedenen Geraden $a$, $b$ gehen. Auf $a$ liegen die Punkte $A$, $A'$, auf $b$ die Punkte $B$, $B'$. Sie sollen von $O$ verschieden, aber nicht notwendig voneinander verschieden sein. $A$, $A'$ und $B$, $B'$ sollen ferner entweder beide durch $O$ getrennt oder nicht getrennt werden. Dann schneidet jede durch $O$ gehende Gerade $c$, die eine der beiden Strecken $AB$ oder $A'B'$ schneidet, auch die andere. Das Schnittpunktepaar $C$, $C'$ wird von $O$ getrennt oder nicht, je nachdem dies für $A$, $A'$ und $B$, $B'$ gilt.

Es schneide nämlich die Gerade $c$ die Strecke $AB$ in $C$. Durch $c$ werden also (in der durch $a$ und $b$ bestimmten Ebene $\varepsilon$) die Punkte $A$ und $B$ getrennt. Die Paare $A$, $A'$ und $B$, $B'$ werden nach Voraussetzung entweder beide durch $c$ getrennt oder nicht getrennt. In beiden Fällen liegen $A'$ und $B'$ auf verschiedenen Seiten von $c$. Also folgt die Existenz des Schnittpunktes $C'$ von $c$ und $A'B'$. Durch die Gerade $a$ wird keines der Paare $B$, $C$ und $B'$, $C'$ getrennt. Liegen $B$ und $B'$ auf derselben oder auf verschiedenen Seiten von $a$, so also auch $C$

[1] Das Parallelenaxiom ist nicht vorausgesetzt, daher brauchen $\mathfrak{P}_1(O, \varepsilon)$ und $\mathfrak{P}_2(O, \varepsilon)$ nicht notwendig zwei Halbräume zu sein, die durch die Parallelebene durch $O$ zu $\varepsilon$ getrennt würden.

und $C'$. Diese werden also von $O$ getrennt oder nicht, je nachdem dies für $B$ und $B'$ gilt.

Wir zeigen nun, daß $\mathfrak{P}_1(O, \varepsilon)$ und $\mathfrak{P}_2(O, \varepsilon)$ konvexe Punktmengen sind, die nur innere Punkte haben. Seien $A, B$ zwei Punkte aus $\mathfrak{P}_1(O, \varepsilon)$, $A', B'$ ihre Projektionen auf $\varepsilon$. Im Falle $A' = B'$ gehören $A$ und $B$ demselben Strahl aus $O$ an, und alle Punkte der Strecke $AB$ haben dieselbe eigentliche Projektion $A' = B'$, gehören also zu $\mathfrak{P}_1(O, \varepsilon)$. Im Falle $A' \neq B'$ liegen $A, A'$ auf demselben Strahl durch $O$, ebenso $B, B'$. Ein Strahl, der $AB$ trifft, muß daher nach Hilfssatz 2 auch $A'B'$ treffen und umgekehrt. Dies zeigt, daß $A'B'$ die eigentliche Projektion der Strecke $AB$ ist, daß also alle Punkte von $AB$ zu $\mathfrak{P}_1(O, \varepsilon)$ gehören. Die Punktmenge ist also konvex. Ist $A$ ein beliebiger Punkt von $\mathfrak{P}_1(O, \varepsilon)$, $A'$ seine Projektion, und zieht man durch $A$ einen Strahl $s$, so haben, falls dieser Strahl in die Gerade $OA$ fällt, je nachdem er $O$ enthält oder nicht enthält, alle Punkte von $s$ oder die zwischen $A$ und $O$ gelegenen die eigentliche Projektion $A'$, gehören also zu $\mathfrak{P}_1(O, \varepsilon)$. Fällt $s$ nicht in diese Gerade, so schneidet die Verbindungsebene $\eta$ von $s$ und $O$ die Ebene $\varepsilon$ in einer durch $A'$ gehenden Geraden. Den von $A'$ ausgehenden Strahl dieser Geraden, der in $\eta$ mit $s$ auf derselben Seite von $OA$ liegt, nennen wir $s'$. Nach Hilfssatz 1 können wir durch $O$ eine Gerade ziehen, die $s$ und $s'$ schneidet; $B$ und $B'$ seien die Schnittpunkte. Dann ist die Strecke $A'B'$ eigentliche Projektion der Strecke $AB$, die somit zu $\mathfrak{P}_1(O, \varepsilon)$ gehört. Nach einer Bemerkung S. 292 oben ist $A$ daher innerer Punkt von $\mathfrak{P}_1(O, \varepsilon)$, und da $A$ in dieser Menge beliebig war, so enthält sie nur innere Punkte.

Genau so erledigt sich der Fall $\mathfrak{P}_2(O, \varepsilon)$.

Die soeben angestellten Überlegungen zeigen zugleich, daß jede konvexe Teilmenge von $\mathfrak{P}_1(O, \varepsilon)$ oder von $\mathfrak{P}_2(O, \varepsilon)$ eine konvexe Projektion in $\varepsilon$ besitzt. Und umgekehrt: Ist in $\varepsilon$ eine konvexe Punktmenge gegeben, so ist der Teil des Raumes, dessen Projektion diese Menge ergibt, konvex.

Wir wollen unsere Resultate noch in einigen Punkten ergänzen und schicken folgende Bemerkung voraus. Sind $P_1$, $P_2$, $P_3$ drei verschiedene Punkte einer Geraden $g$, ebenso $Q_1$, $Q_2$, $Q_3$ verschiedene Punkte einer Geraden $h$ (die auch mit $g$ identisch sein kann), so wollen wir sagen: Die Tripel $P_1, P_2, P_3$ und $Q_1, Q_2, Q_3$ sind „gleichgeordnet", wenn, falls $P_i$ der mittlere Punkt des ersten Tripels ist, $Q_i$ den mittleren des zweiten darstellt. Nehmen wir an, die Geraden $OA$, $OB$ schneiden $\varepsilon$ in $A'$ bzw. $B'$ und es sei $OAA'$ gleichgeordnet mit $OBB'$, so sind $A'$, $B'$ gleichartige Projektionen von $A$ und $B$, und wenn ein Punkt $C$ der Strecke $AB$ die Projektion $C'$ hat, so ist auch $OCC'$ gleichgeordnet mit $OAA'$. Ist ferner $A'$ Projektion von $A$ und verschieden von $A$, so kann man auf jedem Strahl durch $O$ den Punkt $B$ nicht nur so bestimmen, daß er eine gleichartige Projektion $B'$ hat, sondern daß auch

$OBB'$ und $OAA'$ gleichgeordnet sind. Man hat nur $B$ noch auf derselben Seite wie $A$ bezüglich $\varepsilon$ zu wählen.

Seien $P_1, P_2, P_3$ drei verschiedene Punkte einer Geraden $g$. Durch $P_3$ sei eine $g$ nicht enthaltende Ebene $\varepsilon$ gelegt und in dieser eine ebene Umgebung $ABC$ des Punktes $P_3$ angenommen. $P_3$ ist Projektion von $P_2$ aus $P_1$ auf $\varepsilon$. Wählen wir nun eine solche Umgebung $A_2B_2C_2D_2$ von $P_2$, die ganz auf derselben Seite von $\varepsilon$ liegt und zugleich der Punktmenge angehört, die die Umgebung $ABC$ von $P_3$ zur gleichartigen Projektion hat, so fallen die Projektionen $A_2', B_2', C_2', D_2'$ der Punkte $A_2, B_2, C_2, D_2$ aus $P_1$ auf $\varepsilon$ alle ins Innere von $ABC$, so daß $ABC$ Umgebung jeder dieser Projektionen ist. Zugleich sind die Tripel $P_1, P_2, P_3$ und $P_1A_2A_2'$ und $P_1B_2B_2'$ usw. gleichgeordnet. $A_2'$ kann auch als Projektion von $P_1$ aus $A_2$ auf $\varepsilon$ aufgefaßt werden. Man kann daher eine Umgebung von $P_1$ so wählen, daß deren gesamte mit der Projektion von $P_1$ gleichartige Projektion aus $A_2$ auf $\varepsilon$ ins Innere von $ABC$ fällt. Das zuletzt Gesagte gilt auch, wenn man $A_2, A_2'$ durch $B_2, B_2'$ oder $C_2, C_2'$ oder $D_2, D_2'$ ersetzt. Man kann daher eine Umgebung $A_1B_1C_1D_1$ von $P_1$ so bestimmen, daß, wenn $Q_1$ irgendein Punkt dieser Umgebung ist, die vier Geraden $Q_1A_2, \ldots, Q_1D_2$ die Ebene $\varepsilon$ innerhalb $ABC$, und zwar so treffen, daß $Q_1, A_2$ und der Schnittpunkt von $Q_1A_2$ mit $\varepsilon$ in dieser Reihenfolge gleichgeordnet mit $P_1P_2P_3$ sind und daß dasselbe gilt, wenn $B_2$, $C_2$ oder $D_2$ an die Stelle von $A_2$ treten. Hieraus folgt weiter, daß, wenn $Q_2$ ein beliebiger Punkt im Innern von $A_2B_2C_2D_2$ ist, $Q_1Q_2$ eine Gerade bestimmen, die $\varepsilon$ in einem Punkte $Q_3$ innerhalb $ABC$ schneidet, und daß $Q_1, Q_2, Q_3$ und $P_1, P_2, P_3$ gleichgeordnet sind. Also hat man den

*Hilfssatz 3.* Sind $P_1, P_2, P_3$ drei verschiedene Punkte einer Geraden $g$, $\varepsilon$ eine $g$ nicht enthaltende Ebene durch $P_3$, $\mathfrak{U}$ eine ebene Umgebung von $P_3$ in $\varepsilon$, so kann man eine Umgebung $\mathfrak{U}_1$ von $P_1$ und eine Umgebung $\mathfrak{U}_2$ von $P_2$ so bestimmen, daß jeder Punkt $Q_1$ aus $\mathfrak{U}_1$ mit jedem Punkt $Q_2$ aus $\mathfrak{U}_2$ eine Gerade bestimmt, die $\varepsilon$ in einem Punkt $Q_3$ aus $\mathfrak{U}$ schneidet, und daß $Q_1, Q_2, Q_3$ gleichgeordnet mit $P_1, P_2, P_3$ ist.

Sei nun $\eta$ eine durch $P_2$ gehende Ebene und in dieser $\mathfrak{V}$ eine ebene Umgebung von $P_2$, so können wir nach dem Hilfssatz 3 die Umgebungen $\mathfrak{V}_1, \mathfrak{V}_3$ von $P_1$ und $P_3$ so wählen, daß jede Gerade, die einen Punkt von $\mathfrak{V}_1$ und einen von $\mathfrak{V}_3$ verbindet, $\eta$ innerhalb $\mathfrak{V}$ schneidet. Wählen wir nun in $\varepsilon$ die Umgebung $\mathfrak{U}$ von $P_3$ so, daß sie ganz in $\mathfrak{V}_3$ liegt, so können wir in $\mathfrak{V}_1$ die passend kleinere Umgebung $\mathfrak{U}_1$ von $P_1$ und um $P_2$ die Umgebung $\mathfrak{U}_2$ so wählen, daß jede Gerade, die einen Punkt von $\mathfrak{U}_1$ mit einem von $\mathfrak{U}_2$ verbindet, $\varepsilon$ innerhalb $\mathfrak{U}$ trifft und somit auch als Verbindung zweier Punkte von $\mathfrak{V}_1$ und $\mathfrak{V}_3$ gelten kann, daher $\eta$ in $\mathfrak{V}$ trifft. Dies zeigt, daß, *wenn man im Hilfssatz 3 von dem die Anordnung der Punkte $P_1, P_2, P_3$ betreffenden Zusatz absieht, dieser Satz auch gilt, wenn $P_3$ mit einem der Punkte $P_1, P_2$ zusammenfällt.*

Es seien $A, B, C$ drei nicht in einer Geraden gelegene Punkte. Sie bestimmen eine Ebene $\varepsilon$. Durch $AB$ legen wir die von $\varepsilon$ verschiedene Ebene $\eta$ und wählen in $\eta$ die ebenen Umgebungen $\mathfrak{V}_A, \mathfrak{V}_B$ der Punkte $A, B$ so, daß sie sich ausschließen. Ferner wählen wir die räumlichen Umgebungen $\mathfrak{U}_A, \mathfrak{U}_B, \mathfrak{U}_C$ der Punkte $A, B, C$ so, daß auch diese einander ausschließen, daß $\mathfrak{U}_C$ mit $\eta$ keinen Punkt gemein hat und daß (nach der Bemerkung zu Hilfssatz 3), wenn $A_1, B_1, C_1$ Punkte dieser Umgebungen sind, $C_1 A_1$ die Umgebung $\mathfrak{V}_A$ in einem Punkt $A_2$, $C_1 B_1$ die Umgebung $\mathfrak{V}_B$ in einem Punkt $B_2$ schneidet. Dann ist stets $A_2 \neq B_2$, und $A_1, B_1, C_1$ können in keiner gemeinsamen Geraden liegen. Denn mit $A_1 C_1$ würde diese Gerade auch $A_2$, mit $B_1 C_1$ auch $B_2$ enthalten, somit ganz in $\eta$ liegen, während doch $C_1$ nicht in $\eta$ liegt. Wir haben also bewiesen:

*Satz 1.* Sind $A, B, C$ drei nicht in einer Geraden gelegene Punkte, so gibt es stets einander ausschließende Umgebungen $\mathfrak{U}_A, \mathfrak{U}_B, \mathfrak{U}_C$ bzw. um $A, B, C$, so daß beliebige drei Punkte $A_1, B_1, C_1$ aus den entsprechenden Umgebungen nie in einer Geraden liegen.

Sind ferner $A, B, C, D$ nicht in einer Ebene gelegen, so kann man nach Satz 1 zu $A, B, C$ räumliche und daher in $\varepsilon = ABC$ ebene Umgebungen $\mathfrak{V}_A, \mathfrak{V}_B, \mathfrak{V}_C$ so finden, daß drei Punkte $A_2, B_2, C_2$ dieser Umgebungen niemals in einer Geraden liegen. Sodann kann man die räumlichen Umgebungen $\mathfrak{U}_A, \mathfrak{U}_B, \mathfrak{U}_C, \mathfrak{U}_D$ so finden, daß für Punkte $A_1, B_1, C_1, D_1$ aus diesen die Geraden $D_1 A_1, D_1 B_1, D_1 C_1$ durch Punkte $A_2, B_2, C_2$ der Umgebungen $\mathfrak{V}_A, \mathfrak{V}_B, \mathfrak{V}_C$ gehen, $D_1$ aber nicht in $\varepsilon$ liegen kann. Dann können die Geraden $D_1 A_1, D_1 B_1, D_1 C_1$ nicht in einer Ebene liegen, da eine solche die Ebene $\varepsilon$ in einer Geraden schneiden müßte, die $A_2, B_2, C_2$ enthielte. Also liegen auch $A_1, B_1, C_1, D_1$ nie in einer Ebene, und daher gilt der

*Satz 2.* Sind $A, B, C, D$ vier nicht in einer Ebene gelegene Punkte, so gibt es zu ihnen solche Umgebungen $\mathfrak{U}_A, \mathfrak{U}_B, \mathfrak{U}_C, \mathfrak{U}_D$, daß vier Punkte $A_1, B_1, C_1, D_1$ aus diesen Umgebungen nie in einer Ebene liegen.

Dem Begriff der Umgebung eines Punktes stellen wir nun den Begriff der *Umgebung einer Geraden* und später auch den der Umgebung einer Ebene an die Seite. Es sei $g$ eine Gerade. In dieser nehmen wir zwei verschiedene Punkte $P_1, P_2$ an und legen durch $P_1$ die Ebene $\varepsilon_1$, durch $P_2$ die Ebene $\varepsilon_2$, die beide $g$ nicht enthalten. Ferner seien $\mathfrak{V}_1, \mathfrak{V}_2$ ebene, in $\varepsilon_1$ bzw. $\varepsilon_2$ gelegene Umgebungen von $P_1$ bzw. $P_2$, die beliebig sein können bis auf die Einschränkung, daß $\mathfrak{V}_1$ ganz auf einer Seite von $\varepsilon_2$, $\mathfrak{V}_2$ ganz auf einer Seite von $\varepsilon_1$ liegt. Dadurch wird erreicht, daß wenn $P'_1, P'_2$ sich in $\mathfrak{V}_1$ bzw. $\mathfrak{V}_2$ beliebig bewegen, sie stets eine Gerade bestimmen, die ihrerseits $P'_1$ und $P'_2$ eindeutig bestimmt, so daß also jedes andere Punktepaar $P''_1, P''_2$ in $\mathfrak{V}_1, \mathfrak{V}_2$ auch eine andere Gerade $P''_1 P''_2$ liefert. Die Gesamtheit der Geraden $P'_1 P'_2$ (wobei die *Geraden,* nicht ihre *Punkte*, als Elemente der Gesamtheit aufzufassen sind) heißt eine *Umgebung von* $g = P_1 P_2$. Sei diese Umgebung mit $\mathfrak{U}$ bezeichnet. Sind $P_3$, $P_4$ irgend zwei verschiedene Punkte von $g$, so kann man nach Hilfssatz 3 die räumlichen Umgebungen $\mathfrak{U}_3$, $\mathfrak{U}_4$ von $P_3$, $P_4$ so bestimmen, daß die in diesen Umgebungen angenommenen Punkte $P_3'$, $P_4'$ stets eine Gerade liefern, die $\mathfrak{V}_1$ und $\mathfrak{V}_2$ trifft, also zu $\mathfrak{U}$ gehört. Sind dann $\varepsilon_3$, $\varepsilon_4$ Ebenen durch $P_3$ bzw. $P_4$, die $g$ nicht enthalten, so kann man in diesen ebene Umgebungen $\mathfrak{V}_3$, $\mathfrak{V}_4$ von $P_3$ bzw. $P_4$ so klein wählen, daß sie ganz in $\mathfrak{U}_3$ bzw. $\mathfrak{U}_4$ liegen, womit erreicht ist, daß die durch $\mathfrak{V}_3$, $\mathfrak{V}_4$ bestimmte Umgebung von $g$ ganz in der durch $\mathfrak{V}_1$, $\mathfrak{V}_2$ bestimmten Umgebung $\mathfrak{U}$ von $g$ enthalten ist. — Durch eine ähnliche Überlegung sieht man ein, daß in dem Durchschnitt zweier Umgebungen einer Geraden $g$ stets wieder eine Umgebung von $g$ enthalten ist.

Eine Umgebung $\mathfrak{U}$ von $g$ ist gleichzeitig Umgebung jeder ihr angehörenden Geraden.

*Satz 3.* Ist $g$ eine Gerade, $P_1$ ein nicht mit $g$ incidenter Punkt, so gibt es eine Umgebung $\mathfrak{U}$ von $g$ und eine Umgebung $\mathfrak{U}_1$ von $P_1$, so daß keine Gerade $g'$ aus $\mathfrak{U}$ mit einem Punkt $P_1'$ aus $\mathfrak{U}_1$ incident ist.

Zum Beweise braucht man nur in $g$ zwei beliebige Punkte $P_2$, $P_3$ anzunehmen, sodann nach Satz 1 die Umgebungen $\mathfrak{U}_1$, $\mathfrak{U}_2$, $\mathfrak{U}_3$ von $P_1$, $P_2$, $P_3$ so zu wählen, daß in ihnen $P_1'$, $P_2'$, $P_3'$ beliebig variieren können, ohne daß sie je einer gemeinsamen Geraden angehören. Legt man dann noch durch $P_2$ und $P_3$ die Ebenen $\varepsilon_2$, $\varepsilon_3$, die $g$ nicht enthalten, nimmt in ihnen die Umgebungen $\mathfrak{V}_2$, $\mathfrak{V}_3$ von $P_2$ und $P_3$ so an, daß $\mathfrak{V}_2$ in $\mathfrak{U}_2$, $\mathfrak{V}_3$ in $\mathfrak{U}_3$ liegt, so bestimmen $\mathfrak{V}_2$ und $\mathfrak{V}_3$ zusammen eine Umgebung $\mathfrak{U}$ der Geraden $g$. Die Umgebungen $\mathfrak{U}_1$ von $P_1$ und $\mathfrak{U}$ von $g$ erfüllen die Forderung des Satzes.

Auf S. 293 haben wir den Begriff der Projektion aus einem Punkt auf eine Ebene eingeführt. Wir definieren jetzt die *Projektion aus einer Geraden auf eine andere Gerade.* Es seien $g$ und $h$ zwei windschiefe, d. h. nicht in derselben Ebene gelegene Geraden. Ein Punkt $P$, der nicht auf $g$ liegt, bestimmt mit $g$ eine Ebene, die mit $h$ höchstens einen Punkt gemein hat. Gibt es einen solchen Punkt $P'$, so heißt $P'$ *die Projektion von $P$ aus $g$ auf $h$*, und zwar eigentliche oder uneigentliche, je nachdem $P$ und $P'$ auf derselben Seite von $g$ in der Ebene $gP$ liegen oder zu verschiedenen Seiten. Ist $P'$ irgendein Punkt von $h$, so bilden die Punkte, die $P'$ zur eigentlichen Projektion haben, eine von $g$ begrenzte Halbebene, und zwar diejenige, die auch $P'$ selbst enthält; die Punkte, die $P'$ zur uneigentlichen Projektion haben, bilden die Gegenhalbebene. Mit $\mathfrak{P}_1(g, h)$, $\mathfrak{P}_2(g, h)$ bezeichnen wir die Mengen jener Punkte, die eine eigentliche bzw. eine uneigentliche Projektion aus $g$ auf $h$ besitzen.

Sind $A'$, $B'$ die gleichartigen Projektionen zweier Punkte $A$, $B$ aus $g$ auf $h$, so haben im Falle $A' = B'$ alle Punkte der Strecke $AB$ die gleichartige Projektion $A' = B'$. Andernfalls trennt jede Ebene durch $g$, die eine der Strecken $AB$ oder $A'B'$ schneidet, die Halbebenen $gA$ und $gB$ sowie ihre Gegenhalbebenen, schneidet also auch die andere Strecke. Man ersieht daraus, daß jeder konvexe Teil von $\mathfrak{P}_1(g, h)$ oder $\mathfrak{P}_2(g, h)$ ein konvexes Stück der Geraden $h$ zur Projektion hat, ferner, daß die Gesamtheit derjenigen Punkte von $\mathfrak{P}_1(g, h)$ oder von $\mathfrak{P}_2(g, h)$, die einen konvexen Teil von $h$ zur Projektion haben, eine konvexe Punktmenge bilden. Insbesondere folgt (indem man als konvexen Teil von $h$ die ganze Punktmenge $h$ nimmt), daß $\mathfrak{P}_1(g, h)$ und $\mathfrak{P}_2(g, h)$ selbst konvex sind. Ist ferner $A'$ die Projektion irgendeines Punktes $A$, $B'C'$ eine $A'$ im Innern enthaltende Strecke von $h$, so zerlegen die Ebenen $gB'$ und $gC'$ den Raum in vier konvexe Gebiete. Dasjenige Gebiet, das $A$ enthält, umfaßt alle die Punkte, die sich gleichartig mit $A$ auf die Strecke $B'C'$ projizieren. $A$ ist innerer Punkt dieses Gebietes, also auch innerer Punkt von $\mathfrak{P}_1(g, h)$ oder von $\mathfrak{P}_2(g, h)$, die also nur innere Punkte besitzen.

Für das Folgende schicken wir wieder einige einfache Bemerkungen voraus. Es seien in einer Ebene $\varepsilon$ vier Punkte $P_1, P_2, P_3, P_4$ in allgemeiner Lage, d. h. keine drei in einer Geraden, gegeben, ebenso in einer Ebene $\eta$ vier Punkte $Q_1, Q_2, Q_3, Q_4$ in allgemeiner Lage. Wenn wir die beiden Quadrupel von Punkten als *gleichgeordnet* bezeichnen, so soll das heißen: ist $i, k, l, m$ irgendeine Permutation der Ziffern $1, 2, 3, 4$, so ist das Paar $P_i, P_k$ durch die Gerade $P_l P_m$ getrennt oder nicht, je nachdem das Paar $Q_i, Q_k$ durch $Q_l Q_m$ getrennt wird oder nicht. Ordnet man den Punkten $P_1, P_2, P_3$ die Punkte $Q_1, Q_2, Q_3$ zu, so erhält man zugleich eine Zuordnung der sieben Gebiete, in welche die Ebenen $\varepsilon$ und $\eta$ durch die Dreiecke $P_1P_2P_3$ und $Q_1Q_2Q_3$ eingeteilt werden. Die Quadrupel $P_1, P_2, P_3, P_4$ und $Q_1, Q_2, Q_3, Q_4$ sind, wie man sofort sieht, dann und nur dann gleichgeordnet, wenn $P_4$ und $Q_4$ in entsprechenden Gebieten liegen.

Seien nun wieder $g, h$ zwei windschiefe Geraden, $A, B$ zwei verschiedene Punkte auf $g$, $\alpha, \beta$ die beiden Ebenen, die $h$ mit den beiden Punkten $A, B$ verbinden. Dann teilt $\alpha$ den Punktraum in zwei Halbräume $\mathfrak{A}_+, \mathfrak{A}_-$, $\beta$ den Raum in die Halbräume $\mathfrak{B}_+, \mathfrak{B}_-$. Dabei soll $\mathfrak{A}_+$ den Punkt $B$, $\mathfrak{B}_+$ den Punkt $A$ enthalten. Die Quadranten, in die der Raum durch $\alpha$ und $\beta$ eingeteilt wird, seien $\mathfrak{Q}_1 = (\mathfrak{A}_+, \mathfrak{B}_+)$, $\mathfrak{Q}_2 = (\mathfrak{A}_-, \mathfrak{B}_+)$, $\mathfrak{Q}_3 = (\mathfrak{A}_-, \mathfrak{B}_-)$, $\mathfrak{Q}_4 = (\mathfrak{A}_+, \mathfrak{B}_-)$. Ist $C'$ irgendein Punkt auf $h$, so ist $C'$ Projektion aller nicht auf $g$ gelegenen Punkte der Ebene $gC' = ABC'$. Die Geraden $AC'$, $BC'$ teilen die Ebene in vier Quadranten, die bzw. in den räumlichen Quadranten $\mathfrak{Q}_1, \mathfrak{Q}_2, \mathfrak{Q}_3, \mathfrak{Q}_4$ gelegen sind, während die Gerade $g = AB$ die Verteilung auf $\mathfrak{P}_1 = \mathfrak{P}_1(g, h)$ und $\mathfrak{P}_2 = \mathfrak{P}_2(g, h)$ gibt. Im ganzen erhalten wir in der Ebene $gC'$ sieben Gebiete, von denen vier zu $\mathfrak{P}_1$, drei zu $\mathfrak{P}_2$ gehören. Die Menge aller derjenigen Punkte $P$ des Raumes, welche eine Projektion $P'$ aus $g$ auf $h$ besitzen und für welche die Punkte $A, B, P, P'$

in ihrer Ebene allgemeine Lage haben, besteht demgemäß aus sieben Gebieten, nämlich den Durchschnitten $(\mathfrak{Q}_1, \mathfrak{P}_1)$, $(\mathfrak{Q}_2, \mathfrak{P}_1)$, $(\mathfrak{Q}_3, \mathfrak{P}_1)$, $(\mathfrak{Q}_4, \mathfrak{P}_1)$, $(\mathfrak{Q}_1, \mathfrak{P}_2)$, $(\mathfrak{Q}_2, \mathfrak{P}_2)$, $(\mathfrak{Q}_4, \mathfrak{P}_2)$, während $\mathfrak{Q}_3$ und $\mathfrak{P}_2$ keine Punkte gemein haben, da der Durchschnitt $(\mathfrak{A}_-, \mathfrak{B}_-, \mathfrak{P}_2)$ leer ist (vgl. § 59, S. 276). Alle diese Gebiete sind konvexe Punktmengen mit lauter inneren Punkten, weil sie sich als Durchschnitte solcher Punktmengen darstellen. Für alle Punkte $P$ desselben Gebietes sind die Quadrupel $A\,B\,P\,P'$ gleichgeordnet, während diese Anordnung bei verschiedenen Gebieten auch verschieden ist.

Es seien nun in einer Ebene $\varepsilon$ vier Punkte $P_1$, $P_2$, $P_3$, $P_4$ von allgemeiner Lage gegeben. Die Gerade $h$ gehe durch $P_4$, ohne in $\varepsilon$ zu liegen, und auf ihr sei eine lineare Umgebung $RS$ von $P_4$ gegeben. Es werde $P_1P_2 = g$ gesetzt. $P_4$ ist Projektion von $P_3$ aus $g$ auf $h$. Da die Menge von Punkten $P$, die eine solche Projektion $P'$ besitzen und für die $P_1P_2PP'$ gleichgeordnet mit $P_1P_2P_3P_4$ ist, konvex ist und nur innere Punkte hat, können wir eine Umgebung $A_3B_3C_3D_3$ von $P_3$ ganz im Innern dieser Menge annehmen. Überdies können wir die Umgebung so klein annehmen, daß die Projektionen ihrer Ecken $A_3$, $B_3$, $C_3$, $D_3$ und somit die aller ihrer Punkte ins Innere von $RS$ fallen. Sei $T$ die Projektion von $A_3$. Man kann $T$ auch ansehen als Projektion des Punktes $P_2$ aus der Geraden $P_1A_3$ auf die Gerade $h$, und man kann mithin, da $RS$ auch lineare Umgebung von $T$ ist, eine Umgebung von $P_2$ so bestimmen, daß für jeden Punkt $P$ der abgeschlossenen Umgebung die Projektion $P'$ aus $P_1A_3$ auf $h$ existiert, zwischen $R$ und $S$ liegt und der Forderung genügt, daß die Quadrupel $P_1, P, A_3, P'$ und $P_1, P_2, A_3, T$ (und also auch $P_1, P_2, P_3, P_4$) gleichgeordnet sind. Dasselbe gilt auch, wenn wir statt des Punktes $A_3$ einen der Punkte $B_3$, $C_3$, $D_3$ wählen. Mithin können wir eine Umgebung $A_2B_2C_2D_2$ von $P_2$ auch so wählen, daß sie allen diesen Bedingungen zugleich genügt. Es wird also jetzt, wenn $E_2$ eine Ecke dieser Umgebung, $E_3$ einer der Punkte $A_3$, $B_3$, $C_3$, $D_3$ ist, stets die Projektion $T$ von $E_2$ aus $P_1E_3$ auf $h$ existieren, zwischen $R$ und $S$ liegen und die Bedingung erfüllen, daß $P_1$, $E_2$, $E_3$, $T$ und $P_1$, $P_2$, $P_3$, $P_4$ gleichgeordnet sind. Nun kann man $T$ auch als Projektion von $P_1$ aus $E_2E_3$ auf $h$ ansehen, kann daher eine Umgebung von $P_1$ so bestimmen, daß für jeden Punkt $P$ der abgeschlossenen Umgebung die Projektion $P'$ aus $E_2E_3$ auf $h$ existiert, zwischen $R$ und $S$ liegt, und zwar so liegt, daß $P, E_2, E_3, P'$ und $P_1, P_2, P_3, P_4$ gleichgeordnet sind. Wir können die Umgebung von $P_1$ auch so wählen, daß sie für jedes der 16 Punktepaare $E_2E_3$ diesen Bedingungen genügt. Ist dann $Q_1$ irgendein Punkt aus der Umgebung von $P_1$, $Q_2$ ein solcher aus der Umgebung von $P_2$, $Q_3$ einer aus der Umgebung von $P_3$, so bestimmen $Q_1, Q_2, Q_3$ eine Ebene, die $h$ in einem Punkte $Q_4$ zwischen $R$ und $S$ schneidet, und $Q_1, Q_2, Q_3, Q_4$ ist gleichgeordnet mit $P_1$, $P_2$, $P_3$, $P_4$.

In folgendem Satz heben wir einen Teil des Ergebnisses nochmals hervor:

*Satz 4.* Seien $P_1$, $P_2$, $P_3$ drei Punkte, die eine Ebene $\varepsilon$ bestimmen, $O$ ein Punkt in $\varepsilon$, $h$ eine mit $O$, aber nicht mit $\varepsilon$ incidente Gerade, $\mathfrak{W}$ eine lineare Umgebung von $O$ in $h$. Dann kann man Umgebungen $\mathfrak{U}_1$, $\mathfrak{U}_2$, $\mathfrak{U}_3$ der Punkte $P_1$, $P_2$, $P_3$ so finden, daß beliebige drei Punkte $Q_1$, $Q_2$, $Q_3$ aus diesen Umgebungen jedesmal eine Ebene bestimmen, die $h$ innerhalb $\mathfrak{W}$ schneidet.

Hierzu ist aber noch zu bemerken, daß wir den Satz bisher nur unter der Einschränkung bewiesen haben, daß $P_1$, $P_2$, $P_3$, $O$ „allgemein" liegen, d. h. $O$ in keiner der Geraden $P_1P_2$, $P_2P_3$, $P_3P_1$ enthalten ist. Diese in Satz 4 nicht aufgenommene Einschränkung kann man in der Tat entbehrlich machen. Auf keinen Fall nämlich kann $O$ auf allen drei Geraden des Dreiecks $P_1P_2P_3$ liegen. Wir dürfen also annehmen, daß $O$ nicht in $P_1P_2$ liegt. Wir können dann in $\varepsilon$ den Punkt $P_4$ so wählen, daß jedes der Quadrupel $P_1$, $P_2$, $P_3$, $P_4$ und $P_1$, $P_2$, $P_4$, $O$ in $\varepsilon$ allgemeine Lage hat. Die Umgebungen $\mathfrak{U}_1$, $\mathfrak{U}_2$, $\mathfrak{U}_4$ von $P_1$, $P_2$, $P_4$ nehmen wir so an, daß, wenn man $P_1$, $P_2$, $P_4$ in diesen Umgebungen variiert, sie stets eine Ebene bestimmen, die $h$ innerhalb $\mathfrak{W}$ schneidet. Durch $P_4$ ziehen wir jetzt eine nicht in $\varepsilon$ gelegene Gerade $h'$ und grenzen auf dieser eine Umgebung $\mathfrak{W}'$ von $P_4$ ab, die ganz innerhalb $\mathfrak{U}_4$ liegt. Wir können jetzt $\mathfrak{U}_1$, $\mathfrak{U}_2$ so einschränken und $\mathfrak{U}_3$ als Umgebung von $P_3$ so wählen, daß, wenn man $P_1$, $P_2$, $P_3$ innerhalb dieser Umgebungen variiert, sie stets eine Ebene $\eta$ bestimmen, die $h'$ innerhalb $\mathfrak{W}'$ schneidet. Eine solche Ebene schneidet aber, da sie drei Punkte der Umgebungen $\mathfrak{U}_1$, $\mathfrak{U}_2$, $\mathfrak{U}_4$ verbindet, die Gerade $h$ innerhalb $\mathfrak{W}$, wie in Satz 4 behauptet.

Wir führen nun noch den Begriff der *Umgebung einer Ebene* ein. Es sei $\varepsilon$ eine Ebene. In $\varepsilon$ nehmen wir drei nicht in einer Geraden gelegene Punkte $P_1$, $P_2$, $P_3$ an und legen durch sie die nicht mit $\varepsilon$ incidenten Geraden $h_1$, $h_2$, $h_3$. Werden in diesen die Punkte $Q_1$, $Q_2$, $Q_3$ verschieden von den Punkten $P_i$ angenommen, so liegen je vier Punkte $P_1$, $P_2$, $P_3$, $Q_i$ $(i = 1, 2, 3)$ in keiner Ebene. Daher kann man nach Satz 2 zu den sechs Punkten $P_i$, $Q_i$ sechs getrennt liegende räumliche Umgebungen so bestimmen, daß für Punkte $P'_i$, $Q'_i$ dieser Umgebungen niemals je vier Punkte $P'_1$, $P'_2$, $P'_3$, $Q'_i$ in eine Ebene fallen, die drei Punkte $P'_1$, $P'_2$, $P'_3$ also eine Ebene bestimmen, die keine der drei Geraden $h_i$ enthält. Grenzt man dann auf jeder Geraden $h_i$ eine lineare Umgebung $R_iS_i$ von $P_i$ ab, die samt ihren Endpunkten ganz in der vorhin gewählten räumlichen Umgebung von $P_i$ liegt, so bestimmt nicht nur jedes Tripel $P'_1$, $P'_2$, $P'_3$, das wir diesen linearen Umgebungen entnehmen, eine Ebene, sondern es wird jedes andere derartige Tripel $P''_1$, $P''_2$, $P''_3$ eine andere Ebene bestimmen, weil jede solche Ebene $P'_1P'_2P'_3$ mit $h_i$ immer nur den einen Punkt $P'_i$ gemein hat. *Die Gesamtheit der so* *erhaltenen Ebenen, zu denen auch $\varepsilon$ selbst gehört, nennen wir eine Umgebung von $\varepsilon$.* Diese Umgebung von $\varepsilon$ ist zugleich Umgebung für jede ihr angehörende Ebene.

Es sei $\varepsilon$ eine Ebene, $\mathfrak{U}$ eine Umgebung von $\varepsilon$. $\mathfrak{U}$ umfaßt alle Ebenen, die gewisse drei Strecken $R_i S_i$ $(i = 1, 2, 3)$ schneiden, die durch drei Punkte $P_i$ von allgemeiner Lage in $\varepsilon$ hindurchgehen. Es seien nun $Q_1$, $Q_2$, $Q_3$ auch irgend drei allgemein gelegene Punkte in $\varepsilon$. Dann kann man nach Satz 4 Umgebungen $\mathfrak{U}_1$, $\mathfrak{U}_2$, $\mathfrak{U}_3$ von $Q_1$, $Q_2$, $Q_3$ so bestimmen, daß jedes diesen Umgebungen entnommene Punkttripel $Q'_1$, $Q'_2$, $Q'_3$ eine Ebene bestimmt, die $R_1 S_1$ trifft. Man kann die Umgebungen auch sukzessive so einschränken, daß diese Ebenen alle drei Strecken $R_i S_i$ treffen, also zu $\mathfrak{U}$ gehören. Wird die Gesamtheit der Ebenen $Q'_1 Q'_2 Q'_3$ mit $\mathfrak{V}$ bezeichnet, so ist $\mathfrak{V}$ also ein Teil von $\mathfrak{U}$. Zieht man ferner durch $Q_1, Q_2, Q_3$ Geraden, die nicht in $\varepsilon$ liegen, so kann man in ihnen Umgebungen der $Q_i$ abgrenzen, die ganz in den $\mathfrak{U}_i$ liegen, also eine Umgebung $\mathfrak{U}'$ von $\varepsilon$ bestimmen, die Teil von $\mathfrak{V}$, also auch von $\mathfrak{U}$ ist.

Diese Überlegung, die uns zur Konstruktion einer ganz in der Umgebung $\mathfrak{U}$ von $\varepsilon$ liegenden Umgebung $\mathfrak{U}'$ von $\varepsilon$ geführt hat, kann man auch heranziehen, um einzusehen, daß der Durchschnitt zweier Umgebungen von $\varepsilon$ selbst wieder eine Umgebung von $\varepsilon$ enthält.

Aus Satz 4 folgt nun leicht der

*Satz 5.* Es seien $P_1$, $P_2$, $P_3$ drei nicht in einer Geraden liegende Punkte der Ebene $\varepsilon$. $\mathfrak{U}$ sei eine Umgebung von $\varepsilon$. Dann gibt es stets solche Umgebungen $\mathfrak{U}_1$, $\mathfrak{U}_2$, $\mathfrak{U}_3$ von $P_1$, $P_2$, $P_3$, daß die Verbindungsebene je dreier Punkte $P'_1$, $P'_2$, $P'_3$ aus $\mathfrak{U}_1$, $\mathfrak{U}_2$, $\mathfrak{U}_3$ zu $\mathfrak{U}$ gehört.

Wir nehmen nämlich in $\varepsilon$ drei Punkte $Q_1$, $Q_2$, $Q_3$ an, so daß $P_1$, $P_2$, $P_3$, $Q_i$ $(i = 1, 2, 3)$ allgemeine Lage haben. Durch $Q_i$ werden die nicht mit $\varepsilon$ incidenten Geraden $h_i$ $(i = 1, 2, 3)$ gezogen. Dann kann man, wie aus den vorangehenden Erörterungen hervorgeht, auf jedem $h_i$ eine lineare Umgebung $\mathfrak{W}_i$ von $Q_i$ abgrenzen, so daß, wenn $Q'_1$, $Q'_2$, $Q'_3$ aus $\mathfrak{W}_1$, $\mathfrak{W}_2$, $\mathfrak{W}_3$ entnommen werden, die Ebene $Q'_1 Q'_2 Q'_3$ zu $\mathfrak{U}$ gehört. Nach Satz 4 kann man aber solche Umgebungen $\mathfrak{U}_1$, $\mathfrak{U}_2$, $\mathfrak{U}_3$ um $P_1$, $P_2$, $P_3$ angeben, daß die Verbindungsebene je dreier Punkte aus $\mathfrak{U}_1$, $\mathfrak{U}_2$, $\mathfrak{U}_3$ die Strecke $\mathfrak{W}_1$ trifft. Man kann dann diese Umgebungen noch so einschränken, daß die Verbindungsebenen auch stets $\mathfrak{W}_2$ und $\mathfrak{W}_3$ treffen und daher zu $\mathfrak{U}$ gehören.

***Satz 6.*** Haben die Ebene $\varepsilon$ und die Gerade $g$ den Punkt $O$ und keinen weiteren gemeinsam und ist $\mathfrak{U}$ eine Umgebung von $O$, so gibt es stets eine Umgebung $\mathfrak{V}$ von $\varepsilon$ und eine Umgebung $\mathfrak{W}$ von $g$ von der Beschaffenheit, daß jede Ebene aus $\mathfrak{V}$ und jede Gerade aus $\mathfrak{W}$ sich in einem Punkte aus $\mathfrak{U}$ schneiden.

Zum Beweise nehmen wir drei Punkte $P_1$, $P_2$, $P_3$ in $\varepsilon$ und zwei Punkte $P_4$, $P_5$ auf $g$ so an, daß $P_1$, $P_2$, $P_3$, $O$ in $\varepsilon$ und $P_4$, $P_5$, $O$ in $g$

allgemeine Lage haben[1]. Wie in dem Beweise zu Satz 4 gezeigt wurde, kann man zu jedem $P_i$ ($i = 1, 2, 3$) eine Umgebung $A_i B_i C_i D_i$ so angeben, daß, wenn $E_i$ irgendeinen Punkt dieses Quadrupels bezeichnet, $E_1, E_2, E_3$ eine Ebene bestimmen, die $g$ innerhalb einer beliebig kleinen Umgebung von $O$ so schneidet, daß für den Schnittpunkt $O'$ das Quadrupel $E_1, E_2, E_3, O'$ gleichgeordnet mit $P_1, P_2, P_3, O$ wird. Von der beliebig kleinen Umgebung dürfen wir aber annehmen, daß sie ganz innerhalb $\mathfrak{U}$ liegt und daß sie die Punkte $P_4$, $P_5$ ausschließt, so daß für jeden dieser $4^3 = 64$ Schnittpunkte $O'$ auch die Tripel $P_4, P_5, O'$ und $P_4, P_5, O$ auf $g$ gleichgeordnet sind. Dann aber kann man, da $\mathfrak{U}$ auch Umgebung von $O'$ ist, zwei Umgebungen $A_4 B_4 C_4 D_4$ und $A_5 B_5 C_5 D_5$ so bestimmen, daß jede der 64 Ebenen $E_1 E_2 E_3$ von jeder der 16 Geraden $E_4 E_5$ (wo diese Punkte den beiden Quadrupeln $A_4, B_4, C_4, D_4$ und $A_5, B_5, C_5, D_5$ entnommen sind) in einem Punkte $O''$ aus $\mathfrak{U}$ geschnitten wird, für den auch noch $E_1, E_2, E_3, O''$ mit $P_1, P_2, P_3, O$ und $E_4, E_5, O''$ mit $P_4, P_5, O$ gleichgeordnet sind. Dann folgt weiter, daß, wenn man den fünf so konstruierten Umgebungen $\mathfrak{U}_i$ der Punkte $P_i$ irgendwelche Punkte $Q_i$ entnimmt, die Ebene $Q_1 Q_2 Q_3$ und die Gerade $Q_4 Q_5$ sich in einem Punkte $O^*$ aus $\mathfrak{U}$ schneiden und daß dabei $Q_1, Q_2, Q_3, O^*$ mit $P_1, P_2, P_3, O$ und $Q_4, Q_5, O^*$ mit $P_4, P_5, O$ gleichgeordnet sind. Nun kann man aber eine Umgebung $\mathfrak{V}$ von $\varepsilon$ und eine Umgebung $\mathfrak{W}$ von $g$ so bestimmen, daß alle Elemente dieser Umgebungen zu den Ebenen $Q_1 Q_2 Q_3$ bzw. zu den Geraden $Q_4 Q_5$ gehören, womit die Behauptung bewiesen ist.

Nehmen wir an, daß $P_4$ und $P_5$ in $g$ auf verschiedenen Seiten von $O$ liegen, so können wir aus dem Vorangehenden noch entnehmen:

*Satz 7.* Werden die Punkte $P$ und $Q$ durch die Ebene $\varepsilon$ getrennt, so bleibt diese Beziehung bestehen, wenn man $\varepsilon$, $P$, $Q$ innerhalb hinreichend kleiner Umgebungen variiert.

Nimmt man noch einen Punkt $R$ auf derselben Seite von $\varepsilon$ mit $P$ an, so werden bei hinreichend kleinen Variationen der Elemente die Punkte $P$ und $R$ weiterhin durch $\varepsilon$ von $Q$ getrennt werden, also auf derselben Seite von $\varepsilon$ bleiben. Daraus ergibt sich weiter:

*Satz 8.* Liegen die Punkte $P_1, P_2, \ldots, P_n$ alle auf derselben Seite der Ebene $\varepsilon$, so bleibt dies bestehen, wenn man diese $n + 1$ Elemente innerhalb hinreichend kleiner Umgebungen variiert.

*Satz 9.* Schneiden sich die Ebenen $\varepsilon_1, \varepsilon_2$ in der Geraden $g$, so kann man Umgebungen $\mathfrak{U}_1$ von $\varepsilon_1$, $\mathfrak{U}_2$ von $\varepsilon_2$ so bestimmen, daß jedes Ebenenpaar aus diesen Umgebungen sich in einer Geraden schneidet, die einer vorgeschriebenen Umgebung $\mathfrak{U}$ von $g$ angehört.

*Beweis.* Wir nehmen in $g$ die Punkte $P_4$, $P_5$, außerhalb $g$ in $\varepsilon_1$ den Punkt $P_1$ und in den Geraden $P_1 P_4$, $P_1 P_5$ bzw. noch die Punkte $P_2$

[1] „Allgemeine Lage" von mehreren Punkten auf einer Geraden soll heißen: keine zwei von ihnen fallen zusammen.

und $P_3$ an. Dann bestimmen wir die Umgebungen $\mathfrak{V}_4$, $\mathfrak{V}_5$ von $P_4$ und $P_5$ so, daß jede Verbindungsgerade zweier Punkte dieser Umgebungen zu $\mathfrak{U}$ gehört; sodann nach Satz 6 die Umgebung $\mathfrak{U}_2$ von $\varepsilon_2$ und die Umgebungen $\mathfrak{V}_1$, $\mathfrak{V}_2$, $\mathfrak{V}_3$ von $P_1$, $P_2$, $P_3$ so, daß, wenn $\varepsilon_2'$ aus $\mathfrak{U}_2$, $P_1'$, $P_2'$, $P_3'$ beliebig aus $\mathfrak{V}_1$, $\mathfrak{V}_2$, $\mathfrak{V}_3$ entnommen werden, $\varepsilon_2'$ und die Gerade $P_1' P_2'$ sich innerhalb $\mathfrak{V}_4$, $\varepsilon_2'$ und $P_1' P_3'$ sich innerhalb $\mathfrak{V}_5$ schneiden. Endlich bestimmt man die Umgebung $\mathfrak{U}_1$ von $\varepsilon_1$ so, daß jede Ebene aus dieser Umgebung eine Verbindungsebene dreier Punkte aus $\mathfrak{V}_1$, $\mathfrak{V}_2$, $\mathfrak{V}_3$ wird. Dann erfüllen, wie man sofort sieht, $\mathfrak{U}_1$, $\mathfrak{U}_2$ die Forderung des Satzes 9.

*Satz 10.* Schneiden sich die Ebenen $\varepsilon_1$, $\varepsilon_2$, $\varepsilon_3$ im Punkte $O$ und bezeichnet $\mathfrak{U}$ eine beliebig gegebene Umgebung von $O$, so kann man Umgebungen $\mathfrak{U}_1$, $\mathfrak{U}_2$, $\mathfrak{U}_3$ von $\varepsilon_1$, $\varepsilon_2$, $\varepsilon_3$ so bestimmen, daß, wenn man $\varepsilon_1$, $\varepsilon_2$, $\varepsilon_3$ in ihren Umgebungen variiert, sie sich stets in einem Punkte aus $\mathfrak{U}$ schneiden.

*Beweis.* Wir bestimmen nach Satz 6 eine Umgebung $\mathfrak{U}_1$ von $\varepsilon_1$ und eine Umgebung $\mathfrak{V}$ der Schnittgeraden von $\varepsilon_2$ und $\varepsilon_3$ so, daß jede Ebene aus $\mathfrak{U}_1$ und jede Gerade aus $\mathfrak{V}$ sich in einem Punkte von $\mathfrak{U}$ schneiden. Darauf bestimmen wir gemäß Satz 8 die Umgebungen $\mathfrak{U}_2$, $\mathfrak{U}_3$ von $\varepsilon_2$ und $\varepsilon_3$ so, daß jedes Ebenenpaar aus ihnen sich in einer zu $\mathfrak{V}$ gehörenden Geraden schneidet. Dann haben $\mathfrak{U}_1$, $\mathfrak{U}_2$, $\mathfrak{U}_3$ die in Satz 9 ausgesprochene Eigenschaft.

## § 62. Variation eines konvexen Polyeders.

Es sei $\mathfrak{C} = \mathfrak{E} + \mathfrak{K} + \mathfrak{F}$ ein *K-Polyeder*. Wir nehmen an, dieses sei durch das *konvexe Polyeder* $\mathfrak{C}' = \mathfrak{E}' + \mathfrak{K}' + \mathfrak{F}'$ realisiert. Die Elemente von $\mathfrak{E} + \mathfrak{F}$ wollen wir unterschiedslos mit $\mathfrak{a}_1, \mathfrak{a}_2, \ldots, \mathfrak{a}_s$ $(s = e + f)$ bezeichnen, die Elemente von $\mathfrak{E}' + \mathfrak{F}'$ mit $\mathfrak{a}_1', \mathfrak{a}_2', \ldots, \mathfrak{a}_s'$, und zwar sei $\mathfrak{a}_i'$ die $\mathfrak{a}_i$ entsprechende Ecke oder Ebene von $\mathfrak{C}'$. Daß die Elemente $\mathfrak{a}_i'$ Ecken und Flächen eines $\mathfrak{C}$ realisierenden konvexen Polyeders sind, drückt sich vollständig aus in folgenden Aussagen: Die Elemente genügen

a) den *Incidenzbedingungen:* ist $\mathfrak{a}_i$ mit $\mathfrak{a}_j$ incident, so ist auch $\mathfrak{a}_i'$ mit $\mathfrak{a}_j'$ incident;

b) den *Konvexitätsbedingungen:* ist $\mathfrak{a}_i$ eine Fläche, $\mathfrak{S}_i$ das System der nicht mit $\mathfrak{a}_i$ incidenten Ecken von $\mathfrak{C}$, so ist das System $\mathfrak{S}_i'$ der entsprechenden Ecken von $\mathfrak{C}'$ ganz auf einer Seite von $\mathfrak{a}_i'$ gelegen (ohne einen Punkt mit $\mathfrak{a}_i'$ gemein zu haben).

Entsprechend den $f$ Flächen zerfällt das System aller Konvexitätsbedingungen in $f$ Teilsysteme von Bedingungen. Wir denken uns nun zu jedem der $s$ Elemente $\mathfrak{a}_i'$ eine Umgebung $\mathfrak{U}_i$ angenommen. Ist nun $\mathfrak{a}_i'$ eine Ebene $\mathfrak{C}'$, $\mathfrak{S}_i'$ das System der nicht in $\mathfrak{a}_i'$ gelegenen Ecken, so liegen diese alle auf derselben Seite von $\mathfrak{a}_i'$. Daraus folgt, daß, wenn die Umgebungen dieser Elemente hinreichend klein sind, bei beliebiger

Variation innerhalb dieser Umgebungen die variierten Ecken alle auf derselben Seite der variierten Ebene liegen werden. Somit können wir die sämtlichen $s$ Umgebungen $\mathfrak{U}_i$ der $\mathfrak{a}_i'$ so annehmen, daß, wenn man jedes Element $\mathfrak{a}_i'$ durch ein beliebiges Element $\mathfrak{b}_i'$ aus $\mathfrak{U}_i$ ersetzt, die Elemente $\mathfrak{b}_1', \ldots, \mathfrak{b}_s'$ den sämtlichen Konvexitätsbedingungen genügen, während sie natürlich die Incidenzbedingungen im allgemeinen nicht erfüllen werden. Sind die $\mathfrak{U}_i$ so gewählt, so wollen wir sagen, daß sie der *Bedingung B* genügen. Es ist klar, daß ein der Bedingung $B$ genügendes System von Umgebungen $\mathfrak{U}_i$ ihr auch dann noch genügt, wenn man die $\mathfrak{U}_i$ verkleinert.

Nunmehr wollen wir annehmen, daß die Anordnung $\mathfrak{a}_1, \ldots, \mathfrak{a}_s$ nicht mehr willkürlich, sondern so beschaffen sei, *daß die vordere Incidenzzahl eines jeden Elementes höchstens gleich* 3 *sei*. Die Umgebungen $\mathfrak{U}_i$ mögen der Bedingung $B$ genügen.

Wir betrachten zunächst in $\mathfrak{C}$ ein Element $\mathfrak{a}_i$ mit der vorderen Incidenzzahl 3; $\mathfrak{a}_h$, $\mathfrak{a}_l$, $\mathfrak{a}_m$ seien die vorangehenden mit $\mathfrak{a}_i$ incidenten Elemente. In $\mathfrak{C}'$ ist dann $\mathfrak{a}_i'$ durch $\mathfrak{a}_h'$, $\mathfrak{a}_l'$, $\mathfrak{a}_m'$ eindeutig bestimmt, da drei in einer Ecke zusammenstoßende Ebenen eines konvexen Polyeders immer nur diesen einen Punkt, niemals eine Gerade gemein haben und ebenso drei Ecken einer Ebene niemals in einer Geraden liegen. Es sei zunächst $\mathfrak{a}_i'$ Ecke, $\mathfrak{a}_h'$, $\mathfrak{a}_l'$, $\mathfrak{a}_m'$ seien also Ebenen. Nehmen wir in den Umgebungen $\mathfrak{U}_h$, $\mathfrak{U}_l$, $\mathfrak{U}_m$ die Ebenen $\mathfrak{b}_h'$, $\mathfrak{b}_l'$, $\mathfrak{b}_m'$ willkürlich an, so wird es nicht immer möglich sein, einen Punkt $\mathfrak{b}_i'$ in $\mathfrak{U}_i$ so zu bestimmen, daß er mit $\mathfrak{b}_h'$, $\mathfrak{b}_l'$, $\mathfrak{b}_m'$ incidiert. Im allgemeinen werden nämlich diese drei Ebenen, sofern sie sich überhaupt schneiden, nur einen Punkt gemeinsam haben, und dieser braucht nicht in $\mathfrak{U}_i$ zu liegen. Aber aus Satz 10 des vorigen Paragraphen folgt, daß wir durch Verkleinerung der Umgebungen $\mathfrak{U}_h$, $\mathfrak{U}_l$, $\mathfrak{U}_m$ (also ohne die Umgebungen $\mathfrak{U}_i$, $\mathfrak{U}_{i+1}$, $\ldots, \mathfrak{U}_s$ zu ändern!) imstande sind zu bewirken, daß, wie auch die Ebenen $\mathfrak{b}_h'$, $\mathfrak{b}_l'$, $\mathfrak{b}_m'$ innerhalb dieser kleinen Umgebungen gewählt werden, sie einen in $\mathfrak{U}_i$ gelegenen Schnittpunkt eindeutig bestimmen; diesen haben wir für $\mathfrak{b}_i'$ zu nehmen. — Ist $\mathfrak{a}_i'$ Ebene, so können wir nach Satz 5, § 61, gleichfalls durch Verkleinerung von $\mathfrak{U}_h$, $\mathfrak{U}_l$, $\mathfrak{U}_m$ erreichen, daß drei beliebige Punkte $\mathfrak{b}_h'$, $\mathfrak{b}_l'$, $\mathfrak{b}_m'$ dieser Umgebungen eine zu $\mathfrak{U}_i$ gehörige Ebene bestimmen.

Es habe jetzt $\mathfrak{a}_i$ die vordere Incidenzzahl 2, und $\mathfrak{a}_h$, $\mathfrak{a}_l$ ($h < i$, $l < i$) seien mit $\mathfrak{a}_i$ incident. Ist $\mathfrak{a}_i'$ Ecke, so können wir nach Satz 9 des vorigen Paragraphen durch eventuelle Verkleinerung der Umgebungen $\mathfrak{U}_h$, $\mathfrak{U}_l$ von $\mathfrak{a}_h'$, $\mathfrak{a}_l'$ bewirken, daß, wie auch die Ebenen $\mathfrak{b}_h'$, $\mathfrak{b}_l'$ in diesen Umgebungen gewählt werden, sie eine Schnittgerade haben, die einer beliebig vorgeschriebenen Umgebung der Geraden $(\mathfrak{a}_h', \mathfrak{a}_l')$, in der $\mathfrak{a}_i'$ liegt, angehören. Wir können also auch verlangen (wie man sich durch Heranziehung von Hilfssatz 3, § 61 vergewissert), daß jede solche Schnittgerade $(\mathfrak{b}_h', \mathfrak{b}_l')$ die Umgebung $\mathfrak{U}_i$ durchsetzt. Sie schneidet dann diese

Umgebung in einer Strecke, auf der wir $\mathfrak{b}_i'$ noch willkürlich annehmen können, um den vorderen Incidenzbedingungen dieses Elementes zu genügen. — Ist $\mathfrak{a}_i'$ eine Ebene, so nehmen wir in dieser irgendeinen nicht in der Verbindungsgeraden $\mathfrak{a}_h'$, $\mathfrak{a}_l'$ gelegenen Punkt $Q_i$ an und ziehen durch ihn eine Gerade $q_i$, die nicht in $\mathfrak{a}_i'$ liegt. Durch eventuelle Verkleinerung von $\mathfrak{U}_h$, $\mathfrak{U}_l$ und indem wir eine hinlänglich kleine lineare Umgebung $\mathfrak{V}_i$ von $Q_i$ auf $q_i$ annehmen, können wir bewirken, daß, wie wir auch die Punkte $\mathfrak{b}_h'$, $\mathfrak{b}_l'$ in $\mathfrak{U}_h$, $\mathfrak{U}_l$ und den Punkt $R_i$ in $\mathfrak{V}_i$ wählen, diese drei Punkte stets eine zu $\mathfrak{U}_i$ gehörige Ebene $\mathfrak{b}_i'$ bestimmen (vgl. Satz 5, § 61). In den jetzt betrachteten beiden Fällen ist das Element $\mathfrak{b}_i'$ noch nicht durch $\mathfrak{b}_h'$, $\mathfrak{b}_l'$ und die Incidenzforderungen bestimmt, sondern erst nach der Wahl eines Punktes in einer Strecke. Wir sagen in diesen Fällen, $\mathfrak{b}_i$ habe den Freiheitsgrad 1.

Es habe nun $\mathfrak{a}_i$ die vordere Incidenzzahl 1, und $\mathfrak{a}_h$ $(h < i)$ sei mit $\mathfrak{a}_i$ incident. Ist $\mathfrak{a}_i'$ Ecke, so können wir die Umgebung $\mathfrak{U}_h$ der Ebene $\mathfrak{a}_h'$ so klein machen, daß jede Ebene $\mathfrak{b}_h'$ aus $\mathfrak{U}_h$ ins Innere von $\mathfrak{U}_i$ eindringt. Dabei schneidet $\mathfrak{b}_h'$ aus $\mathfrak{U}_i$ ein konvexes Flächenstück $\mathfrak{V}_i$ (Dreieck oder Viereck) aus, innerhalb dessen also $\mathfrak{b}_i'$ noch willkürlich wählbar ist, wenn man der Incidenzforderung gerecht werden will und die Wahl von $\mathfrak{b}_h'$ bereits erfolgt ist. Wenn man in $\mathfrak{V}_i$ ein Dreieck $P_iQ_iR_i$ annimmt, auf dessen Inneres man $\mathfrak{b}_i'$ beschränkt, kann man $\mathfrak{b}_i'$ auch festlegen durch die Wahl der Projektionen $Q'$ und $R'$ von $Q_i$ bzw. $R_i$ aus auf $P_iR_i$ bzw. $P_iQ_i$. Man hat also die Wahl zweier Punkte $Q'$ und $R'$ auf zwei verschiedenen Strecken frei. — Ist $\mathfrak{a}_i'$ Ebene, so nehmen wir in ihr zwei Punkte $Q_i$, $R_i$ an, die mit $\mathfrak{a}_h'$ in keiner Geraden liegen, und ziehen durch diese Punkte Geraden $q_i$, $r_i$, die nicht in $\mathfrak{a}_i'$ liegen. Wird $\mathfrak{U}_h$ hinreichend verkleinert und werden in $q_i$, $r_i$ lineare Umgebungen $\mathfrak{V}_i$, $\mathfrak{W}_i$ der Punkte $Q_i$, $R_i$ hinreichend klein angenommen, so bestimmt jedes Punktetripel $\mathfrak{b}_h'$, $Q'$, $R'$ bzw. aus $\mathfrak{U}_h$, $\mathfrak{V}_i$, $\mathfrak{W}_i$ eine Ebene, die der Umgebung $\mathfrak{U}_i$ von $\mathfrak{a}_i'$ angehört (Satz 5, § 61). Ist also $\mathfrak{b}_h'$ gewählt, so kann man immer noch $\mathfrak{b}_i'$ in $\mathfrak{U}_i$ so bestimmen, daß diese Ebene den vorderen Incidenzbedingungen genügt. Dabei ist $\mathfrak{b}_i'$ noch in gewisser Weise willkürlich, nämlich erst nach beliebiger Wahl zweier in zwei vorgeschriebenen Strecken anzunehmenden Punkten $Q'$, $R'$ bestimmt. — In den beiden letzten Fällen der vorderen Incidenzzahl 1 bleiben also zwei Punkte auf vorgeschriebenen Strecken willkürlich. Der Freiheitsgrad von $\mathfrak{a}_i'$ ist danach gleich 2.

Ist endlich die vordere Incidenzzahl von $\mathfrak{a}_i$ gleich 0, so bleibt $\mathfrak{b}_i'$ innerhalb der Umgebung $\mathfrak{U}_i$ von $\mathfrak{a}_i'$ willkürlich, mag es Ecke oder Ebene sein. Der Freiheitsgrad von $\mathfrak{a}_i'$ ist gleich 3 zu setzen, denn die Festlegung von $\mathfrak{b}_i'$ in $\mathfrak{U}_i$ kommt auf die Wahl von drei beliebigen Punkten in gewissen drei Strecken hinaus. Wenn $\mathfrak{a}_i'$ Ebene ist, so ist dies nämlich unmittelbar aus der Definition der Umgebung einer Ebene zu ersehen; ist $\mathfrak{a}_i'$ Ecke, so kann man $\mathfrak{b}_i'$ in der (tetraederförmigen) Umgebung von

$\mathfrak{a}'_i$ festlegen durch die Projektionen aus drei Kanten auf ihre Gegenkanten, also auch durch drei Punkte auf gewissen Strecken.

Um nun die Variation des konvexen Polyeders $\mathfrak{C}'$ durchzuführen, gehen wir von irgendwelchen Umgebungen $\mathfrak{U}_i$ der Elemente $\mathfrak{a}'_i$ aus, von denen wir nur voraussetzen, daß sie der Bedingung $B$ genügen, und gehen folgendermaßen vor: Wir beginnen mit dem letzten Element $\mathfrak{a}_s$. Ohne $\mathfrak{U}_s$ zu ändern, sorgen wir durch eventuelle Verkleinerung der Umgebungen anderer Elemente, nämlich der mit $\mathfrak{a}_s$ incidenten, dafür, daß, wie man diese Elemente in den ihnen nunmehr zugewiesenen Umgebungen gewählt haben mag, $\mathfrak{b}'_s$ in $\mathfrak{U}_s$ so bestimmbar ist, daß die Incidenzbedingungen dieses Elementes erfüllt werden. Sodann können wir, ohne $\mathfrak{U}_{s-1}$ oder $\mathfrak{U}_s$ noch zu ändern, durch eventuelle Verkleinerung der Umgebungen gewisser vorangehender Elemente (der mit $\mathfrak{a}'_{s-1}$ incidenten) erreichen, daß bei willkürlicher Wahl dieser in ihren Umgebungen auch $\mathfrak{b}'_{s-1}$ in $\mathfrak{U}_{s-1}$ den vorderen Incidenzbedingungen gemäß wählbar ist. So fortfahrend erhalten wir ein System von Umgebungen $\mathfrak{U}_i$, die nicht nur der Bedingung $B$ genügen, sondern auch so beschaffen sind, daß, wie man auch $\mathfrak{b}'_1, \ldots, \mathfrak{b}'_{i-1}$ in ihren Umgebungen gewählt haben mag, stets $\mathfrak{b}'_i$ in $\mathfrak{U}_i$ unter Berücksichtigung der vorderen Incidenzbedingungen wählbar ist. Man kann daher $\mathfrak{b}'_1, \mathfrak{b}'_2, \ldots, \mathfrak{b}'_s$ in dieser Folge in $\mathfrak{U}_1, \mathfrak{U}_2, \ldots, \mathfrak{U}_s$ so wählen, daß auch alle Incidenzbedingungen erfüllt sind, so daß man es also mit dem System der Ecken und Ebenen eines $\mathfrak{C}$ realisierenden konvexen Polyeders zu tun hat. Wir wollen dann sagen, daß das System der Umgebungen $\mathfrak{U}_i$ außer der Bedingung $B$ auch noch die Bedingung $A$ erfüllt.

Für alle Werte $3, 2, 1, 0$ der vorderen Incidenzzahl $c_i$ haben wir schon angemerkt, daß der Freiheitsgrad von $\mathfrak{b}'_i$ gleich $3 - c_i$ ist. Der Freiheitsgrad des konvexen Polyeders ist daher

$$\sum_{i=1}^{s} (3 - c_i) = 3s - \sum_{i=1}^{s} c_i = 3(e + f) - 2k = 3(k + 2) - 2k = k + 6.$$

Dies ist aber gerade die LEGENDRE*sche Konstantenzahl* eines Polyeders.

## § 63. Zweiter Beweis des Fundamentalsatzes der konvexen Typen.

Für den nunmehr zu erbringenden rein geometrischen Beweis des Fundamentalsatzes haben wir die Überlegungen der letzten Paragraphen mit dem Satze zu kombinieren, daß jedes $K$-Polyeder durch reguläre Spaltungen aus dem Tetraeder ableitbar ist (§46, 1). Da das $K$-Polyeder mit vier Flächen, das Tetraeder, konvex realisierbar ist (§ 60, S. 287), so können wir induktiv vorgehen. Es sei ein $K$-Polyeder $\mathfrak{C} = \mathfrak{E} + \mathfrak{K} + \mathfrak{F}$ mit $f$ Flächen, $f > 4$, gegeben; es werde als bekannt vorausgesetzt, daß jedes $K$-Polyeder mit weniger als $f$ Flächen als konvexes Polyeder darstellbar ist; das Ziel ist dann, eine ebensolche Darstellung für das Polyeder $\mathfrak{C}$ nachzuweisen.

Es gehe $\mathfrak{C}$ durch eine reguläre Spaltung aus dem $K$-Polyeder $\mathfrak{C}_1$ hervor, es sei $b$ die bei der Spaltung neu eingeführte Kante, $A_1$, $A_2$ seien ihre Ecken und $\alpha_1$, $\alpha_2$ ihre beiden Flächen, so daß also $\alpha_1, b, \alpha_2$ an die Stelle einer Fläche $\alpha$ von $\mathfrak{C}_1$ getreten sind. $\mathfrak{C}_1$ hat nur $f - 1$ Flächen. Wir dürfen also annehmen, daß es ein konvexes Polyeder $\mathfrak{C}_1'$ gibt, das eine Realisierung von $\mathfrak{C}_1$ darstellt. Es sei $\alpha'$ die Ebene, welche der Fläche $\alpha$ entspricht. In $\alpha'$ haben wir das Polygon $\mathfrak{P}'$, welches das Flächenpolygon $\mathfrak{P}$ von $\mathfrak{C}_1$ realisiert. Ist der Spaltungsprozeß erster Art, so kommen die Ecken $A_1$, $A_2$ schon bei $\mathfrak{C}_1$, die entsprechenden Raumpunkte $A_1'$, $A_2'$ in der Ebene $\alpha'$ vor. Wir verbinden $A_1'$ mit $A_2'$ durch $b'$. Ist der Prozeß von zweiter Art, so kommt nur eine der beiden Ecken, etwa $A_2$, schon bei $\mathfrak{C}_1$ vor, während die andere, $A_1$, erst bei der Spaltung eingeführt wurde. Die $A_2$ entsprechende Ecke von $\mathfrak{C}_1'$ nennen wir wieder $A_2'$, während wir für $A_1'$ einen Punkt in derjenigen Kante von $\mathfrak{C}_1'$ nehmen, die der durch $A_1$ gespaltenen Kante von $\mathfrak{C}_1$ entspricht. Ist der Prozeß von der dritten Art, so nehmen wir für $A_1'$, $A_2'$ zwei Punkte in den Kanten von $\mathfrak{C}_1'$, die den durch $A_1$ und $A_2$ gespaltenen Kanten von $\mathfrak{C}_1$ entsprechen. Die Kante $b' = A_1' A_2'$ zerlegt das von $\mathfrak{P}'$ umgrenzte Flächenstück in zwei konvexe Flächen, deren Ebenen wir $\alpha_1'$, $\alpha_2'$ nennen und den Flächen $\alpha_1$, $\alpha_2$ von $\mathfrak{C}_1$ zuordnen; $\alpha_1'$, $\alpha_2'$ sind natürlich mit $\alpha'$ identisch. Auf diese Weise haben wir jeder Ecke und Fläche von $\mathfrak{C}$ einen Punkt bzw. eine Ebene des Raumes zugeordnet.

Erfüllt nun dieses System von Punkten und Ebenen die Bedingungen, die es erfüllen muß, um als konvexe Realisation von $\mathfrak{C}$ zu gelten? Offenbar sind die Incidenzbedingungen alle erfüllt. Bezeichnen wir nämlich mit $\alpha_3, \alpha_4, \ldots \alpha_f$ die Flächen, die $\mathfrak{C}$ außer $\alpha_1$ und $\alpha_2$ noch hat. Bis auf $\alpha_1$, $\alpha_2$ kommt jede Fläche auch schon in $\mathfrak{C}_1$ vor und hat hier mit eventueller Ausnahme von $A_1, A_2$ dieselben Ecken wie in $\mathfrak{C}$. Daraus, daß $\mathfrak{C}_1'$ allen Incidenzbedingungen genügt, folgt leicht, daß die Incidenzbedingungen auch bezüglich jeder Ebene $\alpha_i'$ mit $i > 2$ erfüllt sind. Für $\alpha_1'$ und $\alpha_2'$ sind sie aber gleichfalls erfüllt, da wir die an $\mathfrak{C}_1$ in der Fläche $\alpha$ ausgeführte Spaltung auf die Ebene $\alpha'$ in $\mathfrak{C}_1'$ topologisch getreu übertragen haben.

Ebenso sehen wir sofort, daß bezüglich jeder Ebene $\alpha_3', \alpha_4', \ldots \alpha_f'$ auch die Konvexitätsbedingungen erfüllt sind. Anders steht es mit $\alpha_1', \alpha_2'$. Bezeichnen wir mit $\mathfrak{S}_1$ und $\mathfrak{S}_2$ die Systeme der mit $\alpha_1$ bzw. $\alpha_2$ incidenten, aber von $A_1$ und $A_2$ verschiedenen Ecken, mit $\mathfrak{S}$ das System der weder mit $\alpha_1$ noch mit $\alpha_2$ incidenten Ecken von $\mathfrak{C}$, so ist $\mathfrak{S}$ zugleich das System der nicht mit $\alpha$ incidenten Ecken von $\mathfrak{C}_1$; es ist dann $\mathfrak{E} = A_1 + A_2 + \mathfrak{S}_1 + \mathfrak{S}_2 + \mathfrak{S}$, und $\mathfrak{S}_2 + \mathfrak{S}$ und $\mathfrak{S}_1 + \mathfrak{S}$ sind die Systeme der nicht mit $\alpha_1$ bzw. nicht mit $\alpha_2$ incidenten Ecken von $\mathfrak{C}$. Die Konvexitätsbedingungen verlangen, daß das Punktsystem $\mathfrak{S}_2' + \mathfrak{S}'$

ganz auf einer Seite von $\alpha'_1$, $\mathfrak{S}'_1 + \mathfrak{S}'$ ganz auf einer Seite von $\alpha'_2$ liegt. In der Tat liegt nun zwar $\mathfrak{S}'$ sowohl bezüglich $\alpha'_1 = \alpha'$ wie bezüglich $\alpha'_2 = \alpha'$ ganz auf einer Seite. Aber $\mathfrak{S}'_2$ liegt in $\alpha'_1 = \alpha'$, $\mathfrak{S}'_1$ in $\alpha'_2 = \alpha'$, und zwar liegt $\mathfrak{S}'_1$ in $\alpha'$ auf der einen, $\mathfrak{S}'_2$ auf der andern Seite der Geraden $b' = A'_1 A'_2$.

Es wird sich jetzt darum handeln, nachzuweisen, daß man die Elemente von $\mathfrak{E}' + \mathfrak{F}'$ so variieren kann, daß sämtliche Bedingungen erfüllt werden. Zunächst können wir jedem Elemente eine Umgebung so zuweisen, daß bei beliebigem Variieren in diesen Umgebungen die Konvexitätsbedingungen bezüglich $\alpha'_3, \alpha'_4, \ldots, \alpha'_f$, die ja schon erfüllt waren, auch erfüllt bleiben. Sodann wollen wir zunächst die Incidenzbedingungen in Betracht ziehen. Zu diesem Zwecke nehmen wir wieder eine solche Anordnung $\mathfrak{a}_1, \mathfrak{a}_2, \ldots, \mathfrak{a}_s$ $(s = e + f)$ der Elemente von $\mathfrak{E} + \mathfrak{F}$ an, daß jede vordere Incidenzzahl $\leqq 3$ wird, und bezeichnen die gewählte Umgebung von $\mathfrak{a}'_i$ mit $\mathfrak{U}_i$. Unsere Absicht ist, wie im vorigen Paragraphen durch eventuelle Verkleinerung der $\mathfrak{U}_i$ zu erreichen, daß, wie man auch die Punkte und Ebenen $\mathfrak{b}'_1, \ldots, \mathfrak{b}'_{i-1}$ in den Umgebungen $\mathfrak{U}_1, \ldots, \mathfrak{U}_{i-1}$ gewählt haben mag, $\mathfrak{b}'_i$ in $\mathfrak{U}_i$ so wählbar ist, daß es den vorderen Incidenzbedingungen genügt. Nun sehen wir, daß dies für einen konvexen Körper möglich ist. Schwierigkeiten können in unserm Fall nur auftreten, wo die Konvexität bei der Abänderung von $\mathfrak{E}'_1$ noch nicht hergestellt ist, d. h. also bei den durch die Spaltung neu eingeführten Elementen. Wir gehen die Überlegungen des vorigen Paragraphen noch einmal durch, um zu sehen, ob das dort Gesagte auch in unserm Fall gültig bleibt. Im Falle, daß $\mathfrak{a}_i$ die vordere Incidenzzahl 3 hatte, etwa mit $\mathfrak{a}_h, \mathfrak{a}_l, \mathfrak{a}_m$ incident war, kam es darauf an, daß $\mathfrak{a}'_i$ durch $\mathfrak{a}'_h, \mathfrak{a}'_l, \mathfrak{a}'_m$ eindeutig bestimmt war, denn dann konnten wir nach Satz 5 oder nach Satz 10 von § 61 zu einer Umgebung $\mathfrak{U}_i$ von $\mathfrak{a}'_i$ solche Umgebungen von $\mathfrak{a}'_h, \mathfrak{a}'_l, \mathfrak{a}'_m$ angeben, daß auch bei Variation von $\mathfrak{a}'_h, \mathfrak{a}'_l, \mathfrak{a}'_m$ in ihren Umgebungen jedes mit $\mathfrak{a}'_h, \mathfrak{a}'_l, \mathfrak{a}'_m$ zugleich incidierende Element zur Umgebung $\mathfrak{U}_i$ von $\mathfrak{a}'_i$ gehört. Es dürfen also die Elemente $\mathfrak{a}'_h, \mathfrak{a}'_l, \mathfrak{a}'_m$, wenn sie Ebenen sind, nicht durch eine gemeinsame Gerade gehen, und wenn sie Punkte sind, nicht in einer Geraden liegen. Hiergegen wird offenbar nur in den folgenden beiden Fällen verstoßen:

1) $\mathfrak{a}'_h, \mathfrak{a}'_l, \mathfrak{a}'_m$ sind Ebenen, und unter ihnen kommen $\alpha'_1$ und $\alpha'_2$ vor; $\mathfrak{a}'_i$ muß dann einer der Punkte $A'_1$ oder $A'_2$ sein;

2) die $\mathfrak{a}'_h, \mathfrak{a}'_l, \mathfrak{a}'_m$ sind Punkte, und zwar kommt unter ihnen ein bei einer Spaltung zweiter oder dritter Art neu eingeführter Punkt $A'_1$ oder $A'_2$ vor, und die andern beiden Punkte sind die Endpunkte der durch $A'_1$ bzw. $A'_2$ gespaltenen Kante.

Ist endlich die vordere Incidenzzahl gleich 2 und ist $\mathfrak{a}'_i$ ein Punkt, so war es bei der Variation im vorigen Paragraphen entscheidend, daß die mit $\mathfrak{a}'_i$ incidenten Ebenen $\mathfrak{a}'_h$ und $\mathfrak{a}'_l$ verschieden waren und daher nur eine Schnittgerade gemeinsam hatten. Auch dies trifft jetzt sicher zu, wenn nicht

3) $\mathfrak{a}_h$ und $\mathfrak{a}_l$ die Elemente $\alpha_1$ und $\alpha_2$ sind, also $\mathfrak{a}'_h$ und $\mathfrak{a}'_l$ mit $\alpha'_1 = \alpha'_2 = \alpha$ identisch sind. Dann müßte aber $\mathfrak{a}_i$ eine der Ecken $A_1$ oder $A_2$ sein.

Dieser dritte Ausnahmefall wird ebenso wie der unter 1) angegebene unmöglich sein, wenn wir die Anordnung $\mathfrak{a}_1, \mathfrak{a}_2, \ldots, \mathfrak{a}_s$ so vornehmen, daß *die Elemente* $A_1$, $A_2$ *an den Anfang kommen* und somit die vordere Incidenzzahl 0 erhalten. Daß dies möglich ist und daß wir durch passende Anordnung auch das Auftreten der unter 2) angegebenen Ausnahmefälle verhüten können, soll nun gezeigt werden.

Wir zeigen zuerst: Es ist möglich, den Elementen von $\mathfrak{E} + \mathfrak{F}$ eine solche Anordnung $\mathfrak{a}_1, \mathfrak{a}_2, \ldots, \mathfrak{a}_s$ zu geben, daß erstens die vordere Incidenzzahl höchstens 3 ist und daß zweitens die Anordnung beginnt mit $\mathfrak{a}_1 = A_1$, $\mathfrak{a}_2 = A_2$, $\mathfrak{a}_3 = \alpha_1$, $\mathfrak{a}_4 = \alpha_2$. Ist $\mathfrak{E}^* + \mathfrak{F}^*$ ein beliebiges Teilsystem von $\mathfrak{E} + \mathfrak{F}$, und ist $e_j^*$ die Zahl der Ecken aus $\mathfrak{E}^*$ mit der relativen (d. h. sich auf das System $\mathfrak{E}^* + \mathfrak{F}^*$ beziehenden) Incidenzzahl $j$, und $f_j^*$ die Zahl der Flächen aus $\mathfrak{F}^*$ mit der relativen Incidenzzahl $j$, so bilden wir wie in § 55, S. 255 den Ausdruck

$$(1)\qquad S^* = 4(e_0^* + f_0^*) + 3(e_1^* + f_1^*) + 2(e_2^* + f_2^*) + (e_3^* + f_3^*).$$

Nach Satz 6, S. 254 gilt

$$(2)\qquad S^* \geqq 8,$$

wenn $\mathfrak{E}^* + \mathfrak{F}^*$ mehr als zwei Elemente enthält; wenn $\mathfrak{E}^* + \mathfrak{F}^*$ mehr als vier Elemente enthält, aber zugleich ein echtes Teilsystem von $\mathfrak{E} + \mathfrak{F}$ ist, so gilt (da $\mathfrak{E}$ ein $K$-Polyeder ist) in (2) sogar das *Ungleichheitszeichen.*

Nun möge $\mathfrak{E}^* + \mathfrak{F}^*$ die Elemente $A_1$, $A_2$, $\alpha_1$, $\alpha_2$ und wenigstens noch ein fünftes Element enthalten. Die relative Incidenzzahl eines jeden der Elemente $A_1$, $A_2$, $\alpha_1$, $\alpha_2$ ist mindestens 2; zu $S^*$ liefern diese vier Elemente also höchstens den Beitrag 8. Diesen maximalen Beitrag liefern sie bei relativen Incidenzzahlen 2. Wenn aber in $\mathfrak{E}^* + \mathfrak{F}^*$ auch nur *eine* relative Incidenzzahl 2 ist, so muß $\mathfrak{E}^* + \mathfrak{F}^*$ ein *echter* Teil von $\mathfrak{E} + \mathfrak{F}$ sein, da in $\mathfrak{E} + \mathfrak{F}$ nach der Polyederdefinition alle Incidenzzahlen mindestens 3 sein müssen (es gibt in $\mathfrak{E}$ keine zweikantigen Ecken und zweieckigen Flächen). Dann aber ist

$$S^* > 8,$$

also gibt es in $\mathfrak{E}^* + \mathfrak{F}^*$ ein von $A_1$, $A_2$, $\alpha_1$, $\alpha_2$ verschiedenes Element mit einer relativen Incidenzzahl, die höchstens 3 ist. Sind alle relativen Incidenzzahlen von $A_1$, $A_2$, $\alpha_1$, $\alpha_2$ in $\mathfrak{E}^* + \mathfrak{F}^*$ größer als 2, so liefern diese vier Elemente zu $S^*$ höchstens den Beitrag 4, es ist aber

$$S^* \geqq 8 > 4.$$

Also gibt es auch dann in $S^*$ noch Summanden, die von andern Elementen als $A_1$, $A_2$, $\alpha_1$, $\alpha_2$ herrühren, d. h. es gibt ein von diesen Elementen verschiedenes Element mit einer 3 nicht überschreitenden Incidenzzahl.

Jetzt können wir die Anordnung $\mathfrak{a}_1, \mathfrak{a}_2, \ldots, \mathfrak{a}_s$ wie in § 55 mit $\mathfrak{a}_s$ beginnend rückwärts gehend festlegen, wobei wir, solange das zurückbleibende System $\mathfrak{E} + \mathfrak{F} - (\mathfrak{a}_s + \cdots + \mathfrak{a}_{i+1})$ außer $A_1$, $A_2$, $\alpha_1$, $\alpha_2$ noch andere Elemente hat, für $\mathfrak{a}_i$ ein solches von jenen vier verschiedenes nehmen, dessen relative Incidenzzahl in diesem System höchstens 3 ist. Wie wir die schließlich allein noch verbleibenden vier Elemente ordnen, ist, was die Vorschrift für die vordere Incidenzzahl betrifft, gleichgültig. Wir dürfen daher $\mathfrak{a}_4 = \alpha_2$, $\mathfrak{a}_3 = \alpha_1$, $\mathfrak{a}_2 = A_2$, $\mathfrak{a}_1 = A_1$ nehmen und erhalten so die gewünschte Anordnung, die, wie wir uns überlegt haben, die Ausnahmefälle 1) und 3) nicht auftreten läßt.

Den Ausnahmefall 2) vermeiden wir durch eine Anordnung, die wie soeben auch mit $A_1$, $A_2$, $\alpha_1$, $\alpha_2$ beginnt, aber dann noch weitere Vorschriften erfüllt. Wir bezeichnen, wenn die Spaltung von der zweiten oder dritten Art ist, die von $\alpha_1$, $\alpha_2$ verschiedene mit $A_1$ incidente Fläche mit $\alpha_3$, die in ihr gelegenen, zu $A_1$ benachbarten Ecken mit $P_1$ (in $\alpha_1$) und $P_2$ (in $\alpha_2$); wenn die Spaltung von dritter Art ist, die von $\alpha_1$, $\alpha_2$ verschiedene mit $A_2$ incidente Fläche mit $\alpha_4$, die in ihr gelegenen Nachbarecken von $A_2$ mit $Q_1$ (in $\alpha_1$) und $Q_2$ (in $\alpha_2$), wobei nicht ausgeschlossen ist, daß $P_1 = Q_1$, $P_2 = Q_2$ wird (aber nicht beides zugleich, da $\mathfrak{C}_1$ kein Zweieck besitzt). In der zu suchenden Anordnung $\mathfrak{a}_1, \mathfrak{a}_2, \ldots, \mathfrak{a}_s$ dürfen vor $\alpha_3$ nicht $A_1$, $P_1$, $P_2$ sämtlich vorangehen, ebenso vor $\alpha_4$ nicht $A_2, Q_1, Q_2$. Da die Anordnung aber mit $A_1$, $A_2$, $\alpha_1$, $\alpha_2$ beginnen soll, so handelt es sich darum, sie so fortzusetzen, daß mindestens einer der Punkte $P_1$, $P_2$ hinter $\alpha_3$ bzw. mindestens einer der Punkte $Q_1, Q_2$ hinter $\alpha_4$ kommt, natürlich stets unter Einhaltung der Bedingung, daß die vordere Incidenzzahl nicht größer als 3 wird.

Die Herstellung einer solchen Anordnung wird als möglich nachgewiesen sein, wenn es gelingt das Folgende zu zeigen:

a) Ist $\mathfrak{E}^* + \mathfrak{F}^*$ ein Teilsystem von $\mathfrak{E} + \mathfrak{F}$, in welchem (wenn die Spaltung von der zweiten oder dritten Art ist) die Elemente $A_1$, $A_2$, $\alpha_1$, $\alpha_2$, $\alpha_3$, $P_1$, $P_2$ vorkommen, so gibt es in $\mathfrak{E}^* + \mathfrak{F}^*$ ein von $A_1$, $A_2$, $\alpha_1$, $\alpha_2$, $\alpha_3$ verschiedenes Element, dessen relative Incidenzzahl $\leqq 3$ ist.

b) Wenn (im Falle einer Spaltung dritter Art) $\mathfrak{E}^* + \mathfrak{F}^*$ die Elemente $A_1$, $A_2$, $\alpha_1$, $\alpha_2$, $\alpha_4$, $Q_1$, $Q_2$ enthält, so findet sich unter den von $A_1$, $A_2$, $\alpha_1$, $\alpha_2$, $\alpha_4$ verschiedenen Elementen wenigstens eines, dessen relative Incidenzzahl $\leqq 3$ ist.

c) Wenn (bei einer Spaltung dritter Art) $\mathfrak{E}^* + \mathfrak{F}^*$ die Elemente $A_1$, $A_2$, $\alpha_1$, $\alpha_2$, $\alpha_3$, $\alpha_4$, $P_1$, $P_2$, $Q_1$, $Q_2$ enthält, so ist unter den von $A_1$, $A_2$, $\alpha_1$, $\alpha_2$, $\alpha_3$, $\alpha_4$ verschiedenen Elementen wenigstens eines, dessen relative Incidenzzahl $\leqq 3$ ist.

Diese drei Behauptungen sieht man aber leicht ein. Denn im Falle a) sind die relativen (d. h. auf $\mathfrak{E}^* + \mathfrak{F}^*$ bezüglichen) Incidenzzahlen von $A_1, A_2, \alpha_1, \alpha_2, \alpha_3$ mindestens $3, 2, 3, 3, 3$, und daher ist der Betrag, den diese Elemente zu $S^*$ in (1) beitragen, höchstens $6 < 8$; im Falle b) sind die relativen Incidenzzahlen von $A_1, A_2, \alpha_1, \alpha_2, \alpha_4$ mindestens $2, 3, 3, 3, 3$, der zu $S^*$ beigesteuerte Betrag also ebenfalls höchstens $6 < 8$; im Falle c) sind die relativen Incidenzzahlen von $A_1, A_2, \alpha_1, \alpha_2, \alpha_3, \alpha_4$ mindestens $3, 3, 3, 3, 3, 3$, der zu $S^*$ gelieferte Beitrag also wiederum höchstens $6 < 8$. In all diesen Fällen muß es also in $\mathfrak{E}^* + \mathfrak{F}^*$ noch jene behaupteten andern Elemente geben, von denen die noch fehlenden Summanden in $S^*$ herrühren.

Danach kann man also, wenn man aus dem System $\mathfrak{E} + \mathfrak{F}$ die Elemente in der Reihenfolge $\mathfrak{a}_s, \mathfrak{a}_{s-1}, \ldots$ einzeln ausscheidet, $A_1, A_2, \alpha_1, \alpha_2, \alpha_3, \alpha_4$ so lange zurückhalten, bis wenigstens eines der Elemente $P_1, P_2, Q_1, Q_2$ ausgeschieden ist. Danach wird man sich, je nachdem noch das Paar $P_1, P_2$ oder das Paar $Q_1, Q_2$ zurückgeblieben ist, auf a) oder auf b) berufen können und auch $A_1, A_2, \alpha_1, \alpha_2, \alpha_3$ bzw. $A_1, A_2, \alpha_1, \alpha_2, \alpha_4$ so lange zurückbehalten können, bis auch aus dem Paar $P_1, P_2$ bzw. aus $Q_1, Q_2$ mindestens ein Element ausgeschieden ist. Daß man $A_1, A_2, \alpha_1, \alpha_2$ auf jeden Fall ganz bis zum Schluß aufbewahren kann, ist schon gezeigt worden. Wir erhalten somit eine Anordnung, die auch den Ausnahmefall gar nicht auftreten läßt.

Daher können wir bei dieser Anordnung $\mathfrak{a}_1, \mathfrak{a}_2, \ldots, \mathfrak{a}_s$ alle Überlegungen von § 62 anwenden, können die schon eingeführten Umgebungen $\mathfrak{U}_1, \mathfrak{U}_2, \ldots, \mathfrak{U}_s$ von $\mathfrak{a}'_1, \mathfrak{a}'_2, \ldots, \mathfrak{a}'_s$ so verkleinern, daß sich in den nunmehr bestimmten Umgebungen die $\mathfrak{b}'_1, \mathfrak{b}'_2, \ldots, \mathfrak{b}'_s$ unter Erfüllung der Incidenzbedingungen wählen lassen. Jedes System von Punkten und Ebenen, das wir so wählen, wird also nicht nur allen Incidenzbedingungen, sondern auch denjenigen Konvexitätsbedingungen genügen, die sich auf die Flächen $\alpha_3, \alpha_4, \ldots \alpha_f$ beziehen. Jetzt haben wir nur noch für die Erfüllung jener Konvexitätsbedingungen zu sorgen, die an die Flächen $\alpha_1 = \mathfrak{a}_3$ und $\alpha_2 = \mathfrak{a}_4$ geknüpft sind.

Zu diesem Zwecke wählen wir einen Punkt $C'$ im Raume beliebig, aber auf derjenigen Seite von $\alpha'$, auf der auch die Punkte von $\mathfrak{S}'$ gelegen sind, und ferner einen Punkt $D'$ in der Ebene $\alpha' = \alpha'_2 = \mathfrak{a}'_4$, und zwar auf derjenigen Seite der Geraden $A'_1 A'_2 = \mathfrak{a}'_1 \mathfrak{a}_2$, auf der die Punkte von $\mathfrak{S}'_2$ (s. S. 308 oben) liegen. Die Verbindungsebene $C' A'_1 A'_2 = C' \mathfrak{a}'_1 \mathfrak{a}'_2$ hat dann die Punkte von $\mathfrak{S}'_1$ auf der einen, $D'$ und die Punkte von $\mathfrak{S}'_2$ auf der andern Seite. Die Umgebungen $\mathfrak{U}_i$ der $\mathfrak{a}'_i$ denken wir uns von vornherein so klein gewählt, daß, wenn wir in ihnen die Elemente $\mathfrak{b}'_i$ annehmen, $C', \mathfrak{b}'_1, \mathfrak{b}'_2$ stets eine Ebene bestimmen, die auf der einen Seite das System $\mathfrak{S}''_1$ der an die Stelle der Punkte von $\mathfrak{S}'_1$ getretenen Punkte, auf der andern Seite $D$ und das System $\mathfrak{S}''_2$ der an die Stelle der Punkte von $\mathfrak{S}'_2$ getretenen Punkte hat. Die Umgebungen

$\mathfrak{U}_3, \mathfrak{U}_4$ der Ebenen $\mathfrak{a}'_3 = \alpha'_1$, $\mathfrak{a}'_4 = \alpha'_2$ sind Umgebungen derselben Ebene $\alpha' = \alpha'_1 = \alpha'_2$. Wir dürfen sie so klein annehmen, daß jede Ebene aus diesen Umgebungen die Gerade $C'D'$ innerhalb einer beliebig kleinen linearen Umgebung $P'Q'$ von $D'$ schneidet (vgl. § 61, Satz 4). Dabei sei $P'$ zwischen $C'$ und $D'$, also $Q'$ außerhalb der Strecke $C'D'$ angenommen. $\mathfrak{U}_3$ können wir als ganz in $\mathfrak{U}_4$ enthalten ansehen, da wir dies andernfalls durch Verkleinerung von $\mathfrak{U}_3$ bewirken können; möglicherweise müssen dabei auch noch $\mathfrak{U}_1$ und $\mathfrak{U}_2$ verkleinert werden.

Nunmehr beginnen wir mit der Konstruktion, die uns eine konvexe Repräsentation von $\mathfrak{C}$ liefern soll. Wir nehmen die Punkte $\mathfrak{b}'_1$, $\mathfrak{b}'_2$ in $\mathfrak{U}_1, \mathfrak{U}_2$ beliebig an, nehmen als $\mathfrak{b}'_3$ eine mit $\mathfrak{b}'_1$ und $\mathfrak{b}'_2$ incidente Ebene aus $\mathfrak{U}_3$, die also auch zu $\mathfrak{U}_4$ gehört. Sie schneidet die lineare Umgebung $P'Q'$ von $D'$ in einem Punkte $R'$ und ist also durch die Punkte $\mathfrak{b}'_1$, $\mathfrak{b}'_2$, $R'$ bestimmt. Da sie im Innern der Umgebung $\mathfrak{U}_4$ liegt, so wird auch jede Ebene, die die Punkte $\mathfrak{b}'_1$, $\mathfrak{b}'_2$ und einen hinlänglich nahe an $R'$ gelegenen Punkt der Geraden $C'D'$ verbindet, gleichfalls in $\mathfrak{U}_4$ liegen. Einen solchen Punkt $E'$ nehmen wir jetzt an, und zwar zwischen $R'$ und $P'$, und also auch zwischen $R'$ und $C'$. Als $\mathfrak{b}'_4$ nehmen wir dann die Verbindungsebene $\mathfrak{b}'_1 \mathfrak{b}'_2 E'$, die, wie soeben bemerkt, in $\mathfrak{U}_4$ liegt und die $R'$ von $C'$ trennt.

Die übrigen $\mathfrak{b}'_5, \ldots, \mathfrak{b}'_s$ werden dann der Reihe nach in den ihnen zugewiesenen Umgebungen so angenommen, daß alle Incidenzbedingungen erfüllt sind. Das so erhaltene System von Punkten und Ebenen $\mathfrak{b}'_1, \ldots, \mathfrak{b}'_s$ erfüllt dann alle Incidenzbedingungen; es erfüllt auch (wegen der Bestimmung der Umgebungen $\mathfrak{U}_i$) alle auf die Flächen $\alpha_3, \ldots, \alpha_f$ bezüglichen Konvexitätsbedingungen. Aber auch die Konvexitätsbedingungen für $\alpha_1$ und $\alpha_2$ sind jetzt erfüllt. Denn die Punkte von $\mathfrak{S}''_2$ (die durch Variation der Punkte von $\mathfrak{S}'_2$ entstanden) liegen bezüglich der Ebene $C'\mathfrak{b}'_1 \mathfrak{b}'_2$ auf derselben Seite wie $D'$, also auch wie die Punkte $P'$, $Q'$, $R'$, $E'$; mithin liegen in $\mathfrak{b}'_4 = \mathfrak{b}'_1 \mathfrak{b}'_2 E'$ die Punkte von $\mathfrak{S}''_2$ auf derselben Seite der Geraden $\mathfrak{b}'_1 \mathfrak{b}'_2$ wie $E'$. Daher liegen bezüglich der Ebene $\mathfrak{b}'_3 = \mathfrak{b}'_1 \mathfrak{b}'_2 R'$ die Punkte von $\mathfrak{S}''_2$ auf derselben Seite wie $E'$ und somit, da $E'$ zwischen $R'$ und $C'$ angenommen wurde, auf derselben Seite wie $C'$ und damit auf derselben Seite wie die Punkte von $\mathfrak{S}''$ (die an die Stelle der Punkte von $\mathfrak{S}$ getreten sind). Mithin sind, da $\mathfrak{b}'_3$ Repräsentant für $\alpha_1$ ist, auch für $\alpha_1$ die Konvexitätsbedingungen erfüllt. Die Ebene $\mathfrak{b}'_1 \mathfrak{b}'_2 C'$ trennt die Punkte des Systems $\mathfrak{S}''_1$ von denen des Systems $\mathfrak{S}''_2$, also auch von $R'$. Es trennt also in $\mathfrak{b}'_3$ die Gerade $\mathfrak{b}'_1 \mathfrak{b}'_2$ die Punkte von $\mathfrak{S}''_1$ vom Punkte $R'$, also werden auch durch die Ebene $\mathfrak{b}'_4 = \mathfrak{b}'_1 \mathfrak{b}'_2 E'$ die Punkte von $\mathfrak{S}''_1$ vom Punkte $R'$ getrennt. Wir bemerkten schon oben, daß $\mathfrak{b}'_4$ die Punkte $R'$ und $C'$ trennt. Also liegen bezüglich $\mathfrak{b}'_4$ die Punkte von $\mathfrak{S}''_1$ und der Punkt $C'$ auf derselben Seite. Auf dieser Seite liegen aber auch die Punkte $\mathfrak{S}''$, d. h. die übrigen nicht in $\mathfrak{b}'_3$ und $\mathfrak{b}'_4$ vorkommenden Repräsentanten von Ecken.

Da $\mathfrak{b}_4'$ Repräsentant von $\alpha_2$ ist, so sind also auch bezüglich $\alpha_2$ die Konvexitätsbedingungen erfüllt.

Damit ist der Fundamentalsatz über die konvexen Polyeder abermals, und zwar rein geometrisch, bewiesen. Dieser Beweis gibt durchaus die Möglichkeit an die Hand, schrittweise die Konstruktion eines konvexen Polyeders, von dem das Schema eines $K$-Polyeders gegeben ist, durchzuführen.

Unsere Überlegungen blieben dabei völlig im Bereich einer Geometrie, die nur aus den Verknüpfungs- und Anordnungsaxiomen aufgebaut ist. Auch der in § 61 eingeführte Umgebungsbegriff, der bei der Variation von Polyedern gebraucht wurde, benötigte keine besonderen „Stetigkeitsaxiome“.

Drittes Kapitel.

# Rein geometrische Methoden.

(Fortsetzung.)

## § 64. Die Axiome der Verknüpfung und Anordnung in der projektiven Geometrie.

In diesem Abschnitt soll ein dritter Beweis des Fundamentalsatzes gegeben werden, der zugleich über das bisher Bewiesene hinausführt. Wir stellen uns auf den Standpunkt der projektiven Geometrie, um eine gewisse Ausnahmslosigkeit in den Schnittpunktseigenschaften zur Verfügung zu haben. Man kann bekanntlich von den Axiomen der Verknüpfung und Anordnung § 57 durch Einführung idealer Elemente, und zwar ohne Benutzung des Parallelenaxioms, zu den Axiomen und dem System der projektiven Geometrie gelangen[1]. Im folgenden sollen die fertigen Axiome dieses Systems in weitgehender Analogie zu den Axiomen des § 57 angegeben werden, ohne daß Wert darauf gelegt ist, ihre Unabhängigkeit zu untersuchen.

*I. Axiome der Verknüpfung.*

I 1. Ist ein Punkt mit einer Geraden, eine Gerade mit einer Ebene incident, so ist auch der Punkt mit der Ebene incident.

I 2a. Zu zwei Punkten $A$ und $B$ gibt es stets eine und nur eine Gerade, die mit beiden incident ist (Verbindungsgerade $AB$ oder $BA$).

I 2b. Zu zwei Ebenen $\alpha$ und $\beta$ gibt es stets eine und nur eine Gerade, die mit beiden incident ist (Schnittgerade $\alpha\beta$ oder $\beta\alpha$).

I 3a. Sind drei Punkte $A, B, C$ nicht in einer Geraden gelegen, d. h. mit keiner gemeinsamen Geraden incident, so gibt es eine und

[1] Vgl. M. Pasch: Vorlesungen über neuere Geometrie (1882), in 2. Auflage herausgegeben von M. Dehn, Berlin 1926. — Auch: F. Schur: Math. Ann. **39** (1891).

nur eine Ebene, die mit den drei Punkten incident ist (Verbindungsebene).

I 3b. Sind drei Ebenen nicht mit einer gemeinsamen Geraden incident, so gibt es einen und nur einen mit den drei Ebenen incidenten Punkt (Schnittpunkt der drei Ebenen).

I 4a. Sind zwei Punkte mit einer Ebene incident, so ist ihre Verbindungsgerade mit der Ebene incident.

I 4b. Sind zwei Ebenen mit einem Punkt incident, so ist ihre Schnittgerade mit dem Punkte incident.

I 5. Es gibt Punkte, Geraden, Ebenen.

I 6. Es gibt vier Punkte, die nicht alle mit einer Ebene incident sind.

I 7. Ist $\varepsilon$ irgendeine Ebene, so gibt es wenigstens drei Punkte, die mit $\varepsilon$, nicht aber mit ein und derselben Geraden incident sind.

I 8. Auf jeder Geraden gibt es mindestens drei Punkte.

*Satz 1.* Ist ein Punkt nicht mit einer Geraden incident, so gibt es stets eine und nur eine Ebene, die mit dem Punkte und der Geraden incident ist.

*Beweis.* Nach I 8 können auf der Geraden zwei Punkte angenommen werden. Durch diese und den nicht mit der Geraden incidenten Punkt gibt es nach I 3a stets eine und nur eine Ebene. Nach I 4a enthält diese Ebene auch die Gerade.

*Satz 2.* Zu jeder Geraden gibt es mindestens einen mit ihr nichtincidenten Punkt.

*Beweis.* Nach I 5 gibt es wenigstens eine Ebene, nach I 7 in ihr wenigstens drei Punkte, die nicht alle in einer Geraden, insbesondere also nicht alle auf der gegebenen Geraden liegen.

*Satz 3.* Jede Gerade ist mit mindestens einer Ebene incident.

*Beweis.* Nach I 8 sind auf der Geraden zwei Punkte gelegen, nach Satz 2 gibt es einen mit ihr nichtincidenten Punkt. Durch diese drei Punkte gibt es nach I 3a stets eine und nur eine Ebene.

*Satz 4* (dual zu I 6). Es gibt vier Ebenen, die nicht alle mit ein und demselben Punkt incident sind.

*Beweis.* Nach I 6 gibt es vier nicht in einer Ebene liegende Punkte, sie seien $A, B, C, D$. Sie können nicht alle in einer Geraden liegen, da sie sonst nach Satz 3 auch alle in einer Ebene lägen. Es können aber auch nicht drei von ihnen, etwa $A, B, C$, in einer Geraden liegen. Sonst könnte durch diese Gerade und $D$ eine Ebene gelegt werden (Satz 1), die außer mit $D$ nach I 1 auch mit $A, B, C$ incident wäre, also mit allen vier Punkten.

Durch je drei der Punkte $A, B, C, D$ ist nach I 3a eine Ebene möglich ($ABC = \delta$, $ABD = \gamma$, $ACD = \beta$, $BCD = \alpha$). Hätten diese vier Ebenen einen gemeinsamen Punkt, so kann es keiner der vier Punkte $A, B, C, D$ sein; $A$ nämlich habe $\beta, \gamma, \delta$ gemein, und läge $A$ noch in $\alpha$, so wären alle vier Punkte mit $\alpha$ incident, gegen die

Voraussetzung. Der gemeinsame Punkt muß also von $A$, $B$, $C$, $D$ verschieden sein; er heiße $P$. Durch $A$ gehen $\beta$, $\gamma$, $\delta$, durch $P$ sogar alle vier Ebenen, $A$ und $P$ liegen also gemeinsam in $\beta$, $\gamma$, $\delta$; nach I 4a wäre also auch die durch $AP$ bestimmte Gerade $g$ (I 1) mit $\beta$, $\gamma$, $\delta$ incident. Entsprechend folgt, daß die durch $B$ und $P$ bestimmte Gerade $h$ mit $\alpha$, $\gamma$, $\delta$ incident sein müßte. $\gamma$ und $\delta$ können aber nach I 2b nur eine Gerade gemeinsam haben; also ist $g$ mit $h$ identisch, und $A$, $B$, $P$ liegen auf dieser Geraden. Ebenso läßt sich zeigen, daß auch $C$ und $D$ in dieser Geraden lägen, was gegen die Voraussetzung wäre.

*Satz 5.* Eine Ebene $\varepsilon$ und eine mit ihr nichtincidente Gerade $g$ haben stets einen Punkt gemeinsam.

*Beweis.* Durch $g$ werde eine Ebene $\alpha$ gelegt (Satz 3). Nach I 6 gibt es mindestens einen Punkt $P$, der nicht mit $\alpha$ incident ist, nach Satz 1 durch $g$ und $P$ eine Ebene $\beta$; $\alpha$ ist von $\beta$ verschieden. $\alpha$, $\beta$, $\varepsilon$ haben nach I 3b genau einen Schnittpunkt $S$, als gemeinsame Gerade nämlich käme nur $g$ in Frage, $g$ soll aber nach Voraussetzung nicht mit $\varepsilon$ incidieren. Nach I 4b liegt $S$ auf $g$.

*Satz 6.* Sind zwei Geraden $a$ und $b$ mit einer Ebene $\varepsilon$ incident, so gibt es einen mit beiden Geraden incidenten Punkt (Schnittpunkt).

*Beweis.* Nach I 6 gibt es mindestens einen Punkt $P$, der nicht mit $\varepsilon$ incident ist, daher nach I 1 auch nicht mit $a$ und $b$. Durch $a$ und $P$ sowie $b$ und $P$ gibt es nach Satz 1 je eine und nur eine Ebene ($\alpha$ und $\beta$). $\alpha$ und $\beta$ haben nach I 2b eine und nur eine Gerade $g$ gemein, und diese muß nach I 4b mit $P$ incidieren. $\alpha$ und $\varepsilon$ haben aber $a$, $\beta$ und $\varepsilon$ haben $b$ gemeinsam, und da $g$, $a$, $b$ verschieden sind, also $\alpha$, $\beta$, $\varepsilon$ keine gemeinsame Gerade haben, so gibt es nach I 3b einen und nur einen mit $\alpha$, $\beta$ und $\varepsilon$ incidenten Punkt. Dieser muß nach I 4b auf $a$, $b$ und, was zu beweisen war, auf $g$ liegen.

In der projektiven Geometrie ist die Aussage, der Punkt $C$ liege zwischen den Punkten $A$ und $B$, bedeutungslos, da dort die Punkte $A$ und $B$ die Gerade genau in *zwei* Strecken zerlegen. An die Stelle des Begriffs zwischen tritt daher der Begriff der gegenseitigen Trennung oder Nichttrennung von zwei Punktepaaren. Über diesen Begriff geben folgende Axiome Auskunft:

II 1. Werden auf einer Geraden $g$ die Punkte $A$, $B$ durch $C$, $D$ getrennt, so werden $A$, $C$ nicht durch $B$, $D$ und $A$, $D$ nicht durch $B$, $C$ getrennt. Werden umgekehrt $A$, $C$ nicht durch $B$, $D$ und $A$, $D$ nicht durch $B$, $C$ getrennt, so wird $A$, $B$ durch $C$, $D$ getrennt.

II 2. Zu drei Punkten $A$, $B$, $C$ auf einer Geraden gibt es stets einen Punkt $D_1$ so, daß $A$, $B$ durch $C$, $D_1$ getrennt, und einen Punkt $D_2$ so, daß $A$, $B$ durch $C$, $D_2$ nicht getrennt werden.

II 3. Werden $A$, $C$ und $B$, $C$ durch $V$, $W$ nicht getrennt, so werden auch $A$, $B$ durch $V$, $W$ nicht getrennt.

Hieraus folgt:

*Satz 7.* Werden $A, C$ und $B, C$ durch $V, W$ getrennt, so werden $A, B$ durch $V, W$ nicht getrennt.

*Beweis.* Nehmen wir an, daß auch $A, B$ durch $V, W$ getrennt würden, so werden jedenfalls nach II 1 $A, V$ durch $C, W$, und $B, V$ durch $C, W$ nicht getrennt. Dann aber ist nach II 3 $A, B$ auch von $C, W$ nicht getrennt. Nun sind die Voraussetzungen über $A, B$; $B, C$; $A, C$ völlig symmetrisch, so daß wir ebenso schließen können, $A, C$ werde durch $B, W$ und $B, C$ durch $A, W$ nicht getrennt. Das ist aber nach *II* 1 unmöglich.

Es seien auf der Geraden zwei Punkte $A, B$ und ein dritter Punkt $C$ angenommen. Alle Punkte der Geraden $g$ werden in zwei Klassen eingeteilt, die der von $C$ durch $A, B$ getrennten und die der von $C$ durch $A, B$ nichtgetrennten Punkte. Nach Axiom II 2 ist keine der beiden Klassen leer. Wir zeigen, *daß zwei Punkte derselben Klasse durch $A, B$ nicht getrennt werden.* Denn seien $P$ und $Q$ von $C$ durch $A, B$ nicht getrennt; d. h. die Paare $P, C$ und $Q, C$ durch $A, B$ nicht getrennt, so ist nach II 3 auch $P, Q$ durch $A, B$ nicht getrennt. Werden dagegen $P, C$ und $Q, C$ durch $A, B$ getrennt, so werden $P, Q$ durch $A, B$ nach Satz 7 nicht getrennt. *Zwei Punkte $P, Q$ verschiedener Klasse hingegen werden durch $A, B$ getrennt.* Seien

1) $P, C$ durch $A, B$ getrennt,

2) $Q, C$ durch $A, B$ nicht getrennt,

und nehmen wir an, $A, B$ würden entgegen der Behauptung durch $P, Q$ nicht getrennt, so folgte mittels Vor. 2 nach II 3, daß auch $C, P$ durch $A, B$ nicht getrennt würden, entgegen Vor. 1. Die beiden Punktklassen, in die eine Gerade durch zwei ihrer Punkte $A, B$ zerlegt wird, sollen als die beiden „Strecken“ $AB$ bezeichnet werden, $A$ und $B$ heißen die Endpunkte dieser Strecken.

Das in Axiom II 3 und den anschließenden Überlegungen Ausgesprochene können wir durch folgende Symbolik vereinfacht darstellen: Es sei

$$\frac{AB}{CD} = +1,$$

wenn $A, B$ durch $C, D$ nicht getrennt werden,

$$\frac{AB}{CD} = -1,$$

wenn $A, B$ durch $C, D$ getrennt werden. Die Reihenfolge, in der die Buchstaben bei der Bezeichnung eines Punktepaares geschrieben werden, ist beliebig. Es sei zugelassen, daß die Punkte eines Paares zusammenfallen:

$$\frac{AB}{CC} = +1.$$

Da Trennung und Nichttrennung die beiden Punktepaare symmetrisch betrifft, so ist auch stets

$$\frac{AB}{CD} = \frac{CD}{AB}.$$

In dieser Schreibweise lauten II 3 und Satz 7

$$\frac{AC}{UV} \cdot \frac{BC}{UV} = \frac{AB}{UV}$$

oder

(1) $$\frac{AC}{UV} \cdot \frac{BC}{UV} \cdot \frac{AB}{UV} = +1.$$

*Satz 8.* Eine Gerade wird durch drei Punkte in drei Strecken zerlegt.

*Beweis.* Die drei Punkte seien $A$, $B$, $C$. $\mathfrak{K}_{AB}$ sei die Klasse der Punkte, die durch $A, B$ von $C$ getrennt werden, entsprechende Bedeutung sollen die Zeichen $\mathfrak{K}_{BC}$ und $\mathfrak{K}_{AC}$ haben. Jeder Punkt $P$ der Geraden liegt in einer und nur einer der drei Klassen. Denn nach II 1 ist von den drei Ausdrücken $\frac{AP}{BC}$, $\frac{BP}{AC}$, $\frac{CP}{AB}$ einer und nur einer gleich $-1$. Zwei Punkte von $\mathfrak{K}_{AB}$ werden nun weder durch $A, B$ noch durch $A, C$ noch durch $B, C$ getrennt. Denn gehören $P$ und $Q$ zu $\mathfrak{K}_{AB}$, so ist $\frac{CP}{AB} = \frac{CQ}{AB} = -1$. Nach (1) folgt hieraus

$$\frac{CP}{AB} \cdot \frac{CQ}{AB} = \frac{PQ}{AB} = +1.$$

Ebenso ist für diese beiden Punkte $P$ und $Q$ $\frac{AP}{BC} = \frac{AQ}{BC} = +1$, woraus $\frac{PQ}{BC} = +1$ folgt. Auf dieselbe Weise erhält man $\frac{PQ}{AC} = +1$. Dagegen werden alle Punkte von $\mathfrak{K}_{AB}$ durch $A, B$ von den übrigen Punkten, nämlich den von $\mathfrak{K}_{AC}$ und $\mathfrak{K}_{BC}$, getrennt. Es sei nämlich $P$ ein Punkt von $\mathfrak{K}_{AB}$ und $Q$ ein Punkt von $\mathfrak{K}_{BC}$ oder $\mathfrak{K}_{AC}$. Dann ist $\frac{PC}{AB} = -1$, $\frac{QC}{AB} = +1$, woraus $\frac{PQ}{AB} = -1$ folgt, wie behauptet. Die Punkte von $\mathfrak{K}_{AC}$ und $\mathfrak{K}_{BC}$ werden durch $A$, $B$ nicht voneinander getrennt. $P$ gehöre zu $\mathfrak{K}_{AC}$ und $Q$ zu $\mathfrak{K}_{BC}$, dann gilt $\frac{PB}{AC} = -1$, $\frac{QA}{BC} = -1$, folglich (nach II 1) $\frac{PC}{AB} = +1$ und $\frac{QC}{AB} = +1$, woraus nach (1) durch Multiplikation folgt $\frac{PQ}{AB} = +1$. Man kann daher sagen, daß die beiden Klassen $\mathfrak{K}_{AC}$ und $\mathfrak{K}_{BC}$, die durch das Paar $A, B$ nicht voneinander getrennt werden, erst durch den dritten Punkt $C$ voneinander getrennt werden. In diesem Sinne werden auch $\mathfrak{K}_{AB}$ und $\mathfrak{K}_{BC}$ durch $B$, $\mathfrak{K}_{AC}$ und $\mathfrak{K}_{AB}$ durch $A$ voneinander getrennt. Die Klassen $\mathfrak{K}_{AB}$, $\mathfrak{K}_{BC}$ und $\mathfrak{K}_{AC}$ können in der oben gewählten Ausdrucksweise als Strecken $AB$, $BC$, $AC$ bezeichnet werden. $B$ heißt der gemeinsame Endpunkt von $AB$ und $BC$.

Die Symbolik der Trennung und Nichttrennung können wir noch durch folgende Schreibweise ergänzen: Es soll bedeuten, zwei Punkte $A$ und $B$ werden durch die Geraden $g$ und $h$ getrennt, geschrieben $\frac{AB}{gh} = -1$, daß auf der durch $A$ und $B$ gehenden Geraden $c$ die Punkte $A, B$ durch die Schnittpunkte $G$ und $H$ der Geraden $g$ und $h$ mit $c$

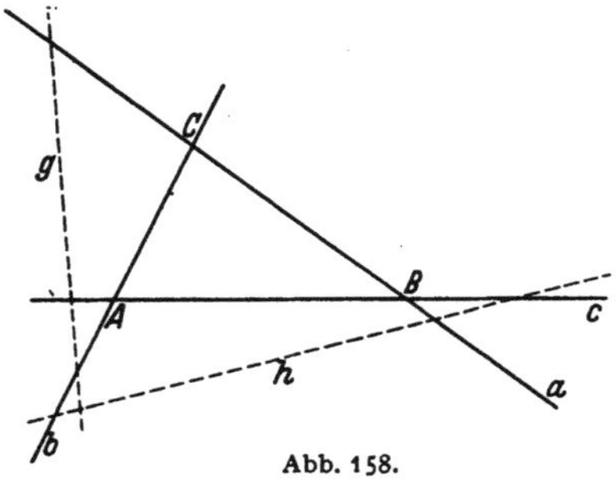


Abb. 158.

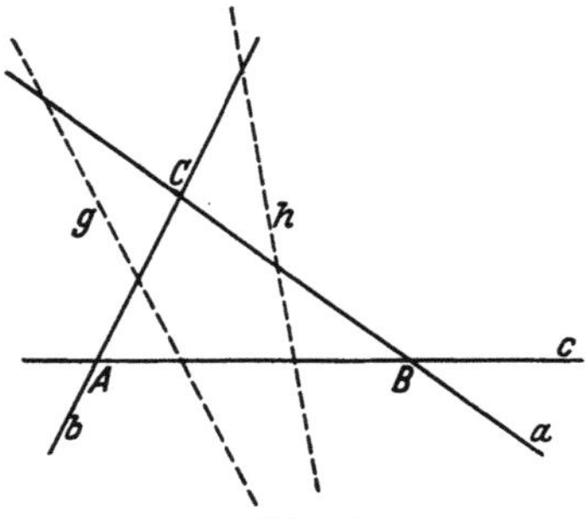


Abb. 159.

getrennt werden. Entsprechend bedeutet $\frac{AB}{gh} = +1$ die Nichttrennung. Der Gleichung (1) tritt in dieser Schreibweise für die drei Geraden $a, b, c$ und die beiden Punkte $U, V$ die folgende an die Seite

$$\frac{UV}{ac} \cdot \frac{UV}{bc} \cdot \frac{UV}{ab} = 1 . \tag{1a}$$

Wir benötigen nun noch ein Anordnungsaxiom, das die gegenseitige Lage von Geraden und Punkten in der Ebene beherrscht (Abb. 158, 159):

II 4. Sind $a, b, c$ drei Geraden mit den nicht zusammenfallenden Schnittpunkten $ab = C$, $ac = B$, $bc = A$ und sind $g, h$ zwei weitere Geraden, so ist

$$\frac{BC}{gh} \cdot \frac{CA}{gh} \cdot \frac{AB}{gh} = 1 .$$

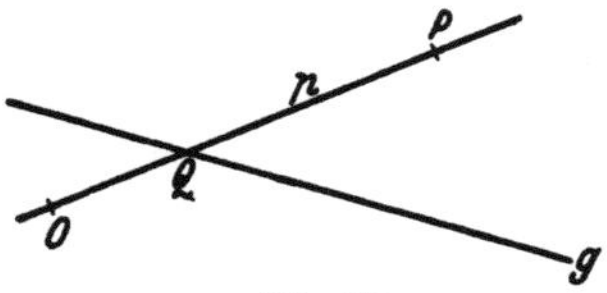


Abb. 160.

*Definition.* Ist $O$ ein Punkt und $g$ eine Gerade der Ebene und verbinden wir einen beliebigen Punkt $P$ der Ebene mit $O$ durch eine Gerade $p$, so heiße der Schnittpunkt $Q$ von $g$ und $p$ die Projektion von $P$ aus $O$ auf $g$ (Abb. 160).

*Satz 9.* Sind $g$ und $h$ zwei Geraden in der Ebene mit dem Schnittpunkt $S$ und ist $O$ ein nicht auf den beiden Geraden liegender Punkt der Ebene, sind ferner $P_1, P_2, P_3$ Punkte auf $g$ und $Q_1, Q_2, Q_3$ bzw. ihre Projektionen aus $O$ auf $h$, so ist

$$\frac{SP_1}{P_2P_3} = \frac{SQ_1}{Q_2Q_3} .$$

*Beweis* (Abb. 161). Es werde $\triangle SP_1Q_1$ betrachtet. Die Gerade $P_2Q_2O$ heiße $l$ und $P_3Q_3O$ $m$. Dann ist nach II 4

$$\frac{SP_1}{lm} \cdot \frac{P_1Q_1}{lm} \cdot \frac{SQ_1}{lm} = 1$$

oder

$$\frac{SP_1}{P_2P_3} \cdot \frac{P_1Q_1}{OO} \cdot \frac{SQ_1}{Q_2Q_3} = 1 .$$

Nun ist $\frac{P_1Q_1}{OO} = 1$, also $\frac{SP_1}{P_2P_3} = \frac{SQ_1}{Q_2Q_3}$, w. z. b. w.

*Satz 10.* Sind $P_1, P_2, P_3, P_4$ vier Punkte auf $g$ und $Q_1Q_2Q_3Q_4$ bzw. ihre Projektionen auf $h$ von einem außerhalb $g$ und $h$ liegenden Punkte $O$ aus, so ist

$$\frac{P_1P_2}{P_3P_4} = \frac{Q_1Q_2}{Q_3Q_4} .$$

*Beweis.* Der Schnittpunkt von $g$ und $h$ sei $S$, dann ist nach dem vorangehenden Satz

$$\frac{SP_1}{P_3P_4} = \frac{SQ_1}{Q_3Q_4} ,$$

$$\frac{SP_2}{P_3P_4} = \frac{SQ_2}{Q_3Q_4} .$$

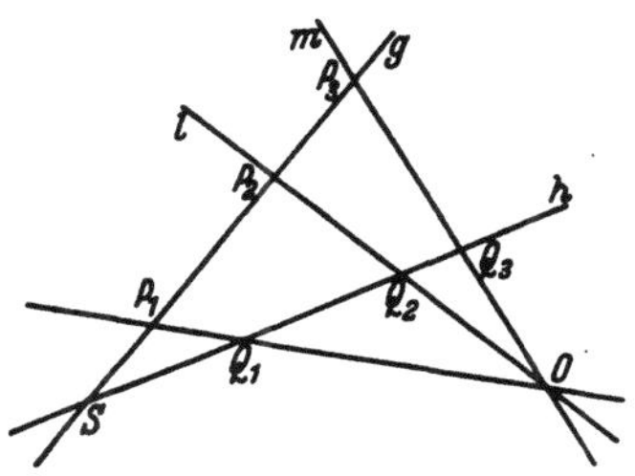

Abb. 161.

Daraus folgt durch Multiplikation

$$\frac{SP_1}{P_3P_4} \cdot \frac{SP_2}{P_3P_4} = \frac{SQ_1}{Q_3Q_4} \cdot \frac{SQ_2}{Q_3Q_4}$$

oder nach Gleichung (1)

$$\frac{P_1P_2}{P_3P_4} = \frac{Q_1Q_2}{Q_3Q_4} .$$

Die gegenseitige Lage zweier Punktepaare bleibt also bei Projektion erhalten. Benennen wir die Strahlen $OP_1, OP_2, OP_3, OP_4$ mit $p_1, p_2, p_3, p_4$, so wollen wir definieren

$$\frac{p_1p_2}{p_3p_4} = \frac{P_1P_2}{P_3P_4}$$

und sprechen auch hier von Trennung oder Nichttrennung des Strahlenpaares $p_1, p_2$ durch das Strahlenpaar $p_3, p_4$. Nach dem eben Bewiesenen ist $\frac{p_1p_2}{p_3p_4}$ unabhängig von der Wahl der Geraden $g$, die $P_1, P_2, P_3, P_4$ trägt. Hiermit ist ein grundlegender Sachverhalt der projektiven Geometrie festgestellt.

Auf Grund des Axioms II 4 können wir feststellen, daß zwei Geraden $g$ und $h$ die Punkte der Ebene in zwei Klassen teilen. Ist $A$ ein weder auf $g$ noch auf $h$ gelegener Punkt, so werden in die eine Klasse diejenigen Punkte $P$ gerechnet, die von $A$ durch $g$ und $h$ nicht getrennt werden, in die andere Klasse die von $A$ durch $g$ und $h$ getrennten Punkte. Es muß gezeigt werden, daß diese Klasseneinteilung von der Wahl des Punktes $A$ unabhängig ist, indem wir nachweisen, daß zwei Punkte derselben Klasse durch $g$ und $h$ nicht getrennt werden, zwei Punkte verschiedener Klasse dagegen durch $g$ und $h$ getrennt werden. Daß übrigens keine der beiden Klassen leer ist, ergibt sich schon durch Betrachtung der Punkte einer beliebigen durch $A$ gehenden Geraden unter Berücksichtigung von Axiom II 2.

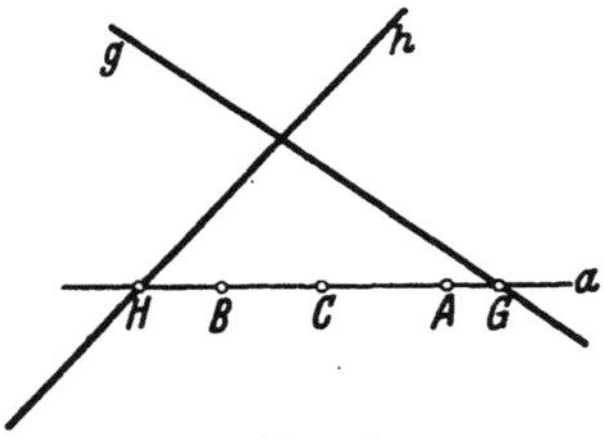

Abb. 162.

Es seien $B$ und $C$ zwei Punkte der gleichen Klasse, die beide von $A$ verschieden gedacht werden können. Liegen $A$, $B$, $C$ in einer Geraden $a$, so seien $G$ und $H$ die Schnittpunkte von $a$ mit $g$ und $h$ (Abb. 162). Dann ist nach

$$\frac{AB}{gh}\cdot\frac{BC}{gh}\cdot\frac{AC}{gh}=\frac{AB}{GH}\cdot\frac{BC}{GH}\cdot\frac{AC}{GH}=1. \tag{1}$$

Da nun $\frac{AB}{GH}\cdot\frac{AC}{GH}=+1$ ist, weil $B$ und $C$ derselben Klasse angehören, so folgt $\frac{BC}{GH}=+1$, d. h. die Punkte $B$ und $C$ werden durch $g$ und $h$ nicht getrennt. Im allgemeinen werden dagegen $A$, $B$, $C$ nicht auf einer Geraden liegen (Abb. 163). Dann ist nach II 4

$$\frac{AB}{gh}\cdot\frac{BC}{gh}\cdot\frac{CA}{gh}=1. \tag{2}$$

Dabei ist

$$\frac{AB}{gh}\cdot\frac{AC}{gh}=+1,$$

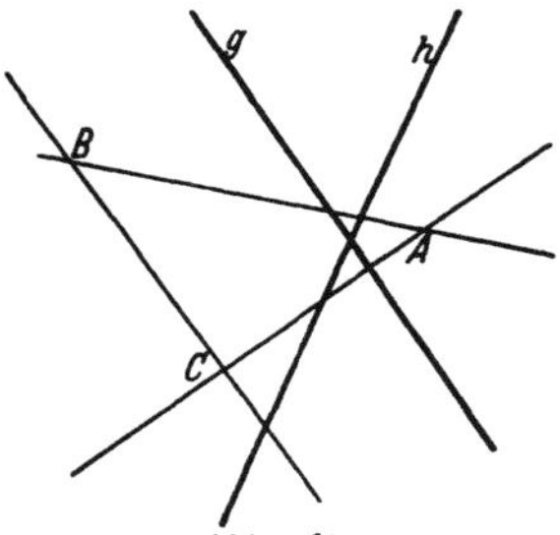

Abb. 163.

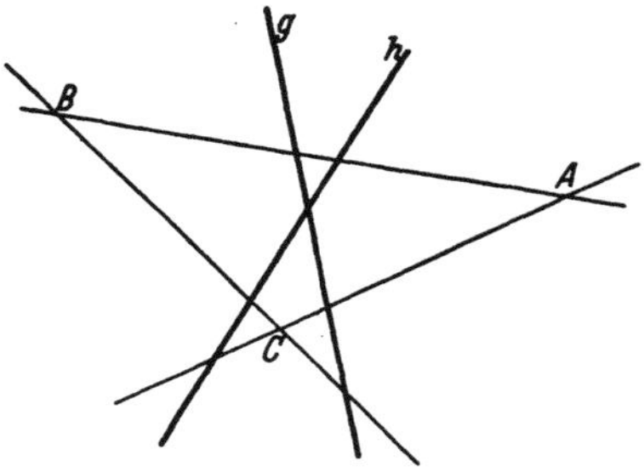

Abb. 164.

da $B$ und $C$ der gleichen Klasse angehören, also beide von $A$ getrennt oder beide von $A$ durch $g$ und $h$ nicht getrennt werden. Es folgt

$$\frac{BC}{gh}=+1,$$

d. h. $B$ und $C$ werden durch $g$ und $h$ nicht getrennt. Ist aber

$$\frac{AB}{gh}\cdot\frac{AC}{gh}=-1,$$

d. h. gehören $B$ und $C$ verschiedenen Klassen an (Abb. 164), so ist nach (2) auch

$$\frac{BC}{gh}=-1,$$

d. h. zwei Punkte verschiedener Klasse werden durch $g$ und $h$ getrennt.

## § 65. Zerlegung der projektiven Ebene und des projektiven Raumes. Projektiv-konvexe Polygone und Polyeder.

*Satz 1.* Drei nicht durch einen gemeinsamen Punkt gehende Geraden zerlegen die projektive Ebene in vier Teile.

*Beweis.* Die Geraden mögen $a$, $b$, $c$ heißen. Durch $a$, $b$ werde die Ebene in $\mathfrak{C}_1$ und $\mathfrak{C}_2$ zerlegt (vgl. Klasseneinteilung am Schluß von § 64), $b$ und $c$ mögen für sich die Ebene in $\mathfrak{A}_1$ und $\mathfrak{A}_2$ zerlegen. Dabei sei von den Punkten auf den drei Geraden abgesehen. Die Kombination beider Einteilungen ergibt vier „Durchschnitte“:

$$\mathfrak{D}_1 = \mathfrak{A}_1\mathfrak{C}_1, \quad \mathfrak{D}_2 = \mathfrak{A}_1\mathfrak{C}_2, \quad \mathfrak{D}_3 = \mathfrak{A}_2\mathfrak{C}_1, \quad \mathfrak{D}_4 = \mathfrak{A}_2\mathfrak{C}_2.$$

Dann ist also (Abb. 165)

$$\begin{aligned}
\mathfrak{D}_1 + \mathfrak{D}_2 &= \mathfrak{A}_1(\mathfrak{C}_1 + \mathfrak{C}_2) = \mathfrak{A}_1,\\
\mathfrak{D}_3 + \mathfrak{D}_4 &= \mathfrak{A}_2(\mathfrak{C}_1 + \mathfrak{C}_2) = \mathfrak{A}_2,\\
\mathfrak{D}_1 + \mathfrak{D}_3 &= \mathfrak{C}_1(\mathfrak{A}_1 + \mathfrak{A}_2) = \mathfrak{C}_1,\\
\mathfrak{D}_2 + \mathfrak{D}_4 &= \mathfrak{C}_2(\mathfrak{A}_1 + \mathfrak{A}_2) = \mathfrak{C}_2.
\end{aligned}$$

Um einzusehen, daß mit diesen vier Klassen die Zerlegung durch die drei Geraden vollständig beschrieben ist, muß man noch zeigen, daß das dritte Geradenpaar $a$, $c$ keine weitere Zerlegung mit sich bringt. Wir behaupten nämlich, daß die durch $a$ und $c$ erzeugten Klassen $\mathfrak{B}_1$ und $\mathfrak{B}_2$ lediglich neue Zusammenfassungen der bisherigen Klassen darstellen:

$$\mathfrak{B}_1 = \mathfrak{D}_1 + \mathfrak{D}_4 = \mathfrak{A}_1\mathfrak{C}_1 + \mathfrak{A}_2\mathfrak{C}_2,$$
$$\mathfrak{B}_2 = \mathfrak{D}_2 + \mathfrak{D}_3 = \mathfrak{A}_1\mathfrak{C}_2 + \mathfrak{A}_2\mathfrak{C}_1.$$

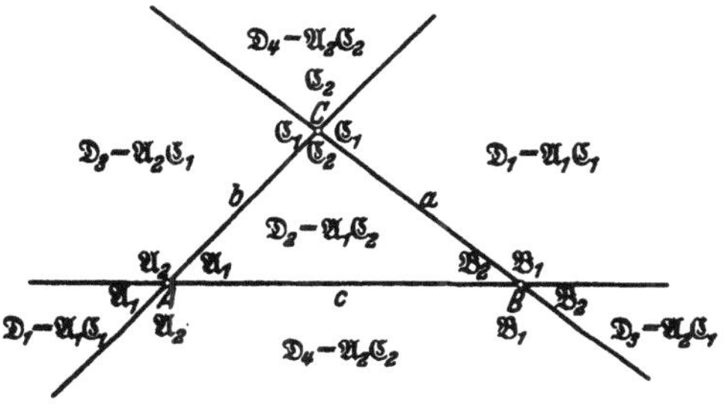

Abb. 165.

Damit wären dann alle sechs Paare, die sich aus $\mathfrak{D}_1$, $\mathfrak{D}_2$, $\mathfrak{D}_3$, $\mathfrak{D}_4$ bilden lassen, geometrisch interpretiert.

Um zu zeigen, daß zwei Punkte aus $\mathfrak{D}_1 + \mathfrak{D}_4$ durch $a$, $c$ nicht getrennt werden, betrachten wir zunächst zwei Punkte $P$ und $Q$ aus $\mathfrak{D}_1 = \mathfrak{A}_1\mathfrak{C}_1$. Dann ist sowohl $\frac{PQ}{ab} = +1$ als auch $\frac{PQ}{bc} = +1$. Folglich ist nach § 64 (1a)

$$\frac{PQ}{ac} = \frac{PQ}{ab} \cdot \frac{PQ}{bc} = +1\,.$$

Ist $P$ aus $\mathfrak{D}_1 = \mathfrak{A}_1\mathfrak{C}_1$ und $Q$ aus $\mathfrak{D}_4 = \mathfrak{A}_2\mathfrak{C}_2$, so ist $\frac{PQ}{ab} = -1$, da $P$ und $Q$ in $\mathfrak{C}_1$ bzw. $\mathfrak{C}_2$ liegen, also durch $a$, $b$ getrennt werden, und ebenso ist $\frac{PQ}{bc} = -1$. Wieder haben wir damit nach § 64 (1a):

$$\frac{PQ}{ac} = \frac{PQ}{ab} \cdot \frac{PQ}{bc} = +1\,.$$

Zwei Punkte aus $\mathfrak{D}_1 + \mathfrak{D}_4$ gehören also in bezug auf $a$, $c$ derselben Klasse an. Dasselbe gilt, wie man ebenso sieht, für $\mathfrak{D}_2 + \mathfrak{D}_3$ in bezug auf $a$, $c$. In derselben Weise ist zu zeigen, daß die Punkte von $\mathfrak{D}_1 + \mathfrak{D}_4$ von den Punkten von $\mathfrak{D}_2 + \mathfrak{D}_3$ durch $a$, $c$ getrennt werden.

Die vier Teile, in welche die projektive Ebene durch die drei Geraden zerfällt, dürfen als Dreiecke bezeichnet werden. Jeder der Teile $\mathfrak{D}_1$, $\mathfrak{D}_2$, $\mathfrak{D}_3$, $\mathfrak{D}_4$ ist von Strecken begrenzt, die von $a$, $b$, $c$ durch $A$, $B$, $C$ abgeschnitten werden. $\mathfrak{D}_1 + \mathfrak{D}_2 = \mathfrak{A}_1$ wird aus der ganzen Ebene durch die Geraden $b$ und $c$ herausgeschnitten; erst das Hinzutreten der dritten Geraden $a$ bringt eine Zerspaltung von $\mathfrak{A}_1$ in $\mathfrak{D}_1$ und $\mathfrak{D}_2$ zustande. Wir sagen, $\mathfrak{D}_1$ und $\mathfrak{D}_2$ haben die „gemeinsame Grenze“ $BC$, die eine Strecke von $a$ ist. Ebenso sind $\mathfrak{D}_1$ und $\mathfrak{D}_3$ „benachbart“; $\mathfrak{D}_1$ und $\mathfrak{D}_3$ werden, da sie beide $\mathfrak{C}_1$ angehören, durch $a$, $b$ noch nicht getrennt, erst das Hinzutreten von $c$ führt die Zerlegung in $\mathfrak{D}_1$ und $\mathfrak{D}_3$ herbei. $\mathfrak{D}_1$ und $\mathfrak{D}_3$ haben die „gemeinsame Grenze“ $AB$, die eine Strecke von $c$ ist. Endlich werden $\mathfrak{D}_1$ und $\mathfrak{D}_4$ durch $AC$, eine Strecke von $b$, getrennt. Die ein Dreieck begrenzenden Strecken werden „Kanten“ genannt, während im folgenden gelegentlich unter „Dreiecksseiten“ die ganzen Geraden verstanden werden sollen. $\mathfrak{D}_1$ ist ein Dreieck mit den Kanten $AB$, $BC$, $CA$. $\mathfrak{D}_2$, $\mathfrak{D}_3$, $\mathfrak{D}_4$ sind Dreiecke mit denselben Ecken.

Eine vierte Gerade $g$ trifft von den vier Dreiecken $\mathfrak{D}_1$, $\mathfrak{D}_2$, $\mathfrak{D}_3$, $\mathfrak{D}_4$, in die die projektive Ebene durch $a$, $b$, $c$ zerfällt, stets drei und nur drei. Denn auf $g$ werden durch die Schnittpunkte der Geraden $a$, $b$, $c$ drei Strecken erzielt (Satz 8, § 64). Diese Strecken gehören drei verschiedenen von den vier Dreiecken $\mathfrak{D}_1$, $\mathfrak{D}_2$, $\mathfrak{D}_3$, $\mathfrak{D}_4$ an. — Es treffe die Gerade $g$ insbesondere das Dreieck $\mathfrak{D}$, und es sei $\mathfrak{s}$ die auf $g$ von $\mathfrak{D}$ herausgeschnittene Strecke mit den Endpunkten $P$, $Q$ (Abb. 166).

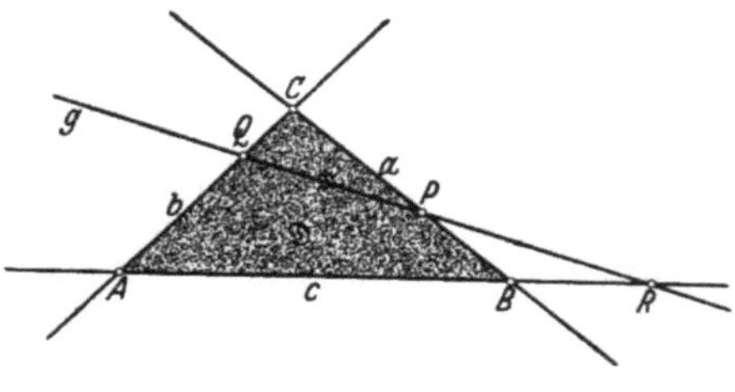

Abb. 166.

$P$ und $Q$ liegen auf den Dreieckskanten $BC$ und $AC$. Die Gerade $c$ trifft $g$ in einem Punkte $R$; $R$ liegt nicht auf der Dreieckskante $AB$, denn dieser Punkt trennt die beiden Strecken $QR$ und $RP$ voneinander, die beide zwei von $\mathfrak{D}$ *verschiedenen* Dreiecken angehören. Folglich liegt $R$ auf der trennenden Kante *dieser* beiden Dreiecke und nicht auf der Kante $AB$ von $\mathfrak{D}$, mit anderen Worten:

*Satz 2.* Schneidet eine Gerade ein Dreieck (und zwar nicht in seinen Eckpunkten), so trifft sie genau zwei seiner Kanten.

Betrachten wir wieder die vier Dreiecke $\mathfrak{D}_1$, $\mathfrak{D}_2$, $\mathfrak{D}_3$, $\mathfrak{D}_4$, in die die projektive Ebene durch $a$, $b$; $c$ zerfällt, so bemerkten wir schon, daß eine vierte Gerade $g$ nur drei von diesen Dreiecken schneiden kann. Man kann nun insbesondere die vierte Gerade $g$ so legen, daß sie ein vorgeschriebenes der vier Dreiecke, es heiße $\mathfrak{D}$, nicht trifft. Zieht man nämlich eine beliebige Gerade $h$, so könnte es sein, daß diese schon $\mathfrak{D}$ nicht trifft; dann setzen wir $g = h$. Trifft jedoch $h$ das Dreieck $\mathfrak{D}$, so wissen wir, daß $h$ zwei Dreieckskanten, etwa $BC$ und $CA$ in $P$ bzw. $Q$ schneidet (Abb. 167). Auf der Geraden $a$ nehmen wir einen Punkt $P_1$ an, der von $P$ durch $B$, $C$ getrennt wird, und ebenso auf $b$ einen Punkt $Q_1$, der von $Q$ durch $A$, $C$ getrennt wird. Wir ziehen die Gerade $g = P_1Q_1$. Sie trifft das Dreieck $\mathfrak{D}$ nicht, da sie gewiß zwei seiner Kanten nicht trifft, nämlich $AB$ und $AC$, also nach Satz 2 auch die dritte Kante nicht treffen kann.

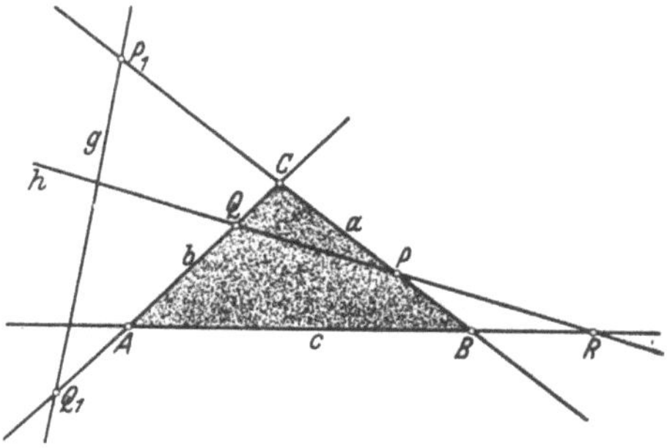

Abb. 167.

Wir hatten die Ebene durch Geraden in Teilbereiche zerlegt, die die Eigenschaft hatten, daß sie auf einer sie treffenden Geraden eine Strecke herausschnitten. Wir wollen eine besondere Klasse solcher Bereiche hervorheben, indem wir definieren:

Ist $w$ eine Gerade, so soll der ebene Bereich $\mathfrak{B}$ projektiv-konvex in bezug auf $w$ heißen, wenn auf jeder Geraden $g$, die $\mathfrak{B}$ trifft, durch $\mathfrak{B}$ genau eine Strecke herausgeschnitten wird, welche den Schnittpunkt $W$ von $g$ mit $w$ nicht enthält. Ein Bereich heißt projektiv-konvex schlechthin, wenn es eine Gerade gibt, in bezug auf die er projektivkonvex ist.

In dieser Terminologie können wir den Satz aussprechen:

*Satz 3.* Jedes Dreieck ist projektiv-konvex.

Wir können nämlich nach den vorangehenden Betrachtungen eine das Dreieck nicht schneidende Gerade $w$ stets angeben.

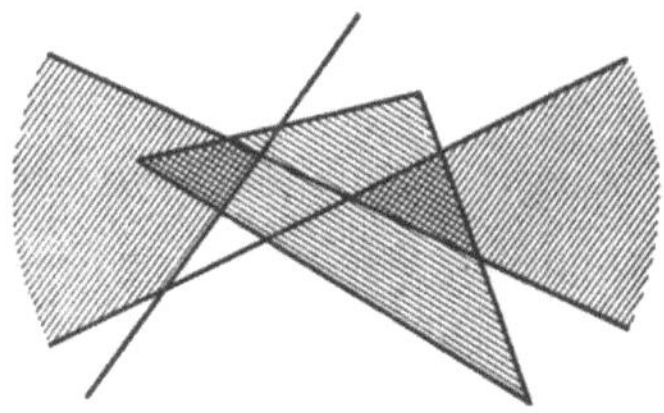
Abb. 168.

Der Durchschnitt zweier projektiv-konvexer Bereiche braucht übrigens nicht projektiv-konvex zu sein. Es braucht nämlich keine gemeinsame Gerade zu geben, in bezug auf die *beide* Bereiche projektiv-konvex sind (Abb. 168).

Es gilt aber

*Satz 4.* Eine Gerade kann einen projektiv-konvexen Bereich nur in zwei projektiv-konvexe Bereiche zerlegen (sofern sie überhaupt zerlegt).

*Beweis.* Es sei $\mathfrak{C}$ projektiv-konvex, $w$ die Bezugsgerade und $h$ eine schneidende Gerade. Die beiden Geraden $w$ und $h$ zerlegen die Ebene in die beiden Bereiche $\mathfrak{A}_1$ und $\mathfrak{A}_2$ (Abb. 169). Zu zeigen ist, daß dann die Durchschnitte $\mathfrak{C}\mathfrak{A}_1$ und $\mathfrak{C}\mathfrak{A}_2$ beide projektiv-konvex sind (wenn sie nicht leer sind). Zwei Punkte $P$ und $Q$ von $\mathfrak{C}\mathfrak{A}_1$ lassen sich verbinden durch eine Strecke $PQ$, die keinen Punkt von $w$ enthält. Als in $\mathfrak{C}$ liegend lassen sich $P$ und $Q$ nämlich durch diejenige der beiden Strecken $PQ$ verbinden, die $w$ nicht trifft und ganz in $\mathfrak{C}$ liegt (wegen der projektiven Konvexität von $\mathfrak{C}$). Als in $\mathfrak{A}_1$ liegend lassen sich $P$ und $Q$ durch diejenige der beiden Strecken $PQ$ verbinden, die sowohl $w$ als auch $h$ nicht trifft (wegen der Gebietseinteilung der projektiven Ebene durch zwei Geraden) und die daher ganz in $\mathfrak{A}_1$ liegt. Beide Male ist dieselbe Strecke $PQ$ gemeint, nämlich diejenige, die keinen Punkt von $w$ enthält, also ist $\mathfrak{C}\mathfrak{A}_1$ projektiv-konvex. Dieselbe Überlegung gilt für $\mathfrak{C}\mathfrak{A}_2$.

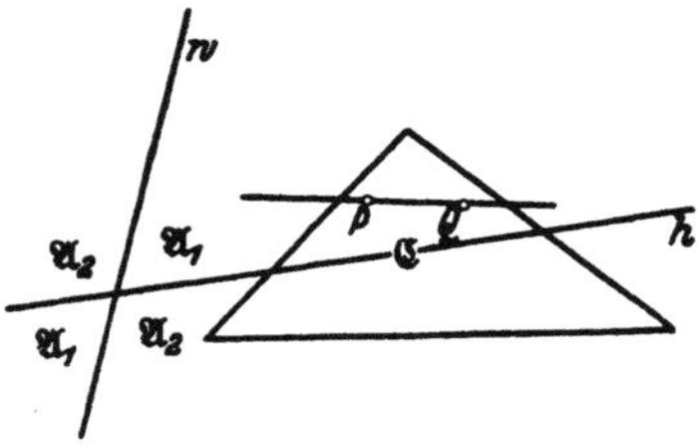

Abb. 169.

*Korollar.* Durch vier Geraden wird die Ebene in sieben projektiv-konvexe Bereiche zerlegt.

Es zerlegen nämlich drei Geraden die Ebene in vier Dreiecke, und die vierte Gerade trifft davon drei Dreiecke, die sie in je zwei projektiv-konvexe Bereiche, in je ein Viereck und ein Dreieck zerlegt.

Wir wenden uns nun zum projektiven Raum, der durch die bisher angegebenen Axiome hinreichend charakterisiert ist. Sind zwei Ebenen $\alpha$, $\beta$ und zwei nicht in ihnen liegende Punkte $P$, $Q$ gegeben, so sind die beiden Fälle zu unterscheiden, daß $P$, $Q$ durch $\alpha$, $\beta$ getrennt oder nicht getrennt werden. Das wird dadurch entschieden, daß man die Gerade $PQ$ legt und auf ihr die Schnittpunkte $A$ und $B$ mit den Ebenen $\alpha$ und $\beta$ feststellt. Wir setzen dann $\frac{PQ}{\alpha\beta} = \frac{PQ}{AB} = \pm 1$, je nachdem Nichttrennung oder Trennung vorliegt. Sind die Ebenen $\alpha$ und $\beta$ sowie ein Punkt $P$ gegeben, so werden alle nicht auf $\alpha$ und $\beta$ gelegenen Punkte des Raumes in zwei Klassen geteilt; $\mathfrak{A}_1$ enthalte die Punkte, die von $P$ durch $\alpha$, $\beta$ nicht getrennt werden, $\mathfrak{A}_2$ diejenigen, die von $P$ durch $\alpha$, $\beta$ getrennt werden. Zu beweisen ist, daß zwei Punkte aus ein und derselben Klasse durch $\alpha$, $\beta$ nicht getrennt werden, dagegen wohl zwei Punkte aus verschiedenen Klassen.

Seien etwa $X$, $Y$ zwei Punkte aus $\mathfrak{A}_1$. Ist einer von ihnen mit $P$ identisch, so werden die beiden Punkte durch $\alpha$, $\beta$ nicht getrennt laut Definition. Wir können also $X$ und $Y$ als von $P$ verschieden annehmen. Alsdann betrachten wir die (oder eine) Ebene $\pi$ durch $P$, $X$, $Y$. In ihr liegen die Schnittgeraden $a$ und $b$ mit den Ebenen $\alpha$ und $\beta$. Die Schnittpunkte $A$, $B$ der Geraden $XY$ mit $\alpha$ und $\beta$ sind innerhalb der Ebene $\pi$ die Schnittpunkte der Geraden $a$ und $b$ mit der Geraden $XY$. Damit liegt die Anordnung vor, die zur Teilung der Ebene führte (am

Schluß von § 64). Also werden $X, Y$ durch $A, B$ und damit auch durch $\alpha, \beta$ nicht getrennt. In entsprechender Weise ist die Frage der Trennung der Punkte durch $\alpha$ und $\beta$ zurückzuführen auf das Problem der Zerlegung in Klassen durch zwei Geraden.

*Satz 5.* Drei Ebenen zerlegen den Raum in vier Teile.

*Beweis.* $\alpha, \beta, \gamma$ seien die drei Ebenen. Das Ebenenpaar $\alpha, \beta$ zerlegt nach dem Vorangegangenen in zwei Teile $\mathfrak{C}_1$ und $\mathfrak{C}_2$, das Ebenenpaar $\beta, \gamma$ in $\mathfrak{A}_1$ und $\mathfrak{A}_2$. Dann entstehen vier Durchschnitte:

$$\mathfrak{D}_1 = \mathfrak{A}_1\mathfrak{C}_1, \quad \mathfrak{D}_2 = \mathfrak{A}_1\mathfrak{C}_2, \quad \mathfrak{D}_3 = \mathfrak{A}_2\mathfrak{C}_1, \quad \mathfrak{D}_4 = \mathfrak{A}_2\mathfrak{C}_2.$$

Es bleibt nun noch zu beweisen, daß das Ebenenpaar $\alpha, \gamma$ keine neue Zerlegung herbeiführt, sondern in

$$\mathfrak{B}_1 = \mathfrak{D}_1 + \mathfrak{D}_4, \quad \mathfrak{B}_2 = \mathfrak{D}_2 + \mathfrak{D}_3$$

zerlegt. Der Beweis verläuft wörtlich so wie von Satz 1.

*Satz 6.* Vier Ebenen ohne gemeinsamen Punkt zerlegen den Raum in acht Teile.

*Beweis.* Die vier Ebenen seien $\alpha, \beta, \gamma, \delta$. Das Paar $\alpha, \delta$ zerlege in $\mathfrak{A}_1$ und $\mathfrak{A}_2$, $\beta, \delta$ in $\mathfrak{B}_1$ und $\mathfrak{B}_2$, $\gamma, \delta$ in $\mathfrak{C}_1$ und $\mathfrak{C}_2$; dann entstehen acht Durchschnitte $\mathfrak{A}_i\mathfrak{B}_h\mathfrak{C}_k$, wo $i, h, k$ die Indices 1 und 2 sein können. Es ist zu zeigen, daß auch z. B. das Ebenenpaar $\alpha, \beta$ keine andere Zerlegung hervorruft. Wir sehen zunächst von der Ebene $\gamma$ ganz ab; da $\alpha, \delta$ in $\mathfrak{A}_1$ und $\mathfrak{A}_2$, $\beta, \delta$ in $\mathfrak{B}_1$ und $\mathfrak{B}_2$ zerlegen, so zerlegen nach dem Beweis von Satz 5 $\alpha, \beta$ in die Bereiche $\mathfrak{A}_1\mathfrak{B}_1 + \mathfrak{A}_2\mathfrak{B}_2$ einerseits und $\mathfrak{A}_1\mathfrak{B}_2 + \mathfrak{A}_2\mathfrak{B}_1$ andererseits. Von den Punkten auf den Ebenen abgesehen, ist ferner $\mathfrak{C}_1 + \mathfrak{C}_2$ der gesamte Raum, also bewirken $\alpha, \beta$ die Zerlegung in

$$\mathfrak{A}_1\mathfrak{B}_1\mathfrak{C}_1 + \mathfrak{A}_1\mathfrak{B}_1\mathfrak{C}_2 + \mathfrak{A}_2\mathfrak{B}_2\mathfrak{C}_1 + \mathfrak{A}_2\mathfrak{B}_2\mathfrak{C}_2$$

und

$$\mathfrak{A}_1\mathfrak{B}_2\mathfrak{C}_1 + \mathfrak{A}_1\mathfrak{B}_2\mathfrak{C}_2 + \mathfrak{A}_2\mathfrak{B}_1\mathfrak{C}_1 + \mathfrak{A}_2\mathfrak{B}_1\mathfrak{C}_2.$$

In entsprechender Weise kombinieren sich diese acht Durchschnittsreihen bei der Zerlegung durch andere Ebenenpaare.

Die vier den Raum in acht Bereiche zerlegenden Ebenen schneiden sich in vier Punkten. Die Bereiche selbst bezeichnen wir als (projektive) Tetraeder. In jeder Ebene liegen vier Dreiecke, die Begrenzungsflächen der Tetraeder sind. Jedes dieser Tetraeder hat mit vier anderen je eines seiner Seitendreiecke gemeinsam, mit den drei anderen je ein Paar Gegenkanten. Eine fünfte Ebene $\omega$ schneidet von diesen acht Tetraedern nur sieben. In der Ebene $\omega$ nämlich schneiden die Ebenen $\alpha, \beta, \gamma, \delta$ vier Geraden heraus, die in $\omega$ sieben projektivkonvexe Bereiche erzeugen, nämlich vier Dreiecke und drei Vierecke (siehe Korollar). Diese sieben Bereiche sind die Durchschnitte der Ebene $\omega$ mit sieben der Tetraeder. Ein Tetraeder kann daher von einer Ebene entweder nur in einem Dreieck oder einem Viereck geschnitten werden, d. h. die Schnittebene, die ein Tetraeder überhaupt trifft, trifft entweder drei oder vier seiner Seitendreiecke. Es gilt daher

*Satz 7.* Eine Ebene, die zwei von den vier Seitendreiecken eines Tetraeders nicht schneidet, schneidet es gar nicht.

Ist $\mathfrak{T}$ eines der acht Tetraeder, in die der projektive Raum durch die vier Ebenen zerfällt, so kann man insbesondere eine Ebene $\xi$ finden, die $\mathfrak{T}$ nicht trifft (dafür aber alle anderen Tetraeder). Es sei nämlich $\varepsilon$ eine beliebige fünfte Ebene, die durch keine der Ecken von $\mathfrak{T}$ geht. Trifft $\varepsilon$ $\mathfrak{T}$ gar nicht, so setzen wir $\xi = \varepsilon$ und haben das Gewünschte erreicht. Wenn dagegen $\mathfrak{T}$ von $\varepsilon$ getroffen wird, so wählen wir eine getroffene Kante von $\mathfrak{T}$ aus und die beiden an $a$ anliegenden Seitendreiecke von $\mathfrak{T}$, von denen jedes ja noch in einer weiteren Kante geschnitten wird. Auf diesen drei Kantengeraden wählen wir nun je einen Punkt, der von dem durch $\varepsilon$ erzielten Schnittpunkte je durch die beiden auf der Kantengeraden liegenden Tetraederecken getrennt wird. Durch diese drei Punkte wird nun die Ebene $\xi$ gelegt; sie trifft keine der beiden betrachteten Seitendreiecke, denn in den Dreiecksebenen liegt die Figur und Konstruktion von S. 323 vor. Nach Satz 7 trifft $\xi$ somit das Tetraeder überhaupt nicht.

*Definition.* Ist $\omega$ eine Ebene, so heißt ein Bereich $\mathfrak{M}$ projektiv-konvex in bezug auf $\omega$, wenn eine beliebige Gerade mit $\mathfrak{M}$ höchstens eine Strecke gemeinsam hat, die keinen Punkt von $\omega$ enthält.

Ein Bereich $\mathfrak{M}$ heißt projektiv-konvex schlechthin, wenn es eine Ebene $\omega$ gibt, in bezug auf die er projektiv-konvex ist.

*Satz 8.* Jedes Tetraeder ist projektiv-konvex.

*Beweis.* Es sei $\mathfrak{T}$ ein solches, dann läßt sich nach dem Vorangehenden eine Ebene $\xi$ angeben, die dieses Tetraeder nicht schneidet. Je zwei Punkte $P$ und $Q$ von $\mathfrak{T}$ lassen sich nun durch diejenige der Strecken $PQ$ verbinden, die keinen Punkt von $\xi$ enthält.

Der Durchschnitt zweier projektiv-konvexer Bereiche braucht selbst nicht projektiv-konvex zu sein. Es gilt jedoch der

*Satz 9.* Ein projektiv-konvexer Bereich kann durch eine Ebene nur in zwei wieder projektiv-konvexe Bereiche zerlegt werden.

Der *Beweis* verläuft analog zu dem von Satz 4.

*Satz 10.* Ist $\mathfrak{M}$ projektiv-konvex, so ist es im besonderen projektiv-konvex in bezug auf jede Ebene, die keinen Punkt von $\mathfrak{M}$ enthält.

*Beweis.* Da $\mathfrak{M}$ projektiv-konvex ist, gibt es eine Ebene $\tau$, in bezug auf die $\mathfrak{M}$ projektiv-konvex ist. Wir nehmen nun an, es sei $\mathfrak{M}$ nicht projektiv-konvex in bezug auf die Ebene $\xi$, dann muß es zwei Punkte $A$ und $B$ von $\mathfrak{M}$ geben, welche die durch sie bestimmte Gerade $s$ in zwei Strecken $s_1$ und $s_2$ zerlegen, von denen diejenige Strecke $s_1$, die keinen Punkt von $\xi$ enthält, nicht ganz zu $\mathfrak{M}$ gehörig sein kann. Da aber $\mathfrak{M}$ in bezug auf $\tau$ konvex sein soll, so müssen unter Vermeidung von $\tau$ $A$ und $B$ durch eine ganz in $\mathfrak{M}$ gelegene Strecke verbunden werden können. Von den beiden Strecken $s_1$ und $s_2$, in die $s$ zerfällt, kann dies nur $s_2$ sein, da $s_1$ nicht ganz in $\mathfrak{M}$ liegt. Nun war $s_2$ aber diejenige Strecke $AB$, die einen Punkt von $\xi$ enthält, also muß auch $\mathfrak{M}$ einen Punkt von $\xi$ enthalten. Enthält daher umgekehrt $\mathfrak{M}$ keinen Punkt von $\xi$, so muß $\mathfrak{M}$ in bezug auf $\xi$ projektiv-konvex sein.

## § 66. Reduktionsprozesse ($\omega$- und $\eta$-Prozesse).

Nachdem wir uns im vorigen Paragraphen mit dem Begriff der Konvexität im projektiven Raume vertraut gemacht haben, kehren wir zu unserm Problem zurück, nämlich der Konstruktion von projektiv-konvexen Polyedern, die isomorph zu abstrakt gegebenen $K$-Polyedern sind.

Wie wir gesehen haben, läßt sich das Tetraeder projektiv-konvex realisieren. Die übrigen $K$-Polyeder sollen nun durch gewisse Prozesse aus dem Tetraeder hergeleitet werden. Die Umkehrung dieser Prozesse ist im euklidischen Raum nicht ohne Einschränkung ausführbar, wohl aber im projektiven Raum, und wegen dieser Tatsache bevorzugen wir in diesem Kapitel die projektive Auffassung. Die nachträgliche Übertragung der Resultate in den euklidischen Raum bringt keine Schwierigkeiten mit sich.

I. *Die $\omega$-Prozesse.* Es sei $\mathfrak{C}$ ein projektiv-konvexes Polyeder, jedoch kein Tetraeder. Es habe die ***dreikantige Ecke*** $D$ mit den Kanten $DA$, $DB$, $DC$. Mittels der Ebene $\delta = ABC$ schneiden wir das Tetraeder $ABCD$ weg. Es bleibt ein Polyeder $\mathfrak{C}_1$ übrig, das die Ecke $D$ nicht hat und nach § 65, Satz 9, gleichfalls projektiv-konvex ist. Es ist eine Begrenzungsfläche $\delta = ABC$ hinzugekommen, möglicherweise sind Flächen verlorengegangen, nämlich die etwaigen dreieckigen Flächen, die mit $D$ incidieren, die ganz dem abgeschnittenen Tetraeder zugefallen sind.

Dieser Prozeß des Wegschneidens eines Tetraeders in der soeben beschriebenen Weise heiße ein $\omega$-Prozeß. Ist $i$ die Anzahl der an $D$ liegenden dreieckigen Flächen ($i = 0, 1, 2, 3$), so werde der Prozeß genauer als $\omega_i$ bezeichnet. Wir wollen feststellen, welche Elemente bei einem $\omega_i$-Prozeß hinzukommen und welche verlorengehen.

Bei $\omega_0$ geht $D$ verloren. Die an $D$ liegenden Flächen, die mit $\alpha$, $\beta$, $\gamma$ bezeichnet seien ($\alpha$ in der Ebene $DBC$, $\beta$ in $DAC$, $\gamma$ in $DAB$), sind keine Dreiecke. Die neuen Kanten $AB$, $BC$, $CA$ schneiden von ihnen je ein Dreieck ab, es bleibt aber der Rest jeder Fläche in $\mathfrak{C}_1$. Ferner kommt $\delta$ hinzu, und $D$ fällt weg, so daß $e + f$, also nach dem EULERschen Polyedersatz auch $k$ unverändert bleibt. In der Tat gehen die drei Kanten $DA$, $DB$, $DC$ verloren, und die drei Kanten $AB$, $BC$, $CA$ kommen hinzu. Jede der Ecken $A$, $B$, $C$ hat eine Kante verloren, aber zwei neue gewonnen. Die dreieckige Fläche $\delta = ABC$ hat also lauter mehrkantige, d. h. keine dreikantigen Ecken.

Beim $\omega_1$-Prozeß sei $\alpha$ die dreieckige Fläche, sie ist in $\mathfrak{C}_1$ nicht vorhanden. In $\mathfrak{C}_1$ ist $f$ dasselbe wie in $\mathfrak{C}$, aber die Eckenzahl, wegen des Ausfalls von $D$, um 1 kleiner geworden. Mit $e + f$ hat sich auch $k$ um 1 vermindert. Beim $\omega_2$-Prozeß vermindern sich $e + f$ und $k$ um 2, beim $\omega_3$-Prozeß um 3.

Bei den $\omega$-Prozessen wird eine dreikantige Ecke beseitigt und dafür eine dreieckige Fläche neu eingeführt. Die dazu dualen[1] Prozesse — sie mögen $\eta$-Prozesse heißen — werden also eine dreieckige Fläche beseitigen und eine dreikantige Ecke einführen müssen. Wieder sei $\mathfrak{C}$ ein projektiv-konvexes Polyeder mit $f \geqq 5$. Es sei $\delta$ eine dreieckige Fläche von $\mathfrak{C}$, und $\alpha$, $\beta$, $\gamma$ seien die zu $\delta$ benachbarten Flächen. In $\mathfrak{C}$ werde ein Punkt $O$ gewählt. Von den acht Tetraedern, in die der Raum durch $\alpha$, $\beta$, $\gamma$, $\delta$ zerlegt wird, heiße dasjenige mit $O$ im Innern $\mathfrak{T}$. Dann sei $\mathfrak{T}_1$ dasjenige Tetraeder, das mit $\mathfrak{T}$ die Seitenfläche $\delta$ gemeinsam hat, aber von $\mathfrak{T}$ verschieden ist. Durch Weglassung von $\delta$ werde nun $\mathfrak{T}_1$ an $\mathfrak{C}$ angesetzt; das entstandene, von mindestens vier Flächen begrenzte Polyeder heiße $\mathfrak{C}_1$. Offenbar ist auch $\mathfrak{C}_1$ konvex, denn es entsteht bei der Zerlegung des projektiven Raumes durch alle Begrenzungsebenen von $\mathfrak{C}$ außer $\delta$, und ist jenes Stück, das $O$ enthält.

Wir unterscheiden die $\eta$-Prozesse nach der Anzahl der *dreikantigen* unter den Ecken $A$, $B$, $C$, die mit $\delta$ incidieren; bei einem $\eta_i$-Prozeß ($i = 0, 1, 2, 3$) sind $i$ von diesen Ecken dreikantig. Eine dreikantige Ecke, durch die ja drei Flächen gehen, verschwindet ganz beim Wegnehmen der einen Fläche $\delta$. Es tritt in allen vier Fällen aber die Ecke $D$ als Schnittpunkt von $\alpha$, $\beta$, $\gamma$ neu hinzu.

Im einzelnen haben wir folgende Änderungen: Bei $\eta_0$ bleiben alle drei Ecken $A$, $B$, $C$, es kommt die Ecke $D$ hinzu, die Fläche $\delta$ kommt in Wegfall, also bleibt $e + f$ und damit auch $k$ ungeändert. Bei dem Prozeß $\eta_1$ sei $A$ die dreikantige Ecke, die beseitigt wird. $D$ kommt hinzu, $\delta$ fällt weg, also wird $e + f$ um 1 vermindert, $k$ daher gleichfalls. Was $k$ angeht, kann man sich davon direkt überzeugen. Denn die Kanten $AB$, $BC$, $CA$ werden beseitigt. Neu treten auf $DB$ und $DC$, während $DA$ die Verlängerung der schon vorhandenen dritten Kante durch $A$ ist. Es verschwinden also drei Kanten, und zwei treten neu auf. Bei den Prozessen $\eta_2$ und $\eta_3$ stellt man analog leicht die Verminderung von $k$ um 2 bzw. 3 fest.

Die $\omega$- und $\eta$-Prozesse brauchen nicht geometrisch realisiert gedacht zu werden. Sie lassen sich auch am Polyederschema in abstracto vornehmen. Auf ein $K$-Polyeder angewandt ergeben sie stets wieder ein $K$-Polyeder. Da sie $e + f$ und $k$ stets um den gleichen Betrag ändern, was man bei jedem der acht Prozesse nachprüfen kann, bleibt die Charakteristik ungeändert, also jedes EULERsche Polyeder bleibt ein

[1] Nicht etwa die *inversen* Prozesse, s. weiter unten.

solches. Ferner werden keine übergreifenden Elemente eingeführt. Denn bei einem $\omega$-Prozeß gehört zu dem Incidenzquadrupel $A$, $B$, $\gamma$, $\delta$ stets die Kante $AB$, sei diese nun schon in $\mathfrak{C}$ vorhanden oder erst in $\mathfrak{C}_1$ neu hinzugekommen. Quadrupel, in denen $\delta$ nicht vorkommt, brauchen aber gar nicht erst geprüft zu werden, denn deren Flächen und Ecken liegen schon ganz in $\mathfrak{C}$, sind also nicht übergreifend. Gleichfalls haben nach Ausführung eines $\eta$-Prozesses je zwei mit dem neuen Punkt $D$ incidierende Flächen auch stets eine gemeinsame Kante, so daß auch hier keine übergreifenden Elemente neu entstehen können. Da die $\omega_i$- und $\eta_i$-Prozesse für $i \geqq 1$ eine Verminderung der Kantenzahl bewirken, kann man sie zum sukzessiven Abbau der Polyeder benutzen. Ist nun das projektiv-konvexe Polyeder $\mathfrak{C}_1$ durch einen $\omega$-Prozeß aus $\mathfrak{C}$ hervorgegangen, so kann man durch einen inversen Prozeß zu einem konvexen Polyeder vom Typus $\mathfrak{C}$ zurückgelangen. Ist speziell im $\omega_0$-Prozeß die Ecke $D$ beseitigt und die Fläche $\delta$ eingeführt worden, so geht $\mathfrak{C}$ wieder hervor durch Anwendung von $\eta_0$ auf die Fläche $\delta$. Ist $\mathfrak{C}_1$ aus $\mathfrak{C}$ durch $\omega_1$ hervorgegangen, so erhält man zunächst durch Umkehrung von $\omega_0$ den Punkt $D'$ als vierte Ecke des Tetraeders, das von $\delta$ und seinen Nachbarflächen begrenzt wird. Der Punkt $D$ ist nicht mit $D'$ identisch, sondern liegt, wenn $\alpha$ die dreikantige Fläche an $D$ war, auf der Kante $D'A$ zwischen $D'$ und $A$. Handelte es sich um einen $\omega_2$-Prozeß mit den Dreiecksflächen $\alpha$, $\beta$ an $D$, so war $D$ innerer Punkt des Dreiecks $D'AB$; endlich war bei einem $\omega_3$-Prozeß $D$ innerer Punkt des Tetraeders $D'ABC$. Hat man überhaupt irgendein konvexes Polyeder vom Typus $\mathfrak{C}_1$, so gewinnt man ein solches vom Typus $\mathfrak{C}$, indem man auf die Fläche $\delta = ABC$ ein Tetraeder $ABCD$ aufsetzt, dessen vierte Ecke $D$, je nachdem $\mathfrak{C}_1$ aus $\mathfrak{C}$ durch einen $\omega_0$-, $\omega_1$-, $\omega_2$-, $\omega_3$-Prozeß hervorging, bzw. mit $D'$ zusammenfällt, auf $D'A$, im Innern von $D'AB$, im Innern von $D'ABC$ liegt.

Die Umkehrung der $\eta$-Prozesse besteht darin, daß im konvexen Polyeder $\mathfrak{C}_1$ von einer dreikantigen Ecke $D$, deren Nachbarecken $A$, $B$, $C$ sind, ein Tetraeder $A'B'C'D$ abgeschnitten wird, derart, daß die Kanten $A'B'$, $B'C'$, $C'A'$ nicht schon in $\mathfrak{C}_1$ vorkommen. Und zwar fallen $A'$ mit $A$, $B'$ mit $B$, $C'$ mit $C$ zusammen, wenn $\mathfrak{C}_1$ aus $\mathfrak{C}$ durch $\eta_0$ hervorgegangen ist. Bei der Umkehrung eines $\eta_1$-Prozesses muß $A'$ zwischen $A$ und $D$ gewählt werden; bei der Umkehrung eines $\eta_2$-Prozesses $A'$ zwischen $A$ und $D$ und auch $B'$ zwischen $B$ und $D$; bei der Umkehrung eines $\eta_3$-Prozesses endlich liegen $A'$, $B'$, $C'$ sämtlich bzw. im Innern der Strecken $AD$, $BD$, $CD$.

Diese Überlegungen zeigen: Ist $\mathfrak{C}$ ein $K$-Polyederschema und geht $\mathfrak{C}_1$ aus $\mathfrak{C}$ durch einen $\omega$- oder $\eta$-Prozeß hervor, so erhält man, sobald man eine lineare Konstruktion für das projektiv-konvexe Polyeder $\mathfrak{C}_1$ kennt, daraus sofort eine für $\mathfrak{C}$. Es folgt, daß unser Problem gelöst ist, wenn es gelingt, den Satz zu beweisen: *Durch wiederholte*

*$\omega$- und $\eta$-Prozesse kann man jedes K-Polyeder auf das Tetraeder reduzieren.*

Auf ein $K$-Polyeder läßt sich stets ein $\omega$- oder $\eta$-Prozeß anwenden, da stets dreikantige Ecken oder Flächen vorhanden sein müssen (siehe § 4, (14)). Für $i > 0$ vermindert ein $\omega_i$- oder ein $\eta_i$-Prozeß die Kantenzahl um $i$, bewirkt also eine Reduktion in der gewünschten Richtung zu dem Polyeder mit möglichst wenig Kanten, dem Tetraeder. Aus der Definition der $\omega$- und $\eta$-Prozesse ergibt sich aber, daß ein $\omega_i$- sowohl als auch ein $\eta_i$-Prozeß bei $i > 0$ die Incidenz einer dreikantigen Ecke und einer dreikantigen Fläche voraussetzt. Gibt es in dem zu reduzierenden Polyeder keine solche Incidenz, so bleiben nur $\omega_0$- oder $\eta_0$-Prozesse ausführbar, und diese bringen keine Veränderung der Kantenzahl zustande. Dennoch werden wir auch unter diesen Umständen zum Ziel gelangen, indem wir beweisen, daß durch die $\omega_0$- oder $\eta_0$-Prozesse ein $K$-Polyeder *ohne* Incidenzen dreikantiger Ecken und Flächen stets in ein $K$-Polyeder *mit* solchen Incidenzen übergeführt werden kann. Zu diesem Zwecke benötigen wir einige Hilfsbetrachtungen.

## § 67. Eulersche Komplexe mit lauter vierkantigen Ecken.

Der $\theta$-Prozeß, den wir im weiteren Verlaufe unseres Beweises anwenden wollen, läßt die Charakteristik ungeändert und erzeugt Komplexe mit lauter vierkantigen Ecken (§ 47). Wir betrachten daher Eulersche Komplexe mit nur vierkantigen Ecken noch etwas genauer.

An einer Ecke $A$ eines solchen Komplexes $\mathfrak{C}$ kann man stets auf nur eine Weise die vier Kanten in zwei Paare einander gegenüberliegender Kanten einteilen. Zwei benachbarte Kanten haben eine Fläche gemeinsam, während zwei einander gegenüberliegende Kanten nicht mit einer gemeinsamen Fläche incidieren. Von zwei einander gegenüberliegenden Kanten wollen wir jede als die direkte Fortsetzung der andern betrachten. Ein Ecken-Kanten-Weg, in dem je zwei benachbarte Kanten direkte Fortsetzungen voneinander sind, werde als ein *direkter Weg* bezeichnet.

Es sei $\mathfrak{A}$ ein Elementarkomplex von $\mathfrak{C}$; das Randpolygon $\mathfrak{P}$ von $\mathfrak{A}$ ist dann auch Rand eines zweiten Elementarkomplexes $\mathfrak{B}$. Eine Randecke $A$ kann nun mit einer, zwei oder drei Flächen von $\mathfrak{A}$ incidieren, während eine mit vier Flächen von $\mathfrak{A}$ incidierende Ecke im Innern von $\mathfrak{A}$ liegt. Zeichnen wir den Elementarkomplex schematisch so auf, daß wir direkte Wege durch Linien mit stetiger Krümmung darstellen, während die beiden durch einen Punkt gehenden direkten Wege sich dort unter einem von Null verschiedenen Winkel schneiden, so wird in dieser schematischen Zeichnung eine ein- oder dreiflächige Ecke durch einen Knick der Randlinie markiert sein, während durch eine zweiflächige Randecke die Randlinie ohne Knick verläuft (s. Abb. 170). Uns interessieren nun vor allem solche Elementarkomplexe, die nur zwei einflächige und sonst lauter zweiflächige Randecken besitzen (Abb. 171). Solche Elementarkomplexe sollen „Spindeln" heißen, die beiden einflächigen Ecken „Spitzen" der Spindel. Nimmt man die beiden Spitzen weg, so zerfällt das Randpolyeder in zwei je einen direkten Weg bildende Strecken, die „Bögen" der Spindel.

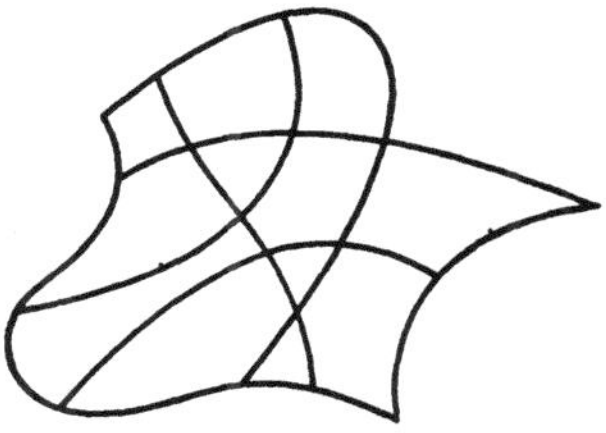

Abb. 170.

Ist $\mathfrak{C}$ kein Polyeder, also nur ein polyedrischer Komplex, so kommt in $\mathfrak{C}$ eine zweieckige Fläche $\gamma$ vor. Dann ist $\gamma$ mit ihrem zweieckigen Randpolygon $\mathfrak{P}$ auch eine Spindel. Setzen wir voraus, daß $\mathfrak{C}$ ein Polyeder ist, so muß jede Spindel mindestens zwei Flächen enthalten. Wie sieht eine zweiflächige Spindel aus? Eine solche kann keine innere Ecke enthalten, da sonst die vier zugehörigen Flächen auch der Spindel angehörten. Ist $b$ eine innere Kante, so sind ihre Ecken $A_0$, $A_1$ Randecken, $A_0 b A_1$ ist also ein Querzug. Von den beiden Elementarkomplexen, in die er die Spindel zerlegt, enthält der eine nur die eine Fläche $\alpha$, der andere nur die andere $\beta$; $\alpha$ und $\beta$ können daher nur $A_0 b A_1$ gemein haben. Nun enthält, da Zweiecke ausgeschlossen sind, $\alpha$ noch mindestens eine Ecke $S$, $\beta$ noch mindestens eine Ecke $T$. Diese beiden Ecken $S$ und $T$ sind einflächige Randecken der Spindel, und da die Spindel nicht mehr einflächige Randecken haben kann, sind weitere Ecken in der Spindel nicht enthalten. Sie besteht daher aus den beiden Dreiecken $\alpha$ und $\beta$, die eine Kante mit ihren beiden Ecken gemein haben.

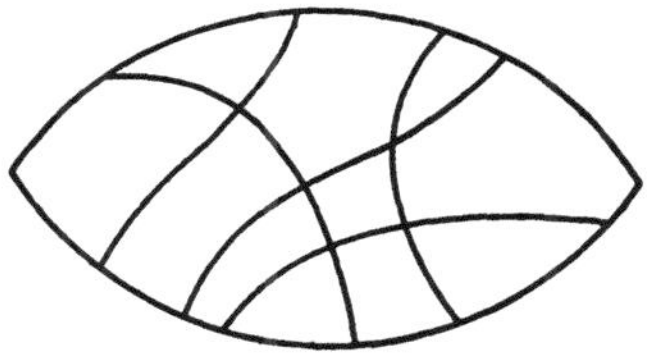

Abb. 171.

Wir wollen nun beweisen, daß ein EULERscher Komplex stets eine Spindel enthält. Zu diesem Zwecke betrachten wir im ganzen drei Arten von ausgezeichneten Elementarkomplexen von $\mathfrak{C}$: 1) Ausgezeichnete Elementarkomplexe erster Art besitzen nur zweiflächige Randecken. Der zu einem solchen komplementäre Elementarkomplex ist auch von solcher Art. 2) In einem ausgezeichneten Elementarkomplex zweiter Art sind alle Randecken bis auf eine zweiflächig. Es gibt hier zwei Unterarten, je nachdem die Ausnahmeecke ein- oder dreiflächig ist; zwei zueinander komplementäre ausgezeichnete Elementarkomplexe zweiter Art gehören zu verschiedenen Unterarten. 3) Die ausgezeichneten Elementarkomplexe dritter Art seien die Spindeln.

Daß stets ausgezeichnete Elementarkomplexe existieren, ist leicht einzusehen. Es sei nämlich $A_0$ ein beliebiger Punkt von $\mathfrak{C}$ und $b_1$ eine der vier von $A_0$ ausgehenden Kanten. Wir verfolgen den direkten Weg $A_0 b_1 A_1 b_2 \ldots b_n A_n$ so weit, bis zum erstenmal eine Ecke sich wiederholt $A_n = A_p$; die Kanten $b_1, \ldots, b_n$ sind dann sämtlich voneinander verschieden. Ist $p > 0$, so ist $A_p b_{p+1} \ldots b_n A_n (= A_p)$ ein Polygon, das $\mathfrak{C}$ in zwei ausgezeichnete Elementarkomplexe zweiter Art zerlegt. Denn in $A_p = A_n$ hat das Polygon einen Knick, da $b_p A_p b_{p+1}$ ein direktes Wegstück bilden, also $b_n$ nicht die direkte Fortsetzung von $b_{p+1}$ sein kann. Ist $p = 0$, so ist $A_0 b_1 \ldots b_n A_n$ ein Polygon, das $\mathfrak{C}$ in zwei ausgezeichnete Elementarkomplexe erster oder zweiter Art zerstückt. Es müssen also stets ausgezeichnete Elementarkomplexe erster oder zweiter Art existieren. (Es kann sein, daß beide Arten vorkommen [Abb. 172] oder daß nur solche erster Art vorkommen [Oktaeder, Abb. 173] oder nur solche zweiter Art [Abb. 174].) Wie steht es aber mit den Elementarkomplexen dritter Art, den Spindeln? Wir werden sehen, daß diese stets in $\mathfrak{C}$ vorkommen müssen.

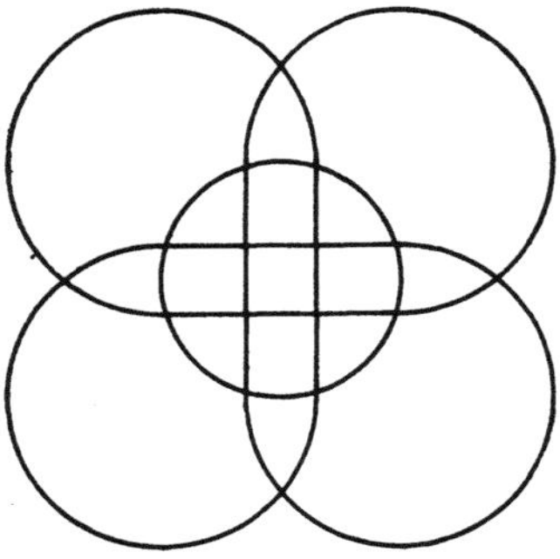
Abb. 172.

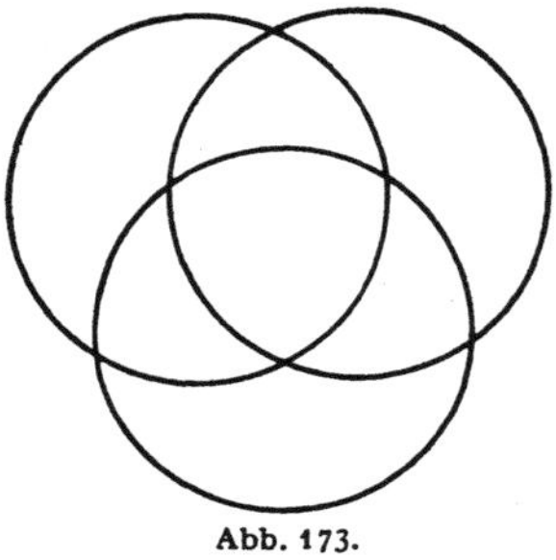
Abb. 173.

Ein ausgezeichneter Elementarkomplex heiße „*minimal*", wenn es in $\mathfrak{C}$ keinen ausgezeichneten Elementarkomplex mit weniger Flächen gibt; er heiße *irreduzibel*, wenn kein echter Teil von ihm ausgezeichneter Elementarkomplex ist. Da ausgezeichnete Elementarkomplexe existieren, so existieren auch minimale; und es ist klar, daß jeder minimale auch irreduzibel ist. Wir werden zeigen: *Jeder irreduzible ausgezeichnete Elementarkomplex ist eine Spindel.*

Abb. 174.

Es sei $\mathfrak{C}_1$ ein irreduzibler ausgezeichneter Elementarkomplex, $b_1$ mit den Ecken $A_0, A_1$ eine innere Kante von $\mathfrak{C}_1$. Wir bilden den direkten Weg $A_0 b_1 A_1 b_2 A_2 \ldots$ Es sei $A_n$ die erste schon vorhin dagewesene Ecke, $A_n = A_p$. Dann sind die Kanten $b_1, b_2, \ldots, b_n$ alle verschieden. Unter den Ecken $A_1, \ldots, A_{n-1}$ kommen Randecken von $\mathfrak{C}_1$ vor, denn andernfalls wäre das Polygon $A_p b_{p+1} \ldots b_n A_n (= A_p)$ Randpolygon eines ausgezeichneten, in $\mathfrak{C}_1$ als echter Teil enthaltenen Elementarkomplexes, $\mathfrak{C}_1$ wäre nicht irreduzibel. Es sei $A_m$ die erste der Ecken $A_1, \ldots$, die dem Rande von $\mathfrak{C}_1$ angehört. Setzt man, falls $A_0$ keine Randecke von $\mathfrak{C}_1$ ist, $A_m b_m \ldots A_1 b_1 A_0$ über $A_0$ als direkten Weg fort, so wird man, bevor eine Wiederholung auftritt, zu einer Randecke $A_{-r}$ geführt und hat dann einen Querzug $\mathfrak{Q} = A_{-r} b_{-r+1} \ldots b_m A_m$ von $\mathfrak{C}_1$, der zugleich einen direkten Weg darstellt und den wir daher einen direkten Querzug nennen wollen. Es ist klar, daß durch jede innere Kante von $\mathfrak{C}_1$ eindeutig ein direkter Querzug bestimmt wird, dem die Kante angehört. Durch einen solchen Querzug $\mathfrak{Q}$ wird $\mathfrak{C}_1$ in zwei Elementarkomplexe $\mathfrak{A}$, $\mathfrak{B}$ zerlegt, die nur die Elemente von $\mathfrak{Q}$ gemein haben. Jede innere Ecke von $\mathfrak{Q}$ ist zweiflächige Randecke von $\mathfrak{A}$ sowohl als von $\mathfrak{B}$. Wäre nun $\mathfrak{C}_1$ ein ausgezeichneter Elementarkomplex erster Art, so wären $\mathfrak{A}$ und $\mathfrak{B}$ Spindeln und die Endpunkte $A$, $B$ des Querzuges ihre gemeinsamen Spitzen. Dies widerspricht der Annahme, daß $\mathfrak{C}_1$ irreduzibel ist. Wäre $\mathfrak{C}_1$ ein ausgezeichneter Elementarkomplex zweiter Art und $C$ seine ein- oder dreiflächige Randecke, so wäre, falls $A$ und $B$ von $C$ verschieden sind, derjenige der beiden Elementarkomplexe $\mathfrak{A}$ und $\mathfrak{B}$, der $C$ nicht enthält, eine Spindel. Wäre dagegen etwa $B = C$, so wäre $C$ für den einen der beiden Komplexe, etwa für $\mathfrak{A}$, eine zweiflächige, für den andern $\mathfrak{B}$ eine einflächige Randecke. Es wäre dann $\mathfrak{A}$ ein ausgezeichneter Elementarkomplex zweiter Art, $\mathfrak{B}$ eine Spindel. Da aber auch diese Annahme der Irreduzibilität von $\mathfrak{C}_1$ widerspricht, so bleibt nur die dritte Möglichkeit übrig, daß $\mathfrak{C}_1$ eine Spindel ist, was zu beweisen war.

Es sei $\mathfrak{C}_1$ eine irreduzible Spindel, $\mathfrak{Q}$ ein direkter Querzug mit den Endpunkten $A$ und $B$. $A$ und $B$ können nicht demselben Spindelbogen angehören, da sonst der zwischen $A$ und $B$ verlaufende Teil des Bogens mit $\mathfrak{Q}$ zusammen ein Polygon bilden würde, das eine in $\mathfrak{C}_1$ als echten Teil enthaltene Spindel begrenzte. Da jede von den Spitzen $S_1$ und $S_2$ verschiedene Randecke von $\mathfrak{C}_1$ Ausgang eines direkten Querzuges ist, enthält jeder der beiden Bögen gleich viele Ecken, und diese sind einander paarweise als Enden eines und desselben Querzuges zugeordnet. Von den beiden Elementarkomplexen, in welche $\mathfrak{C}_1$ durch einen direkten Querzug zerstückt wird, hat jeder drei einflächige Randecken ($S_1$, $A$, $B$ bzw. $S_2$, $A$, $B$), sonst nur zweiflächige.

In jeder inneren Ecke von $\mathfrak{C}_1$ schneiden sich zwei direkte Querzüge. Zwei direkte Querzüge können sich aber auch höchstens einmal schneiden, denn sonst würden die beiden direkten Wege zwischen zwei aufeinanderfolgenden Schnittpunkten die Begrenzungsbögen einer Spindel sein, die einen echten Teil von $\mathfrak{C}_1$ bildete, was gegen die vorausgesetzte Irreduzibilität von $\mathfrak{C}_1$ verstößt.

Wir heben noch einmal hervor: In einer irreduziblen Spindel $\mathfrak{C}_1$ gehört jede innere Kante einem eindeutig bestimmten direkten Querzug an, der in den beiden verschiedenen Bögen der Spindel endigt. Zwei direkte Querzüge durchschneiden sich höchstens einmal. — Umgekehrt gilt, wie man leicht sieht: eine Spindel mit diesen Eigenschaften ist irreduzibel. Diese Umkehrung wird im folgenden jedoch nicht gebraucht.

Wir bezeichnen die beiden Bögen von $\mathfrak{E}_1$ mit $\mathfrak{a}$ und $\mathfrak{b}$. Es seien $A_1, \ldots, A_m$ die Ecken auf dem Bogen $\mathfrak{a}$, $B_1, \ldots, B_m$ die Ecken auf dem Bogen $\mathfrak{b}$, in der Reihenfolge, in der sie von $S_1$ nach $S_2$ aufeinanderfolgen (Abb. 175). Wenn die von $A_p$ und $A_q$ ausgehenden direkten Querzüge in $B_r$ und $B_s$ endigen, so werden sie einander dann und nur dann schneiden, wenn $s - r$ und $q - p$ verschiedene Vorzeichen haben. Die Anzahl $z$ der inneren Ecken ist daher gleich der Anzahl der Inversionen in der Permutation $p_1, \ldots, p_m$, wenn $B_{p_i}$ der Endpunkt des von $A_i$ ausgehenden direkten Querzuges ist. Die Anzahl der inneren Kanten ist $m + 2z$. Denn von jedem der $m$ Punkte $A_i$ geht eine innere Kante nach einer inneren Ecke; von jeder der $z$ inneren Ecken gehen *zwei* innere Kanten in der Richtung von $\mathfrak{a}$ nach $\mathfrak{b}$. Sind $e'$, $k'$, $f'$ die Anzahlen der Ecken, Kanten und Flächen der Spindel $\mathfrak{E}_1$, so haben wir daher

$$e' = 2m + 2 + z, \quad k' = 3m + 2 + 2z.$$

Da für den Elementarkomplex $\mathfrak{E}_1$

$$e' - k' + f' = 1$$

gilt, so folgt ferner

$$f' = m + 1 + z.$$

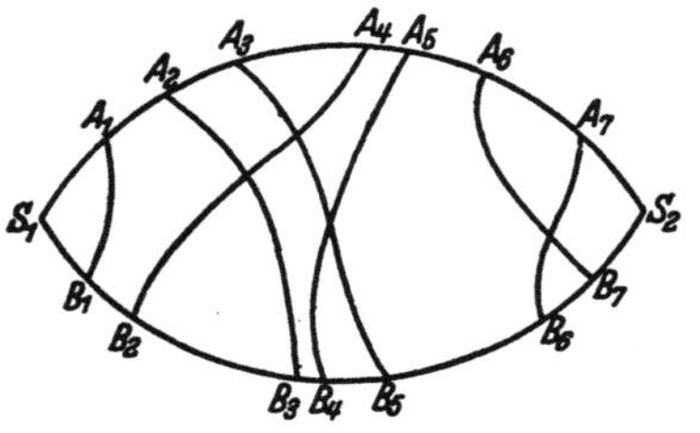

Abb. 175.

Sind keine inneren Ecken vorhanden ($z = 0$), so besteht jeder Querzug nur aus einer Kante $A_i B_i$. In diesem Falle hat $\mathfrak{E}_1$ die beiden dreieckigen Flächen $S_1 A_1 B_1$ und $S_2 A_m B_m$ und $m - 1$ viereckige Flächen $A_i A_{i+1} B_{i+1} B_i$ ($i = 1, 2, \ldots, m-1$). Uns interessieren nur die Dreiecke in $\mathfrak{E}_1$. Sie liegen in diesem Falle an den beiden Spitzen und haben zu Kanten je eine innere und zwei Randkanten von $\mathfrak{E}_1$. Von den drei Nachbarflächen, die ein solches Dreieck innerhalb des Gesamtkomplexes $\mathfrak{E}$ besitzt, gehört also eine zu $\mathfrak{E}_1$, die andern beiden gehören nicht zu $\mathfrak{E}_1$.

Es seien jetzt innere Ecken vorhanden. Durch eine solche Ecke $C$ gehen zwei direkte Querzüge. Sind $A_p$ und $A_q$ die in $\mathfrak{a}$ gelegenen Endpunkte dieser Querzüge, so bilden ihre von $C$ bis $A_p$ und $A_q$ reichenden Teile mit dem von $A_p$ und $A_q$ begrenzten Teil von $\mathfrak{a}$ den Rand eines in $\mathfrak{E}_1$ enthaltenen Elementarkomplexes $\mathfrak{T}$ mit den einflächigen Randecken $C$, $A_p$, $A_q$, während die etwaigen übrigen Randecken von $\mathfrak{T}$ zweiflächig sein müssen. Auf diese Weise kann man jeder inneren Ecke $C$ eindeutig einen Elementarkomplex zuordnen. Es seien nun $C_1, \ldots, C_r$ diejenigen inneren Ecken von $\mathfrak{E}_1$, die den Ecken des Bogens $\mathfrak{a}$ benachbart sind, $\mathfrak{T}_1, \ldots, \mathfrak{T}_r$ die ihnen zugeordneten Elementarkomplexe. Unter ihnen sei ein solcher $\mathfrak{T}_i$ ausgewählt, der möglichst wenig Flächen enthält. $C_i$, $A_s$, $A_t$ seien die einflächigen Randecken von $\mathfrak{T}_i$, also $A_s$, $A_t$ die in $\mathfrak{a}$ gelegenen Endpunkte der durch $C_i$ gehenden Querzüge. Von den Ecken $A_s$, $A_t$ ist mindestens eine, etwa $A_s$, zu $C_i$ benachbart, so daß der von $C_i$ bis $A_s$ reichende Teil des Randes von $\mathfrak{T}_i$ nur eine Kante enthält. Dasselbe muß aber auch für den von $C_i$ bis $A_t$ reichenden Teil des Randes von $\mathfrak{T}_i$ gelten. Andernfalls hätte man auf diesem Randteil, der einen direkten Weg darstellt, eine von $C_i$ verschiedene, mit $A_t$ benachbarte innere Ecke $C_j$ aus der Reihe der Ecken $C_1, \ldots, C_r$. $C_j$ wäre eine zweiflächige Randecke von $\mathfrak{T}_i$ und somit Ausgangspunkt eines direkten Querzuges $\mathfrak{Q}'$ von $\mathfrak{T}_i$. Das andere Ende von $\mathfrak{Q}'$ auf dem Rande von $\mathfrak{T}_i$ kann nicht auf $C_iA_t$ liegen, da zwei direkte Wege in $\mathfrak{C}_1$ sich nur einmal schneiden können; es kann nicht auf $C_iA_s$ liegen, da dieser Randteil keine zweiflächige Ecke enthält; es muß also zwischen $A_s$ und $A_t$ auf $\mathfrak{a}$ liegen. Von den beiden Elementarkomplexen, in die $\mathfrak{T}_i$ durch $\mathfrak{Q}'$ zerlegt würde, wäre also der eine der $C_j$ „zugeordnete" Elementarkomplex $\mathfrak{T}_j$, also $\mathfrak{T}_j$ ein echter Teil von $\mathfrak{T}_i$. Das widerspricht aber der Wahl von $\mathfrak{T}_i$ mit der minimalen Flächenzahl. Also besteht auch $C_iA_t$ nur aus einer einzigen Kante. $\mathfrak{T}_i$ kann keine innere Kante haben, da es keinen direkten Querzug besitzen kann, weil weder zwischen $C_i$ und $A_s$ noch zwischen $C_i$ und $A_t$ ein Eckpunkt liegt, in dem ein solcher Querzug enden könnte. Daher weist $\mathfrak{T}_i$ nur eine einzige Fläche auf, und seine Ecken sind mit den drei einflächigen Randecken $C_iA_sA_t$ erschöpft. Die Fläche $\mathfrak{T}_i$ ist also ein Dreieck, das von einer Randkante und zwei inneren Kanten von $\mathfrak{C}_1$ begrenzt ist. Von den drei Nachbarflächen, die $\mathfrak{T}_i$ innerhalb $\mathfrak{C}$ besitzt, gehören also zwei zu $\mathfrak{C}_1$ und eine nicht zu $\mathfrak{C}_1$.

Mit unserm vorigen Resultat zusammen haben wir bewiesen: In einer irreduziblen Spindel gibt es stets dreieckige Flächen, von deren drei Nachbarflächen eine oder zwei nicht der Spindel angehören.

## § 68. Schluß des dritten Beweises für den Fundamentalsatz der konvexen Typen.

Wir knüpfen nun wieder an § 66 an. Es sei $\mathfrak{C} = \mathfrak{E} + \mathfrak{K} + \mathfrak{F}$ ein beliebiges $K$-Polyeder. Wir bilden $\theta(\mathfrak{C})$ (s. § 47). Auch $\theta(\mathfrak{C})$ ist ein $K$-Polyeder. Jeder Kante von $\mathfrak{C}$ entspricht umkehrbar eindeutig eine Ecke von $\theta(\mathfrak{C})$; jeder $l$-kantigen Ecke oder Fläche von $\mathfrak{C}$ entspricht eine $l$-kantige Fläche von $\theta(\mathfrak{C})$. Ferner hat $\theta(\mathfrak{C})$ lauter vierkantige Ecken. Den vier mit einer Kante $b$ von $\mathfrak{C}$ incidenten Elementen (d. h. ihren beiden Ecken und Flächen) entsprechen in $\theta(\mathfrak{C})$ die vier Flächen der $b$ zugeordneten Ecke $\theta(b)$. Einer Ecke und einer Fläche von $\mathfrak{C}$, die miteinander incidieren, entsprechen in $\theta(\mathfrak{C})$ zwei benachbarte Flächen, wie auch umgekehrt zwei benachbarten Flächen von $\bar{\theta}(\mathfrak{C})$ in $\mathfrak{C}$ eine Ecke und eine mit ihr incidente Fläche entsprechen.

Auf $\theta(\mathfrak{C})$ lassen sich die Untersuchungen des vorigen Paragraphen anwenden. Ist $n$ die Anzahl der Flächen einer minimalen Spindel von

$\theta(\mathfrak{C})$, so soll $n$ die *Ordnungszahl von* $\mathfrak{C}$ heißen. Es ist stets $n \geqq 2$, da einflächige Spindeln nur in einem polyedrischen Komplex, jedoch nicht in einem Polyeder auftreten können. Ist $n = 2$, so hat man in $\theta(\mathfrak{C})$ eine zweiflächige Spindel, die nach den Erörterungen von § 67 aus zwei benachbarten Dreiecken besteht. Ihr entsprechen in $\mathfrak{C}$ eine dreikantige Ecke $A$ und eine dreikantige Fläche $\gamma$, die miteinander incidieren. Umgekehrt folgt, daß, wenn in $\mathfrak{C}$ eine solche Incidenz stattfindet, die Ordnungszahl von $\mathfrak{C}$ gleich 2 sein muß. In einem solchen Falle kann man also auf $A$ einen der Prozesse $\omega_1$, $\omega_2$, $\omega_3$ oder auf $\gamma$ einen der Prozesse $\eta_1$, $\eta_2$, $\eta_3$ ausüben. Die am Schlusse von § 66 ausgesprochene Behauptung werden wir bewiesen haben, wenn wir zeigen: Hat $\mathfrak{C}$ eine Ordnungszahl $n > 2$, so kann man stets durch einen $\omega_0$- oder einen $\eta_0$-Prozeß zu einem Polyeder von kleinerer Ordnungszahl gelangen. Wir werden folgendermaßen vorgehen: Ist die Ordnungszahl $n$ von $C$ größer als 2, so suchen wir unter den Flächen einer minimalen Spindel von $\theta(\mathfrak{C})$ eine solche dreikantige Fläche $\delta'$ auf, von deren Nachbarflächen eine oder zwei nicht der Spindel angehören. Der Fläche $\delta'$ entspricht in $\mathfrak{C}$ eine dreikantige Ecke oder Fläche. Es wird sich herausstellen, daß die Anwendung des $\omega_0$- bzw. $\eta_0$-Prozesses auf diese Ecke oder Fläche die Ordnungszahl erniedrigt.

Wir schicken einige Betrachtungen voraus. Es sei $\mathfrak{E}_1 + \mathfrak{F}_1$ ein echter Teil von $\mathfrak{E} + \mathfrak{F}$, $\mathfrak{E}_2 + \mathfrak{F}_2$ das System der übrigen Elemente von $\mathfrak{E} + \mathfrak{F}$. Wenn $\mathfrak{E}_1 + \mathfrak{F}_1$ auf $\theta(\mathfrak{C})$ das Flächensystem eines Elementarkomplexes entsprechen soll, so muß dem System $\mathfrak{E}_2 + \mathfrak{F}_2$ das Flächensystem des andern von demselben Polygon begrenzten Elementarkomplexes entsprechen. Da man von jeder Fläche eines Elementarkomplexes zu jeder andern gelangen kann, indem man immer zu benachbarten fortschreitet, so muß man in $\mathfrak{E}_1 + \mathfrak{F}_1$ von jedem Element immer zu incidenten übergehend zu jedem andern gelangen können. Es muß also $\mathfrak{E}_1 + \mathfrak{F}_1$ zusammenhängend sein und ebenso $\mathfrak{E}_2 + \mathfrak{F}_2$. Notwendig dafür, daß dem System $\mathfrak{E}_1 + \mathfrak{F}_1$ in $\theta(\mathfrak{C})$ das Flächensystem eines Elementarkomplexes entspricht, ist es also, daß $\mathfrak{E}_1 + \mathfrak{F}_1$ und $\mathfrak{E}_2 + \mathfrak{F}_2 = (\mathfrak{E} - \mathfrak{E}_1) + (\mathfrak{F} - \mathfrak{F}_1)$ zusammenhängend sind. Diese Bedingung ist aber auch hinreichend; denn wenn sie erfüllt ist, hat jedes der beiden Flächensysteme $\theta(\mathfrak{E}_1 + \mathfrak{F}_1)$ und $\theta(\mathfrak{E}_2 + \mathfrak{F}_2)$ in $\theta(\mathfrak{C})$ Kantenzusammenhang, und dies zeigt, wie früher bewiesen (§ 33, 11), an, daß es sich um die Flächensysteme zweier Elementarkomplexe handelt.

Es sei nun diese Bedingung für $\mathfrak{E}_1 + \mathfrak{F}_1$ erfüllt. Wenn $b$ irgendeine Kante von $\mathfrak{C}$ ist, so werde mit $\varphi(b)$ die Anzahl derjenigen mit $b$ incidenten Elemente bezeichnet, die zu $\mathfrak{E}_1 + \mathfrak{F}_1$ gehören. $\varphi(b)$ kann die Werte von 0 bis 4 annehmen. Ist $\varphi(b) = 4$, sind also alle mit $b$ incidenten Elemente in $\mathfrak{E}_1 + \mathfrak{F}_1$ enthalten, so gehören also alle vier Flächen um die Ecke $\theta(b)$ zu $\theta(\mathfrak{E}_1 + \mathfrak{F}_1)$, $\theta(b)$ ist also innere Ecke des Elementarkomplexes $\mathfrak{S}^*$, dessen Flächensystem $\theta(\mathfrak{E}_1 + \mathfrak{F}_1)$ ist. Ebenso bedeutet $\varphi(b) = 0$, daß die Ecke $\theta(b)$ nur von Flächen aus $\theta(\mathfrak{E}_2 + \mathfrak{F}_2)$ umgeben ist, also nicht zu $\mathfrak{S}^*$ gehört. Ferner ist $0 < \varphi(b) < 4$ kennzeichnend dafür, daß $\theta(b)$ eine Randecke von $\mathfrak{S}^*$ ist. Soll also über die bisherigen Voraussetzungen hinaus $\mathfrak{S}^*$ nicht nur ein Elementarkomplex, sondern sogar eine Spindel sein, so ist dafür notwendig und hinreichend, daß $\varphi(b)$ für zwei Kanten den Wert 1, für alle andern einen geraden Wert hat. Insbesondere gehören bei $\varphi(b) = 2$ zwei *einander benachbarte* von den vier mit $\theta(b)$ incidierenden Flächen zu $\mathfrak{S}^*$, d. h. von den beiden zu $\mathfrak{E}_1 + \mathfrak{F}_1$ gehörenden mit $b$ incidierenden Elementen ist das eine eine Ecke, das andere eine Fläche.

Es sei nun $n$ die Ordnungszahl von $\mathfrak{E}$, und $\mathfrak{S}^*$ sei eine minimale Spindel von $\theta(\mathfrak{E})$. $\mathfrak{S}^* = \theta(\mathfrak{E}_1 + \mathfrak{F}_1)$ umfaßt also $n$ Flächen, und daher besteht $\mathfrak{E}_1 + \mathfrak{F}_1$ aus $n$ Elementen. Es sei $\delta^*$ eine dreikantige Fläche von $\mathfrak{S}^*$, die eine oder zwei Randkanten von $\mathfrak{S}^*$ als Kanten aufweist. Die Existenz einer solchen Fläche $\delta^*$ haben wir (da eine minimale Spindel jedenfalls irreduzibel ist) im vorigen Paragraphen bewiesen. Der Fläche $\delta^*$ entspricht in $\mathfrak{E}$ eine zu $\mathfrak{E}_1 + \mathfrak{F}_1$ gehörende dreikantige Ecke $D$ oder eine dreikantige Fläche $\delta$. Wir brauchen nur die erste der beiden Möglichkeiten zu behandeln, da die zweite sich ganz analog durch Übertragung ins Duale erledigen läßt. Die drei von $D$ ausgehenden Kanten seien $a = DA$, $b = DB$, $c = DC$; $\alpha$, $\beta$, $\gamma$ seien die drei mit $D$ incidenten Flächen, und zwar sei $\alpha$ mit $b, c$, $\beta$ mit $c, a$, $\gamma$ mit $a, b$ incident. Dann sind $\theta(\alpha)$, $\theta(\beta)$, $\theta(\gamma)$ die Nachbarflächen von $\delta^*$, von denen zwei oder eine zu $\mathfrak{E}^*$ gehören. Mithin gehören entweder zwei der Flächen $\alpha$, $\beta$, $\gamma$ zu $\mathfrak{E}_1 + \mathfrak{F}_1$, eine zu $\mathfrak{E}_2 + \mathfrak{F}_2$ (Fall I), oder es gehört eine dieser Flächen zu $\mathfrak{E}_1 + \mathfrak{F}_1$, zwei zu $\mathfrak{E}_2 + \mathfrak{F}_2$ (Fall II).

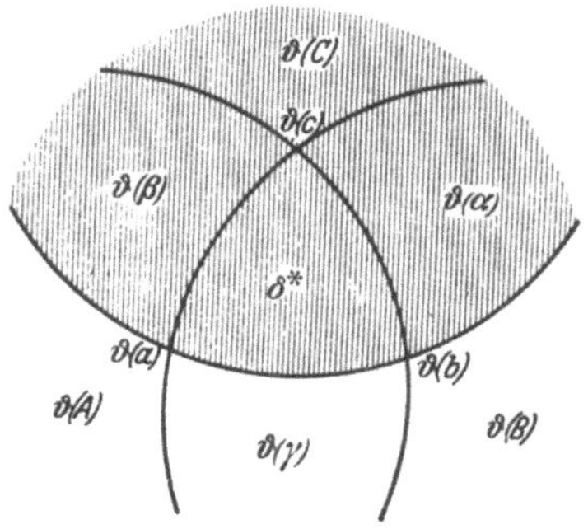

Abb. 176.

*Fall I.* Es mögen $\alpha$, $\beta$ zu $\mathfrak{E}_1 + \mathfrak{F}_1$, $\gamma$ zu $\mathfrak{E}_2 + \mathfrak{F}_2$ gehören. Von den mit $a$ incidenten Elementen gehören $D$ und $\beta$ zu $\mathfrak{E}_1 + \mathfrak{F}_1$, $\gamma$ zu $\mathfrak{E}_2 + \mathfrak{F}_2$, daher muß (weil $\varphi(a)$ nicht gleich 3 sein kann) $A$ zu $\mathfrak{E}_2 + \mathfrak{F}_2$ gehören. Von den mit $b$ incidenten Elementen gehören $D$ und $\alpha$ zu $\mathfrak{E}_1 + \mathfrak{F}_1$, $\gamma$ und also auch $B$ zu $\mathfrak{E}_2 + \mathfrak{F}_2$. Von den mit $c$ incidenten Elementen gehören $D$, $\alpha$, $\beta$, also auch $C$ zu $\mathfrak{E}_1 + \mathfrak{F}_1$. Es ergibt sich also $\varphi(a) = 2$, $\varphi(b) = 2$, $\varphi(c) = 4$. Die Abb. 176 zeigt die beschriebene Situation an dem $\theta$-Bild in der Umgebung von $\delta^*$; die zu $\mathfrak{S}^*$ gehörenden Flächen sind schraffiert. Nach Anwendung des $\omega_0$-Prozesses auf $D$ tritt an Stelle von $\mathfrak{E}$ ein Polyeder $\mathfrak{E}_1$. Es gehen $D$ und die Kanten $a$, $b$, $c$ verloren, während drei Kanten $a_1 = BC$, $b_1 = CA$, $c_1 = AB$

und eine Fläche $\delta_1$ (mit der Begrenzung $A\,c_1\,B\,a_1\,C\,b_1$) gewonnen werden (Abb. 177). Das System der Ecken und Flächen von $\mathfrak{E}_1$ können wir in $(\mathfrak{E}_1 - D) + \mathfrak{F}_1$ und $\mathfrak{E}_2 + (\mathfrak{F}_2 + \delta_1)$ zerlegen; $(\mathfrak{E}_1 - D) + \mathfrak{F}_1$ umfaßt $n-1$ Elemente. Es bedeute nun $\psi(b)$ die Zahl der mit einer Kante $b$ von $\mathfrak{E}_1$ incidenten Elemente von $(\mathfrak{E}_1 - D) + \mathfrak{F}_1$. Für gemeinsame Kanten von $\mathfrak{E}$ und $\mathfrak{E}_1$ ist $\varphi(b) = \psi(b)$, da keine von ihnen mit $D$ oder $\delta_1$ incidiert. Das System $(\mathfrak{E}_1 - D) + \mathfrak{F}_1$ ist zusammenhängend. Denn sind $\mathfrak{a}, \mathfrak{b}$ zwei Elemente dieses Komplexes, so gibt es zunächst in $\mathfrak{E}_1 + \mathfrak{F}_1$ einen kürzesten von $\mathfrak{a}$ nach $\mathfrak{b}$ führenden Weg. Kommt in diesem Wege $D$ nicht vor, so verläuft er schon in $(\mathfrak{E}_1 - D) + \mathfrak{F}_1$. Kommt $D$ vor, so sind in $\mathfrak{E}_1 + \mathfrak{F}_1$ nur $\alpha$ und $\beta$ mit $D$ incident, diese Flächen also die beiden zu $D$ benachbarten Elemente des Weges. Dann kann aber $D$ durch das zu $(\mathfrak{E}_1 - D) + \mathfrak{F}_1$ gehörende, mit $\alpha$, $\beta$ incidente Element $C$ ersetzt werden. Ferner ist $\mathfrak{E}_1 + (\mathfrak{F}_2 + \delta_1)$ zusammenhängend, da $\mathfrak{E}_2 + \mathfrak{F}_2$ es nach Voraussetzung ist und $\delta_1$ mit den zu $\mathfrak{E}_2 + \mathfrak{F}_2$ gehörenden Elementen $A$, $B$ incidiert. Hieraus folgt, daß in $\theta(\mathfrak{E}_1)$ dem Komplex $(\mathfrak{E}_1 - D) + \mathfrak{F}_1$ das Flächensystem eines Elementarkomplexes $\mathfrak{S}_1{}^*$ entspricht.

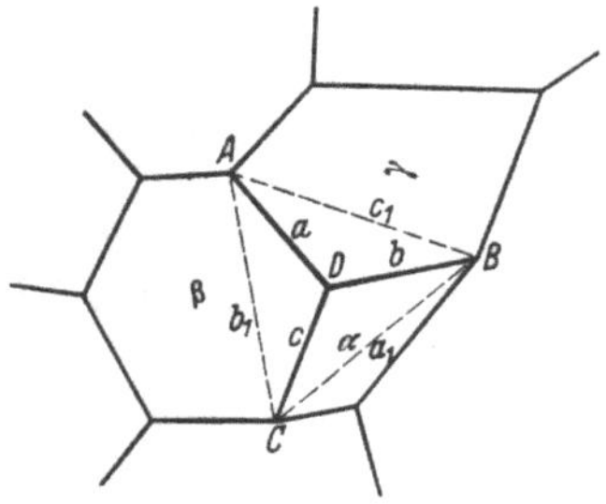

Abb. 177.

Von den Elementen $\delta_1$, $A$, $B$, $C$, $\alpha$, $\beta$, $\gamma$ gehören $C$, $\alpha$, $\beta$ zu $(\mathfrak{E}_1 - D) + \mathfrak{F}_1$, $\delta_1$, $A$, $B$, $\gamma$ zu $\mathfrak{E}_2 + (\mathfrak{F}_2 + \delta_1)$. Daher wird $\psi(a_1) = 2$, $\psi(b_1) = 2$, $\psi(c_1) = 0$; $\psi(b)$ ist also für zwei Kanten (nämlich dieselben wie $\varphi(b)$) gleich 1, für alle übrigen gerade (Abb. 178). Somit stellt sich $\mathfrak{S}_1{}^*$ (in der Abbildung schraffiert) als eine Spindel heraus, und da sie nur $n-1$ Flächen besitzt, so ist die Ordnungszahl von $\mathfrak{E}_1$ kleiner als $n$. Damit ist der Beweis im Falle I erbracht.

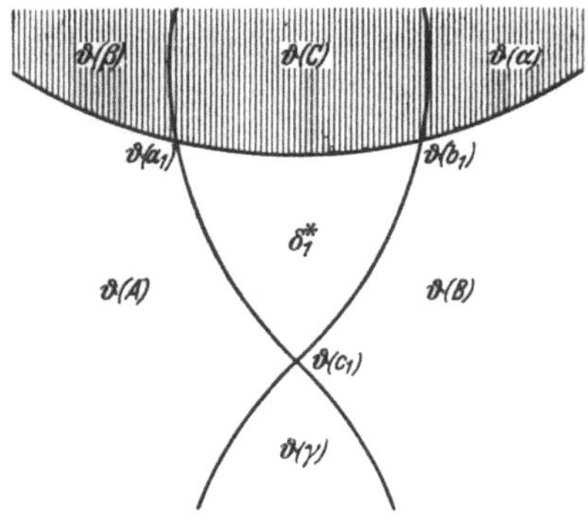


Abb. 178.

*Fall II.* Es möge $\alpha$ zu $\mathfrak{E}_1 + \mathfrak{F}_1$ gehören, also müssen $\beta$ und $\gamma$ zu $\mathfrak{E}_2 + \mathfrak{F}_2$ gehören. Von den mit $a$ incidenten Elementen gehört $D$ zu $\mathfrak{E}_1 + \mathfrak{F}_1$, $\beta$ und $\gamma$ gehören zu $\mathfrak{E}_2 + \mathfrak{F}_2$, so daß $\varphi(a)$ nur 1 oder 2 sein kann. Wäre aber $\varphi(a) = 2$, so müßte (nach einer Bemerkung auf S. 335) von den beiden zu $\mathfrak{E}_1 + \mathfrak{F}_1$ gehörenden, mit $a$ incidenten Elementen das eine eine Ecke, das andere eine Fläche sein, während hier keine Fläche mehr verfügbar ist. Es ist also $\varphi(a) = 1$, mithin $\theta(a)$ eine Spitze der Spindel; $A$ gehört zu $\mathfrak{E}_2 + \mathfrak{F}_2$. Von den mit $b$ incidenten Elementen gehören $D$ und $\alpha$ zu $\mathfrak{E}_1 + \mathfrak{F}_1$, $\gamma$ gehört zu $\mathfrak{E}_2 + \mathfrak{F}_2$, und da $\varphi(b) = 3$ ausgeschlossen ist, so gehört auch $B$ zu $\mathfrak{E}_2 + \mathfrak{F}_2$. Es wird $\varphi(b) = 2$. Ebenso ergibt sich $\varphi(c) = 2$, indem $D$ und $\alpha$ zu $\mathfrak{E}_1 + \mathfrak{F}_1$, $\beta$ und $C$ zu $\mathfrak{E}_2 + \mathfrak{F}_2$ gehören (s. Abb. 179). Die Anwendung des $\omega_0$-Prozesses auf $D$ führe $\mathfrak{C}$ in das Polyeder $\mathfrak{C}_1$ über, wie oben beschrieben. In $\mathfrak{C}_1$ ist $(\mathfrak{E}_1 - D) + \mathfrak{F}_1$ wieder zusammenhängend, weil der kürzeste Weg, der zwei Elemente von $(\mathfrak{E}_1 - D) + \mathfrak{F}_1$ innerhalb $\mathfrak{E}_1 + \mathfrak{F}_1$ verbindet, $D$ gar nicht enthalten kann, da $D$ nur mit dem *einen* zu $\mathfrak{E}_1 + \mathfrak{F}_1$ gehörigen Element $\alpha$ incident ist. $\mathfrak{E}_2 + (\mathfrak{F}_2 + \delta_1)$ ist ebenfalls zusammenhängend, weil $\delta_1$ mit den zu $\mathfrak{E}_2 + \mathfrak{F}_2$ gehörenden Elementen $A$, $B$, $C$ incidiert. Daraus folgt zunächst, daß $\theta((\mathfrak{E}_1 - D) + \mathfrak{F}_1)$ das Flächensystem eines Elementarkomplexes $\mathfrak{S}_1^*$ ist (in der Abbildung schraffiert). Ferner wird $\psi(a_1) = 1$, $\psi(b_1) = 0$, $\psi(c_1) = 0$, da von den Elementen $\delta_1$, $A$, $B$, $C$, $\alpha$, $\beta$, $\gamma$ nur $\alpha$ zu $(\mathfrak{E}_1 - D) + \mathfrak{F}_1$ gehört. Für die gemeinsamen Kanten von $\mathfrak{C}$ und $\mathfrak{C}_1$ wird $\psi = \varphi$. Es wird also $\psi$ ebenso oft gerade wie $\varphi$ und ebenso oft gleich 1 wie $\varphi$. Daraus folgt, daß $\mathfrak{S}_1^*$ eine Spindel ist, die aber nur $n - 1$ Flächen besitzt (Abb. 180). Damit ist auch für Fall II die Erniedrigung der Ordnungszahl von $\mathfrak{C}$ nachgewiesen.

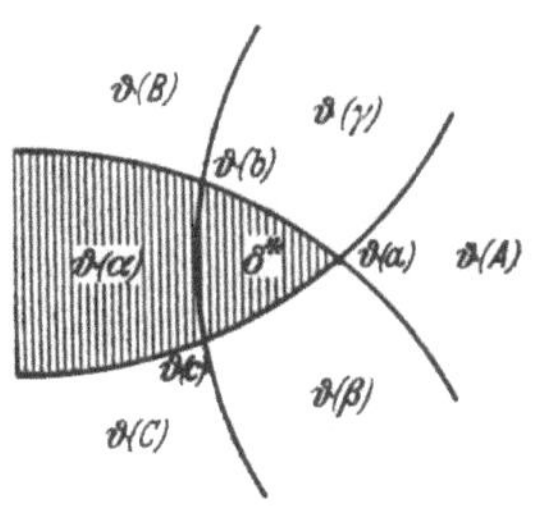

Abb. 179.

Hiermit ist unser dritter Beweis der Realisierbarkeit von $K$-Polyedern durch konvexe Polyeder zu Ende geführt. Dieser Beweis gibt nun überdies für jeden Typus eines $K$-Polyeders eine besonders durchsichtige Methode zur Konstruktion des konvexen Polyeders an. Man wird einfach so vorgehen, daß man zunächst in abstracto das $K$-Polyederschema durch die $\omega$- und $\eta$-Prozesse auf das Schema eines Tetraeders reduziert. Dieses Tetraeder wird dann geometrisch realisiert, und durch die Umkehrung der benötigten $\omega$- und $\eta$-Prozesse wird dann von diesem geometrischen Tetraeder ausgehend im projektiven Raum das gesuchte Polyeder projektiv-konvex aufgebaut.

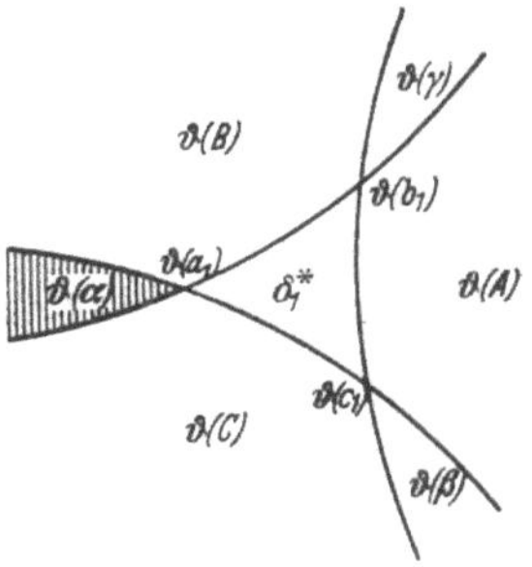

Abb. 180.

Die Konstruierbarkeit im projektiven Raum zieht übrigens sofort die Konstruierbarkeit eines im gewöhnlichen Sinne konvexen Polyeders des gegebenen $K$-Typus nach sich. Denn ist $\mathfrak{K}$ eine projektiv-konvexe Realisierung, so nehmen wir vier nicht durch einen Punkt gehende Begrenzungsebenen von $\mathfrak{K}$. Diese vier Ebenen zerlegen den projektiven Raum in acht projektive Tetraeder, in deren einem, es heiße $\mathfrak{T}$, der konvexe Körper $\mathfrak{K}$ liegt. Nun wählen wir vier *eigentliche*, nicht in einer Ebene liegende Punkte im Raum und eine (oder die) uneigentliche Ebene. Durch je drei der Punkte geht eine eigentliche Ebene. Diese vier eigentlichen Ebenen teilen den Raum wieder in acht projektive Tetraeder, von denen wir dasjenige $\mathfrak{T}'$ aussuchen, das durch die gewählte uneigentliche Ebene nicht getroffen wird. Wählen wir noch in $\mathfrak{K}$ einen Punkt $E$ als Einheitspunkt, einen Punkt $E'$ in $\mathfrak{T}'$, so ist nach den Sätzen der projektiven Geometrie[1] die kollineare Abbildung von $\mathfrak{T}$ mit $E$ auf $\mathfrak{T}'$ mit $E'$ eindeutig bestimmt. Bei der Gesamtabbildung des Raumes geht dabei $\mathfrak{K}$ in $\mathfrak{K}'$ über, wobei $\mathfrak{K}'$ aus lauter eigentlichen Punkten besteht und im gewöhnlichen Sinne konvex ist, dabei aber den Typus von $\mathfrak{K}$ bewahrt hat.

## § 69. Parameterdarstellung aller konvexen Polyeder. Kontinuitätssätze.

Im folgenden wollen wir von einigen Sätzen aus der projektiven Geometrie Gebrauch machen, ohne sie jedoch zu beweisen: sie folgen aus dem sog. Fundamentalsatz der projektiven Geometrie (der aus den bisher aufgestellten Axiomen noch nicht folgt). Insbesondere kann man mittels vier Tetraederebenen und einem „Einheitspunkt" projektive Koordinaten im Raume einführen. Durch geeignete Stetigkeitspostulate wollen wir als erreicht ansehen, daß jede der projektiven Koordinaten den stetigen Bereich aller reellen Zahlen durchlaufen kann[2]. Unser Ziel ist, für alle projektiv-konvexen Polyeder Parameterdarstellungen zu finden, und zwar für jeden Typ eine besondere. Eine solche Parameterdarstellung soll dann auch alle projektiv-konvexen Exemplare eines Typus ($K$-Schemas) liefern. Diese Parameter wollen wir in zwei Stufen gewinnen, indem zunächst einmal zwei projektiv-konvexe Polyeder, die sich durch eine Kollineation ineinander überführen lassen, nicht unterschritten werden sollen. Die Polyeder sollen also zur Unterscheidung von Klassen kollinear nicht verwandter Polyeder dienen.

Wir haben gesehen, daß wir durch wiederholte $\omega$- und $\eta$-Prozesse jedes projektiv-konvexe Polyeder bis zu einem Tetraeder abbauen können. Für unseren jetzigen Zweck wollen wir schon einen Schritt vorher haltmachen, wo wir ein Polyeder vor uns haben werden, das entweder eine Ebene oder eine Ecke mehr hat als das Tetraeder. Es liegt also entweder ein Fünfflach (Polyeder I, Abb. 181) oder ein Fünfeck (Polyeder II, Abb. 182) vor uns, wobei die vierseitige Pyramide vorläufig ausgeschlossen sei; die Pyramiden sollen einer Sonderbehandlung unterworfen werden, auf die gleich noch eingegangen wird. Ein $\eta_3$-Prozeß, angewandt auf $A'B'C'$ (oder $ABC$), würde aus Polyeder I, ein $\omega_3$-

[1] Diese Sätze folgen nicht schon aus den Axiomen von § 64, sondern benötigen noch ein weiteres Axiom, als das man etwa den „Fundamentalsatz" der projektiven Geometrie oder den PASCALschen Satz oder ein geeignet formuliertes Stetigkeitsaxiom wählen kann (siehe den folgenden § 69).

[2] Vgl. hierzu PASCH-DEHN: Vorlesungen über neuere Geometrie, S. 239—253. Berlin 1926.

Prozeß, angewandt auf $A$ (oder $E$), würde aus Polyeder II das Tetraeder entstehen lassen. Beide Polyeder sind Neunkante, und zwar ist entweder $f = 5$ und $e = 6$ oder $f = 6$ und $e = 5$ (beidemal $e + f = 9 + 2$); andere EULERsche Neunkante gibt es nicht (s. § 18).

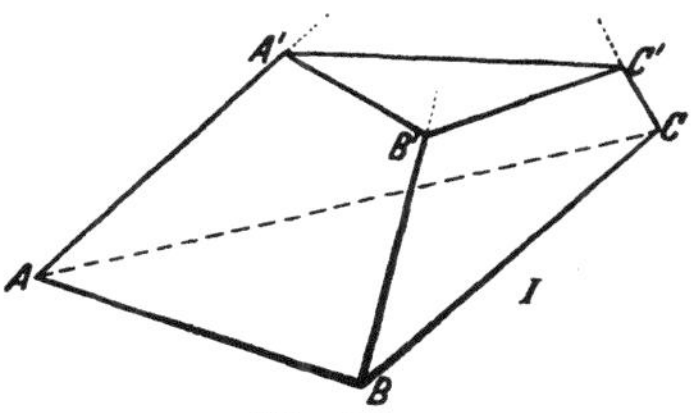

Abb. 181.

Die neunkantigen Polyeder I oder II, auf deren eines wir beim Abbauen jedes konvexen Polyeders durch die $\omega$- und $\eta$-Prozesse stets stoßen müssen, wollen wir nun einem projektiven Koordinatensystem zugrunde legen. Im Falle I sei $ABCD$ das Fundamentaltetraeder, und $A'B'C'$ sei die Einheitsebene, im Falle II sei $ABCD$ das Fundamentaltetraeder, $E$ der Einheitspunkt. Was die Theorie der projektiven Koordinaten angeht, so sei hier auf die Lehrbücher der projektiven Geometrie verwiesen.

Jedes Polyeder I läßt sich offenbar stetig und konvex in jedes andere Polyeder I überführen. Übrigens gibt es bei zwei vorgelegten Polyedern I mit einander zugeordneten Ecken genau eine lineare Transformation, die sie ineinander überführt. Das gleiche gilt von den konvexen Polyedern II.

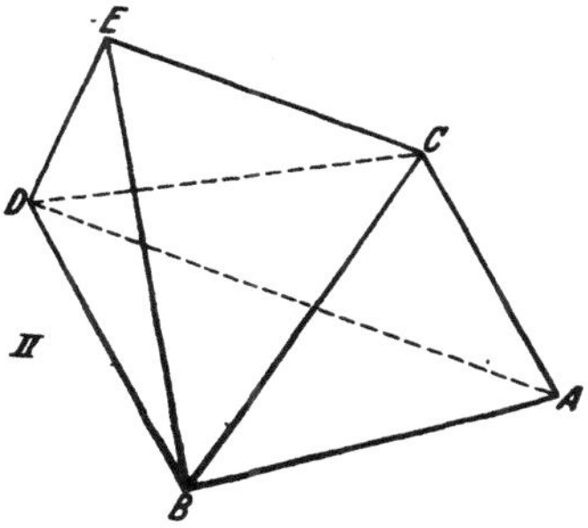

Abb. 182.

Beim Wiederaufbauen der Polyeder durch die Prozesse $\omega^{-1}$ und $\eta^{-1}$ kommen nun zu den Polyedern I oder II sukzessive Ebenen und Punkte hinzu. Diese sollen dann stets durch ihre projektiven Koordinaten in bezug auf I oder II festgelegt werden. Diese Koordinaten sollen durch Parameter dargestellt werden. Den Polyedern I und II kommen noch keine Koordinaten zu; wir wollen aber zeigen, daß allgemein jedes konvexe Polyeder projektiv (von einer sogleich zu erwähnenden Ausnahme abgesehen) in bezug auf sein „Fundamentalpolyeder" I oder II durch genau $k - 9$ Parameter bestimmt werden kann, die sogar positiv gewählt werden können. Da die Fundamentalpolyeder nur bis auf eine Kollineation bestimmt sind, so werden kollinear verwandte Polyeder in den erwähnten $k - 9$ Parametern übereinstimmen.

Die noch zu erledigende Ausnahme betrifft die Pyramiden. Schneidet man vom Polyeder I etwa das Tetraeder $ABCC'$ ab, so bleibt die durch I völlig bestimmte vierseitige Pyramide $ABB'A'C'$ übrig. Ihr kommt kein neuer Parameter zu, sie hat aber nur acht Kanten, so daß die oben angegebene Parameterzahl $k - 9$ hier nicht stimmen kann. Auch bei mehr als vierseitigen Pyramiden würde $k - 8$ die Zahl der

Parameter sein. Das liegt aber daran, daß jede Pyramide noch eine einparametrige Schar von Kollineationen *in sich* gestattet, nämlich diejenigen, die jeden Punkt der Grundebene und dazu noch den Punkt der Spitze festlassen. *Wir wollen daher aus den jetzigen Betrachtungen die Pyramiden ganz ausschalten* und sie nachträglich gesondert erledigen. Es wird nun nachzuweisen sein, daß, wenn man von einem konvexen Polyeder ausgeht, das keine Pyramide ist, man die $\omega$- und $\eta$-Prozesse stets so wählen kann, daß bei der Reduktion auf I oder II niemals eine Pyramide vorkommt. Für den Fall, daß sich beim Abbau doch eine Pyramide ergeben habe, ist zu zeigen, daß man den Abbau auch so hätte vollziehen können, daß die Pyramide vermieden wurde.

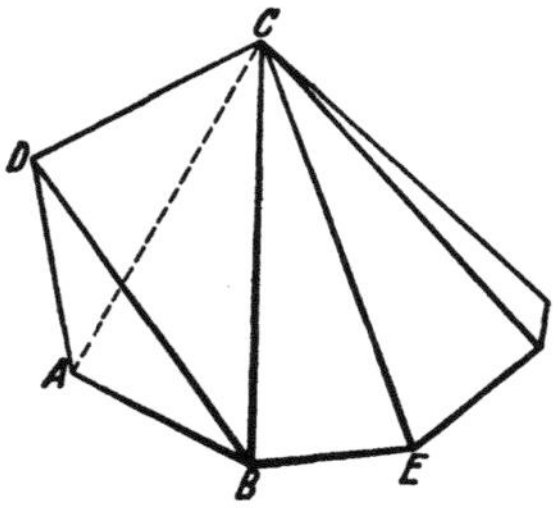

Abb. 183.

Es sei durch einen $\omega$-Prozeß eine Pyramide erhalten worden. Es muß also vor der Anwendung dieses Prozesses eine dreikantige Ecke $D$ mehr dagewesen und durch ihn eine neue Ebene $ABC$ eingeführt worden sein (Abb. 183). $ABC$ muß ein Seitendreieck der Pyramide geworden sein, denn andere Dreiecke kommen ja bei der Pyramide nicht vor. Um die Pyramide zu vermeiden, lassen wir $D$ bestehen und beseitigen eine von $A$, $B$, $C$ verschiedene dreikantige Ecke $E$ durch einen $\omega_2$-Prozeß. Sollten wir dagegen durch einen $\eta$-Prozeß auf eine Pyramide gestoßen sein, so muß der $\eta$-Prozeß eine dreieckige Fläche $ABC$ beseitigt haben (Abb. 184), und zwar eine solche, die nicht durch die Spitze der so entstandenen Pyramide ging, denn sonst wäre das Polyeder schon vorher eine Pyramide gewesen. Die weggenommene dreieckige Fläche muß durch den $\eta$-Prozeß durch eine dreikantige Ecke $D$ ersetzt worden sein, wie solche sich bei der Pyramide nur an der Grundkante finden. In diesem Falle lasse man einfach $ABC$ bestehen und wende $\eta_2$ auf eines der durch $S$ gehenden Dreiecke an.

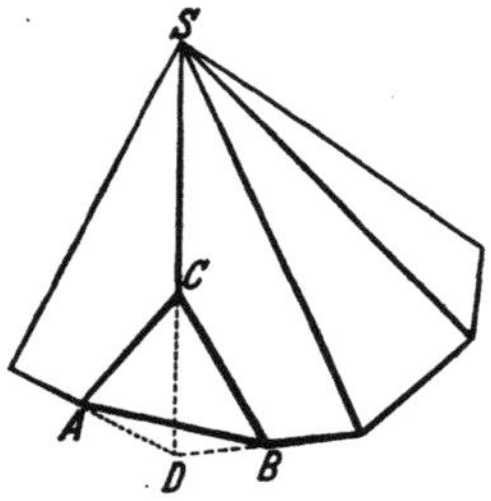

Abb. 184.

Wir kehren nach dieser Ausschließung der Pyramiden wieder zur Parameterbestimmung zurück. Für das Folgende ist es wichtig, daß man in jedem Reduktionsstadium des Polyeders *parameterfrei* im Innern jeder Kante, im Innern jeder Fläche und im Innern des Polyeders selbst je einen festen Punkt (Hilfspunkt) bestimmen kann, der von nun an zur Figur gerechnet wird; so sei etwa in I auf der Kante $AA'$ $H_1$ der vierte harmonische Punkt zu der Spitze $D$ in bezug auf $AA'$. Ebenso sei auf $AB$ $H_4$ der vierte harmonische Punkt zu $AB$ und dem Schnittpunkt $P_1$ von $AB$ und $A'B'$ (Abb. 185). Mit diesen Hilfspunkten im Innern der Kanten kann man auch Hilfspunkte im Innern der dreieckigen Seitenflächen festlegen; für viereckige (selbstverständlich konvexe) Seitenflächen genügt z. B. der Schnittpunkt der beiden Diagonalen. Einen parameterfreien Hilfspunkt $M$ im Innern des Polyeders konstruieren wir folgendermaßen: Wir verbinden den inneren Hilfspunkt $H$ der Seitenfläche $\alpha$ mit einer nicht in $\alpha$ liegenden Polyederecke $A$. Auf der Geraden $AH$ liegt eine Strecke $s$ ganz im Innern des Polyeders. Außer $\alpha$ und den durch $A$ gehenden Flächen gibt es bestimmt noch eine weitere Ebene $\beta$ (da Pyramiden ausgeschaltet sind); diese schneidet die Gerade $AH$ auf der zu $s$ komplementären Strecke $s'$ in einem Punkte $N$. $M$ ist dann der vierte harmonische Punkt zu $A$, $B$ und $N$, liegt daher auf $s$ und damit im Innern des Polyeders. Von nun an gehört zu jedem Polyeder, das in der Konstruktion auftritt, auch das System seiner Hilfspunkte; diese sind jeweils ohne Einführung neuer Parameter projektiv mit dem Polyeder verbunden. Benötigt werden je ein Hilfspunkt im Innern jeder Kante und der Hilfspunkt im Innern des Polyeders.

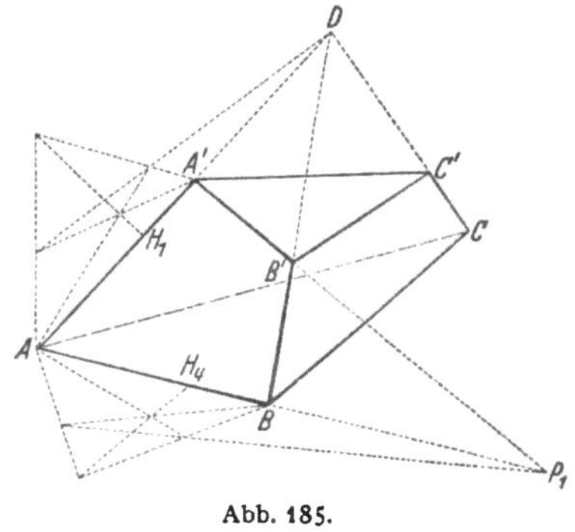

Abb. 185.

Nun werde durch Rückgängigmachung der $\omega$- und $\eta$-Prozesse der Wiederaufbau der Polyeder aus I und II verfolgt. $\omega_i^{-1}$ bedeutet stets Aufsetzen eines Tetraeders auf das Seitendreieck $ABC$. Im Falle $i=0$ werden die an das Dreieck anstoßenden Flächen $\alpha$, $\beta$, $\gamma$ miteinander zum Schnitt gebracht, und dadurch ist der vierte Eckpunkt $D$ des Tetraeders völlig ohne neuen Parameter bestimmt. Die Zahl der Kanten hat sich nicht geändert. Im Falle $i=1$ nehmen wir das durch $\omega_0^{-1}$ gewonnene Tetraeder $DABC$ zu Hilfe, aber im Falle $\omega_1^{-1}$ wird die Spitze $D'$ des aufgesetzten Tetraeders im Innern einer der Kanten $DA$, $DB$, $DC$ liegen müssen. Liege $D'$ auf $DA$ (Abb. 186). Vorweg werde auf $DA$ auch ein parameterfreier Hilfspunkt $H$ konstruiert. Der Punkt $D'$ auf $AD$ ist dann bestimmt durch das *Doppelverhältnis* $(ADHD')=\lambda$, wo $\lambda>0$, da $HD'$ von $A$ und $D$ nicht getrennt werden. $\lambda$ kann im übrigen jeden positiven Wert annehmen. Bei $\omega_1^{-1}$ sind die beiden Kanten $AB$ und $AC$ weggefallen, und die drei neuen Kanten $D'A$, $D'B$, $D'C$ sind aufgetreten. Die Kantenzahl hat sich um 1 vermehrt, dementsprechend ist auch ein neuer Parameter $\lambda$ zur Charakterisierung des Polyeders hinzugekommen. Jetzt werde $\omega_2^{-1}$

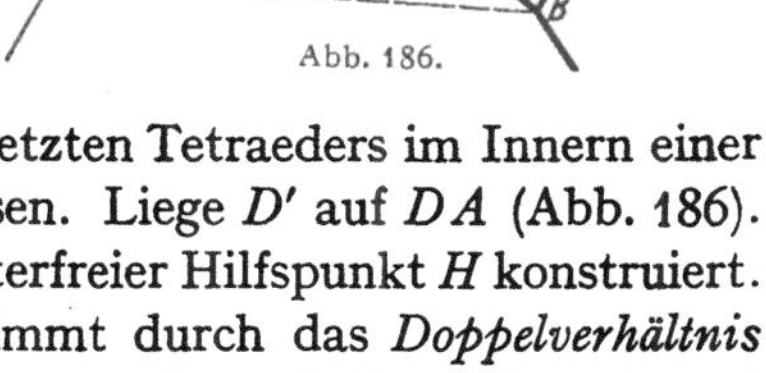

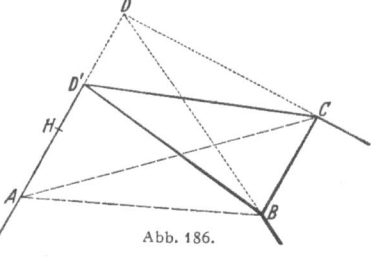

Abb. 186.

betrachtet. Der Tetraederspitzenpunkt $D'$ liegt nun im Innern der Fläche $DAB$. In dieser Fläche bringen wir $AD'$ im Punkte $A'$ mit $BD$ zum Schnitt, ebenso $BD'$ in $B'$ mit $AD$ (Abb. 187). Durch $A'$ und $B'$ auf $DB$ und $DA$ ist $D'$ fixiert. Da wir nun wieder auf jeder Hilfskante $DA$ und $DB$ je einen inneren Hilfspunkt $H$ und $K$ parameterfrei fixiert denken, so ist $A'$ bestimmt durch das positive Doppelverhältnis $\lambda = (DBKA')$ und $B'$ durch das positive Doppelverhältnis $\mu = (DAHB')$. Diesmal ist nur die Kante $AB$ weggefallen, neu aufgetreten sind die Kanten $D'A$, $D'B$, $D'C$; $k$ hat sich also um 2 vermehrt, und zugleich sind zwei neue Parameter $\lambda$ und $\mu$ aufgetreten. Im Falle $\omega_3^{-1}$ ist der Punkt $D'$ im Innern des Tetraeders $ABCD$ zu bestimmen. Zu diesem Zweck denken wir uns die Seitenebene $\gamma' = ABD'$ mit der Kante $DC$ im Punkte $C'$ zum Schnitte gebracht, ebenso die Fläche $\alpha' = BCD'$ mit der Kante $AD$ in $A'$ und die Fläche $\beta' = CAD'$ mit $BD$ in $B'$.

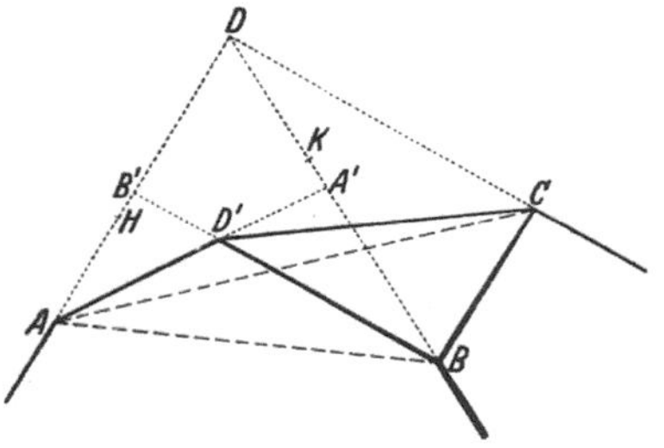


Abb. 187.

Umgekehrt sind durch die Punkte $A'B'C'$ die Ebenen $\alpha'$, $\beta'$, $\gamma'$ und damit das Tetraeder $ABCD'$ festgelegt. Die Punkte $A'$, $B'$, $C'$ sind bzw. durch die Doppelverhältnisse $\lambda = (DAHA')$, $\mu = (DBKB')$, $\nu = (DCLC')$ festgelegt, wo $H$, $K$, $L$ parameterfreie Hilfspunkte auf den Hilfskanten $DA$, $DB$, $DC$ sind. Bei diesem Prozeß sind alle alten Kanten erhalten geblieben und die drei neuen Kanten $D'A$, $D'B$, $D'C$ hinzugekommen. Der Vermehrung von $k$ um drei tritt die Vermehrung der Parameter um drei, nämlich um $\lambda$, $\mu$, $\nu$ zur Seite.

Wir gelangen jetzt zu den inversen $\eta$-Prozessen, die in der Wegnahme einer dreikantigen Ecke unter Einführung einer dreieckigen Fläche bestehen. Im Falle $\eta_0^{-1}$ speziell führen wir die Fläche $\delta = ABC$ wieder ein und beseitigen den Punkt $D$. Dabei sind die Kanten $DA$, $DB$, $DC$ weggefallen und die Kanten $AB$, $BC$, $CA$ neu aufgetreten. Die Fläche $\delta$ ist parameterfrei bestimmt durch die dem Polyeder schon angehörenden Punkte $A$, $B$, $C$; die Zahl der Parameter erfährt also durch den $\eta_0^{-1}$-Prozeß keine Änderung. Die Fälle $\eta_1^{-1}$, $\eta_2^{-1}$, $\eta_3^{-1}$ können wir auf einmal erledigen. Die Fläche $\delta$, die bei diesen Prozessen eingeführt wird, sei das Dreieck $A'B'C'$. Im Falle $i = 1$ sind $B' = B$, $C' = C$ parameterfrei festgelegt, und $A'$ liegt im Innern der Kante $AD$, dortselbst bestimmt durch das positive Doppelverhältnis $\lambda = (ADHA')$, wo $H$ der innere Hilfspunkt der Kante $AD$ ist. Bei $\eta_1^{-1}$ fallen die Kanten $DB$ und $DC$ weg, die Kante $DA$ wird auf $A'A$ verkürzt, fällt also nicht weg, und hinzu kommen die drei neuen Kanten $A'B$, $BC$ und $CA'$; $k$ ist um 1 gewachsen, und demgemäß ist der Parameter $\lambda$ aufgetreten. Entsprechend ist bei $\eta_2^{-1}$

$C' = C$ fest, und $A'$ und $B'$ liegen im Innern der Kanten $AD$ und $BD$ und sind dortselbst durch je ein positives Doppelverhältnis $\lambda$ und $\mu$ festgelegt, zugleich wird die Zahl der Kanten um 2 vermehrt. Bei $\eta_3^{-1}$ benötigen wir drei positive Parameter für die Doppelverhältnisse, die die Punkte $A'$, $B'$, $C'$ im Innern der Kanten $AD$, $BD$, $CD$ bestimmen, die Zahl der Kanten vermehrt sich um 3. Bei allen acht Prozessen $\omega_i^{-1}$, $\eta_i^{-1}$ sehen wir also, daß positive Parameter zur Bestimmung des hervorgehenden Polyeders in derselben Anzahl nötig sind, wie neue Kanten auftreten. Da im Ausgangsfalle der Polyeder I und II die Zahl der benötigten Parameter $0 = k - 9$ war, so gibt bei allen von I und II ausgehenden Aufbauprozessen $k - 9$ die richtige Zahl der Parameter an.

Das Gesamtgebiet der Parameter ist $k - 9$-dimensional; in einem cartesischen Parameterraum nehmen die Parameter den $k - 9$-dimensionalen Teilraum $\mathfrak{G}$ ein, in dem alle Parameter positiv sind. Jeder Parameterpunkt in diesem Raum entspricht nach Festlegung des Grundpolyeders I oder II einem projektiv-konvexen Polyeder von vorgeschriebenem Typus. Hat man also zwei projektiv-konvexe Polyeder von gleichem Typus, so übt man auf sie erst eine solche Folge von Kollineationen aus, durch die ihre Grundpolyeder (I oder II) stetig ineinander übergeführt werden. Dann geht man von dem Parameterpunkt des einen Polyeders geradlinig innerhalb $\mathfrak{G}$ zu dem Parameterpunkt des andern Polyeders und führt damit die zugehörigen Polyeder stetig ineinander über. Damit ist der wichtige *Kontinuitätssatz der konvexen Polyeder* bewiesen (bis auf den noch zu behandelnden Sonderfall der Pyramiden):

*Zwei projektiv-konvexe Polyeder von gleichem Typ lassen sich unter Aufrechterhaltung ihrer projektiven Konvexität und ihres Typus stetig ineinander überführen.*

Dieser Satz ist jedoch nur eine Vorstufe des endgültig anzustrebenden Satzes, denn wir beabsichtigten eigentlich, konvexe Polyeder im euklidischen Raum zu untersuchen. Die Konvexität im projektiven Sinne war nur herangezogen worden, um die Durchführung der $\omega$- und $\eta$-Prozesse bequem gestalten zu können. Es bleibt also die Frage zu beantworten: Lassen sich zwei im euklidischen Raum konvexe Polyeder von gleichem Typus stets unter Aufrechterhaltung ihrer Konvexität stetig ineinander überführen? Die euklidisch-konvexen Polyeder fallen unter die bisher betrachteten projektiv-konvexen Polyeder, sie sind nämlich projektiv-konvex in bezug auf die unendlich ferne Ebene. Nach unsern bisherigen Methoden können wir zwei euklidisch-konvexe Polyeder stets unter Erhaltung ihrer projektiven Konvexität stetig ineinander überführen, wobei aber nicht gesichert ist, daß bei der Überführung alle Zwischenstufen auch euklidisch-konvex bleiben. Mit andern Worten: Die Menge der Parameterpunkte der projektiv-konvexen Polyeder eines bestimmten Typs füllen, wie oben gezeigt, ein gewisses Gebiet $\mathfrak{G}$ aus; es wäre denkbar, daß die Menge der Parameterpunkte der euklidisch-konvexen unter diesen Polyedern sich auf mehrere getrennte Teilgebiete von $\mathfrak{G}$ verteilte, zwischen denen ein stetiger Übergang nicht möglich wäre. Wir werden, ohne indessen die Parametermannigfaltigkeit euklidisch-konvexer Polyeder genau angeben zu können, zeigen, daß dieser Fall nicht eintritt.

Es seien $\mathfrak{P}_1$ und $\mathfrak{P}_2$ euklidisch-konvexe Realisierungen des Polyedertypus $\mathfrak{K}$. $\mathfrak{P}_1$ und $\mathfrak{P}_2$ sind also auch im projektiven Sinne konvex und haben mit der unendlich fernen Ebene keinen Punkt gemeinsam. Wir wollen mit $\mathfrak{P}$ sowohl die gegebenen als auch die zwischen ihnen stetig einzuschaltenden euklidisch-konvexen Polyeder gleichen Typs bezeichnen. Es sei $\mathfrak{T}$ ein von vier Ebenen von $\mathfrak{P}$ gebildetes Tetraeder, wobei drei der Ebenen durch einen gemeinsamen Eckpunkt $A$ von $\mathfrak{P}$ gehen mögen. Das zu $\mathfrak{P}_1$ gehörige Tetraeder nennen wir $\mathfrak{T}_1$, das zu $\mathfrak{P}_2$ gehörige $\mathfrak{T}_2$. ($\mathfrak{T}$ kann mit der unendlich fernen Ebene gemeinsame Punkte haben, auch wenn $\mathfrak{P}$ solche nicht besitzt. Ist z. B. $\mathfrak{P}$ ein Würfel, Abb. 188, so ist bei jeder Wahl eines solchen Tetraeders $\mathfrak{T}$ eine Tetraederkante eine unendlich ferne Gerade.) $\mathfrak{P}$ ist in $\mathfrak{T}$ enthalten, ein parameterfreier innerer Punkt $M$ von $\mathfrak{P}$ ist auch innerer Punkt von $\mathfrak{T}$. Ist $\mu$ die Harmonikale[1] zu $M$ in bezug auf $\mathfrak{T}$, so schneidet $\mu$ $\mathfrak{T}$ nicht, und erst recht hat $\mathfrak{P}$ mit $\mu$ keinen gemeinsamen Punkt, $\mathfrak{P}$ ist also projektiv-konvex in bezug auf $\mu$. Die Ebene $\mu$ ist parameterfrei zu $\mathfrak{P}$ hinzugefügt, speziell also $\mu_1$ zu $\mathfrak{P}_1$ und $\mu_2$ zu $\mathfrak{P}_2$. Wir geben jetzt eine stetige Folge von Transformationen an:

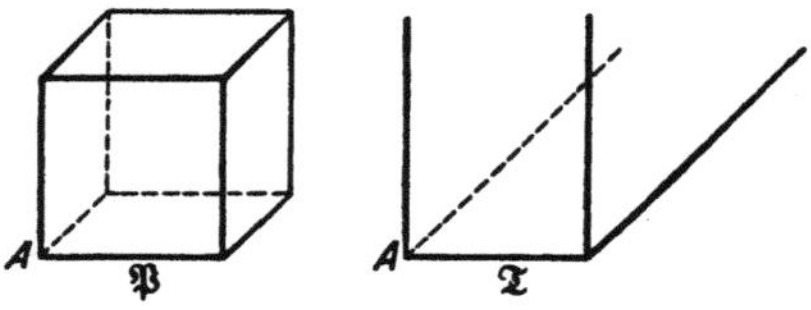

Abb. 188.

1) Bei $\mathfrak{A}$ soll $\mathfrak{P}_1$ fest bleiben, und die unendlich ferne Ebene $\omega$ soll in der Weise stetig in $\mu_1$ übergeführt werden, daß dabei niemals ein Schnittpunkt mit $\mathfrak{P}_1$ entsteht. Zu diesem Zwecke nehme man einfach Ebenen aus dem Ebenenbüschel $\omega$, $\mu_1$, d. h. lauter Parallelen zu $\mu_1$.

2) Alsdann werde durch eine stetige Folge von Transformationen $\mathfrak{B}$ das Gesamtgebilde $\mathfrak{P}_1 + \mu_1$ in das Gebilde $\mathfrak{P}_2 + \mu_2$ so stetig übergeführt, daß dabei die Zwischenpolyeder im projektiven Sinne konvex in bezug auf $\mu$ sind wie oben beschrieben.

3) Nunmehr werde, in einer Folge von Transformationen $\mathfrak{C}$, $\mathfrak{P}_2$ fest gelassen und $\mu_2$ stetig parallel mit sich selbst in $\omega$ übergeführt.

Jeder Zustand von $\mathfrak{P} + \mu$, der im Laufe der Überführung von $\mathfrak{P}_1 + \omega$ in $\mathfrak{P}_2 + \omega$ aufgetreten ist, wird nun einer geeigneten Kollineation unterworfen, die stets $\mu$ in die unendlich ferne Ebene wirft. Dies geschieht in folgender Weise: Die drei von der Ecke $A$ ausgehenden Kanten von $\mathfrak{T}$ werden mit einer euklidischen Messung behaftet und als Koordinatenachsen eines schiefwinkligen cartesischen Koordi-

[1] Hinsichtlich des Begriffs der Harmonikalen wird auf die behrbücher der projektiven Geometrie verwiesen.

natensystems angesehen. In diesem System habe die Ebene $\mu$ in homogenen Koordinaten die Gleichung

$$a x + b y + c z + d w = 0,$$

wo $d \neq 0$, da $\mu$ nie durch den Punkt $A$ von $\mathfrak{P}$ geht. Wir können die Gleichung daher mit $d = 1$ normieren. Es werde nun auf $\mathfrak{P}$ die Kollineation ausgeübt:

$$\begin{aligned} x' &= x \\ y' &= \quad y \\ z' &= \quad\quad z \\ w' &= a x + b y + c z + w, \end{aligned}$$

wodurch $\mu$ stets in die unendlich ferne Ebene übergeführt wird. Die Normierung ist so gewählt, daß an den beiden Grenzstadien $\mathfrak{P}_1 + \omega$ und $\mathfrak{P}_2 + \omega$ nichts geändert wird, da für diese die Kollineation in die Identität

$$x' = x, \quad y' = y, \quad z' = z, \quad w' = w$$

übergeht. Durch diese Kollineation gehe $\mathfrak{P}$ in $\mathfrak{P}'$ über. Da auch $\mathfrak{P}'$ Durchschnitt von Tetraedern geblieben ist, so ist es auch projektiv-konvex. Es ist aber sogar euklidisch-konvex, da es mit der unendlich fernen Ebene $\mu'$ keinen gemeinsamen Punkt hat. Damit haben wir gezeigt:

*Zwei euklidisch-konvexe Polyeder von gleichem Typus lassen sich stets stetig und unter Aufrechterhaltung ihres Typus und ihrer euklidischen Konvexität ineinander überführen.*

(Über die noch nicht behandelten Pyramiden vergleiche weiter unten.)

Wir kehren noch einmal zu den im projektiven Sinne konvexen Polyedern zurück. In bezug auf das Tetraederkoordinatensystem, das durch das Grundpolyeder I bzw. II gegeben war, lassen sich die Koordinaten aller Ebenen und Punkte eines konvexen Polyeders, wie wir gesehen haben, durch $k - 9$ positive Parameter darstellen; die fünf Ebenen von I und die fünf Ecken von II lassen sich ihrerseits in bezug auf ein festgewähltes projektives Koordinatensystem durch 15 Koordinaten bestimmen. Somit ergibt sich, daß ein projektiv-konvexes Polyeder durch $k - 9 + 15 = k + 6$ Parameter bestimmt ist. Hiermit findet die LEGENDREsche Konstantenbestimmung (§ 17) ihre strenge und umfassende Verifikation.

Was übrigens die Parameter der Grundpolyeder I und II angeht, so kann man zu ihnen auf folgende Weise gelangen. Wir gehen von dem Tetraeder $ABCD$ aus, das im Raume durch die projektiven Punktkoordinaten

$$\begin{matrix} a_1 : a_2 : a_3 : a_4 \\ b_1 : b_2 : b_3 : b_4 \\ c_1 : c_2 : c_3 : c_4 \\ d_1 : d_2 : d_3 : d_4 \end{matrix} \tag{1}$$

gegeben ist. Diese Zahlen sind willkürlich bis auf die Bedingung, daß ihre Determinante $\Delta$ von Null verschieden ist, da die vier Punkte nicht in einer Ebene liegen dürfen. Die vier Punkte $A, B, C, D$ geben zu acht projektiven Tetraedern Anlaß. Es sei nun $E$ mit den Koordinaten $e_1 : e_2 : e_3 : e_4$ ein fünfter Punkt, der in einem der acht Tetraeder liegt. Er soll als Einheitspunkt in bezug auf $ABCD$ gelten, also sollen seine Koordinaten

$$\varrho e_j = a_j + b_j + c_j + d_j$$

sein, wo $\varrho$ ein beliebiger Proportionalitätsfaktor ist. Dadurch werden die sechzehn Zahlen (1) bis auf einen gemeinsamen Faktor $\varrho$ festgelegt, sie sind also die fünfzehn Parameter des Fundamentalpolyeders II und können bis auf die Bedingung $\Delta \neq 0$ alle reellen Werte annehmen. Die beiden Fälle $\Delta > 0$ und $\Delta < 0$ lassen keinen stetigen Übergang ineinander zu. Sie sind aber nicht wesentlich verschieden, denn sie können durch die Vertauschung von $B$ und $C$ ineinander übergeführt werden, unterscheiden sich also nur durch die Bezeichnung. — Das Polyeder I wird dual zu II konstruiert, indem die soeben vorgeführten Überlegungen auf Ebenenkoordinaten statt auf Punktkoordinaten angewandt werden.

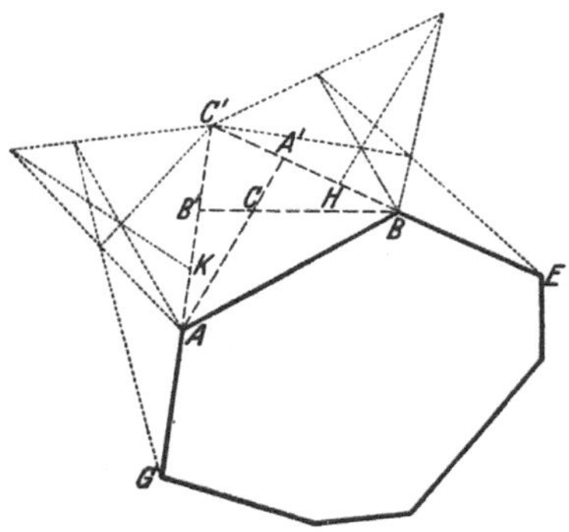

Abb. 189.

Nun bleibt noch die Behandlung der konvexen Pyramiden zu erledigen übrig. Vom konvexen $n$-Eck ($n \geqq 4$) gelangt man zum konvexen $(n+1)$-Eck durch Aufsetzen eines Dreiecks $ABC$ auf die Seite $AB$ derart, daß $C$ hineinfällt in das an $AB$ anstoßende Dreieck $ABC'$, wenn $C'$ der Schnittpunkt der Verlängerungen von $GA$ und $EB$ ist (Abb. 189). Da $n \geqq 4$, so sind $G$, $A$, $B$, $E$ verschiedene Eckpunkte und daher $G$ und $E$ auch von $C'$ verschieden. Auf $C'A$ und $C'B$ seien die Hilfspunkte $K$ und $H$ als vierte harmonische Punkte zu $G$ in bezug auf $AC'$ und zu $E$ in bezug auf $BC'$ konstruiert. Dann sind $A'$ und $B'$ bestimmt durch die positiven Doppelverhältnisse $(C'AKB') = \lambda$ und $(CBHA') = \mu$. $C$ ist der Schnittpunkt von $BB'$ und $AA'$ im Innern des Dreiecks $ABC'$. Die Bestimmung der Ecke $C$ erfordert also zwei weitere positive Parameter. Das konvexe $n$-Eck ist also durch $2(n-4)$ Parameter aus dem konvexen Viereck zu bestimmen.

Ist im Raume das Dreieck $ABC$ durch die projektiven Punktkoordinaten

$$\begin{array}{ll} & a_1 : a_2 : a_3 : a_4 \\ (2) & b_1 : b_2 : b_3 : b_4 \\ & c_1 : c_2 : c_3 : c_4 \end{array}$$

bestimmt, so sei der Eckpunkt $D$ des projektiv-konvexen Vierecks $ABCD$ in der Ebene $ABC$ durch $d_1 : d_2 : d_3 : d_4$ gegeben. Wir können dann (2) so festlegen, daß

$$\varrho d_j = a_j - b_j + c_j$$

ist, so daß die Zahlen in (2) elf Parametern entsprechen. $ABCD$ ist das in der Abb. 190 grau schattierte projektiv-konvexe Viereck, und das durch Schraffur hervorgehobene Dreieck $ABC$ sei dasjenige, dessen Punkte durch die Koordinaten $x_j = \lambda a_j + \mu b_j + \nu c_j$ mit $\lambda, \mu, \nu > 0$ bestimmt sind.

Zählen wir die Parameter des konvexen Vierecks und die des hierauf bezogenen konvexen $n$-Ecks zusammen, so stellen wir fest: Ein im Raum liegendes ebenes projektiv-konvexes $n$-Eck ist durch $2(n-4) + 11 = 2n + 3$ Parameter bestimmt. Für die Spitze der konvexen Pyramiden benötigen wir noch drei Parameter zur Bestimmung der Koordinaten $s_1 : s_2 : s_3 : s_4$, die natürlich

$$\begin{vmatrix} a_1 & a_2 & a_3 & a_4 \\ b_1 & b_2 & b_3 & b_4 \\ c_1 & c_2 & c_3 & c_4 \\ s_1 & s_2 & s_3 & s_4 \end{vmatrix} \neq 0$$

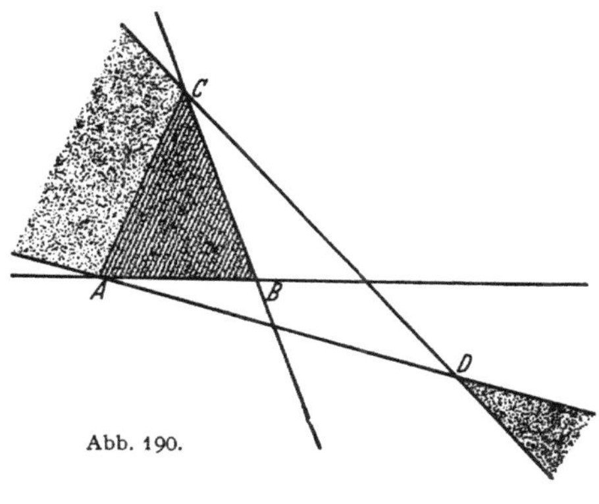

Abb. 190.

erfüllen müssen. Im ganzen ist also eine projektiv-konvexe $n$-seitige Pyramide durch $2n + 6$ Parameter bestimmt. Eine $n$-seitige Pyramide besitzt $2n$ Kanten, also ergibt sich auch hier die LEGENDREsche Parameterzahl $k + 6$.

Unsere Herleitung der konvexen Polyeder aus dem Tetraeder benützt nur die linearen Operationen des Schneidens und Verbindens. Dem entspricht algebraisch das Lösen von linearen Gleichungen, wobei man mit den vier rationalen Grundrechnungsarten auskommt. Infolgedessen stellen wir noch ergänzend fest:

*Die Koordinaten eines projektiv-konvexen Polyeders sind rationale Funktionen ihrer $k + 6$ Parameter.*

Dies alles, nämlich die Parameterzahl und die Rationalität der Koordinatenfunktion, gilt auch für die euklidisch-konvexen Polyeder, die sich ja auch unter den projektiv-konvexen vorfinden. Der einzige Unterschied besteht darin, daß der Variabilitätsbereich der Parameter in gewisser, allerdings schwer übersehbarer Weise eingeschränkt werden muß.

# Namen- und Sachverzeichnis.

MIX
Papier aus verantwortungsvollen Quellen
Paper from responsible sources
FSC® C105338

If you have any concerns about our products,
you can contact us on
**ProductSafety@springernature.com**

In case Publisher is established outside the EU,
the EU authorized representative is:
**Springer Nature Customer Service Center GmbH**
**Europaplatz 3, 69115 Heidelberg, Germany**

Printed by Libri Plureos GmbH
in Hamburg, Germany